mathe.delta 9

Mathematik für das Gymnasium

Baden-Würt

C.C.Buchner

mathe.delta
Baden-Württemberg
Herausgegeben von Michael Kleine, Hans-Stefan Siller und Almut Zwölfer

mathe.delta 9 – Baden-Württemberg
Bearbeitet von Lothar Diemer, Andreas Hamm-Reinöhl, Angela Siller und Almut Zwölfer
unter Beratung von Axel Goy

Zu diesem Lehrwerk sind erhältlich:
- **Lösungsband 9** (BN 61029)
- Digitales Lehrermaterial **click & teach 9** (610291)

Weitere Materialien finden Sie unter www.ccbuchner.de.

Dieser Titel ist auch als digitale Ausgabe unter www.ccbuchner.de erhältlich.

1. Auflage, 1. Druck 2019
Alle Drucke dieser Auflage sind, weil untereinander unverändert, nebeneinander benutzbar.

Dieses Werk folgt der reformierten Rechtschreibung und Zeichensetzung. Ausnahmen bilden Texte, bei denen künstlerische, philologische oder lizenzrechtliche Gründe einer Änderung entgegenstehen.

An keiner Stelle im Schülerbuch dürfen Eintragungen vorgenommen werden.

Layout und Satz: tiff.any GmbH, Berlin
Illustrationen: Jacqueline Urban, Berlin
Umschlag: HOCHVIER GmbH & Co. KG, Bamberg
Druck und Bindung: creo Druck & Medienservice GmbH, Bamberg

www.ccbuchner.de

ISBN 978-3-661-**61009**-2

1 Verhältnisse, Ähnlichkeit und Kongruenz

2 Potenzen und Potenzfunktionen

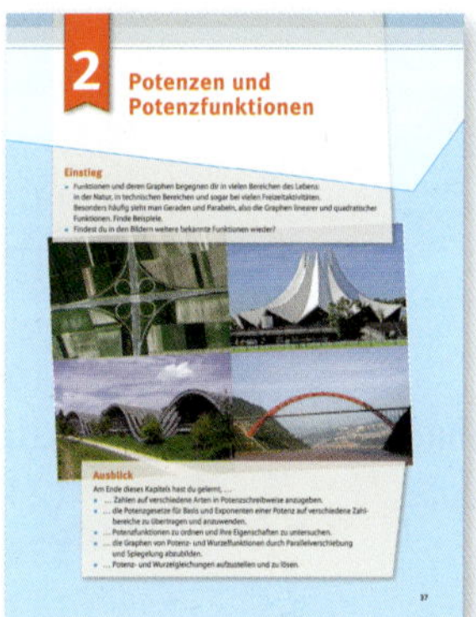

3 Rund um das rechtwinklige Dreieck

4 Exponentialfunktionen

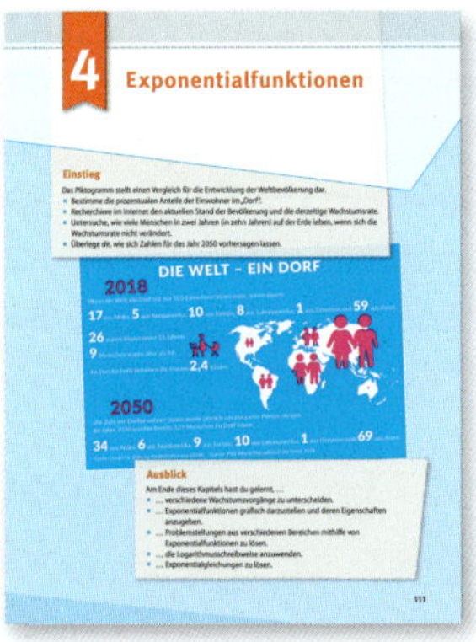

5 Wahrscheinlichkeitsrechnung

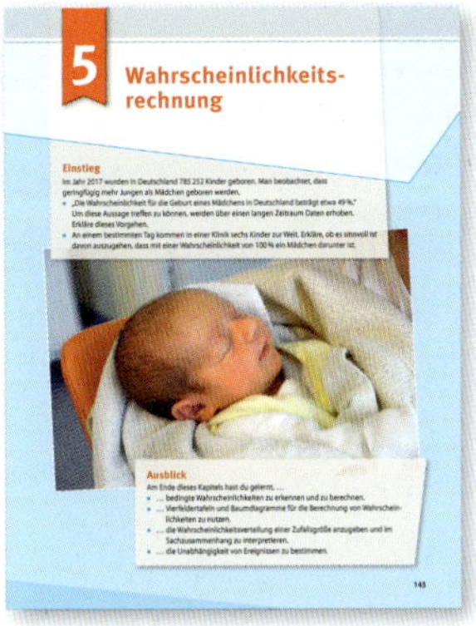

6 Kreise und Körper

1 Startklar!

Aufgabe	Ich kann schon …	Grundwissen
1, 2	… Dreiecke aus gegebenen Maßen konstruieren.	S. 238
3, 4, 5	… eine zentrische Streckung ausführen.	S. 235
4, 5	… Streckenverhältnisse unter Nutzung der Strahlensätze angeben.	S. 236

1 Konstruiere Dreiecke aus den folgenden Angaben.

a) $a = 3\text{ cm};\ b = 4\text{ cm};\ c = 3{,}5\text{ cm}$
b) $a = 4\text{ cm};\ c = 3\text{ cm};\ \beta = 40°$
c) $b = 3\text{ cm};\ \alpha = 90°;\ \gamma = 30°$
d) $c = 3{,}5\text{ cm};\ a = 3\text{ cm};\ \gamma = 60°$

2 Untersuche, welches der drei folgenden Dreiecke nicht eindeutig konstruierbar ist.

a) $c = 4{,}2\text{ cm};\ \alpha = 75°;\ \gamma = 33°$
b) $a = 4\text{ cm};\ b = 5\text{ cm};\ \alpha = 50°$
c) $c = 4{,}2\text{ cm};\ \alpha = 75°;\ \beta = 33°$

3 Trage die Urpunkte und Bildpunkte einer zentrischen Streckung mit Streckungszentrum Z in ein Koordinatensystem ein. Gib den Streckungsfaktor k an. Begründe, in welchem Fall die Bildstrecke verkleinert wird.

a) $P(3{,}5\,|\,2);\ P'(-4\,|\,-2{,}5);\ Z_1(1\,|\,0{,}5)$
b) $S(-4\,|\,4);\ S'(0\,|\,6);\ Z_2(2\,|\,7)$
c) $R(1\,|\,5);\ R'(1\,|\,2{,}5);\ Z_3(1\,|\,1)$
d) $Q(4{,}5\,|\,-1);\ Q'(-3{,}5\,|\,-1);\ Z_4(2{,}5\,|\,-1)$

4

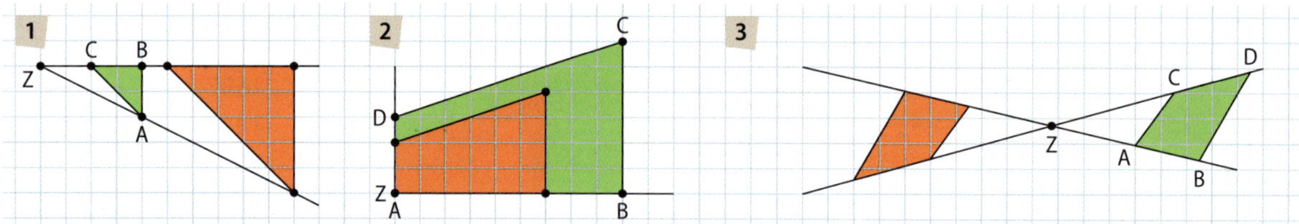

Die grüne Figur ist durch eine zentrische Streckung von Z aus auf die rote Figur überführt worden.

a) Übertrage die Abbildung in dein Heft, beschrifte die Bildpunkte und bestimme den Streckungsfaktor k mithilfe verschiedener Streckenpaare.

b) Beschreibe, wie sich der Flächeninhalt der Bildfigur zu dem der grünen Figur verhält.

5 **a)**

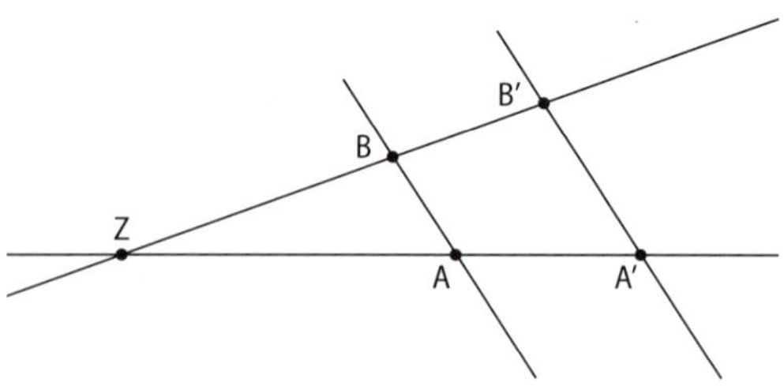

Gib alle Seitenverhältnisse an.

b)

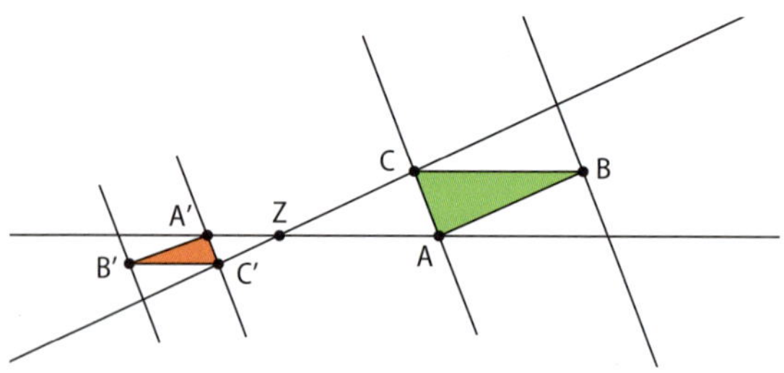

Beschreibe, wie das rote Dreieck aus dem grünen Dreieck entstanden ist.
Begründe, dass der Flächeninhalt des roten Dreiecks nur $\frac{1}{4}$ des Flächeninhalts des grünen Dreiecks beträgt.

1

Verhältnisse, Ähnlichkeit und Kongruenz

Einstieg

Die auffallend ähnlichen Reihenhäuser im Stadtteil Brooklyn, New York, sind als beliebtes Fotomotiv auf der ganzen Welt bekannt.

- Beschreibe, wodurch diese Wirkung der Ähnlichkeit hervorgerufen wird.
- Suche in deinem Wohnort nach „ähnlichen" Häusern.

Ausblick

Am Ende dieses Kapitels hast du gelernt, …

- … Figuren auf Ähnlichkeit zu überprüfen.
- … Sätze für ähnliche Dreiecke zu formulieren und anzuwenden.
- … Kongruenzsätze gegen Ähnlichkeitssätze abzugrenzen.
- … geometrische Sachverhalte zu untersuchen und zu begründen.

Kap. 1.1

Hefte und Blöcke

In deiner Schultasche befinden sich Hefte und Blöcke in verschiedenen Formaten.

- Miss jeweils die Länge und Breite, bestimme das Seitenverhältnis und halte die Ergebnisse in einer Tabelle fest. Beschreibe, was dir auffällt.

	Großes Heft	Vokalheft	Zeichenblock	Merkheft	...
Länge a					
Breite b					
a : b					

Bei DIN A Formaten sind die Länge und Breite so festgelegt, dass beim Halbieren der Blätter die nächste DIN A Größe entsteht. Ein großes Schulheft der Länge 29,7 cm und der Breite 21,0 cm entspricht DIN A4.

- Bestimme damit die Länge und Breite von DIN A5 und DIN A3. Vergleiche deine Ergebnisse mit deiner Tabelle.
- Ermittle mit diesen Angaben den Flächeninhalt von einem Blatt Papier mit dem Format DIN A0.

Kap. 1.2

Wie funktioniert ein Pantograph?

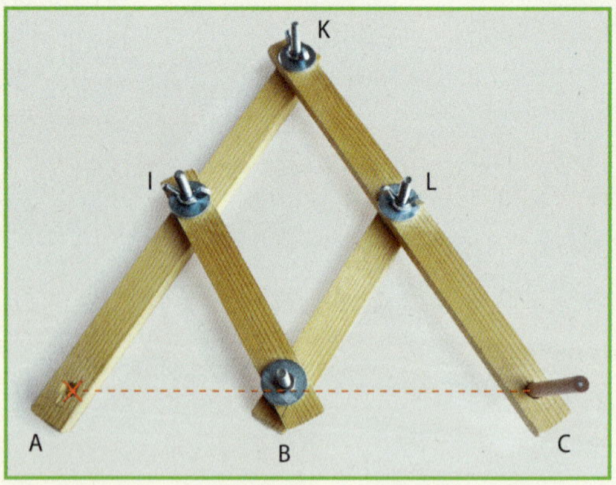

1603 erfand Christoph Scheiner den Pantographen. Der Pantograph ist an der Stelle A fixiert, aber drehbar. Mit dem Fahrstift B wird die Vorlagefigur nachgefahren; der Zeichenstift C zeichnet gleichzeitig die maßstäblich vergrößerte Bildfigur. Das Viereck BLKI sei ein Parallelogramm; die Punkte A, B und C liegen auf einer Geraden. Nach dem 1. Strahlensatz gilt $\overline{AK} : \overline{AI} = \overline{AC} : \overline{AB}$ (Vergrößerungfaktor).

- Erläutere, wie sich damit der Vergrößerungsfaktor bestimmen lässt.
- Bestimme bei dem abgebildeten Pantograph den Vergrößerungsfaktor.
- Erläutere, wie sich die Projektion auf den Flächeninhalt der Figuren auswirkt?

Kap. 1.3

Eigenschaften von Dreiecken

Die Punkte A, B, C, D liegen wie abgebildet auf einem Viertelkreis um M.

- Begründe, dass das Dreieck MDB gleichseitig ist.
- Beschreibe Gemeinsamkeiten und Unterschiede der Dreiecke MCA und MDB. Kannst du einen Spezialfall der Ähnlichkeit erkennen?
- Beschreibe, wie das Dreieck MDB aus dem Dreieck MCA hervorgeht.

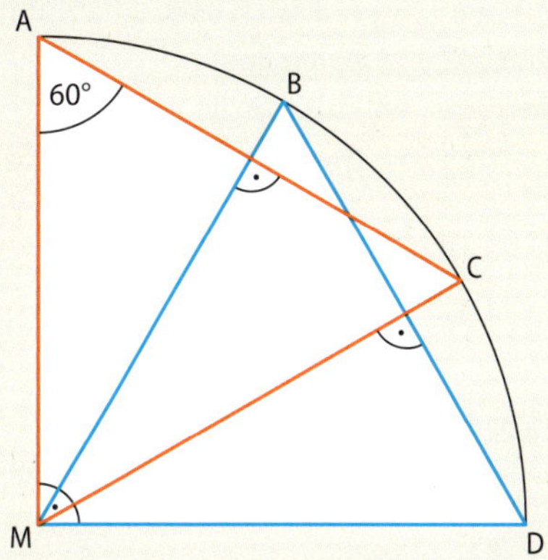

Kap. 1.4

Von einem Quadrat zum nächsten – aber warum?

Die Seiten eines Quadrats ABCD werden um jeweils gleich lange Strecken verlängert. Es entstehen die Dreiecke AA'B', BB'C', CC'D' und DD'A'.

- Untersuche die Dreiecke auf Kongruenz.
- Begründe, warum die Eckpunkte A', B', C' und D' der Verlängerungen wieder ein Quadrat bilden.
- Beschreibe, durch welche Abbildungen das Quadrat A'B'C'D' aus dem ursprünglichen Quadrat ABCD entsteht.

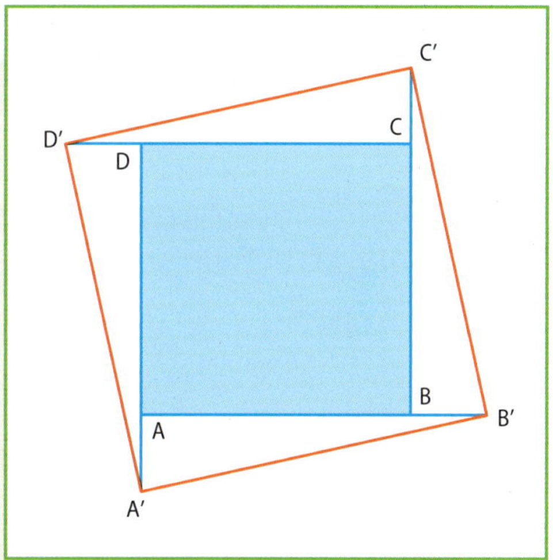

Übertrage die Zeichnung in dein Heft und setze das Vorgehen dort fort: Verlängere die Seiten des Quadrats um je gleich lange Strecken, sodass das Quadrat A'', B'', C'', D'' entsteht.

- Beschreibe, durch welche Abbildungen das neue Quadrat aus dem Quadrat ABCD entstanden ist.

Entdecken

- Zeichne ein Quadrat ABCD mit der Seitenlänge a = 1 cm. Zeichne die Diagonalen ein. Verschiebe die einzelnen Seiten des Quadrates parallel so, dass neue Quadrate A'B'C'D', A"B"C"D" usw. entstehen, deren Eckpunkte auf den Diagonalen liegen.
- Ermittle die Verhältnisse entsprechender Seiten von je zwei Quadraten. Verfahre ebenso mit Dreiecken, die du in der Anordnung entdeckst. Was stellst du fest?

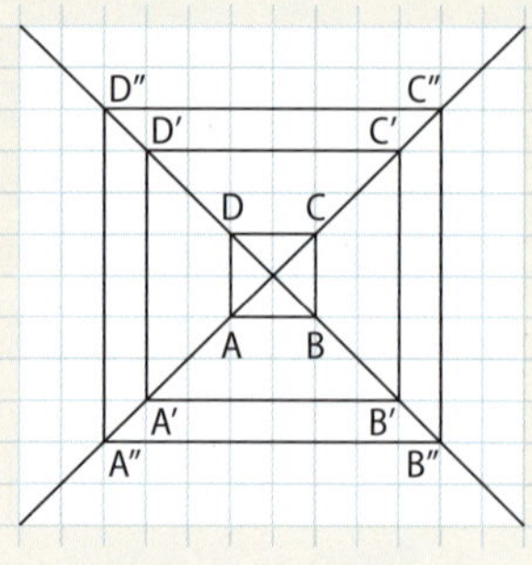

Verstehen

Aus einer Figur kann durch maßstäbliches Vergrößern oder Verkleinern, wie z. B. bei der zentrischen Streckung, eine weitere Figur entstehen.

Eine **Ähnlichkeitsabbildung** ist eine Verknüpfung einer zentrischen Streckung mit Spiegelungen, Drehungen oder Verschiebungen. Gehen zwei Figuren durch eine Ähnlichkeitsabbildung auseinander hervor, sind sie zueinander **ähnlich**.
Man schreibt: Figur 1 ~ Figur 2 und sagt: „Figur 1 ist ähnlich zu Figur 2".

Ähnliche Figuren besitzen die gleiche Form und stimmen in der **Größe entsprechender Winkel** sowie im **Verhältnis** einander **entsprechender Seitenlängen** überein.

Beispiel

Begründe die Ähnlichkeit der beiden Figuren.

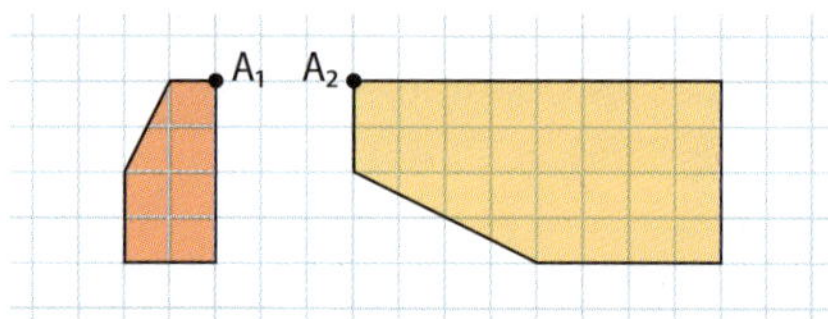

Lösungsmöglichkeiten:
Dies kann man entweder geometrisch oder algebraisch begründen.

1 geometrisch

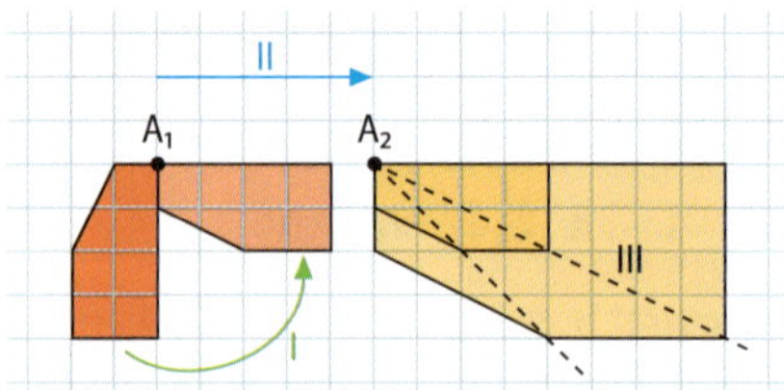

Man kann die rote Originalfigur durch eine 90°-Drehung um A_1 (I), eine anschließende Verschiebung um $\overline{A_1A_2}$ (II) und eine zentrische Streckung mit Zentrum A_2 und Streckungsfaktor k = 2 (III) auf die gelbe Figur abbilden.

2 algebraisch

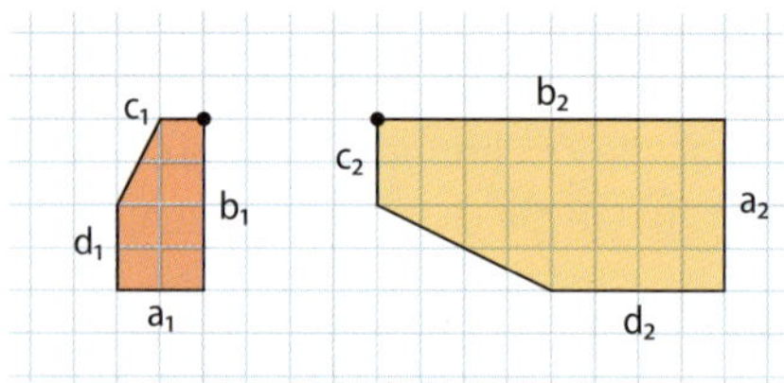

Der Vergleich entsprechender Seitenverhältnisse liefert:

$\frac{a_1}{b_1} = \frac{a_2}{b_2} = \frac{1}{2}$

$\frac{c_1}{d_1} = \frac{c_2}{d_2} = \frac{1}{2}$

… (weitere Vergleiche möglich)

Die rote Figur ist zur gelben Figur ähnlich.

- Begründe: Quadrate sind immer zueinander ähnlich. Nenne weitere Figuren, auf die das zutrifft.
- Begründe, dass nur zwei Winkel in Dreiecken übereinstimmen müssen, damit die Dreiecke zueinander ähnlich sind.
- Erkläre, wie man feststellen kann, dass zwei Figuren nicht zueinander ähnlich sind.

Nachgefragt

Aufgaben

1 Erkläre anhand der Bilder den Unterschied zwischen dem Begriff „ähnlich" im Alltag und in der Mathematik.

a)

b)

c)

2 Finde jene Rechtecke, die zueinander ähnlich sind. Begründe deine Entscheidung.

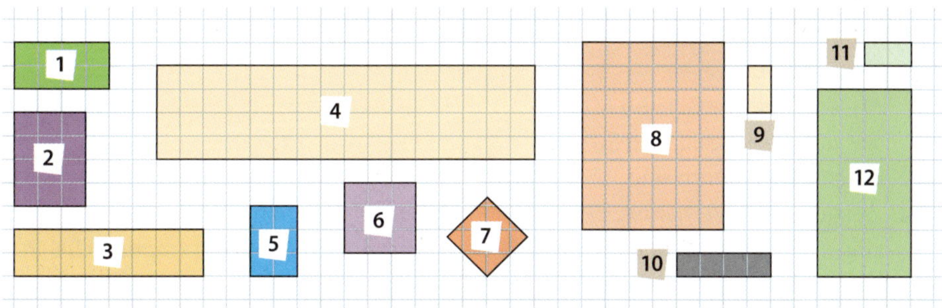

Farbe und Material sind für die Ähnlichkeit in der Mathematik ohne Bedeutung.

3 Übertrage die beiden Figuren in dein Heft. Überprüfe algebraisch, ob die Figuren zueinander ähnlich sind. Beschreibe, wie die grüne Figur geometrisch aus der roten Figur hervorgeht.

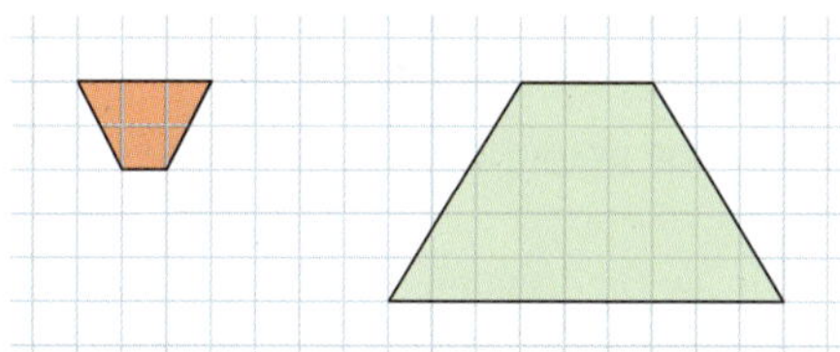

4 Zeichne ein Rechteck und trenne davon wie abgebildet ein Teilrechteck so ab, dass es zum ursprünglichen Rechteck ähnlich ist. Bestimme die Seitenlänge x des Teilrechtecks, wenn …

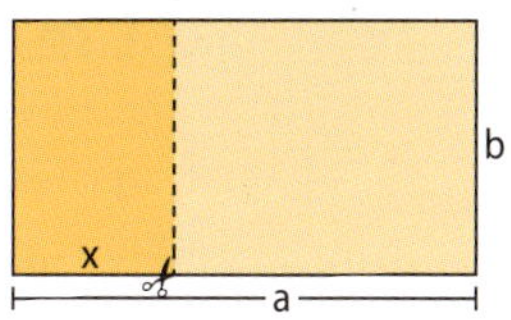

a) $a = 10$ cm; $b = 5$ cm **b)** $a = 6$ cm; $b = 2$ cm
c) $a = 120$ mm; $b = 80$ mm **d)** $a = 7{,}2$ cm; $b = 5{,}4$ cm

5 Überprüfe, ob die Dreiecke TRE und T'R'E' zueinander ähnlich sein können.

a) $\overline{TR} = 12$ cm; $\overline{RE} = 15$ cm; $U_{TRE} = 48$ cm
$\overline{T'R'} = 42$ cm; $\overline{R'E'} = 52{,}5$ cm; $U_{T'R'E'} = 168$ cm

b) $U_{TRE} = 40$ cm; $U_{T'R'E'} = 100$ cm; $A_{TRE} = 60\text{ cm}^2$; $A_{T'R'E'} = 375\text{ cm}^2$

Regelmäßige Muster in Getreidefeldern, die z. B. durch abgebrochene Halme entstehen, nennt man Kornkreise.

6 Kornkreise sind besonders kunstvolle Objekte, in denen häufig ähnliche Figuren zu erkennen sind.

a) Welche Figuren sind im Kornkreis zueinander ähnlich? Begründe.
b) Zeichne mithilfe von ähnlichen Figuren einen eigenen Kornkreis.

7 Ein beliebiges Rechteck ABCD wird wie abgebildet in drei Dreiecke zerlegt. Untersuche, ob die Dreiecke ähnlich sind. Begründe deine Antwort.

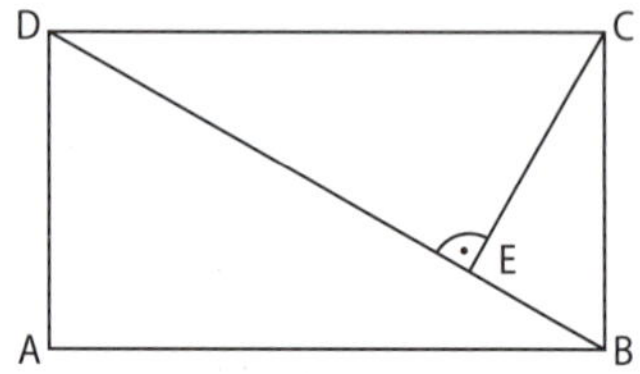

8 Zeichne ein Koordinatensystem (Einheit 1 cm) und trage die Punkte O (0 | 0), L (8 | 0), A (6,5 | 4), F (1,5 | 4), I (4 | 0) und U (4 | 4) sowie das Trapez OLAF und seinen Diagonalenschnittpunkt S ein.
a) Durch eine zentrische Streckung wird die Strecke $\overline{AF}$ auf die Strecke $\overline{LO}$ abgebildet. Weise grafisch und rechnerisch nach, dass das Streckungszentrum die Koordinaten $Z\left(4 \mid 10\frac{2}{3}\right)$ besitzt. Ermittle auch den Streckungsfaktor k.
b) Ermittle die Streckenverhältnisse $\overline{OS}:\overline{SA}$ und $\overline{LS}:\overline{SF}$.
c) Begründe, dass
1 die Dreiecke OIS und AUS,
2 die Dreiecke SIL und SUF
zueinander ähnlich sind.
d) Bestimme das Verhältnis, in dem der Punkt S die Trapezhöhe $\overline{IU}$ teilt. Berechne die Längen der Strecken $\overline{IS}$ und $\overline{SU}$. Ermittle den prozentualen Anteil der Trapezfläche an der Fläche des Dreiecks OLS.

Fertige zuerst eine Skizze an.

9 Überprüfe die untenstehenden Aussagen. Beweise sie, wenn sie richtig sind, und korrigiere sie, wenn sie falsch sind.
a) Eine Diagonale im Drachenviereck teilt das Viereck stets in zwei zueinander ähnliche Dreiecke.
b) Die Diagonalen einer Raute teilen das Viereck in vier zueinander ähnliche Dreiecke.
c) Sei ABC ein Dreieck und g eine Gerade, die parallel zu einer Dreiecksseite ist und die anderen Dreiecksseiten je einmal schneidet. Das durch die Schnittpunkte und einen Eckpunkt des Dreiecks entstandene Dreieck ist zum Dreieck ABC ähnlich.

10 Die Klasse 9a darf eine Wand in ihrem Klassenzimmer (8 m; 3,20 m) bemalen. Als Vorlage dient eine Folie (30 cm; 20 cm), die mit einem Overheadprojektor an die Wand projiziert wird.

a) Beschreibe, wie sich der maximale Streckungsfaktor ermitteln lässt und bestimme seinen Wert.
b) Die Klasse entscheidet sich für k = 15.
1 Bestimme die Höhe einer Figur auf der Wand, die auf der Folie 4,8 cm hoch ist.
2 Das Haus auf der Wand wird 1,80 m hoch. Wie groß ist es auf der Folie?

Origami

Falte aus Papier einen Fisch gemäß folgender Anleitung und entfalte ihn wieder. Färbe im Muster die markierten Dreiecke ein wie unten.

1

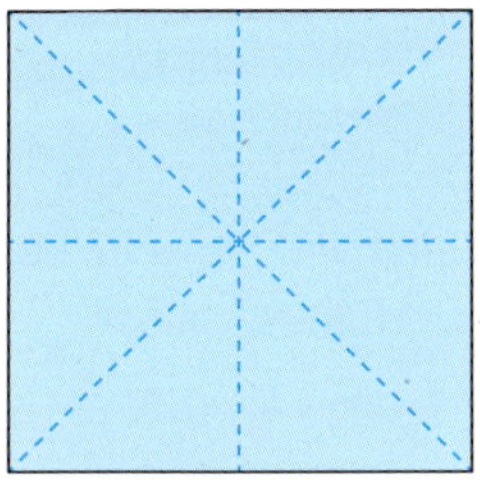

Lege die farbige Fläche nach oben, falte Diagonalen und Mittellinien und öffne wieder.

2

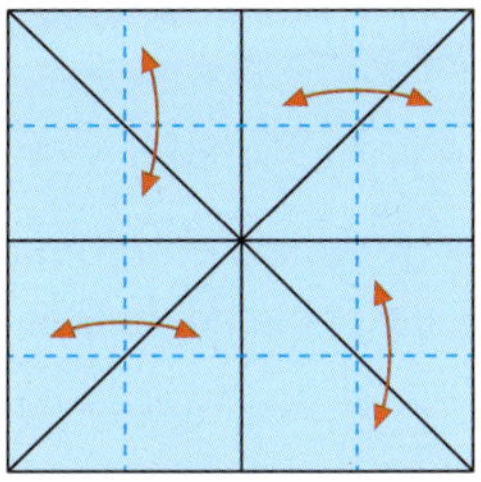

Viertele jede Quadratseite und öffne wieder.

3

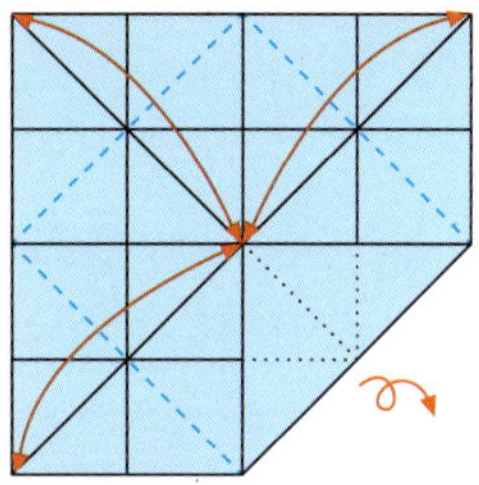

Falte alle vier Ecken zur Mitte. Öffne drei Ecken, die rechte untere bleibt eingeklappt. Wende das Blatt.

4

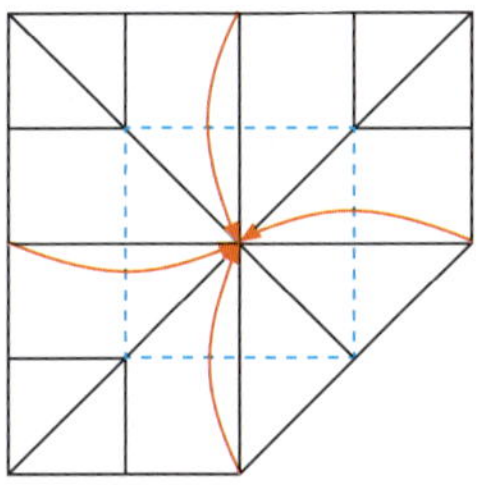

Knicke entlang der blau gezeichneten Kanten so um, dass die Mittelpunkte der Quadratseiten auf den Schnittpunkt in der Quadratmitte fallen, wobei …

5

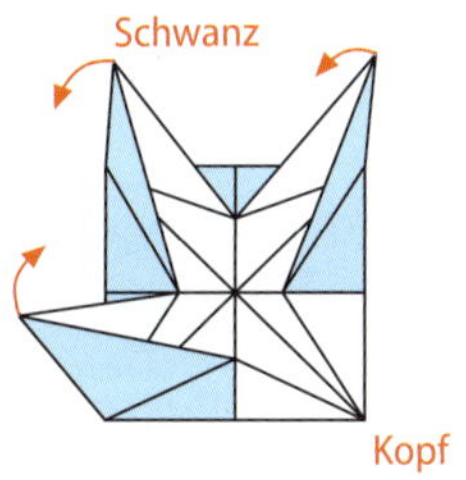

die drei äußeren Ecken hochstehen. Diese bilden Flossen und Schwanz. Die Flossen werden in Richtung Schwanz umgelegt, dieser wird selbst nach unten geklappt.

6

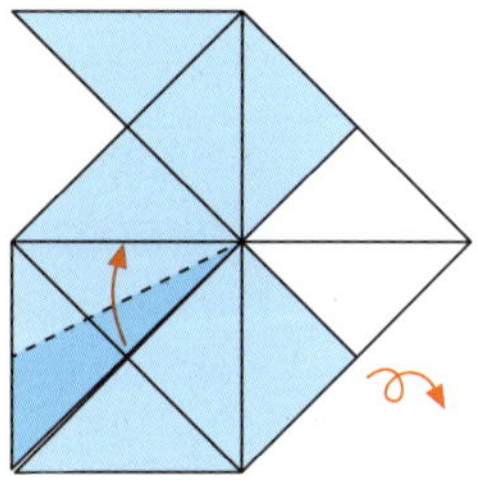

Knicke für den Schwanz die nach unten geklappte Ecke zur Hälfte nach oben, sodass Kante auf Kante liegt. Drehe die Figur: Der Fisch ist fertig.

a) Begründe, dass die markierten Dreiecke jeweils ähnlich zueinander sind.

b) Bestimme jeweils den Faktor k, um den die Seiten gestreckt wurden.

1

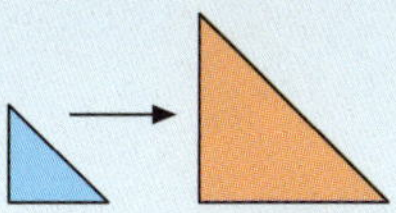

2

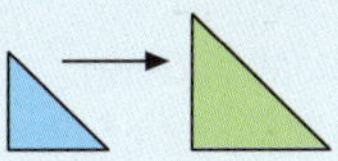

3

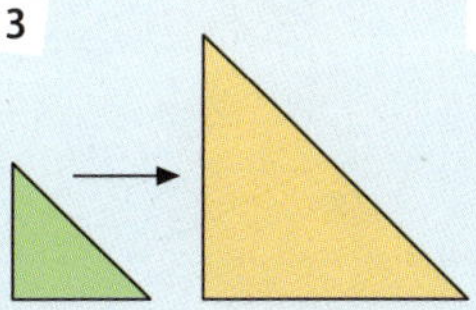

4

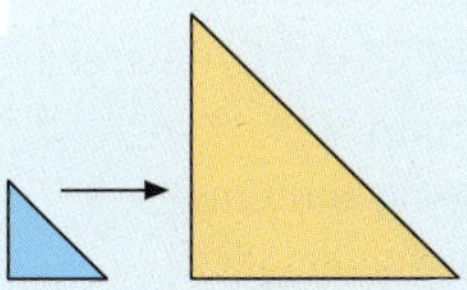

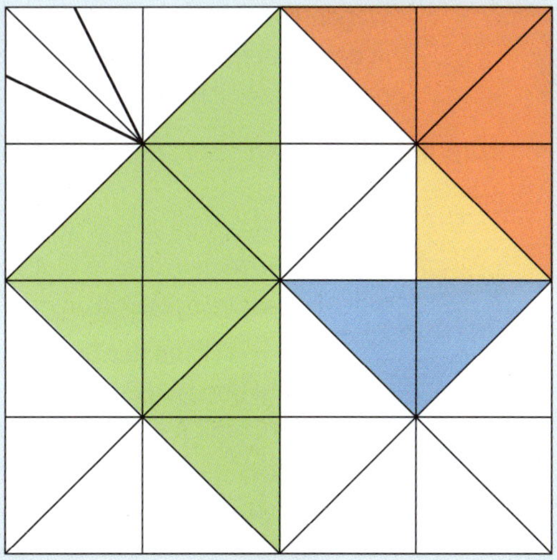

Entdecken

Leah will mit einer dynamischen Geometriesoftware die Dreiecke wie auf der Abbildung nachkonstruieren. Das grüne Dreieck hat sie bereits konstruiert.

- Erläutere die Schritte, die sie ausführen muss, damit aus dem grünen Dreieck das blaue entsteht.
- Beschreibe die gemeinsamen Eigenschaften der Dreiecke.

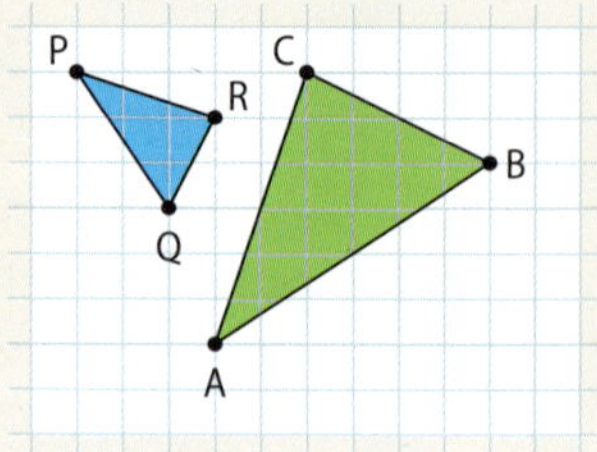

Verstehen

Ähnliche Dreiecke haben gleiche Winkel und stimmen in ihren Seitenverhältnissen überein. Es gelten zwei Sätze, die zeigen, dass eine der beiden Bedingungen erfüllt sein muss.

Betrachtet man die Ähnlichkeitsabbildung von Dreiecken, erhält man folgende **Ähnlichkeitssätze**:

1. Ähnlichkeitssatz:
Dreiecke sind ähnlich, wenn sie in den Maßen zweier Winkel übereinstimmen.
$\alpha = \alpha'$ und $\beta = \beta'$

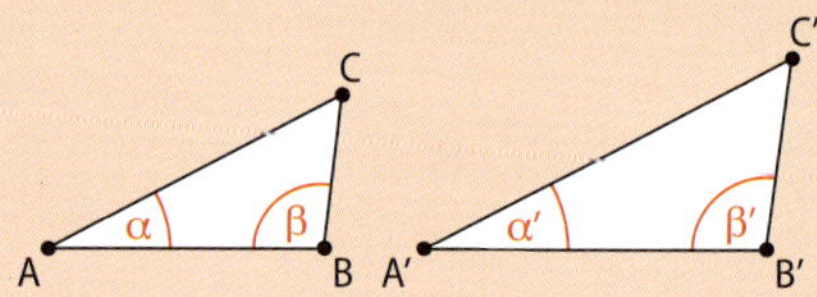

2. Ähnlichkeitssatz:
Dreiecke sind ähnlich, wenn sie in den Verhältnissen der Längen ihrer drei Seiten übereinstimmen.
$a : b : c = a' : b' : c'$

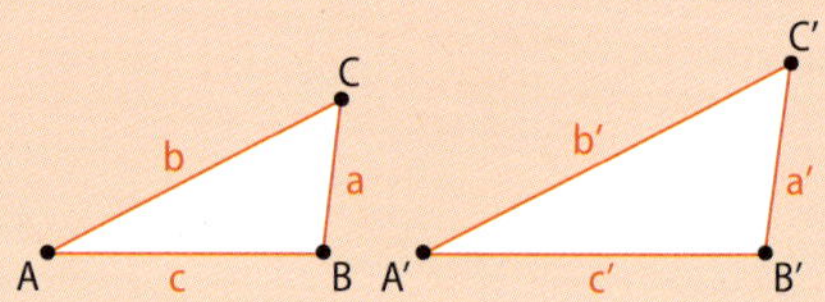

Beispiel

I. Zeichne zwei Dreiecke ABC mit $\alpha = 65°$ und $\beta = 70°$ sowie A'B'C' mit $\alpha' = 65°$ und $\gamma' = 45°$. Sind die Dreiecke ähnlich? Begründe.
Lösung:
Wegen $\beta' = 180° - 65° - 45° = 70°$ stimmen die Dreiecke in den Maßen zweier Winkel überein. Sie sind also ähnlich nach dem zweiten Ähnlichkeitssatz.

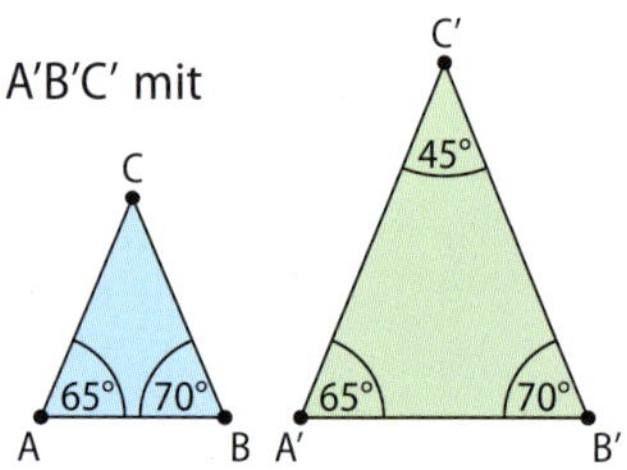

II. Beweise den ersten Ähnlichkeitssatz.
Lösung:
Wegen $\alpha = \alpha'$ und $\beta = \beta'$ folgt: $\gamma = \gamma'$.
1 und **2** zeigen, dass es eine Ähnlichkeitsabbildung gibt, die das Dreieck ΔABC in das Dreieck ΔA'B'C' überführt.

1 Da $\alpha = \alpha'$, kann das Dreieck ΔABC so verschoben, gedreht und gespiegelt werden, dass das Dreieck ΔA*B*C* mit A = A*, $B^* \in \overline{A'B'}$ und $C^* \in \overline{A'C'}$ entsteht.

2 Es gilt: $\alpha^* = \alpha = \alpha'$, $\beta^* = \beta = \beta'$ und $\gamma^* = \gamma = \gamma'$.
Da β^* und β' sowie γ^* und γ' jeweils Stufenwinkel zueinander sind, ist $\overline{B^*C^*} \parallel \overline{B'C'}$.
ΔA*B*C* kann also durch eine zentrische Streckung (Zentrum A' = A*) in ΔA'B'C' überführt werden.

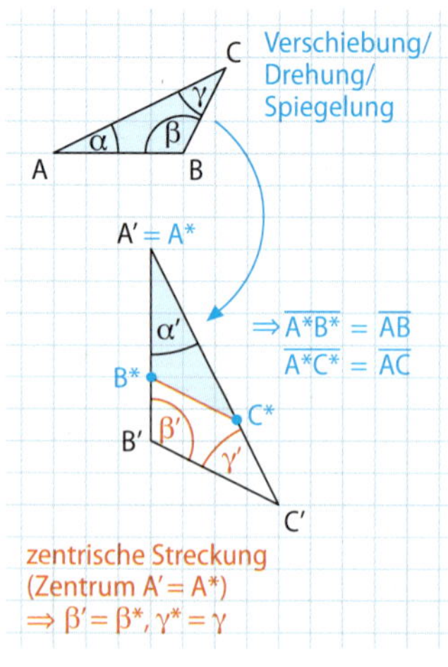

- Begründe, dass in Dreiecken lediglich zwei Winkel übereinstimmen müssen, damit die betrachteten Dreiecke zueinander ähnlich sind.
- Begründe, dass gleichseitige Dreiecke immer ähnlich sind.
- Überprüfe folgende Aussage: Zwei gleichschenklige Dreiecke sind nie ähnlich.

Nachgefragt

Aufgaben

alle Längenmaße in cm

1 Begründe, welche der abgebildeten Dreiecke ähnlich sind.

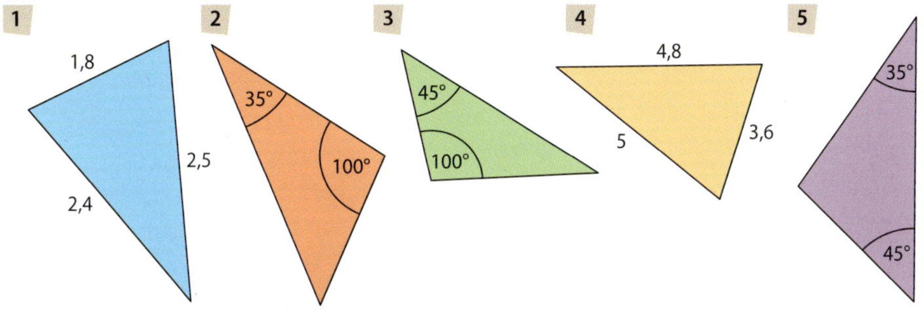

2 In einem Dreieck ABC sind zwei der Innenwinkel 30° und 65° groß. Gegeben sind weiterhin zwei Innenwinkel eines weiteren Dreiecks. Prüfe auf Ähnlichkeit ohne die beiden Dreiecke zu zeichnen.

a) 65°; 85° **b)** 85°; 45° **c)** 30°; 95° **d)** 85°; 30°

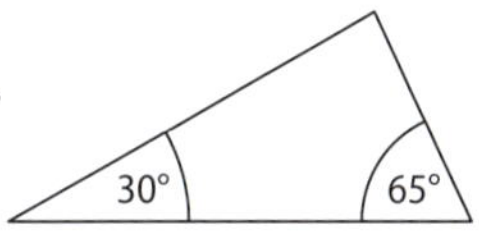

3 Übertrage jede der sechs Figuren in dein Heft. Zeichne dann dort jeweils eine zu ihr ähnliche Figur mit dem angegebenen Streckfaktor. Beschreibe dein Vorgehen.

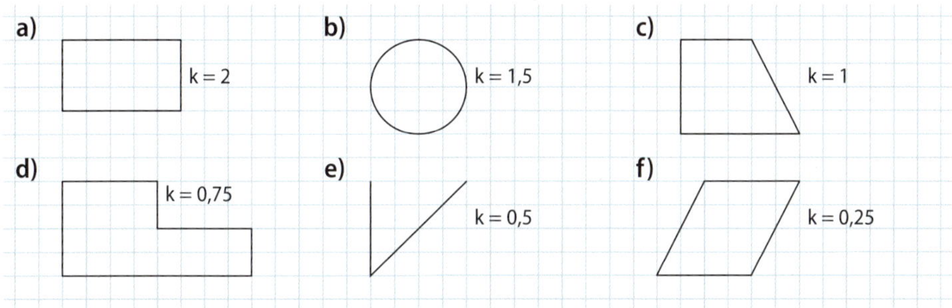

4 Konstruiere ein Dreieck ABC mit den gegebenen Maßen. Zeichne anschließend ein zweites Dreieck A'B'C' so, dass gilt: $\Delta ABC \sim \Delta A'B'C'$.

1 $a = 6\,cm$; $b = 4{,}5\,cm$; $\gamma = 80°$ $a' = 4\,cm$

2 $a = 5\,cm$; $b = 4\,cm$; $c = 7\,cm$ $a' = 3\,cm$

3 $b = 5{,}5\,cm$; $c = 5\,cm$; $\alpha = 80°$ $h_b = 6\,cm$

5 Überprüfe die Aussagen und formuliere sie gegebenenfalls so um, dass sie richtig sind.

„Zwei gleichschenklige Dreiecke sind ähnlich, wenn sie in der Größe eines Winkels übereinstimmen."

„Zwei rechtwinklige Dreiecke sind ähnlich, wenn sie in einem ihrer spitzen Winkel übereinstimmen."

6 Es gibt neben den bisher behandelten Ähnlichkeitssätzen noch zwei weitere hilfreiche Sätze zur Überprüfung der Ähnlichkeit von Dreiecken.

Weiterdenken

3. Ähnlichkeitssatz:
Dreiecke sind ähnlich, wenn sie in den Verhältnissen der Längen zweier Seiten und im Maß des von ihnen eingeschlossenen Winkels übereinstimmen.
$a : c = a' : c'$ und $\beta = \beta'$

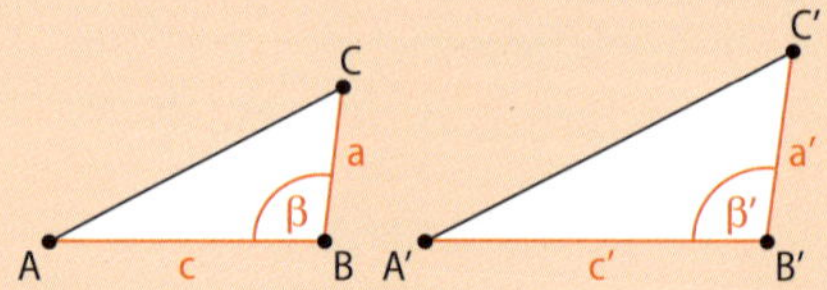

4. Ähnlichkeitssatz:
Dreiecke sind ähnlich, wenn sie in den Verhältnissen der Längen zweier Seiten und im Maß des Gegenwinkels der größeren Seite übereinstimmen.

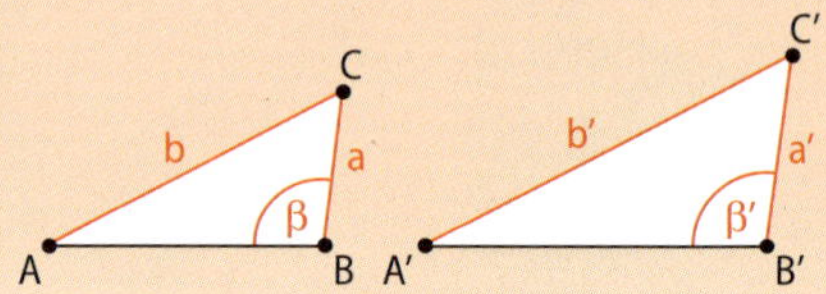

Leite den dritten und vierten Ähnlichkeitssatz aus den ersten beiden Ähnlichkeitssätzen her.

7 Überprüfe die Dreiecke ABC und A'B'C' auf Ähnlichkeit.

a) $\alpha = 57°$; $b = 8$ cm; $c = 12$ cm $\alpha' = 57°$; $b' = 16$ cm; $c' = 24$ cm
b) $\alpha = 70°$; $\beta = 50°$; $c = 35$ mm $\beta' = 50°$; $\gamma' = 80°$; $b' = 6{,}7$ cm
c) $b = 6{,}4$ cm; $c = 2{,}5$ cm; $\beta = 34°$ $b' = 24{,}32$ cm; $c' = 9{,}5$ cm; $\beta' = 34°$
d) $a = 58$ mm; $c = 26$ mm; $\gamma = 45°$ $a' = 2{,}9$ cm; $c' = 2{,}6$ cm; $\gamma' = 45°$
e) $a = 2{,}6$ m; $\alpha = \beta = 60°$ $b' = 47$ mm; $c' = 4{,}7$ cm; $\gamma' = 60°$

Fertige eine Planskizze an.

8 Die Dreiecke ABC und A'B'C' sind ähnlich. Berechne fehlende Seitenlängen.

a) $a = 5$ cm; $b = 4{,}4$ cm; $c = 5{,}6$ cm; $a' = 12{,}5$ cm
b) $a = 25$ mm; $b = 45$ mm; $c = 55$ mm; $c' = 11$ mm
c) $b = 45$ m; $a' = 38$ mm; $b' = 5$ cm; $c' = 0{,}65$ dm

Lösungen zu 9: 3,75 cm; 2 cm; 3,5 cm; 4 cm

9 $\Delta ABC \sim \Delta A'B'C'$. Berechne die Längen der Strecken x und y für die Dreiecke.

a)

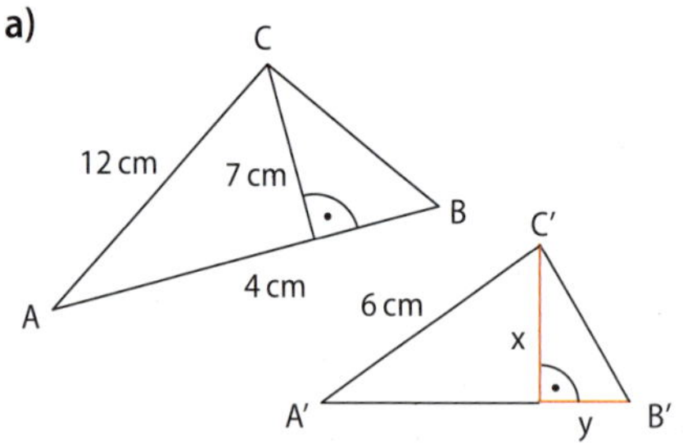

b)

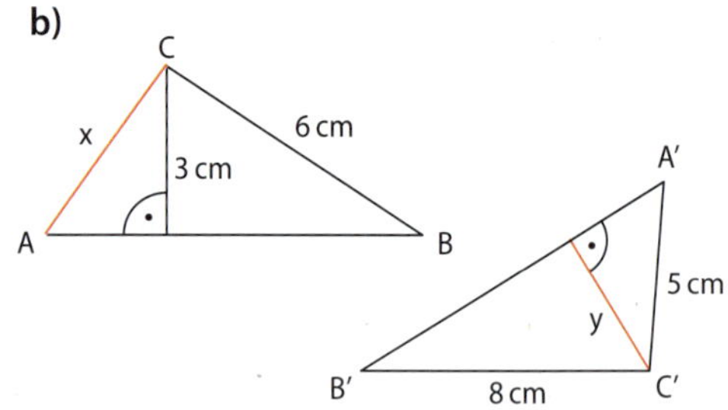

10 Das Rechteck ABCD in der nebenstehenden Zeichnung ist 6 cm lang und 5 cm breit. Das Dreieck ABF nimmt 30 % der Rechtecksfläche ein. Finde heraus, welchen Flächeninhalt das Dreieck AED besitzt.

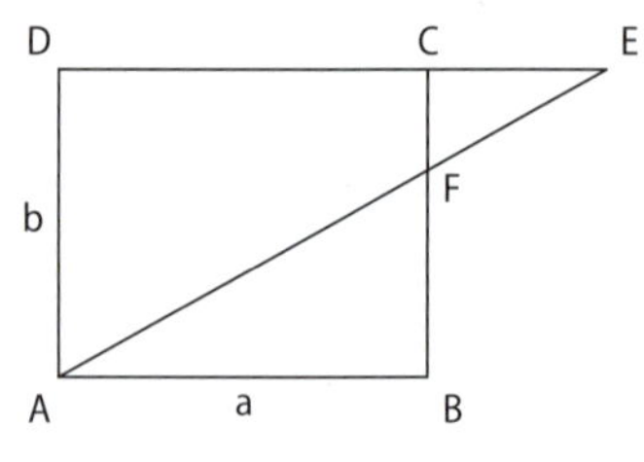

11 Zeichne in ein beliebiges Dreieck ABC eine Parallele zur Dreiecksseite $\overline{AC}$.

a) Begründe, dass das Dreieck PBQ ähnlich zum Ausgangsdreieck ABC ist.

b) Die Mittelparallele im Dreieck verläuft parallel zu einer Dreiecksseite durch die Mitte der anderen Seiten. Gib eine Formel für die Berechnung der Länge der Mittelparallelen an.

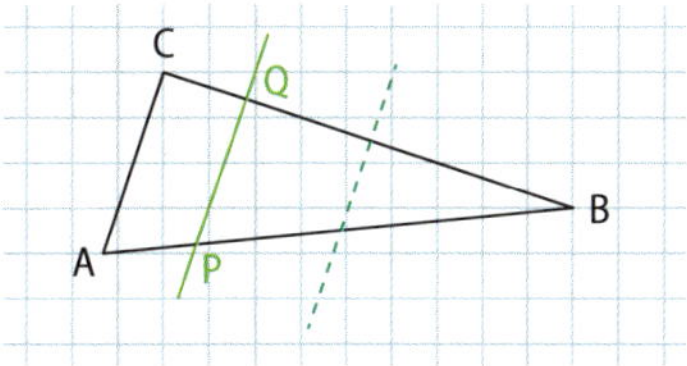

12 Zeichne das rechtwinklige Dreieck DOM (Seitenlängen 5 cm, 12 cm und 13 cm) und trage dann die Höhe $\overline{MI}$ zu dessen Hypotenuse $\overline{DO}$ sowie das Lot $\overline{IN}$ vom Punkt I auf die Kathete $\overline{MD}$ in deine Zeichnung ein.

a) Gib alle in deiner Zeichnung enthaltenen Dreiecke an, die zueinander ähnlich sind.

b) Berechne den Flächeninhalt A_{DOM} und den Umfang U_{DOM} des Dreiecks DOM sowie die Länge der Strecke $\overline{MI}$.

c) Gib die Längenverhältnisse $\frac{\overline{DI}}{\overline{IN}}$, $\frac{\overline{OM}}{\overline{MI}}$ und $\frac{\overline{MD}}{\overline{OM}}$ an.

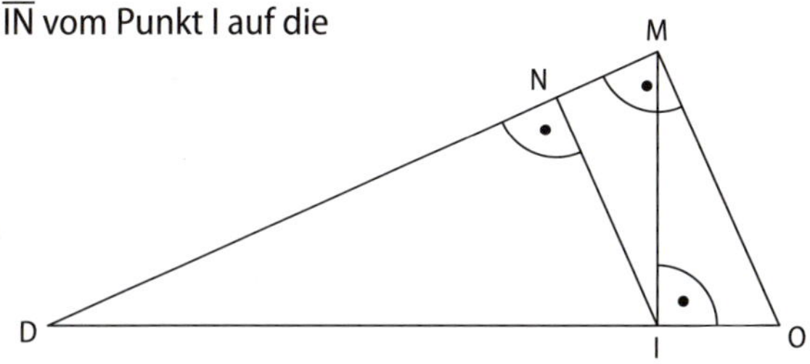

13 Verbindet man in einem beliebigen Dreieck die Mittelpunkte der Dreiecksseiten, so erhält man das sogenannte Mittendreieck.

a) Begründe: Das Mittendreieck und das Ausgangsdreieck sind ähnlich.

b) Treffe eine begründete Aussage über den Flächeninhalt des Mittendreiecks.

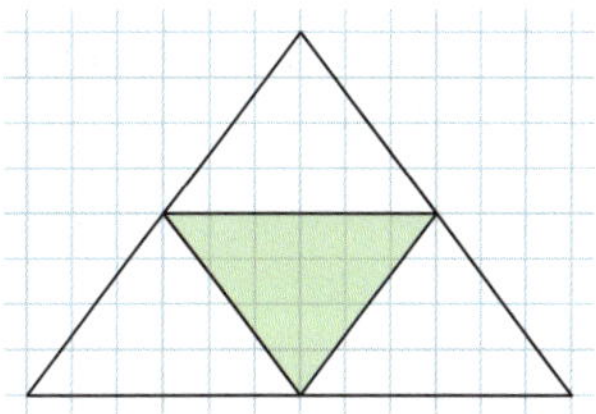

Vertiefung

Argumentieren und begründen

Ein rechteckiges Stück Papier wird so gefaltet, dass der Eckpunkt B auf einem beliebigen Punkt X der Seite $\overline{CD}$ liegt.

- Miss die Seiten und Winkel der entstandenen Dreiecke und stelle eine Vermutung auf.
- Begründe, dass die drei Dreiecke SCX, XDR und TUR der nebenstehenden Figur paarweise zueinander ähnlich sind.
- Erstelle die untere Zeichnung mit einer dynamischen Geometriesoftware, wobei durch Ziehen an den Punkten B und C die Maße des Rechtecks ABCD festgelegt werden und X ein variabler Punkt auf $\overline{CD}$ ist. Überprüfe, ob deine Vermutung aus a) für jede Lage von X zutrifft.
- Verändere nun die Voraussetzungen, d. h. das Rechteck ABCD. Beschreibe deine Beobachtungen. Beantworte folgende Fragen durch Experimentieren mit einer dynamischen Geometriesoftware.
  1. Ergeben sich immer drei ähnliche Dreiecke?
  2. In welchem Fall geht die Faltachse SU durch die Ecke A?
  3. Unter welchen Voraussetzungen sind die drei Seitenlängen der Dreiecke SCX und XDR gleich?

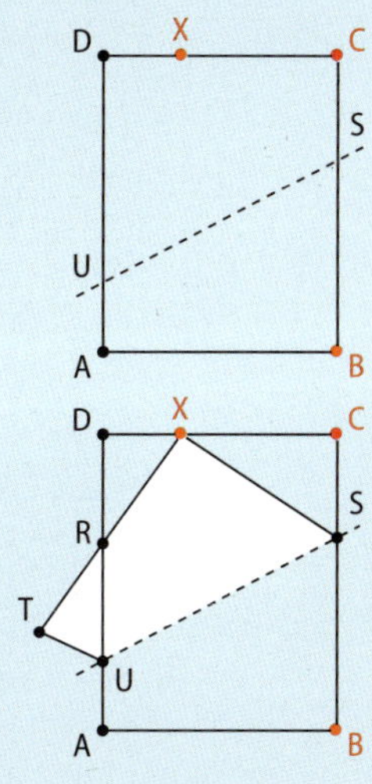

Entdecken

Gregor, Laura, Lucas und Sophie sollen das Bild im Maßstab 1:1 kopieren.

Gregor: „Ich mache mir eine Farbkopie."
Laura: „Ich zeichne das Bild mit Pauspapier ab."
Lucas: „Ich messe Seiten und Winkel ab und zeichne die Kopie mit dem Geodreieck."
Sophie: „Ich beschreibe alle notwendigen Punkte durch Koordinaten."

- Nimm Stellung zu den verschiedenen Vorgehensweisen.
- Beschreibe, welche Bedeutung das Wort „Kopie" in diesem Zusammenhang hat.

Verstehen

Bei einer zentrischen Streckung mit $k = 1$ oder $k = -1$ entsteht ein Bild im Maßstab 1:1. Form und Größe der gestreckten Figur bleiben dabei erhalten.

Die Kongruenz von Dreiecken hat eine grundlegende Bedeutung, da sich jedes Vieleck in Dreiecke zerlegen lässt.

Lassen sich zwei Figuren F_1 und F_2 vollständig miteinander zur Deckung bringen, heißen sie **kongruent (deckungsgleich)**. Mathematisch bedeutet dies, dass sich F_1 und F_2 durch eine oder mehrere **Kongruenzabbildungen** (Achsenspiegelung, Punktspiegelung, Drehung oder Verschiebung) aufeinander abbilden lassen.

Man schreibt $F_1 \cong F_2$ und sagt „F_1 ist kongruent zu F_2".

Um festzustellen, ob **Dreiecke** kongruent sind, genügt es drei geeignete Bestimmungsstücke zu kennen. Dies halten die sogenannten **Kongruenzsätze** fest:

Dreiecke sind genau dann kongruent zueinander, wenn sie …
- in der Länge ihrer drei Seiten übereinstimmen (**SSS**).
- in der Länge zweier Seiten und dem Maß des eingeschlossenen Winkels übereinstimmen (**SWS**).
- in der Länge einer Seite und dem Maß zweier entsprechenden Winkel übereinstimmen (**WSW**).
- in der Länge zweier Seiten übereinstimmen und dem Maß des Winkels, der der längeren Seite gegenüberliegt (**SsW**).

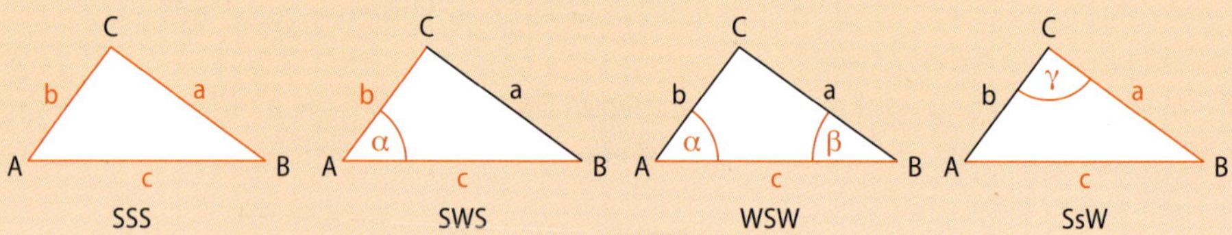

Beispiel

Begründe mithilfe eines Kongruenzsatzes, dass die Dreiecke AED und BCE kongruent sind und folgere daraus, dass die Strecken $\overline{DE}$ und $\overline{EC}$ gleich lang sind.

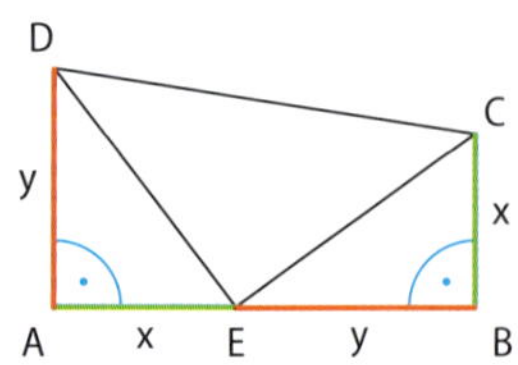

Lösung:

Die Dreiecke AED und BCE stimmen in den Längen zweier Seiten (x bzw. y) und in der Größe von deren Zwischenwinkel (90°) überein. Sie sind also nach dem SWS-Satz kongruent ($\Delta AED \cong \Delta BCE$) zueinander. Deshalb stimmen sie insbesondere auch in der Länge ihrer dritten Seite überein: $\overline{DE} = \overline{EC}$.

- Erläutere, dass es einen Kongruenzsatz WSW gibt, aber keinen entsprechenden Ähnlichkeitssatz.
- Erkläre, warum Achsenspiegelung, Punktspiegelung, Drehung und Verschiebung als Kongruenzabbildungen bezeichnet werden.

Nachgefragt

Aufgaben

1 Die vier Dreiecke stimmen in der Länge einer Seite und den Größen 45° bzw. 70° der beiden gekennzeichneten Winkel überein. Finde heraus, welche dieser Dreiecke kongruent sind, und begründe deine Aussage.

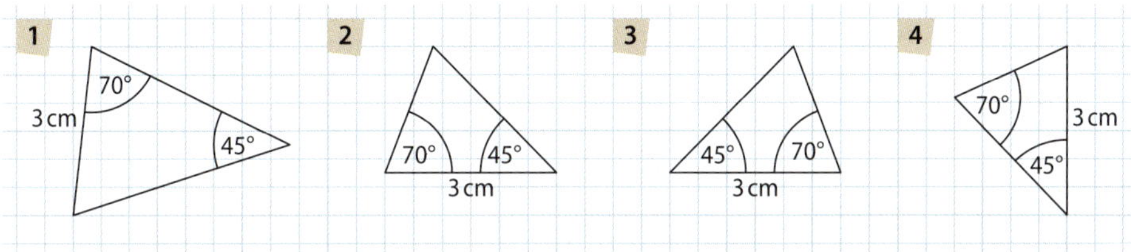

2 Zeichne mindestens fünf Quadrate mit der Seitenlänge 6 cm auf ein Blatt Papier und zerlege jedes von ihnen auf eine andere Art in vier kongruente Teilfiguren.

3 Zeichne mindestens drei Rechtecke (Länge 8 cm, Breite 6 cm) auf ein Blatt Papier und zerlege jedes von ihnen auf eine andere Art in vier kongruente Teilfiguren.

4
1 O(7|6); M(9|4); A(10|7) und O'(1|4); M'(3|2); A'(4|5)
2 U(1|1); L(3|5); F(1|5) und U'(5|3); L'(3|−1); F'(5|−1)
3 G(1|0); E(6|1); L(4|2) und G'(1|0); E'(2|−2); L'(0|−3)
4 P(−1|5); I(−4|6); N(−3|3) und P'(−5|5); I'(−6|2); N'(−3|3)

a) Zeichne die Dreiecke in ein Koordinatensystem (Einheit 1 cm). Überprüfe mithilfe der Kongruenzsätze, ob die Dreiecke kongruent zueinander sind.

b) Finde für kongruente Dreiecke aus a) eine Achsenspiegelung, Punktspiegelung, Drehung oder Verschiebung, die die Dreiecke aufeinander abbildet.

5 Trage die Punkte T(2|1), E(5|1) und D(2|5) in ein Koordinatensystem (Einheit 1 cm) ein.

a) Ergänze das Dreieck TED durch ein zu ihm kongruentes Dreieck zu einem Rechteck. Gib die Koordinaten der vierten Ecke dieses Rechtecks an.

b) Ergänze das Dreieck TED auf zwei verschiedene Arten durch ein zu ihm kongruentes Dreieck zu einem nicht rechteckigen Parallelogramm. Gib jeweils die Koordinaten der vierten Ecke des Parallelogramms an. Findest du noch eine weitere Möglichkeit?

6 Untersuche bei jeder Aussage, ob sie wahr oder falsch ist. Gib jeweils eine Begründung an. Zwei Dreiecke sind stets kongruent, wenn sie …

a) in den Längen zweier Seiten und in der Größe eines Winkels übereinstimmen.

b) in der Länge einer Seite und in den Größen zweier Winkel übereinstimmen.

c) in den Längen zweier Seiten und in der Größe des Winkels zwischen diesen beiden Seiten übereinstimmen.

d) in den Längen zweier Seiten und in den Größen aller drei Winkel übereinstimmen.

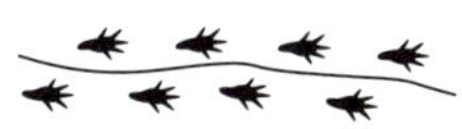

Wer ist hier gelaufen? Sind die Fußspuren kongruente Figuren?

7 Überprüfe, ob das Dreieck $A_1B_1C_1$ zum Dreieck $A_2B_2C_2$ kongruent sein kann.

a) $a_1 = c_2;\ c_1 = b_2;\ b_1 = a_1$

b) $b_1 = c_2;\ a_1 = b_2;\ \beta_1 = \alpha_1$

c) $c_1 = a_2;\ \beta_1 = \gamma_2;\ \alpha_1 = \beta_2$

d) $a_1 = b_2;\ c_1 = c_2;\ \alpha_1 = \alpha_2$

e) $b_1 + c_1 = b_2 + c_2;\ a_1 = a_2;\ \beta_1 = \beta_2$

f) $b_1 = a_2;\ \alpha_1 = \beta_2;\ \gamma_1 = \alpha_2$

8 Mithilfe der Kongruenzsätze lassen sich Dreiecke eindeutig konstruieren.

Ein Dreieck ist „**eindeutig konstruierbar**" bedeutet: Alle Personen erhalten beim Konstruieren aus denselben Stücken stets zueinander kongruente Dreiecke.

Gib den entsprechenden Kongruenzsatz an und konstruiere das Dreieck ABC.

a) $a = 3$ cm; $b = 4$ cm; $c = 3{,}5$ cm

b) $a = 4$ cm; $b = 3$ cm; $\beta = 40°$

c) $b = 3$ cm; $\alpha = 90°$; $\gamma = 30°$

d) $c = 3{,}5$ cm; $a = 3$ cm; $\gamma = 60°$

9 Laura und Tim konstruieren mit Zirkel und Lineal ein Dreieck mit den Angaben $a = 6$ cm, $b = 5$ cm und $\beta = 50°$. Sie vergleichen ihr Ergebnis:
„Komisch, obwohl wir von den gleichen Angaben ausgehen, haben unsere Dreiecke eine unterschiedliche Form … Hat einer von uns beiden etwas falsch gemacht?"

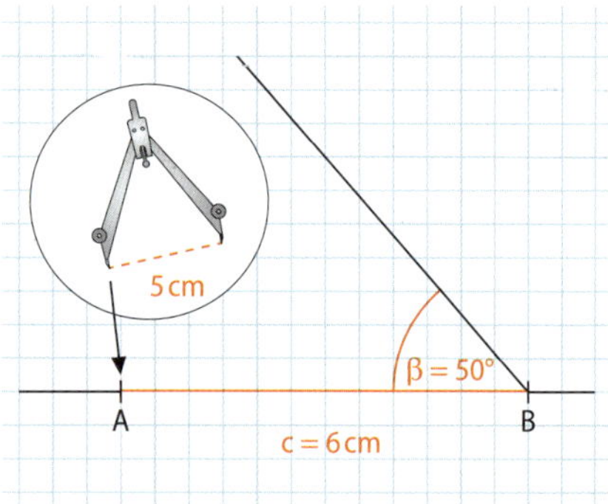

a) Konstruiere ebenfalls ein Dreieck aus den gegebenen Größen. Erhältst du auch mehrere Lösungen? Diskutiere dein Ergebnis mit deinem Nachbarn oder deiner Nachbarin.

b) Wie kannst du die Angaben ändern, sodass es nur eine Lösung gibt?

c) Konstruiere jeweils das Dreieck ABC und beurteile mithilfe der Kongruenzsätze, ob die Konstruktion eindeutig ist.

1 $a = 3$ cm, $b = 2$ cm und $c = 4$ cm

2 $a = 3{,}5$ cm, $c = 4$ cm und $\alpha = 50°$

3 $c = 4$ cm, $\alpha = 11°$ und $\beta = 25°$

10 Fertige zunächst die geforderte Zeichnung an und vergleiche dein Ergebnis anschließend mit deinem Nebensitzer oder Nebensitzerin.

a) Zeichne eine Figur mit genau zwei Symmetrieachsen, die aus zwei kongruenten rechtwinkligen Dreiecken besteht.

b) Zeichne eine Figur, die aus zwei kongruenten rechtwinkligen Dreiecken besteht und genau eine Symmetrieachse besitzt.

c) Zeichne eine punktsymmetrische Figur, die aus zwei kongruenten rechtwinkligen Dreiecken besteht.

d) Zeichne eine Figur mit genau zwei Symmetrieachsen, die aus vier kongruenten rechtwinkligen Dreiecken besteht.

e) Zeichne eine Figur, die aus vier kongruenten rechtwinkligen Dreiecken besteht und genau eine Symmetrieachse besitzt.

f) Zeichne eine punktsymmetrische Figur, die aus vier kongruenten rechtwinkligen Dreiecken besteht.

11 Zeichne ein Quadrat ABCD mit der Seitenlänge 4 cm.

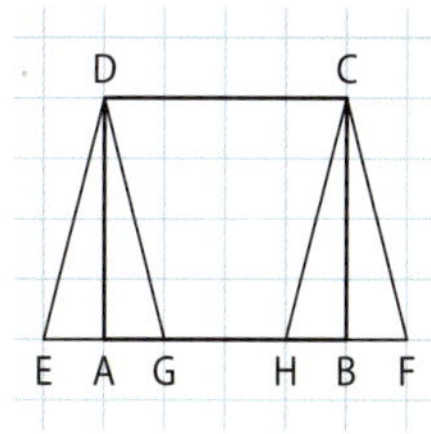

a) Verlängere die Strecke $\overline{AB}$ nach beiden Seiten um jeweils 1 cm (vgl. Abbildung), um die Punkte E bzw. F zu erhalten. Begründe mithilfe eines Kongruenzsatzes, dass die Dreiecke EAD und BFC zueinander kongruent sind. Kennzeichne in deiner Zeichnung die drei bei der Begründung verwendeten Größenpaare mit drei Farben.

b) Trage vom Punkt A und vom Punkte B aus jeweils „nach innen" 1 cm ab (vgl. Abbildung). Begründe mithilfe eines Kongruenzsatzes, dass die Dreiecke AGD und HBC kongruent sind. Kennzeichne die verwendeten Größenpaare mit jeweils einer Farbe.
Tipp: Verwende drei andere Farben als in Teilaufgabe a).

c) Begründe mithilfe eines Kongruenzsatzes, dass die Dreiecke EGD und HFC kongruent sind. Du kannst dabei Ergebnisse der Teilaufgaben a) und b) verwenden.

12 Gib an, von welchem Grundkörper das Netz …

a) aus vier kongruenten, gleichseitigen Dreiecken mit lauter gleich langen Seiten besteht.

b) aus sechs Rechtecken besteht, die paarweise kongruent sind.

c) aus vier Dreiecken, die paarweise kongruent sind, und einem Rechteck besteht.

13 a) Untersuche, wie sich die Voraussetzungen der Kongruenzsätze grundsätzlich von denen der Ähnlichkeitssätze unterscheiden.

b) Begründe, warum die Kongruenz als Sonderfall der Ähnlichkeit gilt. Ordne anschließend den Ähnlichkeitssätzen den jeweils passenden Kongruenzsatz zu und halte deine Ergebnisse in einer Tabelle fest.

14 In der Mathematik versteht man unter **Parkettierung**, eine Fläche lückenlos und ohne Überlappung mit geometrischen Figuren auszufüllen.

a) Parkettierung aus kongruenten Dreiecken.

A

B

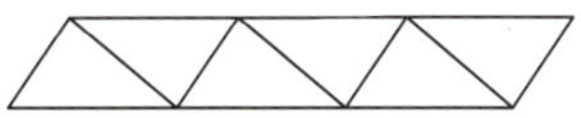

C

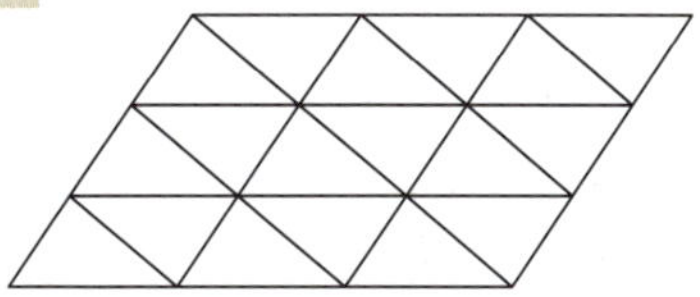

1 Beschreibe, wie aus dem ersten Dreieck die Parkettierung entsteht.

2 Begründe, warum die Dreiecke kongruent sein müssen.

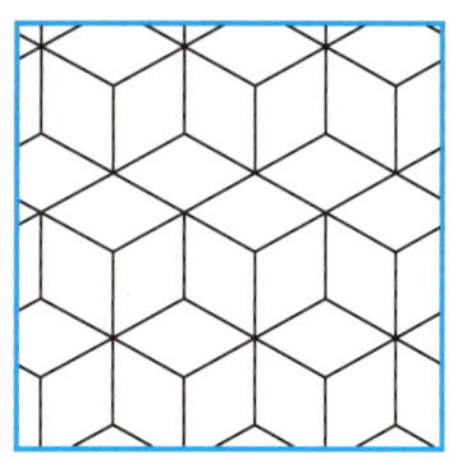

b) Fertige eine eigene Parkettierung mit einem beliebigen Vieleck an. Mit welchen Vielecken gelingen Parkettierungen, mit welchen nicht?

c)

M.C. Escher ist bekannt für seine Parkettierungen.

1 Untersuche, welche Voraussetzungen die Figuren haben müssen, damit eine Fläche lückenlos ausgefüllt werden kann.

2 Suche im Internet nach weiteren Beispielen.

Entdecken

Planfigur:

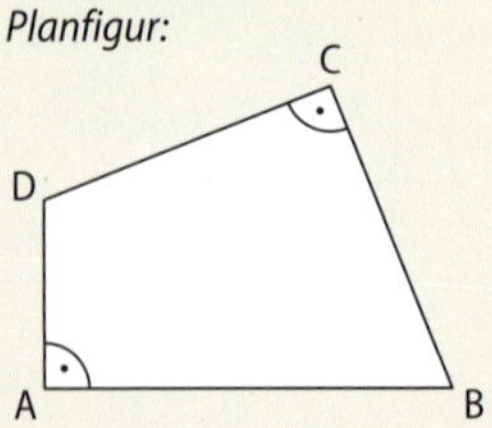

Du kannst auch eine dynamische Geometriesoftware nutzen.

In einem Mathematikbuch steht der folgende geometrische Zusammenhang:

Wenn in einem Viereck ABCD zwei gegenüberliegende Innenwinkel 90° betragen, dann hat das Viereck einen Umkreis.

- Überprüfe an Beispielen, ob die Aussage zutrifft.
- Erkläre, warum man sich aufgrund der Beispiele nicht sicher sein kann, dass die Aussage für jedes Viereck mit der beschriebenen Eigenschaft zutrifft.
- Übertrage das Viereck in dein Heft und zerlege es in zwei rechtwinklige Dreiecke. Begründe verbal, dass der geometrische Zusammenhang richtig ist.
- In der Planfigur sind α und γ rechtwinklig. Wie ändert sich die Argumentation, wenn stattdessen β und δ rechtwinklig sind?

Verstehen

Aufgrund von Messungen und Beispielen lassen sich Vermutungen über geometrische Zusammenhänge aufstellen. Für eine allgemeingültige Begründung eines mathematischen Sachverhalts reicht dies jedoch nicht aus.

- *Welche Zusammenhänge kennst du in rechtwinkligen Dreiecken?*
- *Bei welchen dieser Zusammenhänge spielen Kreise eine Rolle?*

Um die **Allgemeingültigkeit einer Aussage** zu zeigen, führt man **mathematische Beweise** durch.

Ein mathematischer Beweis besteht aus einer **Voraussetzung**, einer **Behauptung** und der **Beweisführung**.
Unter der Voraussetzung versteht man die gegebenen Eigenschaften. Diese werden in der Geometrie in eine Planfigur eingetragen.
Die Behauptung ist die Aussage, die wir in der Beweisführung aus der Voraussetzung herleiten. Diese Herleitung erfolgt dabei Schritt für Schritt durch …

- bekannte Definitionen,
- bekannte geometrische Zusammenhänge (z. B. Innenwinkelsumme),
- bekannte mathematische Sätze (z. B. Satz des Thales),
- Gesetzmäßigkeiten von Abbildungen (z. B. Achsenspiegelung),
- …

Ein bewiesener mathematischer Zusammenhang wird oft auch als **Satz** bezeichnet.

Beispiel

„Wenn zwei Dreiecke kongruent sind, dann haben sie denselben Umfang."

a) Formuliere die Voraussetzung und die Behauptung dieses Satzes.

b) Beweise die Gültigkeit des Satzes.

*Tipp: Einen mathematischen Satz formuliert man häufig in der **„Wenn …, dann … ."**-Form. Dabei beschreibt der „Wenn"-Teil die Voraussetzung und der „dann"-Teil die Behauptung.*

Lösung:

Planfigur

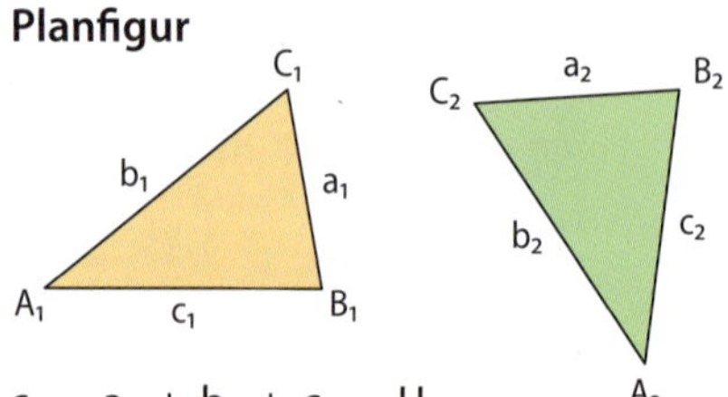

a) Voraussetzung: $\Delta A_1B_1C_1 \cong \Delta A_2B_2C_2$
Behauptung: $U_{\text{Dreieck 1}} = U_{\text{Dreieck 2}}$

b) Wegen $\Delta A_1B_1C_1 \cong \Delta A_2B_2C_2$ (Voraussetzung) sind entsprechende Seiten gleich lang. Bei gleichartiger Beschriftung der Seiten gilt:
$a_1 = a_2,\ b_1 = b_2,\ c_1 = c_2 \quad \Rightarrow \quad U_{\text{Dreieck 1}} = a_1 + b_1 + c_1 = a_2 + b_2 + c_2 = U_{\text{Dreieck 2}}$

- Überprüfe Voraussetzung und Behauptung der folgenden Sätze. Was stellst du fest?
  1 Wenn ein Dreieck zwei gleich große Winkel besitzt, dann ist es gleichschenklig.
  2 Ein Dreieck ist gleichschenklig, wenn es zwei gleich große Winkel besitzt.
- Ändert sich die mathematische Aussage, wenn man Voraussetzung und Behauptung in den Kongruenzsätzen vertauscht?

Nachgefragt

Aufgaben

1 Nebenstehend soll die Kongruenz der rechtwinkligen Dreiecke ABC und ACD an einem Kreis gezeigt werden (siehe Planfigur). Doch da ist etwas schief gelaufen. Finde den Fehler und beschreibe ihn.

Planfigur:

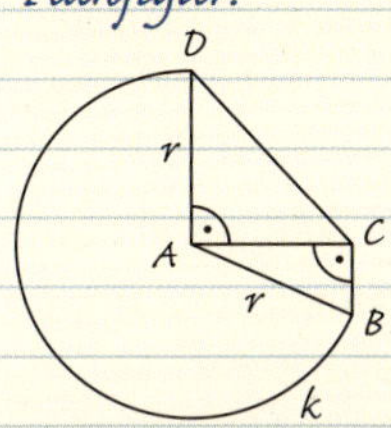

Betrachte ΔABC und ΔACD:
$\overline{AC} = \overline{AC}$
$\sphericalangle CAD = \sphericalangle ACB = 90°$
$\overline{AD} = \overline{AB} = r$
$\Rightarrow \Delta ABC \cong \Delta ACD$

2 Die Planfiguren zu 1 und 2 sind in der Randspalte abgebildet.

1 **Voraussetzung:** Das Trapez ABCD ist gleichschenklig, d. h.
$\overline{AB} \parallel \overline{CD}$; $b = d$; $\alpha = \beta$; $\gamma = \delta$

Behauptung: $e = f$

Beweis: Betrachte die Dreiecke ΔABC und ΔABD. Es gilt:
- $\alpha = \beta$ (nach Voraussetzung)
- $b = d$ (nach Voraussetzung)
- Beide Dreiecke haben die gemeinsame Seite a

Mit dem SWS-Satz gilt: $\Delta ABC \cong \Delta ABD$.
$\Rightarrow e = f$

2 **Voraussetzung:** Das Trapez ABCD ist gleichschenklig. Die gemeinsame Mittelsenkrechte der Grundseiten ist die Symmetrieachse s.

Behauptung: $e = f$

Beweis: Durch Spiegelung an s wird
- A auf B abgebildet.
- C auf D abgebildet.

$\Rightarrow$ Die Strecke $\overline{AC}$ wird durch Spiegelung an s auf $\overline{BD}$ abgebildet.

Die Achsenspiegelung ist längentreu.
$\Rightarrow e = f$

Planfigur zu 1

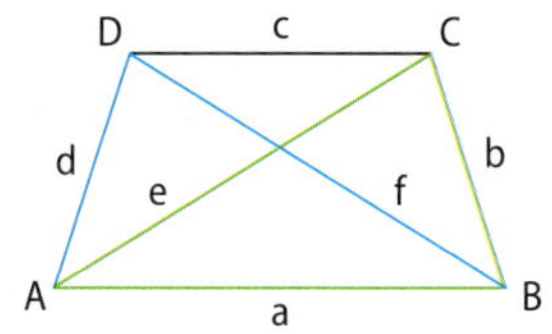

Planfigur zu 2

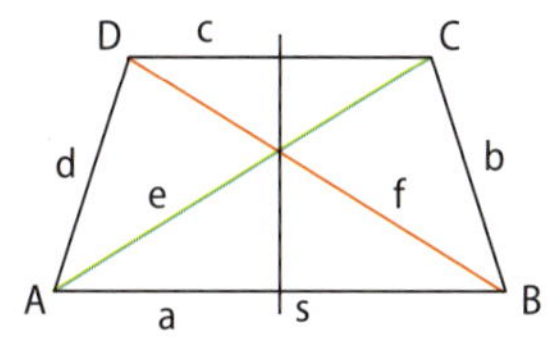

a) Erkläre beide Beweise mit eigenen Worten.
b) Vergleiche die Beweise: Welche Bedeutung haben …
die kongruenten Dreiecke für 1 ? die Symmetrieabbildungen für 2 ?

3 Beweise die folgenden geometrischen Zusammenhänge (Planfigur, Voraussetzung, Behauptung, Beweis).
a) In einem gleichseitigen Dreieck haben alle Innenwinkel das Maß 60°.
b) Wenn eine Winkelhalbierende in einem Dreieck auf einer Dreiecksseite senkrecht steht, dann ist das Dreieck gleichschenklig.
c) Wenn ein Dreieck gleichschenklig ist, dann sind die Strecken der Winkelhalbierenden der Basiswinkel vom jeweiligen Eckpunkt bis zum Schnittpunkt mit dem gegenüberliegenden Schenkel gleich lang.
d) In einem Parallelogramm sind gegenüberliegende Winkel jeweils gleich groß.

Tipp: Nutze die Kongruenzsätze.

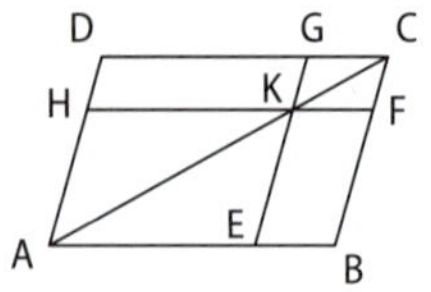

4 Die abgebildete Figur besteht aus Parallelogrammen mit jeweils gleichen Winkeln.
a) Begründe, dass die Dreiecke AEK und KFC ähnlich zueinander sind.
b) Nenne zwei Dreiecke, die zum Dreieck KCG ähnlich, aber nicht kongruent sind.
c) Es gilt: $\overline{AE} = 4$ cm; $\overline{EK} = 2{,}4$ cm und $\overline{FC} = 1{,}8$ cm. Bestimme die Länge von $\overline{KF}$.

5 Die Diagonalen in einem Trapez ABCD schneiden sich in M und zerlegen das Trapez in vier Dreiecke. Zeige: Die Dreiecke ABM und CDM sind ähnlich. Fertige zunächst eine Planfigur an.

6 Beweise mithilfe der Ähnlichkeit von Teildreiecken folgende Behauptung:
In jedem Dreieck gilt: $\frac{a}{b} = \frac{h_b}{h_a}$.

7 Ein rechtwinkliges Dreieck mit einem weiteren Winkel von 30° sowie ein rechtwinkliges Dreieck mit einem weiteren Winkel von 60° sind ähnlich. Begründe.

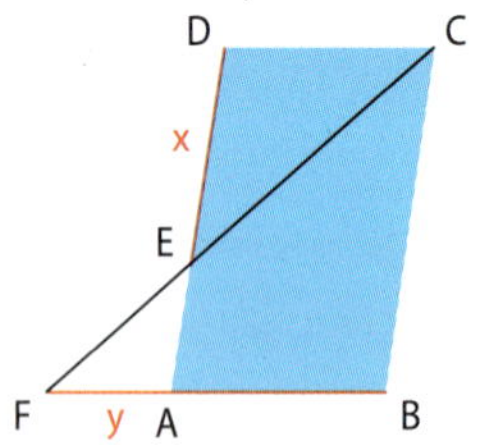

8 Im abgebildeten Parallelogramm ABCD wird ein beliebiger Punkt E auf $\overline{AD}$ entnommen. Zeige, dass das Produkt $x \cdot y$ konstant, also unabhängig von der Wahl Punktes E, ist.

9 Zeichne in ein beliebiges Dreieck ABC eine Parallele zur Seite $\overline{AB}$ ein. Die Parallele schneidet die anderen Seiten des Dreiecks in E und F.
a) Beweise, dass die Dreiecke ABC und EFC ähnlich sind.
b) Durch die Konstruktion ist auch ein Trapez ABFE entstanden. In welchem Verhältnis teilt $\overline{EF}$ die Strecke $\overline{AC}$, wenn sich der Flächeninhalt des Dreiecks EFC zum Flächeninhalt des Trapezes ABFE wie 4 zu 9 verhält.

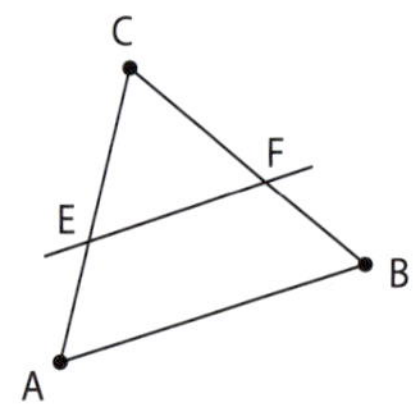

10 Im rechtwinkligen Dreieck gilt der **Höhensatz**:

Das Produkt der Längen der Hypotenusenabschnitte ist gleich dem Quadrat der Länge der zugehörigen Höhe.

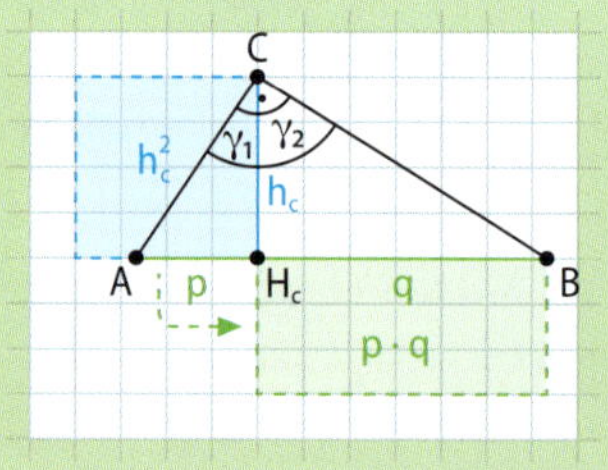

a) In der im Kasten abgebildeten Planfigur ist der Zusammenhang grafisch dargestellt. Schreibe die Voraussetzung und die Behauptung formal auf.
b) Die einzelnen Beweisschritte sind durcheinandergeraten. Ordne sie der Reihenfolge nach und gib jeweils eine Begründung an (z. B. Ähnlichkeitssätze, …).

Voraussetzung | Beweis | Behauptung

$\gamma = 90°$ | $p \cdot q = h_c^2$ | $h_c \perp c$ | ΔAH_cC ist ähnlich zu ΔBCH_c.

$| \cdot p \,|\cdot h_c$ | $p \cdot q = h_c^2$ | $\gamma_1 = 180° - 90° - \alpha = 180° - \gamma - \alpha = \beta$

$\gamma^2 = 180° - 90° - \beta = 180° - \gamma - \beta = \alpha$ | $\frac{q}{h_c} = \frac{h_c}{p}$

Ähnlichkeit

Seite 10

Eine Figur F_1 heißt zu einer Figur F_2 **ähnlich**, wenn man F_2 aus F_1 durch eine **zentrische Streckung** erzeugen kann, die mit einer **Spiegelung, Drehung** oder **Verschiebung** verknüpft wird. Man schreibt $F_1 \sim F_2$ und sagt „F_1 ist ähnlich zu F_2".

Ähnlichkeitssätze für Dreiecke

Seite 14, 16

Zwei **Dreiecke** sind genau dann zueinander **ähnlich**, wenn sie …

1. in den Maßen zweier Winkel übereinstimmen.
2. in den Verhältnissen dreier Seiten übereinstimmen.
3. in den Verhältnissen zweier Seiten und dem Maß des von ihnen eingeschlossenen Winkels übereinstimmen.
4. in den Verhältnissen zweier Seiten und dem Maß des Gegenwinkels der größeren Seite übereinstimmen.

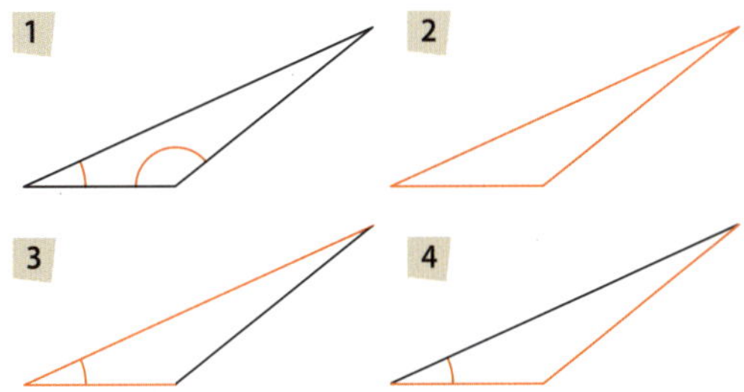

Kongruenzsätze für Dreiecke

Seite 18

Dreiecke sind genau dann zueinander **kongruent**, wenn sie …

1. in der Länge aller Seiten übereinstimmen (**SSS**).
2. in der Länge zweier Seiten und dem Maß des eingeschlossenen Winkels übereinstimmen (**SWS**).
3. in der Länge einer Seite und dem Maß beider anliegenden Winkel übereinstimmen (**WSW**).
4. in der Länge zweier Seiten übereinstimmen sowie dem Maß des Winkels, der der längeren Seite gegenüberliegt (**SsW**).

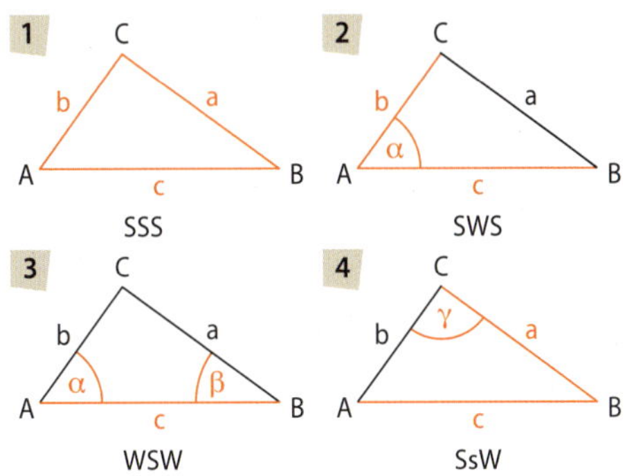

Beweisen

Seite 22

Ein **Beweis** zeigt die Allgemeingültigkeit einer mathematischen Aussage („Behauptung"). Mit geometrischen Zusammenhängen (z. B. Ähnlichkeits- und Kongruenzsätzen) wird aus der Voraussetzung die Behauptung hergeleitet.

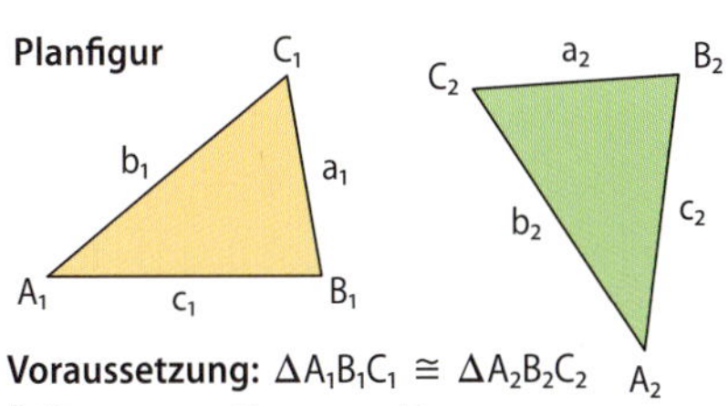

Voraussetzung: $\Delta A_1B_1C_1 \cong \Delta A_2B_2C_2$

Behauptung: $U_{\text{Dreieck 1}} = U_{\text{Dreieck 2}}$

Beweis: $U_{\text{Dreieck 1}} = a_1 + b_1 + c_1 = a_2 + b_2 + c_2 = U_{\text{Dreieck 2}}$

1 Auf unterschiedlichen Wegen

1 Begründe, welche Aussagen stimmen. Ähnlich zueinander sind stets …

a) zwei rechtwinklige Dreiecke.
b) zwei gleichschenklige Dreiecke.
c) zwei gleichseitige Dreiecke.
d) zwei Kreise.

a) zwei Rauten.
b) zwei gleichschenklige Trapeze.
c) zwei kongruente Dreiecke.
d) zwei regelmäßige Sechsecke.

2 Begründe, welche Figuren ähnlich zueinander sind.

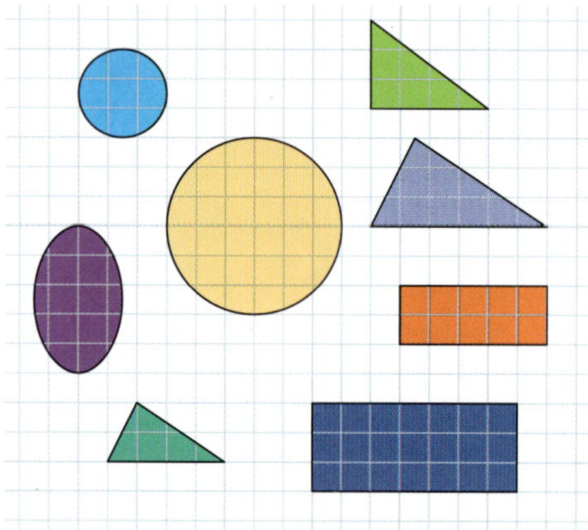

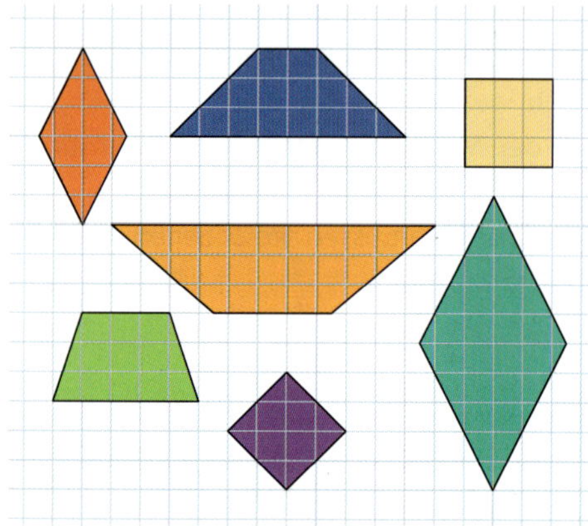

3 Zeichne die Figur in dein Heft und zerlege sie dann dort mithilfe einer einzigen Strecke in zwei zueinander ähnliche Teilfiguren. Begründe deine Zerlegung.

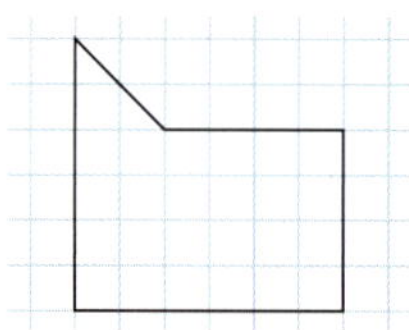

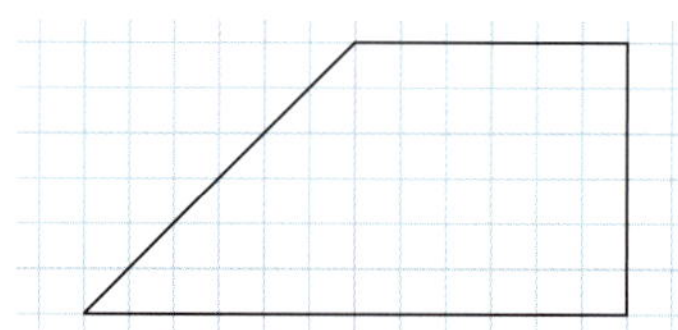

4 Finde sämtliche zueinander ähnliche Figuren. Begründe den Zusammenhang und setze die Figur weiter fort.

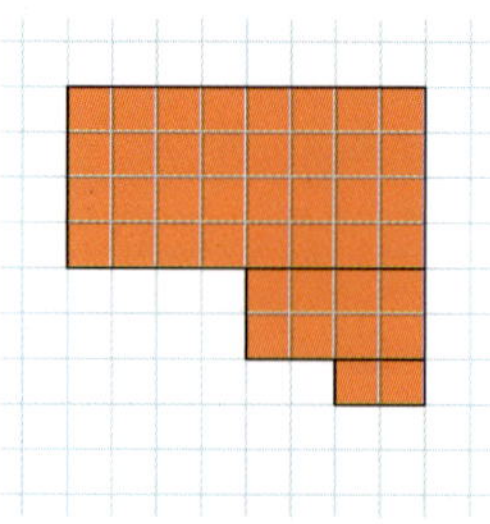

5 Welche Dreiecke sind zueinander ähnlich? Begründe.

1 $a = 9\text{ cm};\ \beta = 81°;\ \gamma = 47°$
2 $b = 9{,}9\text{ cm};\ \alpha = 47°;\ \beta = 52°$
3 $a = 7{,}2\text{ cm};\ \alpha = 52°;\ \gamma = 48°$

1 $b = 6{,}3\text{ cm};\ \beta = 52°;\ \gamma = 81°$
2 $c = 2{,}4\text{ cm};\ \alpha = 80°;\ \beta = 48°$
3 $b = 6\text{ cm};\ \alpha = 47°;\ \gamma = 80°$

6 Mit welchem Kongruenzsatz lassen sich folgende Dreiecke eindeutig konstruieren?

a) $a = 6\,cm$; $b = 8\,cm$; $c = 9\,cm$
b) $\alpha = 30°$; $\beta = 60°$; $c = 9\,cm$
c) $\gamma = 45°$; $a = 6\,cm$; $b = 7\,cm$

a) $a = 6\,cm$; $b = 5\,cm$; $\gamma = 30°$
b) $\alpha = 17°$; $\gamma = 65°$; $b = 5\,cm$
c) $c = 8\,cm$; $a = 5\,cm$; $\gamma = 30°$

7 Stelle Voraussetzung und Behauptung fest. Sind die Aussagen wahr?

a) Wenn ein Viereck ein Quadrat ist, dann ist es auch ein Rechteck.
b) Ein Viereck ist ein Parallelogramm, wenn gegenüberliegende Seiten jeweils gleich lang sind.

a) Wenn man die Basis eines gleichschenkligen Dreiecks über die beiden Eckpunkte der Basis um die gleiche Strecke verlängert, dann entsteht wieder ein gleichschenkliges Dreieck.
b) Ein Punkt hat von den Schenkeln eines Winkels den gleichen Abstand, wenn der Punkt auf der Winkelhalbierenden des Winkels liegt.

8 Formuliere die Voraussetzung und die Behauptung. Überprüfe die Aussage auf ihre Richtigkeit.

a) Jedes Parallelogramm ist ein Rechteck.
b) Jedes Dreieck besitzt einen Umkreis.

a) Jedes Rechteck ist ein Parallelogramm.
b) Alle Rauten sind punktsymmetrisch.

9 Beweise die folgenden geometrischen Zusammenhänge mithilfe kongruenter Dreiecke. Gehe dabei schrittweise vor: Zeichne zuerst eine Planfigur, formuliere anschließend die Voraussetzung und die Behauptung und führe dann den Beweis durch.

In einem Parallelogramm sind gegenüberliegende Winkel jeweils gleich groß.

Wenn der Inkreismittelpunkt eines Dreiecks auf der Mittelsenkrechte einer Dreiecksseite liegt, dann ist das Dreieck gleichschenklig.

10 Beweise die folgende Behauptung.

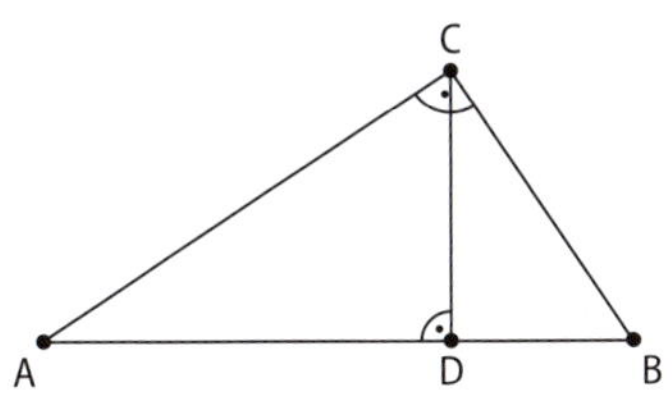

Die Abbildung zeigt ein bei C rechtwinkliges Dreieck ABC sowie die eingezeichnete Höhe $h_c = \overline{CD}$ auf $\overline{AB}$.

Behauptung: Die Dreiecke ABC, ADC und BCD sind zueinander ähnlich.
Kurz: $\Delta ABC \sim \Delta ADC \sim \Delta BCD$

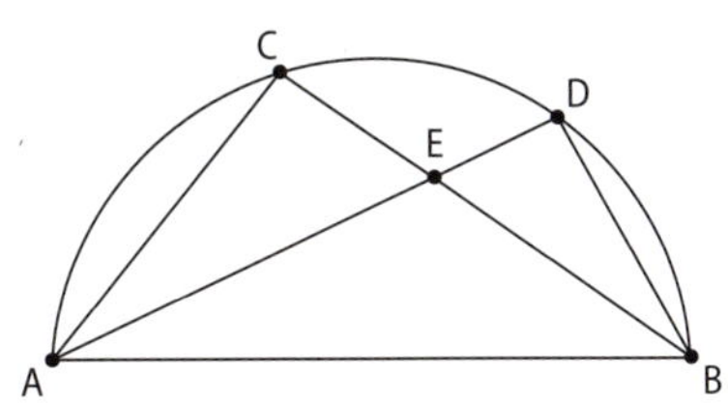

Die Abbildung zeigt die Strecke $\overline{AB}$ sowie die Punkte C und D, die auf einem Halbkreis über $\overline{AB}$ liegen. Der Punkt E sei der Schnittpunkt der Strecken $\overline{AD}$ und $\overline{BC}$.

Behauptung: Die Dreiecke AEC und BDE sind zueinander ähnlich.
Kurz: $\Delta AEC \sim \Delta BDE$

Kreuz und quer

1 Gegeben ist das nebenstehende Viereck ABCD und das Streckungszentrum Z.

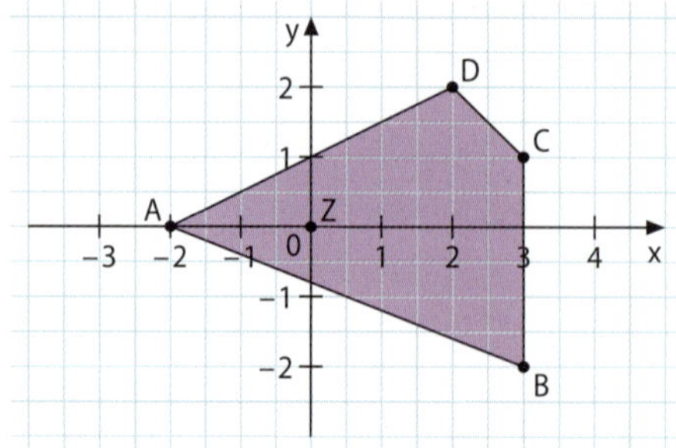

a) Übertrage das Viereck in dein Heft. Strecke es von Z aus zuerst mit dem Streckungsfaktor $k_1 = 1{,}5$ und das entstandene Bild dann mit $k_2 = -1$.

b) Vertausche die Reihenfolge der beiden zentrischen Streckungen. Was stellst du fest?

c) Erkläre, warum Figur und Bildfigur zueinander ähnlich sind.

2 Welche Figuren sind ähnlich zueinander? Begründe.

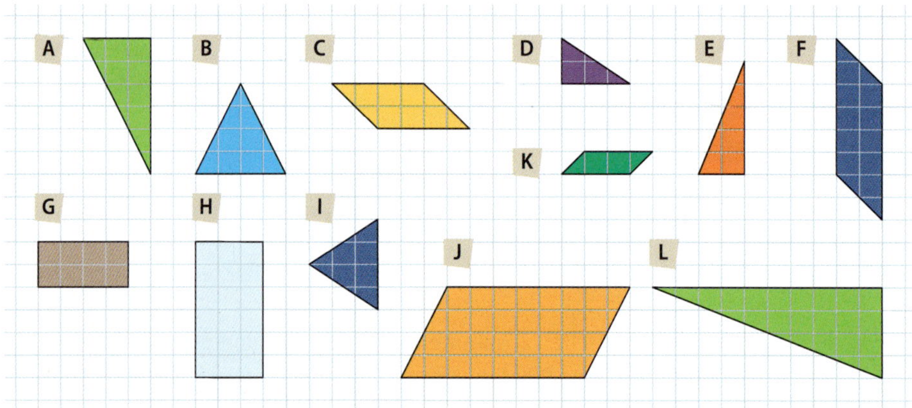

3 Welche Dreiecke sind zueinander ähnlich? Begründe.

1 $a = 9\,\text{cm};\ \beta = 81°;\ \gamma = 47°$

2 $b = 6{,}3\,\text{cm};\ \beta = 52°;\ \gamma = 81°$

3 $b = 9{,}9\,\text{cm};\ \alpha = 47°;\ \gamma = 52°$

4 $c = 2{,}4\,\text{cm};\ \alpha = 80°;\ \beta = 48°$

5 $a = 7{,}2\,\text{cm};\ \alpha = 52°;\ \gamma = 48°$

6 $b = 6\,\text{cm};\ \alpha = 47°;\ \gamma = 80°$

4 Überprüfe die untenstehenden Aussagen auf Richtigkeit. Beweise sie, wenn sie richtig sind, und korrigiere sie, wenn sie falsch sind.

a) Eine Diagonale im Drachenviereck teilt das Viereck stets in zwei zueinander ähnliche Dreiecke.

b) Die Diagonalen einer Raute teilen das Viereck in vier zueinander ähnliche Dreiecke.

c) Sei ABC ein Dreieck und g eine Gerade, die parallel zu einer Dreiecksseite ist und die anderen Dreiecksseiten je einmal schneidet. Das durch die Schnittpunkte und einen Eckpunkt des Dreiecks entstandene Dreieck ist zum Dreieck ABC ähnlich.

5 In einem Dreieck ABS ist SW die Winkelhalbierende des Winkels $\measuredangle ASB$ und steht senkrecht auf der Gerade AB, d. h. $SW \perp AB$. Beweise mithilfe der Kongruenzsätze: Die Länge der Strecke $\overline{SA}$ ist gleich der Länge der Strecke $\overline{SB}$.

6 Unser Auge lässt sich leicht täuschen.

1
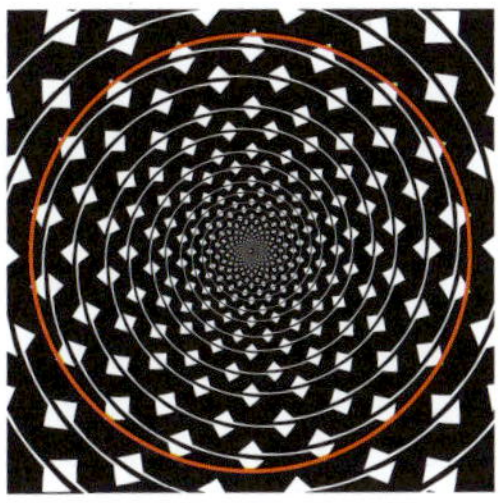

2
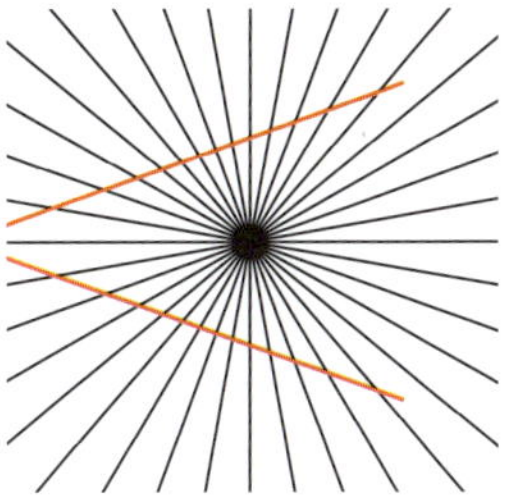

3
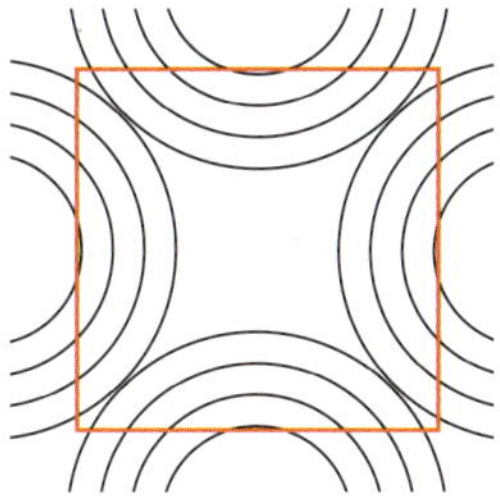

a) Überprüfe die folgenden Aussagen durch Messen.
   1 Die rote Linie ist ein Kreis.
   2 Die roten Linien sind Halbgeraden.
   3 Die rote Figur ist ein Quadrat.

b) Finde weitere optische Täuschungen und stelle sie deiner Klasse vor.

c) Handelt es sich bei der Überprüfung der Aussagen um Beweise? Begründe.

Erstelle mit einer dynamischen Geometriesoftware eine optische Täuschung.

7 Bilde möglichst viele wahre Aussagen der Form „Wenn …, dann …“, indem du jeweils eine Aussage aus den farbigen Kästen als Voraussetzung und eine zweite als Behauptung verwendest. Vertausche anschließend Voraussetzung und Behauptung und überprüfe, ob die erhaltenen „Wenn …, dann …“-Aussagen immer noch wahr sind.

- Ein Dreieck ist gleichseitig.
- Ein Viereck besitzt gleich lange Diagonalen.
- Ein Dreieck ist gleichschenklig.
- Ein Dreieck besitzt zwei gleich große Winkel.
- Ein Viereck ist ein Quadrat.
- Ein Viereck besitzt vier gleich lange Seiten.
- Ein Viereck ist eine Raute.
- Ein Dreieck besitzt drei gleich große Winkel.

8 Beweise den folgenden Satz:

„Wenn M der Mittelpunkt zweier sich schneidender Strecken $\overline{AC}$ und $\overline{BD}$ ist, dann sind $\overline{AB}$ und $\overline{CD}$ gleich lang.“

Vervollständige dazu nebenstehende Skizze in einer Planfigur.

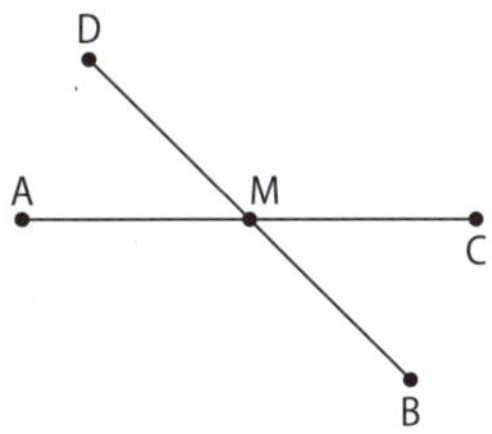

9 Liegen zwei Punkte auf den Schenkeln eines Winkels in gleicher Entfernung vom Scheitel, dann sind sie von jedem Punkt P der Winkelhalbierenden gleich weit entfernt.

a) Erstelle eine Planfigur und beweise den geometrischen Zusammenhang.

b) Warum hast du mit dem Beweis gezeigt, dass der Zusammenhang für jeden Punkt P gilt, obwohl du nur einen Punkt P gewählt hast? Erkläre.

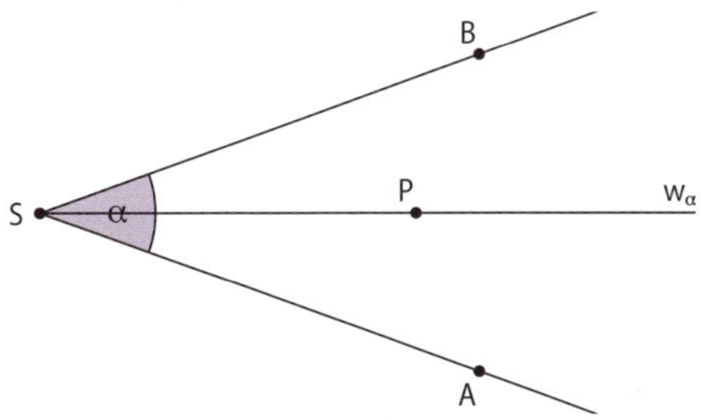

10 Über den beiden Schenkeln eines rechtwinklig-gleichschenkligen Dreiecks ABC mit Basis $\overline{AB}$ werden Quadrate errichtet. Seien M_a, M_b und M_c die Mittelpunkte der Dreiecksseiten sowie D und E die Schnittpunkte der Diagonalen in den Quadraten.
Beweise mithilfe von Eigenschaften von Abbildungen: $DM_c \perp EM_c$ und $\overline{DM_c} = \overline{EM_c}$.

11 Beweise mithilfe von Symmetrieeigenschaften bei Abbildungen: Verlängert man die Basis eines gleichschenkligen Dreiecks in beide Richtungen um jeweils gleiche Strecken, dann erhält man unter Beibehaltung der Spitze die Basis eines neuen gleichschenkligen Dreiecks.

zu Aufgabe 12:

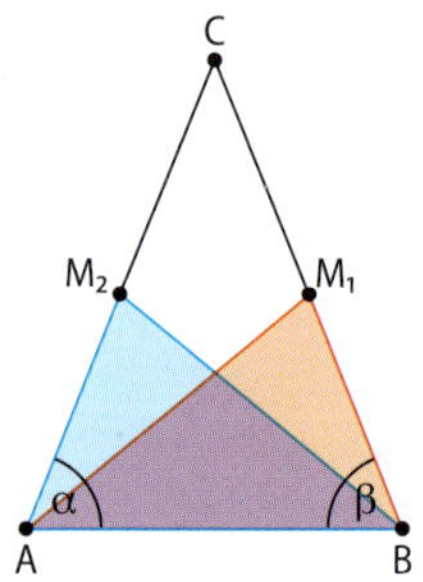

12 Beweise: In einem gleichschenkligen Dreieck sind die Strecken von den Mittelpunkten der Schenkel zu den gegenüberliegenden Ecken gleich lang.

13 Im Parallelogramm ABCD mit A (−1 | 0), B (4 | 0), C (6 | 3) und D (1 | 3) erhält man durch das Abtragen gleich langer Strecken x die Punkte E, F, G und H.
Zeige, dass das Viereck EFGH wieder ein Parallelogramm ist.

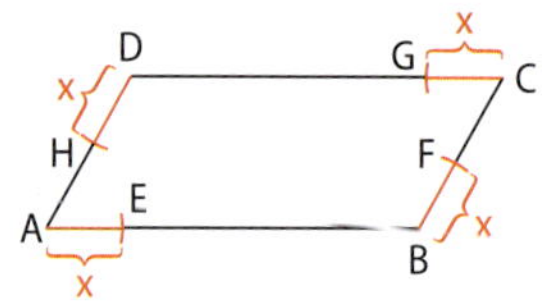

14 Beweise, dass im gleichschenkligen Trapez ABCD die Dreiecke AMD und BCM zueinander kongruent sind.

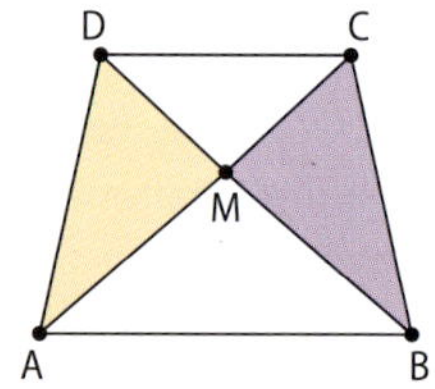

15 In einem gleichseitigen Dreieck ABC werden der Reihe nach die Punkte A_1, B_1 und C_1 wie abgebildet abgetragen.
Dabei gilt: $\overline{AA_1} = \overline{BB_1} = \overline{CC_1}$.
Zeige, dass das Dreieck $A_1B_1C_1$ gleichseitig ist.

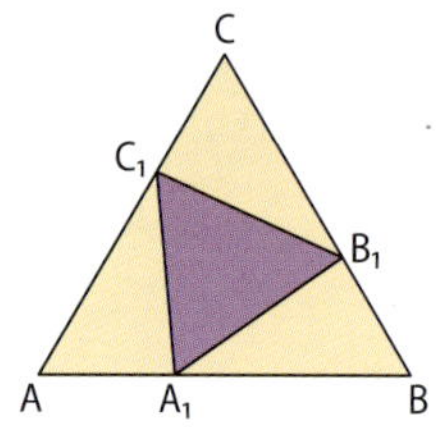

16 Zeige unter Verwendung von Eigenschaften von Abbildungen:

a) Die Endpunkte zweier beliebiger (voneinander verschiedener) Mittelsehnen eines Kreises bilden ein Rechteck.

b) Ein Kreis um die Spitze eines gleichschenkligen Dreiecks schneidet aus den Schenkeln die Eckpunkte einer zur Basis parallelen Kreissehne aus.

17 Hier siehst du den Anfang eines Beweises. Vervollständige ihn in deinem Heft.

Planfigur:

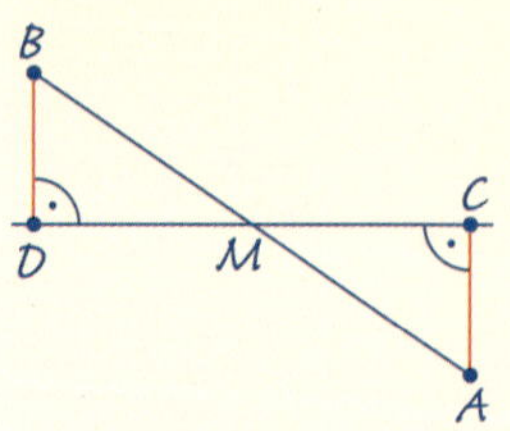

Satz: „Die Endpunkte einer Strecke $\overline{AB}$ haben von einer Gerade $g \neq AB$ durch ihren Mittelpunkt gleichen Abstand."

Voraussetzung:

1. M ist Mittelpunkt von $\overline{AB}$. *2. C, D, M, $\in g$*

3. $AC \perp g$ *4. $BD \perp g$*

Behauptung: $AC = BD$

Beweis:

M ist Zentrum einer Punktspiegelung …

18 Gegeben ist ein Viereck ABCD mit $A(-4|0)$, $B(2{,}5|1)$, $C(4|6)$ und $D(-1{,}5|4)$. Zeige, dass der Umfang des Mittenvierecks $M_aM_bM_cM_d$ der Summe der Länge der beiden Diagonalen des Vierecks ABCD entspricht.

19 Ein Gegenstand der Höhe h wird durch eine Linse optisch auf sein Bild der Höhe h' abgebildet. Dabei bezeichnet g die „Gegenstandsweite", b die „Bildweite" und f die „Brennweite. Mathematisch wird dieser Zusammenhang durch die **Linsengleichung** beschrieben:
$\frac{1}{f} = \frac{1}{g} + \frac{1}{b}$.

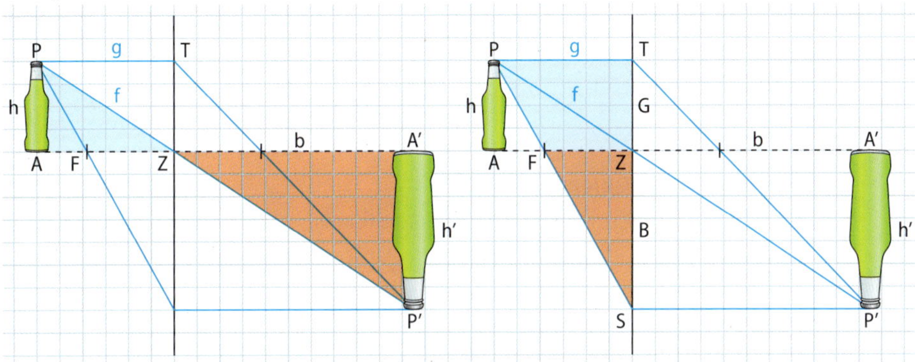

a) Begründe anhand der linken Abbildung, dass die Dreiecke P'A'Z' und PAZ zueinander ähnlich sind. Gib an, was für den Abbildungsmaßstab $\frac{h'}{h}$ folgt.

b) Begründe anhand der rechten Abbildung, dass $\frac{g}{f} = \frac{h + h'}{h'}$ ist.

c) Bestätige mithilfe der Ergebnisse aus a) und b) die „Linsengleichung".

d) Laura bildet mit einer Sammellinse (Brennweite 20 cm) eine 12 cm hohe Kerze auf dem Bildschirm ab und erhält dort ein 8 cm großes (umgekehrtes) Bild. Berechne, wie weit vor der Linse Laura die Kerze aufgestellt hat und in welcher Entfernung hinter der Linse das Bild entsteht.

Werkzeug

Maßstabsgetreue Vergrößerung

Jede maßstabsgetreue Vergrößerung einer Figur F ergibt eine zum Original F ähnliche Bildfigur F'. Mit einer dynamischen Geometriesoftware kannst du durch eine zentrische Streckung maßstabsgetreue Vergrößerungen z. B. eines Dreiecks mit beliebigen Maßstäben konstruieren. Beginne mit dem Dreieck aus freien Eckpunkten T, O und R sowie dem freien Punkt Z. Durch Ziehen am Gleiterpunkt $T' \in \overline{ZT}$ soll der Maßstab (und damit die Größe des Dreiecks T'O'R') eingestellt werden können.

- Zeichne und beschreibe die Konstruktionsschritte, die entscheidend für die Ähnlichkeit der Dreiecke TOR und T'O'R' sind.
- Der Vergrößerungsfaktor lässt sich durch verschiedene Streckenverhältnisse ausdrücken. Gib mehrere Möglichkeiten an, lasse den Maßstab dynamisch messen und drucke Figuren mit den Maßstäben 2:1 und 3:1 aus.
- Gib an, wie man mithilfe dieses Vergrößerungsfaktors den Umfang bzw. den Flächeninhalt des Dreiecks T'O'R' aus dem Umfang bzw. dem Flächeninhalt des Dreiecks TOR berechnet.

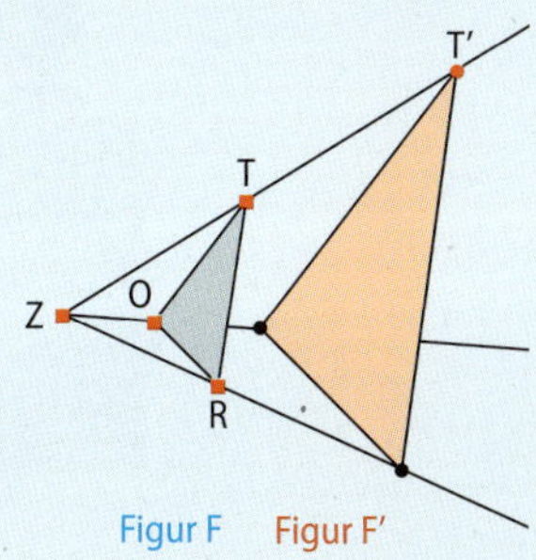

1 Horizonte

Im vorangegangenen Kapitel wurden Vermutungen über geometrische Zusammenhänge entwickelt, in einer mathematischen Aussage formuliert und allgemeingültig bewiesen. Mathematische Aussagen werden sprachlich oft mit einer „Wenn …, dann …" Beziehung festgehalten.

Interessant ist es jetzt, zu prüfen, ob man diese „Wenn …, dann …" - Beziehung auch umkehren kann.

„Jeder Papst ist Katholik, aber nicht jeder Katholik ist Papst."

Beispiel:
„Wenn eine Zahl gerade ist, dann ist sie durch 2 teilbar."

Diese Aussage ist wahr und lässt sich auch umkehren:
Wenn eine Zahl durch 2 teilbar ist, dann ist sie gerade.

1 Suche weitere Beispiele für Aussagen …
a) aus deinem Alltag,
b) aus der Mathematik,
deren Umkehrung nicht wahr ist.

Beispiel:
„Wenn eine Zahl durch 4 teilbar ist, ist sie auch durch 2 teilbar."

Diese Aussage ist wahr, lässt sich jedoch nicht umkehren:
Ist eine Zahl durch 2 teilbar, folgt daraus nicht, dass sie auch durch 4 teilbar ist.

I. Beweismethode: Gegenbeispiel.

Will man beweisen, dass eine Aussage falsch ist, dann genügt es ein einziges Beispiel zu finden, für das die Aussage nicht zutrifft. Dieses nennt man **Gegenbeispiel**.

Nicht in jeder Situation lässt sich ein Gegenbeispiel finden, manchmal ist es aber ganz einfach.

Ein einziges Gegenbeispiel genügt, um eine Aussage der Form „Für alle … gilt …" zu widerlegen.

Beispiel:
„Wenn eine Zahl durch 2 teilbar ist, dann ist sie auch durch 4 teilbar." Stimmt das?

Die Zahl 6 zeigt, dass die Aussage falsch ist.

6 ist durch 2 teilbar: $6 : 2 = 3$, d. h. die Voraussetzung

„Eine Zahl ist durch 2 teilbar" ist also erfüllt.

Aber: 6 ist nicht durch 4 teilbar: $6 : 4 = 1{,}5$ (da $1{,}5 \notin \mathbb{Z}$)

Die Zahl 6 ist also ein Gegenbeispiel.

II. Beweismethode: Indirekter Beweis.

Diese Strategie nennt man auch **„Beweis durch Widerspruch"**. Im algebraischen Zusammenhang hast du das Verfahren bereits kennengelernt: Man beweist so, dass $\sqrt{2}$ keine rationale Zahl ist.

Umkehrung eines Satzes – Gilt das immer?

Kevin ist ein Schüler, der recht frech zu seinen Mitschülern und Lehrern ist.
Wie lässt sich die Behauptung „Kevin ist ein frecher Schüler" nun beweisen?

Man nimmt das Gegenteil an … Kevin sei ein netter Schüler.
… und folgert: Ein netter Schüler ist auch nett zu seinen Mitschülern und zu den Lehrern.
Das ist ein Widerspruch zur Voraussetzung: Kevin ist aber nicht nett zu seiner Umgebung.
Folglich: Die Annahme „Kevin sei ein netter Schüler" muss falsch sein und das Gegenteil wahr: „Kevin ist ein frecher Schüler."

Man formuliert zunächst die (Gegen)Annahme und leitet dann einen Widerspruch (zu den Voraussetzungen, der Gegenannahme oder bereits bewiesenen mathematischen Aussagen) her.

Beispiel:
Die Umkehrung des 2. Strahlensatzes gilt nicht, d. h. $\frac{\overline{SA}}{\overline{AC}} = \frac{\overline{SB}}{\overline{BE}} \not\Rightarrow g \| k$

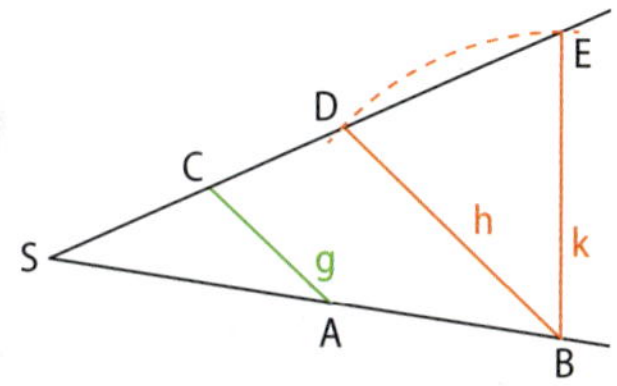

Beweis: Angenommen, es gilt „$\frac{\overline{SA}}{\overline{AC}} = \frac{\overline{SB}}{\overline{BE}} \Rightarrow g \| k$" (Gegenannahme).

Der Kreis B mit dem Radius $r = |BD|$ schneidet den Strahl durch S und D auch in E.

Es ist also $\overline{BD} = \overline{BE}$.

$\Rightarrow \frac{\overline{SA}}{\overline{AC}} = \frac{\overline{SB}}{\overline{BE}}$, die Voraussetzung unserer Gegenannahme ist also erfüllt.

Allerdings ist die Strecke $\overline{BE}$ nicht parallel zu g, ein Widerspruch zur Gegenannahme.

Die Umkehrung des 2. Strahlensatzes gilt folglich nicht.

III. Beweismethode: Direkter Beweis

Das Vorgehen bei einem **direkten Beweis** hast du bereits anhand geometrischer Zusammenhänge kennengelernt: Zuerst notiert man die Voraussetzung(en), dann folgert man Schritt für Schritt durch andere bewiesene Aussagen, die Behauptung. Es kann auch für algebraische Zusammenhänge genutzt werden.

Welche der vorgestellten Methoden beim Führen mathematischer Beweise am Besten geeignet ist, hängt von der jeweiligen Situation ab und muss von Fall zu Fall entschieden werden.

2
1 Wenn zwei Dreiecke kongruent sind, dann sind entsprechende Winkel gleich groß.
2 Wenn in zwei Dreiecken die entsprechenden Winkel gleich groß sind, dann sind die Dreiecke kongruent.
3 Wenn in einem Dreieck zwei Winkel spitz sind, dann ist der dritte Winkel stumpf.
4 Ein Parallelogramm ist dann ein Rechteck, wenn es einen rechten Winkel hat.

a) Formuliere die Voraussetzung und die Behauptung der Sätze.
b) Beweise die Gültigkeit der Aussage oder widerlege sie durch ein Gegenbeispiel.

3 Widerlege die Behauptung durch ein Gegenbeispiel:
a) Ist eine Zahl durch 3 teilbar, dann ist sie auch durch 9 teilbar.
b) Für alle $n \in \mathbb{N}$ gilt: $1 + 2 + 3 + \ldots + n = \frac{n^2 - n + 2}{2}$
c) Stehen in einem Viereck die Diagonalen aufeinander senkrecht, so ist das Viereck ein Quadrat.

Aufgaben zur Einzelarbeit

Überprüfe deine Fähigkeiten und Kompetenzen. Bearbeite dazu die folgenden Aufgaben und bewerte anschließend deine Lösungen mit einem Smiley.

☺	😐	☹
Das kann ich **wirklich gut!**	Das kann ich **fast!**	Das muss ich **noch üben!**

1 Finde alle ähnlichen Figuren und erkläre mithilfe der Abbildung den Begriff Ähnlichkeit.

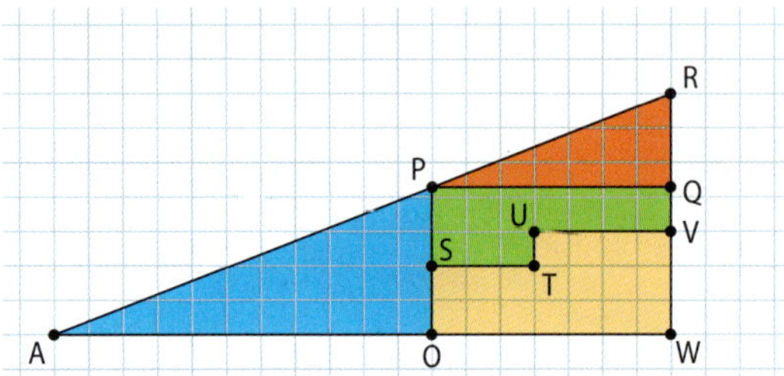

2 Überprüfe die Rechtecke A, B, C auf Ähnlichkeit.

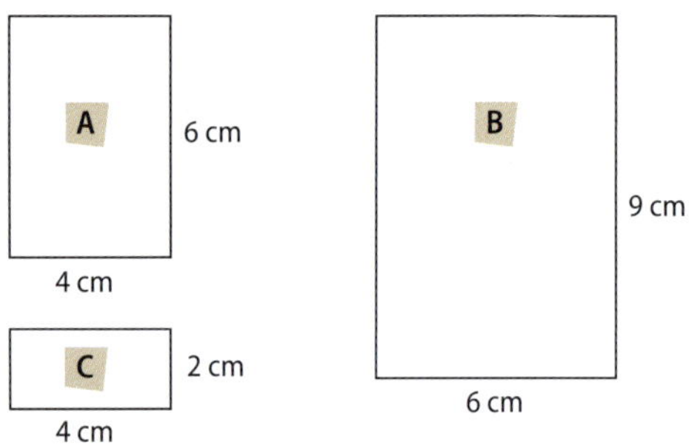

3 Entscheide, ob die Dreiecke ABC und A'B'C' ähnlich zueinander sind. Begründe.

a) $a = 4\text{ cm}$; $b = 6\text{ cm}$; $c = 3{,}5\text{ cm}$
$a' = 6\text{ cm}$; $b' = 9\text{ cm}$; $c' = 4{,}5\text{ cm}$

b) $\alpha = 42°$; $\beta = 77°$; $c = 45\text{ mm}$
$\beta' = 77°$; $\gamma' = 61°$; $a' = 6\text{ cm}$

c) $\alpha = 56°$; $b = 3{,}4\text{ cm}$; $c = 7{,}4\text{ cm}$
$\alpha' = 56°$; $b' = 43{,}18\text{ dm}$; $c' = 9398\text{ mm}$

d) $\gamma = 56°$; $a = 8\text{ cm}$; $c = 7\text{ cm}$
$\beta' = 56°$; $b' = 8\text{ mm}$; $a' = 7\text{ mm}$

e) $\alpha = \beta = 60°$
$a' = b' = c' = 2{,}8\text{ cm}$

4 Beweise:

In einem gleichschenkligen Trapez sind die Diagonalen gleich lang.

5 Überprüfe mithilfe der Kongruenzsätze, ob ein Dreieck durch die folgenden Angaben eindeutig festgelegt ist.

a) $a = 4{,}2\text{ cm}$; $b = 3{,}6\text{ cm}$; $c = 2{,}1\text{ cm}$
b) $a = 1{,}9\text{ cm}$; $b = 3{,}2\text{ cm}$; $c = 4{,}2\text{ cm}$
c) $a = 3{,}5\text{ cm}$; $b = 4{,}1\text{ cm}$; $\beta = 90°$
d) $a = 4{,}1\text{ cm}$; $b = 3{,}5\text{ cm}$; $\beta = 90°$
e) $b = 3{,}1\text{ cm}$; $\beta = 70°$; $\gamma = 80°$
f) $b = 2{,}8\text{ cm}$; $\beta = 85°$; $\gamma = 95°$
g) $a = 6{,}5\text{ cm}$; $\alpha = 120°$; $\beta = 60°$
h) $a = 6\text{ cm}$; $b = 4{,}2\text{ cm}$; $\beta = 85$

6
1 Wenn ein Viereck zwei parallele Seiten hat und die anderen beiden Seiten gleich lang sind, dann ist es ein Parallelogramm.
2 Ein Viereck ist ein Parallelogramm, wenn die Diagonalen senkrecht aufeinander stehen.
3 Bei punktsymmetrischen Vierecken halbieren sich die Diagonalen im Symmetriezentrum.

a) Stelle Voraussetzung und Behauptung der Aussage fest.
b) Ist die Aussage richtig? Begründe oder widerlege durch ein Gegenbeispiel.

7 Das Sechseck ADGHCI besteht aus vier kongruenten Quadraten. Begründe, dass die Dreiecke ABC und CDE zueinander ähnlich sind, und zeige dann, dass $\alpha + \beta + \gamma = 90°$ ist.

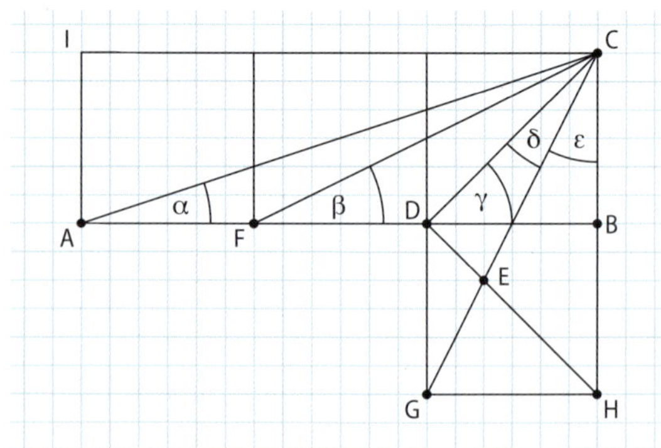

Arbeitsschritte

Aufgaben für Lernpartner

1. Bearbeite die folgenden Aufgaben zuerst allein.
2. Suche dir einen Partner oder eine Partnerin und arbeitet zusammen weiter: Erklärt euch gegenseitig eure Lösungen. Korrigiert fehlerhafte Antworten.

Sind folgende Behauptungen richtig oder falsch? Begründe.

A Gilt bei einer zentrischen Streckung $|k| < 1$, so werden die Figuren vergrößert.

B Gilt bei einer zentrischen Streckung $|k| \geq 1$, so werden die Figuren vergrößert.

C Ähnliche Figuren stimmen in ihrer Form überein.

D Eine zentrische Streckung ist eine Ähnlichkeitsabbildung.

E Zwei Dreiecke sind zueinander ähnlich, wenn sie in der Größe eines Winkels übereinstimmen.

F Zwei Dreiecke sind zueinander ähnlich, wenn sie in der Länge aller drei Seiten übereinstimmen.

G Jede Raute ist ein Parallelogramm und jedes Parallelogramm ist ein Trapez, also ist auch jede Raute ein Trapez.

H Ein mathematischer Zusammenhang lässt sich stets an einem Beispiel beweisen.

I Man kann geometrische Zusammenhänge durch die Verwendung der Kongruenzsätze für Vierecke beweisen.

J Ein Dreieck lässt sich nur dann eindeutig konstruieren, wenn drei Seiten gegeben sind.

K Ein Dreieck, von dem man alle drei Innenwinkel kennt, lässt sich eindeutig konstruieren.

L Eine zentrische Streckung ist eine Kongruenzabbildung.

M Die Kongruenzsätze für Dreiecke sind Sonderfälle der Ähnlichkeitssätze für Dreiecke.

N Ein mathematischer Satz der Form „Wenn …, dann …“ lässt sich stets umkehren.

O Gleichschenklige Dreiecke sind stets zueinander ähnlich.

P Alle Zahlen die durch 9 teilbar sind, sind auch durch 3 teilbar. Die Umkehrung stimmt ebenfalls.

Q Von jedem Dreieck wird durch die Verbindungslinie zweier Höhenfußpunkte ein Dreieck abgeschnitten, das dem Ausgangsdreieck ähnlich ist.

R Wenn eine Zahl n gerade ist, dann ist auch ihr Quadrat n^2 gerade.

S Jede Primzahl ist ungerade.

Ich kann …	„Am Ziel!“-Aufgaben	Hilfe
… ähnliche Figuren erkennen und beschreiben.	1, 2, A, B, C	S. 10
… Ähnlichkeitssätze anwenden.	3, 4, E, F, L, M	S. 14, 16
… Kongruenzsätze anwenden.	4, 5, 7, H, I, J, K, L, M	S. 18
… Ähnlichkeitssätze von Kongruenzsätzen unterscheiden.	C, D, M	S. 21
… mathematische Beweise führen.	6, 8, G, H, N, O, P, R, S	S. 22
… Ähnlichkeits- und Kongruenzargumente beim Beweisen nutzen.	4, 6, 7, 8, G, M, O, Q	S. 22

2 Startklar!

Aufgabe	Ich kann schon …	Grundwissen
1	… mit Wurzeln rechnen.	S. 229
2, 3	… Eigenschaften quadratischer Funktionen nutzen.	S. 240
4, 5, 6	… verschiedene Arten von Gleichungen lösen.	S. 231, 232

1 Berechne ohne Taschenrechner.

a) $\sqrt{25 \cdot 9}$ b) $\sqrt{\frac{64}{49}}$ c) $\sqrt{4 \cdot a^2}$, mit $a \geq 0$ d) $\sqrt{2} \cdot \sqrt{18}$ e) $\sqrt{1{,}44} + \sqrt{0{,}01}$

2 Ordne den gegebenen quadratischen Funktionen die richtigen Graphen zu und erkläre deine Zuordnung.

$f(x) = -x^2$

$g(x) = x^2 + 1{,}5$

$h(x) = (x - 2)^2$

$i(x) = x^2$

$j(x) = -(x + 2{,}5)^2 + 1$

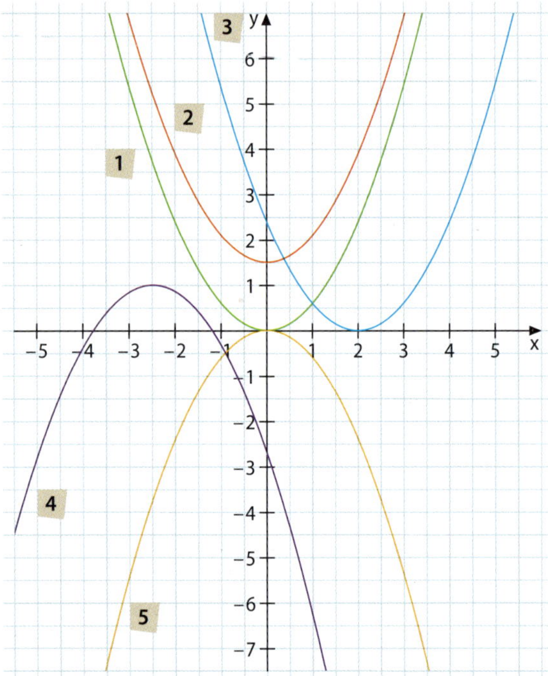

3 Bestimme die Nullstellen der quadratischen Funktionen.

a) $f(x) = 3x^2 - 4$

b) $f(x) = -\frac{1}{2} \cdot (x - 1)^2$

c) $f(x) = -\frac{1}{2} \cdot (x - 1)^2 + 2$

4 Löse folgende Gleichungen im Bereich der reellen Zahlen.

a) $\frac{2}{3}x + 5 = \frac{5}{3}x - 4$

b) $4x - 7 + 12x = \frac{3}{5}x - \frac{2}{30}x$

5 Bestimme die Lösungsmenge folgender Gleichungen im Bereich der reellen Zahlen.

a) $x^2 - 3x + 2 = 0$ b) $x^2 + 4x = -4$

c) $x^2 + 3 = -2x$ d) $(x - 3) \cdot (x + 4) = 0$

6 Bestimme die Definitions- und Lösungsmenge im Bereich der reellen Zahlen.

a) $\frac{4}{x} = \frac{2}{9}$ b) $\frac{x}{x-5} = \frac{5}{x-5}$ c) $\frac{x+1}{2-x} = \frac{-3}{x-2}$ d) $\frac{1}{x^2} - \frac{1}{x} = 5$

2 Potenzen und Potenzfunktionen

Einstieg

- Funktionen und deren Graphen begegnen dir in vielen Bereichen des Lebens: in der Natur, in technischen Bereichen und sogar bei vielen Freizeitaktivitäten. Besonders häufig sieht man Geraden und Parabeln, also die Graphen linearer und quadratischer Funktionen. Finde Beispiele.
- Findest du in den Bildern weitere bekannte Funktionen wieder?

Ausblick

Am Ende dieses Kapitels hast du gelernt, …

- … Zahlen auf verschiedene Arten in Potenzschreibweise anzugeben.
- … die Potenzgesetze für Basis und Exponenten einer Potenz auf verschiedene Zahlbereiche zu übertragen und anzuwenden.
- … Potenzfunktionen zu ordnen und ihre Eigenschaften zu untersuchen.
- … die Graphen von Potenz- und Wurzelfunktionen durch Parallelverschiebung und Spiegelung abzubilden.
- … Potenz- und Wurzelgleichungen aufzustellen und zu lösen.

Kap. 2.1

Michael Stifel (* 1487 bis † 1567) – Arithmetica Integra

Michael Stifel wurde 1487 in Esslingen am Neckar geboren. Er gilt als einer der bedeutenden frühen Mathematiker in Deutschland. Seine „Mathematica integra" wurde 1544 in Nürnberg herausgegeben. Darin stellte er das gesamte mathematische Wissen seiner Zeit vor. Man findet in diesem Werk folgende Tabelle:

−3	−2	−1	0	1	2	3	4	5	6
$\frac{1}{8}$	$\frac{1}{4}$	$\frac{1}{2}$	1	2	4	8	16	32	64

- Untersuche die nebenstehenden Tabellen auf eine Gesetzmäßigkeit. Vervollständige im Heft.
- Finde eine Zuordnungsvorschrift, die die Zahlen in der ersten Zeile denen der zweiten Zeile zuordnet.

a)

−3	−2	−1	0	1	2	3	4	5	6
			1	3	9				

b)

−3	−2	−1	0	1	2	3	4	5	6
		$\frac{1}{4}$	1	4					

Kap. 2.2

Planetensystem – Naturgesetze

Der Astronom Johannes Kepler beschrieb mit drei Gesetzen den Umlauf der Planeten um die Sonne. Das dritte Keplersche Gesetz lautet:

«Die dritten Potenzen der mittleren Entfernung der Planetenbahnen verhalten sich wie die Quadrate der Umlaufzeiten.»

- Stelle eine Gleichung für das dritte Keplersche Gesetz auf. Überprüfe die Richtigkeit der Gleichung mithilfe der Tabelle.

Planet	Masse in kg	mittlere Entfernung zur Sonne in AE	Umlaufzeit T in a
Merkur	$3{,}30 \cdot 10^{23}$	0,3871	0,2408
Venus	$4{,}87 \cdot 10^{24}$	0,7233	0,6152
Erde	$5{,}97 \cdot 10^{24}$	1,000	1,000
Mars	$6{,}42 \cdot 10^{23}$	1,524	1,881
Jupiter	$1{,}90 \cdot 10^{27}$	5,203	11,86
Saturn	$5{,}69 \cdot 10^{26}$	9,583	29,46
Uranus	$8{,}68 \cdot 10^{25}$	19,20	84,01
Neptun	$1{,}02 \cdot 10^{26}$	30,07	164,8

AE: Astronomische Einheit
1 AE = Abstand Sonne–Erde

Kap. 2.3

Marin Mersenne
(*1588 bis † 1648)

Bereits in der Antike wurden Zahlen der Form $2^n - 1$, mit $n \in \mathbb{N}$ (**Mersenne Zahlen**) im Zusammenhang mit **vollkommenen Zahlen** genannt. So bewies Euklid, dass die Zahl $2^{n-1} \cdot (2^n - 1)$ vollkommen ist, wenn 2^{n-1} eine Primzahl ist. Später zeigte Euler die Umkehrung für gerade vollkommene Zahlen: Jede gerade vollkommene Zahl lässt sich in der Form $2^{n-1} \cdot (2^n - 1)$ schreiben. Dabei ist 2^{n-1} eine Primzahl. Bis heute ist es weder gelungen, die Existenz ungerader vollkommener Zahlen zu beweisen, noch sie zu widerlegen.

- Bestimme die ersten vier vollkommenen Zahlen – diese waren schon in der Antike bekannt – und überprüfe mithilfe dieser Zahlen den Satz von Euler.

Vollkommene Zahlen sind gleich der Summe ihrer echten Teiler und der 1.
(6 = 3 + 2 + 1)

Kap. 2.8

Ein klassisches Problem der Antike

Das klassische Problem der Würfelverdoppelung hat nach Eutokios, einem griechischen Mathematiker, seinen Ursprung vor etwa 2500 Jahren in Griechenland.

> Auf der Insel Delos gab es eine verheerende Pest. Zur Überwindung dieser Pest wandten sich die Delier an das Orakel der Insel. Sie erhielten von dem Orakel den Auftrag, einen der würfelförmigen Altäre im Tempel des Apollon zu verdoppeln, also einen gleichförmigen Altar mit doppeltem Rauminhalt zu erbauen.

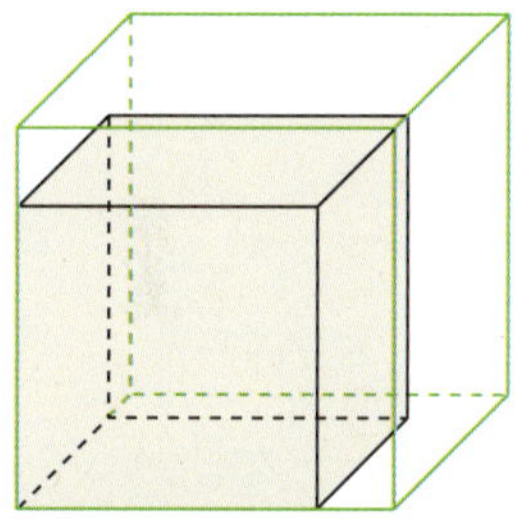

Würfelverdoppelung nach Hippokrates von Chios:
$\underbrace{1 : x}_{1} = \underbrace{x : y}_{2} = \underbrace{y : 2}_{3}$

Dieses Problem ist seitdem unter dem Namen „**Delisches Problem**" bekannt.

- Formuliere das Delische Problem als Gleichung.
- Informiere dich im Internet über die Lösbarkeit des Delischen Problems und seinen Umgang in der Antike.
- Formuliere aus der „Würfelverdopplung nach Hippokrates von Chios" drei Gleichungen mit y = …, indem du 1 = 2, 2 = 3 und 1 = 3 setzt. Beschreibe den Zusammenhang zwischen den abgebildeten Graphen und dem Delischen Problem, und erkläre damit die Lösung.

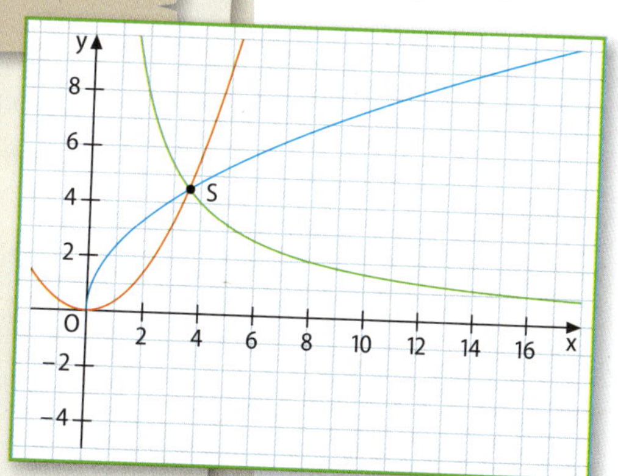

2.1 Potenzen mit ganzzahligem Exponenten

Entdecken

Achim und Arienne unterhalten sich über eine Taste ihres Taschenrechners …

Weißt du eigentlich, was das Zeichen „^“ bewirkt?

„Ich glaube, damit kann man Potenzen berechnen, am besten probieren wir es aus. Wir wählen Potenzen, deren Ergebnis wir auch ohne Taschenrechner kennen.“

- Übertrage die Tabelle in dein Heft und vervollständige sie.

1	16	8	4	2	1	$\frac{1}{2}$	$\frac{1}{4}$	$\frac{1}{8}$	$\frac{1}{16}$
	2^4	2^3	2^2	2^1	2^0	2^{-1}			

2	81		9	3	1	$\frac{1}{3}$	$\frac{1}{9}$	$\frac{1}{27}$	$\frac{1}{81}$
		3^3		3^1	3^0		3^{-2}		

- Beschreibe Zusammenhänge zwischen dem Exponenten und dem Wert der Potenz.

Verstehen

Potenzen sind eine vereinfachte Schreibweise für die Multiplikation mehrerer gleicher Faktoren. Die Potenzschreibweise wird auf negative ganzzahlige Exponenten erweitert.

Exponent
2^5
Basis

Eine Potenz setzt sich zusammen aus einer Basis und einem Exponenten.

Für natürliche Exponenten gilt: $a^n = \underbrace{a \cdot a \cdot \ldots \cdot a}_{n \text{ Faktoren}}$, $a \in \mathbb{R}, n \in \mathbb{N}$.

Teilt man a^n schrittweise durch a, erhält man $a^{n-1}, \ldots, a^1, a^0, a^{-1}, a^{-2}$ usw.

Für **ganzzahlige Exponenten** definiert man dann:

$a^0 = 1$ und $a^1 = a$, $a \in \mathbb{R}$, sowie $a^{-n} = \frac{1}{a^n}$, $a \in \mathbb{R} \setminus \{0\}, n \in \mathbb{N}$.

Beispiele

I. Schreibe die Potenzen ohne negative Exponenten.

a) 2^{-5} **b)** $\left(\frac{1}{10}\right)^{-6}$ **c)** $\left(\frac{a}{2}\right)^{-2}$ **d)** $\left(\frac{1}{x}\right)^{-1}$, $x \neq 0$

Lösung:

a) $\frac{1}{2^5} = \frac{1}{32}$ **b)** $10^6 = 1\,000\,000$ **c)** $\left(\frac{2}{a}\right)^2 = \frac{4}{a^2}$ **d)** x

II. Wandle die Bruchterme in Potenzen mit negativem Exponenten um.

a) $\frac{1}{4}$ **b)** $\frac{1}{144}$ **c)** $\frac{1}{-27}$ **d)** $\frac{1}{t^7}$ **e)** $\frac{1}{(-s)^5}$

Lösung:

a) $4^{-1} = 2^{-2}$ **b)** $144^{-1} = 12^{-2}$ **c)** $(-27)^{-1} = (-3)^{-3}$ **d)** t^{-7} **e)** $(-s)^{-5}$

Nachgefragt

- Vergleiche 4^{-3} mit 4^3 und 4^{-5} mit 4^5. Erkläre den Unterschied.
- Erkläre, wie du die folgende Aufgabe im Kopf rechnen kannst: Multipliziere 23^{-12} elfmal mit 23.
- Gib an, für welche ganze Zahl z du die Aufgabe im Kopf berechnen kannst: Multipliziere 17^8 z-mal mit 17. Finde verschiedene Möglichkeiten für z.

Aufgaben

1 Ergänze die fehlende Basis bzw. den fehlenden Exponenten.

a) $\frac{1}{32} = 2^{\square}$ b) $216 = \square^3$ c) $256 = (-4)^{\square}$ d) $\frac{1}{25} = \square^{-2}$

2 Ordne die Zahlen der Größe nach, fange mit der kleinsten an.

a) $(-1)^2$; 2^{-1}; 1^{-2}; $(-2)^{(-2)}$; $\left(\frac{1}{2}\right)^{-1}$ b) $(-3)^2$; 2^{-3}; $(-2)^3$; $(-3)^{-2}$; $\left(\frac{1}{3}\right)^{-2}$

3 Was gehört zusammen? Ordne zu.

5^{-3} $-(3)^5$ 3^{-5} $-(5)^3$ $-(5)^{-3}$

-243 $-\frac{1}{125}$ -125 $\frac{1}{125}$ $\frac{1}{243}$

4 Vergleiche und ersetze $\square$ durch <, > oder =.

a) $(-1{,}5)^4 \;\square\; (1{,}5)^4$ b) $0{,}9^3 \;\square\; (-0{,}9)^3$ c) $(-4)^2 \;\square\; 2^4$
d) $(-0{,}4)^4 \;\square\; -0{,}44^1$ e) $-(-3{,}5)^3 \;\square\; -3{,}5^3$ f) $-3{,}1^2 \;\square\; 3{,}1^2$

Erinnere dich:
$(-3)^2 = (-3) \cdot (-3) = 9$
$-3^2 = -(3 \cdot 3) = -9$

5

Der Wert einer Potenz ist höchstens 16, wobei die Basis genau halb so groß ist wie der Exponent.

Bestimme die Potenz. Findest du mehrere Lösungen?

6 Finde Fehler und verbessere sie. Beschreibe Zusammenhänge.

a) $4^{-2} = -4^2$ b) $-4^2 = 16$ c) $4^{-2} = -\frac{1}{4}$ d) $-4^{-2} = 4^2$ e) $-4^2 = \left(\frac{1}{4}\right)^2$

7 Schreibe die Potenz ohne negative Exponenten.

a) $\left(\frac{1}{x}\right)^{-2}$ b) $\left(\frac{4}{x}\right)^{-3}$ c) $\frac{1}{x^{-1}}$ d) $\frac{x^{-3}}{2}$ e) $\left(\frac{2x}{5}\right)^{-3}$

Ist die Basis negativ und der Exponent gerade, so ist der Wert der Potenz positiv:
$(-5)^4 = +625.$

Ist die Basis negativ und der Exponent ungerade, so ist der Wert der Potenz negativ:
$(-5)^3 = -125.$

8 Von einer Seerose auf einem See weiß man, dass sie ihre Fläche innerhalb einer Woche verdreifacht. Zum Beobachtungszeitpunkt hat die Seerose eine Fläche von 250 cm^2. Berechne, welche Fläche sie 4 Tage (2 Tage, 6 Tage) vor dem Beobachtungszeitpunkt eingenommen hat.

9 Finde mehrere unterschiedliche Potenzen, die den angegebenen Wert haben:

a) 64 b) -32 c) -27 d) $-\frac{1}{125}$

Entdecken

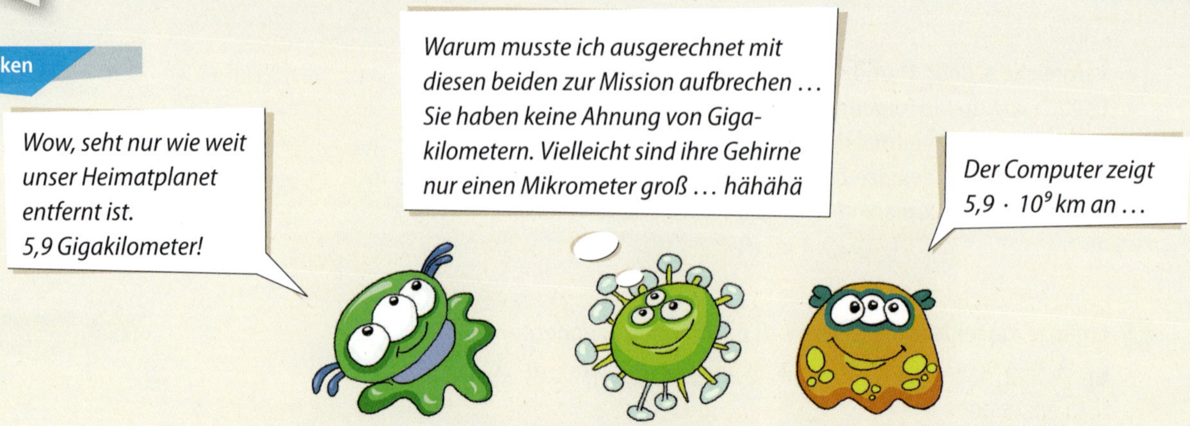

- „Giga" und „Mikro" sind Vorsilben von Zehnerpotenzen. Nenne Beispiele für derartige Vorsilben aus dem Alltag. Kennst du noch weitere Vorsilben von Zehnerpotenzen?

Verstehen

Unser Stellenwertsystem ist ein Zehnersystem. Deshalb sind Potenzen mit der Basis 10 in der Wissenschaft und im Alltag von besonderer Bedeutung.

Um sehr große oder sehr kleine Zahlen darstellen zu können, nutzt man **Zehnerpotenzen.**
Zehnerpotenzen sind **Potenzen** mit der Basis 10: $10^n = \underbrace{10 \cdot 10 \cdot \ldots \cdot 10}_{n \text{ Faktoren}}$

Es gilt weiterhin: $10^1 = 10$ und $10^0 = 1$.
Ebenso gilt: $10^{-n} = \frac{1}{10^n}$.

Beispiel:

…	$\frac{1}{1000}$	$\frac{1}{100}$	$\frac{1}{10}$					
…	10^{-3}	10^{-2}	10^{-1}	10^0	10^1	10^2	10^3	…
	0,001	0,01	0,1	1	10	100	1000	

Beispiel:

1 $530\,000 = 5{,}3 \cdot 100\,000 = 5{,}3 \cdot 10^5$
Der Exponent ist positiv, das Komma wurde fünf Stellen nach rechts verschoben.

2 $5{,}3 \cdot 10^{-5} = 5{,}3 \cdot 0{,}00001 = 0{,}000053$
Der Exponent ist negativ, das Komma verschiebt sich um fünf Stellen nach links.

Man kann jede Zahl in der sogenannten **Normdarstellung** (oder: **wissenschaftlichen Schreibweise**) darstellen als $a \cdot 10^z$ wobei $0 < a < 10$ und $z \in \mathbb{Z}$.

Der Exponent einer Zehnerpotenz gibt an, um wie viele Stellen sich das Komma gegenüber der Zahl 1 nach rechts oder links verschiebt.

Beispiele

I. Schreibe mithilfe der Normdarstellung.

a) 359 000 000 **b)** 0,00000079 **c)** 0,0038

Lösungsmöglichkeiten:

a) $3{,}59 \cdot 10^8$ **b)** $7{,}9 \cdot 10^{-7}$ **c)** $3{,}8 \cdot 10^{-3}$

II. Schreibe ohne Zehnerpotenz.

a) $22{,}7 \cdot 10^6$ **b)** $1{,}3 \cdot 10^{-5}$ **c)** $56 \cdot 10^{-12}$

Lösungsmöglichkeiten:

a) 22 700 000 **b)** 0,000013 **c)** 0,000000000056

- Es ist $a^0 = 1$ definiert. Gib eine Begründung an, wie man sinnvollerweise 0^0 festlegen soll. Betrachte dazu verschiedene natürliche Zahlen für a.
- „Wenn ich bei Längen die Maßeinheit erhöhe, nimmt die Maßzahl um eine Zehnerpotenz ab." Begründe und zeige den Zusammenhang an Beispielen.

Nachgefragt

Aufgaben

1 Schreibe mithilfe einer Zehnerpotenz in der Form $a \cdot 10^n$ mit $1 < a < 10$.
a) 24 300 000 000 **b)** 670 000 000 000 000 **c)** 10 000 0000
d) 125 000 000 **e)** 926 000 000 000 **f)** 70 000
g) 0,000000000047 **h)** 0,0000200412 **i)** 0,000000061
j) 0,00000375 **k)** 0,00099 **l)** 0,00000000527

2 Berechne mit dem Taschenrechner. Gib das Ergebnis mit und ohne Zehnerpotenzschreibweise an.
a) $9\,000\,000^2$ **b)** $4\,000\,000 \cdot 12\,000\,000$ **c)** $0{,}000000008^2$
d) $0{,}000003 \cdot 0{,}000713$ **e)** $0{,}000123 : 0{,}000000045$ **f)** $0{,}00094 : 213\,000\,000$

Mögliche Anzeigen der Zehnerpotenz $2{,}4 \cdot 10^{-8}$ beim Taschenrechner:
$2{,}4^{-08}$ oder
$2{,}4 \times 10^{-8}$ oder
2,4E–08

3 Gib jeweils in Normdarstellung an:
a) Die Lichtgeschwindigkeit beträgt ca. 300 000 000 $\frac{m}{s}$.
b) Eine handelsübliche Alufolie ist zwischen 0,004 mm und 0,02 mm dick.
c) Die Entfernung der Erde zur Sonne beträgt 0,15 Milliarden km.
d) Die Entfernung des Planeten Neptun von der Sonne beträgt im Durchschnitt 4,5 Milliarden km.

4 Schreibe in den in Klammern angegebenen Einheiten ohne Zehnerpotenz:
a) Der Radius eines Wasserstoffatoms beträgt ca. $53 \cdot 10^{-12}$ m (mm, nm), der eines Sauerstoffatoms $60 \cdot 10^{-12}$ m (mm, µm).
b) Das Alter des Weltalls beträgt $1{,}381 \cdot 10^{10}$ Jahre (Jahre, Tage).

5 Gib die Längen in Metern an. **Beispiel:** $3\text{ mm} = 3 \cdot 10^{-3}\text{ m} = 0{,}003\text{ m}$
a) 14 mm **b)** 1,5 dm **c)** 725 µm **d)** 26 cm **e)** 89 nm

6 Speichermedien haben verschiedene Kapazitäten.

a) Vergleiche mithilfe von Zehnerpotenzen:
1 Byte, 1 Kilobyte (kB), 1 Megabyte (MB), 1 Gigabyte (GB), 1 Terrabyte (TB)
b) Vergleiche die Speicherkapazität eines USB-Sticks (32 GB), einer DVD (8,5 GB) und einer externen Festplatte (1,5 TB) miteinander.
c) Eine vollgeschriebene DIN-A4-Seite hat etwa eine Datenmenge von 4 kB. Wie viele solcher Seiten lassen sich auf einem USB-Stick (16 GB) speichern?
d) Berechne die Zeit, die eine Schreibkraft brauchen würde, bis eine 8,5 GB-DVD voll ist, wenn sie 175 Byte pro Minute tippen kann.

Faktor	Vorsilbe	Symbol
10^{12}	Tera	T
10^9	Giga	G
10^6	Mega	M
10^3	Kilo	k
10^2	Hekto	h

Faktor	Vorsilbe	Symbol
10^{-1}	Dezi	d
10^{-2}	Zenti	c
10^{-3}	Milli	m
10^{-6}	Mikro	µ
10^{-9}	Nano	n

Entdecken

Stell dir vor, du baust aus Holzwürfeln mit $1\,cm^3$ Volumen größere Würfel.

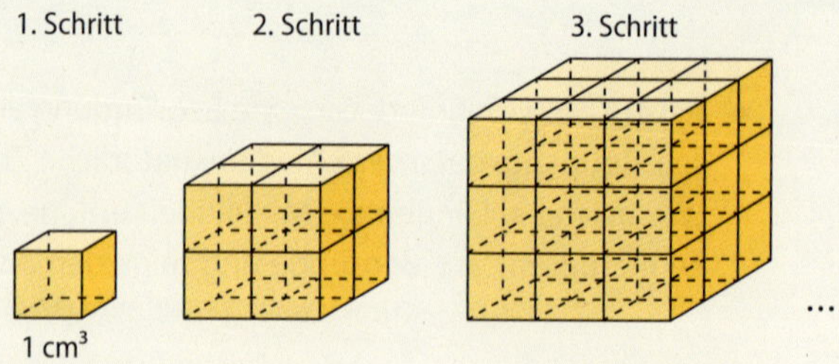

- Gib die Anzahl der kleinen Würfel an, die du brauchst um größere Würfel mit den Volumen $8\,cm^3$, $27\,cm^3$, $64\,cm^3$ bzw. $125\,cm^3$ zu bauen. Bestimme jeweils die Kantenlänge des Würfels.
- Ein Würfel besteht aus a Würfeln mit dem Volumen $1\,cm^3$. Gib an, wie lang die Kante eines solchen Würfels ist.

Verstehen

Du weißt: Ist die Seitenlänge eines Würfels a (m) lang, dann ist das Volumen a^3 (m^3).
Umgekehrt ist $\sqrt[3]{a}$ (m) die Kantenlänge eines Würfels mit dem Volumen a (m^3).

Die nichtnegative Lösung der Gleichung $x^n = a$ mit $a \in \mathbb{R}_0^+$ und $n \in \mathbb{N}\setminus\{0\}$ ist die **n-te Wurzel aus a:** $\sqrt[n]{a}$. Mit anderen Worten: $\sqrt[n]{a}$ ist diejenige nichtnegative Zahl, deren n-te Potenz gleich a ist.

Als Basis a von $a^{\frac{1}{n}}$ sind nur nichtnegative Zahlen zugelassen, denn sonst ergeben die Potenzgesetze: $-2 = (-8)^{\frac{1}{3}} = (-8)^{\frac{2}{6}} = ((-8)^2)^{\frac{1}{6}} = 64^{\frac{1}{6}} = 2$

Das Potenzieren (einer nichtnegativen Zahl) mit n und das Ziehen der n-ten Wurzel heben sich auf. Man schreibt $\sqrt[n]{a} = a^{\frac{1}{n}}$, denn $\left(a^{\frac{1}{n}}\right)^n = a$.

Allgemein gilt: $x^n = a^m$ mit $a \in \mathbb{R}_0^+$, $m \in \mathbb{Z}$ und $n \in \mathbb{N}\setminus\{0\}$ hat die Lösung $x = \sqrt[n]{a^m} = a^{\frac{m}{n}}$.

Beispiele

I. Wandle die Wurzelterme in Potenzen um.

a) $\sqrt{2}$ **b)** $\sqrt[3]{16}$ **c)** $\sqrt[5]{81}$ **d)** $\sqrt[4]{a^3}$, $a \geq 0$ **e)** $\sqrt[7]{b^2}$

Lösung:

a) $2^{\frac{1}{2}}$ **b)** $16^{\frac{1}{3}} = 2^{\frac{4}{3}}$ **c)** $81^{\frac{1}{5}} = 3^{\frac{4}{5}}$ **d)** $a^{\frac{3}{4}}$, $a \geq 0$ **e)** $b^{\frac{2}{7}}$

II. Wandle die Potenzen in Wurzelterme um.

a) $3^{\frac{1}{5}}$ **b)** $7^{\frac{2}{3}}$ **c)** $2^{\frac{17}{5}}$ **d)** $a^{\frac{1}{4}}$, $a \geq 0$ **e)** $b^{\frac{7}{2}}$, $b \geq 0$

Lösung:

a) $\sqrt[5]{3}$ **b)** $\sqrt[3]{7^2} = \sqrt[3]{49}$ **c)** $\sqrt[5]{2^{17}}$ **d)** $\sqrt[4]{a}$, $a \geq 0$ **e)** $\sqrt{b^7}$, $b \geq 0$

III. Was gehört zusammen? Ordne zu.

1 $3^{-\frac{1}{3}}$ | 2 $2^{-\frac{3}{2}}$ | 3 $a^{-\frac{5}{4}}$ | 4 $a^{-\frac{4}{5}}$ | 5 $3^{-\frac{1}{7}}$ | 6 $2^{-\frac{3}{5}}$

A $\frac{1}{\sqrt[7]{3}}$ | B $\frac{1}{\sqrt[5]{2^3}}$ | C $\frac{1}{\sqrt[3]{3}}$ | D $\frac{1}{\sqrt{2^3}}$ | E $\frac{1}{\sqrt[5]{a^4}}$ | F $\frac{1}{\sqrt[4]{a^5}}$

Lösung:

1 – C 2 – D 3 – F 4 – E 5 – A 6 – B

Nachgefragt

- Gib an, für welche Zahlen die Kubikwurzel größer als die zugehörige Zahl ist.
- Vergleiche die beiden Aussagen zu $2^{-\frac{1}{2}}$:
  - **1** „$2^{\frac{1}{2}}$ ist $\sqrt{2}$. Wenn ich durch die Basis, also durch 2 dividiere, muss ich den Exponent um 1 vermindern, ich erhalte also $2^{-\frac{1}{2}}$ und dies ist $\frac{\sqrt{2}}{2}$."
  - **2** „Wenn ich die Wurzel ziehe, halbiere ich den Exponenten. Da $2^{-1} = \frac{1}{2}$ ist, muss $2^{-\frac{1}{2}} = \frac{1}{\sqrt{2}}$ sein."

1 Gib an, welche der beiden Zahlen größer ist. Begründe deine Entscheidung.

a) $3^2;\ 3^{\frac{1}{2}}$ b) $2^{\frac{1}{2}};\ 2^{-\frac{1}{2}}$ c) $7^{\frac{2}{3}};\ 7^{\frac{3}{2}}$ d) $5^{-2};\ 5^{-\frac{1}{2}}$

e) $2^{\frac{1}{3}};\ 3^{\frac{1}{3}}$ f) $2^{-\frac{1}{3}};\ 3^{-\frac{1}{3}}$ g) $(-3)^{-\frac{1}{3}};\ 3^{-\frac{1}{3}}$ h) $(-3)^{-\frac{1}{3}};\ (-2)^{-\frac{1}{3}}$

2 Übertrage die Tabelle in dein Heft und ergänze sie dann dort.

n	7		3		4	3		2
a	128	81		0,00032		3^{-6}	10^{-10}	9^3
$\sqrt[n]{a}$		3	5	0,2	0,5		10^{-2}	

3 Was gehört zusammen? Ordne zu.

1 $a^{-\frac{1}{4}}$ **2** $a^{-\frac{5}{4}}$ **3** $a^{-\frac{1}{5}}$ **4** a^{-4} **5** $a^{-\frac{4}{5}}$ **6** $(-a)^{-\frac{4}{5}}$

A $\frac{1}{\sqrt[5]{(-a)^4}}$ **B** $\frac{1}{\sqrt[4]{a^5}}$ **C** $\frac{1}{\sqrt[4]{a}}$ **D** $\frac{1}{\sqrt[5]{a}}$ **E** $\frac{1}{a^4}$ **F** $\frac{1}{\sqrt[5]{a^4}}$

4 In welcher Beziehung stehen die Zahlen zueinander? Ordne zu.

Die Zahlen sind …			
gleich.	**Zahl und deren Kehrwert.**	**Gegenzahlen zueinander.**	**Zahl und deren Quadratzahl.**

a) $(-2)^3;\ 64^{\frac{1}{2}}$ b) $2^{\frac{1}{2}};\ \frac{1}{\sqrt{2}}$ c) $3^{\frac{2}{3}};\ \sqrt[3]{9}$ d) $3^{-2};\ \frac{1}{81}$

e) $\frac{1}{\sqrt{125}};\ 5^{\frac{3}{2}}$ f) $2^{-\frac{1}{3}};\ 2^{-\frac{2}{3}}$ g) $\left(-\frac{1}{7}\right)^2;\ 49^{-1}$ h) $(-5)^{-3};\ \left(\frac{1}{5}\right)^3$

5 Aus den abgebildeten Zahlen sollen Potenzen gebildet werden, wobei jede der Zahlen genau einmal verwendet werden soll. Vorzeichen und Klammern darfst du beliebig setzen.

Beispiel: $(2^3)^5$ oder $3^{-\frac{2}{5}}$

a) Bilde eine …
  1 möglichst große Zahl. **2** möglichst kleine Zahl.
  3 Zahl, möglichst nah an 0. **4** Zahl, möglichst nah an 1.

b) Wähle drei andere Zahlen und löse die Aufgaben **1** bis **4**.

c) Denke dir ähnliche Aufgaben aus und löse sie. Tausche mit einem Mitschüler.

Entdecken

$3^{\square} \cdot 3^{\square} = 9 \cdot 9 = 81 = 3^{\square}$

$\frac{2^{\square}}{2^{\square}} = \frac{32}{4} = 8 = 2^{\square}$

$2^{\square} \cdot 3^{\square} = 4 \cdot 9 = 36 = 6^{\square}$

$(-2)^{\square} \cdot (-2)^{\square} = 1 \cdot (-32) = -32 = (-2)^{\square}$

$(-2)^{\square} \cdot 5^{\square} = -8 \cdot 125 = -1000 = (-10)^{\square}$

$\frac{5^{\square}}{3^{\square}} = \frac{625}{81} = \frac{5 \cdot 5 \cdot 5 \cdot 5}{3 \cdot 3 \cdot 3 \cdot 3} = \frac{5}{3} \cdot \frac{5}{3} \cdot \frac{5}{3} \cdot \frac{5}{3} = \left(\frac{5}{3}\right)^{\square}$

$(2^2)^{\square} = \frac{1}{(2^2)^5} = \frac{1}{4^5} = \frac{1}{1024} = \frac{1}{2^{\square}} = 2^{\square}$

$\frac{3^{\square}}{2^{\square}} = \frac{27}{8} = \frac{3 \cdot 3 \cdot 3}{2 \cdot 2 \cdot 2} = \frac{3}{2} \cdot \frac{3}{2} \cdot \frac{3}{2} = \left(\frac{3}{2}\right)^{\square}$

$(3^{\square})^2 = 9^2 = 81 = 3^{\square}$

$\frac{3^{\square}}{3^{\square}} = \frac{27}{81} = \frac{1}{3} = 3^{\square}$

Beispiel:
$2^2 \cdot 2^3 = 4 \cdot 8 = 32 = 2^5$

- Ergänze die fehlenden Exponenten und vergleiche sie anschließend.
- Formuliere mögliche Rechenregeln und überprüfe sie an weiteren Beispielen.

Verstehen

Mit Potenzen kann man rechnen, es gelten die folgenden Potenzgesetze.

Rechengesetze für Potenzen ($a, b \in \mathbb{R}\setminus\{0\}$ und $m, n \in \mathbb{Q}$)

Potenzen mit gleichen Basen

$a^m \cdot a^n = a^{m+n}$

$\frac{a^m}{a^n} = a^{m-n}$

Werden Potenzen mit gleicher Basis multipliziert (dividiert), werden die Exponenten addiert (subtrahiert). Die Basis bleibt erhalten.

Potenzen mit gleichen Exponenten

$a^n \cdot b^n = (a \cdot b)^n$

$\frac{a^n}{b^n} = \left(\frac{a}{b}\right)^n$

Werden Potenzen mit demselben Exponenten multipliziert (dividiert), bleibt der gemeinsame Exponent erhalten. Die Basis ist das Produkt (der Quotient) der einzelnen Basen.

Potenzieren von Potenzen

$(a^m)^n = a^{m \cdot n}$

Wird eine Potenz potenziert, werden die Exponenten multipliziert. Die Basis bleibt erhalten.

Beispiele

I. Vereinfache.

a) $x^2 \cdot x^4$ **b)** $p^5 : p^3$ **c)** $s^6 \cdot t^6$ **d)** $a^3 : b^3$ **e)** $(k^3)^3$

Lösung:

a) $x^{2+4} = x^6$ **b)** $p^{5-3} = p^2$ **c)** $(s \cdot t)^6$ **d)** $\left(\frac{a}{b}\right)^3$ **e)** $k^{3 \cdot 3} = k^9$

II. Vereinfache.

a) $x^{-2} \cdot x^4$ **b)** $p^5 : p^5$ **c)** $s^{-1} \cdot t^{-1}$ **d)** $a^0 : b^0$ **e)** $(k^{-2})^3$

Lösung:

a) $x^{-2+4} = x^2$ **b)** $p^{5-5} = p^0 = 1$ **c)** $(s \cdot t)^{-1}$ **d)** $\left(\frac{a}{b}\right)^0 = 1$ **e)** $k^{-2 \cdot 3} = k^{-6}$

III. Vereinfache.

a) $x^{\frac{1}{2}} \cdot x^{\frac{1}{4}}$ **b)** $p^{\frac{1}{5}} : p^{\frac{1}{3}}$ **c)** $s^{\frac{1}{6}} \cdot t^{\frac{1}{6}}$ **d)** $a^{\frac{1}{3}} : b^{\frac{1}{3}}$ **e)** $\left(k^{\frac{1}{3}}\right)^3$

Lösung:

a) $x^{\frac{1}{2}+\frac{1}{4}} = x^{\frac{3}{4}}$ **b)** $p^{\frac{1}{5}-\frac{1}{3}} = p^{-\frac{2}{15}}$ **c)** $(s \cdot t)^{\frac{1}{6}}$ **d)** $\left(\frac{a}{b}\right)^{\frac{1}{3}}$ **e)** $k^{\frac{1}{3} \cdot 3} = k$

Nachgefragt

- Erkläre den Unterschied zwischen $3 \cdot 5$, 3^5 und 5^3.
- Vergleiche $a^3 \cdot a^4$ mit $(a^3)^4$. Für welche Werte von $a > 0$ ist $a^3 \cdot a^4$ größer als $(a^3)^4$?
- Erkläre mithilfe der Potenzgesetze, dass $a^0 = 1$ eine sinnvolle Festlegung ist.

Aufgaben

1 Schreibe zunächst als Potenz und berechne anschließend.

a) $8^2 \cdot 4$ b) $27^4 : 9^3$ c) $\left(-\frac{1}{3}\right) \cdot 9$ d) $-125 : \frac{1}{25}$

e) $63^5 : 7^5$ f) $(-0{,}3)^2 \cdot 5^2$ g) $(32^2)^{\frac{1}{5}}$ h) $(-0{,}2164)^{\frac{1}{3}}$

2 Was gehört zusammen? Finde Terme, die die gleiche Zahl darstellen.

$\left(\frac{1}{9}\right)^3$ | 3^{-6} | $(2^{-3})^2$ | $(3^{-2})^3$ | $\left(\frac{1}{8}\right)^2$ | $\left(\frac{1}{3^2}\right)^3$

$\left(\frac{1}{2}\right)^3 \cdot \left(\frac{1}{2}\right)^3$ | $\left(\frac{1}{2^3}\right)^2$ | 2^{-6} | $\left(\frac{1}{3}\right)^2 \cdot \left(\frac{1}{3}\right)^2 \cdot \left(\frac{1}{3}\right)^2$ | $\frac{1}{3^6}$ | $\frac{1}{2^6}$

3 Finde möglichst viele unterschiedliche Lösungswege und berechne.

a) $2^3 \cdot 2^3$ b) $3^2 \cdot 3^2$ c) $5^2 \cdot 5^4$ d) $a^4 \cdot a^{12}$

4 Berechne im Kopf.

a) $\sqrt[3]{8 \cdot 27}$ b) $\sqrt[4]{\frac{81}{125}}$ c) $\frac{\sqrt{7}}{\sqrt{28}}$ d) $\sqrt{\sqrt{256}}$

e) $\sqrt{2} \cdot \sqrt{18}$ f) $\sqrt{4^3}$ g) $\sqrt[3]{3^6}$ h) $\sqrt{\sqrt[3]{64}}$

5 Löse die Gleichungen in $\mathbb{R}$. Beschreibe dein Vorgehen.

a) $a^4 \cdot a^x = a^{\frac{9}{2}}$ b) $a^4 \cdot a^x = a^{\frac{7}{2}}$ c) $a^4 : a^x = a^{\frac{9}{2}}$ d) $a^4 : a^x = a^{\frac{7}{2}}$

e) $a^x : a^4 = a^{\frac{7}{2}}$ f) $a^x : a^4 = a^{-\frac{7}{2}}$ g) $(a^4)^x = a^{\frac{9}{2}}$ h) $(a^x)^x = a^4$

6 Bringe den größtmöglichen Faktor vor das Wurzelzeichen.

Beispiel: $\sqrt[3]{16} = \sqrt[3]{8} \cdot \sqrt[3]{2} = 2 \cdot \sqrt[3]{2}$

a) $\sqrt[3]{40}$ b) $\sqrt[4]{32}$ c) $\sqrt[3]{108}$ d) $\sqrt[4]{30\,000}$

e) $\sqrt[5]{160}$ f) $\sqrt[4]{a^5}$ g) $\sqrt[4]{64a^5b^2}$ h) $\sqrt[5]{64a^5b^2}$

7 Richtig oder falsch? Begründe bzw. widerlege durch ein Gegenbeispiel.

a) Jede Potenz von 2 mit ganzzahligem Exponenten ist größer als 2.

b) Das Produkt zweier Kubikwurzelterme ist stets ein Kubikwurzelterm.

c) Jede Potenz einer negativen Zahl ist eine negative Zahl.

d) Jede Potenz einer positiven Zahl ist positiv.

e) Jede Potenz einer negativen Zahl mit ungeradem Exponenten ist negativ.

f) Jede Potenz einer negativen Zahl mit negativem Exponenten ist negativ.

g) Jede Wurzel aus 2 ist kleiner als 2.

8 Im Folgenden siehst du eine Begründung für die Potenzgesetze mit gleichem Exponenten.

$$a^n \cdot b^n = \underbrace{(a \cdot \ldots \cdot a)}_{\text{n Faktoren}} \cdot \underbrace{(b \cdot \ldots \cdot b)}_{\text{n Faktoren}} = \underbrace{(a \cdot b) \ldots \cdot (a \cdot b)}_{\text{n Faktoren}} = (a \cdot b)^n$$

$$a^n : b^n = \frac{a^n}{b^n} = \frac{\overbrace{a \cdot \ldots \cdot a}^{\text{n Faktoren}}}{\underbrace{b \cdot \ldots \cdot b}_{\text{n Faktoren}}} = \underbrace{\frac{a}{b} \cdot \ldots \cdot \frac{a}{b}}_{\text{n Faktoren}} = \left(\frac{a}{b}\right)^n = (a : b)^n$$

a) Beschreibe mit eigenen Worten, weshalb die Gleichheit gilt.
b) Begründe ebenso die Potenzgesetze …
1 mit gleicher Basis. **2** zum Potenzieren von Potenzen.

9 Bringe alle Faktoren unter das Wurzelzeichen.

a) $5 \cdot \sqrt[3]{2}$ b) $2 \cdot \sqrt[4]{3}$ c) $3 \cdot \sqrt[3]{10}$ d) $10 \cdot \sqrt[3]{5}$
e) $4 \cdot \sqrt[5]{2}$ f) $a \cdot \sqrt[3]{b^2}$ g) $2a \cdot \sqrt[3]{b^2}$ h) $2a^2 \cdot \sqrt[3]{b^2}$

10 Vereinfache so weit wie möglich.

a) $a^3 \cdot a^6$ b) $(-b)^4 : (-b)^2$ c) $c^3 \cdot c^4 \cdot c^5$ d) $d^7 : d^3 : d^2$
e) $e^4 \cdot e^7 \cdot e^3$ f) $f^2 \cdot f^4 \cdot f$ g) $g^7 : g^5 : g$ h) $(-h)^4 \cdot (-h)^2 : (-h)^3$
i) $2i^2 \cdot 3i^{-4}$ j) $-4{,}5j^{-5} : \frac{2}{3}j^2$ k) $6k \cdot 3k^3 : k^{-2}$ l) $4 \cdot (-l)^{-6} \cdot \frac{1}{4}(-l)^3$

11 Hier hat sich doch ein Fehler versteckt. Finde ihn und verbessere im Heft.

a) $a^3 + a^5 = a^{3+5} = a^8$
b) $2d^4 + 4d^2 = (2+4) \cdot d^{4+2} = 6d^6$
c) $b^4 \cdot b^2 = b^{4 \cdot 2} = b^8$
d) $-5e^4 : 2e^2 = (-5-2)\, e^{4-2} = -7e^2$
e) $z^4 + 5z^4 = 6z^8$
f) $2^4 - 2^3 = 2$

12 Du kennst bereits die Potenzgesetze. Diese lassen sich auch auf Wurzelterme übertragen.

Weiterdenken

Wurzelgesetze

Für $a \in \mathbb{R}_0^+$, $b \in \mathbb{R}^+$ und $m, n \in \mathbb{Z}$ gilt:

1 $\sqrt[n]{a} \cdot \sqrt[n]{b} = \sqrt[n]{a \cdot b}$ **2** $\sqrt[n]{a} : \sqrt[n]{b} = \sqrt[n]{a : b}$ **3** $\sqrt[m]{\sqrt[n]{a}} = \sqrt[m \cdot n]{a}$

Für $a \geq 0$, $m \in \mathbb{Z}$ und $n \in \mathbb{Z} \setminus \{0\}$ gilt: **4** $\sqrt[n]{a^m} = \left(\sqrt[n]{a}\right)^m = a^{\frac{m}{n}}$

Ein möglicher **Beweis für das Wurzelgesetz 1**:
Bezeichne $x = \sqrt[n]{a}$, sei also x diejenige nichtnegative Zahl, deren n-te Potenz gleich a ist, und $y = \sqrt[n]{b}$, also diejenige nichtnegative Zahl, deren n-te Potenz gleich b ist.
Dann gilt: $\sqrt[n]{a} \cdot \sqrt[n]{b} = x \cdot y = \sqrt[n]{(x \cdot y)^n} = \sqrt[n]{x^n \cdot y^n} = \sqrt[n]{a \cdot b}$.

a) Begründe die einzelnen Schritte im obigen Beweis.
b) Finde Beweise für die weiteren Wurzelgesetze.
c) Ordne die Potenzgesetze den zugehörigen Wurzelgesetzen zu.

13 Berechne. Wandle, falls sinnvoll, die Wurzelterme in Potenzen um und umgekehrt. Überprüfe anschließend mit deinem Taschenrechner.

a)	$\sqrt[3]{0{,}04} \cdot \sqrt[3]{0{,}2}$	$\sqrt[4]{0{,}001} \cdot \sqrt[4]{0{,}1}$	$\sqrt[6]{80} \cdot \sqrt[6]{0{,}8}$	$3^{-\frac{1}{6}} \cdot 3^{\frac{1}{2}} \cdot 3^{\frac{2}{3}}$
b)	$3^{\frac{1}{4}} \cdot 27^{\frac{1}{4}}$	$12^{\frac{1}{3}} \cdot 18^{\frac{1}{3}}$	$2^{-\frac{1}{5}} \cdot 16^{-\frac{1}{5}}$	$0{,}001^{-\frac{1}{6}} \cdot 0{,}001^{-\frac{1}{6}}$
c)	$\sqrt[3]{40} \cdot 0{,}4^{\frac{1}{3}}$	$0{,}128^{\frac{1}{7}} \cdot \sqrt[7]{1000}$	$75^{\frac{1}{3}} \cdot \sqrt[3]{45}$	$\sqrt[5]{900} \cdot 0{,}27^{\frac{1}{5}}$
d)	$\sqrt[5]{3^2} \cdot 27^{\frac{1}{5}}$	$2^{\frac{2}{3}} \cdot \sqrt[3]{250}$	$\sqrt[3]{125} \cdot 5^{\frac{1}{2}}$	$2^{-\frac{3}{4}} \cdot \sqrt[4]{32}$
e)	$\sqrt[3]{0{,}081} : \sqrt[3]{3}$	$\sqrt[4]{6{,}25} : \sqrt[4]{0{,}01}$	$\sqrt[5]{12{,}8} : \sqrt[5]{0{,}4}$	$4^{\frac{5}{3}} : 0{,}5^{\frac{5}{3}}$
f)	$162^{\frac{1}{3}} : 6^{\frac{1}{3}}$	$0{,}0001^{\frac{1}{5}} : 10^{\frac{1}{5}}$	$9{,}6^{-\frac{1}{4}} : 0{,}6^{-\frac{1}{4}}$	$8^{\frac{7}{6}} : \left(8^{\frac{1}{2}} : 8^{\frac{1}{3}}\right)$
g)	$75^{\frac{1}{2}} : \sqrt{12}$	$\sqrt[3]{8{,}1} : (2{,}4)^{\frac{1}{3}}$	$1000^{\frac{1}{4}} : \sqrt[4]{0{,}1}$	$\sqrt[7]{12{,}8} : (0{,}01)^{\frac{1}{7}}$
h)	$1{,}5^{2{,}8} \cdot 1{,}5^{1{,}7} \cdot 1{,}5^{-0{,}5}$	$0{,}25^{\frac{11}{8}} : \left(0{,}25^{\frac{3}{4}} \cdot 0{,}25^{\frac{1}{8}}\right)$	$0{,}9^{\frac{2}{3}} \cdot 3^{\frac{2}{3}} \cdot 10^{\frac{2}{3}}$	$84^{0{,}5} : (7^{0{,}5} \cdot 2^{0{,}5})$

14 Silke und Philipp unterhalten sich über das Rationalmachen eines Nenners.

Bei eingliedrigen Nennern habe ich kein Problem, ich erweitere mit einem Term, der die n-te Wurzel rückgängig macht, also z. B. bei $\frac{1}{\sqrt[3]{4}}$ mit $\frac{\sqrt[3]{4}}{\sqrt[3]{4}}$, oder bei $\frac{5}{\sqrt[4]{27}}$ mit $\frac{\sqrt[4]{27}}{\sqrt[4]{27}}$. Was macht man aber, wenn der Nenner zweigliedrig ist?

Naja, bei Quadratwurzeln haben wir eine Summe mit der entsprechenden Differenz und umgekehrt getilgt. Beispielsweise haben wir den Term $\frac{1}{\sqrt{5} - \sqrt{2}}$ mit $\frac{\sqrt{5} + \sqrt{2}}{\sqrt{5} + \sqrt{2}}$ erweitert, damit im Nenner $5 - 2 = 3$ entsteht. Geht es bei n-ten Wurzeln nicht genauso?

a) Begründe, warum Philipps Verfahren bei zweigliedrigen Quadratwurzeltermen immer funktioniert.

b) Zeige am Beispiel von $\frac{1}{\sqrt[3]{5} - \sqrt[3]{2}}$, dass dieses Verfahren bei n-ten Wurzeln im Allgemeinen nicht funktioniert.

c) Entwickle ein passendes Verfahren für zweigliedrige Kubikwurzelterme.

Wissen

Wurzeln aus negativen Zahlen

Im vorherigen Kapitel wurden n-te Wurzeln nur für den Fall definiert, dass der Radikand nichtnegativ ist. Andererseits haben wir in diesem Kapitel negative Zahlen „erlaubt". So ist zum Beispiel $(-2)^3 = -8$.
Solche Rechenoperationen durch das Ziehen der entsprechenden n-ten Wurzel rückgängig zu machen, ist eigentlich eine Vereinbarungssache. Beispielsweise berechnet dein Taschenrechner bestimmte Wurzeln auch aus negativen Zahlen, z. B. $\sqrt[3]{-8} = -2$.
Eine mögliche Definition – wir verwenden in der Schule eine davon abweichende – kann wie folgt sein:

> Ist $a \in \mathbb{R}$ und n eine ungerade Zahl, so ist $\sqrt[n]{a}$ diejenige reelle Zahl, deren n-te Potenz gleich a ist.

- Begründe, warum in der obigen Definition eine Einschränkung auf ungerade n notwendig ist.
- Berechne im Kopf den Wert der nachfolgenden Wurzelterme. Überprüfe anschließend mit deinem Taschenrechner.
  $\sqrt[3]{-8}$; $\sqrt[3]{-27}$; $\sqrt[3]{-64}$; $\sqrt[3]{-125}$; $\sqrt[7]{-1}$; $\sqrt[3]{-216}$; $\sqrt[5]{-32}$; $\sqrt[5]{-243}$; $\sqrt[7]{-128}$; $\sqrt[5]{-0{,}00001}$
- Begründe an Beispielen, mit welchen Potenzgesetzen man durch die obige Definition Probleme bekommt.

Entdecken

- Beschreibe jeweils den Verlauf von jedem Graphen.
- Für $x > 0$ beschreiben die Zuordnungen Zusammenhänge am Würfel. Ordne passend den Graphen zu.

1
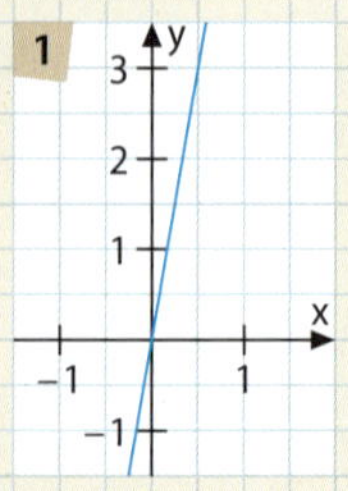

2
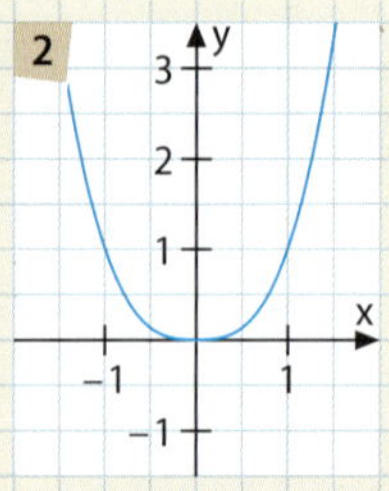

3
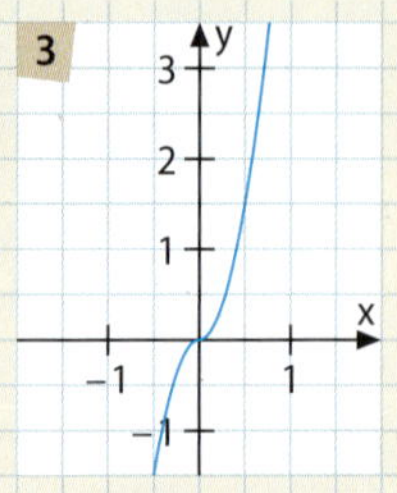

A *Kantenlänge des Würfels ↦ Volumen des Würfels*

B *Kantenlänge des Würfels ↦ Oberflächeninhalt des Würfels*

C *Seitenfläche des Würfels ↦ Oberflächeninhalt des Würfels*

Verstehen

Allgemein kann man Funktionen der Form $f(x) = x^n$ bezüglich ihrer Eigenschaften in zwei Gruppen einteilen. Ausschlaggebend ist dabei der Exponent n.

Die Schreibweise $f(x) = x^n$ betont, dass bei der Zuordnung die Funktionswerte von x abhängen.

Eine Funktion f mit $f(x) = x^n$ $(n \in \mathbb{N} \setminus \{0\})$ heißt Potenzfunktion (n-ten Grades).
Die Graphen der Funktionen bilden **Parabeln n-ter Ordnung.**

	n gerade („gerade Funktion")	**n ungerade („ungerade Funktion")**
Definitionsmenge D (Menge der zulässigen x-Werte)	$D = \mathbb{R}$	$D = \mathbb{R}$
Wertemenge W (Menge der möglichen Funktionswerte)	$W = \mathbb{R}_0^+$	$W = \mathbb{R}$
Symmetrie	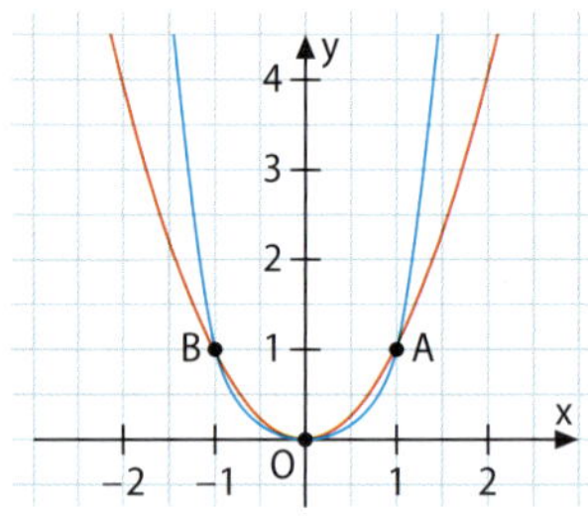 Bei Achsensymmetrie zur y-Achse gilt: $f(-x) = f(x)$	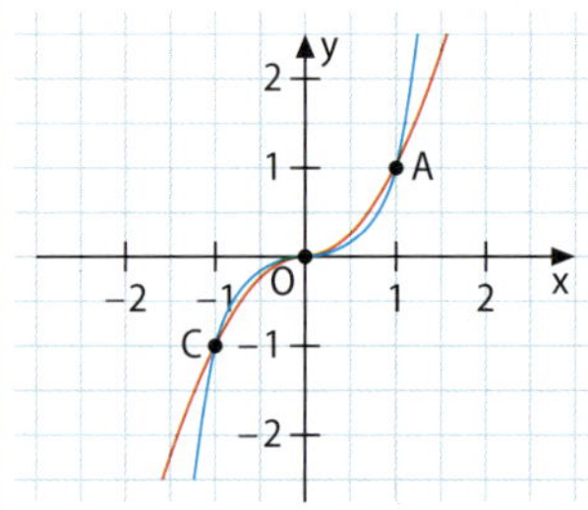 Bei Punktsymmetrie zum Ursprung gilt: $f(-x) = -f(x)$
gemeinsame Punkte	$A(1\|1)$; $B(-1\|1)$; $O(0\|0)$	$A(1\|1)$; $C(-1\|-1)$; $O(0\|0)$
Verhalten für $x \to \infty$ und $x \to -\infty$	für $x \to \infty$ gilt: $f(x) \to \infty$ für $x \to -\infty$ gilt: $f(x) \to \infty$	für $x \to \infty$ gilt: $f(x) \to \infty$ für $x \to -\infty$ gilt: $f(x) \to -\infty$

Beispiel

Die Punkte $Q_1(-2\,|\,y_1)$, und $Q_2(x_2\,|\,27)$ liegen auf dem Graphen der Funktion $f(x) = x^3$.
Berechne jeweils die fehlende Koordinate.

Lösung:

$Q_1(-2\,|\,y_1)$: $y_1 = (-2)^3 = -8 \Rightarrow Q_1(-2\,|\,-8)$; $Q_2(x_2\,|\,27)$: $27 = x_2^3$; $x_2 = \sqrt[3]{27} = 3 \Rightarrow Q_2(3\,|\,27)$

Nachgefragt

- Beschreibe die Eigenschaft einer geraden Funktion (ungeraden Funktion). Gib jeweils zwei Beispiele an.
- Begründe mithilfe der Potenzgesetze, dass die Graphen aller Potenzfunktionen f mit $f(x) = x^n$ …
  1 durch den Punkt A (1 | 1) verlaufen, wenn n eine natürliche Zahl ist.
  2 durch den Punkt B (−1 | 1) verlaufen, wenn n eine gerade Zahl ist.
  3 durch den Punkt C (−1 | −1) verlaufen, wenn n eine ungerade Zahl ist.

Aufgaben

f(x) = x²

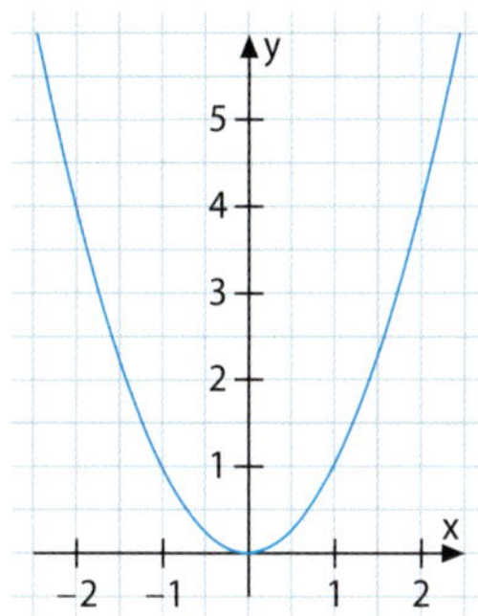

1 Untersuche die Funktionen f mit $f(x) = x^n$ $(n \in \mathbb{N} \setminus \{0\})$.

a) Zeichne in ein Koordinatensystem. Überprüfe mit einem Computerprogramm.
  1 $f_1(x) = x^2$ 2 $f_2(x) = x^3$ 3 $f_3(x) = x^4$ 4 $f_4(x) = x^5$

b) Stelle Gemeinsamkeiten und Unterschiede der Funktionen aus a) heraus.

c) Gib gemeinsame Punkte der Funktionsgraphen an.

2 Ordne den Graphen die zugehörige Funktionsgleichung zu.

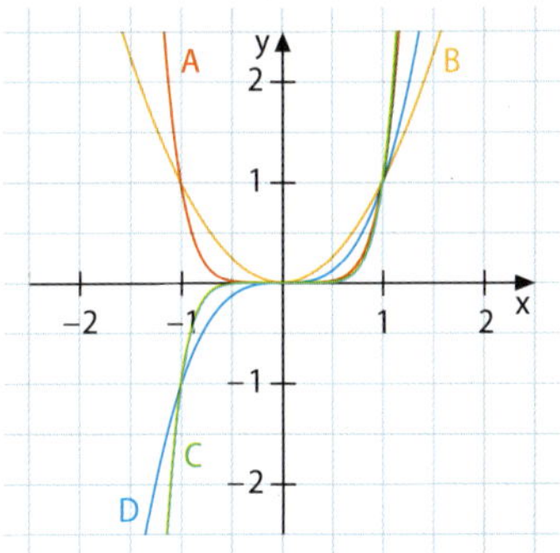

1 $f(x) = x^2$

2 $f(x) = x^3$

3 $f(x) = x^6$

4 $f(x) = x^7$

3 Die angegebenen Punkte sollen auf dem Graphen der Funktion f liegen. Berechne jeweils die fehlende Koordinate. Findest du mehrere Möglichkeiten?

a)	$f(x) = x^2$	A (3 | a)	B (−2,5 | b)	C (c | 20,25)	$D\left(d \,\middle|\, \frac{6}{19}\right)$
b)	$f(x) = x^3$	A (−2 | a)	B (1,4 | b)	C (c | 0,125)	$D(d \mid -3^9)$
c)	$f(x) = x^5$	$A\left(-\frac{1}{2} \,\middle|\, a\right)$	B (5 | b)	$C(c \mid -2^{15})$	$D\left(d \,\middle|\, \frac{1}{243}\right)$
d)	$f(x) = x^6$	$A\left(\frac{1}{5} \,\middle|\, a\right)$	$B(3^2 \mid b)$	$C(c \mid 1 \cdot 10^{-6})$	D (d | −1)

4 Finde eine Funktionsvorschrift so, dass die Werte zur jeweiligen Funktion passen.

x	−3	−2	−1	0	1	2	3
f (x)	9	4	1	0	1	4	9
g (x)	81	16	1	0	1	16	81
h (x)	−27	−8	−1	0	1	8	27
i (x)	−3	−2	−1	0	1	2	3

5 Erkläre, wie das Verhalten einer Funktion f mit $f(x) = x^n$ für $x \to \infty$ und $x \to -\infty$ vom Exponenten abhängt.

Entdecken

- Erstelle zunächst eine Wertetabelle und vergleiche dann die Graphen der beiden Funktionen f und g.
  a) $f(x) = x^2$ und $g(x) = 3 \cdot x^2$ **b)** $f(x) = x^2$ und $g(x) = x^2 - 4$
  c) $f(x) = x^2$ und $g(x) = (x-1)^2$
- Beschreibe, wie der Graph von g aus dem Graph von f hervorgeht.

Verstehen

Potenzfunktionen lassen sich verändern, indem man diese mit zusätzlichen Parametern versieht. Dabei ist es wichtig, den Einfluss der einzelnen Parameter zu kennen.

Erinnere dich:
$y = mx + c$

Potenzfunktionen können gestreckt, gestaucht, gespiegelt und entlang der Koordinatenachsen verschoben werden.

Durch den Faktor a wird der Graph der Potenzfunktion f mit $f(x) = x^n$ gestaucht oder gestreckt: $f(x) = a \cdot x^n$
Für $0 < |a| < 1$ ergibt sich eine **Stauchung**,
für $1 < |a|$ ergibt sich eine **Streckung**
des Graphen von f mit dem Faktor a in y-Richtung.
Für $a < 0$ wird der Graph von f zusätzlich an der x-Achse gespiegelt.

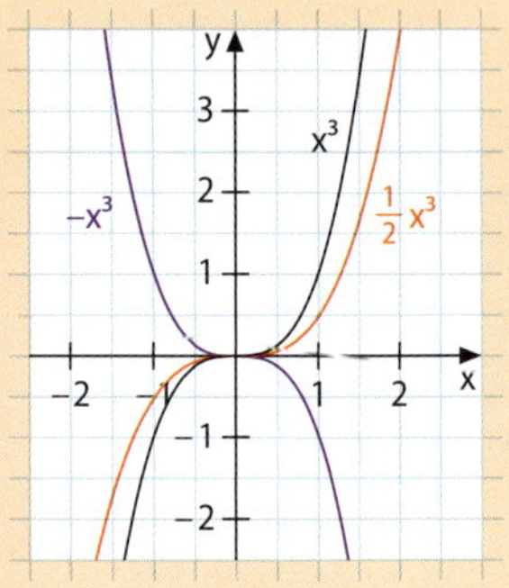

Die Addition einer Konstanten c zur Potenzfunktion f mit $f(x) = a \cdot x^n$ bewirkt eine Verschiebung des Graphen um c Einheiten entlang der y-Achse in positive Richtung: $f(x) = a \cdot x^n + c$.

Die Subtraktion einer Konstanten d zur Basis der Potenzfunktion f mit $f(x) = a \cdot x^n$ bewirkt eine Verschiebung des Graphen um d Einheiten entlang der x-Achse in positive Richtung: $f(x) = a \cdot (x - d)^n$.

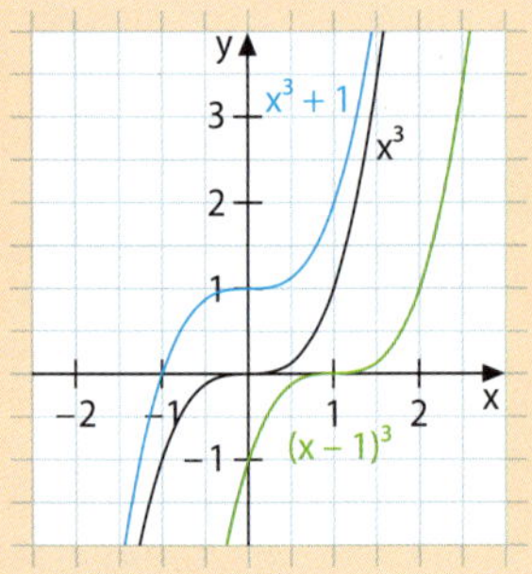

Beispiel

Beschreibe wie der Graph der Funktion g aus dem der Funktion f mit $f(x) = x^3$ hervorgeht.

a) $g(x) = 2 \cdot x^3$
b) $g(x) = -x^3$
c) $g(x) = \frac{1}{2}x^3$
d) $g(x) = 2 \cdot x^3 + 4$
e) $g(x) = -(x+1)^3$
f) $g(x) = \frac{1}{2} \cdot (x-1)^3 + 4$

Lösung:

a) Streckung in y-Richtung mit Faktor 2.
b) Spiegelung an der x-Achse.
c) Stauchung in y-Richtung mit Faktor $\frac{1}{2}$.
d) Streckung in y-Richtung mit Faktor 2 und danach Verschiebung in y-Richtung um 4.
e) Spiegelung an der x-Achse und danch Verschiebung nach links um 1.
f) Stauchung in y-Richtung mit Faktor $\frac{1}{2}$ und danach Verschiebung nach rechts um 1 sowie in y-Richtung um 4.

Nachgefragt

- Beschreibe den Unterschied zwischen f mit $f(x) = x^2 + 1$ und g mit $g(x) = (x + 1)^2$.
- Begründe, welche der Eigenschaften „Symmetrie" und „Verhalten für $x \to \infty$ bzw. $x \to -\infty$" sich beim Graph der Funktion g mit $g(x) = (x - 1)^3 + 2$ gegenüber der Funktion f mit $f(x) = x^3$ nicht ändern.

Aufgaben

1 Überprüfe die Auswirkungen des Koeffizienten a auf den Graphen der Funktion g bzw. h, indem du die Graphen in ein Koordinatensystem zeichnest. Beschreibe deine Beobachtungen.

a) $g(x) = x^3$; $g_a(x) = ax^3$ mit $a \in \{-2; -1; 1; 2\}$

b) $h(x) = x^4$; $h_a(x) = ax^4$ mit $a \in \{-2; -1; 1; 2\}$

2 Zeichne zunächst den Graphen der Funktion f in dein Heft. Erstelle dazu eine geeignete Wertetabelle. Kontrolliere anschließend die Zeichnung mithilfe eines Computerprogramms.

a) $f(x) = 0{,}1x^3$ **b)** $f(x) = -\frac{1}{4}x^4$ **c)** $f(x) = -0{,}01x^5$ **d)** $f(x) = \frac{1}{5}x^4$

3 Beschreibe die Veränderung des Graphen der Funktion g gegenüber dem Graphen f mit $f(x) = x^3$. Skizziere den Graphen.

a) $g(x) = x^3 + 5$ **b)** $g(x) = x^3 - 4$ **c)** $g(x) = \frac{1}{2}x^3 - 0{,}5$

d) $g(x) = -x^3 - 2$ **e)** $g(x) = \frac{1}{4}x^3 - 0{,}25$ **f)** $g(x) = -3x^3 + 4$

4 Untersuche die Verschiebung des Graphen der Funktion g entlang der x-Achse gegenüber dem Graphen von f mit $f(x) = x^3$ bzw. $f(x) = x^4$. Beschreibe Zusammenhänge.

a) $g(x) = (x - 2)^3$ **b)** $g(x) = (x + 1)^3$ **c)** $g(x) = (x - 1)^4$ **d)** $g(x) = (x + 0{,}5)^4$

5 **a)** Ordne den Graphen die passende Funktionsvorschrift zu:

1 $f(x) = x^2$

2 $f(x) = x^4 + 3$

3 $f(x) = x^3$

4 $f(x) = (x - 2)^3 - 1$

b) Bestimme die fehlende Funktionsgleichung.

c) Beschreibe in Worten den Verlauf des Graphen der Funktion f mit der Gleichung $f(x) = (x - 2)^4 + 3$.

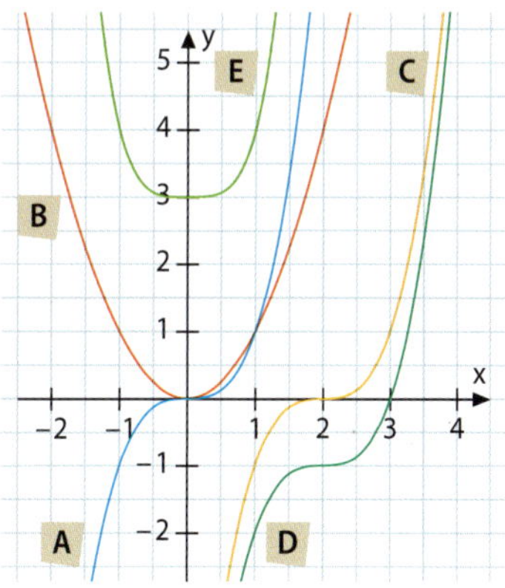

6 Beschreibe die Veränderung des Graphen der Funktion g gegenüber dem Graphen von f mit $f(x) = x^3$. Skizziere die Graphen.

a) $g(x) = \frac{1}{2} \cdot (x - 2)^3 + 1$ **b)** $g(x) = -\frac{3}{2} \cdot (x + 1)^3 + 3$

7 Untersuche den Graphen der Funktion f auf Schnittpunkte mit den Achsen, Symmetrie und das Verhalten für $x \to \infty$ bzw. $x \to -\infty$.

a) $f(x) = \frac{1}{2}x^3 - 2$ **b)** $f(x) = -2x^4 + 1$ **c)** $f(x) = \frac{1}{2}(x - 3)^4$

Entdecken

Du kannst ein Computerprogramm verwenden.

Untersuche Potenzfunktionen f der Form $f(x) = x^{-n}$ $(n \in \mathbb{N} \setminus \{0\})$.

- Zeichne in ein Koordinatensystem.
  1 $f(x) = x^{-1}$ **2** $g(x) = x^{-2}$ **3** $h(x) = \frac{1}{x^3}$
  4 $i(x) = \frac{1}{x^4}$ **5** $j(x) = x^{-5}$ **6** $k(x) = x^{-6}$
- Stelle Gemeinsamkeiten und Unterschiede der Funktionen in Abhängigkeit vom Exponenten heraus.
- Untersuche den Graphen in der Umgebung von $x = 0$, indem du Zwischenwerte berechnest.
- Gib gemeinsame Punkte der Funktionsgraphen an.

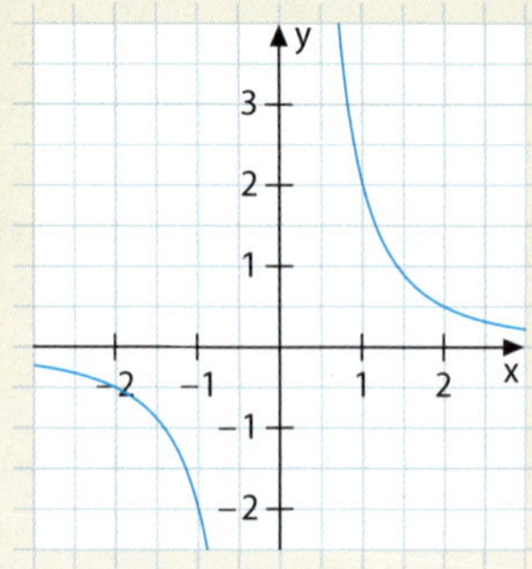

Verstehen

Wir untersuchen auch Potenzfunktionen mit negativem Exponenten.

Eine Potenzfunktion f mit $f(x) = x^{-n}$ $(n \in \mathbb{N} \setminus \{0\})$ ist an der Stelle $x = 0$ nicht definiert. Ihren Graphen bezeichnet man als **Hyperbel**.

	n gerade („gerade Funktion")	**n ungerade („ungerade Funktion")**
Definitionsmenge D	$D = \mathbb{R} \setminus \{0\}$	$D = \mathbb{R} \setminus \{0\}$
Wertemenge W	$W = \mathbb{R}^+$	$W = \mathbb{R} \setminus \{0\}$
Symmetrie	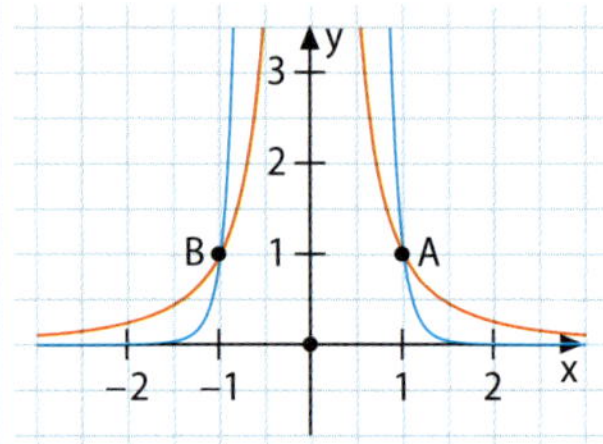 Bei Achsensymmetrie zur y-Achse gilt: $f(-x) = f(x)$	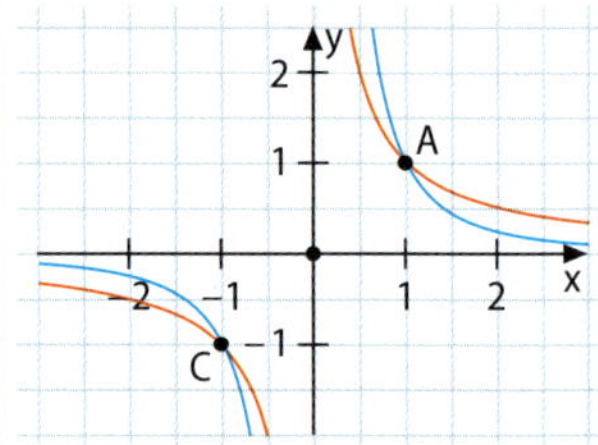 Bei Punktsymmetrie zum Ursprung O gilt: $f(-x) = -f(x)$
gemeinsame Punkte	A(1 | 1); B(−1 | 1)	A(1 | 1); C(−1 | −1)
Verhalten für $x \to \infty$ und $x \to -\infty$	Für $x \to \infty$ gilt $f(x) \to 0$ und für $x \to -\infty$ gilt $f(x) \to 0$.	
Asymptoten	Eine **Asymptote** ist eine Gerade, an die sich der Funktionsgraph anschmiegt. Hier sind die y-Achse und die x-Achse Asymptoten.	

Beispiel

Stelle die Funktion f mit $f(x) = x^{-1} + 3$ grafisch dar.
Beschreibe dein Vorgehen und benenne die Asymptoten.

Lösung:

Vorgehen:

1 Zeichne den Graphen von f mit $f(x) = x^{-1}$.

2 $+\,3$ bewirkt eine Verschiebung um $+\,3$ Einheiten entlang der y-Achse. Du erhältst $f(x) = x^{-1} + 3$.

3 Die Asymptoten sind die y-Achse und aufgrund der Verschiebung um $+\,3$ Einheiten die Gerade $y = 3$.

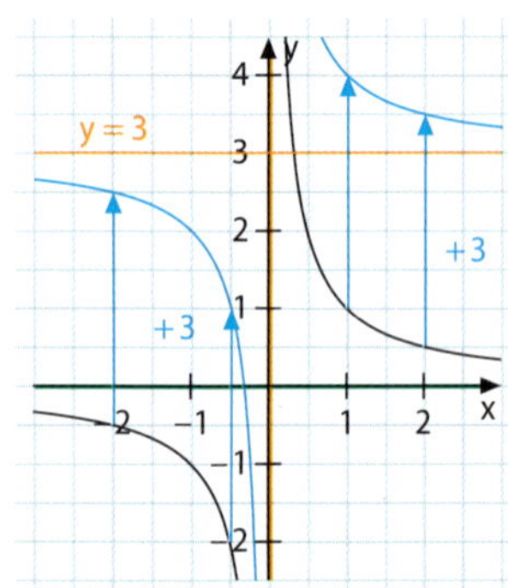

Nachgefragt

- Erkläre, dass Potenzfunktionen f der Form $f(x) = x^{-n}$ an der Stelle $x = 0$ nicht definiert werden können.
- Erkläre: Der Graph der Funktion f mit $f(x) = \frac{1}{x^3}$ ist punktsymmetrisch zum Ursprung. Der Graph der Funktion g mit $g(x) = \frac{1}{x^2}$ ist achsensymmetrisch zur y-Achse.
- Beschreibe, wie sich der Graph der Funktion f mit $f(x) = x^{-4} + d$ für $x \to \infty$ und $x \to -\infty$ verhält.

Aufgaben

1 Untersuche die Funktionen auf Symmetrie und Asymptoten. Skizziere den Graphen.

a) $f(x) = \frac{1}{x^2}$ **b)** $f(x) = x^{-3} - 2$ **c)** $f(x) = \frac{1}{x^4} + 1$

2

1 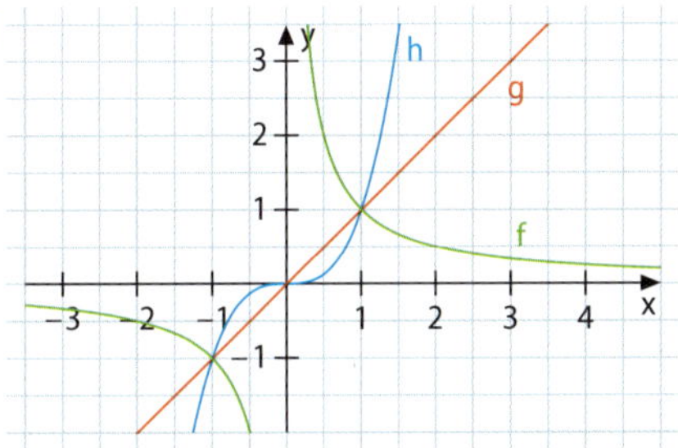

2 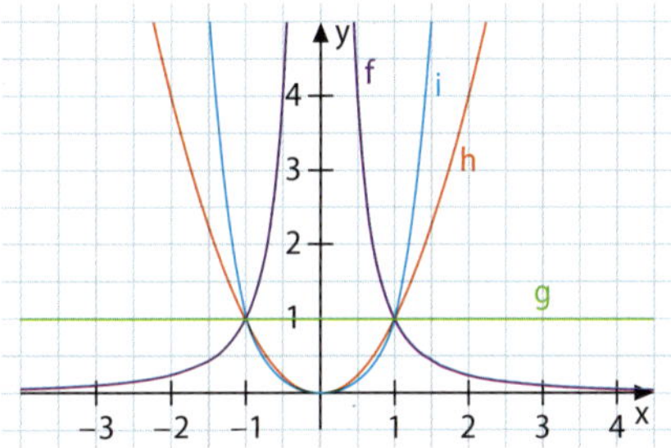

a) Unterscheide anhand der Graphen Potenzfunktionen mit geraden und ungeraden Exponenten. Begründe deine Entscheidung.

b) Gib die Funktionsgleichungen an.

3 Auf jedem Graphen der Funktionen f_1, f_2, f_3 und f_4 liegen mehrere der angegebenen Punkte. Bei richtiger Zuordnung ergeben sich verschiedene Namen. Finde diese.

$f_1(x) = x^2$	$f_2(x) = x^3$	A(1|1)	K(−1|1)	R(−2|4)	X(−1|−1)
$f_3(x) = x^{-1}$	$f_4(x) = x^4$	E(−0,5|−2)	I(2|16)	L(2|0,5)	M(0|0)

4 Begründe, dass die Graphen aller Potenzfunktionen f mit $f(x) = x^n$ mit …

a) ganzzahligem n und $n \neq 0$ durch den Punkt A(1|1) verlaufen.

b) geradem n und $n \neq 0$ durch den Punkt B(−1|1) verlaufen.

c) ungeradem n durch den Punkt C(−1|−1) verlaufen.

5 Überprüfe die Auswirkungen der Parameter auf den Graphen der Funktion. Du kannst bei der Variation der Parameter auch ein Computerprogramm nutzen.

1 $f(x) = a \cdot x^{-n}$; mit $a \in \{-2; -1; 1; 2\}$	2 $f(x) = x^{-n} + c$; mit $c \in \{-2; -1; 1; 2\}$	3 $f(x) = (x - d)^{-n}$; mit $d \in \{-2; -1; 1; 2\}$

6 1 $f(x) = x^{-2}$; $g(x) = 2x + 1$ 2 $f(x) = \frac{1}{x^3}$; $g(x) = 2x + 1$

a) Die Graphen der Funktion f und g schneiden sich. Ermittle die Anzahl der Schnittpunkte.

b) Untersuche die Anzahl der Schnittpunkte von f und h mit $h(x) = 2x + d$ in Abhängigkeit vom Parmeter $d \in \mathbb{R}$.

Entdecken

- Erstelle eine Wertetabelle und zeichne jeweils den Graph der Funktion f. Beschreibe seinen Verlauf.
  a) $f(x) = x^{\frac{1}{2}}, x \geq 0$ **b)** $f(x) = x^{\frac{1}{3}}, x \geq 0$
- Vergleiche den Graph der Funktion f mit $f(x) = x^{\frac{1}{2}}, x \geq 0$ mit dem Graph der Funktion g mit $g(x) = x^2, x \geq 0$. Beschreibe, was dir auffällt.

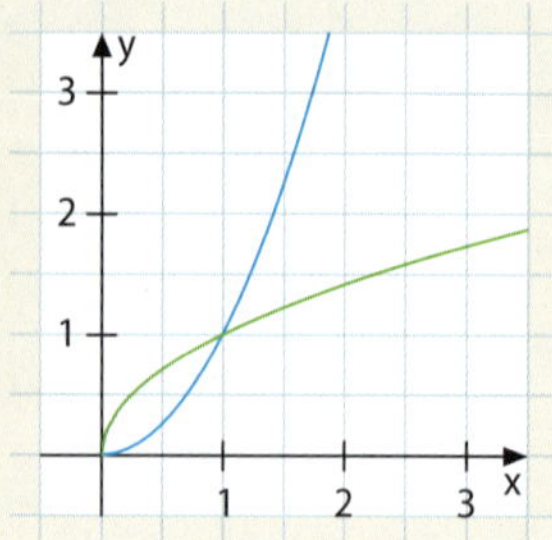

Verstehen

Erweitert man die Potenzfunktionen auf Potenzen mit rationalem Exponenten, erhält man Wurzelfunktionen.

Eine Funktion der Form $f(x) = x^{\frac{1}{n}}$ mit $n \in \mathbb{N}\setminus\{0\}$ und $x \geq 0$ heißt **Potenzfunktion mit rationalem Exponenten** oder auch **Wurzelfunktion**.

Die Definitionsmenge einer Funktion f umfasst allgemein alle Zahlen, die für x eingesetzt werden dürfen. Da die Potenzen der Form $x^{\frac{1}{n}}$ $(n \in \mathbb{N}\setminus\{0\})$ nur für positive Basen definiert sind, ist die **Definitionsmenge der Wurzelfunktionen** $D = \mathbb{R}_0^+$, d.h. $x \in \mathbb{R}_0^+$.

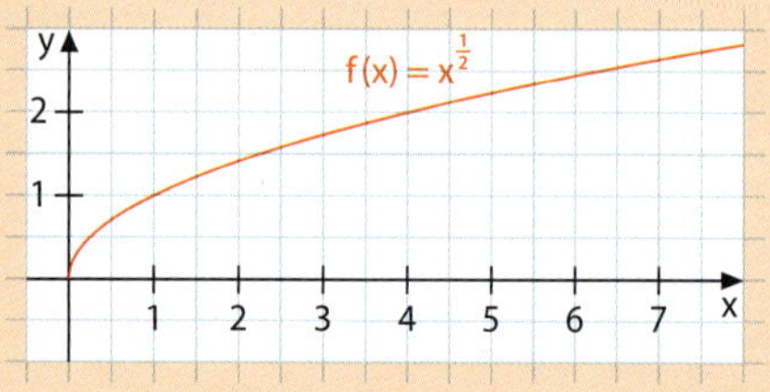

Die Wertemenge einer Funktion f umfasst allgemein alle Zahlen, die als Funktionswerte möglich sind. Die **Wertemenge der Wurzelfunktionen** ist $W = \mathbb{R}_0^+$.

Beachte $(n \neq 0)$:
$\sqrt[n]{x} = x^{\frac{1}{n}}$
$\sqrt[n]{x^m} = x^{\frac{m}{n}}$
$\sqrt[n]{0} = 0$
$\sqrt[n]{1} = 1$

Beispiel

Skizziere zu den Funktionen f mit $f(x) = \sqrt{x} = x^{\frac{1}{2}}$, g mit $g(x) = \sqrt{x-2} = (x-2)^{\frac{1}{2}}$ und h mit $h(x) = \sqrt{x} + 2 = x^{\frac{1}{2}} + 2$ den zugehörigen Graphen. Gib die Definitions- und Wertemenge an.

Lösung:

$f(x) = \sqrt{x} = x^{\frac{1}{2}}$	$g(x) = \sqrt{x-2} = (x-2)^{\frac{1}{2}}$	$h(x) = \sqrt{x} + 2 = x^{\frac{1}{2}} + 2$
$D_f = \mathbb{R}_0^+$	$D_g = \{x \in \mathbb{R} \mid x \geq 2\}$	$D_h = \mathbb{R}_0^+$
$W_f = \mathbb{R}_0^+$	$W_g = \mathbb{R}_0^+$	$W_h = \{x \in \mathbb{R} \mid x \geq 2\}$

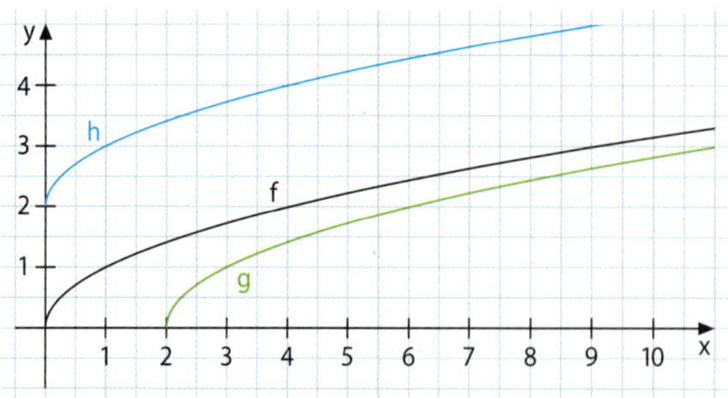

Der Graph von g ist gegenüber dem Graphen von f um 2 Einheiten entlang der x-Achse verschoben. Der Graph von h ist gegenüber dem Graphen von f um 2 Einheiten entlang der y-Achse verschoben.

Nachgefragt

- Erkläre den Zusammenhang zwischen der Normalparabel und dem Graphen der Wurzelfunktion f mit $f(x) = x^{\frac{1}{2}}$.
- Beschreibe, wie man den Graphen von g mit $g(x) = -\sqrt{x}$ aus dem Graphen von f mit $f(x) = \sqrt{x}$ erhält.

Aufgaben

1 Gib von folgenden Funktionen jeweils die Definitionsmenge und die Wertemenge an. Ordne den Funktionen den passenden Graphen zu.

$f_1(x) = \sqrt{x}$ $\quad f_2(x) = \sqrt{x-1}$

$f_3(x) = \sqrt{x} + 1$ $\quad f_4(x) = 2 \cdot \sqrt{x}$

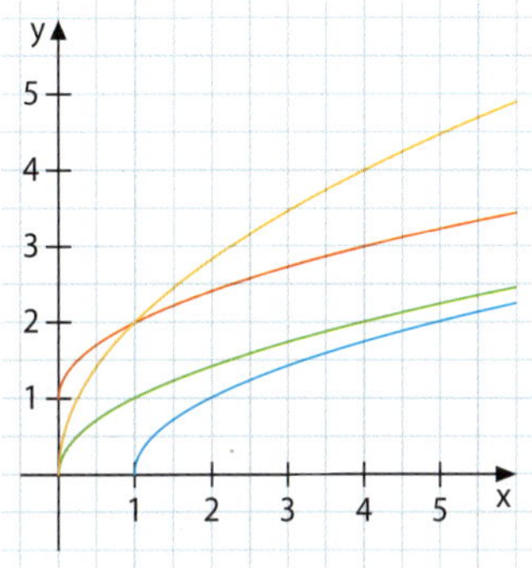

2 Bestimme jeweils die Definitions- und Wertemenge der Funktion f ($c, d \in \mathbb{R}$).

a) $f(x) = \sqrt{x-2} - 1$ **b)** $f(x) = \sqrt[3]{x+1} - 4$ **c)** $f(x) = \sqrt[4]{x} + 1$

d) $f(x) = \sqrt{x-d}$ **e)** $f(x) = \sqrt{x} + c$ **f)** $f(x) = \sqrt{x-d} + c$

3 Zeichne die Graphen der Funktionen f mit $f(x) = (x-1)^{\frac{1}{2}} + 2$ (mit $x \geq 1$) und g mit $g(x) = (x-2)^{\frac{1}{3}} + 2$ (mit $x \geq 2$) in ein Koordinatensystem. Beschreibe möglichst viele Eigenschaften, die die beiden Graphen gemeinsam haben sowie die, in denen sie sich unterscheiden.

4 Spiegele den Graph der Funktion f mit $f(x) = x^2$ an der Winkelhalbierenden des I. und III. Quadranten. Erkläre, warum das entstandene Schaubild kein Graph einer Funktion ist.

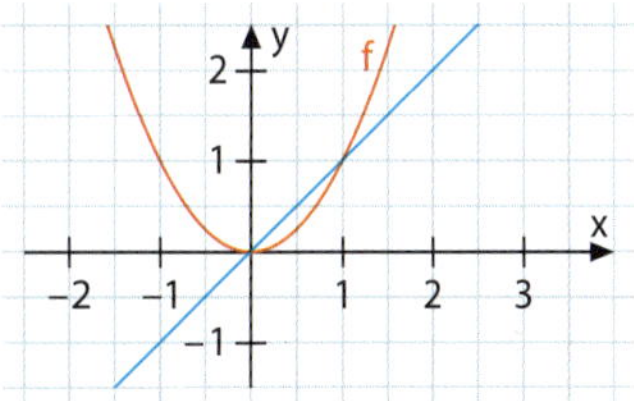

5 Zieht man aus einer n-ten Potenz die n-te Wurzel, hebt sich die n-te Potenz auf. Das gilt auch umgekehrt: $\left(\sqrt[n]{x}\right)^n = x^{\frac{n}{n}} = x$. Man erkennt dies auch am Graphen der Funktionen. Die Abbildung zeigt die Graphen der Funktionen f_1 und f_2 mit $f_1(x) = x^2$ und $f_2(x) = x^{\frac{1}{2}}$.

a) Zeichne die Funktionsgraphen für $0 \leq x \leq 5$ in dein Heft.

1 Beschreibe Gemeinsamkeiten und Unterschiede der beiden Graphen.

2 Beschreibe die Symmetrie zwischen den Graphen. Beschreibe damit einen Zusammenhang zwischen den Funktionen f_1 und f_2.

3 Beschreibe, wie man den Graphen von f_2 aus dem Graphen von f_1 erhalten kann.

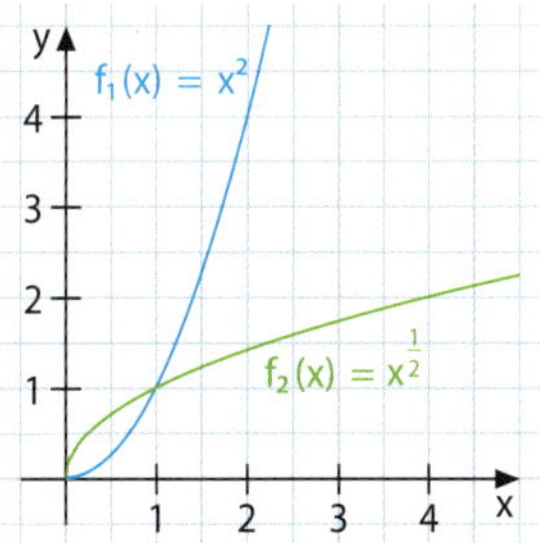

b) Verfahre ebenso mit den Funktionen g_1 und g_2 mit $g_1(x) = x^4$ und $g_2(x) = x^{\frac{1}{4}}$.

Entdecken

Ein Pflanzenkübel, der mindestens 10 ℓ Erde fassen kann, soll die Form eines Würfels haben.

- Schätze zunächst die Kantenlänge, die ein solcher Kübel mindestens haben muss. Überprüfe deine Schätzung anschließend rechnerisch.
- Welche Kantenlänge bräuchte ein Kübel, der 20 ℓ Erde fassen soll?

Verstehen

Analog zu Quadratischen Gleichungen können auch höhere Potenzen in Gleichungen vorkommen.

Potenzgleichungen sind Gleichungen der Form $x^n = b$ für alle natürlichen Zahlen $n > 1$.
Potenzgleichungen kann man auf verschiedene Arten lösen:

1 grafisch: Die Lösungen sind Schnittpunkte der Graphen zu $f(x) = x^n$ und $g(x) = b$.

n gerade

Beispiel: $x^4 = 2$

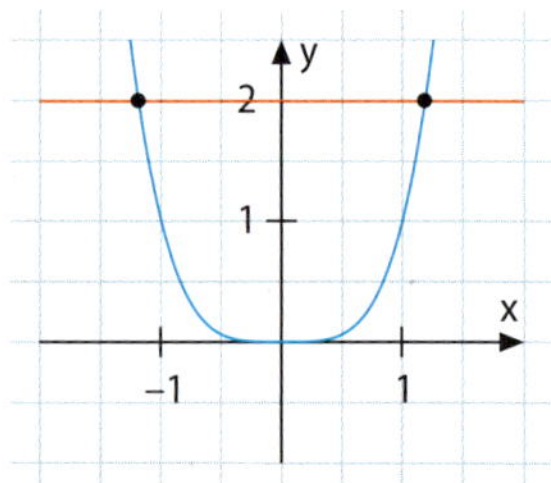

Lösungen:
$x_1 \approx 1{,}2$
$x_2 \approx -1{,}2$

n ungerade

Beispiel: $x^5 = 2$

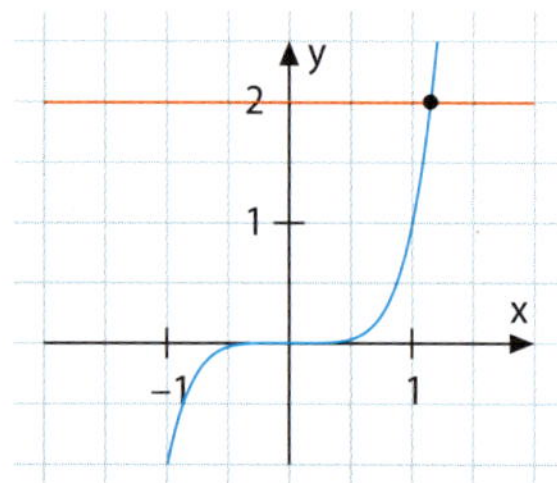

Lösung:
$x \approx 1{,}1$

2 rechnerisch: Auflösen der Gleichung durch Ziehen der n-ten Wurzel.

Eine Potenzgleichung kann eine Lösung, zwei Lösungen oder keine Lösung haben.

Beispiel

Löse die folgenden Potenzgleichungen im Bereich der reellen Zahlen.

a) $x^3 = 3$ **b)** $x^4 = 3$ **c)** $x^3 = -2$ **d)** $x^4 = -2$

Lösung:

1 grafisch:

a) $f(x) = x^3$, $g(x) = 3$

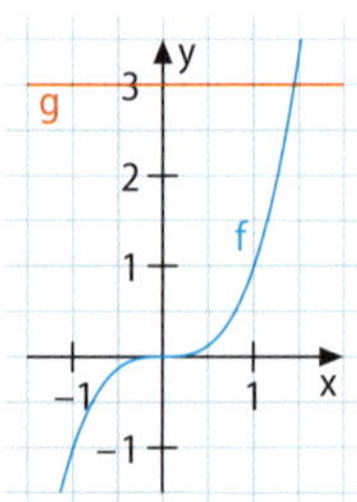

b) $f(x) = x^4$, $g(x) = 3$

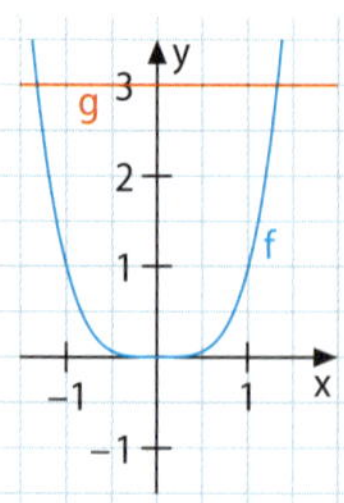

c) $f(x) = x^3$, $g(x) = -2$

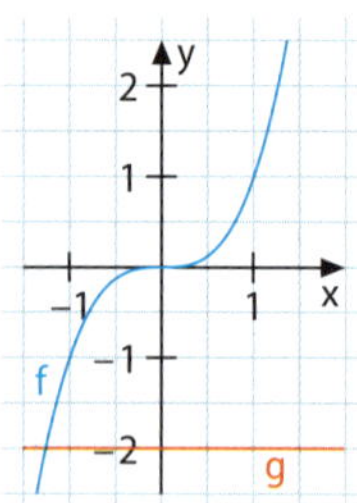

d) $f(x) = x^4$, $g(x) = -2$

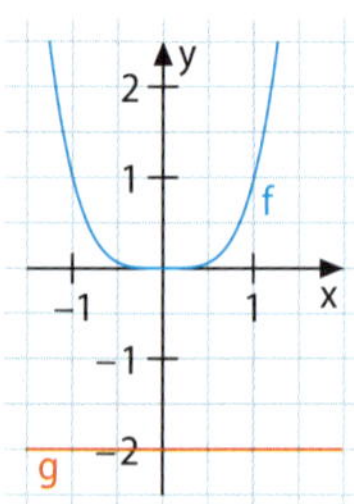

2 rechnerisch:

a) $x^3 = 3$
$x = \sqrt[3]{3} \approx 1{,}44$

b) $x^4 = 3$
$x = \pm\sqrt[4]{3} \approx \pm 1{,}32$

c) $x^3 = -2$
$x = -\sqrt[3]{2} \approx -1{,}26$

d) $x^4 = -2$
Keine Lösung ($x^4 \geq 0$)

Nachgefragt

- Beschreibe, wie man eine Gleichung der Form $a \cdot x^n = c$ in eine Gleichung der Form $x^n = b$ umwandeln kann ($a \in \mathbb{R}\setminus\{0\}$, $b, c \in \mathbb{R}$).
- Begründe die drei möglichen Fälle für die Anzahl der Lösungen von Potenzgleichungen anhand der grafischen Lösungsmethode.

Aufgaben

1 Bestimme die Lösungen der Potenzgleichungen im Bereich der reellen Zahlen.

a) $x^8 = 20$ | $x^8 = -20$ **b)** $x^5 = 32$ | $x^5 = -32$ **c)** $x^7 = \frac{1}{128}$ | $x^7 = -\frac{1}{128}$ **d)** $x^6 = 40$ | $x^6 = -40$

2 Untersuche die Fälle, unter denen eine Potenzgleichung der Form $x^n = b$ mit $n \in \mathbb{N}$ und $b \in \mathbb{R}$ im Bereich der reellen Zahlen zwei Lösungen, genau eine Lösung oder keine Lösung besitzt. Vervollständige dazu die Tabelle in deinem Heft.

Du kannst die Beispiele als Hilfe nutzen.

	n gerade	**n ungerade**
b > 0	$x^n = b$ $\Rightarrow \ldots$ Es gibt … Lösungen.	$x^n = b$ $\Rightarrow \ldots$ Es gibt … Lösungen.
b = 0		
b < 0		

3 Bestimme rechnerisch die Lösungen der Gleichungen in $\mathbb{R}$.

a) $2x^3 = 16$ **b)** $\frac{1}{3}x^4 = 27$ **c)** $x^3 + 5 = 130$ **d)** $2x^3 - 6 = 122$

e) $3x^3 = -81$ **f)** $5x^4 = -3$ **g)** $-3x^3 = 24$ **h)** $-x^4 + 12 = 8$

4 **a)** Gib zwei verschiedene Potenzgleichungen an, die die Lösung −1 haben.
Tipp: Mit Äquivalenzumformungen erhältst du die Form $x^n = b$.

b) Gibt es eine Potenzgleichung $x^n = b$ mit den Lösungen −3 und 2? Begründe.

5 Bestimme rechnerisch die Lösungsmenge der Bruchgleichung ($x \in \mathbb{R}\setminus\{0\}$). Forme sie zuerst in eine Potenzgleichung um.

Erinnere dich: Wenn die Variable im Nenner steht, nennt man eine Gleichung „Bruchgleichung".

Beispiel: $\frac{1}{x^2} = 4$

$\frac{1}{x^2} = 4 \quad | \cdot x^2$

$1 = 4x^2 \quad | : 4$

$\frac{1}{4} = x^2$

$x_1 = \frac{1}{2}$ und $x_2 = -\frac{1}{2}$, also $L = \left\{-\frac{1}{2}; \frac{1}{2}\right\}$

a) $\frac{1}{x^3} = 125$ **b)** $\frac{1}{x^4} = 12$ **c)** $-\frac{5}{x^4} = -5$ **d)** $24 = \frac{3}{x^3}$

e) $\frac{1}{2x^3} = -\frac{2}{500}$ **f)** $-\frac{5}{3x^4} = 75$ **g)** $\frac{16}{27} = \frac{2}{3x^3}$ **h)** $\frac{3}{2} = \frac{3}{x^5}$

6 Bestimme die Nullstellen der Funktion f rechnerisch und überprüfe mithilfe einer Zeichnung.

Nullstellen sind diejenigen Punkte, an denen der Graph der Funktion die x-Achse schneidet.

a) $f(x) = 2x^3 - 3$ **b)** $f(x) = -\frac{1}{4}x^3 - 3$ **c)** $f(x) = \frac{2}{3}x^4 - \frac{27}{8}$

2 2.10 Wurzelgleichungen

Entdecken

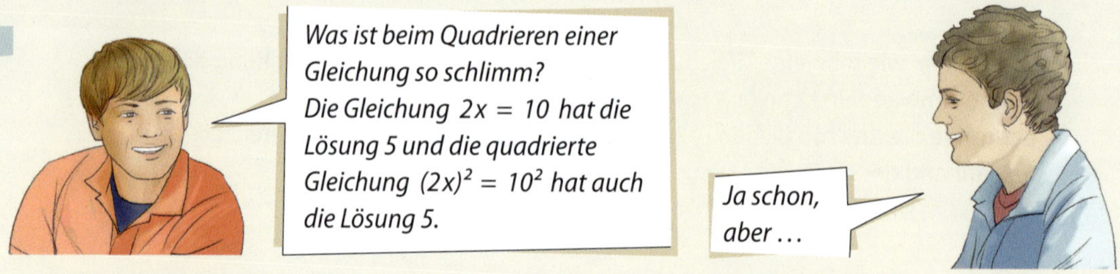

- Vervollständige den Satz von Mika. Welchen Einwand könnte er haben?

Verstehen

Ebenso wie Potenzen können auch Wurzeln in Gleichungen vorkommen.

> Tritt in einer Gleichung die Variable im Radikanden einer Wurzel auf, spricht man von einer **Wurzelgleichung**.
> Für die Lösung der Gleichung müssen **alle Wurzeln definiert** sein. Man ermittelt also zuerst die Definitionsmenge aller vorkommenden Wurzelterme.
> Der **Definitionsmenge der Wurzelgleichung** ist dann deren gemeinsame Zahlenmenge.
>
> **Beispiel:** $\sqrt{x-5} = 6$ Definitionsmenge: $x - 5 \geq 0 \Leftrightarrow x \geq 5$
> $D = \{x \in \mathbb{R} \mid x \geq 5\}$
>
> Wurzelgleichungen löst man durch **Quadrieren beider Seiten** einer Gleichung.

Beispiele

Durch das Quadrieren können Lösungen hinzukommen, die die Ausgangsgleichung nicht lösen. Anschließend muss man deshalb die Probe machen.

I. Löse $\sqrt{14 - x} = 3$. Beschreibe dein Vorgehen.

Lösung:

$\sqrt{14 - x} = 3$ $D = \{x \in \mathbb{R} \mid x \leq 14\}$

$\left(\sqrt{14 - x}\right)^2 = 3^2$ | Quadrieren

$14 - x = 9 \Rightarrow x = 5$

Probe: $\sqrt{14 - 5} = \sqrt{9} = 3$ wahr Lösungsmenge: $L = \{5\}$

Wurzelterm im Kopf lösbar.

II. Löse $\sqrt{2x + 1} = x - 1$. Beschreibe dein Vorgehen.

Lösung:

$\sqrt{2x + 1} = x - 1$ $D = \left\{x \in \mathbb{R} \mid x \geq \frac{1}{2}\right\}$

$\left(\sqrt{2x + 1}\right)^2 = (x - 1)^2$ | Quadrieren

$2x + 1 = x^2 - 2x + 1$

$0 = x \cdot (x - 4) \Rightarrow x_1 = 0;\ x_2 = 4$

Probe: x_1: $\sqrt{2 \cdot 0 + 1} = 0 - 1 \Leftrightarrow 1 = -1$ falsch

x_2: $\sqrt{2 \cdot 4 + 1} = 4 - 1 \Leftrightarrow \sqrt{9} = 3$ wahr Lösungsmenge: $L = \{3\}$

Wurzelterm durch einmaliges Quadrieren lösbar.

III. Löse $18 - 2\sqrt{x} = 4$. Beschreibe dein Vorgehen.

Lösung:

$18 - 2\sqrt{x} = 4$ $D = \{x \in \mathbb{R} \mid x \geq 0\}$

$2\sqrt{x} = 14$ | Isolieren der Wurzel

$\sqrt{x} = 7 \Rightarrow x = 49$ | Quadrieren

Probe: $18 - 2 \cdot \sqrt{49} = 4$ wahr Lösungsmenge: $L = \{49\}$

Wurzelterm erst isolieren, dann Quadrieren.

Nachgefragt

- Untersuche, ob das beidseitige „Wurzelziehen" bei einer Gleichung eine Äquivalenzumformung ist.
- Begründe, warum es in Beispiel III nicht sinnvoll ist, die Gleichung sofort auf beiden Seiten zu quadrieren.

Aufgaben

1 Löse folgende Gleichungen im Kopf.

a) $\sqrt{x} = 4$ b) $\sqrt{x} = 1{,}2$ c) $\sqrt{3x} = 6$

2 a) Bestimme die Definitionsmenge und die Lösungsmenge von $\sqrt{x} + 5 = 17$.

b) Bestimme die Lösungsmenge der Wurzelgleichung.

1 $\sqrt{x} = 25$ **2** $\sqrt{x+3} = 8$ **3** $\sqrt{\frac{2}{3}x} = \frac{3}{2}$ **4** $\sqrt{x^2+3} = 8$

c) Begründe, welche Gleichungen sich im Kopf lösen lassen.

1 $\sqrt{x} + 3 = 8$ **2** $\sqrt{x-1} + 3 = 8$ **3** $\sqrt{2x} - 4 = 2$ **4** $\sqrt{\frac{1}{3}x} + 2 = 11$

3 Bestimme die Lösungsmenge der Wurzelgleichungen im Bereich der reellen Zahlen.

Denke daran, alle Schritte wie in den Beispielen aufzuschreiben.

a) $\sqrt{x^2+3} + 2 = 12$ b) $\sqrt{x-3} - 4 = 1$ c) $\sqrt{x+1} = x - 1$

d) $\sqrt{x^3+x^2-8} = x$ e) $\sqrt{2x+1} = \frac{1}{2}x - 8$ f) $x - \sqrt{x-4} = 6$

4 Untersuche die Wurzelgleichung $x + 1 = \sqrt{x+3}$ im Bereich der reellen Zahlen.

a) Bestimme den Definitionsbereich der Gleichung.

b) Zeichne die Graphen der Funktion f mit $f(x) = x + 1$ und g mit $g(x) = \sqrt{x+3}$ für $-3 \le x \le 3$ mithilfe einer Wertetabelle.

c) Beschreibe die Bedeutung des Schnittpunkts der Graphen von f und g.

5 Formuliere jeweils eine passende Aufgabe, deren Lösung du mithilfe der angegebenen Gleichung erhältst: **1** $\sqrt{x} = 40$ **2** $\sqrt[3]{x} = 40$

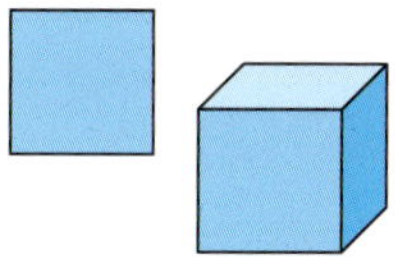

6 Gib drei unterschiedliche Wurzelgleichungen an, die nur Quadratwurzeln enthalten, und als Lösung $x = 1$ $\left(x = 2{,}5;\ x = \frac{3}{2}\right)$ haben.

7 Übertrage die Tabelle in dein Heft. Untersuche mithilfe der Tabelle, wie sich die Veränderung des Arguments x ($x \in \mathbb{R}$) auf die Veränderung des Funktionswertes f(x) auswirkt. Beschreibe anschließend die Veränderung allgemein und vergleiche x^n mit x^{-n}.

a) $f(x) = 36x^2$ b) $f(x) = 36 \cdot x^{-2}$ c) $f(x) = 36x^3$ d) $f(x) = 36 \cdot x^{-3}$

x wird	x	$f(x) = 36x^2$	Veränderung von f(x)
verdoppelt	$2 \mapsto 4$	$144 \mapsto 576 = 144 \cdot 4$	f(x) wird …
verdreifacht	$2 \mapsto 6$		
halbiert	$2 \mapsto 1$		
geviertelt	$2 \mapsto 0{,}5$		

8 Bestimme die Lösungsmenge der Wurzelgleichung im Bereich der reellen Zahlen.

a) $\sqrt[3]{x} = 8$ b) $\sqrt[3]{x} + 2 = 7$ c) $\sqrt[4]{x-3} = 3$ d) $\sqrt[4]{x} = \sqrt{x-2}$

9 Finde die richtigen Lösungen. Wie lautet das Lösungswort?

1 $\sqrt{2x - 17} = \sqrt{x + 15}$	2 $3\sqrt{2x - 3} = 10 - 2\sqrt{2x - 3}$	E $x = 15$
3 $4\sqrt{x + 1} = 3\sqrt{x - 1}$	U $x = \frac{7}{2}$	R $x = 2$
P $x = -\frac{25}{7}$		
4 $\sqrt{5 + \sqrt{x + 1}} = 3$	5 $1 + \sqrt{4x - 4} = 3\sqrt{x - 1}$	S $x = 32$

10 Den Durchmesser großer Moleküle, die z. B. bei Ölen auftreten, kann man folgendermaßen abschätzen: Lässt man ein Öltröpfchen auf eine Wasseroberfläche fallen, wo es sich zu einer Schicht ausbreitet, die nur ein Molekül dick ist, entsteht ein Kreiszylinder.

a) Das Volumen des Öltröpfchens sei 10^{-3} mm³. Stelle die Höhe y der Ölschicht als Funktion des Inhalts x der von Öl bedeckten Fläche dar.

b) Bei verschiedenen Ölsorten wurden für x die Werte 5,5 cm², 7,2 cm² und 15,7 cm² gemessen. Berechne jeweils den Moleküldurchmesser.

11 Gib alle reellen Zahlen x an, die die Gleichung $\sqrt{a + x} + \sqrt{a - x} = x$ erfüllen, wobei a eine beliebige positive Zahl ist.

12 Bestimme den Definitionsbereich und die Lösungsmenge der Gleichung im Bereich der reellen Zahlen: $b \cdot \sqrt{\frac{x}{a} - b} = a \cdot \sqrt{a - \frac{x}{b}}$.

13 Die Wurzel ist für negative Radikanden nicht definiert. Doch wieso eigentlich nicht? Auf dem Taschenrechner erhält man doch ein Ergebnis für $\sqrt[3]{-27}$.
Nebenan findest du den Anfang einer Begründung, weshalb dieses eine sinnvolle Einschränkung ist. Beschreibe zunächst, wie die Begründung beginnt.
Setze die Begründung fort und erkläre, weshalb es sinnvoll ist, die Wurzel für negative Radikanden nicht zu definieren.

Angenommen: $\sqrt[3]{-27} = 3$
Dann ist auch: $\sqrt[6]{(-27)^2} = 3$
Es folgt: $\sqrt[6]{729} = 3$
…

14 Lampen an Arbeitsplätzen müssen ganz bestimmten Anforderungen genügen. Eine von diesen Anforderungen ist die Helligkeit. Die Helligkeit wird in Lux gemessen.

Abstand in m	0,5	1,0	2,0	4,0
Helligkeit in Lux	520	130	32,5	8,125

a) Wie verändert sich die Helligkeit bei doppelter (bei vierfacher) Entfernung?

b) Welchen Abstand benötigt man, wenn man die Helligkeit vervierfachen möchte?

c) Informiere dich über die neuen LED-Lampen (Helligkeit, Farbtemperatur, …) und deren Einsatz. Vergleiche die Eigenschaften mit denen der Glühlampen.

d) Stelle die Funktionsgleichung *Helligkeit in Abhängigkeit vom Abstand* auf.

e) Wie viele Lampen benötigt man bei einem Abstand von 2,5 m und einer vorgeschriebenen Arbeitsplatzhelligkeit von 800 Lux?

Potenzgesetze

Seite 46

Potenzgesetze für $a, b \in \mathbb{R}\setminus\{0\}$; $m, n \in \mathbb{Q}$:

- $a^m \cdot a^n = a^{m+n}$; $a^m : a^n = a^{m-n}$ $(a \neq 0)$
- $a^m \cdot b^m = (a \cdot b)^m$;
  $a^m : b^m = (a : b)^m$ $(b \neq 0)$
- $(a^m)^n = a^{m \cdot n}$

Beachte: $a^{-n} = \frac{1}{a^n}$ $(a \neq 0)$
$a^1 = a$; $a^0 = 1$ für $a \in \mathbb{R}$.

$(-3)^3 \cdot (-3)^2 = (-3)^{3+2} = (-3)^5$; $(-3)^3 : (-3)^2 = (-3)^{3-2} = (-3)$

$(-3)^3 \cdot 5^3 = (-3 \cdot 5)^3 = (-15)^3$; $(-3)^3 : 5^3 = (-3 : 5)^3 = \left(-\frac{3}{5}\right)^3$

$[(-3)^3]^5 = (-3)^{3 \cdot 5} = (-3)^{15}$

Potenzfunktion mit natürlichem Exponenten

Seite 50

Lässt sich eine Funktion f in der Form $f(x) = x^n$ $(n \in \mathbb{N}\setminus\{0\})$ schreiben, spricht man von **Potenzfunktionen**.
Die Graphen heißen **Parabeln n-ter Ordnung**.
Für gerade Exponenten n sind die Graphen achsensymmetrisch zur y-Achse.
Für ungerade Exponenten n sind die Graphen punktsymmetrisch zu (0|0).

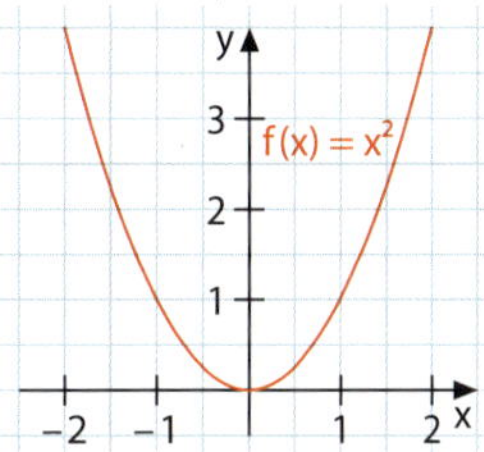

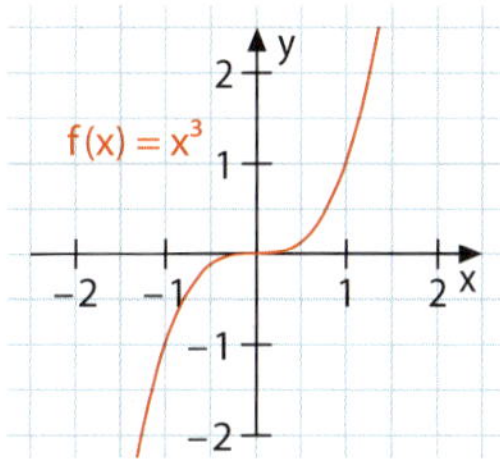

Potenzfunktion mit negativem ganzzahligem Exponenten

Seite 54

Eine Potenzfunktion f der Form $f(x) = x^{-n}$ $(n \in \mathbb{N}\setminus\{0\})$ ist in $x = 0$ nicht definiert. Der Graph hat an dieser Stelle eine senkrechte Asymptote. Für $x \to \pm\infty$ nähert er sich der waagerechten Asymptote $y = 0$.
Den Graphen bezeichnet man als **Hyperbel**.

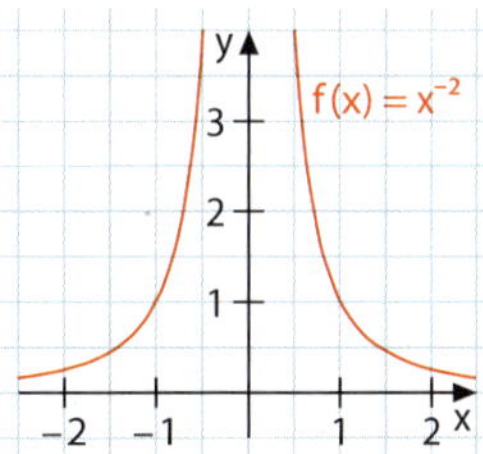

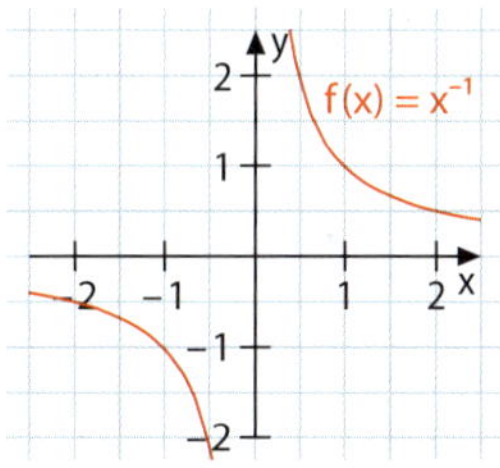

Wurzelfunktionen

Seite 56

Eine Funktion f mit $f(x) = \sqrt[n]{x}$, $n \in \mathbb{N}\setminus\{0\}$ ist nur für $x \geq 0$ definiert. Man spricht von einer **Wurzelfunktion**.

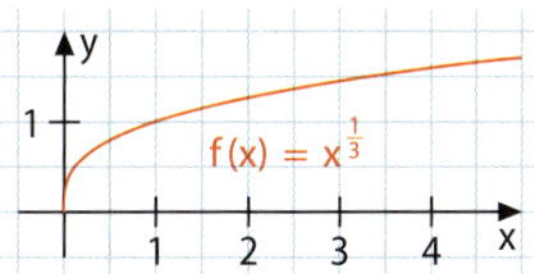

Potenzgleichungen

Seite 58

Eine **Potenzgleichung** der Form $x^n = b$ mit $n \in \mathbb{N}\setminus\{0\}$ und $b \in \mathbb{R}$ kann zwei Lösungen, genau eine Lösung oder keine Lösung besitzen.

	n gerade	n ungerade
b > 0	$x_1 = -\sqrt[n]{b}$; $x_2 = +\sqrt[n]{b}$	$x = \sqrt[n]{b}$
b = 0	$x = 0$	$x = 0$
b < 0	keine Lösung	$x = -\sqrt[n]{-b}$

Wurzelgleichungen

Seite 60

Wurzelgleichungen kann man durch **Quadrieren** lösen.
Der Definitionsbereich der Wurzeln muss beachtet werden. Die Probe ist wichtig.

$$\sqrt{x+3} = \sqrt{4-2x}$$
$$x + 3 = 4 - 2x$$
$$3x = 1$$
$$x = \frac{1}{3}$$

$D = \{x \in \mathbb{R} \mid -3 \leq x \leq 2\}$

Probe: $\sqrt{3\frac{1}{3}} = \sqrt{4 - \frac{2}{3}}$;

$\frac{1}{3} \in D$; $L = \left\{\frac{1}{3}\right\}$

2 Auf unterschiedlichen Wegen

1 Schreibe die Zahlen in der Normdarstellung.

Distanz Erde – Sonne	149 500 000 km
Lichtjahr	9 500 000 000 000 km
Dicke Spinnenfaden	0,005 mm
Dicke Blattgold	0,00015 mm

Mondoberfläche	38 000 000 km²
Erdmasse	5 980 000 000 000 000 000 000 t
Dicke Haar	0,09 mm
Masse Wasserstoffatom	0,000000000000000000002 mg

2 Vereinfache durch Anwenden der Potenzgesetze.

a) $2^4 \cdot 2^{-2}$ b) $4^3 \cdot 4^0 \cdot 4^{-5}$
c) $0{,}1^2 \cdot 0{,}1^{-2}$ d) $(-b) \cdot (-b)^3$
e) $c^4 \cdot c^2 \cdot c^6$ f) $2e^2 \cdot 3e \cdot e^3$
g) $3x^2 + 4x^2$ h) $3x^2 - 2x^2 + 4x^3$

a) $(-3)^7 : (-3)^3$ b) $0{,}8^3 \cdot 0{,}8^{-5}$
c) $0{,}2^{-1} \cdot 0{,}2^{-2} \cdot 0{,}2^{-3}$ d) $(2^{-3} + 2^{-2}) \cdot 2^2$
e) $d^3 \cdot d^2 \cdot d^1$ f) $3 \cdot (-f)^4 \cdot \frac{1}{3} \cdot (-f)^2$
g) $5x^4 + 2x^4 - 8x^4$ h) $(b^3) \cdot (-b)^{-3}$

3 Vereinfache durch Anwenden der Potenzgesetze.

a) $5^4 \cdot 3^4$ b) $(-6)^5 \cdot 2^5$
c) $8^7 : 2^7$ d) $(-18)^2 : 6^{-2}$
e) $(3^4)^{-2}$ f) $((-2)^4)^2$

a) $\left(\frac{1}{2}\right)^3 \cdot 2^3$ b) $\left(\frac{x}{2}\right)^4 \cdot \left(\frac{x}{3}\right)^{-4}$
c) $\left(\frac{4}{5}\right)^6 : 2^6$ d) $\left(\frac{b}{7a}\right)^2 : \left(\frac{3a}{b}\right)^{-2}$
e) $(a^4)^{-2}$ f) $\left(\left(\frac{1}{a}\right)^{-2}\right)^2$

4 Vereinfache so weit wie möglich. Gib dann in Wurzelschreibweise an.

a) $a^{\frac{5}{8}} \cdot a^{\frac{2}{3}}$ b) $b^{\frac{1}{4}} \cdot b^2$
c) $7^{-\frac{1}{4}} \cdot 49^{\frac{1}{4}}$ d) $\left(\frac{5}{9}\right)^{\frac{1}{3}} \cdot \left(\frac{5}{9}\right)^{\frac{1}{3}}$

a) $a^{\frac{7}{8}} : a^{\frac{8}{7}}$ b) $0{,}125^{-\frac{1}{3}} \cdot 64^{-\frac{1}{3}}$
c) $\left(\frac{5}{a^{\frac{1}{2}}}\right)^2$ d) $\left(9d^{\frac{5}{2}}\right)^{\frac{3}{2}} \cdot \left(3d^{\frac{5}{4}}\right)^{-5}$

5 Wir betrachten die Funktion f mit $f(x) = x^2$ und bilden neue Funktionen g, h und k: $g(x) = 2 \cdot x^2$, $h(x) = \frac{1}{2} \cdot x^2$ und $k(x) = -1 \cdot x^2$.

a) Zeichne die Graphen der Funktionen im Intervall $[-2; +2]$.
b) Vervollständige folgende Sätze:

Die Funktionswerte sind bei gleichen Argumenten bei $a > 1$ ($0 < a < 1$; $a < 0$) …

Der Funktionsgraph … geht durch … in Richtung der y-Achse aus dem Graphen von … hervor.

a) Betrachte die Funktion f mit $f(x) = a \cdot x^n$; $n \in \mathbb{N}$; $a, x \in \mathbb{R}$.
Beschreibe den Einfluss des Parameters a auf den Graphen der Funktion. Belege deine Aussagen anhand von Beispielgraphen.
b) Spiegele den Graphen der Funktion f mit $f(x) = x^3 + 1$ an…
  1 der x-Achse
  2 der y-Achse
  3 der x- und y-Achse
  4 dem Graphen der 1. Winkelhalbierenden.
Gib die jeweiligen Funktionsgleichungen an.

6 Der Graph der Potenzfunktion f mit $f(x) = a \cdot x^{-4}$ verläuft durch den Punkt P.

a) Bestimme den Wert von a für $P\,(2\,|-1)$.
b) Gib zwei weitere Punkte des Graphen der Funktion an.

a) Bestimme den Wert von a für $P\left(2\,\middle|-\frac{1}{64}\right)$.
b) Gib zwei weitere Punkte des Graphen der Funktion an.

7 Der Graph von f mit $f(x) = a \cdot x^n$ verläuft durch die Punkte A, B und C. Bestimme $a \in \mathbb{R}\setminus\{0\}$ und $n \in \mathbb{N}$.

a) $A(0\,|\,0)$, $B(1\,|\,3)$, $C(2\,|\,24)$
b) $A(2\,|\,4)$, $B(-1\,|\,0{,}25)$, $C(-2\,|\,4)$

a) $A(0\,|\,0)$, $B(1\,|-4)$, $C(-2\,|-64)$
b) $A(-10\,|-5000)$, $B(5\,|\,625)$, $C(-2\,|-40)$

8 Vergleiche die Graphen der beiden Funktionen und bestimme jeweils den Definitionsbereich.

a) $f(x) = x^{-3}$ und $g(x) = -x^{-3} + 1$
b) $f(x) = \sqrt{x}$ und $g(x) = \frac{2}{3}\sqrt{x-3}$

a) $f(x) = x^{-4}$ und $g(x) = 3 \cdot (x-1)^{-4} + 2$
b) $f(x) = (x-1)^{\frac{1}{2}}$ und $g(x) = a \cdot (x+1)^{\frac{1}{2}} - c$

9

a) Stelle die Funktionen f_1, f_2, und f_3 mit $f_1(x) = x^2$, $f_2(x) = x^{\frac{1}{2}}$ und $f_3(x) = x$ für $x \geq 0$ in einem Koordinatensystem dar.
b) Vergleiche die Graphen hinsichtlich Definitionsbereich, Wertebereich und Symmetrie.

a) Stelle die Funktionen f_1 und f_2 mit $f_1(x) = x^n$ und $f_2(x) = x^{\frac{1}{n}}$ für $x \geq 0$ in einem Koordinatensystem für $n \in \{3;\ 4;\ 5\}$ dar.
b) Vergleiche die Graphen hinsichtlich Definitionsbereich, Wertebereich und Symmetrie.

10 Zeichne die Graphen der Funktionen in ein Koordinatensystem und ergänze ihre Eigenschaften im Heft (D, W, Nullstellen, Asymptoten). Beschreibe wie sich die Veränderung des Exponenten auf den Graphen auswirkt.

$f_1(x) = x^{\frac{1}{3}}$; $f_2(x) = x^{-\frac{1}{3}}$; $f_3(x) = x^{\frac{1}{4}}$;
$f_4(x) = x^{-\frac{1}{4}}$; $f_5(x) = x^{\frac{1}{5}}$; $f_6(x) = x^{-\frac{1}{5}}$

$f_1(x) = x^{\frac{2}{3}}$; $f_2(x) = x^{-\frac{2}{3}}$; $f_3(x) = x^{\frac{4}{5}}$;
$f_4(x) = x^{-\frac{4}{5}}$; $f_5(x) = x^{\frac{3}{5}}$; $f_6(x) = x^{-\frac{3}{5}}$

11 Bestimme die Lösungsmenge der folgenden Potenzgleichungen im Bereich der reellen Zahlen.

a) $x^6 = 64$ b) $x^7 = 2187$
c) $x^4 = 2401$ d) $x^5 = 0{,}03125$

a) $x^3 = 3{,}375$ b) $x^7 = \frac{1}{128}$
c) $x^{-5} = -32$ d) $x^{-4} = 256$

12 Schreibe die Wurzel als Potenz und löse die Gleichung im Bereich der reellen Zahlen.

a) $\sqrt{x} = 289$ b) $\sqrt[3]{x} = 1331$
c) $\sqrt[2]{x^3} = 729$ d) $\sqrt[3]{x+2} = 3$

a) $\sqrt{x^2+3} - 1 = 0$ b) $\sqrt[3]{x^3 - \sqrt{3}} = -9$
c) $\sqrt{x + \sqrt{2x+7}} = 2$

13 Bestimme die Schnittpunkte der Funktionen grafisch. Welche Gleichungen kannst du auch rechnerisch lösen?

a) $f_1(x) = x^{-2} - 2$; $f_2(x) = x^2 + 1$
b) $f_1(x) = 2x^3$; $f_2(x) = 8x^5$

a) $f_1(x) = x^2 + 1x + 4$; $f_2(x) = \frac{6}{x^2} + 1x + 3$
b) $f_1(x) = 18x^6 - 2$; $f_2(x) = 2x^4 - 2$

1 Um welchen Funktionstyp handelt es sich jeweils? Gib eine mögliche Funktionsgleichung an.

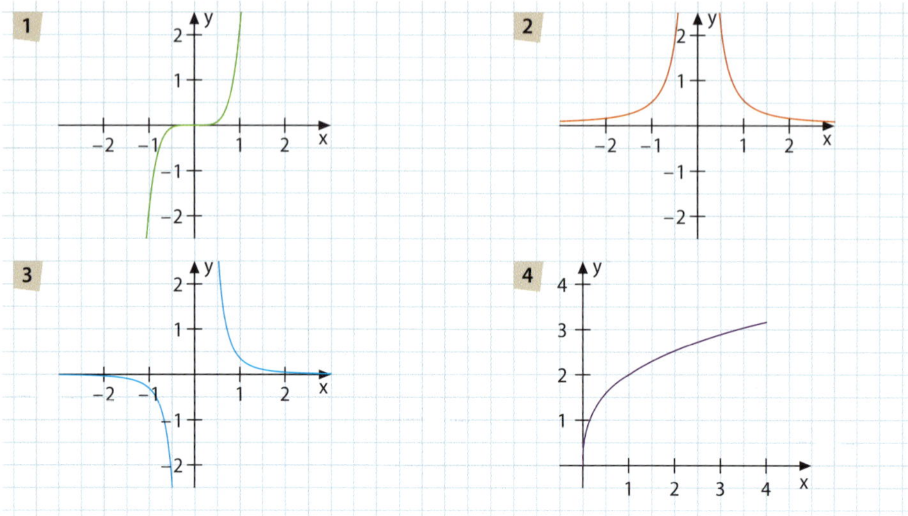

2 Bestimme graphisch und rechnerisch die Lösungen der Gleichung:

a) $x^2 - 3 = 1$ b) $x^3 + 2 = x + 2$ c) $\frac{1}{3}x^4 = -1$

d) $\sqrt{x} - 3 = 4$ e) $\frac{1}{2}x^3 - 5 = 22$ f) $3 = 2 + \frac{1}{x^4}$

Welche der Gleichungen kannst du durch Rückwärtsrechnen im Kopf lösen?

3 Gib an, welche Aussagen auf die Funktion f mit $f(x) = \frac{1}{2x}$ zutreffen.

1 Der Graph von f ist eine Hyperbel.
2 Der Punkt $O(0|0)$ liegt auf dem Graphen der Funktion f.
3 Der Graph von f verläuft nur im I. und III. Quadranten.
4 Der Graph von f hat keine Nullstelle.
5 Der Graph von f ist punktsymmetrisch zum Ursprung.
6 Die Gerade mit der Gleichung $g(x) = x$ ist Asymptote zum Graphen zu f.
7 Die Funktion lässt sich auch schreiben als $\frac{1}{2}x^{-1}$.

4 Wie könnte Pia zu ihrer Aussage kommen? Erläutere.

Die Punkte $P(10|1)$ und $Q(1|20)$ können nicht auf derselben Hyperbel mit einer Funktionsgleichung der Form $f(x) = \frac{k}{x}$ liegen.

5 Für Willi Wolle, ein Schaf, soll eine rechteckige Weide mit einem Flächeninhalt von 1000 m^2 abgesteckt werden.

a) Gib fünf mögliche Maße für die Länge und Breite der Koppel an.
b) Stelle eine Gleichung auf, welche den funktionalen Zusammenhang zwischen der Länge x m und der Breite y m beschreibt.
c) Gib einen geeigneten Definitionsbereich an und zeichne den zugehörigen Graphen.
d) Welche Länge und Breite würdest du für die Koppel wählen? Begründe.

6 a) Erkläre den Unterschied zwischen $4 \cdot 6$ und 6^4.

b) Was ist richtig: $a^m \cdot a^m = a^{2m}$ oder $a^m \cdot a^m = (a \cdot a)^m$? Erkläre.

7 Vereinfache die Potenzen so weit wie möglich ($a, b, c \in \mathbb{R}$; $n, m \in \mathbb{N}$).

a) $a^2 \cdot a^4 \cdot a^6$ b) $a^3 \cdot b^3 \cdot a^4 \cdot 2b^2$ c) $4^n \cdot 6^n$ d) $(3c^2)^4$

e) $b^2 : b^3 \cdot b^{-5}$ f) $3a^5 : a - (2{,}5a^2)^2$ g) $0{,}2^m \cdot (-3)^n \cdot 5^m$ h) $(1{,}5a^2c^3)^3$

8 Bestimme die Funktionsgleichungen zu den abgebildeten Funktionsgraphen. Beschreibe die Funktionen bezüglich Definitions- und Wertebereich, Nullstellen und Symmetrie.

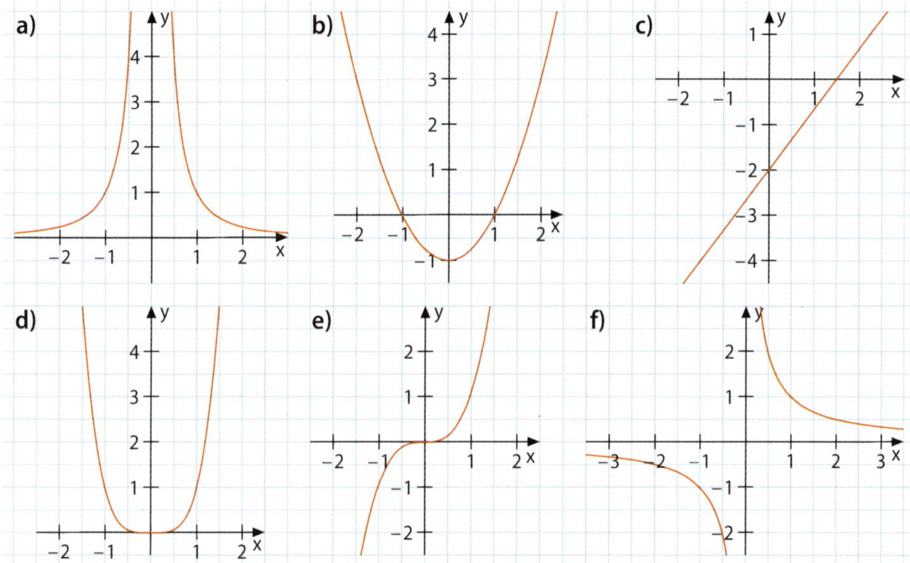

9 Vereinfache die Terme. Vermeide negative Exponenten.

a) $2 \cdot 2^{-5}$ b) $a^2 \cdot a^{-3}$ c) $b^{-2} : b^{-3}$ d) $(c^2)^{-3}$

e) $5^0 \cdot 3^2 \cdot 3^{-3}$ f) $3 \cdot 10^{-3}$ g) $5^x \cdot 5^{-2x}$ h) $8^{-5} : 4^{-5}$

i) $\left(\left(\frac{1}{3}\right)^2\right)^{-1}$ j) $e^{-1} \cdot f^{-1}$ k) $2 \cdot 3^5 + 7 \cdot 3^5$ l) $(-5)^4 \cdot (-5)^3$

m) $\frac{(3p^{-6}q^3)^{-3}}{(2p^5q^{-2})^4}$ n) $\frac{27a^n}{20b^4} : \frac{9a^4}{12b^n}$ o) $\frac{a^2 \cdot a^3}{(a^2)^3}$ p) $\left(\frac{3ab}{5cd}\right)^4 \cdot \left(\frac{5c}{6a}\right)^3$

10 Hier stimmt doch was nicht. Finde die Fehler und berichtige.

a) $x^2 \cdot x^4 = x^8$ b) $5^a \cdot 7^a = 21^a$ c) $3^6 \cdot 4^6 = 7^6$

d) $20^4 : 4^4 = 5^0$ e) $4^2 \cdot 4^{-3} = 4$ f) $(a^2 \cdot a^{-3})^{-1} = a^{-1}$

11 a) Erkläre mithilfe der Darstellung, dass $\sqrt{9} + \sqrt{16} \neq \sqrt{9 + 16}$.

b) Überprüfe die Aussage aus Teilaufgabe a) an mindestens einem weiteren Beispiel.

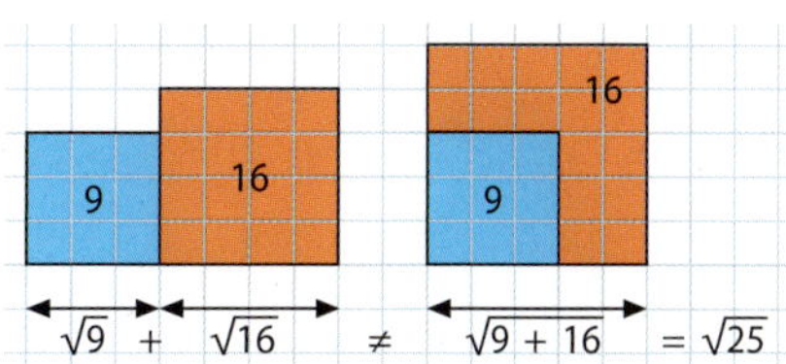

12 Vereinfache so weit wie möglich.

a) $\left(a^{\frac{2}{x}}\right)^{2x}$ b) $\left(\sqrt[a]{x^m}\right)^{an}$ c) $\left(x^{-2n}\right)^{\frac{4m}{n}}$ d) $\left(b^{-\frac{a}{x}}\right)^{\frac{nx}{m}}$

e) $\sqrt[nx]{n^x}$ f) $\left(\sqrt[1,2]{x^{0,3}}\right)^8$ g) $x^{\frac{3}{2}} \cdot x$ h) $y^{\frac{2}{5}} : y^{-\frac{3}{5}}$

i) $x^{\frac{3}{7}} \cdot x^{\frac{5}{3}} \cdot x^{\frac{7}{9}}$ j) $a^{\frac{2}{3}} : a^{\frac{1}{2}}$ k) $\left(b^2 \cdot b^{\frac{1}{3}}\right) : b^{\frac{1}{2}}$ l) $a^{\sqrt{2}} \cdot a^{\sqrt{8}}$

13 Entscheide, ob die Aussagen wahr oder falsch sind. Begründe deine Entscheidung.

a) $\sqrt{16}$ ist diejenige rationale Zahl, die quadriert 16 ergibt.

b) Es gilt: $x^{\frac{1}{2}} \cdot x^{\frac{1}{2}} = \sqrt[4]{x}$.

c) $\sqrt{25}$ ist größer als $\sqrt{36}$.

d) Wenn a größer wird, wird auch $\sqrt{a}$ größer.

e) Die Gleichung $x^3 = 27$ hat die Lösung $x = -3$ und $x = +3$.

14 Zeichne die Graphen der folgenden Funktionen. Gib zu jeder Funktion die Wertemenge an. Für a gelte jeweils $a \in \{-2; -1; 0{,}5; 3\}$.

a) $f(x) = a \cdot x^{-1};\ x \in \mathbb{R};\ x \neq 0$ b) $f(x) = a \cdot x^{-2};\ x \in \mathbb{R};\ x \neq 0$

c) $f(x) = \frac{1}{x} + a;\ x \in \mathbb{R};\ x \neq 0$ d) $f(x) = \frac{1}{x^2} + a;\ x \in \mathbb{R};\ x \neq 0$

15 Zeichne die Graphen aller Funktionen in ein Koordinatensystem. Beschreibe dein Vorgehen.

1 $f(x) = x^2 - 3$ 2 $f(x) = (x - 3)^2$ 3 $f(x) = (3 - x)^2$ 4 $f(x) = (x - 3)^3$

5 $f(x) = (3 - x)^3$ 6 $f(x) = (x - 3)^4$ 7 $f(x) = (3 - x)^4$ 8 $f(x) = 3 - x^2$

16 Untersuche folgende Funktionen hinsichtlich Definitionsmenge, Wertemenge und Symmetrie. Berechne zu den gegebenen Funktionswerten das dazugehörige Argument. Prüfe, ob die gegebenen Punkte A und B auf dem Graphen liegen. Zeichne die Funktionsgraphen in ein gemeinsames Koordinatensystem.

a) $f(x) = 3 \cdot x^3;\ y = 81;\ A(6|29);\ B(1|3)$

b) $f(x) = 5 \cdot x^{-1};\ y = \frac{1}{4};\ A(1|1);\ B(2{,}5|2)$

c) $f(x) = 2 \cdot x^4;\ y = 512;\ A(2{,}9|3{,}4);\ B(2|1)$

d) $f(x) = x^{-2};\ y = \frac{1}{64};\ A\left(\frac{1}{12}\middle|24\right);\ B\left(5\middle|\frac{1}{25}\right)$

17 Vereinfache so weit, dass jede Variable nur noch einmal vorkommt.

a) $\frac{a^2b^2}{a^4b}$ b) $\frac{x^2y}{x \cdot y^3}$ c) $\frac{k^5r}{5r^3} \cdot \frac{1}{k^4}$ d) $\frac{st^2}{u^2} \cdot \frac{u}{s^2t}$

e) $\frac{a^5b^3}{c^2d^8} \cdot \frac{c^4d^{10}}{a^3b}$ f) $\frac{d^{-6}e^5}{x^2y^{-4}} \cdot \frac{d^2x^3}{e^6y^3}$ g) $g^2\frac{h^{-2}}{k^8l^3} \cdot \frac{k^6h^4}{g^5l^{-4}}$ h) $\frac{x^7(y^{-2})^3}{z^{-3}} \cdot z^4\frac{x^{-5}y^3}{x^2z^{-2}}$

i) $\left(\frac{a^2b^7}{c^4d^5}\right)^3 \cdot \left(\frac{c^2d^3}{ab^5}\right)^4$ j) $\left(\frac{m^5n^3}{o^2p^{-3}}\right)^4 \cdot \left(\frac{m^4n^6}{o^{-3}p^5}\right)^{-2}$ k) $\left(3a^{2n} \cdot 4 \cdot \frac{1}{2}a^{-n}\right) : 6a^n$

18 Bestimme die Lösungsmengen der folgenden Gleichungen in $\mathbb{R}$.

a) $2x^3 = -54$ **b)** $7x^4 = -14$ **c)** $-4x^3 = 32$ **d)** $-x^4 + 13 = 9$

e) $\sqrt{3x^2 + 1} + 2 = 12$ **f)** $\sqrt{x + 1} = x - 1$ **g)** $\sqrt{x^4 + x^2 + 1} = x$

Löse die Teilaufgaben d) und f) anschließend grafisch.

19 Begründe folgenden Satz anhand des Graphen der Funktion f mit $f(x) = \sqrt{x}$.

Wenn $0 \le a < b$, dann gilt $\sqrt{a} < \sqrt{b}$.

20 In welchem Quadranten verläuft kein Graph einer Potenzfunktion f mit $f(x) = x^n$ $(n \in \mathbb{N} \setminus \{0\})$? Begründe.

21 Bestimme die Lösungsmengen der folgenden Gleichungen in $\mathbb{R}$.

a) $\frac{1}{x^3} + 2 = 10$ **b)** $x^{-\frac{1}{2}} = \sqrt{x}$ **c)** $x^2 + 2 = -\frac{1}{x^2}$ **d)** $\sqrt{x^2 + x} = x + \frac{1}{2}$

22 Ein Quader mit den Kantenlängen a, 2a und 3a hat ein Volumen von $1\ dm^3\ 296\ cm^3$.

a) Berechne den Oberflächeninhalt dieses Quaders, die Länge der drei Flächendiagonalen und die Länge d seiner Raumdiagonalen.

b) Berechne das Volumen V eines Würfels mit den Kantenlängen d.

c) Wie viel Prozent des Würfelvolumens beträgt das Quadervolumen?

23 Untersuche, ob sich die Graphen der Funktionen schneiden. Überprüfe deine Lösungen mithilfe einer Grafik.

a) $f(x) = x^{-2} - 2$ und $g(x) = x^2 + 1$ **b)** $f(x) = \frac{1}{8}x^3$ und $g(x) = \sqrt{x}$.

24 Wie verändert sich der Funktionswert von $f(x) = 2x^3$, wenn man das Argument um das 3-fache vergrößert? Weise nach, dass dies für jede reelle Zahl gilt.

25 Zeige, dass alle achsenparallelen Rechtecke unter der Hyperbel $f(x) = \frac{1}{x}$ den gleichen Flächeninhalt haben. Gilt dies auch für g und h mit $g(x) = \frac{a}{x}$ und $h(x) = \frac{1}{x^2}$?

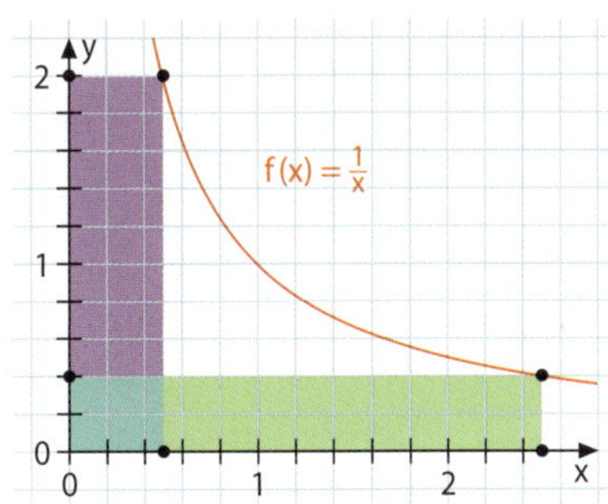

26 Eine Raumfähre umkreist mehrmals die Erde mit einer Geschwindigkeit von $2{,}8 \cdot 10^4$ km/h und legt dabei $7{,}2 \cdot 10^6$ km zurück.

a) Berechne die Flugzeit der Raumfähre in h (d).

b) Welche Strecke legt die Raumfähre auf ihrer Umlaufbahn in 2 Tagen (30 Tagen, 50 Tagen) zurück? Runde geeignet.

c) Wie lange würde eine Raumfähre mit der Geschwindigkeit zum Mars benötigen, der im Schnitt $7{,}5 \cdot 10^7$ km von der Erde entfernt ist? Beurteile das Ergebnis.

2 **Tiefgang**

Heronverfahren für Kubikwurzeln

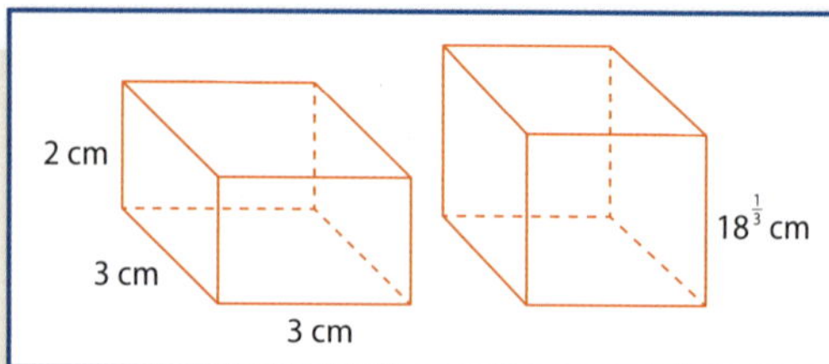

Beispiel: Bestimme einen Näherungswert für $\sqrt[3]{18}$.

Idee

Ein Quader mit quadratischer Grundfläche und dem Volumen von 18 cm³ wird schrittweise in einen volumengleichen Würfel umgewandelt. Die Kantenlänge des Würfels ist der gesuchte Kubikwurzelwert. Der Vorteil des Verfahrens besteht darin, dass zu jeder Kubikwurzel $\sqrt[3]{n}$ ein solcher Quader mit quadratischer Grundfläche gefunden werden kann. Im Beispiel starten wir mit 3 cm · 3 cm · 2 cm.

Ablauf

Wandle den Ausgangsquader in einen volumengleichen Quader – ebenfalls mit quadratischer Grundfläche – um. Verwende hierzu als neue Kantenlänge der Grundfläche das arithmetische Mittel aus den drei bisherigen Kantenlängen. Die Höhe des neuen Quaders ergibt sich, indem du das Volumen durch den Flächeninhalt der neuen Grundfläche teilst.

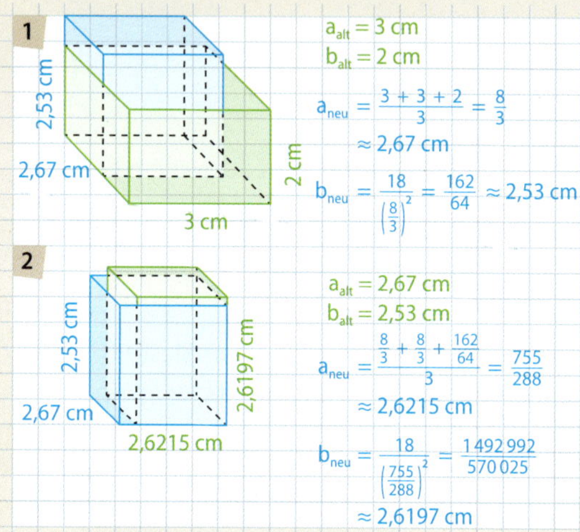

Bestimme ebenso einen Näherungswert für folgende Kubikwurzeln auf zwei Nachkommastellen genau.

1 $\sqrt[3]{32}$ **2** $\sqrt[3]{12}$ **3** $\sqrt[3]{3}$ **4** $\sqrt[3]{10}$

Das Heronverfahren mit dem Computer

Auch bei der Näherung von Kubikwurzeln werden beim Heronverfahren stets dieselben Rechenschritte wiederholt. Diese heißen **Iterationsschritte**. Dabei wird im nullten Schritt ein nichtnegativer Startwert a_0 (Kantenlänge der Grundfläche) gewählt und hieraus der Startwert der Höhe b_0 bestimmt. Mittels der sogenannten Iterationsvorschrift

$a_{n+1} = \frac{a_n + a_n + b_n}{3}$, $b_{n+1} = \frac{x}{(a_n)^2}$

werden in den folgenden Iterationsschritten a_n und b_n bestimmt. Die Anzahl n der Iterationsschritte wählt man so groß, dass eine beliebige Genauigkeit erreicht wird. In der Praxis genügen oft zehn bis zwölf Iterationsschritte.

	Beispiel: $\sqrt[3]{18}$	allgemein: $\sqrt[3]{x}$
0. Schritt	$a_0 = 3$ $b_0 = \frac{18}{3^2} = 2$	$a_0 > 0$ $b_0 = \frac{x}{a_0^2}$
1. Schritt	$a_1 = \frac{3+3+2}{3} = \frac{8}{3}$ $b_1 = \frac{18}{\left(\frac{8}{3}\right)^2}$	$a_1 = \frac{a_0 + a_0 + b_0}{3}$ $b_1 = \frac{x}{(a_1)^2}$
…		

Die Iterationsschritte kann man gut mit einem Tabellenkalkulationsprogramm durchführen.

	A	B	C	D
1	Heronverfahren			
2				
3	Berechnung der Kubikwurzel aus			18
4				
5	Schritt	Grundkante	Höhe	Kontrolle
6	0	3	2	18
7	1	2,66666667	2,53125	18
8	2	2,62152778	2,61916933	18
9	3	2,62074163	2,62074092	18
10	4	2,62074139	2,62074139	18
11	5	2,62074139	2,62074139	18
12	6	2,62074139	2,62074139	18
13	7	2,62074139	2,62074139	18

a) Beschreibe den Aufbau und die Einträge des Tabellenblatts.

b) Übertrage das Tabellenblatt und berechne damit $\sqrt[3]{100}$ und $\sqrt[3]{2}$ auf vier Dezimalstellen genau.

Verallgemeinerung des Heronverfahrens

Das Heronverfahren kann verallgemeinert und für beliebige Wurzelwerte $\sqrt[k]{x}$ angewendet werden. Für $k > 3$ sind die Iterationsschritte allerdings nicht mehr geometrisch darstellbar:

$a_0 > 0$ beliebig, $a_{n+1} = \frac{(k-1) \cdot a_n + b_n}{k}$, $b_{n+1} = \frac{x}{a_n^{k-1}}$

Beispiel: $\sqrt[5]{16}$

0. Schritt: Wähle einen beliebigen nichtnegativen Startwert: $a_0 = 2$

Bestimme b_0: $b_0 = \frac{16}{2^4} = 1$

Somit gilt: $1 < \sqrt[5]{16} < 2$

1. Schritt: $a_1 = \frac{2+2+2+2+1}{5} = \frac{9}{5} = 1{,}8$

Bestimmung der neuen abhängigen Größe:

$b_1 = \frac{16}{\left(\frac{9}{5}\right)^4} = \frac{10\,000}{6561} \approx 1{,}5242$

Es folgt: $1{,}5242 < \sqrt[5]{16} < 1{,}8$

2. Schritt: …

	A	B	C	D
1	Verallgemeinerung Heronverfahren			
2				
3	Berechnung der 5. Wurzel aus			16
4				
5	Schritt	Grundkante	Höhe	Kontrolle
6	0	2	1	16
7	1	1,800000000	1,524157903	16
8	2	1,744831581	1,726258898	16
9	3	1,741117044	1,741037459	16
10	4	1,741101127	1,741101125	16
11	5	1,741101127	1,741101127	16
12	6	1,741101127	1,741101127	16

a) Beschreibe, wie die Einträge des Tabellenblatts gegenüber der Annäherung von Kubikwurzeln geändert werden müssen.

b) Übertrage das Tabellenblatt und berechne damit $\sqrt[5]{100}$, $\sqrt[5]{81}$, $\sqrt[6]{1000}$ und $\sqrt[10]{250}$ auf fünf Dezimalstellen genau.

c) Welchen Einfluss hat der Startwert a_0 auf das Verfahren? Führe Näherungen für $\sqrt[5]{100}$ mit unterschiedlichen Startwerten durch. Stelle dein Ergebnis deiner Klasse vor und formuliere Vermutungen.

Intervallhalbierung für Kubikwurzeln und höhere Wurzeln

Beispiel: Bestimme einen Näherungswert für $\sqrt[3]{18}$.

Idee: Bilde schrittweise immer kleinere Intervalle um $\sqrt[3]{18}$.

Die dritte Potenz von $\sqrt[3]{18}$ beträgt 18. Suche nun zwei Werte: Einen, dessen dritte Potenz größer ist als 18 und einen, dessen dritte Potenz kleiner ist als 18. Folglich liegt $\sqrt[3]{18}$ zwischen diesen beiden Werten. Wähle konkret 2 und 3, denn $2^3 = 8 < 18 < 27 = 3^3$, also $\sqrt[3]{18} \in [2; 3]$.
Im nächsten Schritt wird dieses Intervall halbiert, die dritte Potenz des Ergebnisses gebildet und geprüft, ob dies größer oder kleiner 18 ist: $\left(\frac{2+3}{2} = 2{,}5\right)^3 = 15{,}625 < 18$. Es folgt $\sqrt[3]{18} \in [2,5; 3]$. Die Halbierung kann beliebig oft fortgesetzt und damit der Wert von $\sqrt[3]{18}$ angenähert werden.

	A	B	C	D	E
1	Intervallhalbierung				
2					
3	Berechnung der Kubikwurzel aus			18	
4					
5	Schritt	unterer Wert	oberer Wert	Intervallhälfte	Intervallhälfte³
6	0	2	3	2,5	15,625
7	1	2,500000000	3,000000000	2,75	20,796875
8	2	2,500000000	2,750000000	2,625	18,08789063
9	3	2,500000000	2,625000000	2,5625	16,82641602
10	4	2,562500000	2,625000000	2,59375	17,44955444
11	5	2,593750000	2,625000000	2,609375	17,76681137
12	6	2,609375000	2,625000000	2,6171875	17,92687178
13	7	2,617187500	2,625000000	2,62109375	18,00726122
14	8	2,617187500	2,621093750	2,619140625	17,96703652
15	9	2,619140625	2,621093750	2,620117188	17,98714137
16	10	2,620117188	2,621093750	2,620605469	17,99719942

a) Beschreibe den Aufbau und die Einträge des Tabellenblatts.

b) Übertrage das Tabellenblatt und berechne damit $\sqrt[3]{100}$ und $\sqrt[3]{2}$ auf drei Dezimalstellen genau.

c) Vergleiche die Intervallhalbierung und das Heronverfahren für die Näherung von $\sqrt[3]{18}$, $\sqrt[3]{100}$ und $\sqrt[3]{2}$. Welche Methode ist schneller? Überprüfe deine Vermutung an weiteren konkreten Beispielen.

2 Am Ziel!

Aufgaben zur Einzelarbeit

Überprüfe deine Fähigkeiten und Kompetenzen. Bearbeite dazu die folgenden Aufgaben und bewerte anschließend deine Lösungen mit einem Smiley.

☺	😐	☹
Das kann ich **wirklich gut!**	Das kann ich **fast!**	Das muss ich **noch üben!**

1 Vereinfache so weit wie möglich.

a) $a^{\frac{1}{2}} \cdot a^{\frac{3}{2}}$ b) $(y^4)^{\frac{1}{4}}$

c) $\sqrt[4]{x} \cdot x^{\frac{3}{4}}$ d) $\left(\sqrt[r]{x^5}\right)^r$

e) $\sqrt{x} \cdot \sqrt[3]{x}$ f) $x^2 \cdot \sqrt{x} \cdot x$

g) $\sqrt[3]{2m^2n} \cdot \sqrt[3]{4mn^2}$ h) $a^{-5} \cdot a^{-3} \cdot a^{\frac{1}{4}}$

2 Die folgenden Punkte liegen auf dem Graphen der Funktion f mit $f(x) = 2x^4 - 3$. Berechne die fehlenden Koordinaten.

a) $P_1(-1\,|\,f(-1))$ b) $P_2(2\,|\,f(2))$ c) $P_3\left(\frac{1}{2}\,\middle|\,f\left(\frac{1}{2}\right)\right)$

3 Zeichne die Graphen der Funktionen in ein gemeinsames Koordinatensystem. Gib drei Punkte mit ganzzahligen Koordinaten an. Beschreibe wie die jeweilige Funktion aus f mit $f(x) = x^4$ hervorgeht.

1 $f_1(x) = x^4 + 3$ **2** $f_2(x) = \frac{1}{2}x^4 - 0{,}5$

3 $f_3(x) = -x^4 + 2$ **4** $f_4(x) = (x - 1)^4$

5 $f_5(x) = 2 \cdot (x + 2)^4$ **6** $f_6(x) = -(x - 2)^4 + 3$

4 a) Bestimme die Funktionsgleichungen.

b) Gib jeweils den Definitionsbereich, den Wertebereich und die Nullstellen an.

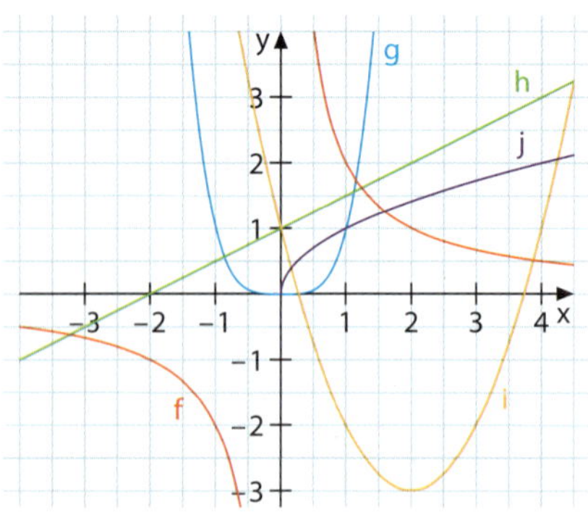

5 Schreibe als Zehnerpotenz.

a) 1000; $\frac{1}{1000}$; $10\,000\,000$; $\frac{1}{10\,000\,000}$

b) $\frac{1}{10}$; $100\,000$; 1; $\frac{1}{10\,000}$; $\frac{1}{1\,000\,000\,000}$

6 Stelle die folgenden Funktionen grafisch dar und untersuche folgende Eigenschaften: Definitionsbereich, Wertebereich, Symmetrie, Achsenschnittpunkte sowie Asymptoten.

1 $f(x) = 2x^3$ **2** $g(x) = -x^4 + 1$

3 $h(x) = x^{-2} + 1$ **4** $i(x) = \frac{1}{x} - 1$

5 $j(x) = \sqrt{x} - 1$ **6** $k(x) = \sqrt{x + 1}$

7 Entscheide ohne Zeichnung, ob der Graph von f einer Gerade, Parabel oder Hyperbel entspricht.

a) $f(x) = 2x - 4$ b) $f(x) = x^2$

c) $f(x) = -3 - 3x$ d) $f(x) = (x + 5)^3 - 8$

e) $f(x) = x^{-2} + 1$ f) $f(x) = 2 + x^2$

g) $f(x) = x^{-3} + 1$ h) $f(x) = 15$

8 Ermittle die Schnittpunkte der Graphen von f_1 und f_2 mit $f_1(x) = x^{-2} + 1$ und $f_2(x) = -x^{-4} + 3$.

9 Zeichne die Funktion f mit $f(x) = x^{-\frac{3}{5}}$ in ein Koordinatensystem. Gib die veränderte Funktionsgleichung an, wenn f …

1 um 2 Einheiten nach rechts verschoben wird,

2 um 3 Einheiten nach links verschoben wird,

3 um 1,5 Einheiten nach rechts und 1 Einheit nach oben verschoben wird,

4 an der x-Achse gespiegelt wird,

5 an der y-Achse gespiegelt wird,

6 an der x- und an der y-Achse gespiegelt wird.

10 Löse folgende Potenzgleichungen in $\mathbb{R}$.

a) $a^5 = 3$ b) $b^6 = 21$ c) $c^7 = 0$

d) $d^8 = -4$ e) $-e^9 = -6$ f) $(64 - 7f^3)^{\frac{1}{3}} = 2$

11 Bestimme D im Bereich der reellen Zahlen. Löse die Wurzelgleichungen. Führe die Probe durch.

a) $2x - 5 = -\sqrt{x - 1}$ b) $\sqrt{x - 2} = 4 - x$

c) $7 - \sqrt{4x + 1} = 2x$ d) $x - 4 = \sqrt{13 - 4x}$

e) $3x + \sqrt{8x^2 - 9x - 20} = 4$

Arbeitsschritte

Aufgaben für Lernpartner

1. Bearbeite die folgenden Aufgaben zuerst allein.
2. Suche dir einen Partner oder eine Partnerin und arbeitet zusammen weiter: Erklärt euch gegenseitig eure Lösungen. Korrigiert fehlerhafte Antworten.

Sind folgende Behauptungen richtig oder falsch? Begründe.

A Zwei Potenzen mit gleicher Basis werden multipliziert, indem man ihre Exponenten multipliziert und die Basis beibehält.

B Wird eine Potenz potenziert, dann werden die Exponenten multipliziert.

C Ist bei einer Potenz der Exponent gerade, ist der Wert der Potenz stets positiv.

D Der Exponent –1 bewirkt bei einer Potenz, dass sich das Vorzeichen des Potenzwertes umkehrt.

E Zwei Potenzen deren Exponenten gleich sind multipliziert man, indem man die Basen multipliziert und die Exponenten beibehält.

F Die Terme $\left(\frac{1}{2}\right)^{-4}$ und 2^4 stellen dieselbe Zahl dar.

G Die Funktion f mit $f(x) = x^4 - 12$ hat an der Stelle 2 den Funktionswert 4.

H Jede Potenzfunktion hat eine Nullstelle.

I Die Gleichung $x^5 = 4$ hat zwei Lösungen.

J Eine Potenzfunktion mit geradem Exponenten muss zwei Nullstellen haben.

K Die Graphen der Potenzfunktionen mit ungeradem Exponenten sind punktsymmetrisch.

L Der Graph der Funktion f mit $f(x) = x^{-2}$ geht aus dem Graphen der Funktion g mit $g(x) = x^2$ durch Spiegelung an der x-Achse hervor.

M Die Funktion f mit $f(x) = \sqrt[3]{x}$ ist auf ganz $\mathbb{R}$ definiert, während die Funktion g mit $g(x) = \sqrt{x}$ nur auf $\mathbb{R}_0^+$ definiert ist.

N Bei der Lösung einer Wurzelgleichung muss man nicht immer die Probe machen.

O Wurzelgleichungen haben stets dieselbe Lösungsmenge wie die zugehörigen quadrierten Gleichungen.

P $\sqrt[n]{x^n} = x$ für alle $x \in \mathbb{R}$ und $n \in \mathbb{N}$.

Q Bei einer Funktion f der Form $f(x) = x^{-n}$ $(n \in \mathbb{N} \setminus \{0\})$ ist der Definitionsbereich stets die Menge der reellen Zahlen.

R Jede Potenzfunktion hat mindestens eine Asymptote.

Ich kann …	„Am Ziel!"-Aufgaben	Hilfe
… die Potenzschreibweise verwenden	1, 5, C, D	S. 40, 42, 44
… die Potenzgesetze auch mit rationalen Exponenten anwenden und Potenzen in Wurzelschreibweise schreiben.	1, A, B, E, F, P	S. 46
… Potenzfunktionen darstellen.	7, G	S. 50, 54
… Potenzfunktionen auf charakteristische Eigenschaften untersuchen.	2, 3, 4, 6, 7, 8, H, J, K, L, R	S. 52
… Wurzelfunktionen auf charakteristische Eigenschaften untersuchen.	9, M, Q	S. 56
… Potenz- und Wurzelgleichungen lösen.	10, 11, I, N, O	S. 58, 60

Aufgabe	Ich kann schon …	Grundwissen
1, 2	… Eigenschaften von Dreiecken erkennen und benennen.	S. 237, 238
3, 4	… Dreiecke auf Ähnlichkeit und Kongruenz überprüfen.	S. 25

1 Es gibt gleichschenklige, gleichseitige, rechtwinklige und unregelmäßige Dreiecke.

a) Erkläre die Eigenschaften der einzelnen Dreiecke.

b) Ordne die Dreiecke den Dreiecksarten zu:

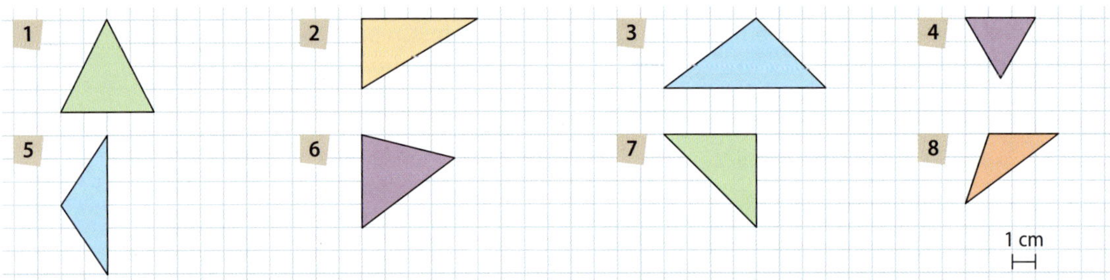

c) Bestimme den Flächeninhalt der Dreiecke.

2 Berechne den fehlenden Winkel. *Tipp:* Die Innenwinkelsumme beträgt in jedem beliebigen Dreieck 180°.

a)

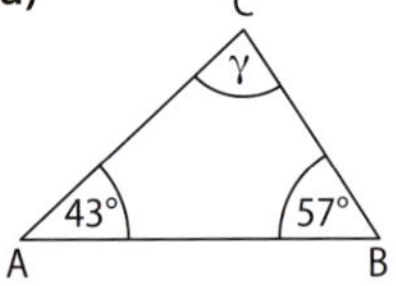

b)

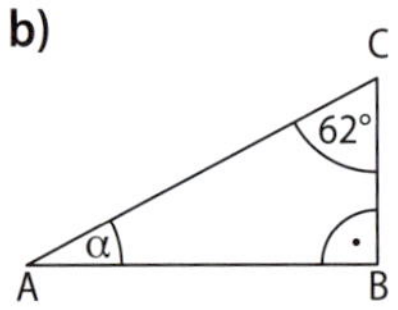

c)

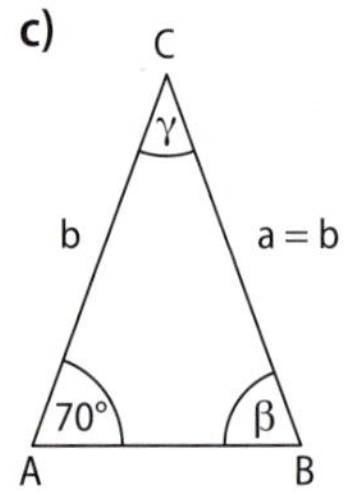

d)

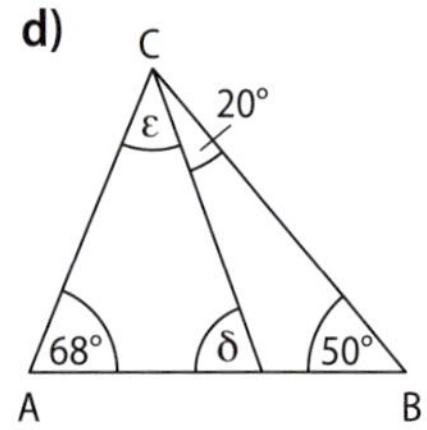

3 Ähnliche Dreiecke stimmen in der Größe der entsprechenden Winkel sowie im Verhältnis der entsprechenden Seiten überein. Überprüfe, ob die Dreiecke ähnlich zueinander sind.

4 Die Abbildungen zeigen die Konstruktion eines Dreiecks. Entscheide, nach welchem Kongruenzsatz konstruiert wurde. Begründe deine Antwort.

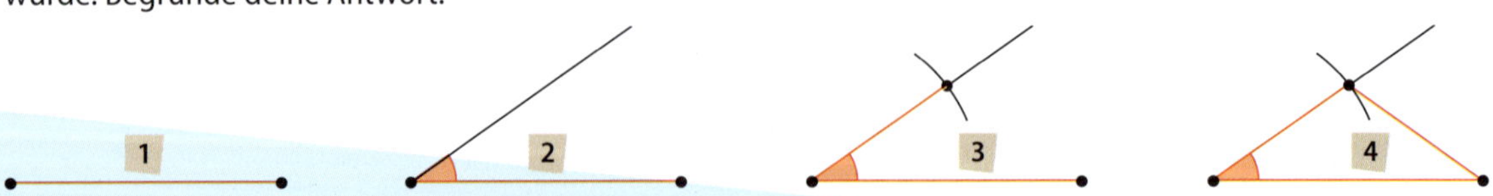

3 Rund um das rechtwinklige Dreieck

Einstieg

Die mitten in der Wüste im Süden Marokkos stehende „Himmelstreppe“ ist ein Werk des Künstlers Hannsjörg Voth.

- Sieh dir die seitliche Ansicht der „Himmelstreppe“ an. Welche Art von Dreieck kann in der Ansicht interpretiert werden? Recherchiere im Internet, welcher Satz den griechischen Philosophen Pythagoras von Samos für diese Art von Dreieck bis heute berühmt gemacht hat. Überprüfe den Zusammenhang am Beispiel der „Himmelstreppe“.
- 52 Stufen führen nach oben … Eine bequeme Treppe hat eine Steigung von ca. 30 %. Erfüllt die „Himmelstreppe“ diese Bedingung?

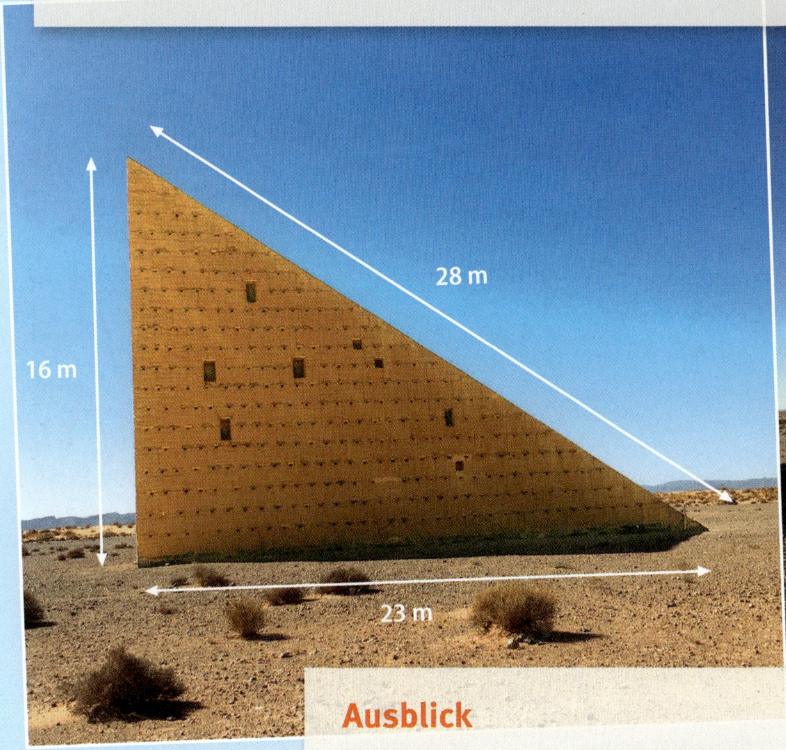

Ausblick

Am Ende dieses Kapitels hast du gelernt, …

- … den Satz des Pythagoras für die Berechnung von Längen in verschiedenen Anwendungen zu nutzen.
- … Beziehungen zwischen Seitenlängen und Winkeln aufzustellen.
- … Strecken und Abstände in der Ebene und im Raum zu berechnen.
- … den Flächeninhalt beliebiger Dreiecke zu bestimmen.

Kap. 3.1

Dynamische Geometrie

- Zeichne mit einer dynamischen Geometriesoftware ein bei C rechtwinkliges Dreieck ABC, wobei C auf dem Thaleskreis über der Strecke $\overline{AB}$ liegt.
- Konstruiere über den Seiten jeweils die Seitenquadrate und lass dir den jeweiligen Flächeninhalt anzeigen.
- Verändere nun die Lage des Punktes C auf dem Thaleskreis und beobachte die Veränderung der Flächeninhalte.
- Beschreibe die Zusammenhänge, die du erkennst.

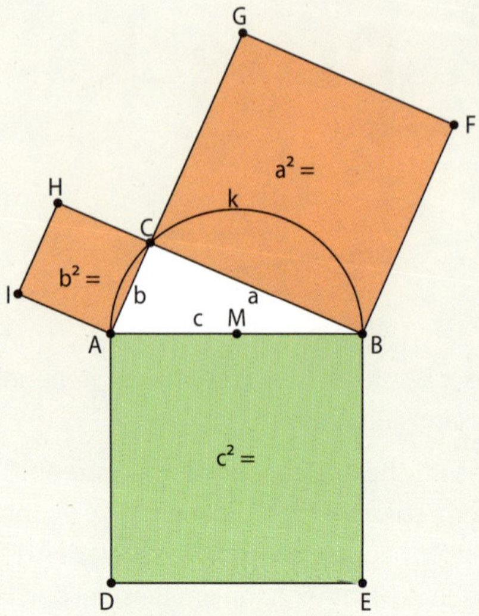

Kap. 3.3

Der Quadrant

Zur Messung von Höhenwinkeln wurde viele Jahrhunderte hindurch der Quadrant verwendet, ein einfach zu bauendes Gerät, das recht genaue Werte lieferte.

- Betrachte die nebenstehende Abbildung. Baue aus Karton einen Quadranten (Radiuslänge 20 cm) mit Gradeinteilung und z. B. einem Stein als Lot (Senklot).

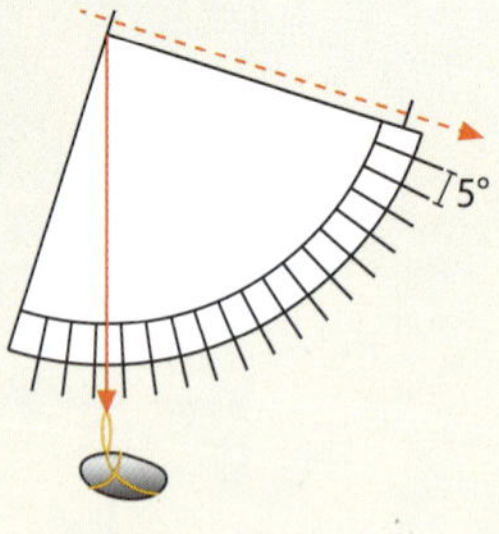

- Bestimme mithilfe eines Quadranten nach Messung geeigneter Strecken die Höhe deines Schulhauses. Recherchiere zum Vergleich die tatsächliche Höhe des Gebäudes. Beurteile die Genauigkeit deiner Messung.
- Finde heraus, wie ein solcher Quadrant funktioniert. Erstelle anschließend eine Bedienungsanleitung. Beschreibe, wie man damit die Höhe von Gebäuden ermitteln kann.

Kap. 3.6

Landvermessung

Daniel Kehlmann:
Die Vermessung der Welt

„So fand er (Gauß) sich unversehens durch die verregnete Landschaft stolpern. Der Himmel war niedrig und dunkel, die Erde lehmig. Er kletterte über eine Hecke und stand keuchend, verschwitzt und bestreut mit Kiefernnadeln vor zwei Mädchen. Gefragt, was er hier tue, erklärte er nervös die Technik der Triangulation: Wenn man eine Seite und zwei Winkel eines Dreiecks kenne, könne man die anderen Seiten und den unbekannten Winkel bestimmen. Man wähle also ein Dreieck irgendwo hier draußen auf Gottes Erde, messe die Seite, zu der man am leichtesten Zugang habe, und bestimme mit diesem Gerät die Winkel zum dritten Punkt. Er hob den Theodolit und drehte ihn, so und so, und sehen Sie, so, mit ungeschickten Fingern hin und her, als wäre es das erste Mal. Dann füge man die Serie solcher Dreiecke aneinander. Ein preußischer Forscher tue genau das in diesem Moment unter den Fabelwesen der Neuen Welt.

Aber eine Landschaft, erwiderte die größere der beiden, sei doch keine Fläche?

Er starrte sie an. Die Pause hatte gefehlt. Als hätte sie nicht nachdenken müssen. Allerdings nicht, sagte er lächelnd.

Ein Dreieck, sagte sie, habe nur auf einer Fläche hundertachtzig Grad Winkelsumme, auf einer Kugel aber nicht. Damit stehe und falle doch alles.

Er musterte sie, als sähe er sie erst jetzt. Mit hochgezogenen Brauen erwiderte sie seinen Blick. Ja, sagte er. So. Um das auszugleichen, müsse man die Dreiecke gewissermaßen nach der Messung zu unendlich kleinen Größen schrumpfen lassen. Grundsätzlich eine einfache Differentialoperation. Allerdings in dieser Form …
Er setzte sich auf den Boden und holte seinen Block hervor. In dieser Form, murmelte er, während er zu notieren begann, habe das noch keiner durchgeführt. Als er aufsah, war er allein.

Ein paar Wochen noch zog er mit den geodätischen Gerätschaften durchs Gelände, rammte Pfähle in den Boden, vermaß ihre Entfernung."

- Beschreibe die Landvermessung mit eigenen Worten.
- Von einem Dreieck sind folgende Größen bekannt: $c = 8{,}4$ km, $\alpha = 52°$, $\beta = 41°$. Bestimme die fehlenden Seiten des Dreiecks ABC.
- Informiere dich über die Innenwinkelsumme eines Dreiecks auf einer Kugel, und stelle deine Ergebnisse in der Klasse vor.

3

3.1 Der Satz von Pythagoras

Entdecken

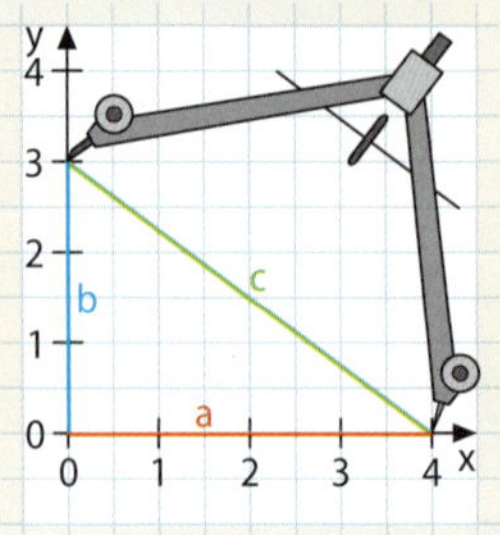

Untersuche rechtwinklige Dreiecke in einem Koordinatensystem.

- Stelle mit dem Zirkel wie abgebildet eine 5 cm lange Strecke ein und trage diese jeweils zwischen den Koordinatenachsen an.
  Welchen Zusammenhang erkennst du zwischen den Seitenlängen a und b? Vervollständige: „Wenn a größer wird, …"
- Miss anschließend genauer nach. Übertrage dazu die Tabelle in dein Heft und vervollständige sie.
- Berechne die Quadrate a^2, b^2 und c^2. Setze die Tabelle fort. Beschreibe, welche Zusammenhänge du zwischen den Quadraten entdeckst.

a	1 cm	2 cm	3 cm	3,5 cm	4 cm	4,5 cm
b					3 cm	
c	5 cm	5 cm	5 cm	5 cm	5 cm	5 cm

Verstehen

In jedem rechtwinkligen Dreieck besteht ein Zusammenhang zwischen den Flächeninhalten der Quadrate über den Dreiecksseiten.

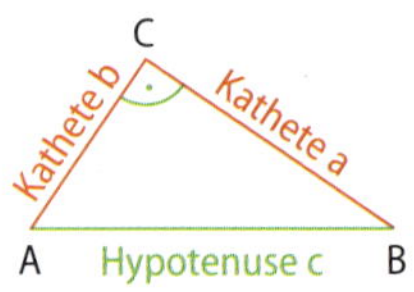

Bezeichnungen im rechtwinkligen Dreieck
In einem rechtwinkligen Dreieck bezeichnet man die Seite, die dem rechten Winkel gegenüberliegt, als Hypotenuse. Die beiden am rechten Winkel anliegenden Seiten heißen Katheten.

Satz des Pythagoras
In einem rechtwinkligen Dreieck hat das Quadrat über der Hypotenuse den gleichen Flächeninhalt wie die beiden Quadrate über den Katheten zusammen.
Mit den Bezeichnungen in der Abbildung gilt kurz:
$a^2 + b^2 = c^2$

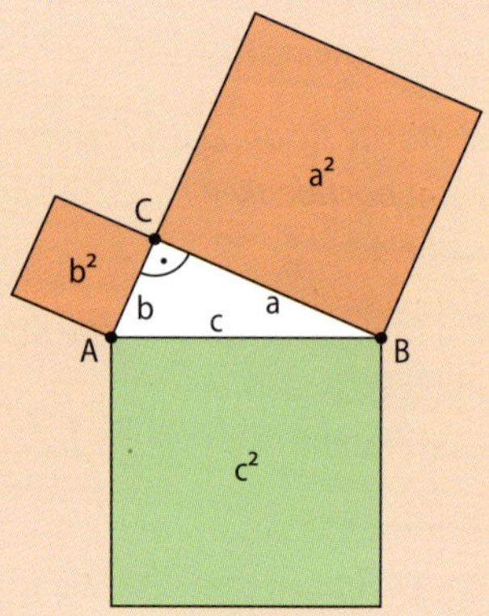

Beispiel

Berechne die fehlenden Seitenlängen im rechtwinkligen Dreieck.

a)

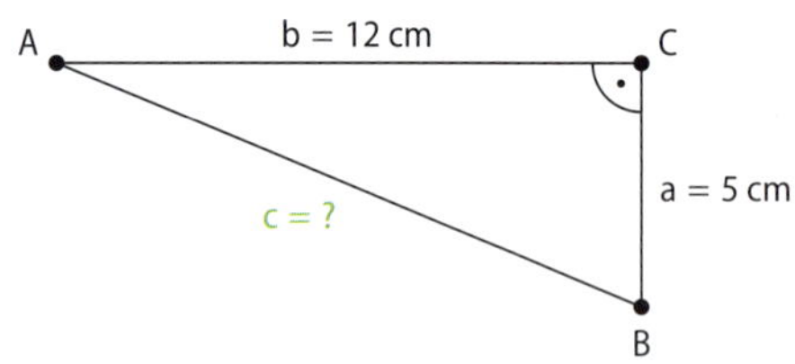

b)

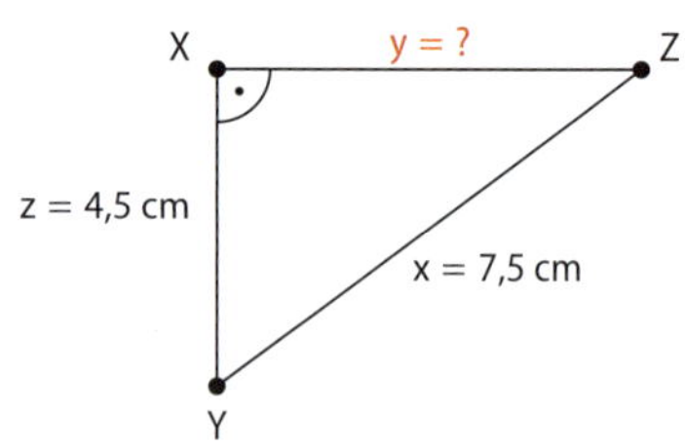

Lösung:

a)
$c^2 = a^2 + b^2$
$c^2 = (5\text{ cm})^2 + (12\text{ cm})^2$
$= 169\text{ cm}^2 \quad | \sqrt{\ }$
$c = 13\text{ cm}$

Die Seite c ist 13 cm lang.

b)
$x^2 = y^2 + z^2 \quad | -z^2$
$y^2 = x^2 - z^2$
$= (7{,}5\text{ cm})^2 - (4{,}5\text{ cm})^2$
$= 36\text{ cm}^2 \quad | \sqrt{\ }$
$y = 6\text{ cm}$
Die Seite y ist 6 cm lang.

- Beschreibe, wozu man den Satz des Pythagoras verwenden kann.
- Beschreibe den Satz des Pythagoras mit eigenen Worten. Beinhaltet der Satz eine Aussage über Flächen oder über Längen?
- Hanna fragt ihre Eltern, wie der Satz des Pythagoras lautet. Sie antworten: „$a^2 + b^2 = c^2$." Stimmt das immer? Begründe.

Nachgefragt

Aufgaben

1 Benenne jeweils die Seiten des Dreiecks mit den Begriffen Hypotenuse und Katheten. Stelle anschließend den Satz des Pythagoras für das jeweilige Dreieck auf.

a)
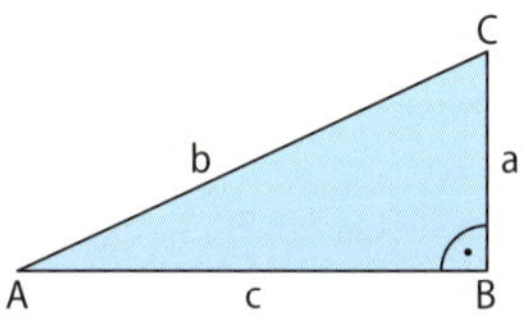

b)
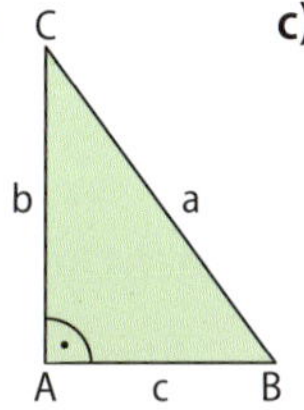

c)
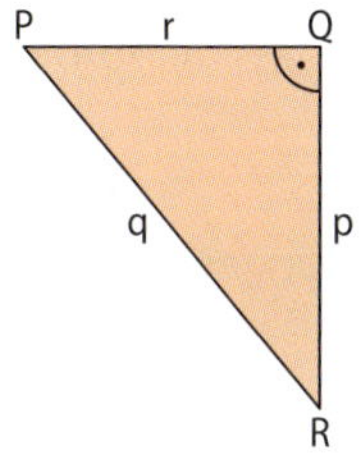

d)
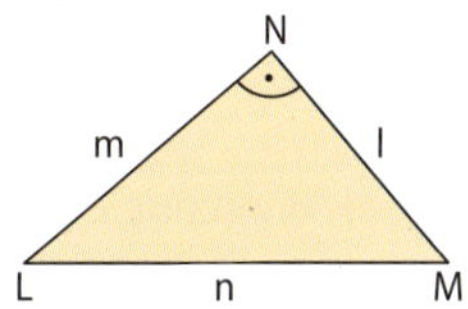

2 Berechne den Flächeninhalt des dritten Quadrats im rechtwinkligen Dreieck.

a)
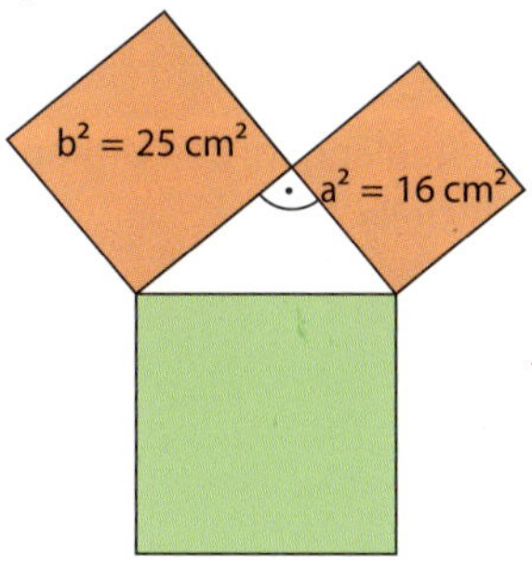

b)
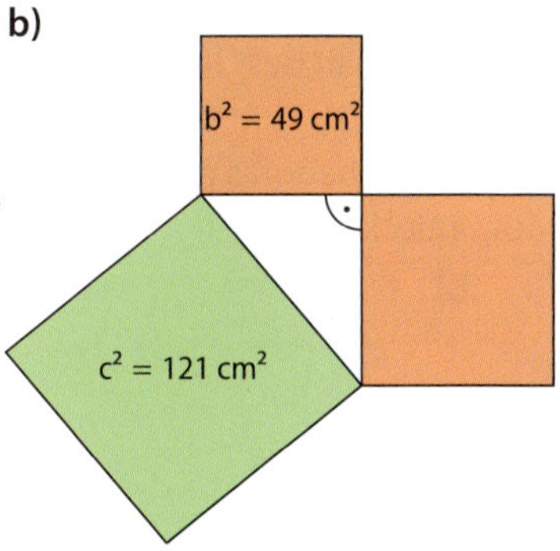

c)
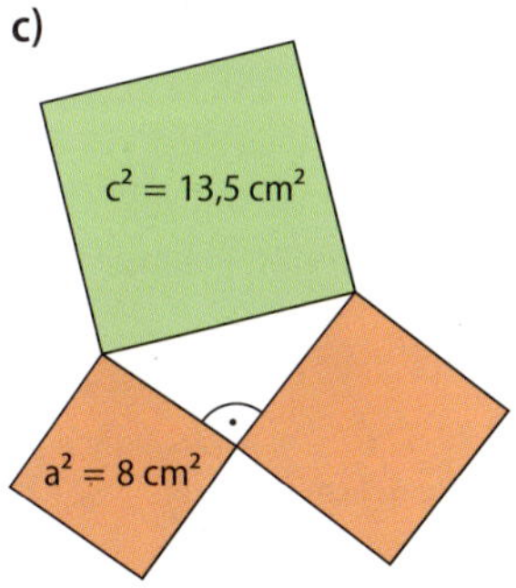

3 Berechne jeweils die fehlende Seitenlänge im rechtwinkligen Dreieck.

a)
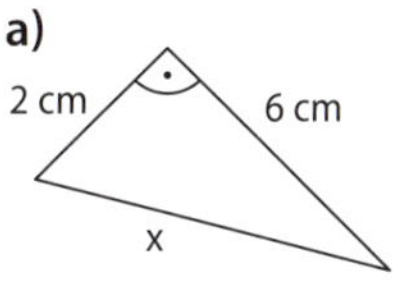

b)
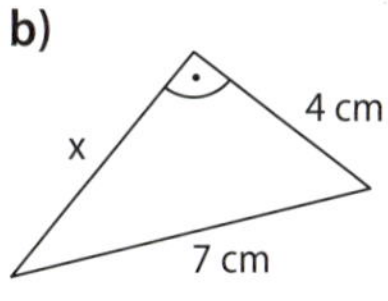

c)
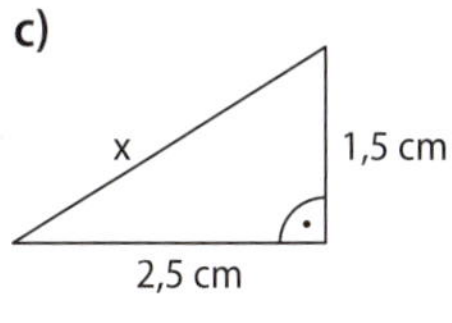

d)
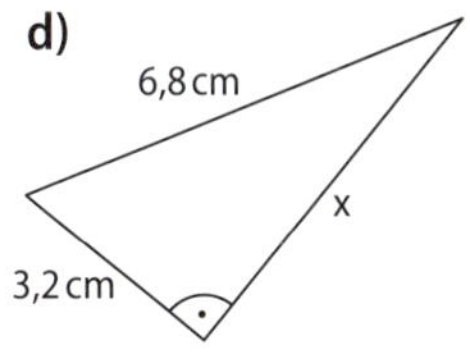

4 Überprüfe durch Auszählen der Kästchen, ob der Satz des Pythagoras im Dreieck ABC gilt.

a)
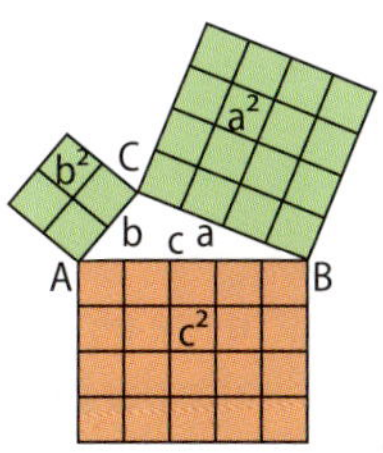

b)
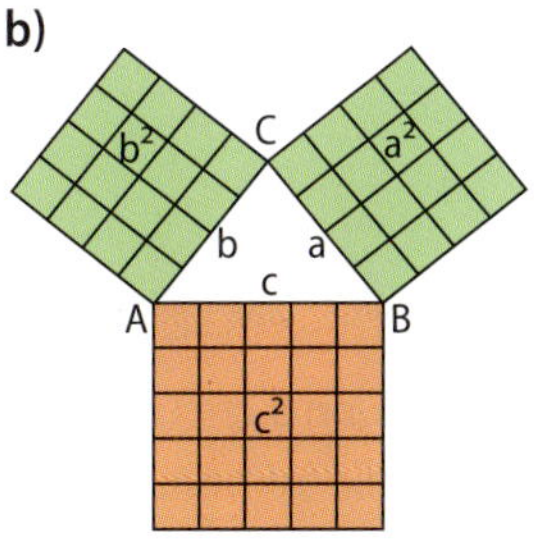

c)
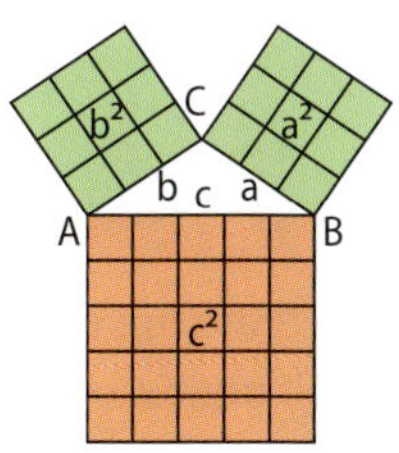

d)
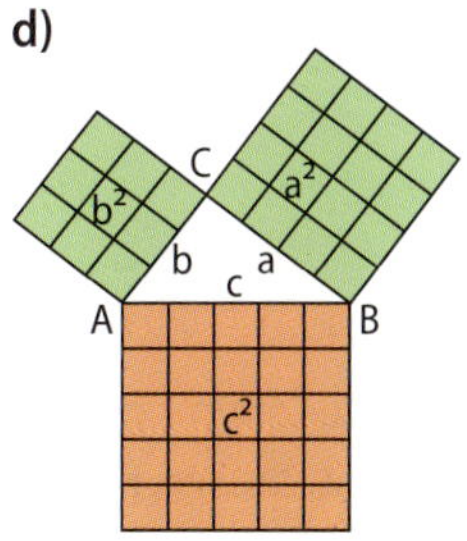

5 Übertrage die Tabelle in dein Heft und vervollständige sie. Konstruiere anschließend das Dreieck (alle Maßangaben in cm). Beschreibe Zusammenhänge.

	a	b	c	a^2	b^2	$a^2 + b^2$	<, >, =	c^2	Dreiecksart
a)	4	5	7						
b)	4	3	5						
c)	6	5	8						
d)	3,5	3,5	6						
e)	2,0	2,5	2,8						
f)	4,2	5,6	7						

Stefan ist der Meinung, dass die Formel von Pythagoras für alle Dreiecke angewendet werden kann. Hat er recht?

Lösungen zu 6 a):
8; 10; 12; 15; 24; 41.
Einheiten sind nicht angegeben.

6 a) Berechne die Seitenlängen im rechtwinkligen Dreieck ABC.

	1	2	3	4	5	6
Kathete a	9 cm	5 dm		7 mm	9 m	
Kathete b	12 cm		15 cm		400 dm	0,24 m
Hypotenuse c		13 dm	17 cm	2,5 cm		26 cm

b) Bestimme jeweils den Flächeninhalt des Dreiecks.

Lösungen zu 7:
5,1; 13; 17,4; 3,5; 12; 7,0; 3,7; 9,8; 4,2; 0,8; 6,4; 1,2.
Einheiten sind nicht angegeben.

7 Berechne mithilfe des Satzes von Pythagoras die fehlenden Seitenlängen, den Umfang sowie den Flächeninhalt des Dreiecks. Runde auf eine Dezimalstelle.

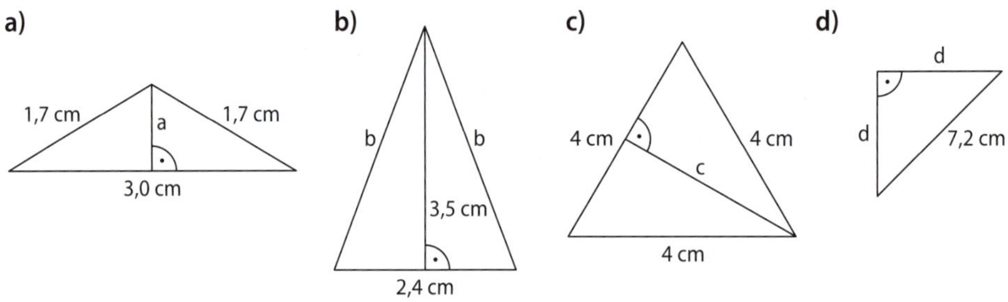

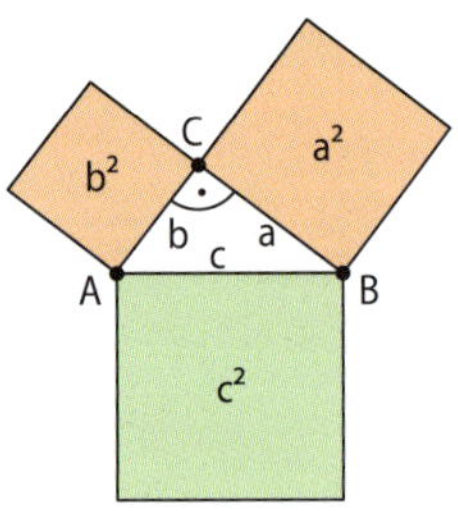

8 Beschreibe das folgende Vorgehen mit eigenen Worten.

	a)	b)
Gegeben	**a = 6 cm; b = 8 cm**	**a = 3 cm; c = 5 cm**
Gesucht	c	b
Rechnung ohne Einheiten	$c^2 = a^2 + b^2$ $c^2 = 6^2 + 8^2$ $c^2 = 36 + 64 = 100$ $c = 10$ oder $c = -10$	$b^2 = c^2 - a^2$ $b^2 = 5^2 - 3^2$ $b^2 = 25 - 9 = 16$ $b = 4$ oder $b = -4$
Antwort	c = 10 cm	b = 4 cm

9 Gegeben sind zwei Quadrate mit den Seitenlängen 3 cm und 5 cm. Konstruiere ein Quadrat, dessen Flächeninhalt genauso groß ist wie die Summe der Flächeninhalte der beiden gegebenen Quadrate.

10 **a)** Wo stecken die Fehler? Beschreibe und korrigiere sie.

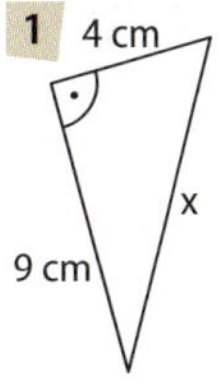

$x^2 = (4\,cm)^2 + (9\,cm)^2$
$x = 4\,cm + 9\,cm$
$x = 13\,cm$

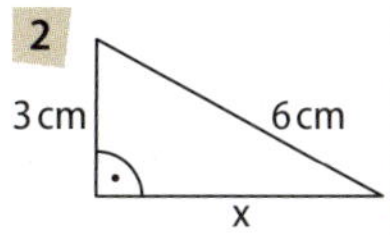

$x^2 = (3\,cm)^2 + (6\,cm)^2$
$x^2 = 9\,cm^2 + 36\,cm^2$
$x^2 = 45\,cm^2$
$x = \sqrt{45}\,cm \approx 6{,}7\,cm$

b) Gib Regeln an, die berücksichtigt werden müssen, um Fehler wie in a) zu vermeiden.

11 In einem gleichschenklig-rechtwinkligen Dreieck beträgt der Flächeninhalt des Hypotenusenquadrats 128 cm². Bestimme die Längen der beiden Katheten?

12 Eine 10 m hohe Tanne knickt bei einem Sturm in 4,50 m Höhe ab. Gib an, in welchem Umkreis um den Baum sich kein Mensch aufgehalten haben sollte.

13 In einem Kreis mit Radius $r = 5{,}8$ cm ist eine Sehne s mit 8 cm Länge eingezeichnet.
a) Zeichne den Kreis und die dazugehörige Sehne.
b) Berechne den Abstand des Mittelpunkts M des Kreises von der Sehne s.

14 Mithilfe des Satzes von Pythagoras kann man auch den Abstand zweier Punkte im Koordinatensystem bestimmen.

Weiterdenken

Die Länge der Strecke $\overline{AB}$ mit $A(x_A \mid y_A)$ und $B(x_B \mid y_B)$ kann man mithilfe des Satz des Pythagoras berechnen. Es gilt:
$\overline{AB} = \sqrt{(x_B - x_A)^2 + (y_B - y_A)^2}$

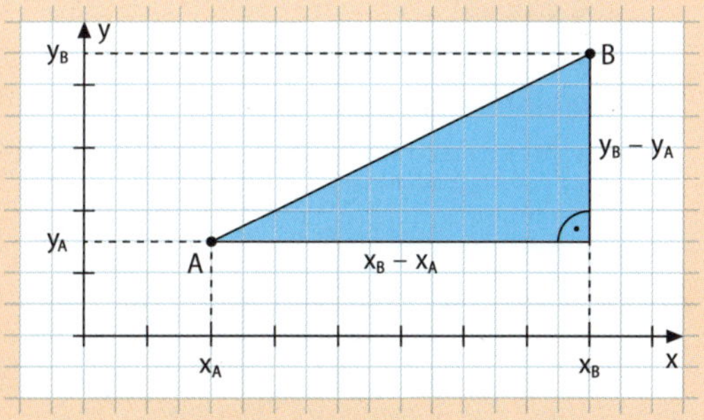

Beispiel: Berechne den Abstand der Punkte $A(-4 \mid 0{,}5)$ und $B(-1 \mid -7{,}5)$.
Lösung:
$\overline{AB} = \sqrt{(-1 - (-4))^2 + (-7{,}5 - 0{,}5)^2}$
$= \sqrt{73} \approx 8{,}5$
Der Abstand der Punkte A und B beträgt in etwa 8,5 LE (Längeneinheiten).

Berechne die Länge der Strecke $\overline{AB}$. Überprüfe zeichnerisch.

	a)	b)	c)	d)	e) mit $t \in \mathbb{R}$
A	(4|5)	(0,3|5,4)	(−1|8)	(0|5)	(t|2t)
B	(−2,4|−5)	(−0,4|9)	(4|−2,3)	(−5|0)	(4 + t|2t − 8)

15 In einem Rechteck ABCD sind folgende Längen gegeben:
1 $\overline{AB} = 6$ cm; $\overline{BC} = 4{,}5$ cm **2** $\overline{AB} = 52$ mm; $\overline{BC} = 4{,}4$ cm
a) Zeichne das Rechteck ABCD und trage die Diagonale $\overline{BD}$ ein. Berechne anschließend die Länge der Diagonalen.
b) Fälle das Lot von A auf die Diagonale und berechne die Länge der Lotstrecke. Betrachte dazu die Flächeninhalte des Rechtecks sowie des Dreiecks ABD.

16 Das Viereck ABCD wird durch A(−2|0,5), B(8|0), C(4,5|7) und D(−1|5,5) festgelegt. Berechne die Länge des Umfangs U sowie die der beiden Diagonalen $\overline{AC}$ und $\overline{BD}$.

17 a) Zeichne das Viereck ABCD und prüfe rechnerisch die Vierecksform nach.
1 A(−0,5|−3); B(7,5|−4); C(3,5|3); D(−4,5|4)
2 A(0,5|6); B(−3|0); C(3,5|−3); D(6,5|3)
b) Zeichne selbst ein Viereck in ein Koordinatensystem. Gib einem Partner oder einer Partnerin die Koordinaten der Eckpunkte an und lasse die Vierecksform rechnerisch nachprüfen. Tauscht anschließend die Rollen.

18 a) Prüfe mithilfe einer dynamischen Geometriesoftware, ob auch die Umkehrung des Satzes von Pythagoras gilt: Wenn $a^2 + b^2 = c^2$, dann ist das Dreieck rechtwinklig mit einem rechten Winkel bei C. Gehe dabei folgendermaßen vor:

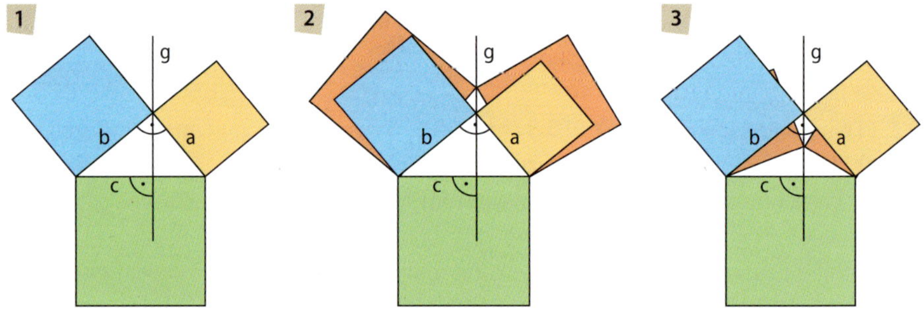

Zeichne mit einer dynamischen Geometriesoftware ein rechtwinkliges Dreieck und errichte über seinen Seiten Quadrate (**1**). Verschiebe den Punkt C längs der Geraden g „nach oben" und „nach unten" (**2** und **3**).
Vervollständige jeweils: $a^2 + b^2$ ▢ c^2 und γ ▢ 90°.
Beschreibe was du daraus für den Grenzfall schlussfolgern kannst.

Weiterdenken

Eine Anwendung für die Umkehrung des Satzes von Pythagoras findest du im Geschichte-Kasten auf Seite 83.

Satz von Pythagoras:

Voraussetzung: Das Dreieck ist rechtwinklig.

Behauptung: Die Summe der Flächeninhalte der Quadrate über den Katheten ist so groß wie der Flächeninhalt über dem Quadrat der Hypotenuse.

Umkehrung des Satzes des Pythagoras

Voraussetzung: In einem Dreieck ist die Summe der Flächeninhalt der Quadrate über zwei Seiten so groß wie der Flächeninhalt des Quadrats über der dritten Seite.

Behauptung: Das Dreieck ist rechtwinklig.

Überlege, welche Seite die Hypotenuse darstellen kann.

b) Überprüfe mit der Umkehrung des Pythagoras, ob folgende Dreiecke rechtwinklig sind.
1 a = 5 cm; b = 4 cm; c = 7 cm
2 a = 18 cm; b = 24 cm; c = 30 cm
3 a = 4 dm; b = 3 dm; c = 5 dm
4 a = 12 m; b = 13 m; c = 5 m

19 Überprüfe, ob das Dreieck ABC rechtwinklig oder gleichschenklig ist.

	a)	b)	c)	d)	e)
A	(−2|4)	(2|4)	(3|4)	(5|4)	(5,5|0)
B	(5|8)	(−3|2)	(−5|6)	(1|7)	(2,5|0,5)
C	(2|10)	(4|−1)	(−2|1)	(−7|0)	(3|−1,5)

20 Ein Zahlentripel (a | b | c) natürlicher Zahlen, welches die Gleichung $a^2 + b^2 = c^2$ erfüllt, heißt **pythagoreisches Zahlentripel**.

a) Überprüfe, ob die Zahlentripel (9 | 40 | 41) und (28 | 45 | 53) pythagoreische Zahlentripel darstellen.

b) Toni behauptet, dass vier weitere Zahlentripel gefunden werden können, indem man einfach Vielfache vorhandener Tripel nimmt. Überprüfe diese Aussage.

21 Der griechische Mathematiker und Philosoph Platon hat eine Methode zur Bestimmung pythagoreisches Zahlentripel aufgestellt. Zeige deren Richtigkeit.
„Wenn x eine natürliche Zahl ist, dann sind a, b und c ein pythagoreisches Zahlentripel, das sich über folgende Beziehung bestimmen lässt: $a = 2x$; $b = x^2 - 1$; $c = x^2 + 1$."

22 Von einem Dreieck ABC sind die nebenstehenden Maße bekannt.

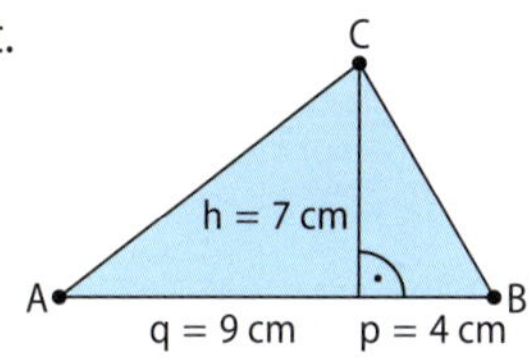

a) Zeige, dass das Dreieck ABC nicht rechtwinklig ist. Begründe deine Antwort.

b) Verändere die Höhe h so, dass das entstehende Dreieck rechtwinklig ist. Bestimme anschließend alle weiteren Maße für das neue rechtwinklige Dreieck.

c) Finde einen Zusammenhang zwischen dem Höhenquadrat und den Strecken p und q im rechtwinkligen Dreieck aus Teilaufgabe b).

Du kannst auch eine dynamisches Geometrie-software verwenden.

23 a) Überlege dir, welche Werte der Term $2 \cdot \sqrt{x + 1}$ annehmen kann.

b) Für welche Werte von x ist $2 \cdot \sqrt{x + 1}$ ganzzahlig?

c) Erläutere, wie du auf diese Weise pythagoreische Zahlentripel finden kannst.

d) Erläutere, was sich hieraus über die Anzahl pythagoreischer Zahlentripel folgern lässt. Begründe deine Antwort.

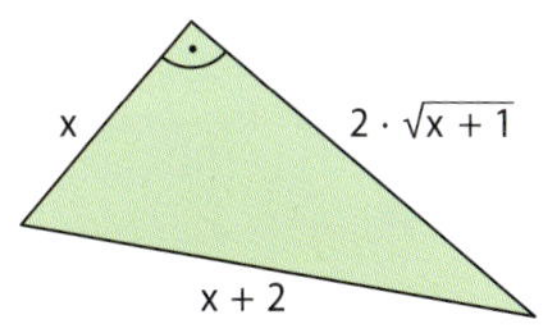

Geschichte

Seilspanner

Im alten Ägypten war es nach den jährlichen Nilüberschwemmungen notwendig, die Felder wieder neu zu vermessen. Die Seilspanner (*Harpedonapten*) verwendeten für das Aufspannen rechtwinkliger Dreiecke 12-Knoten-Seile mit Knoten in gleichen Abständen.

Siehe Weiterdenken-Kasten auf Seite 82.

Bearbeitet die folgenden Aufgaben in einer Gruppe mit drei bis vier Schülerinnen und Schülern.

- Nehmt ein 3 m langes Seil. Knüpft nach jeweils 25 cm Bänder an das Seil. Haltet den Anfang und das Ende des Seils zusammen und spannt dann mit dem Seil Dreiecke auf, deren Eckpunkte jeweils bei einem Band liegen. Findet eine Aufspannung für ein rechtwinkliges Dreieck und notiert euch, an welchen Stellen die Eckpunkte liegen müssen.
- Sucht weitere Knoten-Seile, mit denen sich rechtwinklige Dreiecke aufspannen lassen.
- Sucht in eurer Umgebung nach rechten Winkeln in Räumen und überprüft sie mit dem Seil.

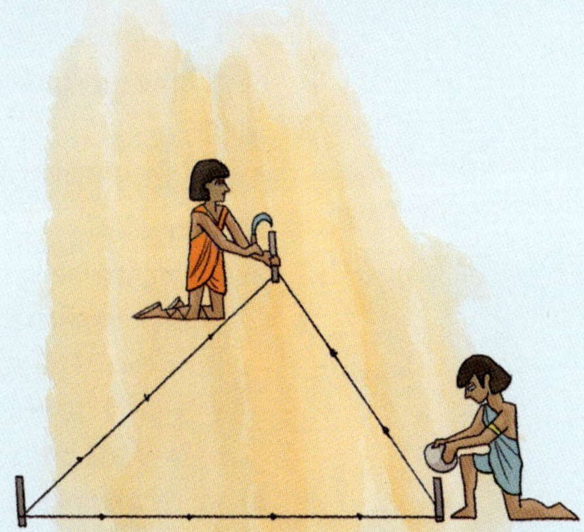

Entdecken

In einem Körper bezeichnet man die Länge der Strecke von einem Eckpunkt zu einem gegenüberliegenden Eckpunkt als Raumdiagonale.

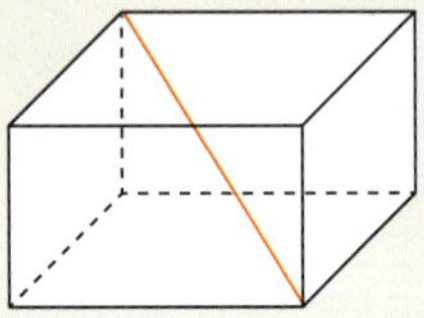

Die Länge der Flächen- und der Raumdiagonalen in einem Quader kann man über rechtwinklige Dreiecke bestimmen.

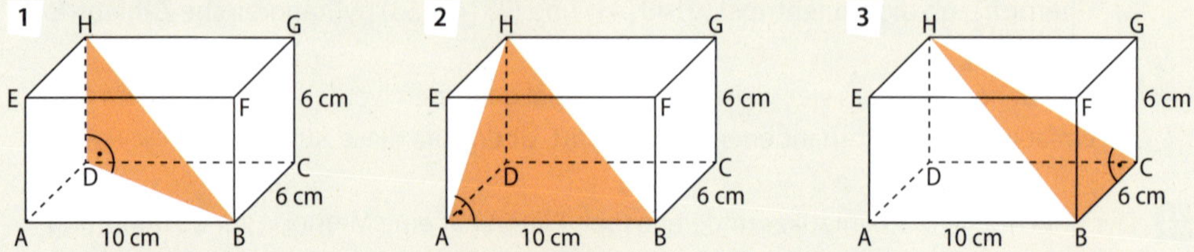

- Begründe, dass die rot eingezeichneten Dreiecke rechtwinklig sind.
- Beschreibe einen Rechenweg zur Bestimmung …
  1. der Längen der Flächendiagonalen der Seitenflächen.
  2. der Länge der Raumdiagonalen.

Verstehen

Der Satz des Pythagoras kann zur Berechnung unbekannter Streckenlängen in Körpern dienen.

Bei der Bestimmung unbekannter Streckenlängen in Körpern mithilfe des Satzes des Pythagoras geht man in der Regel folgendermaßen vor:

Suche ein rechtwinkliges Dreieck.

Sind zwei Seitenlängen des Dreiecks bekannt?

ja: Berechne die gesuchte Seitenlänge über den Satz des Pythagoras.

nein: Suche ein weiteres rechtwinkliges Dreieck, um zunächst eine der fehlenden Seitenlängen zu bestimmen.

Beispiel

Bestimme für einen Quader mit den Kantenlängen $a = 10$ cm, $b = 8$ cm und $c = 6$ cm die Länge …

a) der Diagonalen der Grundfläche. **b)** einer Raumdiagonalen.

Lösung:

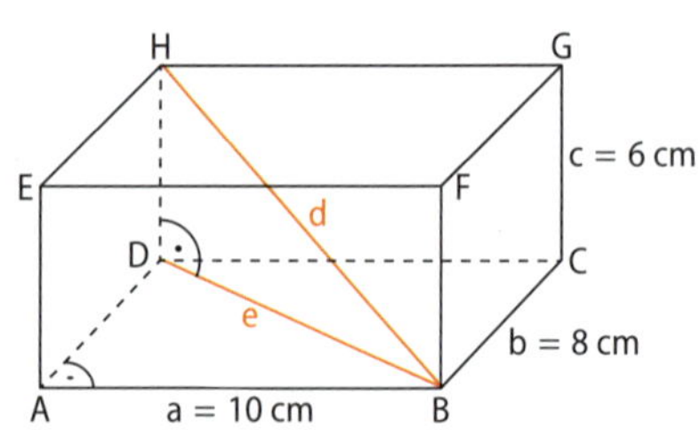

a) Im rechtwinkligen Dreieck ABD (rechter Winkel bei A) gilt nach dem Satz des Pythagoras für $\overline{BD} = e$:
$e^2 = a^2 + b^2 = (10\text{ cm})^2 + (8\text{ cm})^2 = 164\text{ cm}^2$
$e = \sqrt{164}\text{ cm} \approx 12{,}8\text{ cm}$

b) Im rechtwinkligen Dreieck DBH (rechter Winkel bei D) gilt nach dem Satz des Pythagoras für die Raumdiagonale $\overline{BH} = d$:
$d^2 = e^2 + c^2 = \sqrt{164}\text{ cm}^2 + (6\text{ cm})^2 = 200\text{ cm}^2 \quad \Rightarrow \quad d = \sqrt{200}\text{ cm} \approx 14{,}1\text{ cm}$

Nachgefragt

- Anna behauptet: „Nur bei einem Würfel gibt es vier Raumdiagonalen, die gleich lang sind. Beim Quader nicht." Stimmt das? Begründe.
- Überprüfe, ob beim Würfel Kanten senkrecht auf einer Raumdiagonalen stehen.
- Begründe: Die Länge der Flächen- bzw. Raumdiagonalen eines Würfels ist das Podukt aus Kantenlänge und der Wurzel der Dimension.

Aufgaben

1 Ein Würfel hat eine Kantenlänge von 4 cm.
a) Zeichne ein Schrägbild des Würfels und trage ein rechtwinkliges Dreieck ein, über das du die Länge einer Raumdiagonalen bestimmen kannst.
b) Berechne die Länge der Raumdiagonalen des Würfels.
c) Wie ändert sich die Länge der Raumdiagonalen, wenn die Kantenlänge des Würfels verdoppelt (verdreifacht) wird? Stelle zunächst anhand eines Zahlenbeispiels eine Vermutung auf und überprüfe diese dann rechnerisch.

2 Berechne die Längen der eingezeichneten Diagonalen.

a)
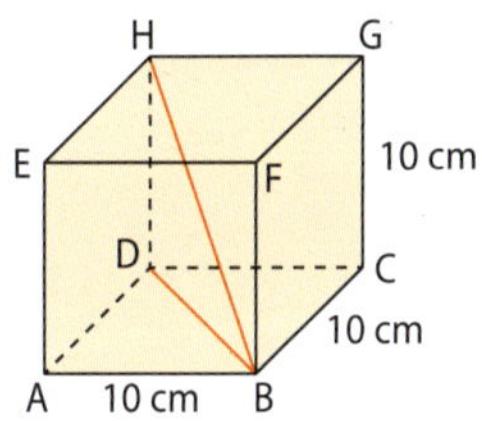

b)
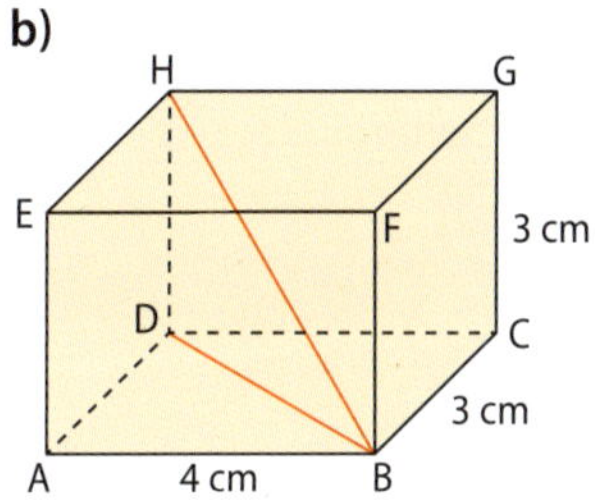

c)
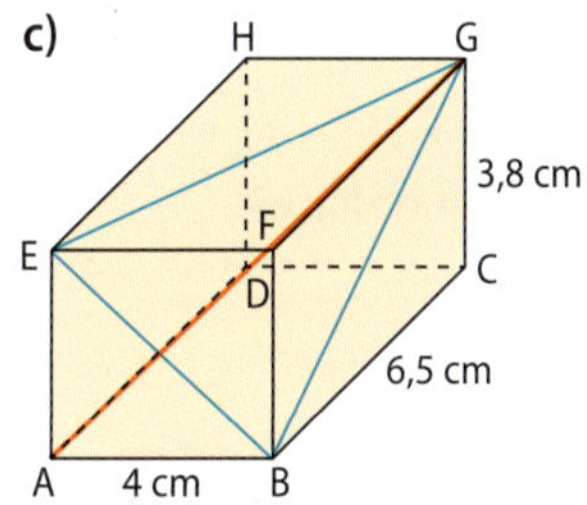

3 Die nebenstehende Abbildung zeigt zwei aufeinander gestapelte Würfel mit einer Kantenlänge von je 6 cm. Berechne die Länge der eingezeichneten Diagonalen. Beschreibe dein Vorgehen.

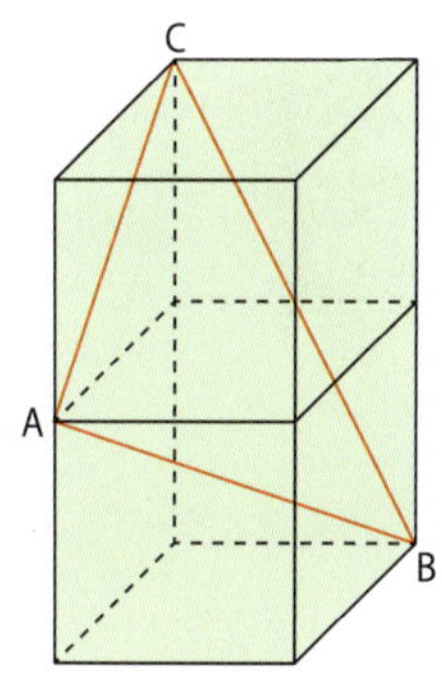

4 Ein Quader ABCDEFGH ist 12 cm lang, 5 cm breit und 5 cm hoch.
a) Zeichne ein Schrägbild des Quaders in wahrer Größe.
b) Zeichne das Dreieck AFD in wahrer Größe. Berechne dazu die fehlenden Seitenlängen.

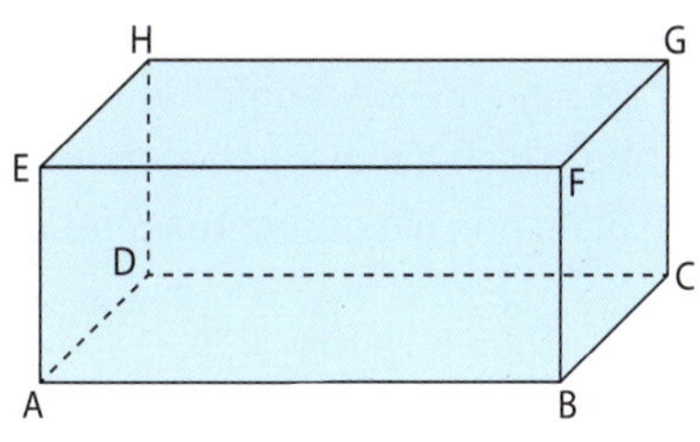

5 Berechne die Raumdiagonale deines Klassenzimmers. Miss dazu die benötigten Seitenlängen aus.

6 Die Raumdiagonale eines Quaders ist 14 cm lang. Finde mindestens drei verschiedene Möglichkeiten, wie lang, wie breit und wie hoch ein solcher Quader sein kann. Beschreibe dein Vorgehen.

7 Ein 1,00 m breiter, 0,60 m tiefer und 2,36 m hoher Kleiderschrank wird aus Einzelteilen liegend zusammengebaut. Überprüfe, ob man den Kleiderschrank durch Kippen aufstellen kann, wenn das Zimmer 2,50 m hoch ist. Fertige zunächst eine Skizze an.

8 Auch in einer Pyramide lassen sich mit dem Satz des Pythagoras unbekannte Seitenlängen bestimmen, beispielsweise die Höhe h_a eines Seitendreiecks.

Weiterdenken

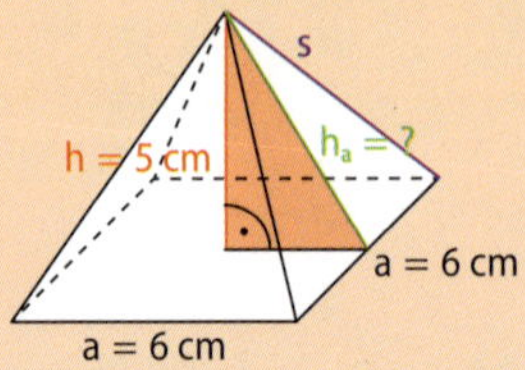

Gesucht: Seitenhöhe h_a

$h_a^2 = h^2 + \left(\frac{a}{2}\right)^2$

$h_a^2 = (5\text{ cm})^2 + (3\text{ cm})^2$

$h_a^2 = 25\text{ cm}^2 + 9\text{ cm}^2$

$h_a^2 = 34\text{ cm}^2$

Rechnung: $h_a \approx 5{,}8\text{ cm}$

Antwort: Die Seitenhöhe misst 5,8 cm.

a) Erkläre das Vorgehen aus dem Kasten in eigenen Worten.
b) Berechne die Kantenlänge s der Pyramide aus dem Kasten. Erläutere dein Vorgehen.

9 Von einer quadratischen Pyramide sind von den Längen a, h, h_a und s zwei gegeben. Berechne die fehlenden Längen.
a) a = 5 cm; h = 7 cm
b) a = 4 cm; h_a = 65 mm

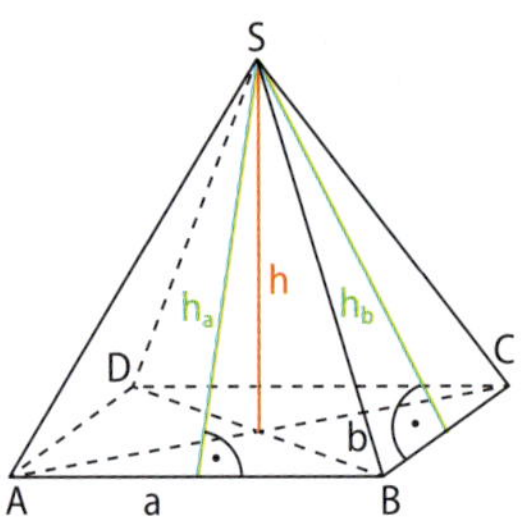

10 Berechne die Höhen h_a und h_b der Seitendreiecke der Pyramiden mit rechteckiger Grundfläche.

	a)	b)	c)	d)	e)	f)
Länge a	6 cm	8 cm	7 cm	10 cm	4,5 cm	1,2 m
Breite b	4 cm	5 cm	9 cm	12 cm	55 mm	2,2 dm
Höhe h	5 cm	4 cm	6 cm	7 cm	8 cm	140 cm

11 Ein 80 m hoher Sendemast soll mit vier Seilen gesichert werden, die jeweils in $\frac{3}{4}$ der Höhe befestigt werden. Die Seile werden 40 m vom Mast entfernt im Boden verankert und sind straff gespannt. Ermittle die Gesamtlänge der benötigten Seile.

12 **a)** Beschreibe ein mögliches Vorgehen zur Berechnung der Höhe h eines Kegels. Orientiere dich dabei am Vorgehen aus dem Weiterdenken-Kasten.
b) Berechne die gesuchten Streckenlängen am Kegel.

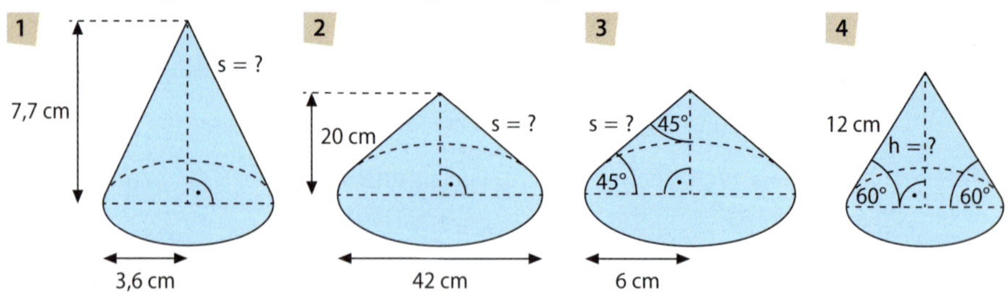

13 Die Oberfläche eines Würfels hat den Inhalt 96 cm².
a) Zeichne ein Schrägbild des Würfels.
b) Berechne die Länge der Flächen- und Raumdiagonale des Würfels. Zeichne beide Diagonalen in das Schrägbild des Würfels ein.
c) Berechne das Volumen des Würfels.

14 Ein Tunnel hat einen halbkreisförmigen Querschnitt. Er besitzt vier Fahrspuren von je 3,5 m Breite; auf beiden Seiten und in der Tunnelmitte ist je ein 1,0 m breiter nicht befahrbarer Sicherheitsstreifen freigelassen. Welche maximale Höhe darf ein Lastwagen haben, der auf der rechten Fahrspur fährt, wenn bis zur Tunneldecke ein vertikaler Sicherheitsabstand von 40 cm eingehalten werden soll?

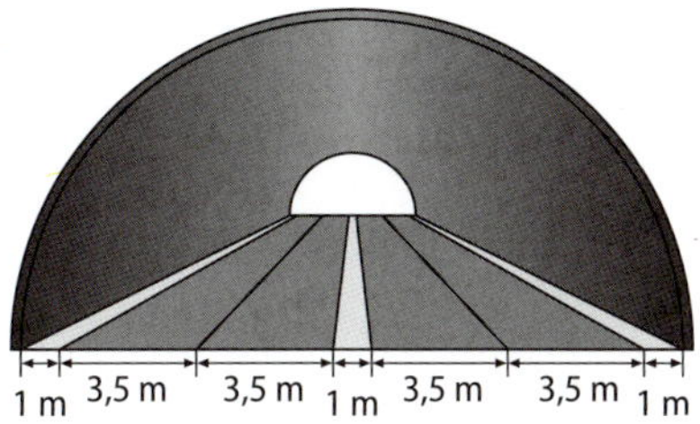

15 Ein Einfamilienhaus besteht aus einem Erd- und einem Dachgeschoss. Das Dachgeschoss soll nach einer Sanierung vermietet werden.

a) Eine neue Dachdeckung kostet 42,50 € pro Quadratmeter. Berechne die Gesamtkosten.

b) Wegen der Dachschrägen werden für die Miete nur 40 % der Fläche des Dachbodens angerechnet. Pro Quadratmeter werden 9,60 € fällig. Berechne die Mietkosten.

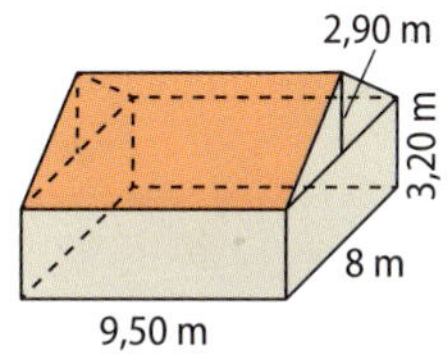

16 Gegeben ist ein Oktaeder.

a) Berechne die Körperhöhe h für $a = 3$ cm.

b) Das Schrägbild eines Oktaeders lässt sich leicht zeichnen, indem man die Seitenmitten eines Würfels verbindet. Finde eine Formel, mit der man die Seitenlänge des umgebenden Würfels in Abhängigkeit von der Kantenlänge a des Oktaeders berechnen kann.

c) Zeichne ein Schrägbild eines Oktaeders für $a = 5$ cm.

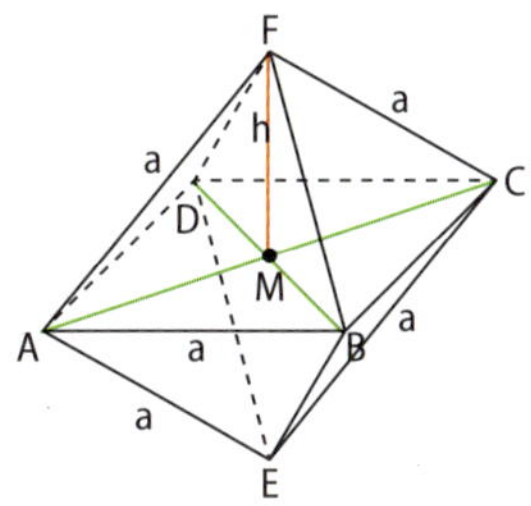

Ein Oktaeder (Achtflächner) ist ein regelmäßiger Körper. Die Seitenflächen sind gleichseitige Dreiecke.

17 Die quadratische Pyramide mit der Grundkantenlänge a besteht aus vier kongruenten gleichschenkligen Dreiecken mit Schenkellänge s.
Gib mithilfe des Satzes von Pythagoras einen Term für die Höhe h und die Seitenhöhe h_a an, der jeweils nur von a und s abhängt. Beschreibe dein Vorgehen.

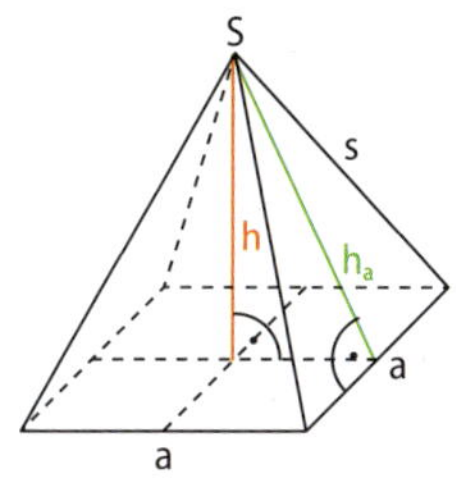

18 Aus vier gleich großen Kugeln mit dem Radius r wird eine Pyramide gebaut. Dabei berührt jede Kugel jeweils die drei anderen.
Ermittle die Höhe der Kugelpyramide in Abhängigkeit von r.

19 Eine zufällig gefundene antike Tonscherbe entpuppt sich als Teil eines Tellers aus römischer Zeit. Archäologen vermessen die Scherbe wie folgt: $\overline{AB} = 9$ cm und $\overline{PQ} = 1{,}5$ cm. Rekonstruiere aus diesen Angaben den tatsächlichen Radius des Tellers.

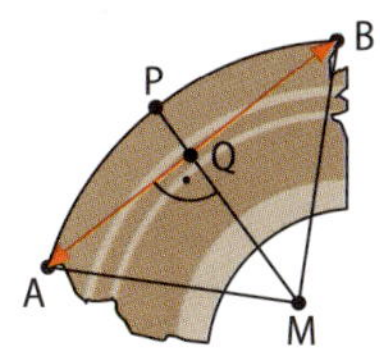

20 An einer Küste steht ein Leuchtturm der Höhe h.

a) Gib einen Term für die Sichtweite s an. Berechne die Sichtweite für $h = 40$ m.

b) Als Faustformel findet man oft $s(r;\ h) = \sqrt{2rh}$. Erkläre die Gültigkeit dieser Formel. Berechne mit ihr die Sichtweite vom Leuchtturm und vergleiche diese mit dem Ergebnis aus Teilaufgabe a).

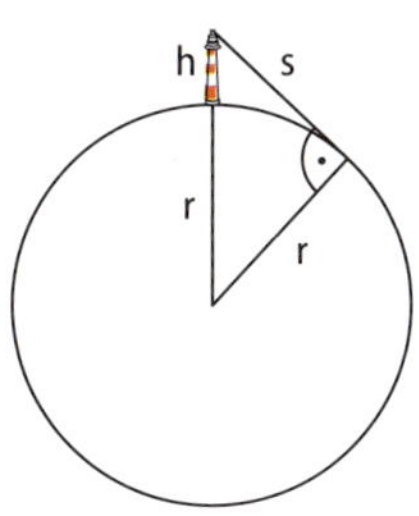

Der Radius der Erde beträgt im Mittel 6371 km.

Entdecken

- Zeichne drei verschiedene Dreiecke ABC mit $\gamma = 90°$ und $\alpha = 40°$. Miss die Seitenlängen und bestimme für jedes Dreieck die Seitenverhältnisse. Beschreibe, was dir auffällt.
- Verändere nun den Winkel α zu $\alpha = 35°$ und halte die Seitenverhältnisse in einer Tabelle fest.

Winkel	$\frac{a}{b}$	$\frac{a}{c}$	$\frac{b}{c}$
40°			
35°			

Fasse deine Ergebnisse zusammen.

Verstehen

In einem rechtwinkligen Dreieck sind die Seitenverhältnisse eindeutig durch einen der beiden spitzen Winkel festgelegt.

Allgemeine Bezeichnungen im rechtwinkligen Dreieck.

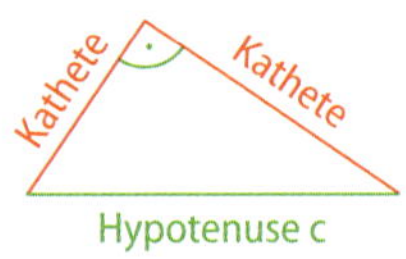

Diejenige Kathete, die am entsprechenden spitzen Winkel anliegt, heißt **Ankathete**, diejenige, die diesem Winkel gegenüberliegt **Gegenkathete**.

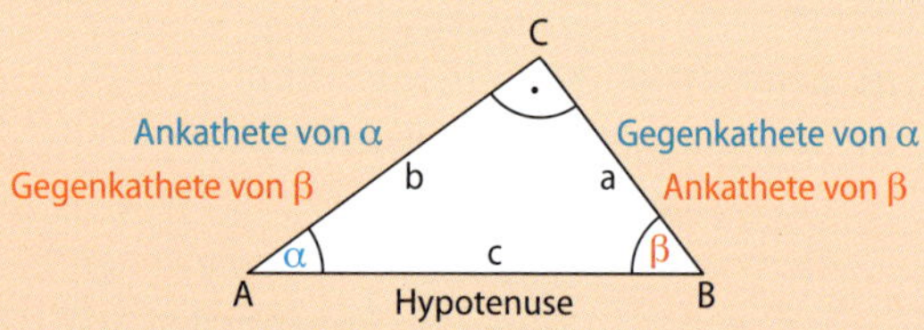

1 Das Verhältnis der Längen von **Gegenkathete zu Hypotenuse** eines spitzen Winkels α nennt man **Sinus** des Winkels α (man schreibt: $\mathbf{sin\,\alpha}$):

$\sin\alpha = \frac{\text{Länge der Gegenkathete des Winkels } \alpha}{\text{Länge der Hypotenuse}}$ Beispiel: $\sin\alpha = \frac{a}{c}$; $\sin\beta = \frac{b}{c}$

Man spricht: „Sinus von α" oder „Sinus α"

2 Das Verhältnis der Längen von **Ankathete zu Hypotenuse** eines spitzen Winkels α nennt man **Kosinus** des Winkels α (man schreibt: $\mathbf{cos\,\alpha}$):

$\cos\alpha = \frac{\text{Länge der Ankathete des Winkels } \alpha}{\text{Länge der Hypotenuse}}$ Beispiel: $\cos\alpha = \frac{b}{c}$; $\cos\beta = \frac{a}{c}$

„Kosinus von α" oder „Kosinus α"

Beispiele

I. Gib das Verhältnis der Seitenlängen an.

a) $\sin\alpha$, $\sin\beta$ **b)** $\cos\alpha$, $\cos\beta$

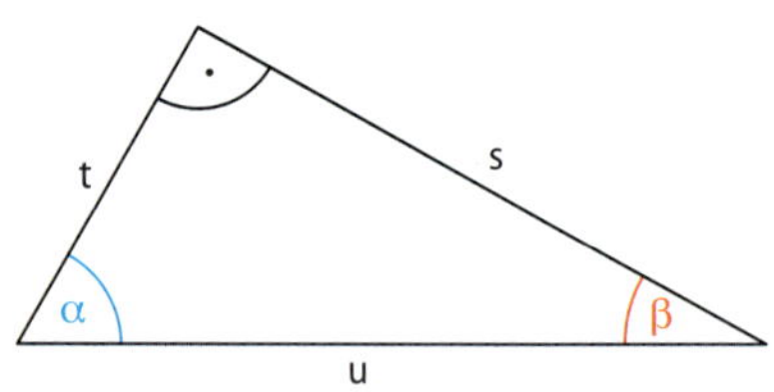

Lösung:

a) $\sin\alpha = \frac{s}{u}$, $\sin\beta = \frac{t}{u}$ **b)** $\cos\alpha = \frac{t}{u}$, $\cos\beta = \frac{s}{u}$

II. Berechne für das rechtwinklige Dreieck ABC die fehlenden Seitenlängen a und b.

Taschenrechner:
Sinus: sin
Kosinus: cos
Einstellung: DEG bzw. Grad

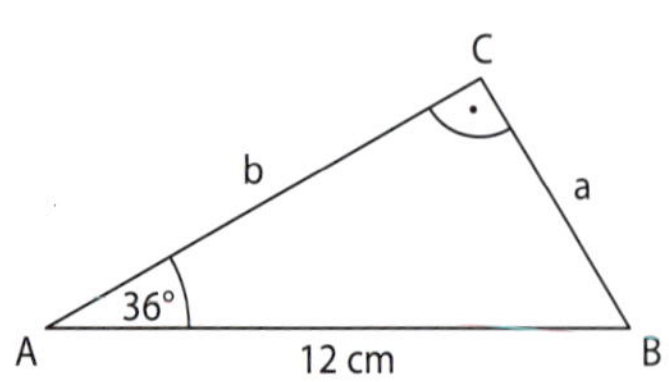

Lösung:

1 $\frac{a}{12\text{ cm}} = \sin 36°$ $| \cdot 12\text{ cm}$
$a = 12\text{ cm} \cdot \sin 36°$
$a \approx 7{,}1\text{ cm}$

2 $\frac{b}{12\text{ cm}} = \cos 36°$ $| \cdot 12\text{ cm}$
$b = 12\text{ cm} \cdot \cos 36°$
$b \approx 9{,}7\text{ cm}$

- Beschreibe, wie sich der Wert des Sinus eines Winkels verändert, wenn man beim rechtwinkligen Dreieck die Längen aller Seiten verdoppelt, verdreifacht, …
- Begründe: Der Sinuswert (Kosinuswert) eines Winkels ist nie größer als 1.

Nachgefragt

Aufgaben

1 Gib als Verhältnis der Seitenlängen an: $\sin\alpha$, $\sin\beta$, $\cos\alpha$ und $\cos\beta$.

a)
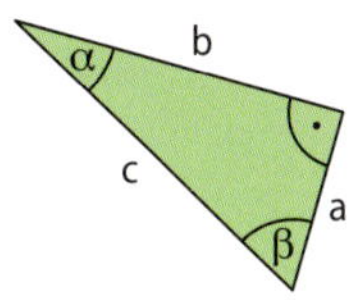

b)
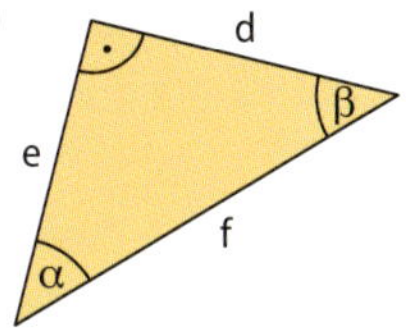

c)
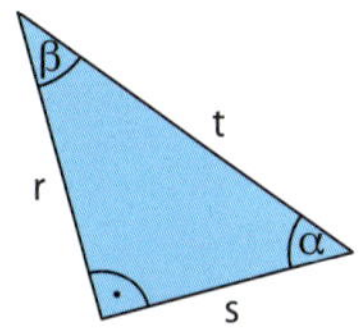

d)
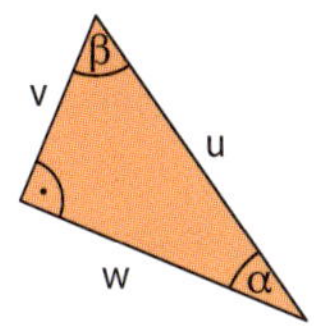

2

α	0°	10°	20°	30°	40°	50°	60°	70°	80°	90°
sin α										
cos α										

a) Übertrage die Tabelle und berechne die Werte mit dem Taschenrechner.
b) Beschreibe Zusammenhänge zwischen den Werten von $\sin\alpha$ und $\cos\alpha$.

3 Berechne die fehlenden Winkel.

Tipp:
Denke an den Satz des Pythagoras.

a)
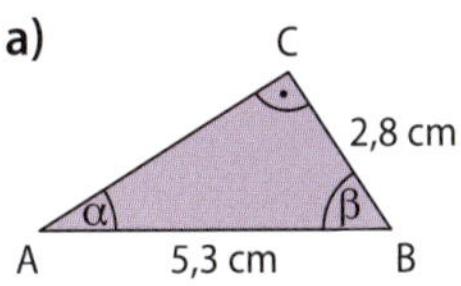

b)
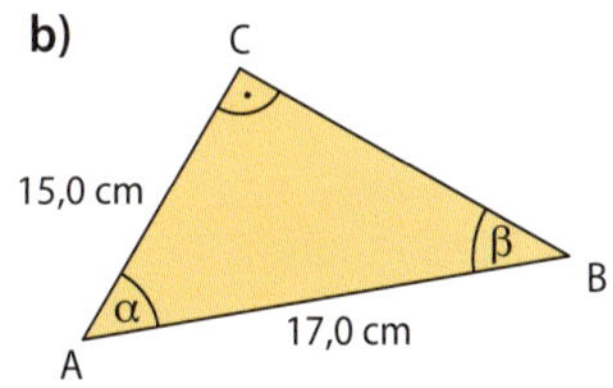

c)
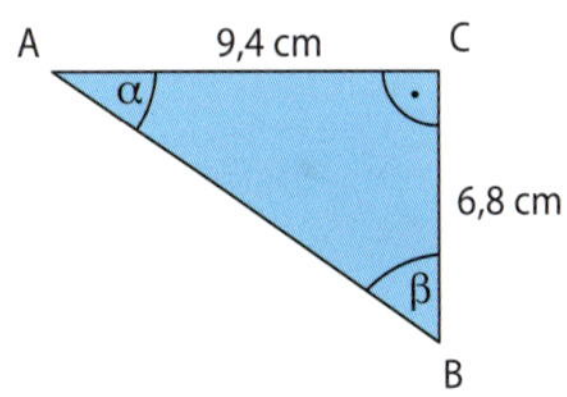

4 Berechne die fehlenden Seitenlängen.

a)
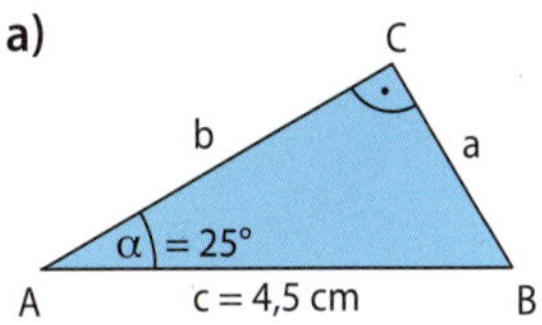

b)
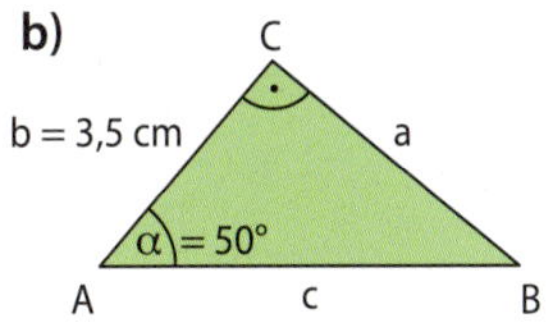

c)
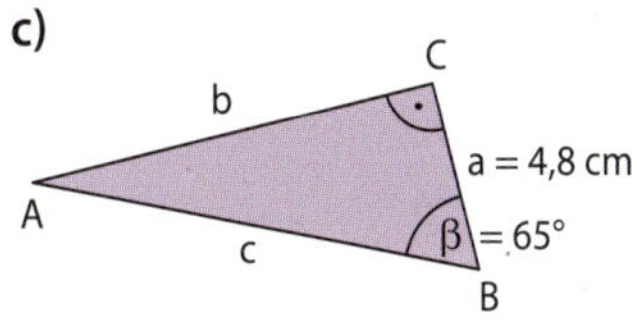

5 Übertrage die Tabelle in dein Heft und berechne die fehlenden Werte.

	1	2	3	4	5
H	6,0 cm	72 mm			11,0 cm
G (α)		50 mm	5,6 cm	8,0 dm	8,0 cm
A (α)	4,0 cm		3,4 cm	45 cm	
α	48,2°	44°		60,6°	
β			31,3°		90°
γ	90°	90°		90°	43,3°
sin α					
cos α					

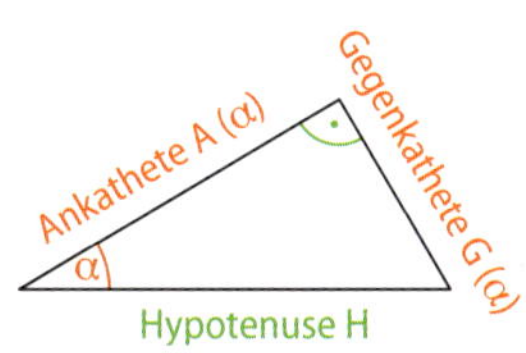

Findest du verschiedene Lösungsmöglichkeiten?

Entdecken

Die Stuttgarter Zahnradbahn „Zacke" wurde 1884 eröffnet und ist eine der touristischen Attraktionen der Stadt. Auf einer Strecke von 1,9 km überwindet sie eine Höhe von 207 m.

Haltestelle	Marienplatz	Liststraße	Pfaffenweg	Wielandshöhe	Haigst	Nägelestr.	Zahnradbahnhof
zurückgelegter Weg in km	0,0	0,2	0,7	1,0	1,3	1,7	1,9
Höhe in m	266 m	295	353	392	430	473	471

- Zeichne ein Höhenprofil der Strecke und bestimme die durchschnittliche Steigung der Bahnstrecke.
- Die maximale Steigung soll 17,8 % betragen. Überprüfe diese Aussage.
- Erläutere, wie sich der Steigungswinkel einer Strecke ermitteln lässt.

Verstehen

Die Steigung einer Geraden (oder einer Strecke) lässt sich durch zueinander ähnliche Steigungsdreiecke beschreiben.

Bei allen zu einer Geraden (oder Strecke) gehörenden Steigungsdreiecken ist das Verhältnis m der Gegenkathete zur Ankathete stets gleich groß.

$m = \frac{2}{3} = \frac{4}{6}$

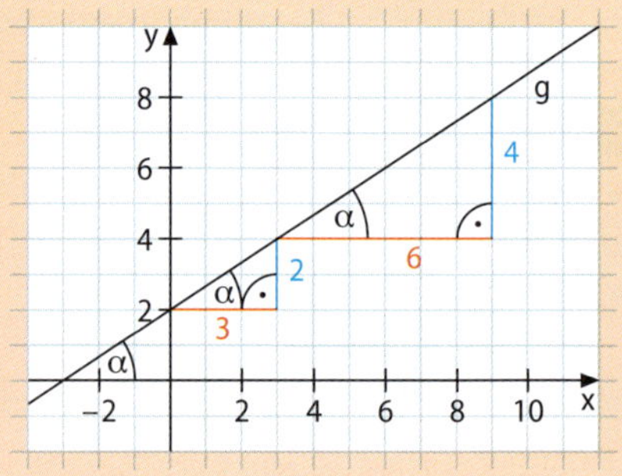

Du kennst dieses Verhältnis bereits als „Steigung m" einer linearen Funktion. Die Steigung hängt nur vom Steigungswinkel α ab.
Man bezeichnet den Zusammenhang als **Tangens** des Winkels α (man schreibt: **tan α**, sprich: „Tangens von α").

Es gilt: $\tan\alpha = m$

$$\tan\alpha = \frac{\text{Länge der Gegenkathete des Winkels } \alpha}{\text{Länge der Ankathete des Winkels } \alpha} = \frac{a}{b}$$

$$\tan\beta = \frac{\text{Länge der Gegenkathete des Winkels } \beta}{\text{Länge der Ankathete des Winkels } \beta} = \frac{b}{a}$$

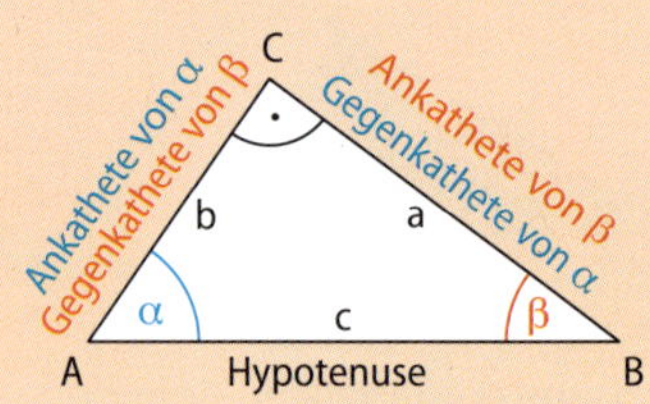

Beispiel

Berechne den Tangens der Winkel α und β im gegebenen rechtwinkligen Dreieck ABC. Bestimme dann die Größe von α und β mit dem Taschenrechner.

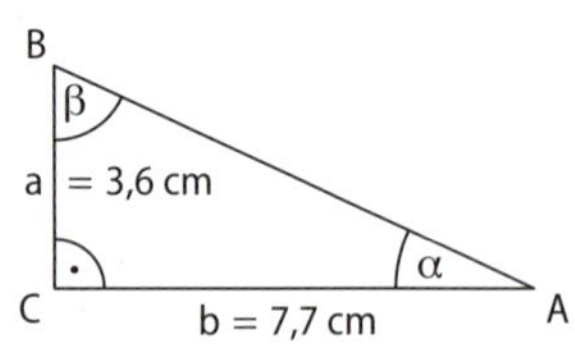

Taschenrechner:
Tangens: tan
Einstellung: DEG

Lösung:

$\tan\alpha = \frac{a}{b} = \frac{3{,}6\text{ cm}}{7{,}7\text{ cm}} = \frac{36}{77} \Rightarrow \alpha \approx 25°$

$\tan\beta = \frac{b}{a} = \frac{7{,}7\text{ cm}}{3{,}6\text{ cm}} = \frac{77}{36} \Rightarrow \beta \approx 65°$

Den Winkel erhältst du mit deinem Taschenrechner über die Taste mit dem Symbol $\tan^{-1}$.

Nachgefragt

- Widerlege: Die Steigung einer senkrechten Wand beträgt 100 %.
- Beschreibe, wie sich $\tan\alpha$ verändert, wenn sich α verdoppelt, verdreifacht, …

Aufgaben

1 Gib zu jedem markierten Winkel den Tangens als Verhältnis der Seitenlängen an.

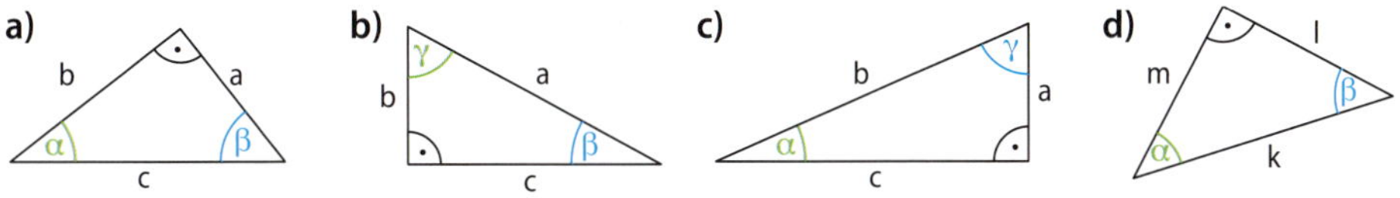

2 Berechne $\tan\alpha$ und $\tan\beta$ für das Dreieck ABC mit $\gamma = 90°$. Runde geeignet.
a) $a = 8{,}3$ cm; $b = 6{,}7$ cm **b)** $a = 73$ mm; $b = 113$ mm **c)** $a = 12{,}4$ m; $b = 19{,}8$ m

$8\,\% = \frac{8}{100}$ bedeutet 8 Höhenmeter auf 100 m „in der Ebene".

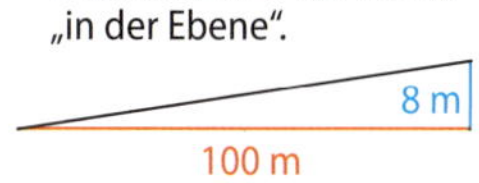

3 Zeichne Steigungsdreiecke zu den gegebenen Steigungen und bestimme den Steigungswinkel mithilfe des Tangens.

Steigung	**10 %**	**50 %**	**80 %**	**100 %**	**200 %**
Winkel					

4 Berechne die Größen des spitzen Winkels mit deinem Taschenrechner.

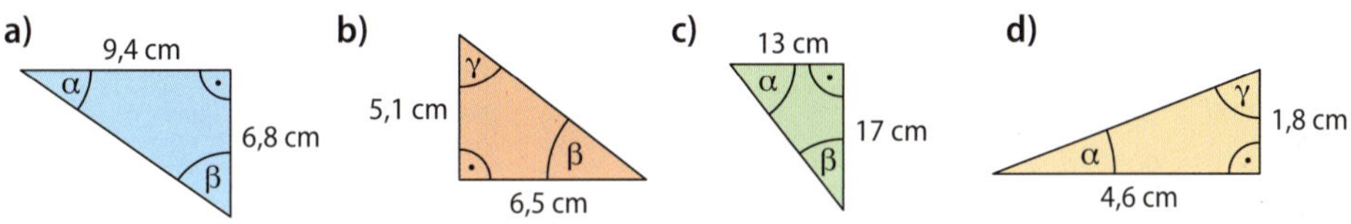

5 Übertrage die Tabelle in dein Heft und berechne die fehlenden Werte.

	a	**b**	**c**	**α**	**β**	**γ**
a)	1,9 cm	18,1 cm			90°	
b)			10,2 cm	90°		38°
c)	12,3 cm				90°	63°

Lösungen zu 5:
6°; 27°; 52°; 84°; 13,1; 16,6; 18,0; 21,7; 24,1

6 Der Steigungswinkel ist der spitze Winkel, den eine Gerade mit der x-Achse bildet.
Bestimme jeweils den Steigungswinkel für **a)** $a\colon y = 2x - 1$. **b)** $b\colon y = -\frac{2}{3}x + 1$.

7 Von einem Dreieck mit $\gamma = 90°$ sind die Seitenlänge $b = 2{,}5$ cm und der Winkel $\alpha = 65°$ gegeben. Mike berechnet die fehlenden Seitenlängen und den fehlenden Winkel.

Skizze:

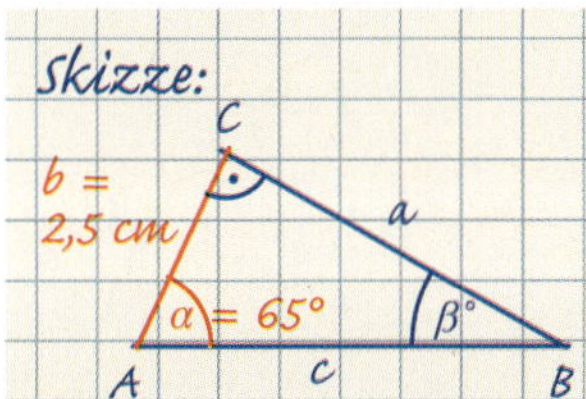

$\tan 65° = \frac{a}{2{,}5\text{ cm}} \Rightarrow a = 2{,}5\text{ cm} \cdot \tan 65° \approx 5{,}4\text{ cm}$

$\cos 65° = \frac{2{,}5\text{ cm}}{c} \Rightarrow c = 2{,}5\text{ cm} \cdot \cos 65° \approx 1{,}1\text{ cm}$

$\tan\beta = \frac{2{,}5\text{ cm}}{5{,}4\text{ cm}} \Rightarrow \beta \approx 25°$

a) Zeige, wie Mike anhand der Ergebnisse erkennen kann, dass die Rechnung fehlerhaft ist.
b) Gib eine Möglichkeit an, wie Mike den Winkel β einfacher bestimmen kann.

Entdecken

Die Maßeinheit wählst du am besten größer als üblich, also beispielsweise 1 LE ≙ 6 cm.

Als **Einheitskreis** bezeichnet man einen Kreis mit Radius 1 LE, der um den Ursprung gezeichnet wird.

- Übertrage die Zeichnung in dein Heft.
- Untersuche, wie am Einheitskreis Sinus und Kosinus eines beliebigen Mittelpunktswinkels ablesbar sind.
- Beschreibe und begründe Zusammenhänge zwischen Sinus und Kosinus an den eingezeichneten Dreiecken.
- Zeichne ein Dreieck mit dem Mittelpunktswinkel 45° und beschreibe Zusammenhänge zwischen dem Sinus- und dem Kosinuswert dieses Winkels.

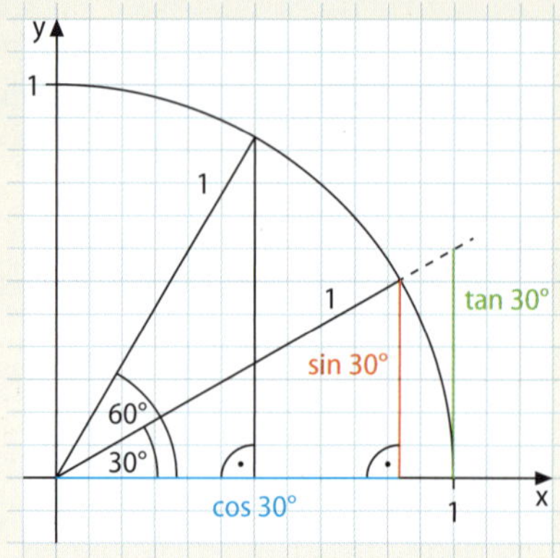

Verstehen

Zwischen Sinus, Kosinus und Tangens eines Winkels bestehen Zusammenhänge, die sich gut am Einheitskreis darstellen lassen.

In einem Dreieck ABC mit $\gamma = 90°$ bestehen folgende Zusammenhänge zwischen dem Sinus-, Kosinus- und Tangenswert eines Winkels α:

- $\tan\alpha = \frac{\sin\alpha}{\cos\alpha}$
- $\cos\alpha = \sin(90° - \alpha)$
- $\sin\alpha = \cos(90° - \alpha)$

  Es gilt: **1** $\sin 0° = \cos 90° = 0$

  2 $\sin 90° = \cos 0° = 1$
- $(\sin\alpha)^2 + (\cos\alpha)^2 = 1$

  „trigonometrischer Pythagoras"

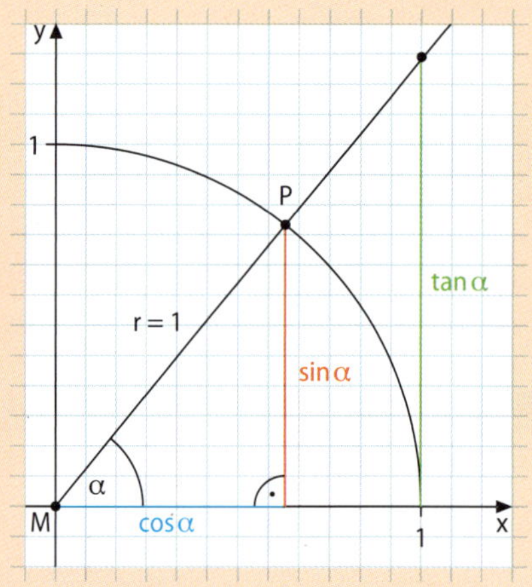

Beispiel

Zeige den Zusammenhang $\tan\alpha = \frac{\sin\alpha}{\cos\alpha}$ auf zwei verschiedene Arten.

Lösungsmöglichkeiten:

1 Im Dreieck ABC mit $\gamma = 90°$ gilt $\tan\alpha = \frac{a}{b}$.
Erweitere den Bruch mit $\frac{1}{c}$, dann folgt:

$$\tan\alpha = \frac{a}{b} = \frac{a \cdot \frac{1}{c}}{b \cdot \frac{1}{c}} = \frac{\frac{a}{c}}{\frac{b}{c}} = \frac{\sin\alpha}{\cos\alpha}$$

2 In den Dreiecken am Einheitskreis sei der Mittelpunktswinkel α. Per Definition des Einheitskreises ist die Länge der Hypotenuse gleich $c = 1$.

$$\left.\begin{aligned}\sin\alpha &= \frac{a}{c} = \frac{a}{1} = a\\ \cos\alpha &= \frac{b}{c} = \frac{b}{1} = b\end{aligned}\right\}\ \text{Somit: } \tan\alpha = \frac{a}{b} = \frac{\sin\alpha}{\cos\alpha}$$

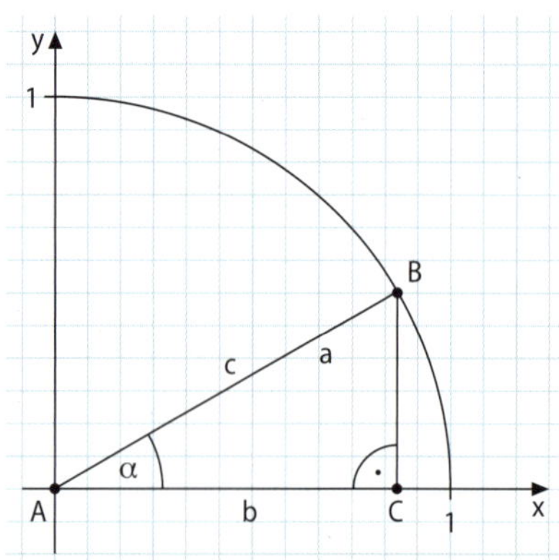

- Begründe anhand der Zeichnung am Einheitskreis, dass tan 90° nicht definiert ist.
- Beschreibe das Dreieck, bei dem der Tangens den Wert 1 annimmt.
- Beschreibe, wie sich der Wert von $\sin\alpha$, $\cos\alpha$ und $\tan\alpha$ verändert, wenn α vergrößert (verkleinert) wird.

Nachgefragt

Aufgaben

1 Ersetze in deinem Heft den Platzhalter so, dass eine wahre Aussage entsteht.

a) $\sin 45° = \cos$ ▢ **b)** $\cos 20° = \sin$ ▢ **c)** $\sin 75° = \cos$ ▢
d) $\cos 80° = \sin$ ▢ **e)** $\sin 20°$ ▢ $\sin 70°$ **f)** $\cos 40°$ ▢ $\cos 60°$
g) $\tan 70°$ ▢ $\tan 60°$ **h)** $\cos 65°$ ▢ $\sin 35°$ **i)** $\tan 60°$ ▢ 1
j) $\tan 45° =$ ▢ **k)** $\cos 85° - \sin 5° =$ ▢ **l)** $\cos 0° + \cos 90° =$ ▢

2 Begründe die Gleichungen mithilfe der Zusammenhänge zwischen Sinus und Kosinus.

a) $\sin 79° - \cos 11° = 0$

b) $\cos 26° + \sin 64° = 2 \cdot \sin 64°$

3 **a)** Von einem spitzen Winkel α ist bekannt, dass $\sin\alpha = 0{,}6$ ist. Gesa berechnet $\cos\alpha$ und $\tan\alpha$, ohne vorher α zu ermitteln. Beschreibe ihr Vorgehen.

Statt $(\sin\alpha)^2$ schreibt man auch kurz $\sin^2\alpha$. Für cos und tan gilt Entsprechendes.

1

$(\sin\alpha)^2 + (\cos\alpha)^2 = 1$

$0{,}36 + (\cos\alpha)^2 = 1$

$(\cos\alpha)^2 = 0{,}64$

$\cos = 0{,}8$

2

$\tan\alpha = \frac{\sin\alpha}{\cos\alpha}$

$= \frac{0{,}6}{0{,}8} = \frac{6}{8} = \frac{3}{4}$

$\tan\alpha = 0{,}75$

b) Übertrage die Tabelle in dein Heft und ergänze dort die fehlenden Werte, ohne die Größe des Winkels α zu ermitteln. Runde auf zwei Dezimalstellen.

	1	2	3	4	5	6	7
$\sin\alpha$	0,25			0,11		0,50	
$\cos\alpha$		0,50			0,72		0,81
$\tan\alpha$			1,00				

4 Zeichne mit einer dynamischen Geometriesoftware einen Einheitskreis. Finde im I. Quadranten denjenigen Punkt P auf der Kreislinie, bei dem die Gerade OP einen Winkel von $\alpha = 45°$ mit der positiven x-Achse einschließt.

a) Begründe geometrisch, dass gilt: $\tan 45° = 1$.

b) Begründe geometrisch folgende Werte.

α	0°	30°	45°	60°	90°
$\sin\alpha$	0	$\frac{1}{2}$	$\frac{1}{2}\sqrt{2}$	$\frac{1}{2}\sqrt{3}$	1
$\cos\alpha$	1	$\frac{1}{2}\sqrt{3}$	$\frac{1}{2}\sqrt{2}$	$\frac{1}{2}$	0
$\tan\alpha$	0	$\frac{1}{3}\sqrt{3}$	1	$\sqrt{3}$	nicht definiert

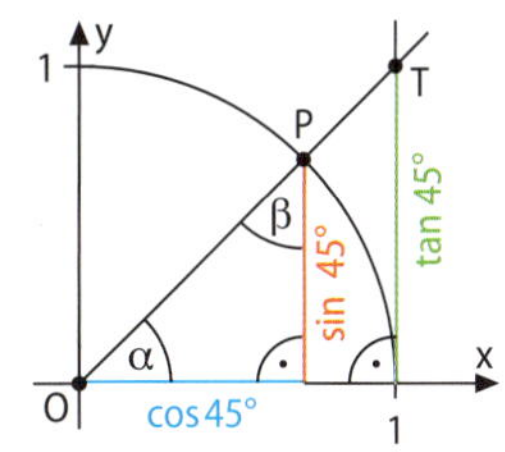

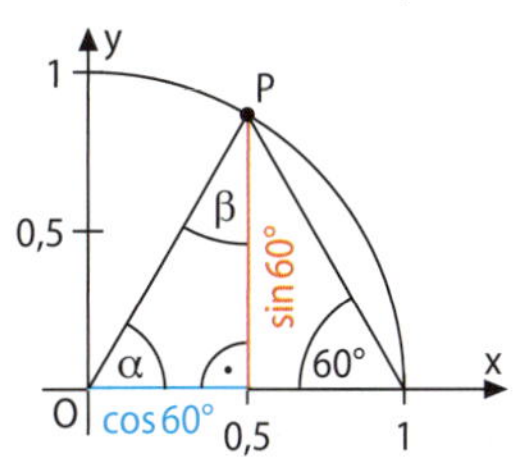

Entdecken

Skizzen helfen weiter … hier passt aber noch nicht alles zusammen. Ordne die passende Skizze der Aufgabe zu. Wenn es keine passende Zuordnung gibt, ergänze die fehlende Aufgabe bzw. Skizze.

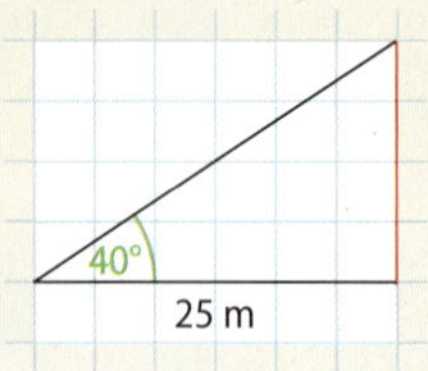

- Eine Tanne wirft einen 25 m langen Schatten. Die Sonnenstrahlen treffen dabei unter einem Winkel von 31° auf die Erde …
- Die Zugbrücke einer Burg ist 8 m lang und hat zwischen der Mauer und der Kette einen Winkel von 40°…

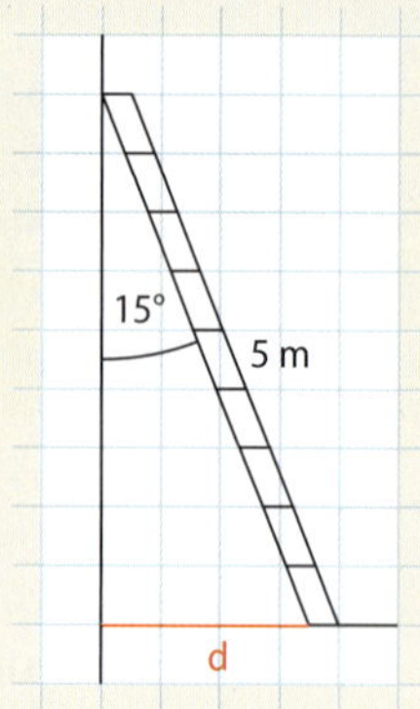

Verstehen

Die trigonometrischen Beziehungen im rechtwinkligen Dreieck werden auch bei Vermessungsaufgaben benötigt.

Es gibt verschiedene Strategien, die für Anwendungsaufgaben nützlich sind:
- Planskizze zeichnen.
- (rechtwinklige) Dreiecke suchen, in dem die gegebenen und gesuchten Größen vorkommen.
- Mithilfe geeigneter Sätze und Beziehungen die gesuchten Größen bestimmen.

Gesucht: Winkel	**Gesucht:** Strecke
Hilfsmittel zur Bestimmung:	**Hilfsmittel zur Bestimmung:**
▪ Innenwinkelsumme	▪ Strahlensätze
▪ Sinus bzw. Kosinus eines Winkels	▪ Seitenverhältnisse
▪ Tangens eines Winkels	▪ Satz des Pythagoras

Beispiel

Zur Messung der Breite eines Flusses zieht man eine Standlinie von A nach B so, dass bei B durch Peilung des Punktes C auf der anderen Flussseite ein rechter Winkel entsteht. Die Länge der Strecke $\overline{AB}$ beträgt 35 m, der Punkt B ist 10 m vom Fluss entfernt und $\alpha = 41°$. Bestimme die Breite des Flusses …

a) durch eine maßstäbliche Zeichnung. **b)** rechnerisch.

Lösung:

a)

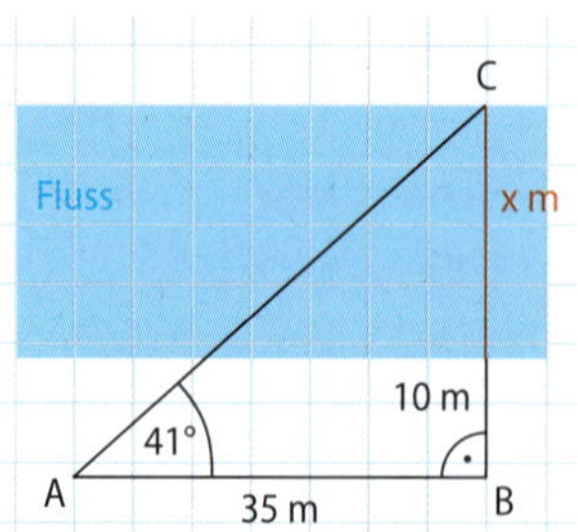

Der Fluss ist etwa 2 cm breit, das entspricht 20 m in der Wirklichkeit.

b)

$$\tan 41° = \frac{x + 10}{35}$$
$$0{,}869 \approx \frac{x + 10}{35}$$
$$0{,}869 \cdot 35 \approx x + 10$$
$$30{,}415 \approx x + 10$$
$$x \approx 20{,}4$$

Der Fluss ist ungefähr 20,4 m breit.

- Beschreibe die Voraussetzungen, die zur Anwendung der trigonometrischen Beziehungen nötig sind.
- „In einem gleichseitigen Dreieck darf man die trigonometrischen Beziehungen nicht anwenden." Diskutiere diese Aussage.
- Erläutere Strategien und Hilfsmittel, um Anwendungsaufgaben lösen zu können.

Nachgefragt

Aufgaben

1 Ein Baum wirft einen 19,5 m langen Schatten. Die Sonnenstrahlen treffen unter einem Winkel von 52° auf den Boden.
a) Fertige eine passende Skizze an.
b) Bestimme die Höhe des Baumes.

2 Eine elfsprossige Leiter (Sprossenabstand 30 cm) lehnt an einer Wand. Die Enden der Leiter sind 45 cm von den jeweils äußeren Sprossen entfernt.
a) Bestimme die Leiterlänge.
b) Berechne den Winkel, den die Leiter mit der Wand einschließt, wenn sie unten 1,5 m von der Wand entfernt steht.
c) Berechne, in welcher Höhe die Leiter an der Wand lehnt.

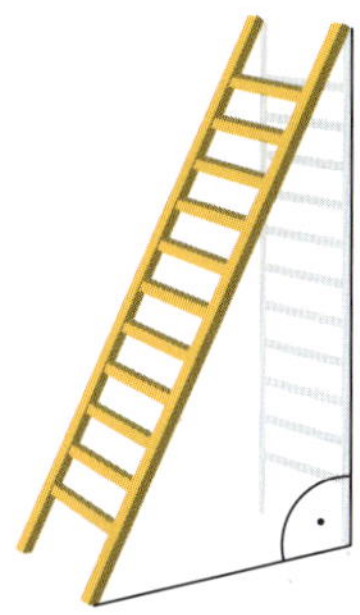

3 Eine Treppe wird so gebaut, dass die Stufen 22 cm hoch und 31 cm tief sind. Wie groß ist der Neigungswinkel α des Treppengeländers? Skizziere zunächst die beschriebene Situation.

4 In den Alpen haben viele Passstraßen starke Steigungen. Angegeben ist im Folgenden jeweils die maximale Steigung. Berechne den Steigungswinkel eines Straßenabschnitts mit der angegebenen Steigung und zeichne ein zugehöriges Steigungsdreieck.
a) 8 % (Fernpass) **b)** 12 % (Achenpass)

5 Von einem 65 m hohen Leuchtturm erblickt man ein Motorboot unter einem Tiefenwinkel von $\alpha = 4°$.
Berechne die Entfernung des Motorboots vom Leuchtturm.

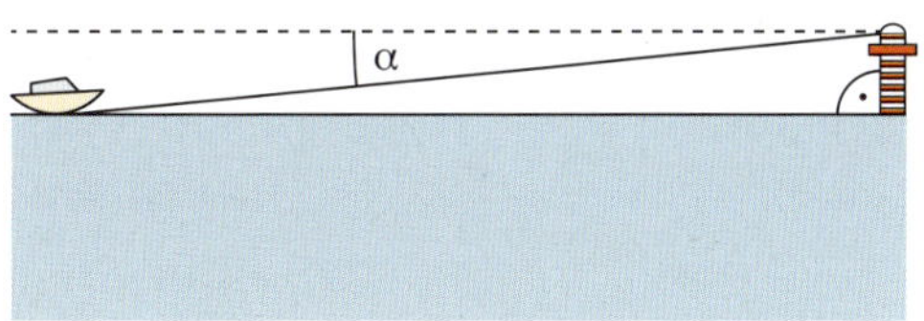

6 Die steilste Straße der Welt (die Baldwin Street in Neuseeland) hat einen Steigungswinkel von 19,3°. Berechne die Steigung in Prozent.

7 Herr Graf installiert in seiner Decke einen Halogenstrahler, der einen Abstrahlwinkel mit dem Maß $\alpha = 36°$ ($\alpha = 12°$) hat. Wie groß ist der Durchmesser der beleuchteten Bodenfläche?

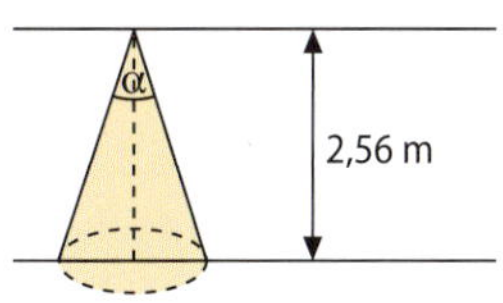

8 Um die Breite eines Bachs zu bestimmen, messen Lucas und Alicia am Ufer eine Standlinie $\overline{ST}$ der Länge 29 m aus. Von jedem der beiden Endpunkte der Standlinie aus peilen sie einen Baum B am anderen Bachufer an und messen die Winkel $\alpha \approx 52°$ und $\beta \approx 41°$. Berechne die Bachbreite h.

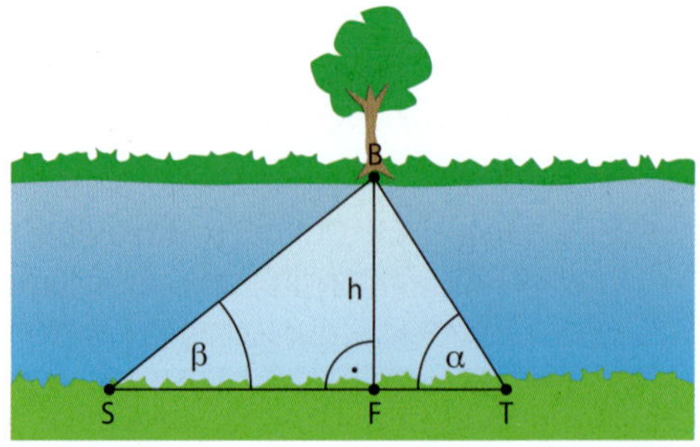

9 a) Welchen Höhenunterschied überwindet ein Auto, wenn es auf einer Straße mit dem durchschnittlichen Gefälle von 9 % eine Fahrstrecke von 1230 m fährt? Bestimme den Neigungswinkel der Straße.

b) Zwei Orte sind durch eine geradlinige Straße verbunden. Auf einer Karte mit dem Maßstab 1:25 000 sind sie 4,0 cm voneinander entfernt. Ihre Höhendifferenz beträgt 26 m. Berechne das Gefälle der Straße und die Straßenlänge.

10 Ein Treppenabsatz der Höhe $h = 0{,}8$ m soll rollstuhlgerecht ausgebaut werden. Berechne die Länge l der schiefen Ebene, wenn der Steigungswert maximal 6 % betragen darf. Bestimme den Neigungswinkel α der Rampe.

11 Überprüfe, welche Aussagen richtig sind.

1 Der Steigungswinkel beträgt 45°.
2 Auf 100 m Fahrstrecke überwindet man einen Höhenunterschied von 50 m.
3 Der Steigungswinkel ist kleiner als 30°.
4 Auf 100 m waagrechter Entfernung überwindet man einen Höhenunterschied von 50 m.
5 Der Steigungswinkel beträgt 50°.

12 Berechne die Höhe h des Zirkuszeltes.

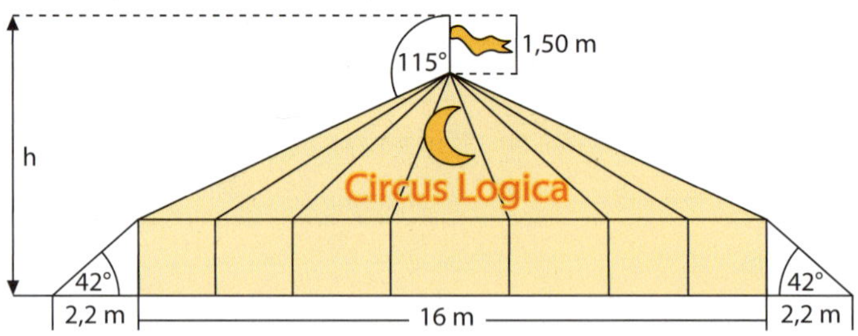

13 Der Hindenburgdamm verbindet die Nordseeinsel Sylt mit dem Festland. Der Querschnitt durch den Damm ist ein gleichschenkliges Trapez.

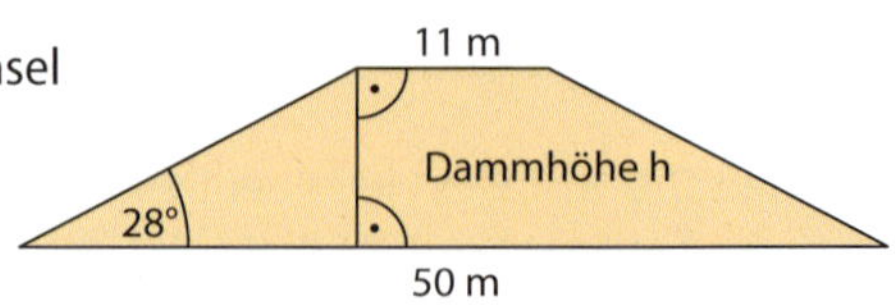

a) Berechne die Dammhöhe h.

b) Überprüfe das Ergebnis durch eine maßstäbliche Zeichnung.

14 Ein Verkehrsflugzeug startet und überfliegt nach kurzer Zeit einen 20 km entfernten Fluss. Berechne seine Flughöhe, wenn der durchschnittliche Steigungswinkel 6° beträgt.

15 Etwa 70 m von Lauras und Jessicas Tanzschule entfernt, wurde ein neues Hochhaus errichtet. Um seine Höhe zu ermitteln, messen sie den Höhenwinkel $\alpha \approx 55°$ und den Tiefenwinkel $\beta \approx 10°$. Sie berechnen, dass das Hochhaus etwa 110 m hoch ist. Ist ihr Ergebnis richtig?

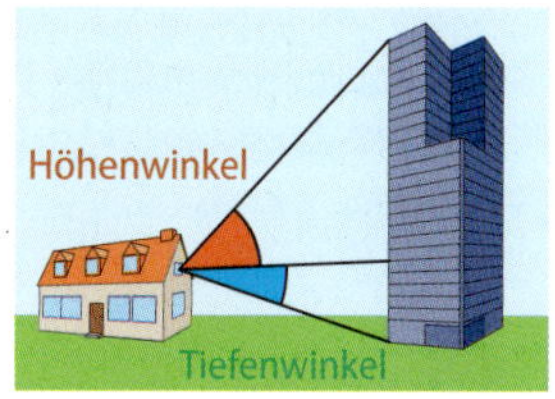

16 Eine Seilbahn hat zwei unterschiedlich steile Abschnitte.

a) Berechne die Steigungswinkel α und β.

b) Bestimme den gesamten Höhenunterschied von der Tal- zur Bergstation.

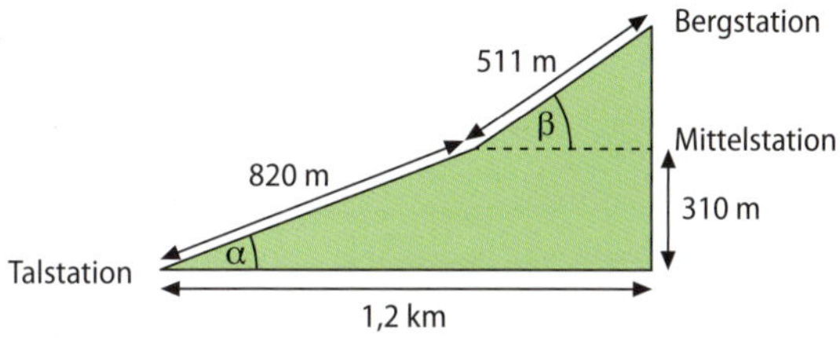

17 Ein 26 m hoher Aussichtsturm ist 8,5 m von einem Kanal entfernt. Von der Plattform aus erscheinen die Kanalufer unter einem Winkel von $\alpha = 30{,}5°$. Bestimme die Breite des Kanals.

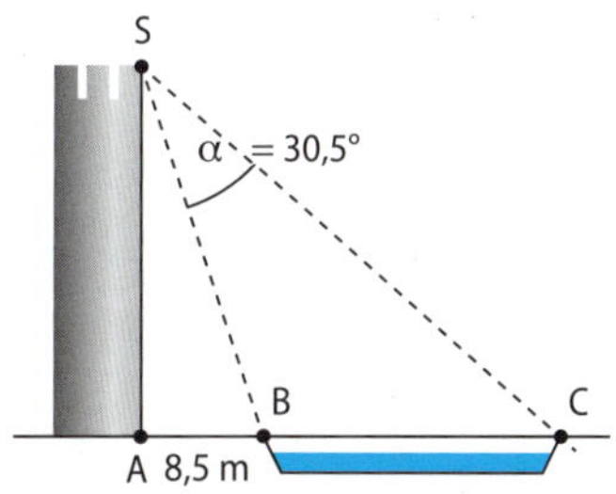

18 Auf einem horizontalen Stück der Erdoberfläche seien die Bäume jeweils in einem Abstand von 5 m gepflanzt. In welcher Entfernung muss man dann die Bäume auf dem Abhang pflanzen, der um 20° gegenüber der Horizontalen geneigt ist, wenn diese Bäume auch den gleichen Abstand von 5 m haben sollen?

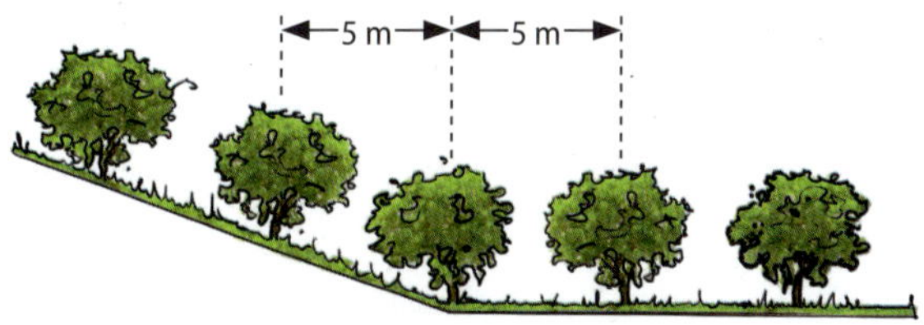

19 Von einem Punkt A aus sieht ein Mann die Kirchturmspitze unter einem Höhenwinkel von 42° und von einem Punkt B aus unter einem Höhenwinkel von 64°. Beide Punkte sind 100 m voneinander entfernt. Die Augenhöhe des Mannes beträgt 1,70 m. Berechne die Höhe des Kirchturmes.

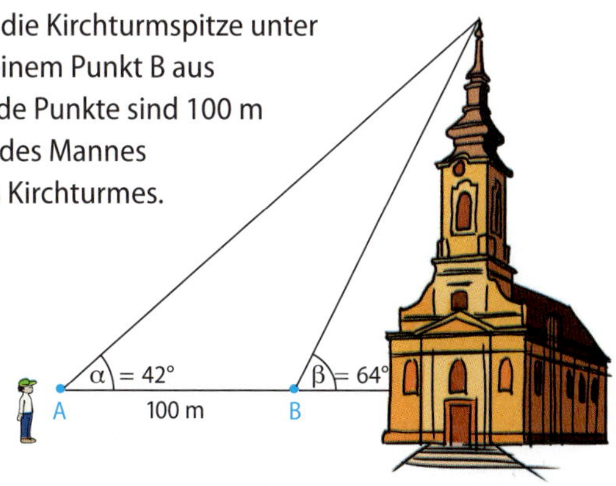

20 Der Flächeninhalt beliebiger Dreiecke lässt sich unter Nutzung von trigonometrischen Beziehungen rechnerisch bestimmen.

Weiterdenken

Jedes Dreieck kann man entlang einer Höhe in **zwei rechtwinklige Teildreiecke** zerlegen.
Im nebenstehenden Dreieck gilt insbesondere:

$A_{\text{Dreieck}} = \frac{1}{2} \cdot c \cdot h_c$

Im Dreieck ADC gilt: $\sin\alpha = \frac{h_c}{b} \Rightarrow h_c = b \cdot \sin\alpha$

Eingesetzt ergibt sich: $A_{\text{Dreieck}} = \frac{1}{2} \cdot c \cdot b \cdot \sin\alpha$

Allgemein gilt für den **Flächeninhalt eines Dreiecks ABC:**
$A = \frac{1}{2} \cdot b \cdot c \cdot \sin\alpha = \frac{1}{2} \cdot a \cdot c \cdot \sin\beta = \frac{1}{2} \cdot a \cdot b \cdot \sin\gamma$

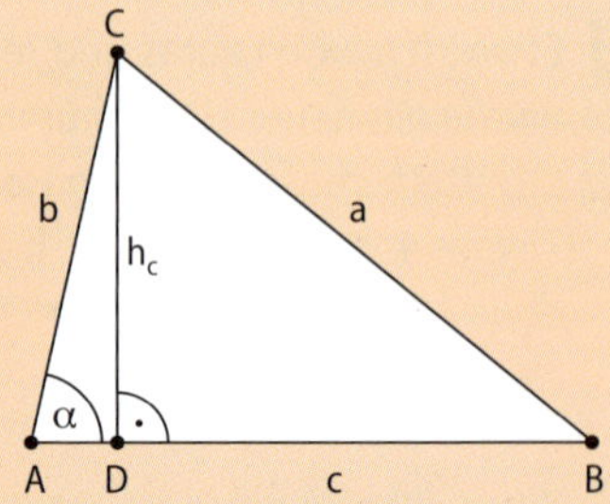

Lösungen zu 20 a):
4,6; 5,0; 9,0; 9,9; 13,1; 15,5; 16,0; 18,7; 27,3; 27,8; 37,5; 75,1; 112,2; 112,7; 132,5; 662,7
Die Einheiten sind nicht angegeben.

a) Berechne den Flächeninhalt des Dreiecks ABC. Bestimme fehlende Größen.

1 $a = 2{,}5$ cm; $b = 6{,}9$ cm; $\gamma = 32°$

2 $a = 55$ mm; $c = 29$ mm; $\beta = 123{,}8°$

3 $a = 6{,}3$ cm; $c = 4{,}5$ cm; $\alpha = 40°$

4 $a = 5$ cm; $b = 6{,}9$ cm; $\beta = 40°$

b) Erkläre, wie man aus der Flächeninhaltsformel für beliebige Dreiecke den Spezialfall für rechtwinklige Dreiecke erhält: $A = \frac{1}{2} \cdot g \cdot h$.

21

Den Flächeninhalt eines gleichschenkligen Dreiecks mit gegebener Basis- und Schenkellänge kann ich auch mithilfe von Pythagoras berechnen.

Was meinst du zu Linas Behauptung? Begründe.

22 Berechne den Flächeninhalt der Figuren. Finde bei b) und c) mehrere Möglichkeiten.

a)

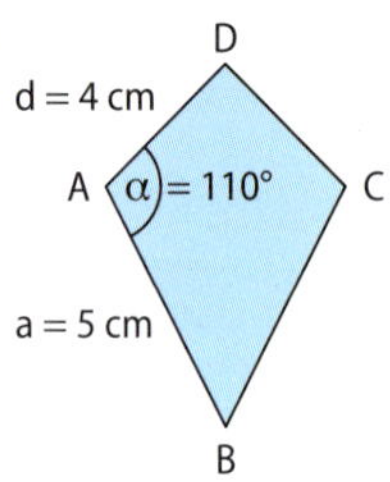

b)

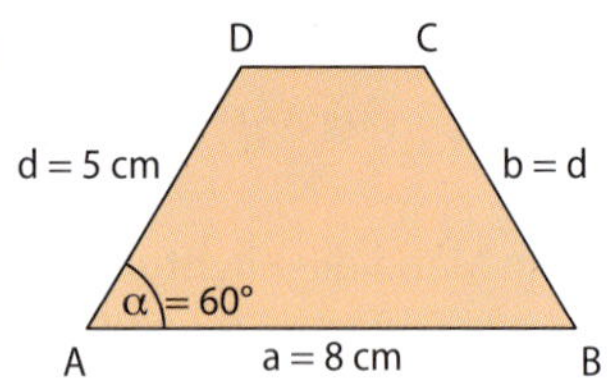

c)

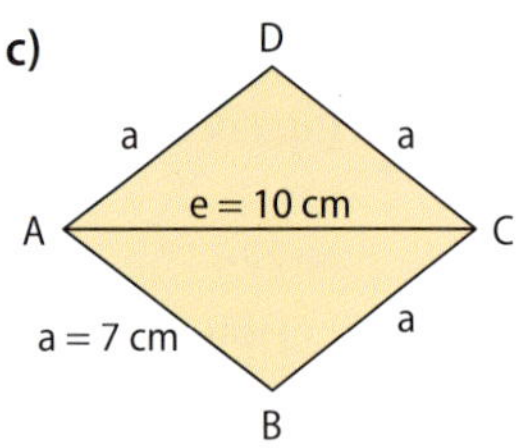

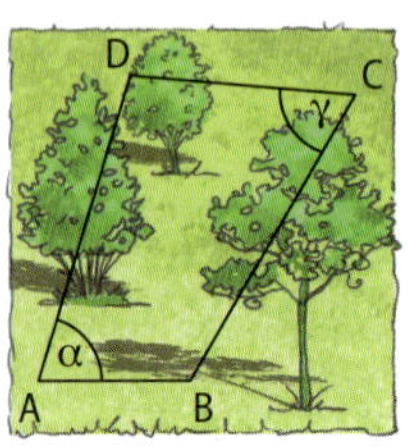

23 Nebenstehende Skizze zeigt eine Waldfläche ABCD, von der folgende Maße bekannt sind:
$\overline{AB} = 350$ m, $\overline{AC} = 980$ m, $\overline{AD} = 710$ m, $\overline{CD} = 520$ m, $\alpha = 73°$ und $\gamma = 65°$.
Im Zuge einer Neuaufforstung soll diese Fläche bestimmt werden. Berechne den Flächeninhalt in Hektar.

24 Berechne den Flächeninhalt eines regelmäßigen n-Ecks mit dem Umkreisradius $r_u = 8$ cm für $n = 4$ ($n = 8$; $n = 10$).

Satz des Pythagoras

Seite 78, 82, 84

In einem rechtwinkligen Dreieck hat das **Quadrat über der Hypotenuse** den gleichen Flächeninhalt wie die **Quadrate über den Katheten zusammen**.

Mit den Bezeichnungen in der Abbildung gilt kurz: $a^2 + b^2 = c^2$

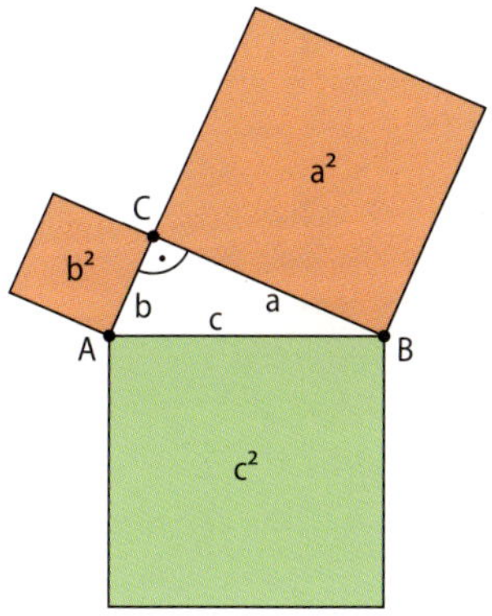

Umkehrung des Satzes von Pythagoras:
Wenn in einem Dreieck ABC mit den Seitenlängen a, b und c die Beziehung $a^2 + b^2 = c^2$ gilt, dann ist das Dreieck rechtwinklig mit $\overline{AB}$ als Hypotenuse.

Sinus, Kosinus, Tangens

Seite 88, 90

In einem rechtwinkligen Dreieck sind die Seitenverhältnisse eindeutig durch die Größe der beiden spitzen Winkel des Dreiecks festgelegt.
Bezogen auf die spitzen Winkel des rechtwinkligen Dreiecks bezeichnet man diejenige **Kathete**, die dem **betrachteten Winkel gegenüber** liegt, als **Gegenkathete**, und diejenige, die an dem Winkel **anliegt**, als **Ankathete**.

In einem rechtwinkligen Dreieck gilt:

- $\sin\alpha = \frac{\text{Gegenkathete des Winkels } \alpha}{\text{Hypotenuse}}$
- $\cos\alpha = \frac{\text{Ankathete des Winkels } \alpha}{\text{Hypotenuse}}$
- $\tan\alpha = \frac{\text{Gegenkathete des Winkels } \alpha}{\text{Ankathete des Winkels } \alpha}$

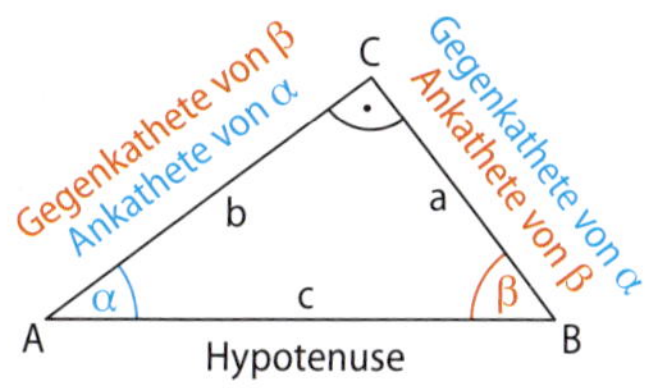

Im oben abgebildeten Dreieck gilt:

- $\sin\alpha = \frac{a}{c}$; $\sin\beta = \frac{b}{c}$
- $\cos\alpha = \frac{b}{c}$; $\cos\beta = \frac{a}{c}$
- $\tan\alpha = \frac{a}{b}$; $\tan\beta = \frac{b}{a}$

Beziehungen im rechtwinkligen Dreieck

Seite 92

- $\tan\alpha = \frac{\sin\alpha}{\cos\alpha}$
- $\cos\alpha = \sin(90° - \alpha)$
- $\sin\alpha = \cos(90° - \alpha)$
- $(\sin\alpha)^2 + (\cos\alpha)^2 = 1$

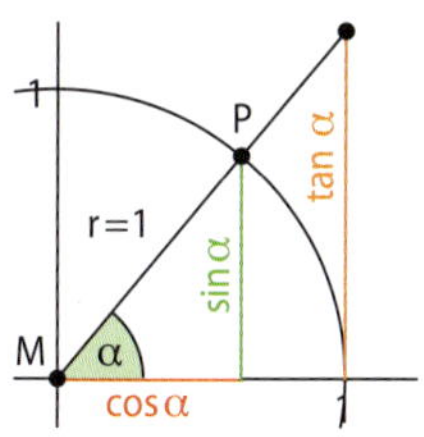

Flächeninhalt eines Dreiecks ABC

Seite 98

Jedes Dreieck kann man entlang einer Höhe in zwei rechtwinklige Teildreiecke zerlegen. Drückt man die Höhen der Teildreiecke durch den Sinus des entsprechenden Winkels aus, folgt:

$$A = \frac{1}{2} \cdot b \cdot c \cdot \sin\alpha = \frac{1}{2} \cdot a \cdot c \cdot \sin\beta$$
$$= \frac{1}{2} \cdot a \cdot b \cdot \sin\gamma$$

Beispiel:
ΔABC mit $a = 42$ mm, $b = 26$ mm, $\gamma = 66°$

$$A_{Dreieck} = \frac{1}{2} \cdot a \cdot b \cdot \sin\gamma$$
$$A_{Dreieck} = \frac{1}{2} \cdot 42\text{ mm} \cdot 26\text{ mm} \cdot \sin 66°$$
$$\approx 499\text{ mm}^2$$

3 Auf unterschiedlichen Wegen

1 Berechne die Länge der eingefärbten Strecke.

a)
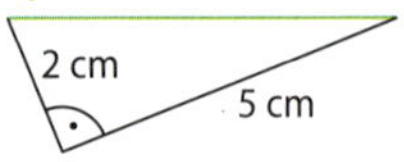

b)
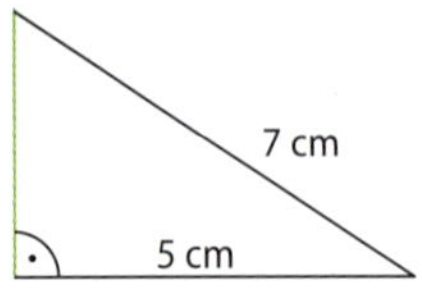

c)
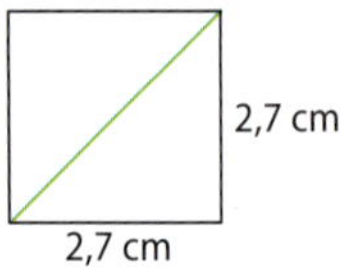

d)
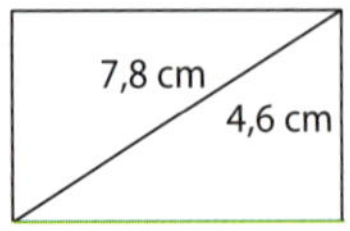

a)
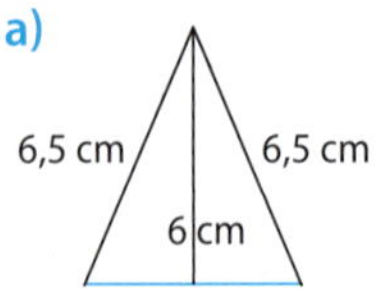

b)
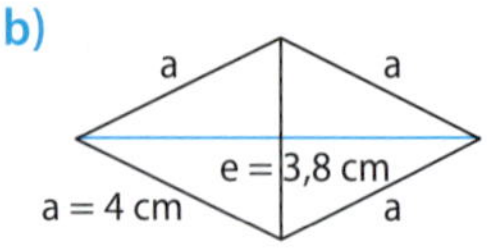

c)
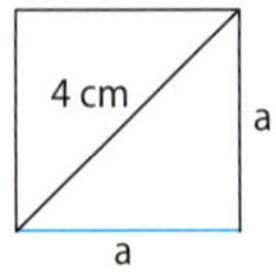

d)
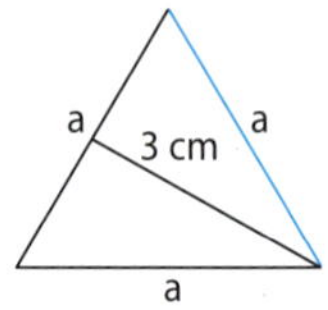

2 Das Dreieck ABC wird durch $A(-1|-3)$, $B(2|1)$ und $C(-2|4)$ festgelegt.

a) Zeige rechnerisch, dass das Dreieck rechtwinklig und gleichschenklig ist.

b) Überprüfe deine Rechnung, indem du das Dreieck in ein Koordinatensystem einzeichnest und die Strecken misst.

c) Berechne den Umfang und den Flächeninhalt des Dreiecks.

Das Viereck ABCD ist durch $A(-1|3)$, $B(7|-1)$, $C(3|7)$ und $D(-1{,}5|7{,}5)$ festgelegt.

a) Prüfe rechnerisch nach, um welche Viereckform es sich handelt.

b) Überprüfe deine Rechnung, indem du das Viereck in ein Koordinatensystem einzeichnest und die Strecken misst.

c) Berechne den Umfang und den Flächeninhalt des Vierecks.

3 Berechne die Länge der eingezeichneten Diagonalen.

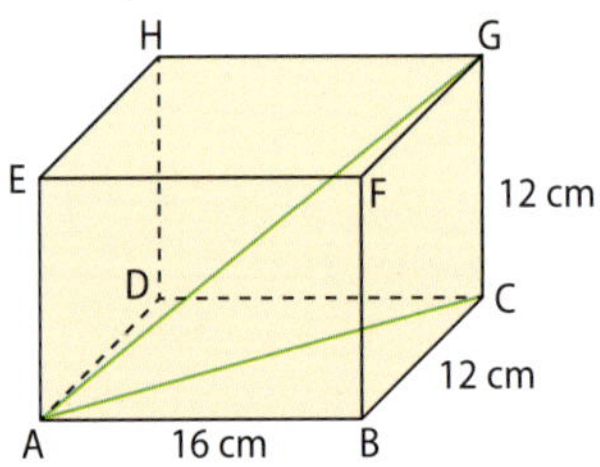

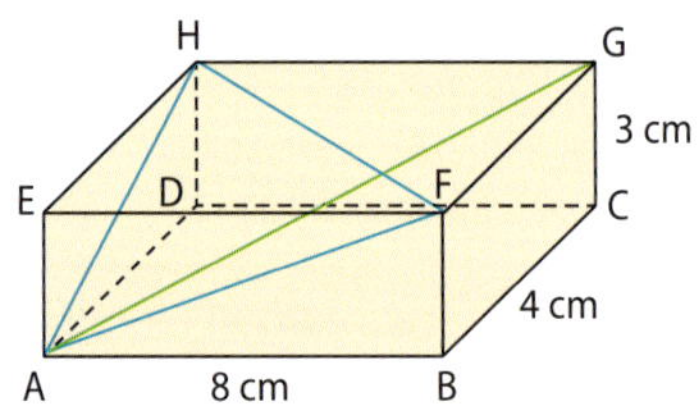

4 Stelle zwischen auftretenden Winkeln und Seitenlängen trigonometrische Beziehungen auf.

a)
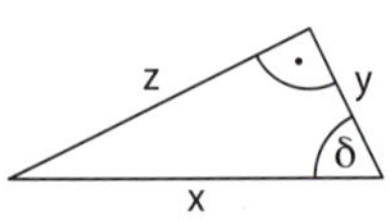

b)
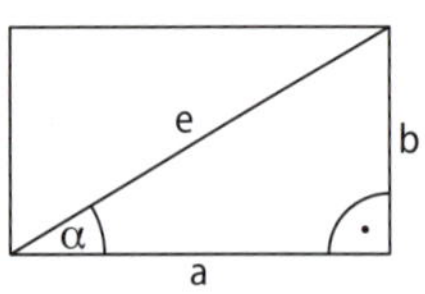

a)
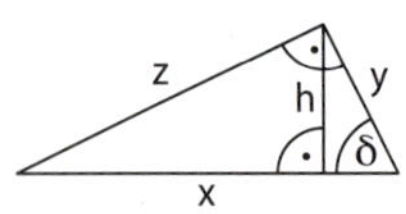

b)
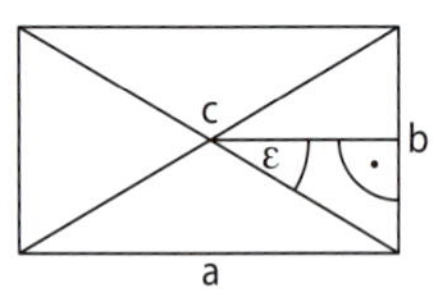

5 Gegeben ist ein gleichschenkliges Dreieck mit den Schenkeln a und b sowie der Basis c.

Berechne die fehlenden Größen des gleichschenkligen Dreiecks mit $c = 7{,}8$ cm und $\alpha = 35°$. Fertige zunächst eine Skizze an. Zeichne dort auch die Höhe h_c ein.

Das gleichschenklige Dreieck hat den Winkel $\gamma = 116°$ und einen Flächeninhalt von $40\ \text{cm}^2$.
Berechne die Länge der Basis c.

6 Berechne die fehlenden Seitenlängen und Winkel im rechtwinkligen Dreieck.

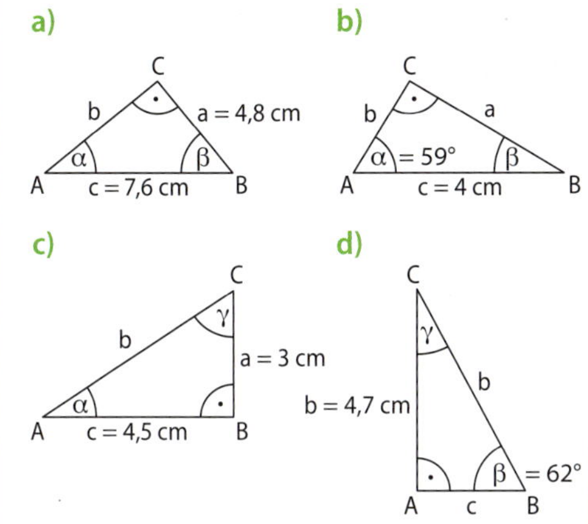

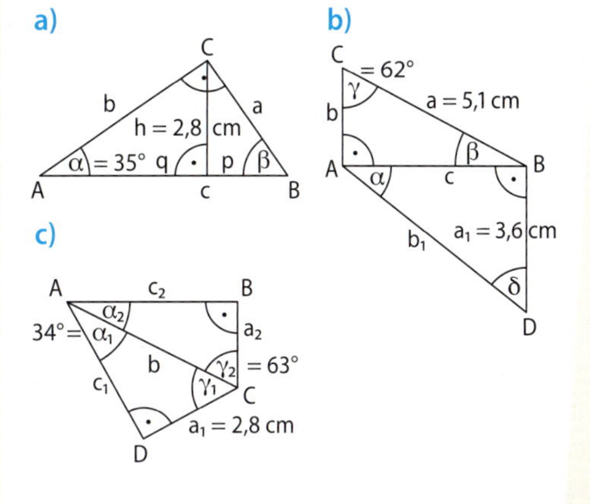

7 Beim Aufschütten von Getreide entsteht ein Schüttkegel. Der Böschungswinkel für Getreide, d. h. der ideale Winkel, sodass das Getreide nicht rutscht, ist 30°.

Der Durchmesser des Schüttkegels aus Getreide beträgt 10 m. Berechne die Höhe des Schüttkegels.

Berechne die Fläche, die eine Plane mindestens haben muss, um einen 3 m hohen Schüttkegel aus Getreide abzudecken.

8 Bestimme die Höhe des Gebäudes. Beschreibe dein Vorgehen.

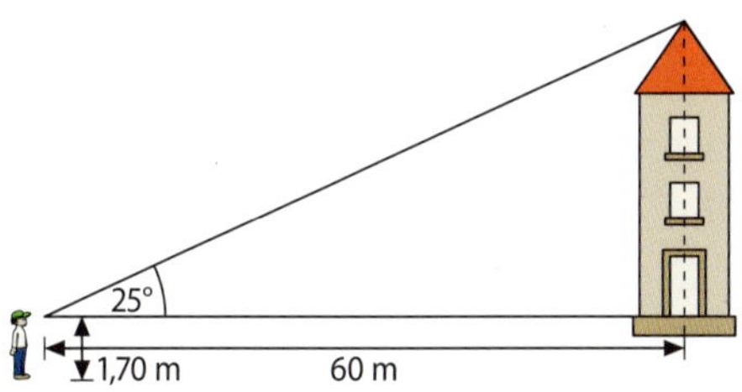

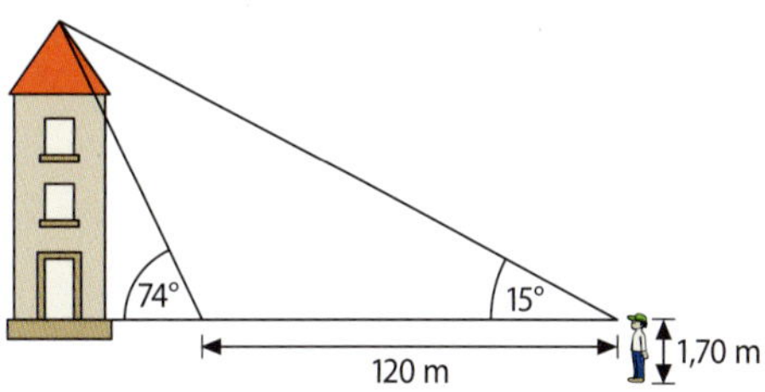

9 Unter der *Mittagshöhe der Sonne* versteht man den größten Einstrahlwinkel der Sonnenstrahlen an einem Tag. Die Mittagshöhe auf der Nordhalbkugel erreicht ihren größten Wert am 21.6. mit $90° + 23{,}5° - \alpha$ und den kleinsten Wert am 21.12. mit $90° - 23{,}5° - \alpha$. Der Winkel α gibt dabei die geographische Breite des Ortes an.

Berechne die größte und die kleinste Schattenlänge, die ein 1,80 m großer Mann mittags in Freiburg ($\alpha = 48{,}0°$ N) wirft.

Ermittle, ob ein 1,80 m großer Mann in Freiburg ($\alpha = 48{,}0°$ N) einen Schatten werfen kann, der halb so lang (doppelt so lang) ist wie er.

10 Berechne den Flächeninhalt des Dreiecks ABC.

a) $a = 4$ cm; $b = 5$ cm; $\gamma = 69°$
b) $c = 7{,}2$ cm; $\alpha = 54°$; $\beta = 46°$

A(2|−1); B(5|3); C(−2|4)
Beschreibe deinen Lösungsweg.

1 Nebenstehend ist die sogenannte „pythagoreische Schnecke" abgebildet.

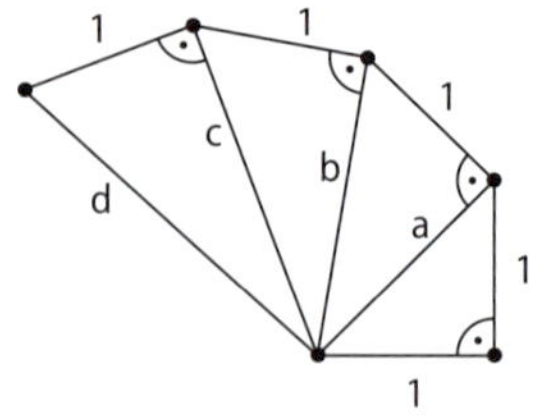

a) Bestimme die Längen der Strecken a, b, c und d. Was stellst du fest?

b) Ergänze die Zeichnung in deinem Heft um die nächsten drei Schritte.

c) Konstruiere eine Strecke der Länge $\sqrt{10}$. Wie viele Möglichkeiten findest du?

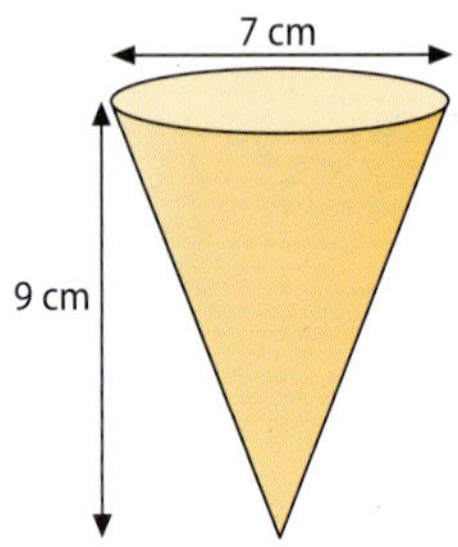

2 An Wasserspendern in Apotheken oder Supermärkten findet man oftmals einfache kegelförmige Kunststoffbecher. Schätze zunächst, wie viel mℓ Wasser in den Becher passen und überprüfe deine Schätzung rechnerisch.

3 Bestimme die Höhe h, den Umfang U und den Flächeninhalt A eines gleichseitigen Dreiecks mit der Seitenlänge 6 cm. Runde auf eine Dezimalstelle.

4 Zeichne das Dreieck ABC mit A (2 | 0,5), B (8 | 0,5) und C (1 | 7). Berechne die Länge der Höhe h_c sowie den Flächeninhalt A und den Umfang U des Dreiecks.

5 Peter, Paul und Marie spannen mit Schnüren Dreiecke auf. Begründe, welche(s) ihrer Dreiecke rechtwinklig sind (ist).

a) Schnurlängen: 5 m; 12 m; 13 m

b) Schnurlängen: 4 m; 7,05 m; 5,5 m

c) Schnurlängen: 4,5 m; 6 m; 7,25 m

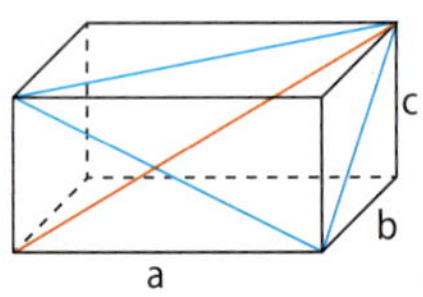

6 Berechne die Länge der drei Flächendiagonalen und der Raumdiagonalen im abgebildeten Quader.

a) a = 4 cm; b = 6,5 cm; c = 3,8 cm

b) a = 24 mm; b = 2,5 cm; c = 1,8 cm

c) a = 2,4 m; b = 2,5 m; c = 2b

d) a = 2b; b = 3c; c = 3,4 cm

7 In einem Café wird Orangensaft in einem zylinderförmigen Glas serviert, das 16 cm hoch ist und einen Innendurchmesser von 6 cm hat. Wie weit ragt ein 20 cm langer gerader Strohhalm aus dem Glas heraus, wenn er schräg im Glas lehnt?

8 Zur Bestimmung der Höhe eines Baums misst der Förster im Abstand von 10 m mit dem sogenannten Försterdreieck zwei Winkel α_1 und α_2. Das Messgerät befindet sich dabei stets 1,5 m über dem Boden. Berechne die Höhe des Baums, wenn $\overline{P_1P_2} = 10$ m; $\alpha_1 = 41{,}6°$ und $\alpha_2 = 64{,}5°$.

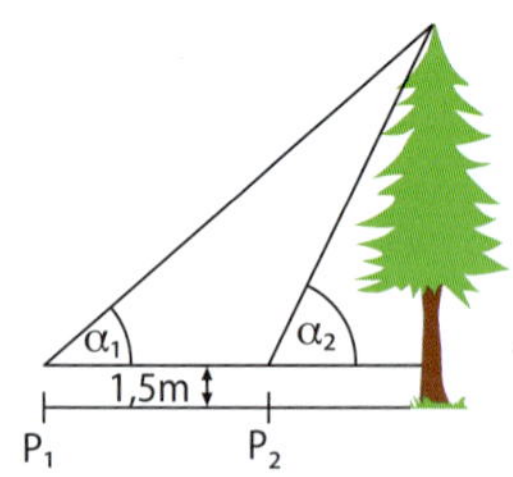

9 Berechne ausgehend von nebenstehender Skizze die Breite des Mains. Recherchiere, wo der Main in etwa diese Breite annimmt und wie sich die Breite bis zu seiner Mündung in den Rhein verändert.

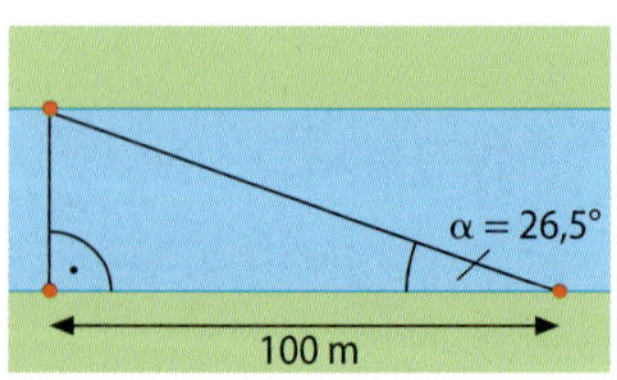

10 a) Stelle eine Tabelle für die Werte von Sinus, Kosinus und Tangens für die Winkel zwischen 0° und 90° in 5°-Schritten auf.

b) Gib für folgende Winkel α an, zwischen welchen beiden Werten ihr Sinus (Kosinus, Tangens) liegt. **Beispiel:** $0{,}71 < \sin 48° < 0{,}77$

1 $\alpha = 12°$ **2** $\alpha = 29°$ **3** $\alpha = 33°$ **4** $\alpha = 58°$ **5** $\alpha = 61°$

6 $\alpha = 62°$ **7** $\alpha = 78°$ **8** $\alpha = 84°$ **9** $\alpha = 87°$ **10** $\alpha = 89°$

11 Bei Bildschirmen und Monitoren wird als Größenangabe meist die Länge der Diagonalen in Zoll angegeben. Vervollständige die fehlenden Werte.

	a)	b)	c)	d)
Höhe	88,6 cm	71,1 cm	42,1 cm	212 mm
Breite	49,8 cm	533 mm		
Diagonale in cm			48,3 cm	43,2 cm
Diagonale in Zoll				

1 Zoll (1") ≙ 2,54 cm

12 Im gleichschenkligen Dreieck ABC gilt $a = b$, $c = 6{,}4$ cm und $\alpha = 64°$.

a) Konstruiere das Dreieck ABC.

b) Berechne die Schenkellängen und die Höhe h_c des Dreiecks.

c) Bestimme auf zwei verschiedene Arten den Flächeninhalt des Dreiecks ABC.

13 Gegeben ist das gleichschenklige Dreieck ABC.
Erstelle eine Formel zur Berechnung der Länge der Basis, wenn …

a) c die Basis ist und a, b und γ bekannt sind.

b) a die Basis ist und b, c und α bekannt sind.

c) b die Basis ist und a, c und β bekannt sind.

14 Paketkartons werden von der Post in folgenden Größen angeboten.

Größe	Maße: l × b × h (in cm)	Preis (in €)
XS	22,5 × 14,5 × 3,5	1,49
S	25 × 17,5 × 10	1,69
M	37,5 × 30 × 13,5	1,99
L	45 × 35 × 20	2,49

In welche Paketgröße passt ein 29 cm langer Regenschirm?

15 Eine Straße hat eine Steigung von 15 %, wenn man bei einer waagrechten Bewegung von 100 m einen Höhenunterschied von 15 m überwindet.

a) Wie lang ist eine geradlinige Fahrstrecke, wenn man bei einer durchschnittlichen Steigung von 12 % einen Höhenunterschied von 200 m (1200 m; 2,5 km) überwinden muss?

b) Welche Steigung hat eine Fahrbahn, wenn man bei einer geradlinigen Fahrstrecke von 580 m einen Höhenunterschied von 56 m schafft?

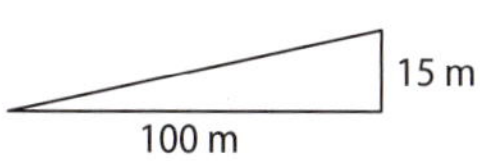

c) Wie groß ist der Fehler, wenn man anstelle der Fahrstrecke in Aufgabe b) eine 580 m lange waagrechte Bewegung annimmt?

16 Ein Damm hat einen trapezförmigen Querschnitt mit den in der Abbildung angegebenen Abmessungen.

a) Berechne die Böschungslänge b.

b) Berechne den Flächeninhalt der Querschnittsfläche.

c) Der Damm ist 2 km lang. Wie viel m^3 Erde müssen beim Dammbau aufgeschüttet werden?

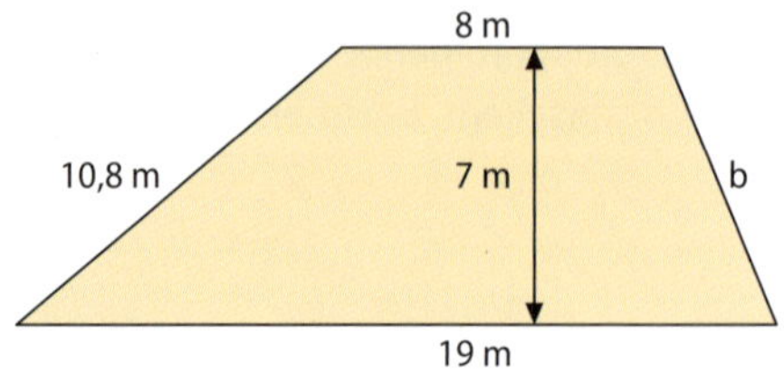

$1'' = \frac{1°}{3600}$ eine Winkelsekunde

17 Ist die Entfernung eines Sterns verhältnismäßig klein im Vergleich zu anderen Sternen, so scheint er über einen Beobachtungszeitraum von einem Jahr vor dem Hintergrund der entfernteren Sterne eine kleine Ellipse zu beschreiben. Astronomen können den Winkel φ bestimmen und daraus die Entfernung des beobachteten Sterns berechnen.

a) Berechne die Entfernung von Alpha Centauri.

b) Den Winkel φ nennt man die Parallaxe des Sterns. Die Entfernung, die zu einer Parallaxe von 1″ gehört, nennt man 1 Parsek. Wie viele km hat 1 Parsek (1 pc)?

Alpha Centauri: $\varphi = 0{,}737''$
Abstand Erde-Sonne: ca. 150 000 km

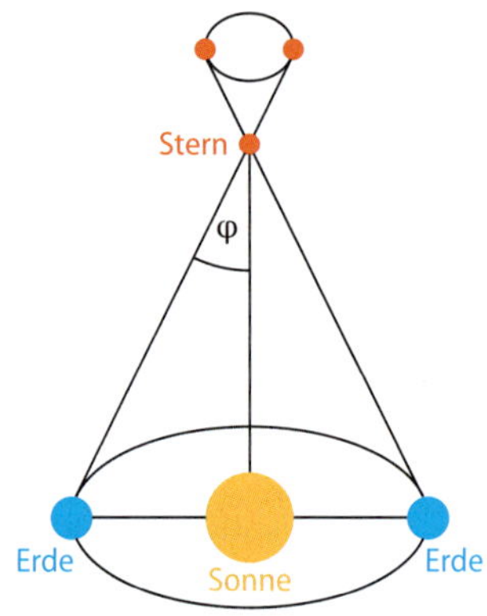

18 $h = \frac{1}{3}\sqrt{a^2}$ | $h = \frac{1}{2}\sqrt{3a^2}$ | $h = \frac{a}{2}\sqrt{3a}$ | $h = a\sqrt{\frac{3}{4}}$ | $h = \frac{a}{3}\sqrt{4}$ | $h = \frac{a}{2}\sqrt{3}$

a) Überprüfe jeweils, ob man mit der angegebenen Formel die Höhe h eines gleichseitigen Dreiecks der Seitenlänge a bestimmen kann.

b) Zeige die Äquivalenz der richtigen Formeln aus Teilaufgabe a) durch Umformen.

c) Bestimme die fehlenden Werte für ein gleichseitiges Dreieck ABC.

	a)	b)	c)	d)	e)
a	9 cm			14 dm	
h		6,5 m			8,8 cm
A			80 mm^2		

19

Quadrat	Rechteck	gleichseitiges Dreieck
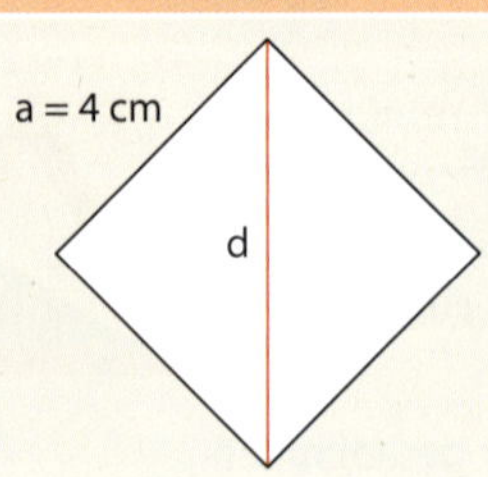	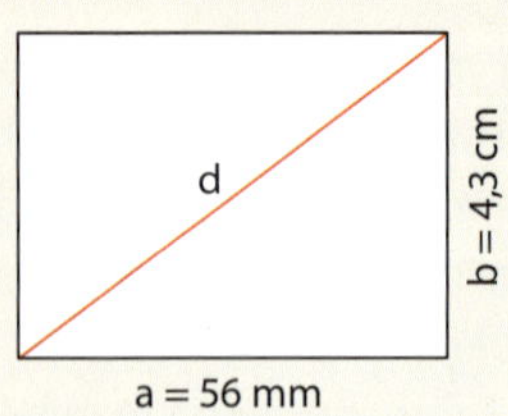	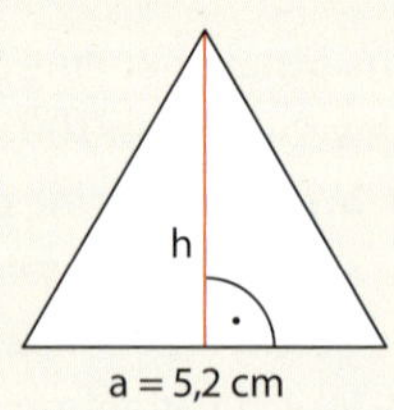
allgemein: $d = \sqrt{2} \cdot a$	allgemein: $d = \sqrt{a^2 + b^2}$	allgemein: $h = \frac{\sqrt{3}}{2} \cdot a$

a) Bestimme die Länge der rot markierten Strecke.

b) Leite die Formeln für die „roten" Strecken her.

20 Berechne die Größen der gekennzeichneten Winkel und Seiten.

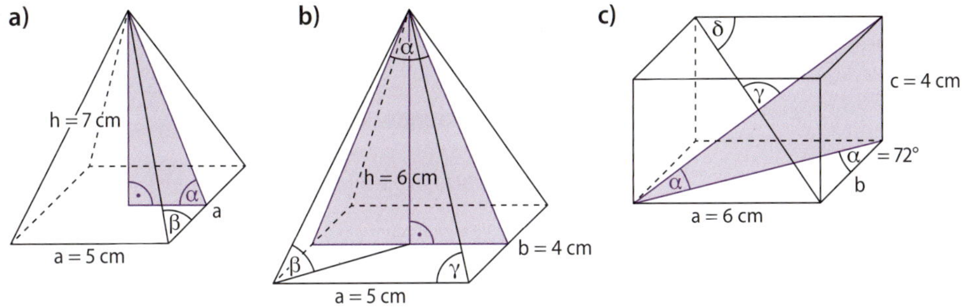

21 Ein Drehleiterfahrzeug der Feuerwehr hat eine maximale Nennrettungshöhe von 23 m und eine maximale Nennausladung von 12 m. Das Fahrzeug hat inklusive Stützen eine Breite von 2,50 m. Die Leiter befindet sich an ihrem unteren Ende 1,20 über dem Boden.

a) Bestimme die Länge der Leiter sowie den Neigungswinkel, wenn sie voll ausgefahren ist.

b) Bei einem Brand muss die Feuerwehr Personen aus dem 8. Stock retten. Ein Stockwerk ist 2,60 m hoch. Der Neigunswinkel sollte 70° nicht überschreiten. Ist eine Rettung möglich?

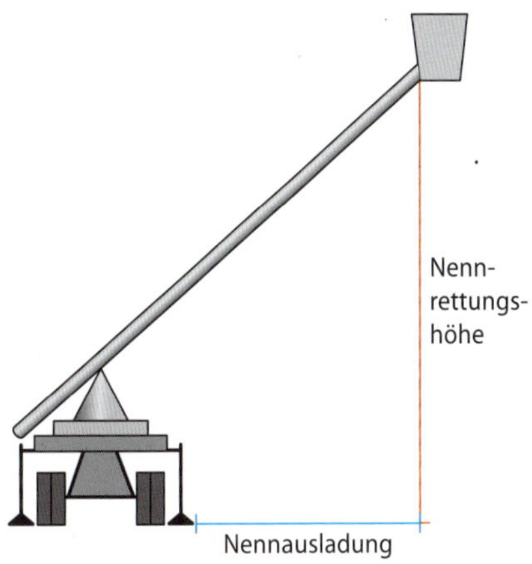

Land:	Deutschland
Zul. Gesamtmasse	16 000 Kilogramm
Nennrettungshöhe:	23 Meter
bei Nennausladung:	12 Meter

22 Die Esslinger Stadtkirche hat als Besonderheit zwei unterschiedlich hohe Kirchturmspitzen: Der größere Kirchturm hat eine Höhe von 59 m, der kleinere ist 55,5 m hoch. Ein Extremsportler plant am Esslinger Stadtfest von einer Kirchturmspitze zur anderen mittels einer Slackline zu laufen. Aus Erfahrung weiß der Sportler, dass die Steigung der Slackline im Durchschnitt höchstens 20 % betragen darf, sonst ist selbst für ihn als Profi eine „sichere Überquerung" gefährdet.

a) Fertige eine Skizze an.

b) Die Länge des Verbindungsstegs beträgt ca. 15 m.
Überprüfe, ob sich die beiden Kirchtürme für dieses Vorhaben eignen.

Die „Esslinger".

23 An einer Kletterwand soll eine Kletterroute von der Basis B zur Spitze S vermessen werden. Dazu wurde S von den Punkten A und B unter den Winkeln $\gamma = 53{,}1°$ und $\beta = 69{,}7°$ gegenüber der Waagrechten angepeilt. Die Entfernung von A nach B wurde mit 240 m bestimmt. Für den Winkel α gilt: $\alpha = 27{,}9°$. Die durch die Punkte A, B und S festgelegte Ebene steht senkrecht zur Erdoberfläche.

a) Zeichne die Situation im Maßstab 1:5000 in dein Heft.

b) Welche Entfernung hat der Gipfelpunkt S von den beiden Peilstellen A und B? Wie hoch ist die Wand, wenn der Punkt B auf 856 m Meereshöhe liegt?

c) Wie viele Löcher muss man in der Kletterroute bohren, wenn man aus Sicherheitsgründen etwa alle fünf Höhenmeter einen Haken setzen möchte?

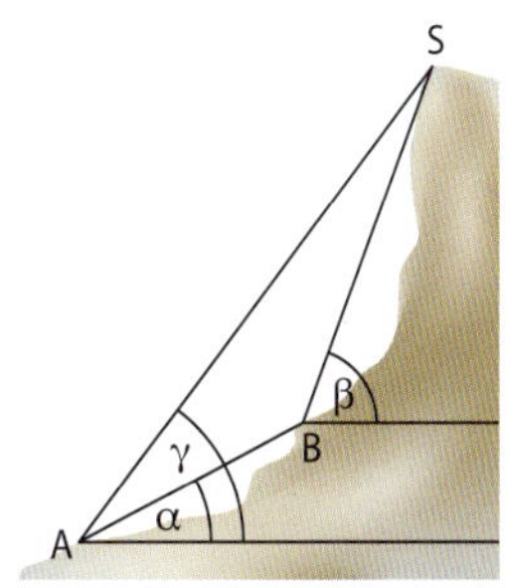

Du hast schon verschiedene Möglichkeiten kennen gelernt, um selbstständig mathematische Zusammenhänge zu beweisen. Der Satz des Pythagoras ist sicherlich einer der mathematischen Sätze, für die es die meisten Beweise gibt. Insbesondere sind zahlreiche **Zerlegebeweise** bekannt.

Im Folgenden betrachten wir verschiedene Beweise und wollen sie miteinander vergleichen.

Beweis aus China (ca. 2000 Jahre alt):

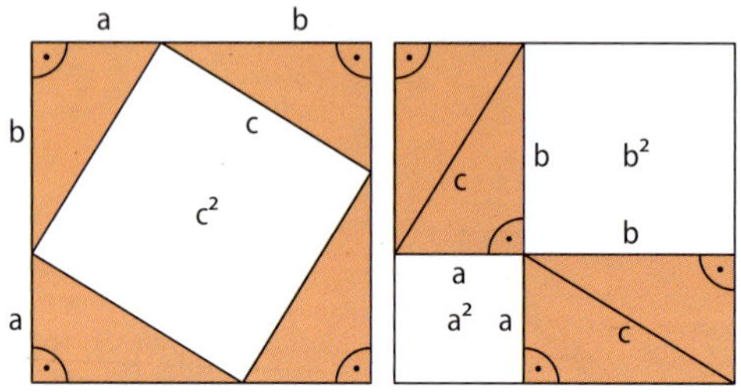

Beweis aus Indien (ca. 1000 Jahre alt):

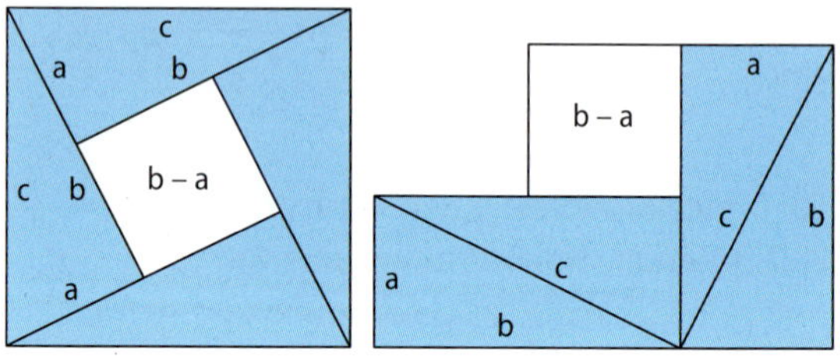

Schritt 1:
Beschreibe für jeden Beweis die Beweisidee und erläutere, wie der Zusammenhang hergestellt wird.

Beweis aus China:
- *Die Ausgangsquadrate mit den Seitenlängen $a + b$ haben denselben Flächeninhalt.*
- *Vier gleich große Dreiecke werden …*
- *Die Restflächen …*

Beweis aus Indien:
- *Das Ausgangsquadrat mit Seitenlänge c und die rechte Figur bestehen aus denselben Teilflächen, sie haben …*
- *Teilt man in der rechten Figur ein Quadrat mit Seitenlänge a ab, dann …*

Schritt 2:
Finde Gemeinsamkeiten und Unterschiede der Beweise.

Gemeinsamkeiten:
- *Zerlegungsgleichheit wird genutzt.*
- *Vier Dreiecke …*

Unterschiede:
- *Beim Beweis aus China haben beide Ausgangsfiguren …*
- *Beim Beweis aus Indien sind die Quadrate …*

Schritt 3:
Beurteile die Beweise.

Beurteilung:
- *Der Beweis …*

1 Vervollständige die Schritte zum Vergleich der beiden Beweise.

Beweise rund um den Satz des Pythagoras

Beweis von Garfield:
Vom früheren US-Präsident James A. Garfield (1831 – 1881) ist ebenfalls ein Zerlegungsbeweis überliefert. Er nutzte die abgebildete Beweisfigur.

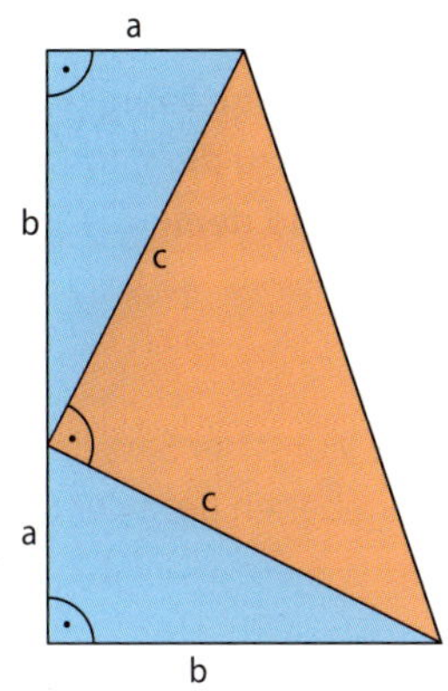

2 Beschreibe seine Beweisidee und vergleiche sie mit den vorherigen Beweisen.

Tipp:
1 Begründe, dass die Beweisfigur ein Trapez ist.
2 Betrachte den Flächeninhalt des Trapezes und der drei Teildreiecke.

Beweis von Leonardo da Vinci:
Auch der italienischer Bildhauer, Maler und Architekt Leonardo da Vinci (1452 – 1519) hat eine Beweisfigur zum Satz des Pythagoras erstellt.

3 Stelle seine Beweisidee dar. Vergleiche seinen Beweis mit den vorangegangenen und beschreibe, worin grundsätzliche Unterschiede bestehen.

Tipp:
Untersuche die Symmetrieeigenschaften des rot und des grün umrandeten Sechsecks. Zeige, dass man durch Drehung eine Sechseckhälfte in die andere überführen kann.

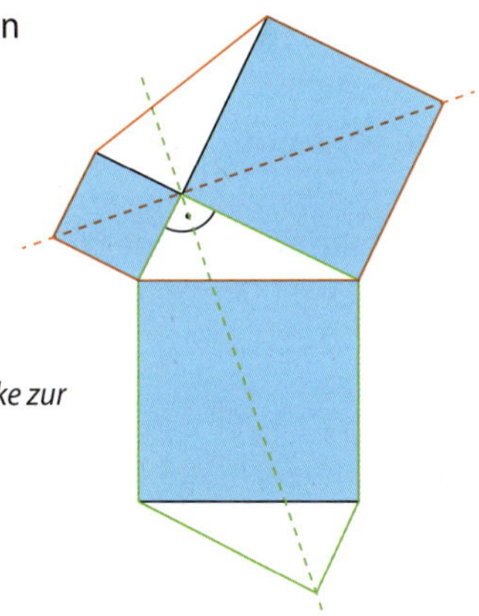

Ergänzung zweier kongruenter Dreiecke zur Pythagoras-Figur.

Rund um den Pythagoras:
Albert Einstein (1879 – 1955) zerlegte das Dreieck ABC entlang der Höhe h_c in zwei Teildreiecke. Er nutzte die Ähnlichkeit der beiden Teildreiecke zum Ausgangsdreieck ABC. Auf diesem Weg lassen sich noch weitere Zusammenhänge in einem rechtwinkligen Dreieck entdecken:

Die Kathetensätze: $a^2 = c \cdot p$ und $b^2 = c \cdot q$

4 Beweise die Kathetensätze anhand folgender Schritte:
1 Begründe, dass die Dreiecke ABC, CAH und BCH ähnlich sind.
2 Zeige, dass die Seitenverhältnisse von Kathete zur Hypotenuse in den drei Dreiecken jeweils gleich sind: $\frac{b}{c} = \frac{q}{b}$, und ergänze $\frac{a}{c} = \frac{\square}{\square}$.

Stelle die Kathetensätze geometrisch mit Flächen dar.

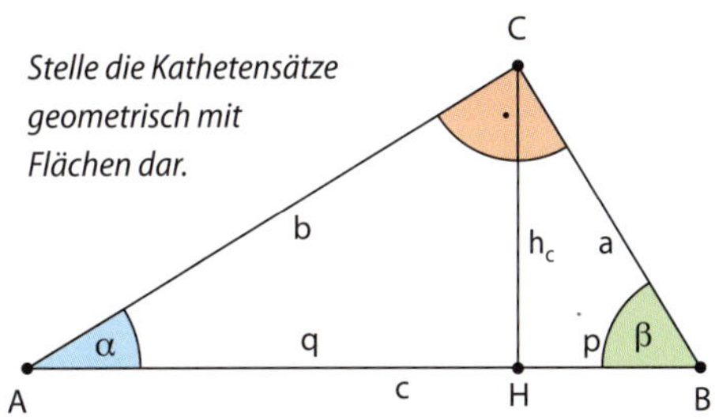

5 Aus den beiden Kathetensätzen lässt sich der Satz des Pythagoras durch Summenbildung folgern. Bilde diese Summe und vergleiche den so geführten Beweis mit den vorherigen.

3 Am Ziel!

Aufgaben zur Einzelarbeit

Überprüfe deine Fähigkeiten und Kompetenzen. Bearbeite dazu die folgenden Aufgaben und bewerte anschließend deine Lösungen mit einem Smiley.

☺	😐	☹
Das kann ich **wirklich gut!**	Das kann ich **fast!**	Das muss ich **noch üben!**

1 Wie lautet der Satz des Pythagoras mit den gegebenen Bezeichnungen?

a)
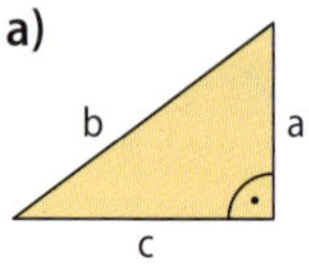

b)
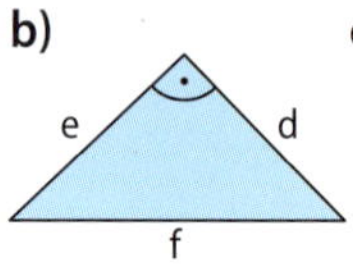

c)
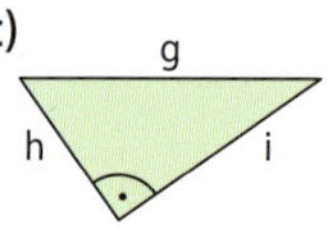

2 Fertige zuerst eine Skizze des bei C rechtwinkligen Dreiecks ABC an und markiere die gegebenen Seitenlängen. Berechne die fehlende Seitenlänge.

a) a = 8 dm; b = 4 dm **b)** b = 60 m; c = 180 m
c) b = 22 mm; c = 3,3 cm **d)** a = 14,5 m; c = 21 m

3 Bestimme die fehlende Seitenlänge und den Flächeninhalt des Dreiecks.

a)
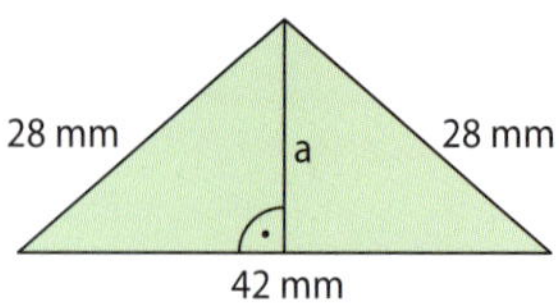

b)
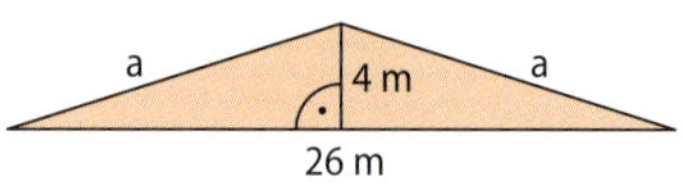

4 Ist das Dreieck ABC rechtwinklig? Überprüfe mit der Umkehrung des Satzes von Pythagoras.

a) a = 6 cm; b = 5 cm; c = 8 cm
b) a = 55 cm; b = 4,8 dm; c = 73 cm
c) a = 4 m; b = 5 m; c = 30 cm
d) a = 12 m; b = a + 1 m; c = 5 m

5 Berechne die Länge der Strecke $\overline{AB}$ mit A (4 | 7) und B (−2 | 3).

6 Eine quadratische Pyramide hat eine Grundfläche von 49 dm². Die Länge einer Seitenkante beträgt 6 dm.

a) Ermittle die Höhe der Pyramide.
b) Berechne den Flächeninhalt der Seitendreiecke.

7 Berechne im Dreieck die Innenwinkel sowie die Länge der rot markierten Strecke.

a)
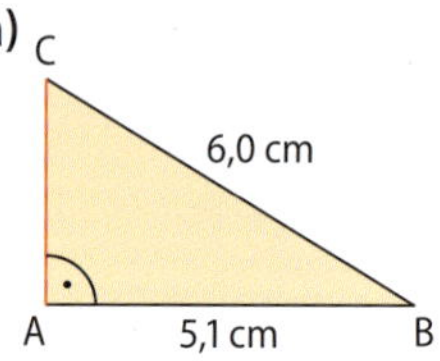

b)
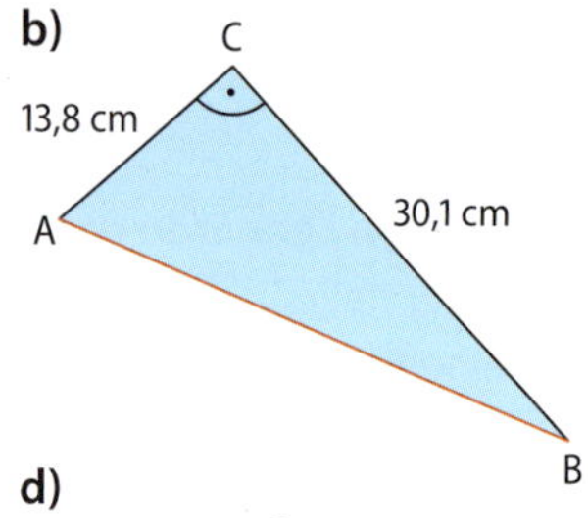

c)
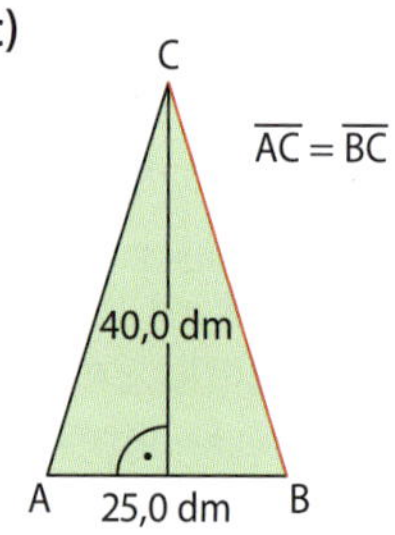

d)
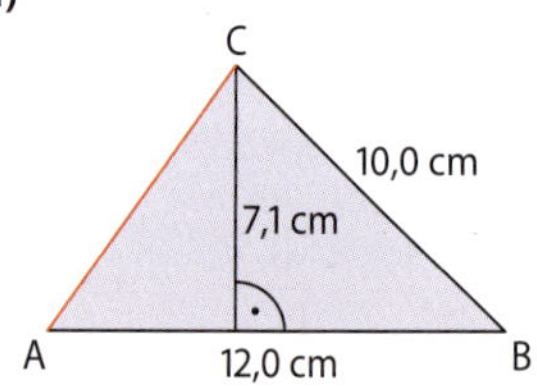

8 Eine Leiter soll zur Reparatur der Dachrinne an die Hauswand gelehnt werden. Die Dachrinne ist 6,50 m hoch. Die Leiter ist ausgeklappt 7 m lang. Damit die Leiter nicht wegrutscht, darf der Anstellwinkel höchstens 70° betragen.

a) Veranschauliche den Sachverhalt in einer Skizze.
b) Überprüfe, ob der Anstellwinkel die Sicherheitsanforderung erfüllt.
c) Bestimme den unteren horizontalen Abstand der Leiter zur Hauswand.

9 Ein gleichschenkliges Dreieck ABC hat folgende Maße: a = c = 6,5 cm und b = 7,8 cm.

a) Bestimme alle drei Winkel und die Höhe des Dreiecks auf die Basis.
b) Berechne den Flächeninhalt des Dreiecks auf zwei verschiedene Arten.

10 Berechne den Steigungswinkel der zugehörigen Geraden.

a) $y = 0{,}5x + 1$ **b)** $2y + 4x = 8$

Aufgaben für Lernpartner

Arbeitsschritte

1. Bearbeite die folgenden Aufgaben zuerst allein.
2. Suche dir einen Partner oder eine Partnerin und arbeitet zusammen weiter: Erklärt euch gegenseitig eure Lösungen. Korrigiert fehlerhafte Antworten.

Sind folgende Behauptungen richtig oder falsch? Begründe.

A Ein Dreieck mit den Seitenlängen 6 cm, 8 cm und 10 cm ist rechtwinklig.

B In einem rechtwinkligen Dreieck gilt: Die Differenz der Quadrate über den Katheten ist genau so groß wie das Quadrat über der Hypotenuse.

C Die Länge der Strecke $\overline{AB}$ mit $A(-1|7)$ und $B(-4|-2)$ kann man berechnen durch $\sqrt{(-4-1)^2+(-2-7)^2}$.

D Sinus, Kosinus und Tangens eines Winkels sind immer kleiner als 1.

E Der Sinus eines Winkels bezeichnet das Verhältnis von Gegenkathete zu Hypotenuse.

F $a^2 + b^2 = c^2$ gilt für jedes rechtwinklige Dreieck ABC.

G Mit dem Satz des Pythagoras können Seitenlängen in einem rechtwinkligen Dreieck berechnet werden.

H Die Raumdiagonale eines Quaders kann man mit $d = \sqrt{a^2 + b^2 + c^2}$ berechnen.

I Der Wert des Sinus eines Winkels geteilt durch den Wert des Kosinus dieses Winkels ergibt den zugehörigen Wert des Tangens dieses Winkels.

J Zur Berechnung des Flächeninhalts eines Dreiecks ABC benötigt man nur drei der Werte aus a, b, c, α, β und γ.

K Der Sinuswert eines stumpfen Winkels ist immer positiv.

L Im I. Quadranten gibt es für die Gleichung $\sin\alpha = 0{,}6$ genau eine Lösung.

M Es gilt: $\sin^2\alpha - \cos^2\alpha = -1$

N Die Hypotenuse c in einem rechtwinklgen Dreieck wird durch die Höhe h_c in zwei gleich lange Abschnitte geteilt.

O Wenn man die Koordinaten der Endpunkte einer Strecke kennt, kann man ihre Länge berechnen.

P Wird in einem rechtwinkligen Dreieck mit Hypotenuse c der Winkel α so gewählt, dass b seine Gegenkathete und a seine Ankathete ist, gilt: $b = \sin\alpha \cdot c$ und $a = \cos\alpha \cdot c$.

Ich kann …	„Am Ziel!"-Aufgaben	Hilfe
… mit dem Satz des Pythagoras Strecken und Längen in Figuren und Körpern berechnen.	1, 2, 3, 5, 6 B, F, G, H, O	S. 78, 84
… mit der Umkehrung des Satzes des Pythagoras überprüfen, ob ein Dreieck rechtwinklig ist.	4, A	S. 82
… Winkel und Seitenlängen im rechtwinkligen Dreieck mithilfe von Sinus, Kosinus und Tangens berechnen.	7, 9, C, D, E, I, K, L, M, N, P	S. 88, 90
… den Steigungswinkel einer Geraden bestimmen.	10	S. 90
… Problemstellungen in rechtwinkligen Dreiecken in Skizzen veranschaulichen und mithilfe von Sinus, Kosinus, Tangens sowie dem Satz des Pythagoras lösen.	8	S. 94
… den Flächeninhalt beliebiger Dreiecke auf unterschiedlichen Wegen berechnen.	6, 9, 10, J	S. 98

4 Startklar!

Aufgabe	Ich kann schon …	Grundwissen
1, 2	… Graphen von Funktionen zeichnen.	S. 240
1	… bei linearen Funktionen die Steigung bestimmen.	S. 240
3, 4	… bei linearen und quadratischen Funktionen die Wirkung von Parametern beschreiben.	S. 240, 241

1 a) Zeichne mithilfe der Wertepaare die Graphen in ein gemeinsames Koordinatensystem.

x	−1	0	1	2	3	4	5	6
f(x)	−4	−2	0	2	4	6	8	10
g(x)	8	7	6	5	4	3	2	1

b) Bestimme die Steigung der beiden Geraden. Welche Art der Veränderung liegt vor?

2 a) Zeichne mithilfe der Wertepaare die Graphen in ein gemeinsames Koordinatensystem. Wähle eine geeignete Einteilung für die Achsen.

x	−1	0	1	2	3	4	5	6
h(x)	1	0	1	4	9	16	25	36
l(x)	−1	0	1	8	27	64	125	216

b) Beschreibe jeweils den Graphen. Erkläre, wie ein Funktionswert aus dem vorherigen entsteht.

3 Die allgemeine Funktionsgleichung einer linearen Funktionen f lautet:

$f(x) = m \cdot x + c \ (m, c \in \mathbb{R})$

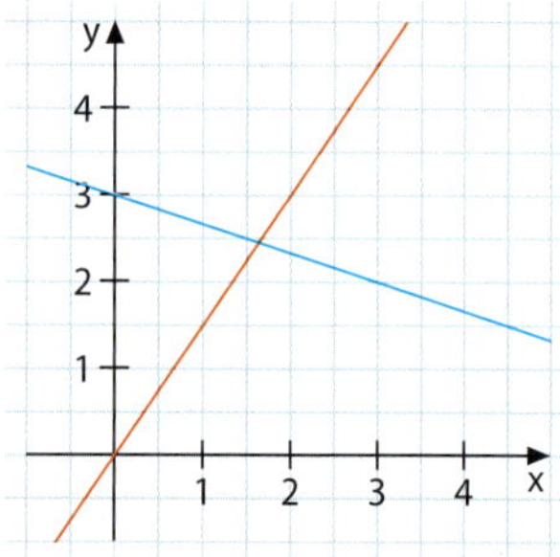

a) Beschreibe, was sich am Graphen der Funktion ändert, wenn $m > 0$
1 größer, **2** kleiner, **3** mit −1 multipliziert wird.

b) Beschreibe, was sich am Graphen ändert, wenn $c > 0$
1 größer, **2** kleiner, **3** mit −1 multipliziert wird.

c) Bestimme anhand der abgebildeten Graphen jeweils m und c.

4 Die Scheitelform einer quadratischen Funktion f lautet:

$f(x) = a \cdot (x - d)^2 + e \ (a, d, e \in \mathbb{R})$

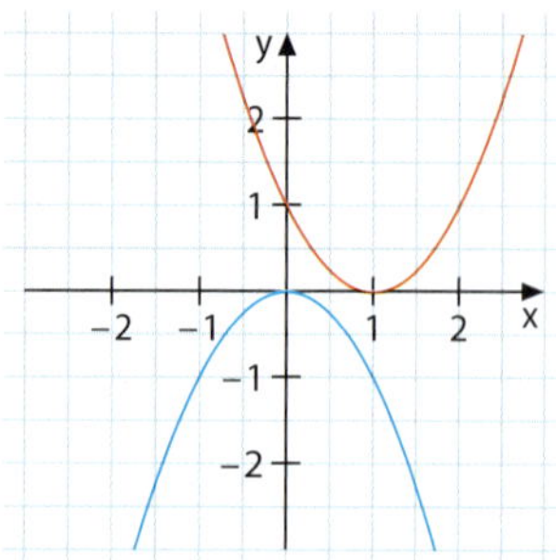

a) Beschreibe, was sich am Graphen der Funktion f ändert, wenn $a > 0$
1 größer, **2** kleiner, **3** mit −1 multipliziert wird.

b) Beschreibe, was sich am Graphen der Funktion f ändert, wenn $e > 0$
1 größer, **2** kleiner, **3** mit −1 multipliziert wird.

c) Beschreibe, was sich am Graphen der Funktion f ändert, wenn $d > 0$
1 größer, **2** kleiner, **3** mit −1 multipliziert wird.

d) Bestimme anhand der Graphen der Funktion f jeweils a, d und e.

4 Exponentialfunktionen

Einstieg

Das Piktogramm stellt einen Vergleich für die Entwicklung der Weltbevölkerung dar.

- Bestimme die prozentualen Anteile der Einwohner im „Dorf".
- Recherchiere im Internet den aktuellen Stand der Bevölkerung und die derzeitige Wachstumsrate.
- Untersuche, wie viele Menschen in zwei Jahren (in zehn Jahren) auf der Erde leben, wenn sich die Wachstumsrate nicht verändert.
- Überlege dir, wie sich Zahlen für das Jahr 2050 vorhersagen lassen.

Ausblick

Am Ende dieses Kapitels hast du gelernt, …

- … verschiedene Wachstumsvorgänge zu unterscheiden.
- … Exponentialfunktionen grafisch darzustellen und deren Eigenschaften anzugeben.
- … Problemstellungen aus verschiedenen Bereichen mithilfe von Exponentialfunktionen zu lösen.
- … die Logarithmusschreibweise anzuwenden.
- … Exponentialgleichungen zu lösen.

Kap. 4.1

Wachstum im Bauch

Der menschliche Embryo entwickelt sich in rund neun Monaten zum geburtsfähigen Kind. Er durchläuft dabei viele Wachstumsstadien.

- Recherchiere in einem Biologiebuch oder im Internet die Entwicklungsschritte einer Schwangerschaft. Stelle die Ergebnisse deiner Recherche tabellarisch dar.
- Verfasse einen Lexikoneintrag zum Begriff „Embryo".

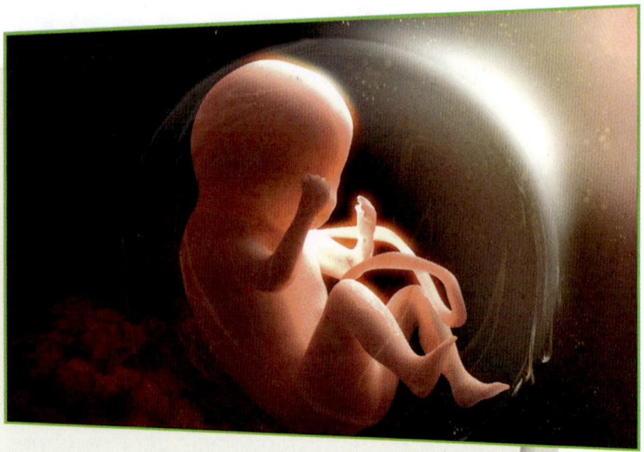

Kap. 4.2

Wachstum auf dem Wasser

Die Wasserlinse ist eine Schwimmpflanze und wird in Teichen, aber auch in Aquarien eingesetzt. Sie kann in sehr kurzer Zeit die gesamte Wasseroberfläche bedecken.

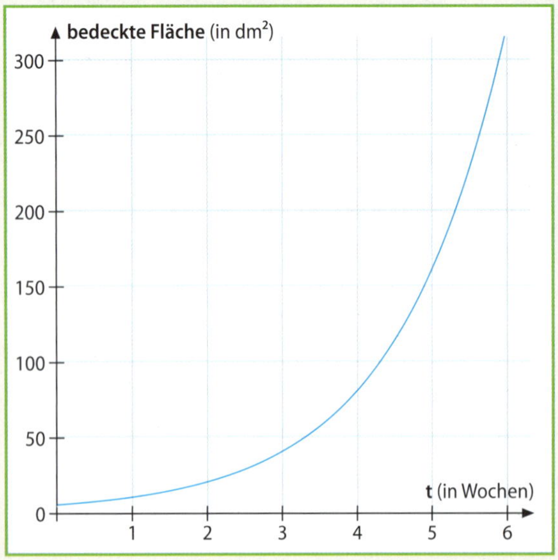

Der nebenstehend abgebildete Graph beschreibt das Wachstum der Wasserlinsen in den ersten sechs Wochen auf einem großen See.

- Ermittle, wie groß die bedeckte Fläche nach ein, zwei, drei, vier, fünf und sechs Wochen ist.
- Fällt dir eine Regelmäßigkeit auf? Formuliere deine Vermutung.
- Überlege dir, wie groß gemäß deiner Vermutung die mit Wasserlinsen bedeckte Seefläche war, als die Pflanzen zu Beginn eingesetzt wurden.
- Wie könnte der weitere Verlauf des Wachstums aussehen. Gehe dabei auf Faktoren ein, die das Wachstum der Wasserlinse beeinflussen.

Kap. 4.3

Wachstum in der Mathematik

Sieh dir die Graphen an.

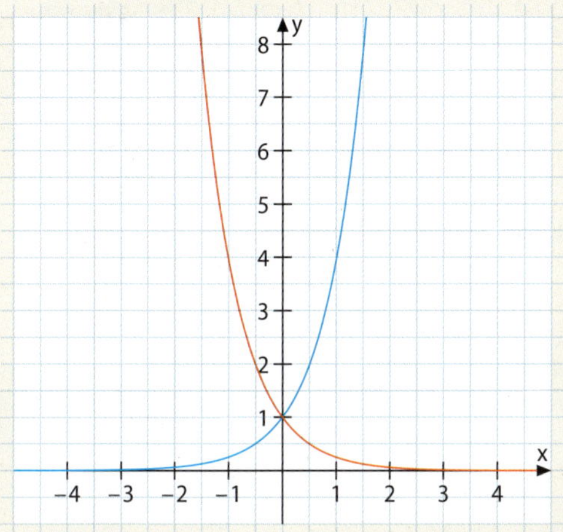

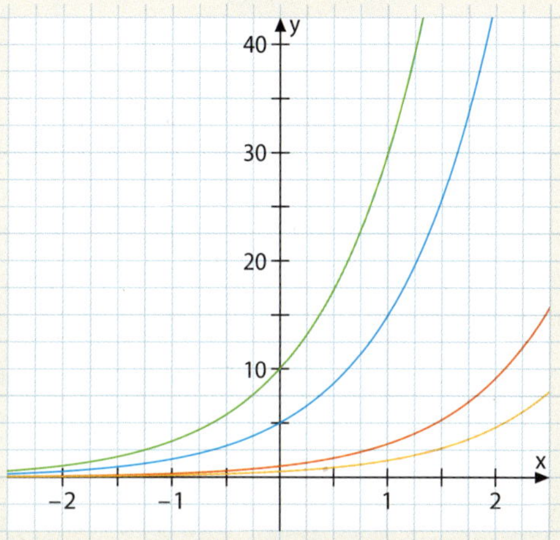

- Beschreibe Gemeinsamkeiten und Unterschiede der Graphen mit eigenen Worten.
- Ordne die folgenden Funktionsgleichungen den abgebildeten Graphen zu. Du kannst dazu auch ein Computerprogramm nutzen.

  1 $f(x) = \frac{1}{2} \cdot 3^x$ **2** $g(x) = 4^x$ **3** $h(x) = 10 \cdot 3^x$

  4 $i(x) = 3^x$ **5** $j(x) = 5 \cdot 3^x$ **6** $k(x) = 4^{-x}$
- Beschreibe Zusammenhänge zwischen Graph und Funktionsterm.

Kap. 4.4

Wachstum, ganz unterschiedlich

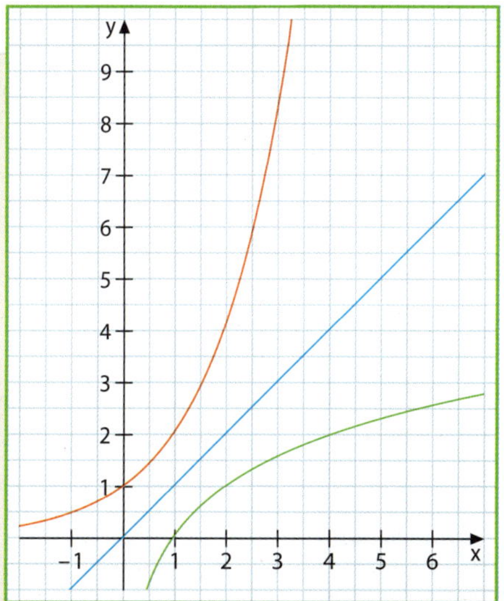

- Durch Auswertung der Funktion f mit $f(x) = 2^x$ erhält man Punkte $(x|f(x))$, die auf der roten Kurve liegen. Wie lauten die Funktionswerte für x = 1, 2, 3? Fasse deine Ergebnisse in einer Tabelle zusammen.
- Erweitere die angelegte Tabelle. Gib für die gleichen x-Werte die Funktionswerte der grünen Kurve an. Was fällt dir auf?
- Beschreibe einen geometrischen Zusammenhang zwischen den beiden Kurven.

Entdecken

Jan und sein Bruder Emil überlegen sich Möglichkeiten, Geld zu sparen.

Ich lege jeden Monat 10 € zurück.

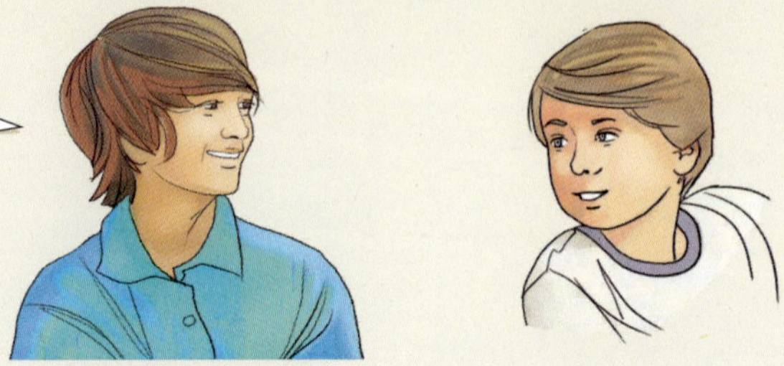

Ich spare im ersten Monat 50 Ct und verdopple jeden Monat den Betrag.

- Überlege, welcher Vorschlag mehr Erfolg beim Sparen bringt. Nenne Vor- und Nachteile für jede Möglichkeit.
- Stelle beide Sparmöglichkeiten in einem geeigneten Diagramm dar.

Verstehen

Das lineare Wachstum kennst du bereits seit Klasse 7. Unter Wachstum versteht man allgemein die Zu- bzw. Abnahme einer Zahl oder Größe.

Zwei **wichtige Wachstumsarten** sind:

1 lineares Wachstum

Für gleiche Einheiten nehmen die Werte um den gleichen Summanden zu.

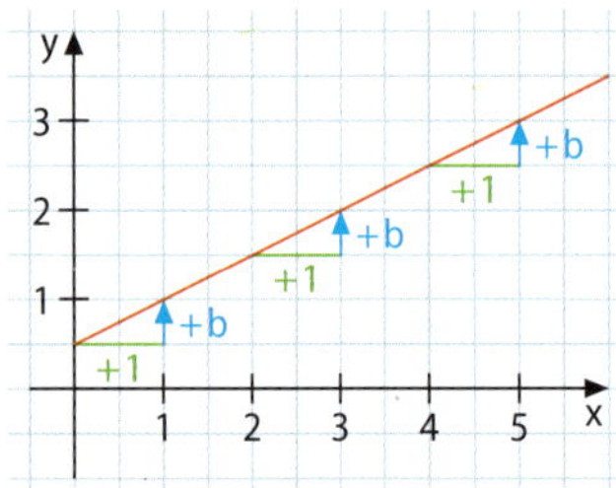

x	0	1	2	3
y	0,5	1	1,5	…

x: + 1, + 1, + 1; y: + 0,5, + 0,5, + 0,5

2 exponentielles Wachstum

Für gleiche Einheiten werden die Werte mit dem gleichen Faktor vervielfacht.

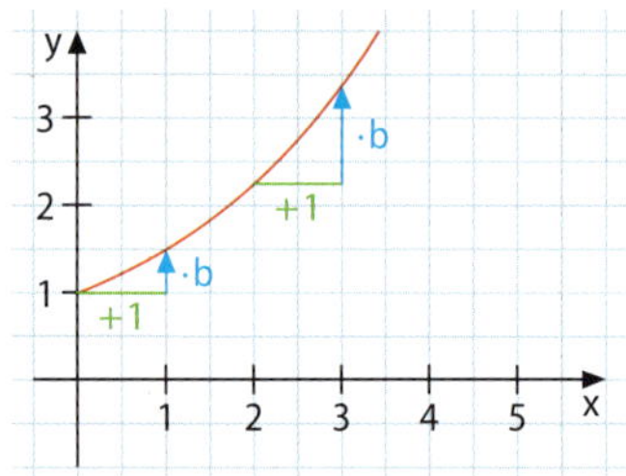

x	0	1	2	3
y	1	1,5	2,25	…

x: + 1, + 1, + 1; y: · 1,5, · 1,5, · 1,5

Beispiel

Gib an, ob es sich um lineares oder exponentielles Wachstum handelt.

a) Eine Kiefer ist beim Pflanzen 1,20 m hoch und wächst pro Jahr ca. 44 cm.

b) Der Holzbestand eines kleinen Waldes nimmt jährlich um 4 % zu.

Lösung:

a) Die Kiefer wächst jedes Jahr um eine konstante Länge, darum ist das Wachstum linear.

b) Jedes Jahr wächst der Holzbestand um den Faktor 1,04. Deshalb ist das Wachstum exponentiell.

Nachgefragt

- Tim behauptet: „Das lineare Wachstum verläuft langsamer als das exponentielle." Stimmt das? Begründe.
- Beurteile: „Lineares Wachstum und proportionales Wachstum ist das Gleiche."

Aufgaben

1 Prüfe, ob es sich um lineares oder exponentielles Wachstum handelt.

a)

x	0	1	2	3
y	2	7	12	17

b)

x	0	1	2	3
y	3	9	27	81

c)

x	0	1	2	3
y	1	2	5	10

d)

x	0	1	2	3
y	8	12	18	27

e)

x	0	1	2	3
y	11	9	7	5

f)

x	0	1	2	3
y	32	16	8	4

2 Beschreibe die Wachstumsform. Erstelle eine Wertetabelle mit mindestens vier Werten.

a) Nach den Tarifverhandlungen wird ein Mindestlohn von 10 Euro festgelegt, der jährlich um 10 % steigt.

b) Ein Sportcoupé kostet neu 54 000 €. Anfangs verliert es jährlich 25 % an Wert.

c) Eine 10 cm hohe Kerze wird angezündet. Jede Minute brennt sie 4 mm herunter.

d) Eine Hefekultur (0,5 g) vervierfacht unter Zugabe von Wasser und Mehl stündlich ihre Masse.

Vergleiche:
linear

exponentiell

3 Gib an, ob es sich um lineares oder exponentielles Wachstum handelt. Begründe.

a) Der Lake Chao in China war von einer Plage befallen. In nur einer Woche verdoppelte sich die Anzahl der Grünalgen im fünftgrößten See Chinas.

b) Maik steckt jeden Monat 10 € in sein Sparschwein.

c) Herr Bügil ist in ein „Schneeballsystem" geraten und verkauft nun Lizenzen für Wasserfilter. Er muss drei Lizenzen verkaufen. Die Käufer der Lizenzen müssen wiederum drei Lizenzen verkaufen, um Gewinn zu erzielen.

Informiere dich über den Begriff „Schneeballsystem".

4 Ordne den folgenden Wachstums- und Abnahmevorgängen das richtige Diagramm zu. Begründe deine Antwort.

A Bei Leistungssportlern steigt der Puls beim Training gleichmäßig bis zu einem bestimmten Maximum an.

B Ein Auto verliert jährlich ca. 18 % an Wert.

C Ein Bakterium vermehrt sich in einem abgeschlossenen Gefäß.

D Jona fährt mit konstanten 120 $\frac{km}{h}$ auf der Autobahn und zählt die Anzahl der Kilometer, bis er von der Autobahn abfährt.

1

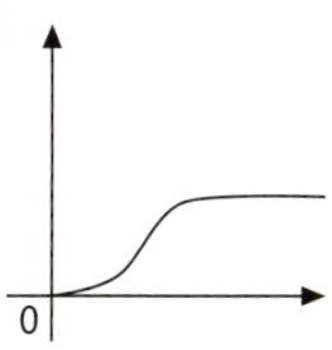

2

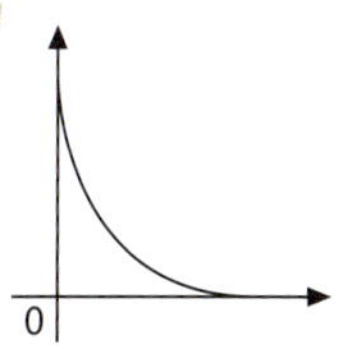

3

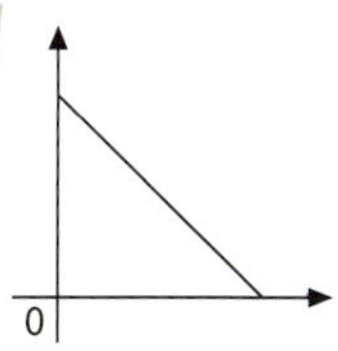

4

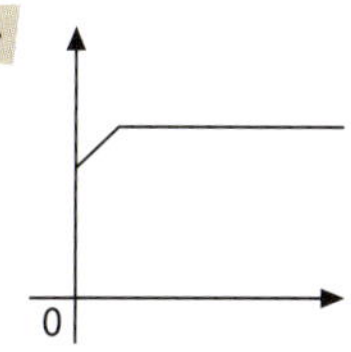

5 Ein Hautarzt legt bakterielles Material von einem Hautabstrich auf einen Nährboden und beobachtet das Flächenwachstum der Bakterien. Die ursprüngliche Fläche von 0,2 cm^2 wächst täglich um 15 %. Stelle den Zusammenhang des Flächenwachstums für die ersten sieben Tage dar.

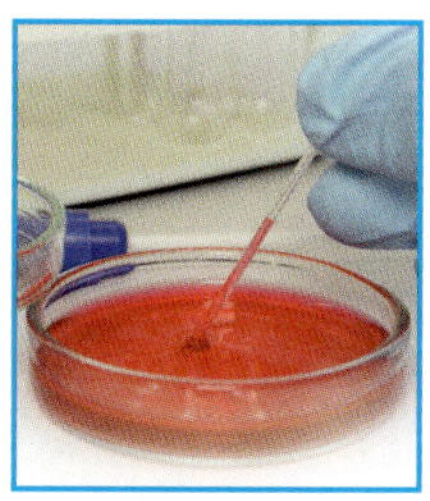

Entdecken

***Im Jahr 2050 doppelt so viele 60-jährige wie Neugeborene** – die deutsche Bevölkerung nimmt um fast 20 Millionen ab.*

Lucas: *„Im Jahr 2065 gehören wir zu den etwa 60-Jährigen."*
Jannik: *„Die Geburtenrate ist zwar niedriger als die Sterberate, aber die Lebenserwartung steigt. Die Zahlen basieren auf kaum kalkulierbaren Annahmen."*
Mara: *„Ich habe mich auf der Homepage des Statistischen Bundesamts informiert. Im Jahr 2005 betrug die Bevölkerungszahl in Deutschland 82,4 Millionen, die Sterberate 1,06 % und die Geburtenrate 0,83 %."*

- Ermittle ausgehend von den Daten des Statistischen Bundesamts für das Jahr 2005 die Bevölkerungszahl für die Jahre 2006, 2008, 2010, … 2019.
- Vergleiche soweit möglich die errechneten Anzahlen mit den wirklichen.

Verstehen

Das exponentielle Wachstum lässt sich auch allgemein als Funktion beschreiben.

Eine Funktion f der Form $f(x) = b^x$ mit $b \in \mathbb{R}^+ \setminus \{1\}$, $x \in \mathbb{R}$ heißt **Exponentialfunktion** mit dem **Wachstumsfaktor b als Basis.**

- Definitionsbereich: $D = \mathbb{R}$
- Wertebereich: $W = \mathbb{R}^+$
- Der Graph der Funktion schneidet die y-Achse im Punkt T(0|1).
- $b > 1$: **exponentielle Zunahme**; die Funktionswerte werden immer größer
  $0 < b < 1$: **exponentielle Abnahme**; die Funktionswerte werden immer kleiner
- Die Exponentialfunktion hat keine Nullstelle, nähert sich jedoch der x-Achse an (**Asymptote**).
- Die Graphen der Funktionen f und g mit $f(x) = b^x$ und $g(x) = \left(\frac{1}{b}\right)^x$ sind bzgl. der y-Achse symmetrisch zueinander.

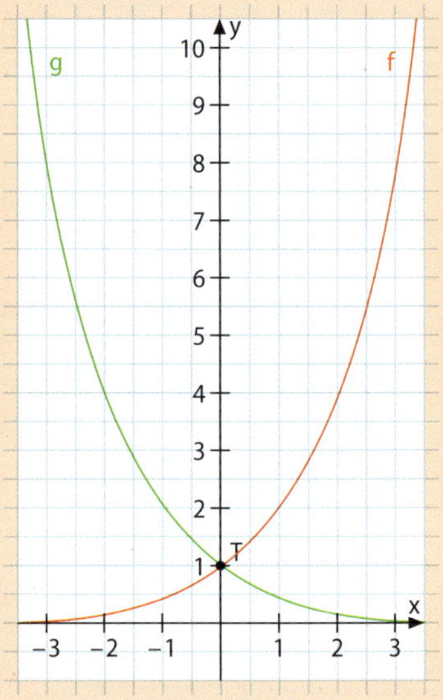

Ein Graph nähert sich einer Asymptote an, ohne sie zu berühren. Graph und Asymptote kommen sich „unendlich nahe".

Beispiel

Zeichne den Graphen jeder der folgenden Funktionen mithilfe einer Wertetabelle.

a) $f_a(x) = 2^x$ **b)** $f_b(x) = \left(\frac{1}{2}\right)^x$

c) $f_c(x) = 3^x$ **d)** $f_d(x) = \left(\frac{1}{3}\right)^x$

Lösung:

	−2	−1	0	1	2
$f_a(x) = 2^x$	0,25	0,5	1	2	4
$f_b(x) = \left(\frac{1}{2}\right)^x$	4	2	1	0,5	0,25
$f_c(x) = 3^x$	$\frac{1}{9}$	$\frac{1}{3}$	1	3	9
$f_d(x) = \left(\frac{1}{3}\right)^x$	9	3	1	$\frac{1}{3}$	$\frac{1}{9}$

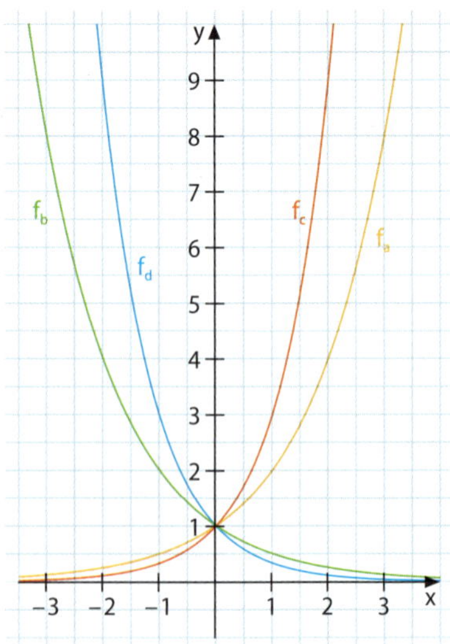

Nachgefragt

- Beschreibe den Graphen von f mit $f(x) = b^x$ für $b = 1$. Begründe, dass es sich nicht um eine Exponentialfunktion handelt.
- Lina behauptet, dass die Exponentialfunktion f mit der Gleichung $f(x) = 2^x$ für $x \in \mathbb{R}_0^+$ schneller ansteigt als die Potenzfunktion g mit $g(x) = x^2$. Stimmt das? Begründe.
- Nimm Stellung zu folgender Behauptung: „Die Graphen der Funktionen f und g mit $f(x) = 3^{-x}$ und $g(x) = \left(\frac{1}{3}\right)^x$ sind gleich."

Aufgaben

1 Zeichne den Graphen der Exponentialfunktion f mit $f(x) = \left(\frac{3}{2}\right)^x$; $D = \mathbb{R}$, für $-3 \le x \le 3$ möglichst genau. Übertrage die Wertetabelle in dein Heft und ergänze sie.

x	−0,25	−0,6	0,75			−0,5		1	−1	2,25	
f(x)				$3\frac{3}{8}$	$\frac{4}{9}$		1				$\frac{2}{3}$

2 Zeichne den Graphen jeder der folgenden Exponentialfunktionen anhand einer Wertetabelle in ein Koordinatensystem. Kontrolliere mit einem geeigneten Computerprogramm.

a) $f(x) = 5^x$; $D = \mathbb{R}$ **b)** $f(x) = \left(\frac{1}{5}\right)^x$; $D = \mathbb{R}$

c) $f(x) = 0{,}5^x$; $D = \mathbb{R}$ **d)** $f(x) = \left(\sqrt{5}\right)^x$; $D = \mathbb{R}$

3 Der Graph einer Exponentialfunktion f mit $f(x) = b^x$ soll durch den Punkt P verlaufen.

a) Beschreibe, wie im nebenstehenden Beispiel die Basis b ermittelt wurde.

b) Bestimme die Funktionsgleichung wie im Beispiel.

1 P(2|4) **2** P(2|0,04) **3** P(3|7) **4** P(4|0,0256)

$f(x) = b^x$ P(3|125)
$125 = b^3$
$b = 125^{\frac{1}{3}} = \sqrt[3]{125} = 5$
$f(x) = 5^x$

4 Gegeben sind die Funktionen mit $f_1(x) = 3^x$, $f_2(x) = 3^{-x}$, $f_3(x) = -3^x$ und $f_4(x) = -3^{-x}$.

a) Stelle die Funktionen in einem Koordinatensystem dar.

b) Gib die Eigenschaften der Funktionen an.

c) Beschreibe Zusammenhänge zwischen den Graphen der Funktionen.

5 Der Graph einer Funktion f der Form $f(x) = b^x$ wird durch eine Parallelverschiebung auf den Graphen der Funktion f* und dieser wiederum durch eine Streckung auf den Graphen der Funktion f′ abgebildet. Gib mögliche Gleichungen dieser Funktionen an.

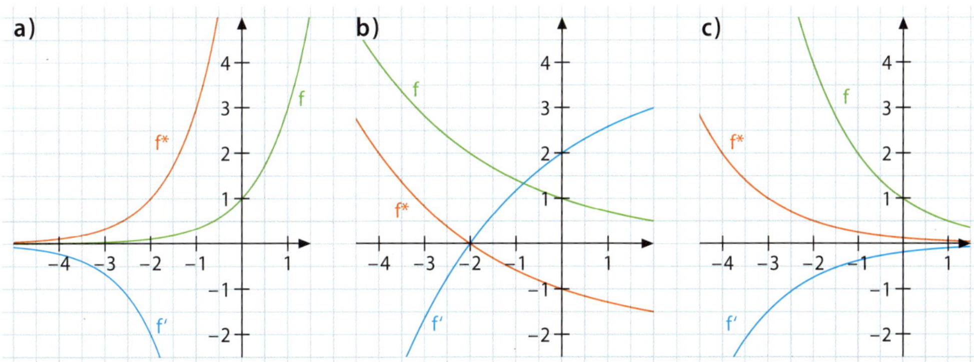

6 Finde jeweils heraus, und begründe, wie sich bei der Exponentialfunktion f mit $f(x) = \left(\frac{1}{2}\right)^x$; $D = \mathbb{R}$, der Funktionswert ändert, wenn man

a) x um 1 vergrößert. **b)** x um 2 verkleinert. **c)** x um 0,5 verkleinert.
d) x verdoppelt. **e)** x halbiert. **f)** x mit –1 multipliziert.

7 Finde jeweils heraus, und begründe, wie sich bei der Exponentialfunktion f mit $f(x) = b^x$; $b > 1$; $D = \mathbb{R}$, der Funktionswert ändert, wenn man

a) x um 1 vergrößert. **b)** x um 2 verkleinert. **c)** x um 0,5 verkleinert.
d) x verdoppelt. **e)** x halbiert. **f)** x mit –1 multipliziert.

8 **a)** Zeichne die Graphen der Funktionen f, g und h mit $f(x) = 2^x$, $g(x) = 2^{-x}$ und $h(x) = -2^x$ in ein Koordinatensystem.
b) Beschreibe, wie die Graphen der Funktionen g und h aus dem Graphen der Funktion f hervorgehen.
c) Bestimme für jede Funktion die zugehörige Wertemenge.
d) Beschreibe Zusammenhänge zwischen den Funktionstermen und dem Wachstum der Funktion.

9 **a)** Beschreibe Unterschiede der beiden dargestellten Graphen.
b) Erkläre, wie diese Unterschiede in der zugehörigen Funktionsgleichung sichtbar werden.

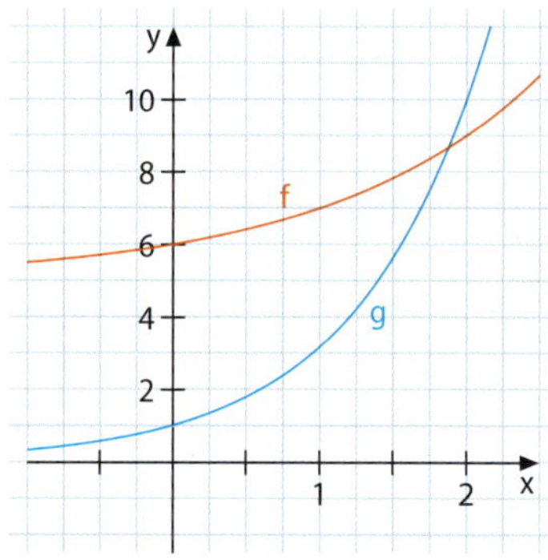

10 Ordne jedem Funktionsterm den passenden Graphen zu. Begründe deine Zuordnung.

1 $f_1(x) = 2 \cdot 1{,}5^x$ **2** $f_2(x) = 3 \cdot 1{,}8^x$
3 $f_3(x) = 3 \cdot \left(\frac{2}{3}\right)^x$ **4** $f_4(x) = 2 \cdot 1{,}7^x$
5 $f_5(x) = 3 \cdot 0{,}8^x$ **6** $f_6(x) = 3 \cdot \left(\frac{3}{2}\right)^x$

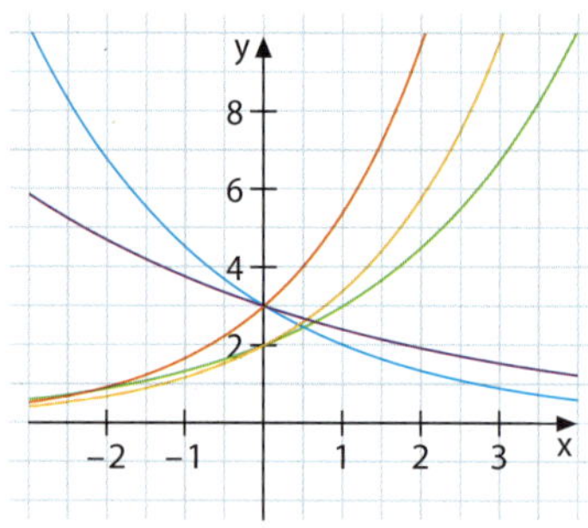

11 Ein Ferrari kostet neu ca. 250 000 €. Ein Auto verliert pro Jahr ca. 18 % an Wert.
a) Berechne, wie viel der Ferrari nach einem Jahr (nach drei Jahren, nach fünf Jahren, nach zehn Jahren) Wert ist.
b) Gib an, nach welchem Zeitraum der Ferrari nur noch 25 000 € wert ist.
Nutze ein Tabellenkalkulationsprogramm.

12 „Legt man sein Geld an, kann man großen Gewinn einstreichen". So behaupten es zahlreiche Anzeigen. Für den Wachstumsprozess von Geld gibt es dabei einige Fachbegriffe.

Weiterdenken

Der Geldbestand zu einem beliebigen Zeitpunkt t wird als **Kapital K** bezeichnet.
Das **Anfangskapital K_0** ist der Bestand zum Zeitpunkt t = 0 (**Anfangswert**).
Der Wachstumsfaktor b wird durch den **Zinssatz p %** bestimmt: $\mathbf{b = 1 + \frac{p}{100}}$. Ist der jährliche Zinssatz gegeben, folgt für das Kapital nach n Jahren: $\mathbf{K(n) = K_0 \cdot \left(1 + \frac{p}{100}\right)^n}$, $n \in \mathbb{N}$

Kapital sparen lohnt sich!

Startkapital: 20 000 €
Laufzeit: 5 Jahre
Gewinn: 30 000 €
Fester Zinssatz über die gesamte Laufzeit.

Lassen Sie Ihr Geld für sich arbeiten!

Machen Sie aus **2000 €** in nur drei Jahren **4000 €**.

Sicher in den Ruhestand!

Zahlen Sie jetzt 10 000 € ein, dann warten Sie auf den Ruhestand und erhalten 100 000 €.*

*Rechenbeispiel gültig, wenn Sie noch 35 Jahre arbeiten.

a) Ermittle für jedes Angebot eine Funktionsgleichung, die das Kapital in Abhängigkeit von der Zeit beschreibt.
b) Stell dir vor, du legst je 100 € zu den Zinssätzen der obigen Angebote an. Zeichne die drei Entwicklungen in ein Koordinatensystem. Vergleiche die Angebote.

13 Zeichne die Graphen der Funktionen f und g mit $f(x) = 2^x$ und $g(x) = 2^{-x}$ im Bereich $-2{,}5 \leq x \leq 2{,}5$ in ein Koordinatensystem (Einheit 1 cm) und trage die Punkte $V(0{,}5\,|\,g(0{,}5))$, $I(2\,|\,f(2))$, $E(-2\,|\,g(-2))$, $R(-0{,}5\,|\,f(-0{,}5))$ sowie $T(0\,|\,1)$ ein.
a) Ermittle den Flächeninhalt A (auf cm^2 gerundet) sowie den Umfang U (auf cm gerundet) des Vierecks VIER. Finde heraus, welchen Bruchteil von A die beiden Dreiecke ETI und RVT zusammen einnehmen. Berechne die Innenwinkel des Vierecks VIER.
b) Finde mithilfe des zweiten Strahlensatzes heraus, in welchem Punkt S die Geraden VI und ER einander schneiden. Trage in deine Zeichnung ein Paar von Stufenwinkeln an Parallelen und ein Paar von Wechselwinkeln an Parallelen ein.

14 Beim Röntgen müssen zum Schutz vor radioaktiver Strahlung Bleischürzen getragen werden. Pro Mikrometer Blei nimmt die Strahlungsintensität ca. 1 % ab.
a) Berechne, ab welcher Dicke die Strahlungsintensität unter 10 % des ursprünglichen Strahlungswertes liegt.
b) Berechne die Masse des Bleianteils einer Bleischürze, wenn der Strahlenschutz 95 % beträgt und 0,20 m^2 der Körperoberfläche geschützt werden sollen.

15 Eine Aufgabe aus dem ältesten Mathematikbuch der Welt, dem „Papyrus-Rhind":

«Sieben Menschen besitzen insgesamt sieben Katzen, jede Katze vertilgt sieben Mäuse, jede Maus frisst sieben Ähren Gerste, aus jeder Gerstenähre können sieben Maß Getreidekörner entstehen.»

Wären also die Katzen nicht, so hätte der Mensch – laut Papyrus-Rhind – weniger zu essen. Berechne die Anzahl an Maß Getreidekörnern, die der Mensch den Katzen verdankt.

Entdecken

Untersuche die Graphen von Exponentialfunktionen genauer.

- Stelle den Graphen der Funktion f mit $f(x) = 3^x$ mithilfe eines Computerprogramms dar. Beschreibe den Verlauf des Graphen.
- Zeichne jeweils in dasselbe Koordinatensystem die Graphen folgender Funktionen f_1, f_2 und f_3:

1 $f_1(x) = \frac{1}{4} \cdot 3^x$ **2** $f_2(x) = 3^x - 3$ **3** $f_3(x) = 3^{x-2} + 3$

Vergleiche die Graphen f_1 bis f_3 mit dem Graphen der Funktion f. Finde mögliche Abbildungen, die vom Graphen von f zu den Graphen f_1 bis f_3 führen.

Verstehen

Der Graph von Exponentialfunktionen wird mittels Parameter systematisch beeinflusst.

Der Graph einer **Exponentialfunktion** f mit der Gleichung …

1 $f(x) = a \cdot b^x$ mit $b \in \mathbb{R}^+ \setminus \{1\}$, $x \in \mathbb{R}$ und $a \in \mathbb{R} \setminus \{0\}$ entsteht durch Streckung bzw. Stauchung des Graphen von $f_1(x) = b^x$. Ist $a < 0$, liegt eine Spiegelung an der x-Achse vor.

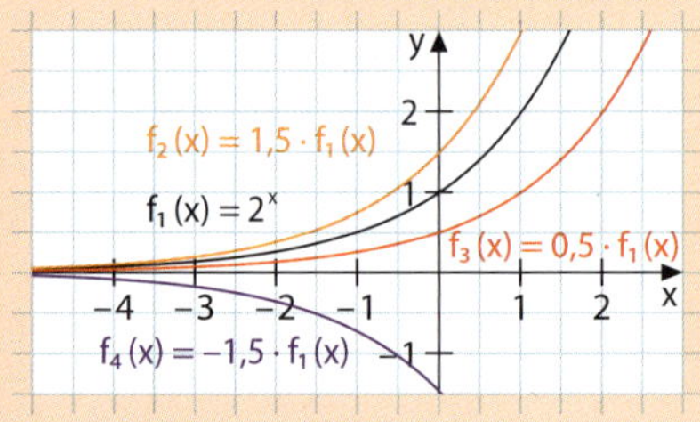

2 $f(x) = b^x + c$ mit $b \in \mathbb{R}^+ \setminus \{1\}$ und $c, x \in \mathbb{R}$ entsteht durch **Verschiebung** des Graphen von $f_1(x) = b^x$ **entlang der y-Achse**:
nach oben für $c > 0$
nach unten für $c < 0$

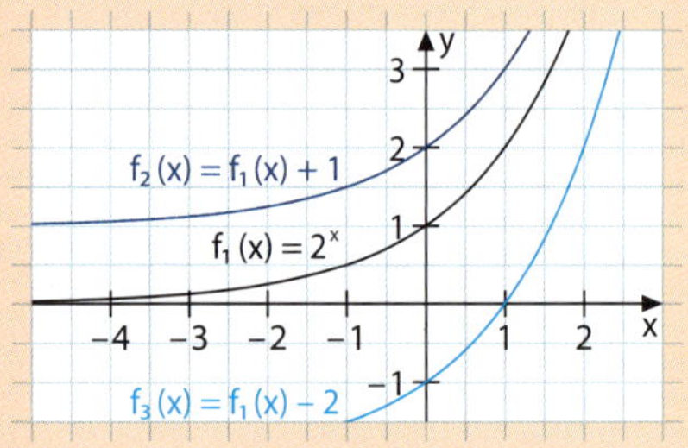

3 $f(x) = b^{(x-d)}$ mit $b \in \mathbb{R}^+ \setminus \{1\}$ und $d, x \in \mathbb{R}$ entsteht durch **Verschiebung** des Graphen von $f_1(x) = b^x$ **entlang der x-Achse:**
nach rechts für $d > 0$
nach links für $d < 0$

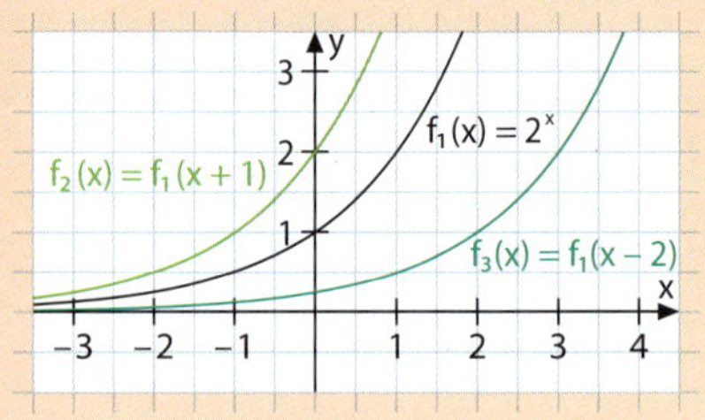

Beispiele

Finde heraus, wie sich bei der Exponentialfunktion f mit $f(x) = 2^x$ $(x \in \mathbb{R})$ der Funktionswert ändert, wenn man …

a) x um 1 vergrößert. **b)** x um 2 vergrößert.

Lösung:

a) Der Funktionswert wird verdoppelt, da $2^{x+1} = 2 \cdot 2^x$ ist.

b) Der Funktionswert wird vervierfacht, da $2^{x+2} = 2^2 \cdot 2^x = 4 \cdot 2^x$ ist.

Nachgefragt

- Cem behauptet, dass der Einfluss der Parameter bei Potenz- und Exponentialfunktionen analog ist. Erläutere diese Aussage.
- Rabea behauptet, dass es eine Exponentialfunktion der Form $f(x) = a \cdot b^{x-d} + c$ gibt, deren Graph durch alle vier Quadranten des Koordinatensystems verläuft. Stimmt das? Begründe.

Aufgaben

1 Stelle mithilfe einer Wertetabelle oder eines Computerprogramms jeweils in einem gemeinsamen Koordinatensystem die Funktionen grafisch dar. Nenne Gemeinsamkeiten und Unterschiede. Finde Eigenschaften der Funktion f mit $f(x) = a \cdot b^x + c$ in Abhängigkeit von den Parametern a, b und c.

a) $f_2(x) = 2^x$; $f_3(x) = 3^x$; $f_{0,5}(x) = 0{,}5^x$; $f_{0,2}(x) = 0{,}2^x$

b) $f_{0,5}(x) = 0{,}5 \cdot 2^x$; $f_3(x) = 3 \cdot 2^x$; $f_{-0,5}(x) = -0{,}5 \cdot 2^x$; $f_{-3}(x) = -3 \cdot 2^x$

c) $f_{0,5}(x) = 2^x + 0{,}5$; $f_3(x) = 2^x + 3$; $f_{-0,5}(x) = 2^x - 0{,}5$; $f_{-3}(x) = 2^x - 3$

2 Gib Parameter so an, dass die Funktion f mit $f(x) = a \cdot b^{x-d} + c$ …

a) eine waagerechte Asymptote bei $y = 3$ besitzt.

b) durch die Quadranten I, II und III verläuft.

c) nicht den III. Quadranten passiert, aber die waagrechte Asymptote der Funktion durch diesen Quadranten verläuft.

Begründe deine Wahl der Parameter.

3 Mithilfe der grafischen Darstellung soll das Verhalten der Funktionen für $x \to \pm\infty$ untersucht werden.

1 $f(x) = 2^x - 1$

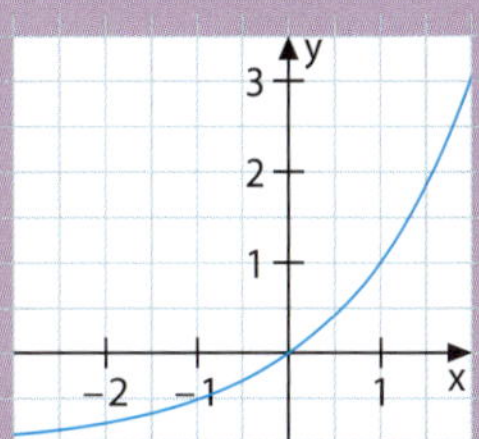

$f(x) \to -1$ für $x \to -\infty$

$f(x) \to \infty$ für $x \to \infty$

waagrechte Asymptote: $y = -1$

2 $f(x) = -0{,}1^x + 1$

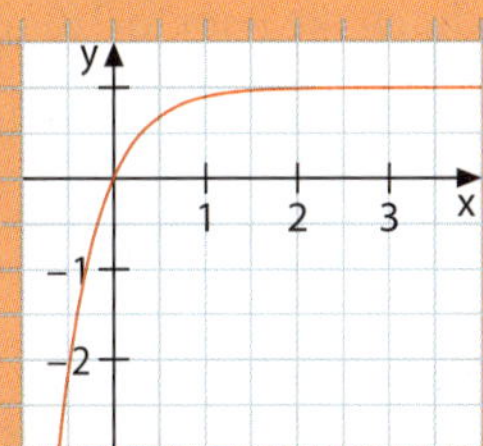

$f(x) \to -\infty$ für $x \to -\infty$

$f(x) \to 1$ für $x \to \infty$

waagrechte Asymptote: $y = 1$

3 $f(x) = \frac{1}{2} \cdot (3^x - 4)$

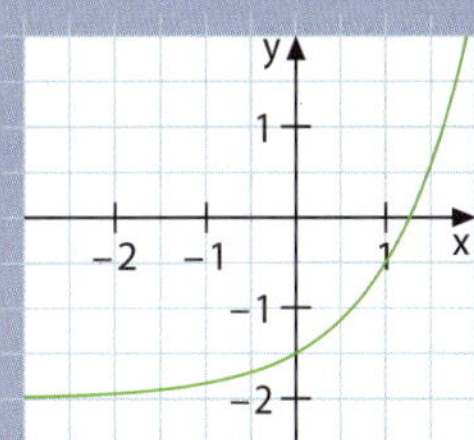

$f(x) \to -2$ für $x \to -\infty$

$f(x) \to \infty$ für $x \to \infty$

waagrechte Asymptote: $y = -2$

Beschreibe, wie das Verhalten der jeweiligen Funktion für $x \to \pm\infty$ folgt, und wie dir die Abbildungen bei der Lösung helfen.

4 Bestimme das Verhalten des Graphen für $x \to \pm\infty$.

a) $f(x) = -6^x - 8$ **b)** $f(x) = -0{,}5^x + 3$ **c)** $f(x) = \frac{1}{2} \cdot (0{,}5^x - 9)$

d) $f(x) = 2^x - 3^x$ **e)** $f(x) = 3 \cdot 0{,}1^x - 4$ **f)** $f(x) = -\frac{5}{3} \cdot (3^x - 6)$

g) $f(x) = -(4 - 2)^x$ **h)** $f(x) = -0{,}2^x + 5^x$ **i)** $f(x) = \frac{1}{6} \cdot 1{,}5^x - 4 \cdot \frac{1}{2}$

5 Eine Exponentialfunktion f der Form $f(x) = a \cdot 2^x + c$ besitzt eine waagrechte Asymptote bei $y = 2$ und verläuft durch den Punkt P(2 | 14). Sabine notiert nebenstehenden Lösungsweg zur Ermittlung der Parameter a und c. Erläutere ihren Lösungsweg.

Die waagrechte Asymptote ist $y = 2$. Damit ist $c = 2$.

$f(x) = a \cdot 2^x + c$	$14 = a \cdot 2^2 + 2$	$\mid -2$
	$12 = a \cdot 4$	$\mid :4$
	$a = 3$	

6 Erzeuge die nachstehenden Graphen mit einem Computerprogramm.

a) 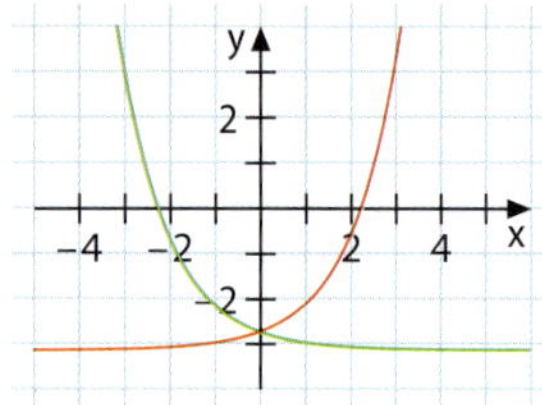

b) 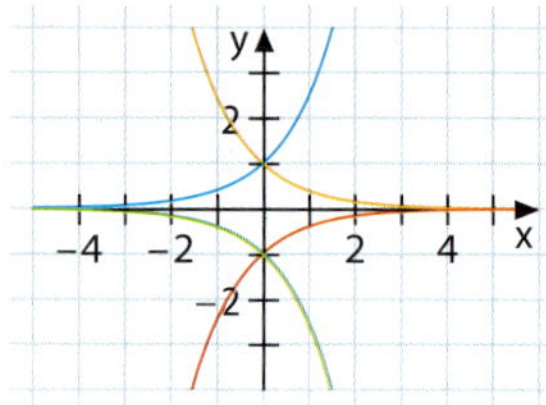

c) 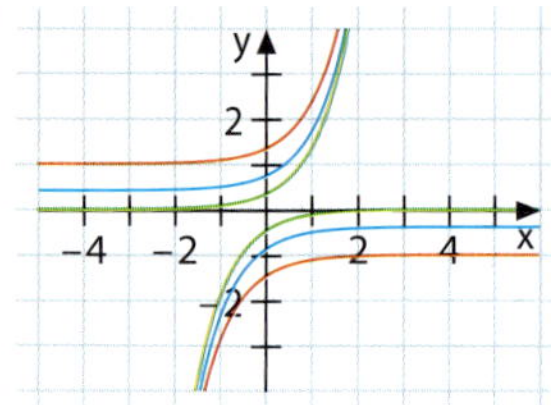

7 Gegeben sind Graphen von Funktionen g, h und k. Ermittle die Parameter der Funktionen und erläutere deren Einfluss auf den Verlauf des Graphen im Vergleich zum Graphen von $f(x) = 0{,}5^x$.

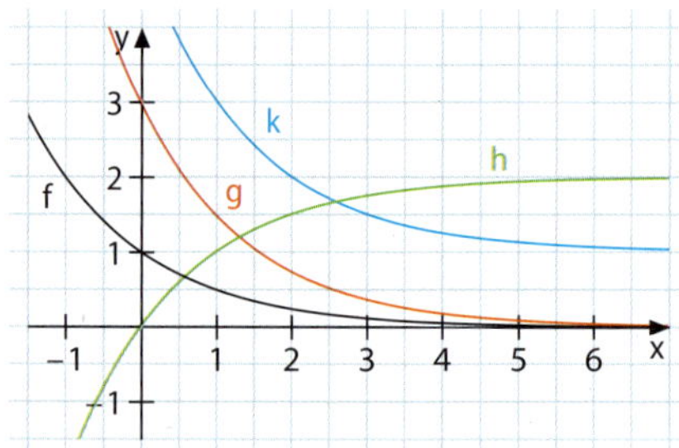

8 Ermittle die Funktionsgleichungen. Überprüfe mit einem Computerprogramm.

a) Der Graph der Exponentialfunktion f mit $f(x) = a \cdot 4^x + c$ geht durch die Punkte P(0 | 2) und Q(−1 | 1,625).

b) Die Funktion f mit $f(x) = a \cdot 1{,}2^x + c$ besitzt eine waagrechte Asymptote bei $y = -4{,}8$ und hat eine Nullstelle bei $x = 1$.

c) Für die Funktion f mit $f(x) = a \cdot b^x + c$ gilt $f(0) = 1$ und $f(1) = -1$.

9 Für einen exponentiellen Wachstumsprozess gilt: $f(t) = a \cdot b^t$.

a) Ermittle jeweils die Werte der beiden Parameter a und b, wenn

1 $f(0) = \frac{1}{16}$; $f(4) = 1$ ist. **2** $f(2) = \frac{1}{9}$; $f(6) = 9$ ist.

3 $f(3) = 0{,}20$; $f(5) = 5$ ist.

b) Finde heraus, ob es einen Zeitpunkt t* gibt, zu dem bei allen drei Prozessen aus Teilaufgabe a) der gleiche Bestand f(t*) erreicht wird.

c) Ermittle für jeden der drei Prozesse aus Teilaufgabe a) den Zeitpunkt, zu dem der Bestand den Wert 1000 erreicht.

10 Eine Strecke von 1 m Länge wird fortlaufend halbiert.

a) Gib eine Funktionsgleichung der Form $f(x) = b^x$ an, die diesen Vorgang beschreibt.

b) Bestimme, nach wie vielen Teilungen man zum ersten Mal eine Strecke von weniger als 1 mm Länge erhält.

c) Beschreibe, wie sich die Gleichung aus Teilaufgabe a) verändert, wenn die Strecke zu Beginn 2 m (4 m, 5 m, 8 m) lang ist.

11 Ein Guthaben von 15 000 € wird jährlich mit 4 % verzinst.

a) Bestimme das Guthaben nach 1, 2, …, 10 Jahren.

b) Ermittle die Zeit, nach der sich das Guthaben verdoppelt hat. Setze dazu die Ergebnisse aus Teilaufgabe a) geeignet fort.

12 Bestimme die Parameter der Funktionsgleichung $f(x) = a \cdot b^{x-d} + c$.

a) Die Funktion besitzt eine waagrechte Asymptote bei $y = -4$, die Basis ist 3, $b = 2$ und $f(0) = -\frac{10}{3}$.

b) Wenn diese Funktion an der y-Achse gespiegelt wird, entsteht $g(x) = 4 \cdot 2^x - 4$.

c) Wenn die Funktion auf der y-Achse um zwei Einheiten nach oben verschoben wird, besitzt sie eine Asymptote $y = 6$. Wird sie an der x-Achse gespiegelt, ist der Wachstumsfaktor 2. Der Parameter b ist um eins größer als der Parameter d, aber um 5 kleiner als der Parameter c.

13 Das rechtwinklige Dreieck ABC wird schrittweise ähnlich vergrößert (vgl. die Abbildung). Dabei wird die Kathete $\overline{AB_n}$ n-mal jeweils um 1 cm verlängert. Beschreibe die Länge des Umfangs U_n und den Flächeninhalt A_n des Dreiecks AB_nC_n jeweils durch einen Term. Bestimme, für welchen Wert von n der Flächeninhalt des Dreiecks AB_nC_n 25-mal so groß wie der des Dreiecks AB_0C_0 ist.

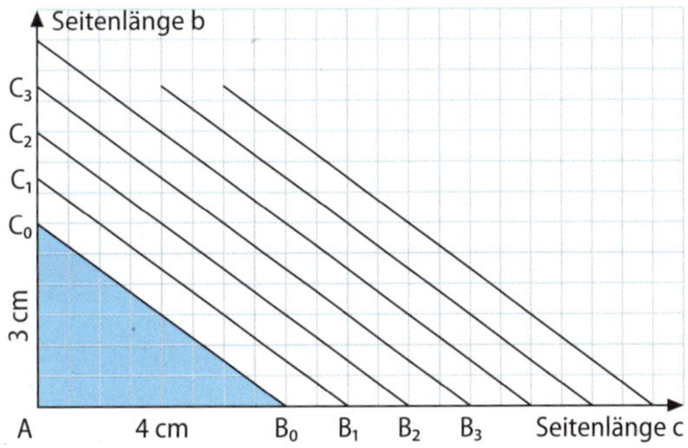

14 Alfredo bereitet sich in der Küche (Raumtemperatur 20 °C) eine Tasse Kaffee (Temperatur 60 °C) zu, die er wegen eines dringenden Telefongesprächs in der Küche stehen lässt. Der Zusammenhang zwischen der Temperatur T des Kaffees (in °C) und der seit seiner Zubereitung verstrichenen Zeit (t: Anzahl der Minuten) lässt sich durch $T(t) = 20 + 40 \cdot 2^{-0{,}06t}$ mit $t \in \mathbb{R}^+$ beschreiben.
Ermittle rechnerisch, ob Alfredos Kaffee bereits „kalt“ ($T \leq 40$) ist, als er ihn nach dem Telefongespräch (Dauer 12 Minuten) endlich trinken möchte.

Wissen

Entwicklung der Weltbevölkerung

Jahr	1950	1970	1990	2010	2030
Bewohner der Erde	2,53 Mrd	3,70 Mrd	5,31 Mrd	6,90 Mrd	? Mrd

- Stelle die Werte mit einem Computerprogramm in einer Tabelle dar.
- Nimm an, dass die Weltbevölkerung … **a)** linear wächst. **b)** exponentiell wächst. Bestimme, wie viele Menschen nach dem jeweiligen Wachstum im Jahr 2030 leben.
- In Deutschland (80,9 Mio Einwohner) sinkt die Bevölkerung jährlich um 0,2 %. Gib an, wie viele Menschen 2030 (2050) in Deutschland leben, wenn sich die Bevölkerungsrate nicht ändert. Beurteile die Annahme, dass sich die Bevölkerungsrate in den betrachteten Zeiträumen nicht verändert.

Entdecken

Reproduktion des „Ötzis".

Altersbestimmung: C14-Methode
Jeder Mensch nimmt über die Luft radioaktiven C14-Kohlenstoff auf und lagert ihn in den Knochen ein. Durch gleichzeitige Aufnahme und radioaktiven Zerfall bleibt der C14-Gehalt nahezu konstant. Mit dem Tod hört die Aufnahme auf und der Kohlenstoff C14 zerfällt langsam mit einer Halbwertszeit T_H von 5730 Jahren. Das bedeutet, dass 5730 Jahre nach dem Tod eines Menschen nur noch halb so viel C14 vorhanden ist wie zum Zeitpunkt seines Todes.

- Im Jahr 1991 wurden in den Ötztaler Alpen auf südtiroler Gebiet die Überreste eines Mannes („Ötzi") gefunden. Bei Ötzi betrug die C14-Menge nur noch 53,3 % der ursprünglichen Menge. Bestimme mithilfe der Information, vor wie viel Jahren Ötzi gestorben ist.
- Zeige: Die Funktion m mit $m(t) = m_0 \cdot 0{,}5^{\frac{t}{T_H}}$ beschreibt die Abnahme der C14-Menge.

Verstehen

Häufige Logarithmen:
$\log_{10} x = \lg x$
(logarithmus generalis)
$\log_2 x = \mathrm{ld}\, x$
(logarithmus duales)

$b^1 = 1 \Rightarrow \log_b b = 1$
$b^0 = 1 \Rightarrow \log_b 1 = 0$
$b^{-1} = \frac{1}{b} \Rightarrow \log_b \frac{1}{b} = -1$

Du kennst bereits den Zusammenhang zwischen Potenzieren und Wurzelziehen. Nachfolgend kommt noch eine weitere Operation hinzu.

Die **Umkehrung des Potenzierens** ist das **Logarithmieren**, wenn der Exponent gesucht ist.
Die Gleichung $b^c = a$ mit $b \in \mathbb{R}^+ \setminus \{1\}$; $a \in \mathbb{R}^+$, $c \in \mathbb{R}$ lässt sich umformen zu $\log_b a = c$
(sprich: „Der Logarithmus von a zur Basis b ist c")

$b^c = a$ ↔ $b = \sqrt[c]{a}$ ↔ $c = \log_b a$ Potenz ↔ Wurzel ↔ Logarithmus $2^3 = 8$ ↔ $2 = \sqrt[3]{8}$ ↔ $3 = \log_2 8$

Für das Rechnen mit Logarithmen gelten folgende Regeln ($a, b \in \mathbb{R}^+ \setminus \{1\}$; $p, q \in \mathbb{R}^+$; $r \in \mathbb{R}$):

- Logarithmus eines Produktes: $\log_b(p \cdot q) = \log_b p + \log_b q$
- Logarithmus eines Quotienten: $\log_b\left(\frac{p}{q}\right) = \log_b p - \log_b q$
- Logarithmus einer Potenz: $\log_b(p^r) = r \cdot \log_b p$
- Wechsel der Basis: $\log_a p = \frac{\log_b p}{\log_b a}$ Taschenrechner: $\log_a c = \frac{\lg c}{\lg a}$

Beispiele

I. Schreibe die Potenzen als Logarithmus.
a) $4^3 = 64$ **b)** $7^5 = 16\,807$ **c)** $10^8 = 100\,000\,000$
Lösung:
a) $\log_4 64 = 3$ **b)** $\log_7 16\,807 = 5$ **c)** $\lg 100\,000\,000 = 8$

II. Vereinfache folgende Terme.
a) $\log_2 6 - \log_2 48$ **b)** $\log_5 \sqrt{250} - \log_5 \sqrt{10}$ **c)** $3\log_b x + 2\log_b y$
Lösung:
a) $\log_2 6 - \log_2 48 = \log_2 \frac{6}{48} = \log_2 \frac{1}{8} = \log_2 (2)^{-3} = -3$
b) $\log_5 \sqrt{250} - \log_5 \sqrt{10} = \log_5 \frac{\sqrt{250}}{\sqrt{10}} = \log_5 \sqrt{\frac{250}{10}} = \log_5 5^1 = 1$
c) $3\log_b x + 2\log_b y = \log_b x^3 + \log_b x^2 = \log_b x^3 y^2$

Beachte:
$\log_b b^a = a$

Nachgefragt

- Maike behauptet, dass $\log_2 0 = 1$ ist. Stimmt das? Begründe.
- Kann die Gleichung $x^3 = 27$ mit dem Logarithmus gelöst werden?
- Zeige, dass gilt: **1** $\log_a 1 = 0$ **2** $\log_a \frac{1}{a} = -1$

Aufgaben

1 Übertrage die Tabelle in dein Heft und vervollständige die Lücken.

	a)	b)	c)	d)
Potenz	$4^3 = 64$	$17{,}5^2 = 306{,}25$		
Wurzel			$\sqrt[3]{343} = 7$	
Logarithmus				$\log_5 15\,625 = 6$

2 Berechne im Kopf.

Überlege dir die dazugehörige Potenz.

a) $\log_3 81$ $\log_2 512$ $\log_4 4$ $\log_4 256$ $\log_3 243$

b) $\log_3 \frac{1}{9}$ $\log_3 \frac{1}{81}$ $\log_2 \frac{1}{64}$ $\log_4 \frac{1}{64}$ $\log_4 0{,}25$

3 Stelle die zugehörige Potenz auf. Bestimme dann x.
Beispiel: $\log_6 7776 = x$; zugehörige Potenz: $6^x = 7776$

a) $\log_5 125 = x$ b) $\log_8 x = 2$ c) $\log_x 216 = 3$
d) $\lg 1000 = x$ e) $\lg 0{,}00001 = x$ f) $5^x = 230$

4 Benutze zur Berechnung des Zehnerlogarithmus den Taschenrechner.

a) $\lg 10\,000$ b) $\lg 28$ c) $\lg 1800$ d) $\lg 0{,}0095$
e) $\lg 20 + \lg 5$ f) $\lg 0{,}3 + \lg 22$ g) $\lg 2 \cdot \lg 14$ h) $\lg 0{,}01 \cdot \lg 28$
i) $\lg \sqrt{83}$ j) $\lg 3{,}1^4$ k) $\lg 6^{-3}$ l) $\lg \frac{2}{9}$

5 Löse die Gleichungen mithilfe der passenden Umkehroperation.

a) $x^4 = 625$ b) $a^8 = 6561$ c) $m^5 = 120$ d) $y^{10} = 72$
e) $4^x = 256$ f) $5^b = 100$ g) $0{,}5^n = 0{,}05$ h) $0{,}2^y = 15$

6 Vergleiche jeweils die Ergebnisse und beschreibe Gesetzmäßigkeiten.

a) $\lg 3$ $\lg 30$ $\lg 300$ $\lg 3000$ $\lg 30\,000$
b) $\lg 7$ $\lg 70$ $\lg 700$ $\lg 7000$ $\lg 70\,000$
c) $\lg 0{,}5$ $\lg 0{,}05$ $\lg 0{,}005$ $\lg 0{,}0005$ $\lg 0{,}00005$

7 Fasse zusammen und vereinfache, wenn möglich.

a) $\lg x - \lg y$ b) $\lg x + 3\lg y - 2\lg z$ c) $\lg a - \lg b$ d) $2\lg x + \lg y$
e) $\lg a + 1$ f) $\lg 5 - 2$ g) $\lg 3 + 2\lg a$ h) $\lg 18 - \lg 3$

8 Forme unter Anwendung der Logarithmengesetze um.

a) $\lg (a \cdot b \cdot c \cdot d)$ b) $\lg \frac{a \cdot b}{c}$ c) $\lg (a^2 \cdot b)$ d) $\lg (a \cdot b)^4$
e) $\lg (a \cdot b)^3$ f) $\lg \frac{a \cdot b}{2c}$ g) $\lg \frac{a\sqrt{b}}{c}$ h) $\lg \frac{b}{\sqrt[3]{a}}$

9 Finde durch Überlegen heraus, welches der drei Zeichen <, = bzw. > anstelle des Platzhalters ■ stehen muss, damit eine wahre Aussage entsteht.

a) $\log_2 4$ ■ $\log_3 9$ **b)** $\lg_{10}$ ■ $\log_2 10$ **c)** $\log_2 10$ ■ $\log_3 10$
d) $\log_5 125$ ■ $\log_3 27$ **e)** $\log_5 35$ ■ $\log_3 35$ **f)** $\log_6 108$ ■ $\log_2 12$
g) $\lg 1000$ ■ $\log_2 16$ **h)** $1 + \log_2 8$ ■ $\log_2 32$ **i)** $(\log_2 2)^2$ ■ $(\log_4 4)^4$

10 Ermittle unter Verwendung des Näherungswerts $\log_5 7 \approx 1{,}21$ einen Näherungswert für
a) $\log_5 35$. **b)** $\log_5\left(\frac{1}{7}\right)$. **c)** $\log_5 1{,}4$. **d)** $\log_5 175$. **e)** $\log_5 49$. **f)** $\log_5 \sqrt{7}$.

11 **a)** Die Anzahl der Bakterien in einer Kultur verdoppelt sich stündlich. Finde heraus, nach welcher Zeit sie sich verzehnfacht hat.
b) Eine Bakterienkultur der Masse 10,0 mg verdoppelt ihre Masse jeweils in 80 Minuten. Gib an, nach wie vielen Stunden die Masse auf das 100-Fache zugenommen hat.
c) Bestimme nach wie vielen Minuten sich Bakterien teilen, deren Anzahl nach einer Stunde um 60 % zugenommen hat.

12 **a)** Lucas und Laura lösen beide die Gleichung $b^x = y$ nach x auf.

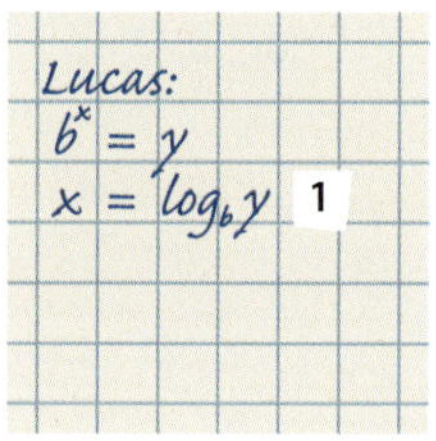

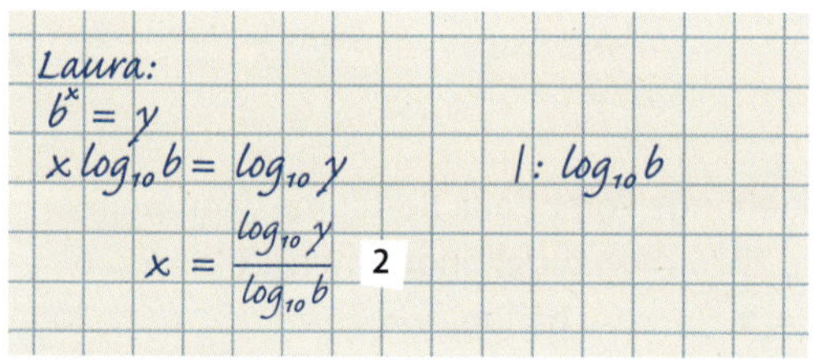

Erkläre deinem Nachbarn / deiner Nachbarin die beiden Vorgehensweisen und gib an, was man aus **1** zusammen mit **2** folgern kann.
b) Überprüfe unter Verwendung der Vorgehensweise bei Teilaufgabe a), dass für $a, b \in \mathbb{R}^+ \setminus \{1\}$ und $p \in \mathbb{R}^+$ stets $\log_b p = \frac{\log_a p}{\log_a b}$ ist.

Wissenschaftliche Notation:
$345\,678 = 3{,}45678 \cdot 10^5$

2 hoch 30 402 457 minus 1
Zwei amerikanische Professoren haben die bisher größte Primzahl entdeckt. Sie hat 9 152 052 Stellen, wie das Internet-Primzahlenprojekt GIMPS (Great Internet Mersenne Prime Search) in Orlando (Florida) berichtet.

13 Anzahl der Stellen einer natürlichen Zahl.
a) Finde Gemeinsamkeiten der Logarithmenwerte aller Zahlen zwischen 100 und 1000.
b) Gib Gemeinsamkeiten aller fünf- (sechs-, fünfzehn-)stelligen Zahlen an.
Bestätige die Allgemeingültigkeit deiner Aussage, indem du die Zahlen in wissenschaftlicher Notation darstellst.
c) Finde mithilfe von Teilaufgabe b) heraus, wie viele Ziffern die Werte der Potenzen 22^{22}, 55^{55}, 99^{99} bzw. $(99^{99})^{99}$ besitzen.
d) Im Jahr 1999 schrieb die Electronic Frontier Foundation (EFF) ein Preisgeld in Höhe von 250 000 \$ für die erste Primzahl mit mehr als einer Milliarde Ziffern aus. Dabei suchte man vor allem sogenannte Mersenne-Primzahlen: Das sind Primzahlen, die sich in der Form $2^n - 1$ ($n \in \mathbb{N}$) schreiben lassen.
1 Gib mindestens vier Mersenne-Primzahlen an.
2 Berechne, wie groß n mindestens sein muss, um mit der zugehörigen Mersenne-Primzahl das Preisgeld von 250 000 \$ zu gewinnen.

14 Ermittle ohne Verwendung des Taschenrechners den Wert des Terms
$\lg\left(1 + \frac{1}{1}\right) + \lg\left(1 + \frac{1}{2}\right) + \lg\left(1 + \frac{1}{3}\right) + \ldots + \lg\left(1 + \frac{1}{99}\right)$ möglichst geschickt.

15 Gib jeweils unter der Voraussetzung $\log_3(x+y) = 2$ den Termwert an.
a) $\log_3(x^2 + 2xy + y^2)$ b) $\log_3\sqrt{x+y}$ c) $\log_3\frac{1}{x+y}$ d) $x + y$ e) $(x+y)^x + y$

16 **1** $f(x) = 4 \cdot 0{,}5^x$ **2** $f(x) = 20 \cdot 0{,}9^x$ **3** $f(x) = 8 \cdot 0{,}06^x$ **4** $f(x) = 100 \cdot 0{,}75^x$
a) Erkläre die Bedeutung der Zahlen in der jeweiligen Funktionsgleichung.
b) Bestimme, für welchen Wert von x der Funktionswert halb so groß ist wie der Ausgangswert f(0) der Gleichung.

Lösungen zu 16b: 0,25; 1,00; 2,41; 6,58

17 Begründe die folgende Rechenregel: $\log b^r = r \cdot \log b$

18 Die Halbwertszeit des radioaktiven Kohlenstoffisotops C14 beträgt etwa 5730 Jahre.

Weiterdenken

Ausgehend vom **Anfangsbestand** zum Zeitpunkt t = 0 bezeichnet man den Zeitraum, in dem sich bei …
- exponentieller Zunahme der Anfangsbestand verdoppelt, als **Verdopplungszeit**.
- exponentieller Abnahme der Anfangsbestand halbiert, als **Halbwertzeit**.

Ergänze die Tabelle und zeichne mithilfe der Tabelle den zugehörigen Funktionsgraphen.

Anzahl der Halbwertsperioden	0	1	2	3	4
Anzahl der Jahre	0	5730			
Anteil des verbleibenden C14	1 = 100 %				

a) Bei einer Ausgrabung wurde ein Fossil gefunden, das nur noch 20 % der ursprünglichen C14-Menge enthielt. Bestimme mithilfe des Funktionsgraphen das ungefähre Alter des Fossils grafisch. Gib einen Funktionsterm an, mit dem man den Anteil des verbleibenden C14 nach n Halbwertsperioden berechnen kann, und berechne dann das Alter des Fossils auf Jahrtausende gerundet.
b) Berechne mithilfe der Gleichung $0{,}5^x = 0{,}533$ die Zeitdauer seit „Ötzis" Tod (vgl. Einführungsbeispiel) auf Jahrhunderte gerundet.
c) Berechne, vor wie vielen Jahrhunderten der ägyptische König Tutanchamun gelebt hat, wenn seine Mumie jetzt noch 67 % des ursprünglichen C14-Anteils enthält.

19 Bei dem großen Reaktorunfall 1986 in Tschernobyl wurden u. a. radioaktives Jod 131 und radioaktives Caesium 137 freigesetzt.
a) Die Masse des radioaktiven Jods 131 nimmt pro Tag um 8,3 % ab. Berechne die Halbwertszeit von Jod 131 und ermittle, wie viel Milligramm Jod 131 nach 120 Tagen von jedem ursprünglich freigesetzten Kilogramm Jod 131 noch vorhanden waren.
b) Caesium 137 hat eine Halbwertszeit von 33 Jahren. Finde heraus, wie viel Prozent der anfangs vorhandenen Menge Caesium 137 nach zehn (zwanzig, dreißig, hundert) Jahren noch vorhanden waren (bzw. sein werden).

20 Herr Günther legt auf einem Bankkonto 12 500 € an. Der Zinssatz beträgt 1,3 %. Berechne, wie viele Jahre er brauchen würde, damit er …
a) 15 000 € auf seinem Bankkonto hat. b) sein Geld verdoppelt hat. c) Millionär ist.
d) sich für 570 Millionen Euro eine Luxusjacht kaufen kann.

Stelle zunächst eine Gleichung auf und stelle sie um.

Entdecken

Herr Bednorzer zieht in eine neue Wohnung mit einer Monatsmiete von 650 €. Im Mietvertrag ist vereinbart, dass die Miete jährlich um 6 % steigt. Herr Bednorzer hat ein Gehalt von monatlich 3800 €. Er rechnet mit einer jährlichen Gehaltssteigerung von 2,5 %.

- Berechne, nach wie vielen Jahren Herr Bednorzers Miete so hoch ist wie sein Einkommen.
- Bestimme, wie viel Prozent seines Einkommens die Miete nach 5 Jahren (10 Jahren, 20 Jahren) ausmacht.

Verstehen

In Gleichungen können auch Potenzen auftreten. Es gibt unterschiedliche Möglichkeiten, um solche Gleichungen zu lösen.

Unter einer **Exponentialgleichung** versteht man eine Gleichung, bei der die Variable (nur) im Exponenten auftritt. Die Lösungsmenge einer Exponentialgleichung kann man grafisch ermitteln oder rechnerisch durch Logarithmieren bzw. Exponentenvergleich.

Beispiele

I. Löse **grafisch** die Exponentialgleichung $1{,}5^{x-2} = 1$.

Lösung:

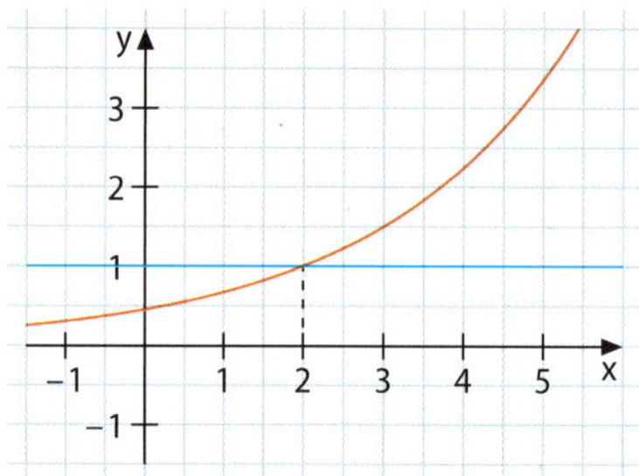

$f(x) = 1{,}5^{x-2}$

$g(x) = 1$

An der Stelle $x = 2$ ist der Funktionswert $f(x)$ gleich 1.

Probe:

$1{,}5^{2-2} = 1$ (wahr)

$L = \{2\}$

II. Löse **rechnerisch durch Logarithmieren** die Exponentialgleichung $4 \cdot 2^{3-2x} = 6$.

Lösung:

Nutze: $\log_b (u^r) = r \cdot \log_b u$

$$
\begin{aligned}
4 \cdot 2^{3-2x} &= 6 && \mid :4\\
2^{3-2x} &= 1{,}5 && \mid \lg()\\
(3-2x) \cdot \lg 2 &= \lg 1{,}5 && \mid :\lg 2\\
3 - 2x &= \frac{\lg 1{,}5}{\lg 2} && \mid +2x - \frac{\lg 1{,}5}{\lg 2}\\
2x &= 3 - \frac{\lg 1{,}5}{\lg 2} && \mid :2\\
x &\approx 1{,}21
\end{aligned}
$$

Probe:

$4 \cdot 2^{3-2 \cdot 1{,}21} \approx 6$ (wahr)

Da die Werte des Logarithmus gerundet sind, kann die Lösung nur im Rahmen der Rundungsgenauigkeit bestimmt werden.

$L = \{1{,}21\}$

III. Löse **rechnerisch durch Exponentenvergleich** bei gleicher Basis.

a) $2^{x+4} = 8$ **b)** $4 \cdot 3^{x-5} = 36$

Lösung:

Nutze: $b^x = b^x$ $\log_b b^x = x$

a) $2^{x+4} = 8 \Leftrightarrow 2^{x+4} = 2^3$

Vergleich: $x + 4 = 3$

$x = -1$

Probe:

$2^{-1+4} = 8$ (wahr)

$L = \{-1\}$

b) $4 \cdot 3^{x-5} = 36 \Leftrightarrow 3^{x-5} = 3^2$

Vergleich: $x - 5 = 2$

$x = 7$

Probe:

$4 \cdot 3^{7-5} = 36$ (wahr)

$L = \{7\}$

- Begründe die Aussage:
  „Der Exponentenvergleich ist nur möglich, wenn alle Basen gleich sind."
- Finde durch Überlegen die Lösung folgender Exponentialgleichungen:
  1 $4^x + 3^x = 2$ **2** $4^x - 3^x = 7$

Nachgefragt

Aufgaben

1 Bestimme die Lösungsmenge im Bereich der reellen Zahlen im Kopf.
a) $2^x = 64$ **b)** $3^x = 81$ **c)** $5^x = 625$ **d)** $2 \cdot 3^x = 18$
e) $7 \cdot 5^x = 35$ **f)** $9 \cdot 7^x = \frac{9}{7}$ **g)** $4^x = 32$ **h)** $9^x = \frac{1}{3}$

2 Löse die Gleichungen im Bereich der reellen Zahlen.
a) $4^x = 2$ **b)** $4^x = 0{,}125$ **c)** $3 - 0{,}5^x = 1$
d) $1 + 2^{3x} = 65$ **e)** $4 \cdot 1^{2-3x} = 8$ **f)** $5 + 3^x = 1{,}5$
g) $6 \cdot 2^{x-2} = 24$ **h)** $0{,}2 \cdot 5^{x+3} = 5$ **i)** $1500 \cdot 0{,}1^{x-6} = 1{,}5$

3 Löse durch Exponentenvergleich.
a) $2^{x+1} = 4$ **b)** $3^{x-5} = 81$ **c)** $2^{2x+3} = \frac{1}{32}$ **d)** $3^{5x-1{,}5} = \sqrt[4]{27}$

4 Für welchen Wert von x hat die Funktion f mit $f(x) = 2^x$ den Funktionswert 10 (20)?

5 Bestimme die Lösung der Gleichung mit einem Verfahren deiner Wahl.
a) $3^x = 2$ **b)** $4^x = 0{,}8$ **c)** $10^x = 3{,}7$ **d)** $3^{-x} = 0{,}8$
e) $2^{2x+4} - 8 \cdot 4^x - 4 = 0$ **f)** $2^{3x+5} - 2^{3x+3} - 2^{3x+1} = 176$

6 Begründe, welches Verfahren sich zur Lösung eignet. Löse damit die Gleichung.
a) $5 \cdot 1{,}5^{x-2} = 7{,}5$ **b)** $1{,}6 \cdot 4^{x+3} = 204{,}8$ **c)** $10 \cdot 8{,}5^{x+2{,}7} = 6141{,}25$

7 Die Gleichung $m(t) = 200\text{ mg} \cdot 2{,}5^{-0{,}4t}$ ($t \geq 0$: Anzahl der Stunden) beschreibt den Abbau eines Medikaments von 200 mg im Körper.
a) Berechne, nach wie vielen Stunden das Medikament auf die Hälfte (ein Viertel, 10 %) der ursprünglichen Menge abgebaut ist.
b) Gib an, nach wie vielen Stunden die Restmenge im Körper nur noch 30 mg beträgt.
c) Untersuche, ob sich die Halbwertszeit ändert, wenn sich der Anfangsbestand ändert.

8 Im Koordinatensystem sind die Graphen der Funktionen f und g mit $f(x) = -2 \cdot 3^{x-2} + 3$ und $g(x) = 2^{x-1} - 1$ dargestellt.
a) Erkläre, wie die Gleichung $-2 \cdot 3^{x-2} + 3 = 2^{x-1} - 1$ gelöst wurde.
b) Ermittle ebenso die Lösung der Gleichung.
1 $2^x = 13 - 3^x$
2 $3 \cdot 4^{x-4} + 2 = \frac{-3}{2^{12}} \cdot 2^{3x} + 8$

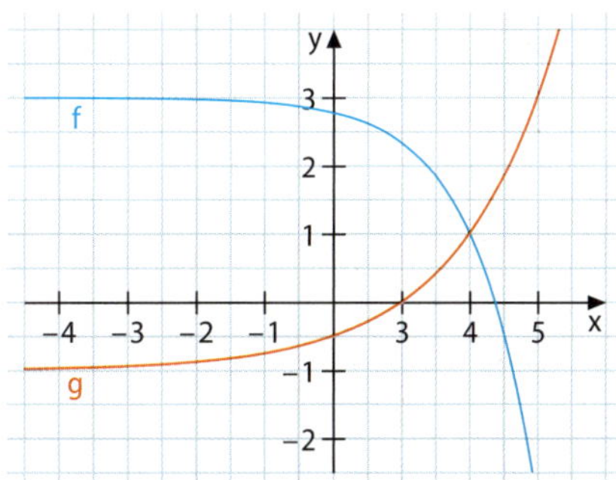

9 Bestimme die Definitionsmenge der Gleichung und löse sie im Bereich der reellen Zahlen.
a) $(2^x)^2 - 3 \cdot 2^{x+2} = 0$ **b)** $(\lg x)^2 + 3 \cdot \lg x - 4 = 0$

10 Löse die Exponentialgleichung in $\mathbb{R}$. Begründe deine Wahl des Verfahrens.

a) $\frac{1}{2} \cdot 3^x = 5$ **b)** $5 \cdot 2^{x+1} = 18$ **c)** $3 \cdot 4^{x-1} = 0{,}8$

d) $1{,}5^{x+6} = 3{,}28$ **e)** $3 \cdot 2^{x-3} = 2{,}4$ **f)** $4 \cdot 3{,}6^{x+1} = 14$

g) $3^{x+1} - \left(\frac{1}{3}\right)^{2-x} = 26$ **h)** $6 \cdot 3^{2x-7} = 35$ **i)** $-2{,}1 \cdot 7^{x+8} = -1{,}6$

j) $24 \cdot 31^{2x+19} = -6$ **k)** $3 \cdot 6^{3x+2} = 648$ **l)** $3^{x+4} = 27^{2x+3}$

11 Hier stimmt etwas nicht. Finde den Fehler und korrigiere ihn.

a)

$$\left(\frac{3}{4}\right)^x = \left(\frac{4}{3}\right)^5$$
$$\frac{3^x}{4^x} = \frac{4^5}{3^5}$$
$$3^x \cdot 3^5 = 4^x \cdot 4^5$$
$$3^{x+5} = 4^{x+5}$$
$$3 = 4$$

b)

$$\left(\frac{1}{3}\right)^3 > \left(\frac{1}{3}\right)^7 \quad |\lg()$$
$$3 \cdot \lg\left(\frac{1}{3}\right) > 7 \cdot \lg\left(\frac{1}{3}\right) \quad |:\lg\left(\frac{1}{3}\right)$$
$$3 > 7$$

12 **1** $f(x) = 2^{x+1}$ $g(x) = 3{,}5$ **2** $f(x) = 2 \cdot \left(\frac{1}{3}\right)^{x+1} - 4$ $g(x) = -1{,}5$

3 $f(x) = 4 \cdot 3^{x-2} - 1$ $g(x) = 8747$ **4** $f(x) = 0{,}5 \cdot \left(\frac{1}{5}\right)^{x-3} - 2$ $g(x) = -1{,}98$

a) Bestimme die Koordinaten der Achsenschnittpunkte des Graphen von f.

b) Berechne die Koordinaten des Schnittpunkts der Graphen von f und g.

13 Ermittle jeweils die Lösungsmenge im Bereich der reellen Zahlen.

a) $4^x = 2$ **b)** $4^x = 0{,}125$ **c)** $3 - 0{,}5^y = 1$ **d)** $1 + 2^{3x} = 65$

e) $4 \cdot 1^{2-3y} = 8$ **f)** $1 + 2^{3y} = -5$ **g)** $3y = 0{,}\overline{1}$ **h)** $5 + 3^y = 1{,}5$

i) $2 \cdot 4^{-x} = 1$ **j)** $(1 + 3x)^3 = 8$ **k)** $2x - 16 = 0$ **l)** $2^{3x+1} - 8 = 0$

m) $2^{x^2-1} - 8 = 0$ **n)** $2^{\sqrt{x}-1} = 8;\ x \geq 0$ **o)** $2^x = 3$ **p)** $4 \cdot 2^x - 1 = 63$

q) $64 = 10^y$ **r)** $64 = 10^{1-2y}$ **s)** $\sqrt{64} = 10^y - 6$ **t)** $\frac{9x}{x^2 + 20} = 1$

u) $x^2 + 15x + 56 = 0$ **v)** $10^{y+1} - 90 = 10$ **w)** $\sqrt{x^2 + 9} = 7$ **x)** $\frac{2^4}{x^2 + 6} = 2^3$

14 Gib zunächst an, welche reellen Zahlen man für x bzw. y einsetzen kann (Definitionsmenge). Bestimme dann die Lösungsmenge durch Überlegen.

a) $\lg(x - 1) = 0$ **b)** $\lg(1 - y^2) = 0$ **c)** $\lg(1 - x^2) = -1$ **d)** $\lg(y + 1) - \lg y = 1$

15 Übertrage die Tabelle in dein Heft und ergänze sie dann dort.

	Funktionsgleichung	D	f(0)	Nullstelle(n) von f
a)	$f(x) = 2^{x-1} - 2^{1-x}$	$]-2; 5[$		
b)	$f(x) = 2 \cdot \frac{2^x - 4}{2^x + 4}$	$\mathbb{R}_0^-$		
c)	$f(x) = (10 - 100^x) \cdot 10^x$	$\mathbb{R}_0^+$		
d)	$f(x) = \lg(x^2 + 10)$	$\mathbb{R}$		

16 Laura und Lucas haben – unter möglichst großer Schaumentwicklung – einen Maßkrug mit alkoholfreiem Bier „gefüllt", und zwar so, dass der Schaumrand gerade noch unterhalb des Glasrands war. Anschließend haben sie alle 10 Sekunden die Höhe h der Schaumkrone gemessen und ihre Messergebnisse tabelliert:

Zeit (in s)	0	10	20	30	40	50	60	70	80	90	100
h (in cm)	16,8	13,7	11,2	9,2	7,5	6,1	5,0	4,1	3,3	2,7	2,2

Bestimme mithilfe der Wertepaare (0 | 16,8) und (60 | 5,0) die Werte der Parameter a und b in der Zerfallsgleichung $h(t) = a \cdot b^t$. Untersuche, ob diese Gleichung den Schaumzerfall beschreibt.

17 Sina und Hannah haben den in Aufgabe 16 beschriebenen Versuch mit einer anderen alkoholfreien Biersorte wiederholt.

$t_1 = 0\,s$
$h_1 = 16{,}8\,cm$
$t_2 = 60\,s$
$h_2 = 2{,}7\,cm$
$h(t) = 16{,}8\,cm \cdot 0{,}97^t$

a) Untersuche, ob die von Sina und Hannah angegebene Zerfallsgleichung rechnerisch richtig ermittelt ist.
b) Zeichne ein t-h-Diagramm.
c) Führe mit einem Freund/einer Freundin einen entsprechenden Versuch durch und stellt eure Ergebnisse der Klasse vor.
d) Finde Beispiele für weitere Zerfallsprozesse im Alltag.

18 Finde jeweils die Lösungsmenge im Bereich der reellen Zahlen heraus.
a) $3^{2x} - 10 \cdot 3^x + 9 = 0$ **b)** $16^y - 4{,}25 \cdot 4^y + 1 = 0$ **c)** $144^x = 12^6$
d) $(\lg z)^2 + 5 \cdot \lg z - 6 = 0;\ z > 0$ **e)** $10^{\lg z} = 1;\ z > 0$ **f)** $\lg \sqrt{z} = \sqrt{\lg z};\ z \geq 1$

19 Der Bestand einer Population von Oryxantilopen wird durch die Funktion f mit $f(t) = 18\,000 \cdot 3^{-0{,}2t}$ (t: Anzahl der Jahre) beschrieben.

a) Finde heraus, wann der Bestand nur noch 15 % des Anfangsbestands ausmacht.
b) Finde sowohl mithilfe einer Wertetabelle wie auch durch einen grafischen oder rechnerischen Ansatz heraus, wann die Abnahme innerhalb eines Jahrs erstmals weniger als 1000 Individuen beträgt.

20 Informiere dich z. B. im Internet, was man unter der „Halbwertszeit des Wissens" versteht, und stelle die Ergebnisse deiner Recherche der Klasse vor.

21 Ein Badesee wurde durch eine Chemikalie verunreinigt. Dabei wurde eine Schadstoffkonzentration von 100 ppm (ppm bedeutet parts per million) gemessen. Der Verunreinigungsgrad nimmt pro Woche um 15 % ab. Finde heraus, wann das Badeverbot wieder aufgehoben werden kann, wenn der gesundheitlich unbedenkliche Wert für diese Chemikalie bei höchstens 20 ppm liegt.

22 Beim Durchgang von Licht durch eine Scheibe der Dicke d einer bestimmten Glassorte sinkt die Lichtintensität auf 96 % des ursprünglichen Werts.
a) Licht geht durch einen Stapel aus drei Scheiben dieser Glassorte, die jeweils die Dicke d besitzen. Finde heraus, auf wie viel Prozent des ursprünglichen Werts die Lichtintensität dadurch sinkt.
b) Bestimme, welche Gesamtdicke ein Stapel aus Scheiben (Dicke je d) dieser Glassorte besitzen muss, damit die Lichtintensität auf die Hälfte des ursprünglichen Werts sinkt.

23 Auf ein Sparkonto wurde zum 2. 1. 2010 ein Betrag von k € einbezahlt. Die Zinsen wurden jeweils am Jahresende zum Kapital geschlagen.

	n	0	1	2	3	4	5	6
1	Kontostand	2 000,00	2 056,00	2 113,57	2 172,75	2 233,58	2 296,13	2 360,42
2	Kontostand	2 000,00	2 030,00	2 060,45				
3	Kontostand	2 000,00	2 120,00	2 247,20				
4	Kontostand		8 100,00	8 201,25				
5	Kontostand			102,01	103,03			

Erstelle dir eine Übersicht über die Begriffe der Zinsrechnung.

a) Die Tabelle zeigt den Kontostand (in €) zu Anfang und nach einem Jahr bzw. nach zwei, drei … sechs Jahren. Übertrage die Tabelle in dein Heft und ergänze sie dann dort.
b) Beschreibe jeweils den Kontostand in der Form $K(n) = K_0 \cdot \left(1 + \frac{p}{100}\right)^n$; $n \in \mathbb{N}_0$.
c) Berechne jeweils den Kontostand nach zehn Jahren.
d) Finde heraus, in jeweils wie viel Jahren sich der Kontostand verdoppelt.
e) Herr Schnell möchte sein Kapital in zwölf Jahren verdoppeln. Zu welchem Zinssatz muss er es dazu anlegen?

24 Eine Hefekultur der Anfangsmasse 10,0 g verdoppelt stündlich ihre Masse.
Stelle die Masse im Lauf der ersten acht Stunden in einer Tabelle dar, beschreibe die Art des Wachstums und gib die Wachstumsfunktion an. Veranschauliche das Wachstum durch den zugehörigen Funktionsgraphen.

Element	Halbwertszeit
Uran-238	4,5 Mrd. a
Kobalt-60	5 a
Jod-131	8 d
Radium-226	1620 a
Cäsium-137	30 a

25 Der Zerfall von radioaktiven Elementen verläuft exponentiell. Dabei gibt die Halbwertszeit an, wie viel Zeit vergeht, bis ein radioaktives Element zur Hälfte zerfallen ist. Berechne, wie viel Masse …
a) von 1 kg Cäsium-137 nach 100 Jahren noch nachweisbar sind.
b) von 15 t Jod-131 nach 4 Wochen zerfallen sind.
c) von 7 g Radium-226 nach 2000 Jahren noch messbar sind.

26 Die Strecke a_1 ist 1 cm lang. Jede der folgenden Strecken $a_2, a_3, \dots$ ist 1,5-mal so lang wie die vorhergehende.
a) Beschreibe jeweils durch einen Term die Länge der Strecke a_2, a_3, a_{10}, a_m ($m \in \mathbb{N} \setminus \{1\}$).
b) Gib an, wie lang die „Spirale" ist, die aus den ersten
1 vier **2** sechs **3** acht
dieser Strecken besteht.

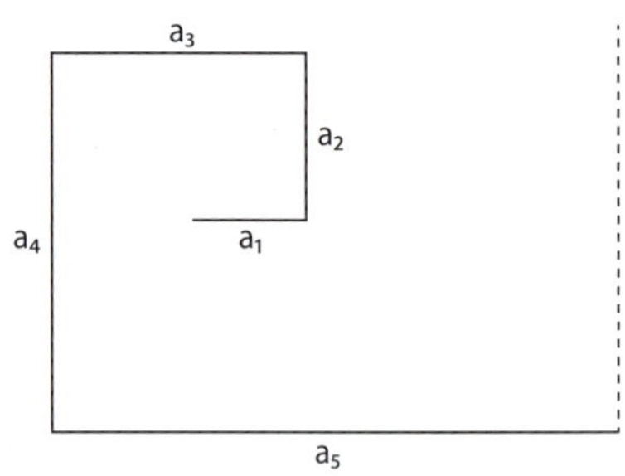

27 Hausmann Theo hat für die Lebensmittel seiner Familie pro Monat 1000 € zur Verfügung.
Theo: „Ich teile das Geld so ein, dass ich pro Woche jeweils 25 % ausgebe."
Hausfrau Karin: „Ich habe pro Monat auch 1000 € für Lebensmittel zur Verfügung. Pro Woche gebe ich 30 % des Betrags aus, der mir am Wochenanfang (noch) zur Verfügung steht. Da nach vier Wochen etwa 240 € übrig bleiben, gehen wir am Ende der ‚mageren' vierten Woche gemeinsam zum Essen. Den Rest zahle ich auf ein Sparbuch ein."
Erkläre deinem Nachbarn / deiner Nachbarin die beiden „Finanzpläne".

Wachstum

Seite 114

Beim **linearen Wachstum** 1 nimmt der Bestand in gleichen Zeiträumen um den gleichen Summanden zu.
Beim **exponentiellen Wachstum** 2 wird der Bestand in gleichen Zeiträumen mit demselben Faktor multipliziert.

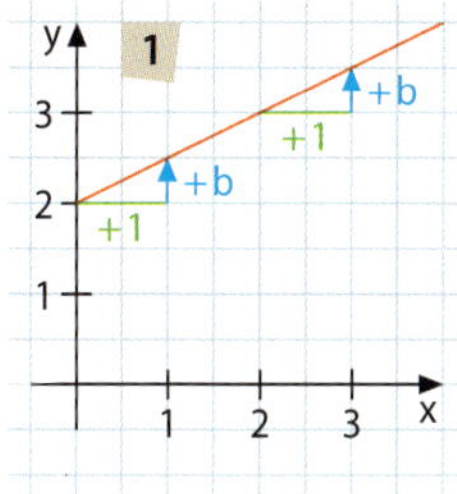

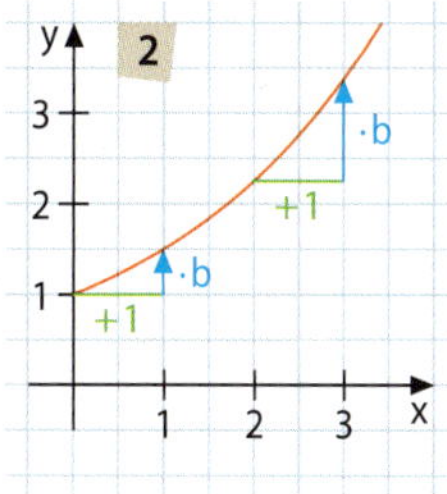

Exponentialfunktionen

Seite 116, 120

Eine Funktion f der Form
$f(x) = b^x$ ($b \in \mathbb{R}^+ \setminus \{1\}$; $x \in \mathbb{R}$) nennt man **Exponentialfunktion** mit **Wachstumsfaktor** b:

- $b > 1$: **exponentielle Zunahme**
- $0 < b < 1$: **exponentielle Abnahme**

Die allgemeine Form für eine Exponentialfunktion f lautet:
$f(x) = a \cdot b^{x-d} + c$ ($b \in \mathbb{R}^+ \setminus \{1\}$; $a, c, d, x \in \mathbb{R}$).
Durch den Parameter …

- a ($a \neq 0$) wird der Graph der Funktion gestaucht oder gestreckt bzw. an der y-Achse gespiegelt.
- c wird der Funktionsgraph entlang der y-Achse verschoben.
- d wird der Graph der Funktion entlang der x-Achse verschoben.

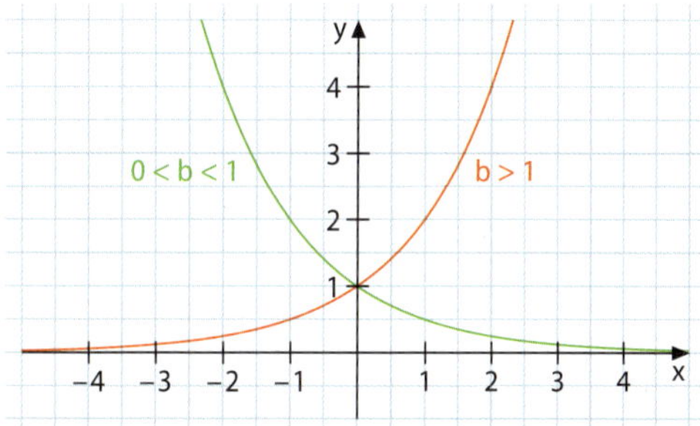

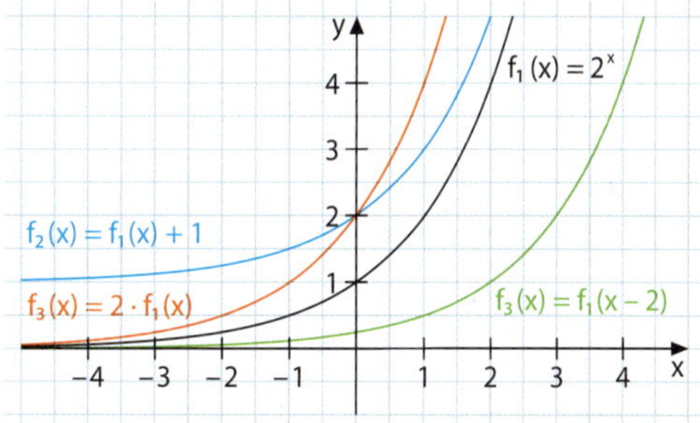

Logarithmus

Seite 124

Die **Umkehrung des Potenzierens** ist das **Logarithmieren.**
Der Exponent in der Gleichung $b^c = a$ heißt **Logarithmus von a zur Basis b.** Man schreibt: $c = \log_b a$, wobei $c \in \mathbb{R}$, $a, b \in \mathbb{R}^+$, $b \neq 1$.

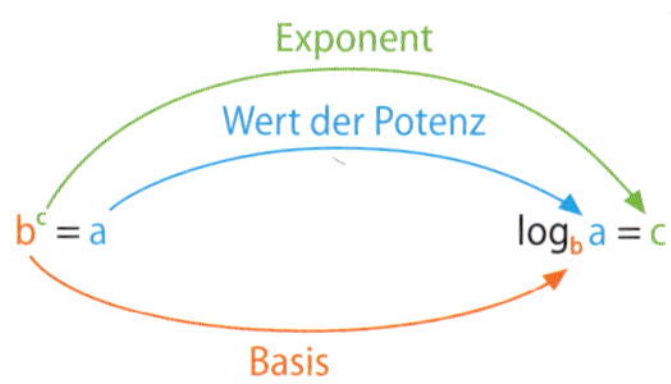

Exponentialgleichungen

Seite 128

Eine **Exponentialgleichung** ist eine Gleichung, bei der die Variable nur im Exponenten auftritt. Es gibt unterschiedliche Möglichkeiten, diese zu lösen:

1 grafisch,
2 rechnerisch durch Logarithmieren,
3 rechnerisch durch Exponentenvergleich.

$x = 2$ ist die Lösung von $1{,}5^{x-2} = 1$.

1

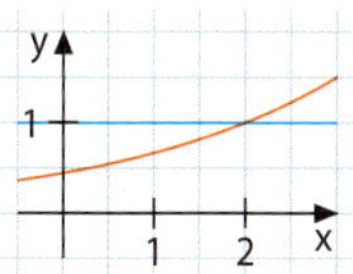

2 $(x - 2) \cdot \lg(1{,}5) = \lg(1) = 0$
d.h. $x - 2 = 0 \Leftrightarrow x = 2$

3 $1{,}5^{x-2} = 1{,}5^0 \Leftrightarrow x - 2 = 0 \Leftrightarrow x = 2$

Auf unterschiedlichen Wegen

1 Ergänze die Wertetabellen so, dass … .

a) lineares Wachstum vorliegt.

x	0	1	2	3	4
f(x)			4	6	

b) exponentielles Wachstum der Form $f(x) = b^x$ vorliegt.

x	0	1	2	3	4
f(x)		2			

a) lineares Wachstum vorliegt.

x	0	1	2	3	4
f(x)			1,0		1,6

b) exponentielles Wachstum der Form $f(x) = b^x$ vorliegt.

x	0	1	2	3	4
f(x)			144		

2 Ordne jedem Funktionsgraphen einen Funktionstypen zu und begründe deine Entscheidung.

A konstante Funktion
B lineare Funktion
C quadratische Funktion
D Exponentialfunktion

Ordne jeder Funktionsgleichung einen der sechs Funktionsgraphen zu und begründe deine Entscheidung.

A $f(x) = x^2 + 1$
B $f(x) = 1{,}5^x$
C $f(x) = 1 - 1{,}5x$
D $f(x) = 1$

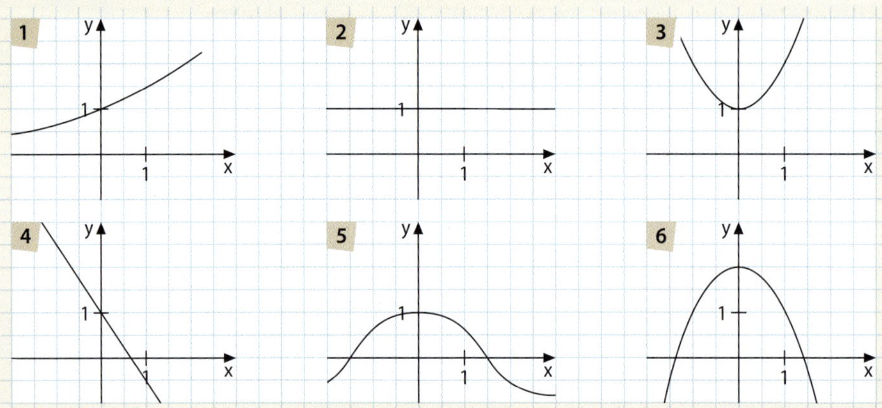

3 In einem Fernsehquiz, bei dem einem Kandidaten maximal zehn Fragen gestellt werden, kann man zwischen zwei Optionen wählen. Bei einer falschen Antwort geht jeweils der ganze Gewinn verloren.

Option 1
Der Kandidat hat 100 € Startguthaben. Jede richtige Antwort verdoppelt das Guthaben.

Option 2
Jede richtige Antwort bringt 500 €.

Beschreibe die beiden Optionen jeweils durch eine Funktionsgleichung.

Für welche Option würdest du dich entscheiden? Begründe.

4 Gib die Definitions- und Wertemenge, sowie die Asymptoten der Funktion f an. Berechne anschließend mögliche Nullstellen.

1 $f(x) = 6^x$
2 $f(x) = \left(\frac{1}{6}\right)^x$
3 $f(x) = 1{,}5^x + 5{,}5$

1 $f(x) = 1{,}5^x - 3$
2 $f(x) = 0{,}25^{x-2} - 5$
3 $f(x) = 0{,}1 \cdot 9^{x+4} + 7$

5 Ermittle die Logarithmen im Kopf.

a) $\log_4 256$ b) $\log_3 27$ c) $\log_6 216$
d) $\log_{12} 12^9$ e) $\log_5 5^8$ f) $\log_4 1$

a) $\lg 1000$ b) $\log_5 125$ c) $\log_2 4^2$
d) $\lg 10\,000$ e) $\log_2 2$ f) $\log_9 81$

6 Bestimme den fehlenden Wert im Kopf.

a) $\log_a 9 = 2$ b) $\log_a 64 = 3$
c) $\log_a 125 = 3$ d) $\log_a 81 = 2$
e) $\log_5 b = 3$ f) $\log_2 b = 4$

a) $\log_a 8 = 3$ b) $\log_a 10 = 1$
c) $\log_a 1{,}3^9 = 9$ d) $\log_a 1000 = 4$
e) $\log_9 b = 2$ f) $\log_3 b = 3$

7 Zeichne den Graphen der Funktion f mit $f(x) = 0{,}4^x$; $D = \mathbb{R}$, für $-2 \leq x \leq 2{,}5$ in ein Koordinatensystem (Einheit 1 cm).

a) Spiegle den Graphen von f an der x-Achse. Gib die neu entstandene Funktion f_1 an.
b) Verschiebe den Graphen von f um 3 cm nach rechts. Gib den Funktionsterm f_2 an.

a) Spiegle den Graphen von f an der y-Achse. Gib die neu entstandene Funktion f_1 an.
b) Verschiebe den Graphen von f um 2 cm nach links und um 1 cm nach unten. Gib die Funktion f_2 an.

8 Der Luftdruck p nimmt mit zunehmender Höhe ab. Es gilt die „Barometerformel" $p(h) = p_0 \cdot 0{,}883^h$ (Höhe h in km). Der Luftdruck auf Meereshöhe beträgt $p_0 = 1{,}013$ bar.

Berechne den Luftdruck …
1 auf dem Großen Arber (h = 1456 m).
2 auf der Zugspitze (h = 2962 m).
3 auf dem Mt Everest (h = 8848 m).
4 am Toten Meer (h = −428 m).

Bei einem Flugzeug mit einer Flughöhe von 12 000 m herrscht ein Kabinendruck, der einer Höhe von 2200 m entspricht. Berechne die Kraft, die auf einen Quadratmeter der Flugzeughülle drückt.

Tipp: Berechne die Druckdifferenz und wende dann die Gleichung $p = \frac{F}{A}$ an.

9 Der Holzbestand eines Waldes beträgt zu Beginn einer Messung 8000 Festmeter. Die Erfahrung zeigt, dass durch Holzwachstum dieser Wert jedes Jahr um 3 % zunimmt.
Als Festmeter bezeichnet man einen Kubikmeter Holz ohne Zwischenräume (z. B. beim Lagern).

a) Gib an, wie viele Festmeter Holz nach zehn Jahren vorhanden sind.
b) Bestimme den Zeitpunkt, nach dem der Holzbestand auf 10 000 Festmeter angewachsen ist.

a) Gib eine Funktionsgleichung an, mit der das Wachstum des Holzbestandes berechnet werden kann.
b) Nach zehn Jahren werden 2000 Festmeter Holz geschlagen. Bestimme die Zeitdauer, bis der Wald den Holzbestand vor der Fällung erreicht hat.

1 Bei jedem der durch die Tabelle beschriebenen Wachstumsvorgänge liegt entweder lineares oder exponentielles Wachstum vor. Beschreibe zunächst die Art des Wachstums durch einen Funktionsterm. Übertrage dann die Tabelle in dein Heft und ergänze dort die noch fehlenden Werte. Begründe dein Vorgehen.

	Zeit (in h)	0	1	2	3	4	5	6	10
a)	Volumen einer Bakterienkultur (in mm^3)	2	6	18			486		
b)	Anzahl der Personen, die von einem Gerücht erfahren haben	1	4		64		1024		
c)	Füllhöhe eines Wasserbeckens (in cm)	20	30		50		70		

2 Gib bei jedem der Funktionsterme an, ob es sich um eine exponentielle Zunahme oder Abnahme handelt. Bestimme jeweils die zugehörige prozentuale Zunahme bzw. Abnahme in gleichen Intervallen.

a) $1{,}10^x$ **b)** $1{,}05^y$ **c)** $0{,}993^z$ **d)** $2000\text{ €} \cdot 1{,}03^n$ **e)** $750\text{ mg} \cdot 0{,}50^t$

3 Gib jeweils den Wachstums- bzw. den Abnahmefaktor an.

a) 3,5 % Wachstum **b)** 5,2 % Abnahme **c)** 10 % Wachstum **d)** 1 % Abnahme

4 Begründe, welche der folgenden Wachstums- bzw. Zerfallsvorgänge exponentiell sind.

a)

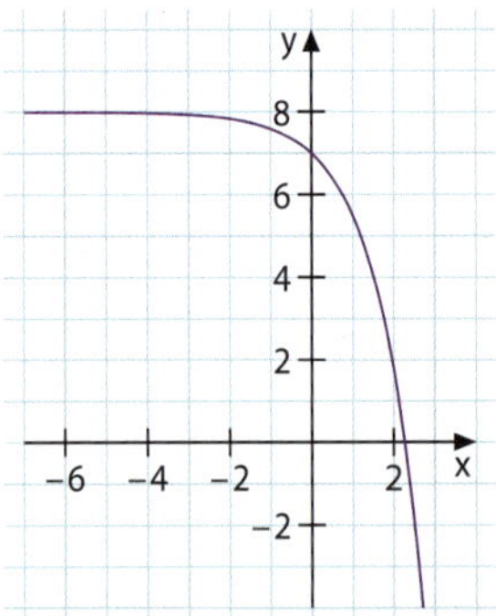

b)

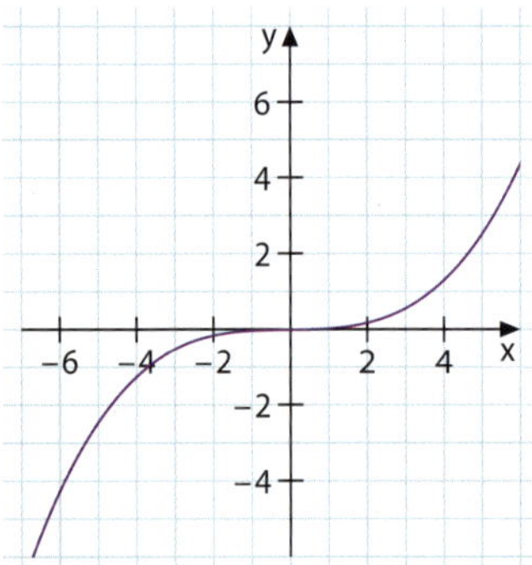

c)

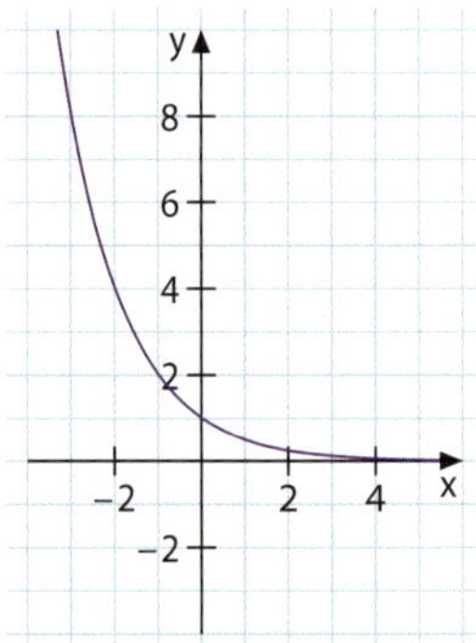

5 Erstelle mit einem Computerprogramm die Graphen der Funktionen f und g. Beschreibe Auffälligkeiten. Gib Gründe dafür an.

a) $f(x) = \frac{1}{8} \cdot 2^x;\quad g(x) = 2^{x-3}$ **b)** $f(x) = \left(\frac{5}{2}\right)^{4x};\quad g(x) = \left(\frac{625}{16}\right)^x$

6 Bestimme die Lösung der Gleichung.

a) $3^x = 27$ **b)** $\log_9 x = 5$ **c)** $4^{x+4} = 262\,144$

d) $6 \cdot 3^{x+1} = 1$ **e)** $\log_7 x = 3$ **f)** $\log_2(x) + 1 = 4$

7 Berechne ohne Taschenrechner.

a) $\log_5 1$ **b)** $\log_5 2$ **c)** $\log_5 10$ **d)** $\log_5 125$ **e)** $\log_5 0{,}1$

f) $\log_5 0{,}25$ **g)** $\log_5 0{,}4$ **h)** $\log_{0{,}2} 2$ **i)** $\log_{0{,}75} 0{,}75$ **j)** $\log_{100} 150$

8 Löse die Gleichung. Beschreibe dein Vorgehen.

a) $3{,}5^{1{,}5} = x$ b) $x^{1{,}5} = 3{,}5$ c) $3{,}5^x = 1{,}5$ d) $3^{-x} = 2$
e) $8 = \log_x 0{,}7$ f) $0{,}7 = \log_8 x$ g) $x^3 = 50$ h) $2^{2-x} = 3$

9 Finde bei jeder der Tabellen heraus, ob sie zu einem linearen Wachstum, einem exponentiellen Wachstum oder zu keiner dieser Wachstumsarten gehört. Gib für die Wachstumsvorgänge jeweils einen passenden Funktionsterm an.

a)

x	0	1,5	2	2,5
f(x)	1	3,375	8	15,625

b)

x	1	2	3	4
f(x)	1,2	2,4	3,6	4,8

c)

x	0	0,5	1	2
f(x)	1	1,73	3	9

d)

x	0	0,5	1	1,5
f(x)	15	13,25	11,5	9,75

10 Übertrage jede der drei Tabellen zweimal in dein Heft und ergänze sie dann so, dass …

a) eine lineare Abnahme vorliegt.

1

x	0	1	2	3	4
f(x)	40	36			

2

x	0	1	2	3	4
f(x)				50	25

b) eine exponentielle Abnahme vorliegt.

1

x	0	1	2	3	4
f(x)	60	50			

2

x	0	1	2	3	4
f(x)			16		4

11 Skizziere zu jedem der Texte einen Graphen.

1 Eine Pinguinkolonie wächst zunächst exponentiell an, dann nimmt die Zuwachsrate bis auf null ab.

2 Frau Spar legt wöchentlich 20 € für Weihnachtsgeschenke zurück.

3 Sarah nimmt 10 mg eines Medikaments ein. Im Körper werden täglich 10 % des noch vorhandenen Medikaments abgebaut.

4 Miguel fährt mit dem Rad zum Fußballtraining. Die eine Hälfte des Wegs fährt er mit einer Geschwindigkeit von $15\,\frac{\text{km}}{\text{h}}$, die andere mit $12\,\frac{\text{km}}{\text{h}}$.

5 Aliyah bereitet sich heißen Kräutertee zu und stellt die Teetasse auf den Küchentisch.

Aliyah: Zuerst kühlt der Tee schnell ab, weil der Temperaturunterschied zur Umgebung groß ist.

12 Löse die Exponentialgleichungen in $\mathbb{R}$ mit einem Verfahren deiner Wahl.

a) $6^x + 12 = 24$ b) $2{,}5^{x+1{,}5} - 7{,}5 = -1{,}5$ c) $9^{2x-3} + 10 = 19$
d) $0{,}75^x = 0{,}75^{x-2} - 2{,}7$ e) $5^{3x+1} - 21 = 125^x$ f) $3^{3x+2} = 27^{x-0{,}5} + 134$

13 Gegeben sind die Funktionen f_1 und f_2 mit $f_1(x) = b^x$ und $f_2(x) = \left(\frac{1}{b}\right)^x$ mit $b \in \mathbb{R}^+ \setminus \{1\}$.

a) Zeige, dass gilt: $f_1(-x) = f_2(x)$.

b) Beschreibe die Lage beider Funktionsgraphen zueinander.

14 Der Graph der Funktion f mit $f(x) = a \cdot b^x$ verläuft durch die Punkte A und B. Bestimme die Parameter a und b.

a) $A(0|3)$; $B(1|1{,}2)$ b) $A(0|0{,}5)$; $B(1|2)$ c) $A(2|12)$; $B(5|96)$ d) $A(1|6)$; $B(3|24)$

15 Die Tabelle zeigt die Weltbevölkerung seit 1960 in Milliarden.

1960	1970	1980	1990	2000	2010
3,00	3,58	4,38	5,23	6,12	6,90

a) Zeige, dass das Wachstum annähernd exponentiell durch $f(x) = k \cdot b^x$ beschrieben werden kann. Verwende zur Bestimmung von b und k die Jahre 1960 und 2010.

b) Bestimme den Wert für 2015 mit dem Taschenrechner. Gib die Abweichung vom tatsächlichen Wert 7,29 Mrd. in Prozent an.

c) Gib für 2020 und 2030 die zu erwartenden Bevölkerungszahlen an. Kann das Modell auch für das Jahr 2100 verwendet werden? Berechne und begründe.

16 a) Erstelle für jede Funktion eine Wertetabelle für $-5 \le x \le 5$.

$f_1(x) = 0{,}25 \cdot 0{,}5^x$ $f_2(x) = 0{,}5 \cdot 0{,}5^x$ $f_3(x) = 1 \cdot 0{,}5^x$

$f_4(x) = 2 \cdot 0{,}5^x$ $f_5(x) = 4 \cdot 0{,}5^x$

b) Vergleiche die Funktionswerte zu den Funktionen aus a). Beschreibe Zusammenhänge, die du erkennst. Überprüfe die Zusammenhänge an weiteren Beispielen mit einem Computerprogramm.

17 Steffen möchte verschiedene Exponentialfunktionen im I. Quadranten in einem möglichst großen Intervall zeichnen. Dazu trägt er die Graphen der angegebenen Funktionen in ein Koordinatensystem (1 LE ≙ 1 cm) auf einer Tapetenrolle ($l = 10$ m; $b = 80$ cm) ein.

$f_1(x) = 0{,}2^x$ $f_3(x) = 10 \cdot 1{,}5^x$ $f_5(x) = 10^x$

$f_2(x) = 4{,}5^x$ $f_4(x) = 0{,}2 \cdot 0{,}1^x$

Berechne das jeweilige Wertepaar $(x|y)$ mit dem größten y-Wert, das er in seinem Koordinatensystem darstellen kann, wenn er beide Achsen direkt auf die Tapetenkante zeichnet.

18 Gegeben ist die Funktion f_1 mit der Gleichung $f_1(x) = 2^{x-3} - 2$.

a) Stelle die Funktion im Intervall $-3 \le x \le 7$ grafisch dar und gib die Eigenschaften der Funktion an. Berechne ihre Nullstelle.

b) Berechne die Koordinaten der Schnittpunkte der Graphen mit den Koordinatenachsen.

19 Die Blätter einer Teichseerose bedecken 0,5 m² einer Teichfläche. Nach jeweils 14 Tagen nehmen sie die doppelte Fläche ein.

a) Zeige, dass das Wachstum durch die Funktion f mit $f(x) = 0{,}5 \cdot 2^x$ beschrieben werden kann. Setze 14 Tage als eine Zeiteinheit.

b) Bestimme die Fläche, die die Seerosenblätter nach 35 Tagen bedecken.

c) Ein Teich hat eine Fläche von 10 cm². Nach wie vielen Tagen ist der Teich völlig zugewachsen? Beschreibe dein Vorgehen.

d) Formuliere weitere Fragestellungen zu dem Sachverhalt und lasse sie von einer Partnerin oder einem Partner lösen.

20 Benjamin hat einige Terme und Gleichungen mit Potenzen bearbeitet.
Überprüfe die Lösungen und berichtige sie gegebenenfalls.

a) $\log_3 x = 9 \Leftrightarrow 3^x = 9 \Leftrightarrow x = 3$ b) $2^4 = 2 + 2 + 2 + 2 = 8$

c) $4^x = 4096 \Leftrightarrow \log_4 4096 = x = 6$ d) $x^4 = \frac{625}{16} \Leftrightarrow x = \sqrt[4]{\frac{625}{16}} = \pm 2{,}5$

e) $\log_2 x = 64 \Leftrightarrow x^2 = 64 \Leftrightarrow x = \pm 8$ f) $3^x = 64 \Leftrightarrow x = 64^{\frac{1}{3}} = 4$

21 Vorsicht: In einem quadratischen Zimmer sitzt in jeder Ecke eine Katze. Jede der vier Katzen hat drei Katzen und vier Fressnäpfe vor sich. Gib an, wie viele Katzen und wie viele Fressnäpfe sich in dem Zimmer befinden.

22 Bei der Bestimmung der Halbwertszeit von Polonium-218 ergaben sich folgende Werte:

Zeit in Minuten	0	0,5	1	1,5	2	2,5
Masse in g	0,2	0,17818		0,14142		

a) Welche Messergebnisse sind für 2 min (2,5 min; 5 min; 10 min) zu erwarten?
b) Berechne die Halbwertszeit von Polonium-218.

23 Eine Kleinstadt hat heute 20 000 Einwohner. Die Bevölkerungszahl nimmt jährlich um 1,5 % zu.
a) Gib eine Funktionsgleichung für das Wachstum der Bevölkerung an. Dabei sei f (t) die Bevölkerungszahl und t die Zeit in Jahren.
b) Zeichne den Graphen der Funktion für $0 \leq t \leq 20$.
c) Berechne bei gleichem Wachstum die Bevölkerungszahl in 50 Jahren.
d) Bestimme nach welcher Zeit die Kleinstadt 25 000 Einwohner hat.

24 Aus einer Amöbenzelle entstehen durch Zellteilung neue Zellen. Ihre Anzahl verdoppelt sich pro Tag.
a) Bestimme, wie viele Zellen in fünf Tagen (30 Tagen) aus einer Amöbe entstehen können.
b) Gib die Gleichung einer Funktion f an, mit der der der Vorgang beschrieben werden kann, wenn zu Beginn drei Amöben vorhanden sind.
c) Erstelle eine Wertetabelle für $0 \leq t \leq 9$ und zeichne den zugehörigen Graphen (t-Achse: 1 cm ≙ 1 Tag; y-Achse: 1 cm ≙ 200 Amöben).
d) Bestimme, nach wie vielen Tagen mehr als 1000 Amöben vorhanden sind.

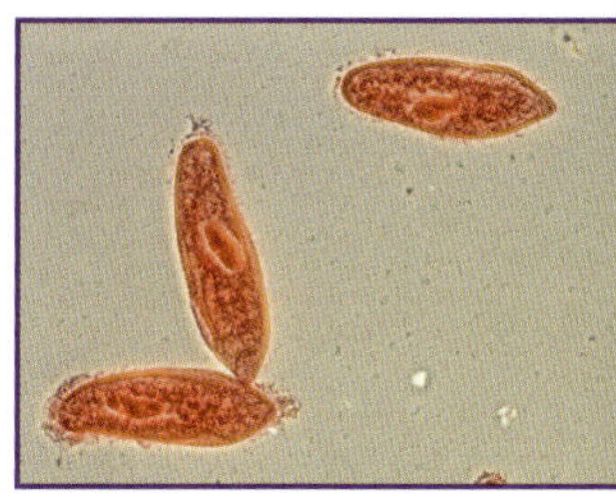

25 Für das radioaktive Element Radium kann die Masse m in Abhängigkeit von der Zeit t (in Sekunden) und der Ausgangsmasse m_0 durch die Funktion m mit der Gleichung $m(t) = m_0 \cdot 0{,}997^t$ angegeben werden.
a) Bestätige die Funktionsgleichung, wenn von 100 g der Substanz in einer Sekunde 0,3 g zerfallen.
b) Erstelle eine Wertetabelle für $m_0 = 100\,\text{g}$ um $0 \leq t \leq 200$. Zeichne den Graphen. (t-Achse: 1 cm ≙ 50 s; y-Achse: 1 cm ≙ 25 g)
c) Bestimme die Halbwertszeit des radioaktiven Zerfalls.
d) Berechne, nach welcher Zeit mehr als 95 % des Radiums zerfallen sind.

Archimedische Spirale

Viele Wachstumsprozesse, die in der Natur stattfinden, lassen unglaubliche Formen entstehen. Manche davon scheinen der Struktur einer Spirale zu folgen.

Solche Spiralen kann man auch im mathematischen Sinne als Wachstumsprozesse auffassen: Man dreht einen Punkt (mehrfach) um ein Drehzentrum und vergrößert dabei gleichzeitig den Abstand zum Drehzentrum immer weiter.

Zur Beschreibung von Spiralen nutzt man wegen der Drehung meist Polarkoordinaten. Den Ursprung des **Polarkoordinatensystems** bezeichnet man als **Pol**. Zusätzlich definiert man eine feste Richtung. Der von dieser Richtung im Pol entspringende Strahl wird auch **Polarachse** genannt.

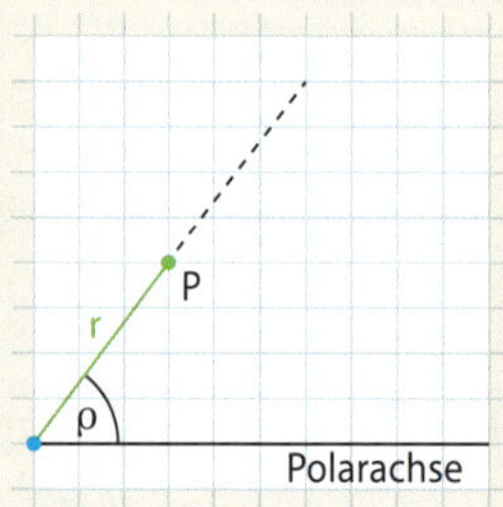

Jeder Punkt im Polarkoordinatensystem wird durch seinen Abstand r zum Pol und den Winkel φ (im Bogenmaß und gegen den Uhrzeigersinn) zur Polarachse beschrieben. Ein Punkt $P(r\,|\,\varphi)$ mit den Koordinaten $(5\,|\,0{,}93)$ ist demnach 5 LE vom Pol entfernt und liegt auf einem gedachten Strahl im Winkel von 0,93 rad bzw. 53° zur Polarachse.

Für die Umrechnung von Gradmaß und Bogenmaß gilt:

$$\text{Gradmaß} \mathrel{\widehat{=}} \text{Bogenmaß} \cdot \frac{180^\circ}{\pi}$$

$$\text{Bogenmaß} \mathrel{\widehat{=}} \text{Gradmaß} \cdot \frac{\pi}{180^\circ}$$

a) Eine **archimedische Spirale** (auch **arithmetische Spirale** genannt) ist die einfachste Spirale, die man selbst zeichnen kann. Dabei entspricht jeder Abstand eines Punktes zum Pol dem Winkel im Bogenmaß. Damit liegen die Punkte $P_1(1\,|\,1)$, $P_2(2\,|\,2)$, $P_3(3\,|\,3)$, … auf der Spirale.
Zeichne diese Spirale. Rechne ggf. die Winkel in das Gradmaß um.

b) Die Punkte $(a \cdot \varphi\,|\,\varphi)$ mit $a \in \mathbb{R}^+$ liegen auf archimedischen Spiralen. Wähle für den Parameter $a = 2$ $(a = 4;\ a = 0{,}5)$ und zeichne die Spiralen.

Zeichnen von Spiralen mit dynamischer Geometriesoftware

Man kann mithilfe von dynamischer Geometriesoftware auch Spiralen zeichnen – allerdings muss das Programm die Punkte in Polarkoordinaten anzeigen und verarbeiten können.

Lege einen Schieberegler an. Definiere ihn zunächst für positive Zahlen und wähle die Abstände sehr klein (z. B. 0,01). Später kannst du den Bereich sowie die Abstände auch noch nachregeln.
Definiere einen Punkt auf dem Geometrieblatt mit den Polarkoordinaten $(\varphi; \varphi)$ (kenntlich beispielsweise durch einen Strichpunkt). Durch Verändern des Schiebereglers ändert sich nun auch die Position des Punktes A.
Besonders eindrucksvoll wird die Spirale, wenn du die Spur des Punktes noch einblendest.

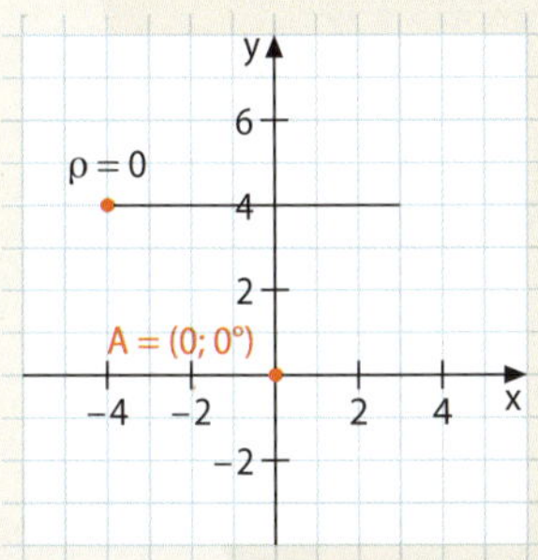

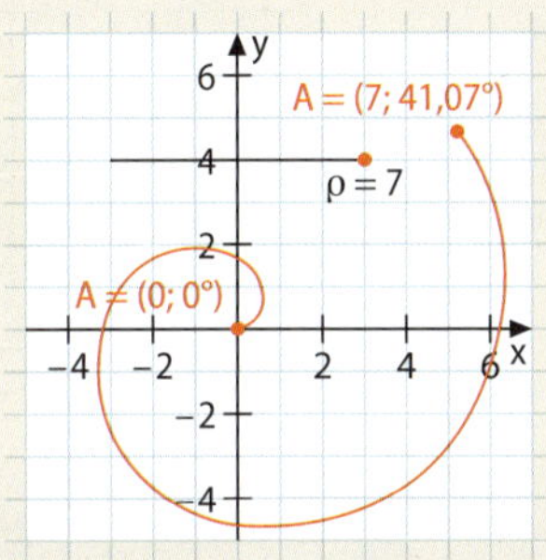

a) Zeichne die Spiralen aus den Aufgaben a) und b) der Vorseite und vergleiche sie mit deinen handschriftlichen Zeichnungen.

b) Wähle $-4{,}7 \leq \varphi \leq 4{,}7$. Welcher Figur gleicht die Bahn?

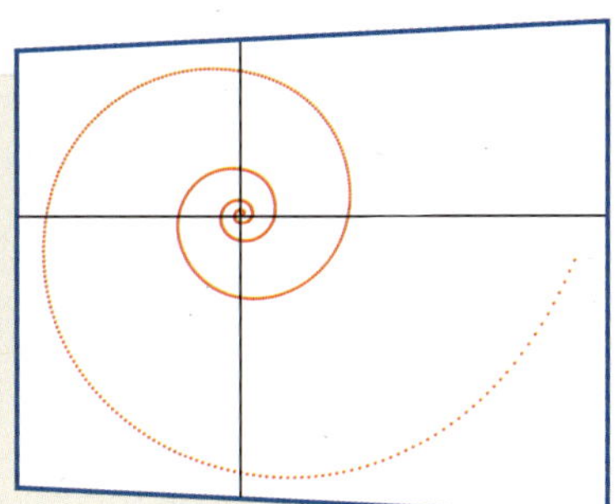

Logarithmische Spirale – spira mirabilis

Große Aufmerksamkeit findet in der Mathematik die **logarithmische Spirale**. Aufgrund ihrer vielen einzigartigen Eigenschaften wurde sie vom Mathematiker Jakob Bernoulli auch spira mirabilis („die wundersame Spirale") genannt. Bei der logarithmischen Spirale wächst der Abstand r exponentiell mit dem Bogenmaß φ. Damit ergibt sich die folgende Gleichung für die logarithmische Spirale: $r = a \cdot q^{\varphi}$ mit $a > 0$; $q > 0$; φ im Bogenmaß.

a) Finde heraus, für welches q die logarithmische Spirale einen Kreis ergibt.

b) Zeichne mit einem dynamischen Geometrieprogramm die logarithmische Spirale mit den Parametern $a = 1$ und $q = 1{,}2$ ($a = 0{,}5$ und $q = 2{,}1$).

c) Für die *spira mirabilis* gilt unter anderem:
- Die Spirale umkreist den Pol des Koordinatensystems unendlich oft, ohne ihn zu erreichen. Der Ursprung ist somit ein asymptotischer Punkt.
- Der Radius wächst mit jeder Windung um einen konstanten Faktor.

Überprüfe, welche dieser Eigenschaften der spira mirabilis auch auf die archimedische Spirale zutreffen.

Aufgaben zur Einzelarbeit

Überprüfe deine Fähigkeiten und Kompetenzen. Bearbeite dazu die folgenden Aufgaben und bewerte anschließend deine Lösungen mit einem Smiley.

☺	😐	☹
Das kann ich **wirklich gut!**	Das kann ich **fast!**	Das muss ich **noch üben!**

1 Begründe, ob es sich um lineares oder exponentielles Wachstum handelt.

a) Ein Riesenbambus wächst unter guten Bedingungen bis zu 70 cm pro Tag.

b) Der Handel mit Bambus boomt. Jedes Jahr steigt der Bambuspreis um ca. 5 %.

2 Der Graph einer Exponentialfunktion f der Form $f(x) = b^x$ verläuft durch den Punkt P. Bestimme b.

a) $P(5 \mid 1024)$ b) $P(0{,}5 \mid \sqrt{2})$

3 Gib für die folgenden Wachstums- bzw. Abnahmeprozesse eine Funktionsgleichung an.

	Anfangswert k	Änderung pro Zeiteinheit
a)	5600 mg	−4,5 %
b)	5000 €	3,5 %
c)	150 kg	−3,5 %
d)	20 cm	1,5 %

4 Erstelle eine Wertetabelle und zeichne den Graphen.

a) $f(x) = 4 \cdot 0{,}5^x$ b) $f(x) = -4 \cdot 0{,}5^x$
c) $f(x) = 2^x - 4$ d) $f(x) = 0{,}5 \cdot 2^x + 3$
e) $f(x) = -5^x + 125$ f) $f(x) = 2^{x-3}$

5 Berechne.

a) $\log_4 512$ b) $\log_3 3187$ c) $\log_6 36^5$
d) $\log_{0,5} 81$ e) $\lg 10\,000$ f) $\lg 10^{1,5}$

6 Löse die folgenden Gleichungen im Kopf.

a) $2^x = 64$ b) $0{,}4^x = 0{,}064$ c) $0{,}3^x = 0{,}027$
d) $\log_7 1$ e) $\log_{10} \frac{1}{10}$ f) $\log_2 8$

7 Für exponentielles Wachstum gilt: $f(t) = a \cdot b^t$. Ermittle jeweils die Werte von a und b, wenn

a) $f(0) = \frac{1}{16}$; $f(4) = 1$ ist.

b) $f(3) = 20$; $f(5) = 5$ ist.

8 Dargestellt ist der Graph der Funktion f mit $f(x) = a \cdot 2^x + c$. Gib die zugehörige Funktionsgleichung an.

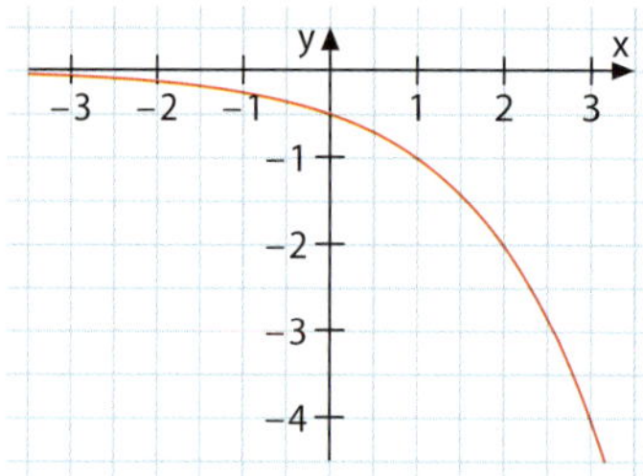

9 Eine spezielle Alge verdoppelt ihren Bestand innerhalb von zwölf Stunden.

a) Ermittle, wann sich mehr als 1 Million Algen im Teich befinden, wenn zu Beginn 50 Algen im Gewässer sind.

b) Gib eine Funktionsgleichung an, die diese Situation beschreibt.

c) Erkläre, weshalb das Wachstum von Algen in einem Teich nur zeitweise als exponentiell angenommen werden kann.

10 Kobalt-60 hat eine Halbwertszeit von 5 Jahren. In einen Container werden 12 t des radioaktiven Elements eingelagert. Wie viel Kobalt-60 sind nach 5 (10, 15, 30, 100) Jahren noch vorhanden?

11 Löse die Gleichungen. Kontrolliere mit einem Computerprogramm.

a) $3^x + 12 = 6573$ b) $2^{x+1} = 4^3$
c) $\log_5 x = 6$ d) $2^x = 3^x$
e) $2^{x+5} = 512$ f) $4^{x^2} = 256$

12 Computer haben eine Wertminderung von etwa 50 % pro Jahr. Sophie kauft ein Notebook für 1200 €. Berechne den Wert des Notebooks am Ende ihrer Schulzeit, also nach zweieinhalb Jahren.

Aufgaben für Lernpartner

Arbeitsschritte

1. Bearbeite die folgenden Aufgaben zuerst allein.
2. Suche dir einen Partner oder eine Partnerin und arbeitet zusammen weiter: Erklärt euch gegenseitig eure Lösungen. Korrigiert fehlerhafte Antworten.

Sind folgende Behauptungen richtig oder falsch? Begründe.

A Wachstumsprozesse sind entweder linear oder exponentiell.

B Jede exponentielle Funktion f der Form $f(x) = b^x$ mit $b \in \mathbb{R}^+\setminus\{1\}$ schneidet die y-Achse im Punkt $P(0|1)$.

C Die Funktion $f(x) = 2^x$ besitzt keine Nullstelle und keine waagrechte Asymptote.

D Stellt man die Gleichung $b^x = a$ um, so erhält man die Gleichung: $\log_a b = x$.

E Der Parameter c von $f(x) = a \cdot b^{x-d} + c$ hat Einfluss auf das Verhalten der Funktion für $x \to \pm\infty$.

F Die Funktion $f(x) = 4^{x-3} + 2$ besitzt keine Nullstelle.

G Die Gleichung $\log_2 0 = x$ hat keine Lösung.

H Die Funktion mit der Gleichung $y = 2 \cdot 1^x$ ist eine spezielle Exponentialfunktion.

I Der Wachstumsfaktor für eine exponentielle Zunahme ist $1 + \frac{p}{100}$ und für eine exponentielle Abnahme $1 - \frac{p}{100}$.

J Jede exponentielle Funktion der Form $f(x) = b^x$ mit $b \in \mathbb{R}^+\setminus\{1\}$ besitzt die Achse als Asymptote.

K Exponentialfunktionen haben genau einen Schnittpunkt mit der x-Achse.

L Exponentielles Wachstum bedeutet, dass sich ein Wert in gleichen Zeitintervallen um jeweils denselben Faktor vervielfacht.

M Die Graphen der Funktionen f_1 und f_2 mit $f_1(x) = 9^x$ und $f_2(x) = 9 \cdot 3^x$ sind kongruent. Sie lassen sich durch Verschiebung aufeinander abbilden.

N Der Graph der Funktion f mit $f(x) = 2^{x-1}$ ist gegenüber dem der Funktion g mit $g(x) = 2^x$ um eine Einheit entlang der x-Achse nach links verschoben.

O Das grafische Lösungsverfahren liefert immer eine exakte Lösung einer Exponentialgleichung.

P Die Halbwertszeit gibt an, in welchem Zeitraum die Hälfte einer radioaktiven Substanz (ausgehend vom Ausgangswert) zerfällt.

Ich kann …	„Am Ziel!"-Aufgaben	Hilfe
… verschiedene Wachstumsformen unterscheiden.	1, A, L	S. 114
… Exponentialfunktionen erkennen und mit ihnen umgehen.	2, 3, 4, 7, B, C, H, I	S. 116
… die Parameter einer Exponentialfunktion bestimmen.	4, 7, E, F, M, N	S. 120
… Exponentialfunktionen grafisch darstellen.	8, C, J, K	S. 116, 120
… mit Logarithmen umgehen.	5, 6, D, G	S. 124
… Exponentialgleichungen lösen.	9, 10, 11, 12, O, P	S. 128

Aufgabe	Ich kann schon …	Grundwissen
1, 2	… Ereignismengen und -anzahlen bestimmen sowie Zufallsexperimente verstehen und auswerten.	S. 242, 243
3, 4	… mit den Begriffen „sicheres Ereignis", „unmögliches Ereignis" und „Gegenereignis" umgehen.	S. 242
5, 6	… die Wahrscheinlichkeit eines mehrstufigen Zufallsexperiments berechnen und darstellen.	S. 243

1 Eine 1-Euro-Münze wird zweimal nacheinander geworfen. Es wird aufgeschrieben, ob ‚Zahl' oder ‚Wappen' oben liegt.

a) Schreibe die zugehörigen Ergebnisse auf. Aus wie vielen Elementen besteht die Ergebnismenge?

b) Das Ereignis E lautet: „Bei genau einem der beiden Würfe liegt ‚Zahl' oben". Nenne alle Ergebnisse, bei denen das Ereignis E eingetreten ist.

2 Um einen Online-Account zu sichern, sollte man sichere Passwörter verwenden.

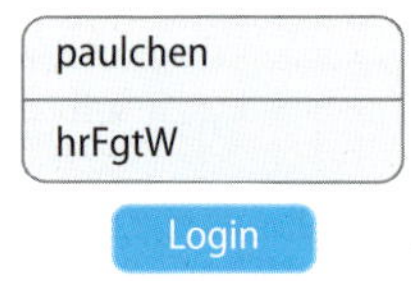

a) Nenne Kriterien für sichere Passwörter.

b) Berechne die Anzahl der verschiedenen sechsstelligen Passwörter, falls nur Buchstaben ohne Umlaute und kein „ß" verwendet werden. Dabei wird zwischen Groß- und Kleinschreibung …

1 nicht unterschieden. **2** unterschieden.

c) Ermittle die Anzahl der möglichen sechsstelligen Passwörter, wenn neben allen Buchstaben und Umlauten auch Ziffern sowie die Sonderzeichen ! " § $ % & / = ? ; : * f @ und # verwendet werden dürfen. Unterscheide zwischen Groß- und Kleinschreibung.

3 Gib an, ob es sich um ein „sicheres Ereignis" oder ein „unmögliches Ereignis" handelt. Begründe.

a) Magdalena spielt „Mensch ärgere dich nicht". Sie würfelt eine Zahl zwischen 1 und 6.

b) Johanna und Theresa würfeln mit zwei gewöhnlichen Würfeln und zählen die Augenzahlen zusammen. Johanna gewinnt dieses Spiel mit der Augensumme von 13.

4 **a)** Formuliere das Gegenereignis.

1 „Exakt drei von fünf Schülern wurden vom Schulleiter ausgezeichnet."

2 „Im August scheint jeden Tag die Sonne."

b) Gib eine Formel für die Wahrscheinlichkeit des Gegenereignisses an.

5 Ein gewöhnlicher Spielwürfel wird dreimal in Folge geworfen. Vergleiche die Wahrscheinlichkeiten der drei Ergebnisse miteinander.

1 

2 

3 

6 Lilly wartet an der Kasse im Supermarkt. Gib die Wahrscheinlichkeit dafür an, dass der Geburtstag der Kassiererin …

a) im Dezember liegt.

b) am 2. Mai ist.

c) im Sommer liegt.

5 Wahrscheinlichkeits-rechnung

Einstieg

Im Jahr 2017 wurden in Deutschland 785 252 Kinder geboren. Man beobachtet, dass geringfügig mehr Jungen als Mädchen geboren werden.

- „Die Wahrscheinlichkeit für die Geburt eines Mädchens in Deutschland beträgt etwa 49 %." Um diese Aussage treffen zu können, werden über einen langen Zeitraum Daten erhoben. Erkläre dieses Vorgehen.
- An einem bestimmten Tag kommen in einer Klinik sechs Kinder zur Welt. Erkläre, ob es sinnvoll ist davon auszugehen, dass mit einer Wahrscheinlichkeit von 100 % ein Mädchen darunter ist.

Ausblick

Am Ende dieses Kapitels hast du gelernt, …

- … bedingte Wahrscheinlichkeiten zu erkennen und zu berechnen.
- … Vierfeldertafeln und Baumdiagramme für die Berechnung von Wahrscheinlichkeiten zu nutzen.
- … die Wahrscheinlichkeitsverteilung einer Zufallsgröße anzugeben und im Sachzusammenhang zu interpretieren.
- … die Unabhängigkeit von Ereignissen zu bestimmen.

Kap. 5.1 und 5.2

Efron Würfel – ein besonderes Würfelspiel

Ein Spielwürfel hat gewöhnlich sechs Seiten, welche mit den Augenzahlen von eins bis sechs beschriftet sind. Das muss aber nicht zwingend so sein. Sieh dir dazu die folgenden Würfelnetze an.

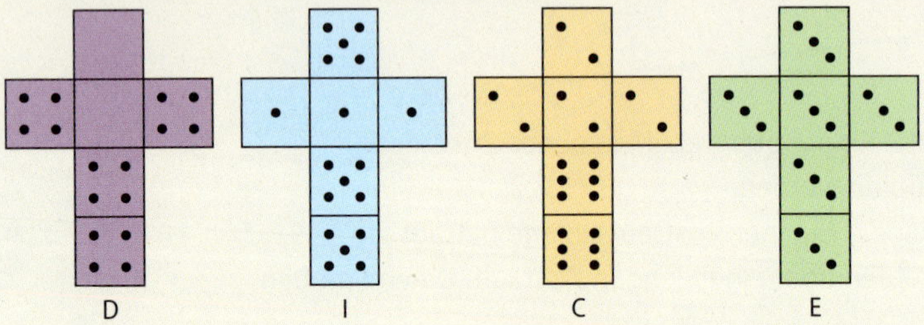

Bradley Efron, Mathematiker, Professor an der Universität Stanford, hatte die Idee für diese besonderen Würfel. Sie werden deshalb als Efron-Würfel bezeichnet.

- Informiere dich im Internet über Bradley Efron.

Spielanleitung

Gespielt wird in Zweierteams. Ein Spieler/eine Spielerin wählt einen der vier Würfel. Anschließend wählt der Mitspieler aus den übrigen Würfeln einen Würfel aus. Beide Spieler würfeln. Die Runde gewinnt derjenige Spieler, der die höhere Augenzahl hat. Er bekommt einen Punkt. Dann legen beide ihre Würfel zurück und eine neue Runde beginnt.

- Führt das Spiel über 20 Runden aus. Übertragt dazu die Tabelle für jede Runde in euer Heft und füllt sie aus.

	Gewählter Würfel	Anzahl der Punkte	Es gewinnt Würfel…
Spieler 1			
Spieler 2			

- Diskutiert im Team: Gib es einen Würfel, mit dem man immer gewinnen kann?
- Dein Spielpartner/deine Spielpartnerin hat zuerst Würfel D gewählt. Gib an, welchen Würfel du wählen würdest, um zu gewinnen. Begründe deine Antwort. Versuche auf diese Weise auch deine Auswahl anzugeben, wenn einer der anderen Würfel zuerst gewählt wurde.
- Bestimme die Gewinnwahrscheinlichkeit, wenn die Würfel gegeneinander spielen. Übertrage dazu die Tabelle in dein Heft und vervollständige sie. Beschreibe Auffälligkeiten.

		1. Würfel			
		D	I	C	E
2. Würfel	D	X			
	I		X		
	C			X	
	E				X

Kap. 5.4

Beim Roulette

Beim Roulette gibt es 37 Zahlen. Zwei Möglichkeiten, eine einfache Chance zu setzen sind

1 rot oder schwarz

2 gerade oder ungerade

Sina meint: „Wenn ich das Spiel beobachte und z. B. sechsmal hintereinander eine gerade Zahl kommt, dann ist die Wahrscheinlichkeit, dass ich gewinne höher, wenn ich beim nächsten Mal auf ungerade setze, wie wenn ich weiter auf gerade setze. Analog kann ich bei der Farbe agieren: Wenn sechsmal hintereinander rot gekommen ist, ist die Wahrscheinlichkeit zu gewinnen höher, wenn ich beim siebten Mal auf schwarz setze, wie wenn ich weiter auf rot setze."

- Was meinst du zu Sinas Einschätzung?
- Überlege dir eine Argumentation und diskutiert in der Klasse.

Kap. 5.6

Erwartungswert

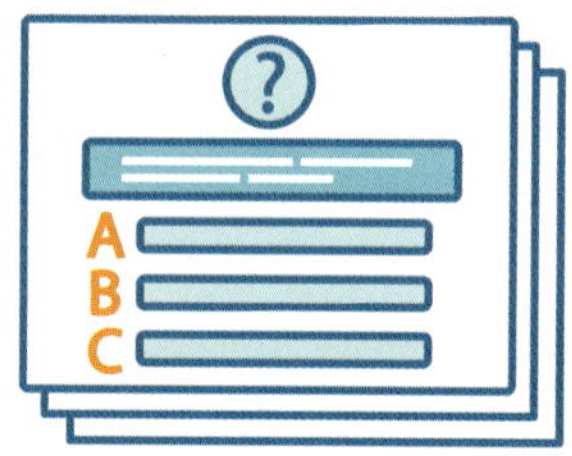

Ein Fernsehsender plant eine Quizshow in der nacheinander mehrere Kandidaten die Chance bekommen, eine Million Euro zu gewinnen. Sie müssen dafür elf Allgemeinwissensfragen richtig beantworten. Beendet ist das Spiel, wenn eine Frage falsch beantwortet wurde, die Million Euro erreicht ist oder ein Kandidat freiwillig aussteigt. Doch lohnt sich dieses neue Projekt?

Gewinn	Anteil der Kandidaten, der den Gewinn erreicht
500 €	2,0 %
1000 €	3,5 %
2500 €	7,0 %
5000 €	15,0 %
10 000 €	24,0 %
30 000 €	20,4 %
50 000 €	18,0 %
100 000 €	6,0 %
300 000 €	2,9 %
500 000 €	1,0 %
1 000 000 €	0,2 %

Um die aufgeworfene Frage beurteilen zu können, muss überprüft werden, ob die Einnahmen von 200 000 € pro Sendung (aus Werbung, Sponsoren, Eintrittskarten der Zuschauer, …) genügen, um die Preisgelder zu finanzieren. Man orientiert sich an vergleichbaren Sendungen und geht deshalb davon aus, dass pro Sendung durchschnittlich zwei Kandidaten spielen.

- Überprüfe, ob die Einnahmen im Durchschnitt pro Sendung zur Finanzierung der Preisgelder ausreichen. Starte deine Überlegungen mit 100 Kandidaten.

Gewinn	500 €	1000 €	…
Anzahl der Kandidaten	2	3,5	…

Entdecken

Johanna hat drei Hustenbonbons in ihrer Hosentasche: Zwei mit Salbei- und eines mit Zitronengeschmack. Sie greift in ihre Hosentasche und zieht zwei Bonbons hintereinander heraus.

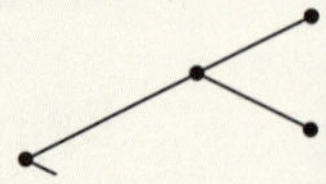

- Zeichne ein Baumdiagramm und beschrifte die Äste mit der zum jeweiligen Ergebnis gehörenden Wahrscheinlichkeit.
- Gib die Wahrscheinlichkeit an, mit der beide Bonbons Salbeigeschmack haben.
- Gib ein Ereignis an, das mit der Wahrscheinlichkeit 1 eintritt.
- Johanna greift ein weiteres Mal in ihre Hosentasche. Erweitere diesbezüglich das bereits gezeichnete Baumdiagramm.

Verstehen

Du kennst bereits das **Baumdiagramm**, um mehrstufige Zufallsexperimente übersichtlich darstellen zu können.

Bei Baumdiagrammen können Wahrscheinlichkeiten für Ergebnissen und Ereignisse mithilfe der **Pfadregeln** berechnet werden.

Die Wahrscheinlichkeiten, die zu einem Ergebnis führen, werden multipliziert (**1. Pfadregel**).

Die Wahrscheinlichkeit mehrerer Ergebnisse, die zu einem Ereignis gehören, werden addiert (**2. Pfadregel**).

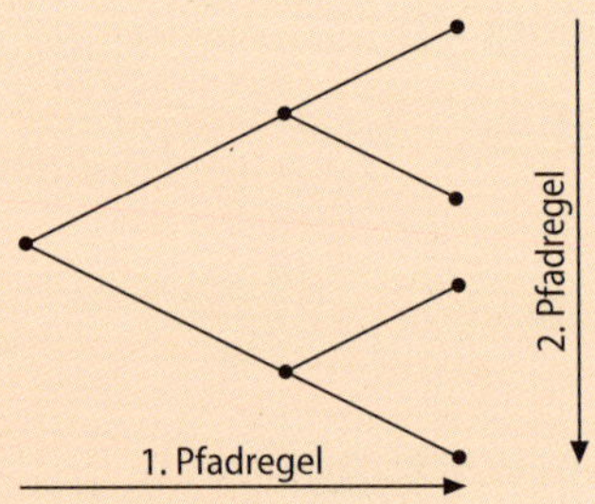

Beispiel

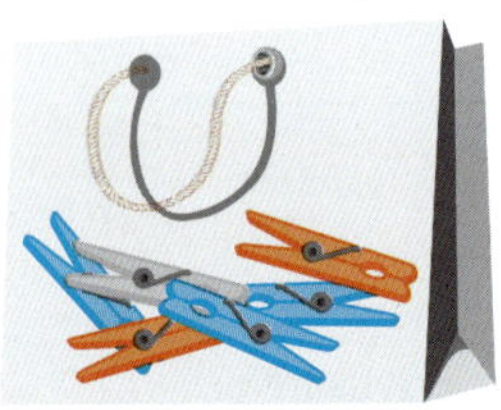

Aus einem Beutel mit drei blauen, zwei roten und einer weißen Wäscheklammer werden ohne hinzusehen zwei Klammern gleichzeitig entnommen. Zeichne ein Baumdiagramm und bestimme die Wahrscheinlichkeit, dass …

a) mindestens eine der Klammern blau ist. **b)** keine der Klammern blau ist.

Lösung:

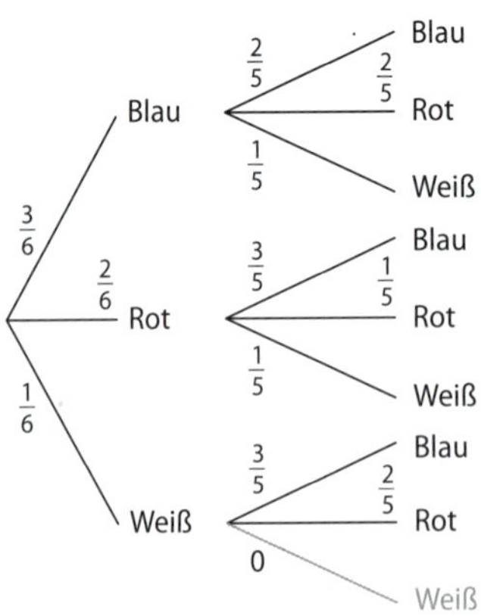

Äste mit der Wahrscheinlichkeit 0 werden nicht gezeichnet.

$P(\text{Blau, Blau}) = \frac{3}{6} \cdot \frac{2}{5} = \frac{6}{30} = \frac{1}{5}$

$P(\text{Blau, Rot}) = \frac{3}{6} \cdot \frac{2}{5} = \frac{6}{30} = \frac{1}{5}$

$P(\text{Blau, Weiß}) = \frac{3}{6} \cdot \frac{1}{5} = \frac{3}{30} = \frac{1}{10}$

$P(\text{Rot, Blau}) = \frac{2}{6} \cdot \frac{3}{5} = \frac{6}{30} = \frac{1}{5}$

$P(\text{Rot, Rot}) = \frac{2}{6} \cdot \frac{1}{5} = \frac{2}{30} = \frac{1}{15}$

$P(\text{Rot, Weiß}) = \frac{2}{6} \cdot \frac{1}{5} = \frac{2}{30} = \frac{1}{15}$

$P(\text{Weiß, Blau}) = \frac{1}{6} \cdot \frac{3}{5} = \frac{3}{30} = \frac{1}{10}$

$P(\text{Weiß, Rot}) = \frac{1}{6} \cdot \frac{2}{5} = \frac{2}{30} = \frac{1}{15}$

$P(\text{Weiß, Weiß}) = \frac{1}{6} \cdot 0 = 0$

Beachte:
Wenn die erste Klammer gezogen ist, sind nur noch fünf Klammern im Beutel.

a) Die Wahrscheinlichkeit, dass mindestens eine der Klammern blau ist, beträgt
$\frac{1}{5} + \frac{1}{5} + \frac{1}{10} + \frac{1}{5} + \frac{1}{10} = \frac{4}{5} = 80\,\%$.

b) Die Wahrscheinlichkeit, dass keine der Klammern blau ist, beträgt
$\frac{1}{15} + \frac{1}{15} + \frac{1}{15} = \frac{1}{5} = 20\,\%$ bzw. $1 - \frac{4}{5} = \frac{1}{5}$

Für das Gegenereignis $\overline{E}$ des Ereignisses E gilt:
$P(\overline{E}) = 1 - P(E)$

- Begründe, dass die Summe der Wahrscheinlichkeiten aller Äste, die von einem Punkt im Baumdiagramm ausgehen, stets 1 ergibt.
- Aus dem Alltag sind dir die Begriffe Stammbaum, Entscheidungsbaum, Mindmap, ... sicherlich bekannt. Nenne Gemeinsamkeiten und Unterschiede zu den hier verwendeten Baumdiagrammen.

Nachgefragt

Aufgaben

1 Das abgebildete Glücksrad wird zweimal gedreht. Bestimme die Wahrscheinlichkeit, dass man zweimal dieselbe Farbe erhält.

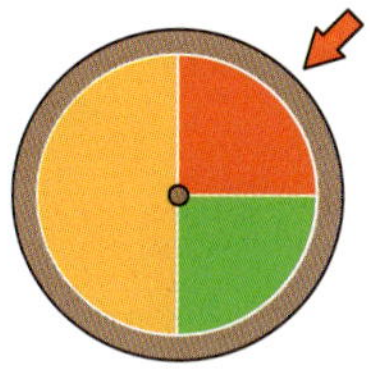

2 Zwei gewöhnliche Spielwürfel werden gleichzeitig geworfen. Berechne die Wahrscheinlichkeit, zwei Einser (eine Eins und eine Zwei) zu erhalten.

3 In einer Kiste befinden sich bis auf die Farbe identische Tennisbälle, insgesamt zwölf gelbe und vier weiße. Boris greift ohne hinzusehen hinein und entnimmt nacheinander zwei Bälle, wobei er den zuerst entnommenen nicht zurücklegt.

a) Ermittle mithilfe eines Baumdiagramms die Wahrscheinlichkeit für das Ziehen zweier weißer Bälle.

b) Erläutere, inwiefern sich die Wahrscheinlichkeiten im Baumdiagramm ändern, wenn der zuerst entnommene Ball vor dem Ziehen des zweiten wieder in die Kiste zurückgelegt wird. Bestimme nun die Wahrscheinlichkeit für das Ziehen zweier weißer Bälle.

4 Aus einer Lieferung gleich aussehender Kuckucksuhren wird eine Uhr zufällig entnommen. Die Lieferung besteht aus 95 % Originalen und 5 % Fälschungen, welche äußerlich nicht voneinander unterscheidbar sind. 80 % der Originale und 60 % der Fälschungen funktionieren jeweils, die anderen sind defekt. Mit welcher Wahrscheinlichkeit ist die entnommene Uhr defekt?

5 Denke dir zu dem Baumdiagramm ein „Zufallsgerät" aus.
Bestimme die Wahrscheinlichkeit dafür, dass das „Zufallsgerät" zweimal hintereinander das Ereignis „1" anzeigt.

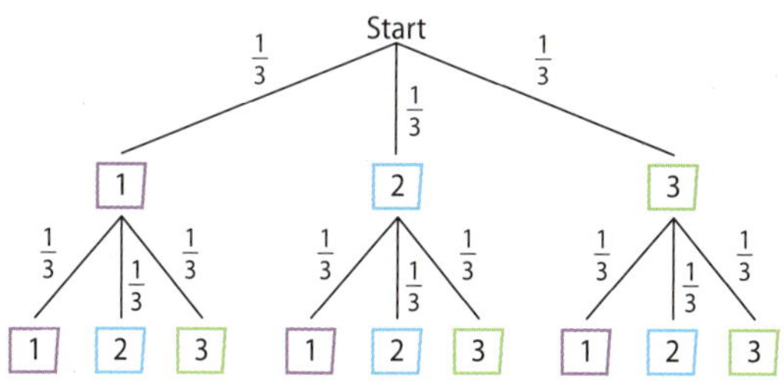

6 In einer oben offenen Dose sind zwei rote und drei blaue Kugeln. Gregor zieht „blind" zweimal nacheinander je eine Kugel. Dabei zieht er erst eine Kugel und notiert die Farbe. Dann ...

1 legt er die Kugel wieder zurück und zieht erneut eine Kugel.

2 zieht er eine zweite Kugel, ohne vorher die erste Kugel zurückzulegen.

a) Zeichne für jedes der beiden Zufallsexperimente ein Baumdiagramm und schreibe jeweils die Wahrscheinlichkeiten an die Teilpfade.

b) Ermittle in jedem der beiden Fälle die Wahrscheinlichkeit dafür, dass Gregor zweimal eine rote Kugel zieht.

Entdecken

Die Schulmannschaft im Volleyball ist sehr erfolgreich. Sie gewann mehrfach den Stadtmeister (S)- und den Landesmeistertitel (L). Manchmal sogar beide im gleichen Jahr. In der Tabelle ist dargestellt, wie oft die Schulmannschaft in den letzten zehn Jahren die einzelnen Titel gewonnen hat.

	L	$\overline{L}$	gesamt
S			7
$\overline{S}$	1		
gesamt	3		10

- Ergänze die fehlenden Angaben. Ersetze anschließend die absoluten Häufigkeiten durch die entsprechenden relativen Häufigkeiten.
- Zeichne ein passendes Baumdiagramm zu dem Sachverhalt.

Verstehen

Bei Datenerhebungen mit genau zwei unterschiedlichen Merkmalen interessiert oftmals, ob diese einzeln, gemeinsam oder gar nicht eintreten. Neben dem Baumdiagramm gibt es eine weitere Möglichkeit der Darstellung.

Alle Ergebnisse, die sowohl in der Ereignismenge A als auch in der Ereignismenge B liegen, bilden die sogenannte Schnittmenge aus A und B: A ∩ B.

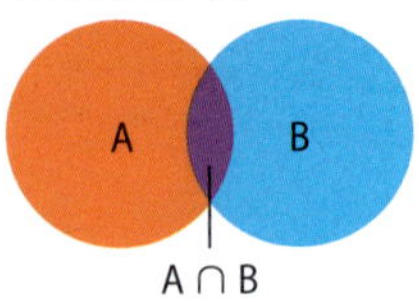

Bei einer sogenannten **Vierfeldertafel** werden sämtliche Kombinationsmöglichkeiten des gleichzeitigen Eintretens zweier Ereignisse A und B sowie deren Gegenereignisse $\overline{A}$ und $\overline{B}$ übersichtlich dargestellt.

	B	$\overline{B}$	gesamt
A	$A \cap B$	$A \cap \overline{B}$	A
$\overline{A}$	$\overline{A} \cap B$	$\overline{A} \cap \overline{B}$	$\overline{A}$
gesamt	B	$\overline{B}$	gesamt

Ereignisse A und B treten ein.
Ereignisse A und $\overline{B}$ treten ein.
Gegenereignis $\overline{A}$ tritt ein.
Gesamtheit aller Ereignisse (ergibt stets 1 bzw. die Gesamtzahl).

In den einzelnen Zellen können sowohl die absoluten, als auch die relativen Häufigkeiten oder Wahrscheinlichkeiten stehen.

Beispiel

Die nebenstehenden Vierfeldertafel stellt das Ergebnis einer Umfrage an einem Gymnasium dar.
N: „Schüler besucht die 9. Klasse."
A: „Schüler ist mindestens 15 Jahre alt."

a) Erkläre die Bedeutung der Felder A ∩ N und $\overline{A}$.
b) Zeichne ein Baumdiagramm und vergleiche die beiden Darstellungen.

	N	$\overline{N}$	gesamt
A	35 7 %	180 36 %	215 43 %
$\overline{A}$	25 5 %	260 52 %	285 57 %
gesamt	60 12 %	440 88 %	500 100 %

Lösung:

a) A ∩ N: 7 % aller Schüler (35) sind mindestens 15 Jahre alt und besuchen die 9. Klasse.
$\overline{A}$: 285 Schüler (57 % aller Schüler) der Schule sind jünger als 15 Jahre.

b)

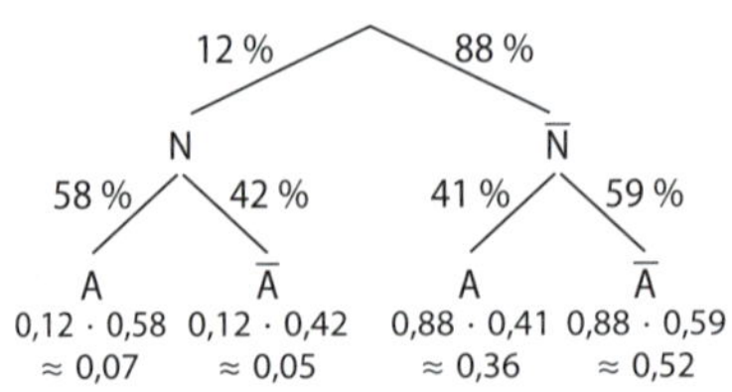

Jeder der Einträge für A ∩ N, A ∩ $\overline{N}$, $\overline{A}$ ∩ N und $\overline{A}$ ∩ $\overline{N}$ in der Vierfeldertafel steht für einen Pfad im Baumdiagramm.

- Die Ereignisse A und B sollen beide eintreten. Beschreibe, an welcher Stelle du die zugehörige Angabe in der Vierfeldertafel (im Baumdiagramm) findest.
- Gib mithilfe der Vierfeldertafel im Beispiel die relative Häufigkeit der Schüler in der 9. Klasse an, die mindestens 15 Jahre alt sind.

Nachgefragt

Aufgaben

1 Übertrage die Vierfeldertafel in dein Heft und ergänze die fehlenden Einträge.

a)

	B	$\overline{B}$	gesamt
A		800	1000
$\overline{A}$	400	300	
gesamt			

b)

	D	$\overline{D}$	gesamt
C	20 %		
$\overline{C}$		0,1	
gesamt	0,7		

2 Bei einem Einstellungstest, an dem 250 Personen teilnehmen, werden Kopfrechnen (K) und logisches Denken (D) geprüft. Besteht ein Prüfling beide Teile, wird er anschließend zu einem Vorstellungsgespräch eingeladen. Einige der zugehörigen relativen Häufigkeiten sind in der Vierfeldertafel festgehalten.

a) Übertrage die Vierfeldertafel in dein Heft und vervollständige sie.

b) Ermittle die Anzahl der Personen, die zum Vorstellungsgespräch eingeladen werden.

c) Bestimme die Anzahl der Personen, die nicht eingeladen werden, obwohl sie einen der beiden Testteile bestanden haben.

	D	$\overline{D}$	gesamt
K			0,20
$\overline{K}$	0,56		
gesamt		0,36	

3 Eine Studie hat gezeigt, dass in Großstädten etwa 7 % der Fahrgäste in öffentlichen Verkehrsmitteln ohne gültigen Fahrschein fahren. Bei Kontrollen werden 5 % der Schwarzfahrer erwischt. Bestimme die Wahrscheinlichkeit, dass eine beliebige Person in einem Bus ohne gültigen Fahrschein fährt und dabei nicht erwischt wird.

4 Eine Umfrage in einem Musik-Club brachte folgende Ergebnisse:

1 60 % der Gäste sind weiblich.

2 55 % aller Besucher bevorzugen Loungemusik.

3 30 % der männlichen Gäste mögen keine Loungemusik.

Erstelle eine Vierfeldertafel und bestimme den Anteil der weiblichen Gäste, die Loungemusik mögen.

5 Das Albert-Einstein-Gymnasium hat 1200 Schülerinnen und Schüler. 30 % von ihnen engagieren sich in der SMV. 65 % der Aktiven sind Mädchen. Von der Schülergruppe, die sich nicht engagiert, sind 45 % Mädchen.

a) Ermittle mit einem Baumdiagramm, wie viele Mädchen das Albert-Einstein-Gymnasium besuchen.

b) Erstelle eine Vierfeldertafel zu dem Sachverhalt.

c) Berechne die Wahrscheinlichkeit, dass ein zufällig ausgewählter Junge in der SMV tätig ist.

d) Erstelle eine Vierfeldertafel zu deiner Klasse. Suche nach weiteren geeigneten Unterscheidungsmerkmalen.

Entdecken

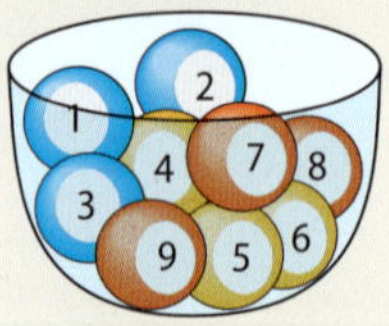

Der Begriff Urne kommt von Wahlurne.

Tim entnimmt der nebenstehend abgebildeten Dose „blind" eine Kugel und sagt: „Die Zahl auf der Kugel ist mit einer Wahrscheinlichkeit von 44 % gerade." Nachdem Tim seine Kugel wieder zurückgelegt hat, entnimmt Sophie „blind" eine Kugel. Von Tim erfährt sie, dass es sich um eine gelbe Kugel handelt.

- Begründe Tims Aussage.
- Bestimme mithilfe des nebenstehenden Tipps die Wahrscheinlichkeit, mit der auf Sophies gelber Kugel eine gerade Zahl steht. Markiere, wo du diese im Baumdiagramm findest.

Tipp: Stelle dir ein zweistufiges Zufallsexperiment vor und zeichne ein Baumdiagramm: Zuerst wird „blind" eine Farburne gewählt, anschließend wird aus dieser „blind" eine Kugel gezogen.

Verstehen

Besonders interessant sind Fälle, in denen das Eintreten eines Ereignisses die Wahrscheinlichkeit eines anderen Ereignisses beeinflusst.

*Es fallen somit alle Ergebnisse des zweistufigen Zufallsexperiments weg, die nicht zu B gehören und für das Ereignis A sind nur noch **die** Ergebnisse günstig, die der Menge $A \cap B$ angehören.*

Bei einem Zufallsexperiment interessiert man sich für die Wahrscheinlichkeit P (A), dass ein bestimmtes Ereignis A eintritt. Erhält man die Information, dass – noch ehe das Ereignis A eintritt – schon das Ereignis B eingetreten ist, dann sind nur noch **die** Ergebnisse von A von Bedeutung, die unter der Voraussetzung „B ist eingetreten" eintreten.

Die zugehörige Wahrscheinlichkeit $P_B(A)$ (man sagt: „Wahrscheinlichkeit von A unter der Bedingung B") für das Ereignis A heißt **bedingte Wahrscheinlichkeit**.
Darunter versteht man also die Wahrscheinlichkeit, mit der das Ereignis A unter der Voraussetzung, dass B bereits eingetreten ist, eintritt.

Für bedingte Wahrscheinlichkeit gilt: $\mathbf{P_B(A) = \frac{P(A \cap B)}{P(B)}}$.

Beispiel

Ein Gymnasium plant eine Streichorchester AG und hat die 696 Schüler und Schülerinnen dahingehend befragt. Die Tabelle hält das Ergebnis fest.
S: „Die befragte Person spielt ein Streichinstrument."
M: „Die befragte Person ist ein Mädchen."

	M	$\overline{M}$	gesamt
S	222	189	411
$\overline{S}$	98	187	285
gesamt	320	376	696

Berechne die Wahrscheinlichkeiten für P (S), $P_M(S)$ und $P_{\overline{M}}(S)$ jeweils mithilfe **1** der Vierfeldertafel, **2** der Formel für die bedingte Wahrscheinlichkeit und **3** eines Baumdiagramms.

Lösung:

1 $P(S) = \frac{411}{696} = 0{,}59$; $P_M(S) = \frac{222}{320} \approx 0{,}69$; $P_{\overline{M}}(S) = \frac{189}{376} \approx 0{,}50$

2 $P_M(S) = \frac{P(S \cap M)}{P(M)} = \frac{\frac{222}{696}}{\frac{320}{696}} = \frac{222}{320}$; $P_{\overline{M}}(S) = \frac{P(S \cap \overline{M})}{P(\overline{M})} = \frac{\frac{189}{696}}{\frac{376}{696}} = \frac{189}{376}$; $P(S) = \frac{411}{696} \approx 0{,}59$

3
$\frac{320}{696}$ M —$P_M(S)$— S $P(M \cap S) = \frac{222}{696} \Rightarrow P_M(S) = \frac{222}{320}$

$\frac{376}{696}$ $\overline{M}$ —$P_{\overline{M}}(S)$— S $P(\overline{M} \cap S) = \frac{189}{696} \Rightarrow P_{\overline{M}}(S) = \frac{189}{376}$

$P(S) = P(M \cap S) + P(\overline{M} \cap S) = \frac{411}{696}$

- Begründe, dass bedingte Wahrscheinlichkeiten den Wert 0 bzw. den Wert 1 annehmen können.
- Erkläre die Bedeutung von $P_A(B) = P_B(A)$ anhand eines selbst gewählten Beispiels.
- Erkläre, was $P_A(B) = P(B)$ bedeutet.

Nachgefragt

Aufgaben

1 Aus einer Urne, die vier weiße und sechs rote Kugeln enthält, werden nacheinander (ohne Zurücklegen) zwei Kugeln gezogen. Ermittle mithilfe eines Baumdiagramms die Wahrscheinlichkeit dafür, dass …
a) die erste Kugel rot ist.
b) beide Kugeln rot sind.
c) die zweite Kugel rot ist unter der Voraussetzung, dass bereits die erste Kugel rot war.
d) die zweite Kugel rot ist unter der Voraussetzung, dass die erste Kugel weiß war.
Nimm nun an, dass die Kugeln nacheinander, mit Zurücklegen gezogen werden und berechne die Wahrscheinlichkeiten aus den Teilaufgaben c) und d) unter der neuen Annahme. Beschreibe, was du feststellst.

2 Franziska bekommt eine Pralinenschachtel geschenkt. Darin sind 36 Pralinen mit Milchschokolade und 24 mit weißer Schokolade überzogen. 15 Pralinen mit Milchschokoladenüberzug und 10 Pralinen mit weißem Schokoguss sind mit Marzipan gefüllt.

a) Erstelle ein Baumdiagramm und beschrifte es.
b) Franziska greift „blind" in die Schachtel und nimmt eine Praline heraus. Mit welcher Wahrscheinlichkeit hat sie eine mit Marzipan gefüllte Praline erwischt?
c) Franziskas Schwester hat eine Praline mit Milchschokoladenguss gezogen. Mit welcher Wahrscheinlichkeit hat sie eine Praline ohne Marzipan erwischt?

3 Das Landesgymnasium für Hochbegabte in Schwäbisch Gmünd nimmt auch externe Schülerinnen und Schüler auf. Durch ein Aufnahmeverfahren wird die Eignung festgestellt.

Für das kommende Schuljahr haben sich 100 Schülerinnen und Schüler zum Aufnahmetest angemeldet. Aus Erfahrung geht man davon aus, dass 70 % der Schülerinnen und Schüler, die sich angemeldet haben, eine nachgewiesene Hochbegabung aufweisen, 80 % der Bewerberinnen und Bewerber mit Hochbegabung bestehen den Aufnahmetest. Insgesamt bestehen 60 % aller Bewerberinnen und Bewerber den Test.
a) Übertrage die Vierfeldertafel in dein Heft und vervollständige sie.

	hochbegabt	nicht hochbegabt	gesamt
bestanden			
nicht bestanden			
gesamt			100

b) Bestimme die Wahrscheinlichkeit, dass ein Schüler oder eine Schülerin den Aufnahmetest besteht, aber nicht hochbegabt ist.

4 Ein Autohaus veranstaltet zum Firmenjubiläum eine Tombola, bei der die Gewinner die Art ihres Gewinns durch Ziehen einer Kugel aus der abgebildeten Lostrommel ermitteln. Es gibt Sportwagen (S) und Cabrios (C) in den Farben rot, blau und grün zu gewinnen.

a) Ein Kunde zieht „blind" eine Kugel. Sie ist rot. Bestimme die Wahrscheinlichkeit, mit der er einen Sportwagen gewonnen hat.

b) Erkläre, wie die Wahrscheinlichkeit, einen Sportwagen zu gewinnen, von der Farbe abhängt.

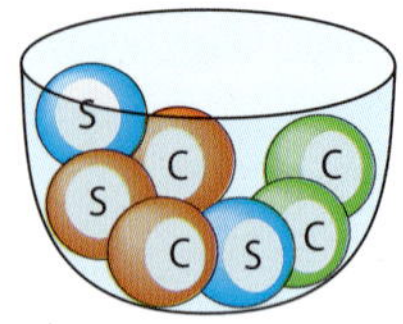

5 Eine Umfrage unter 845 Schülerinnen und Schülern eines Gymnasiums hat ergeben, dass von den 643 befragten Mädchen 94 % ein Smartphone besitzen. Von den befragten Jungs hatten 200 ein Smartphone.

a) Erstelle eine Vierfeldertafel.

b) Ermittle die Wahrscheinlichkeit, dass ein befragter Junge kein Smartphone besitzt.

c) Erstellt zu den gleichen Kriterien eine Vierfeldertafel für eure Klasse und vergleicht die Ergebnisse.

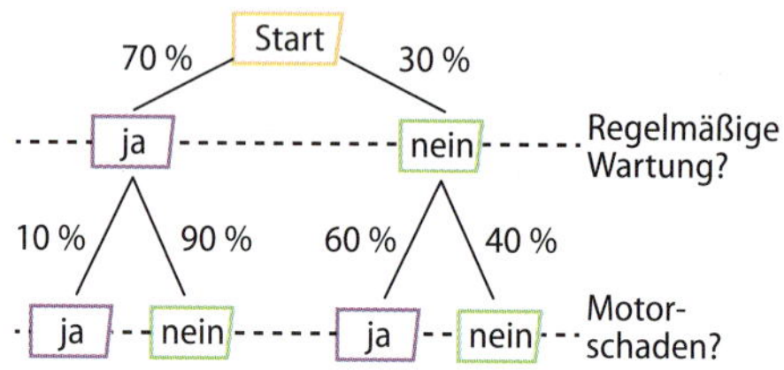

6 Bei einer Umfrage zum Thema *Autowartung und Motorschaden* lautete
Frage 1: Brachten Sie Ihr Auto regelmäßig zur Wartung?
Frage 2: Hatten Sie im letzten Jahr einen Motorschaden?
Die Ergebnisse sind in nebenstehendem Baumdiagramm dargestellt.
Ermittle die Wahrscheinlichkeit, …

a) dass jemand einen Motorschaden hatte.

b) dass jemand einen Motorschaden hatte, obwohl sein Auto regelmäßig gewartet wurde.

c) dass jemand weder regelmäßig bei der Wartung war noch einen Motorschaden hatte.

7 Bei einem Zufallsexperiment wird ein regelmäßiges Dodekaeder, dessen zwölf Flächen mit den natürlichen Zahlen von 1 bis 12 beschriftet sind, einmal geworfen. Als „Treffer" gilt, wenn entweder 1 oder 12 geworfen wird.

a) Berechne mit welcher Wahrscheinlichkeit ein Treffer erzielt wird.

b) Laura kann erkennen, dass keine 5 geworfen wurde. Bestimme die Wahrscheinlichkeit mit der Laura auf einen Treffer hoffen kann.

c) Gib eine Bedingung B an, so dass P_B(„1 oder 12 wird geworfen") $= \frac{1}{3}$ ist.

8 In einem Haus ist eine Alarmanlage installiert. Folgende Ereignisse werden untersucht:
A: „Die Alarmanlage springt an."
E: „Jemand versucht einzubrechen."
Beschreibe die bedingten Wahrscheinlichkeiten mit eigenen Worten.

a) $P_E(A)$ **b)** $P_E(\overline{A})$ **c)** $P_{\overline{E}}(A)$ **d)** $P_{\overline{A}}(E)$

Erläutere, welche dieser vier bedingten Wahrscheinlichkeiten im Sachkontext möglichst groß und welche möglichst klein sein sollten.

9 Nach den Sterbetafeln der Bundesrepublik Deutschland für die Jahre 2002/2004 erreichte ein männliches Neugeborenes mit einer Wahrscheinlichkeit von 0,97 das 40. Lebensjahr (Ereignis A40) und mit einer Wahrscheinlichkeit von 0,87 das 60. Lebensjahr (A60). Ermittle die Wahrscheinlichkeit, dass ein 40-jähriger Mann mindestens 60 Jahre alt wird.

10 Eine 22-köpfige Touristengruppe startet eine geführte Bergwanderung auf den Hohen Göll (Österreich). Zu Beginn geben bereits zehn Teilnehmer an, an Gleichgewichtsstörungen zu leiden. Am Gipfelkreuz angekommen, klagen acht Personen über einen Sonnenbrand. Neun der teilnehmenden Wanderer bleiben schlussendlich unversehrt. Ein zufällig ausgewählter Tourist klagt bereits zu Beginn der Tour über Gleichgewichtsstörungen. Bestimme die Wahrscheinlichkeit, mit der dieser Tourist am Gipfelkreuz auch an Kopfschmerzen leidet.

11 Eine Blitzumfrage zur Überprüfung der Beliebtheit einer Fernsehserie liefert folgendes Ergebnis: 40 % der Zuschauer, die die Sendung gesehen haben, waren 30 Jahre oder jünger. Von diesen hatten 50 %, und von den übrigen Zuschauern (über 30 Jahre alt) hatten 70 % eine positive Meinung. Finde heraus, wie viel Prozent der Zuschauer, die eine positive Meinung über die Sendung hatten, älter als 30 Jahre alt waren. Stelle dazu den Sachverhalt in einer Vierfeldertafel und in einem passenden Baumdiagramm dar.

12 Ein Tankstellenbesitzer weiß aus Erfahrung, dass 25 % seiner Kunden Superbenzin tanken, wobei 30 % derjenigen Kunden, die Superbenzin tanken, Sportwagen fahren. 45 % seiner Kunden fahren weder Sportwagen noch tanken sie Superbenzin. Erstelle eine Vierfeldertafel und gib an, wie viel Prozent seiner Kunden Sportwagen fahren.

13 Gregor zieht verdeckt eine Karte aus einem Skatspiel.

a) Wie groß ist die Wahrscheinlichkeit, dass Lucas sie sofort errät?

b) Wenn Lucas die Karte nicht errät, gibt ihm Gregor eine der folgenden Informationen:

1 Es ist eine rote Karte.

2 Es ist eine Bildkarte.

3 Es ist keine Dame.

4 Es ist kein König.

5 Es ist ein Bube.

6 Es ist der Herzbube.

Ermittle jeweils die Wahrscheinlichkeit, damit die Karte zu erraten.

c) Finde heraus, wie sich die Wahrscheinlichkeit, die Karte zu erraten, laufend ändert, wenn Gregor alle sechs Zusatzinformationen aus b) der Reihe nach preisgibt.

14 Zu Beginn des 21. Jahrhunderts waren in Europa etwa 0,01 % aller Männer, die zu keiner Risikogruppe gehören, mit HIV infiziert. Mithilfe eines HIV-Tests soll festgestellt werden, ob eine Infektion vorliegt. Wenn ein Mann mit HIV infiziert ist, dann fällt der Test mit 99,9 % positiv aus. Wenn ein Mann nicht infiziert ist, dann beträgt die Wahrscheinlichkeit 99,99 %, dass der Test bei ihm negativ ausfällt.

a) Ermittle die Wahrscheinlichkeit, dass bei einem Mann, der keiner Risikogruppe angehört, ein positives Testergebnis vorliegt.

b) Ein Arzt teilt einem Mann, der keiner Risikogruppe angehört, ein positives Testergebnis mit. Bestimme die Wahrscheinlichkeit, dass der Mann tatsächlich infiziert ist.

Wenn ein Test eine Erkrankung anzeigt, nennt man das Ergebnis „positiv“, unabhängig davon, ob die Erkrankung vorliegt oder nicht.

Entdecken

Endlich!
Impfstoff gegen den Grippe-Virus TRK 830 gefunden.

Bei Viertklässlern werden die Ereignisse I: „Kind ist gegen TRK 830 geimpft“, K: „Kind ist an Grippe erkrankt“ und S: „Schuhgröße über 36“ betrachtet:

	I	$\overline{I}$	gesamt
K	15 %		50 %
$\overline{K}$			
gesamt		40 %	

	I	$\overline{I}$	gesamt
S	33 %	22 %	
$\overline{S}$	27 %		
gesamt			

- Übertrage die Baumdiagramme in dein Heft und ergänze die Wahrscheinlichkeiten. Beschreibe deine Beobachtungen.

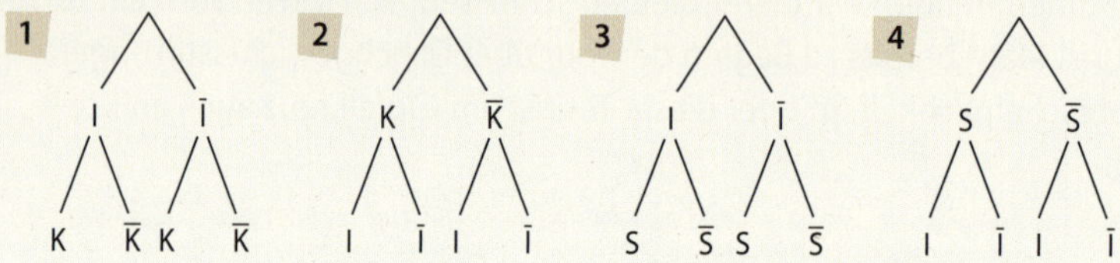

- Stelle eine Vermutung auf: Beeinflussen sich die Ereignisse I und K bzw. I und S gegenseitig?
- Berechne $P_I(K)$, $P(K)$, $P_I(S)$ und $P(S)$. Was fällt dir auf? Interpretiere deine Entdeckung.

Verstehen

Bei Ereignispaaren kann das eine der beiden Ereignisse das andere beeinflussen, oder nicht.

Zwei Ereignisse A und B nennt man **stochastisch unabhängig**, wenn das Eintreten von A keinen Einfluss auf das Eintreten von B hat, d. h. $P_A(B) = P(B)$, und umgekehrt.
In diesem Fall gilt foglich: $\mathbf{P(A) \cdot P(B) = P(A \cap B)}$.

A und B sind stochastisch abhängig, wenn dies nicht gilt.

Beispiele

I. Ein Laplace-Würfel wird einmal geworfen. Betrache die Ereignisse A: „Gerade Augenzahl“ und B: „Augenzahl durch 3 teilbar“. Überprüfe, ob A und B stochastisch unabhängig sind.
Lösung:
$A = \{2, 4, 6\}$, $B = \{3, 6\}$ und $A \cap B = \{6\}$.
$P(A) = \frac{3}{6} = \frac{1}{2}$, $P(B) = \frac{2}{6} = \frac{1}{3}$ und $P(A \cap B) = \frac{1}{6}$
A und B sind stochastisch unabhängig:
$P(A) \cdot P(B) = \frac{1}{2} \cdot \frac{1}{3} = \frac{1}{6} = P(A \cap B)$.

Stochastische Unabhängigkeit bedeutet nicht, dass die beiden Ereignisse nicht gleichzeitig eintreten können!

II: Bei einer Untersuchung wird zur Vereinfachung vorausgesetzt, dass die Wahrscheinlichkeit einer Mädchen- (M) und einer Jungengeburt (J) gleich ist. Familie Jordan wird zufällig ausgewählt. Sie hat drei Kinder. Betrachtet werden die Ereignisse A: „Die Familie hat höchstens einen Jungen“ und B: „Die Familie hat Kinder beider Geschlechter“.
Zeige, dass die Ereignisse A und B voneinander unabhängig sind.
Lösung:
$A = \{(J; M; M), (M; J; M), (M; M; J), (M; M; M)\} \Rightarrow P(A) = \frac{4}{8}$
$B = \{(J; J; M), (J; M; J), (M; J; J), (J; M; M), (M; M; J), (M; J; M)\} \Rightarrow P(B) = \frac{6}{8}$
$A \cap B = \{(J; M; M), (M; J; M), (M; M; J)\} \Rightarrow P(A \cap B) = \frac{3}{8}$
$P(A) \cdot P(B) = \frac{4}{8} \cdot \frac{6}{8} = \frac{3}{8} = P(A \cap B)$

- Sind die Ereignisse A und B im abgebildeten Baumdiagramm stochastisch unabhängig? Erläutere.
- Erkläre und begründe die Aussage: „Im abgebildeten Baumdiagramm könnte man die Anordnung von A und B einfach vertauschen, ohne dass sich Wahrscheinlichkeiten am Ende eines Pfades ändern."

Nachgefragt

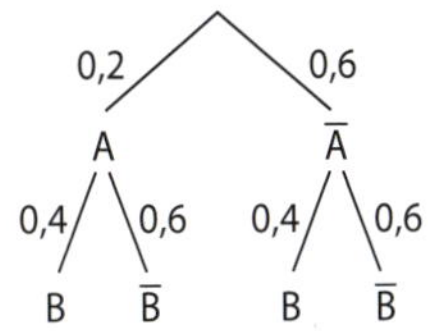

Aufgaben

Im Falle stochastischer Abhängigkeit beeinflusst das Eintreten des einen Ereignisses die Wahrscheinlichkeit des anderen Ereignisses.

1 In einer Urne sind vier blaue und sechs gelbe Kugeln. Es wird zweimal ohne Zurücklegen gezogen. Zeichne ein Baumdiagramm und beschreibe die veränderten Bedingungen beim zweiten Zug.

2 Ein Laplace-Würfel wird geworfen. Man erhält eine Augenzahl X. Entscheide, ob das Ereignis A vom Ereignis B unabhängig ist und begründe deine Entscheidung.

a) A: „X ist gerade"; B: „X ist größer als 4"

b) A: „$X \geq 5$"; B: „X ist ungerade"

c) A: „X ist eine Primzahl"; B: „$X \leq 3$"

3 Beim Roulette gibt es für jede der Zahlen 0 bis 36 genau ein Feld. Die angedrehte Kugel landet zufällig in einem dieser Felder. 18 dieser Felder sind rot, das Feld mit der Zahl 0 ist grün und alle verbleibenden Felder sind schwarz.
Berechne, welche der folgenden Ereignisse unabhängig voneinander sind.

A: „Die Kugel landet in einem roten Feld."
B: „Die Kugel landet in einem Feld mit einer der Zahlen 1 bis 18."
C: „Die Kugel landet in einem Feld mit einer Zahl aus der Menge {11, 12, 13, 14, 15, 16, 17, 18, 19, 20, 21}."

4 Eine Studie erhebt den Lernerfolg von 475 Schülerinnen und Schülern eines Gymnasiums in den Fächern Mathematik und Deutsch. Folgende Daten wurden erhoben.

		Mathematik			
		Sehr gut	**Mittelmäßig**	**Ungenügend**	**Gesamt**
Deutsch	**Sehr gut**	51	72	33	
	Mittelmäßig	66		44	163
	Ungenügend	21	76		177
	Gesamt		201	157	

a) Übertrage die Tabelle in dein Heft und vervollständige sie dort.

b) Es wird ein(e) Schüler(in) X zufällig ausgewählt. Überprüfe, ob die beiden angegebenen Ereignisse A und B voneinander unabhängig sind.

A: „X ist sehr gut in Mathematik"; B: „X ist sehr gut in Deutsch"

A: „X ist sehr gut in Deutsch"; B: „X ist ungenügend in Mathematik"

A: „X ist mittelmäßig in Mathematik"; B: „X ist ungenügend in Deutsch"

Entdecken

Bei einem Glücksrad darf man für 1 € Einsatz ein Mal drehen. Wird ein Geldbetrag angezeigt, bekommt man ihn ausbezahlt, ansonsten ist der Einsatz weg.

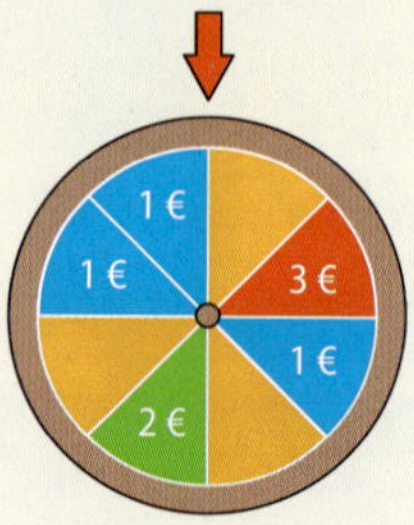

X: Auszahlung	$x_1 = 0$ €	$x_2 = 1$ €	$x_3 =$ □ €	$x_4 =$ □ €
Y: Gewinn	$y_1 =$ □ €	$y_2 = 0$ €	$y_3 =$ □ €	$y_4 =$ □ €
P: Gewinnwahrscheinlichkeit	$P_1 =$ □	$P_2 = \frac{3}{8}$	$P_3 =$ □	$P_4 =$ □

- Übertrage die Tabelle in dein Heft und vervollständige sie.
- Gib an, welche Geldbeträge man bei diesem Spiel mit welcher Wahrscheinlichkeit gewinnen kann und zeichne ein Säulendiagramm zu diesem Sachverhalt.

Verstehen

Bei Glücksspielen stellt z. B. die Höhe des Gewinns eine interessante Größe dar. Unterschiedlichen Gewinnbeträge treten dabei i. d. R. mit unterschiedlichen Wahrscheinlichkeiten ein.

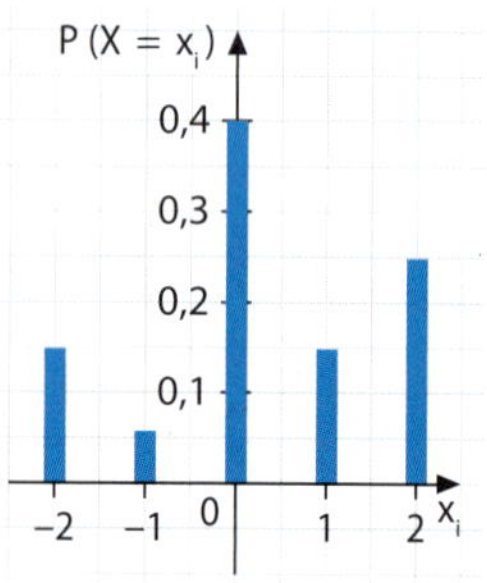

Bei einem Säulendiagramm gibt die Länge der Säulen die Werte der Wahrscheinlichkeiten $P(X = x_i)$ wieder. Die Breite der Säulen spielt keine Rolle.

Eine Zuordnung X heißt **Zufallsgröße** eines Zufallsexperiments, falls sie jedem Ergebnis aus einem **Ergebnisraum** Ω eine reelle Zahl x zuordnet.

Ordnet man weiter jedem Wert x_i ($i = 1, 2, \dots, n$), den die Zufallsgröße X annehmen kann, seine Wahrscheinlichkeit $P(X = x_i)$ zu, so erhält man die **Wahrscheinlichkeitsverteilung der Zufallsgröße X**. Wahrscheinlichkeitsverteilungen werden häufig in Form einer Tabelle oder eines Säulendiagramms dargestellt.

Beispiele

I. Zwei Laplace-Spielwürfel werden gleichzeitig geworfen. Stelle die Wahrscheinlichkeitsverteilung der Zufallsgröße X: „Augensumme beider Würfel" tabellarisch und grafisch dar.

Lösung:

Tabellarisch:

x_i	2	3	4	5	6	7	8	9	10	11	12
$P(X = x_i)$	$\frac{1}{36}$	$\frac{2}{36}$	$\frac{3}{36}$	$\frac{4}{36}$	$\frac{5}{36}$	$\frac{6}{36}$	$\frac{5}{36}$	$\frac{4}{36}$	$\frac{3}{36}$	$\frac{2}{36}$	$\frac{1}{36}$

Grafisch:

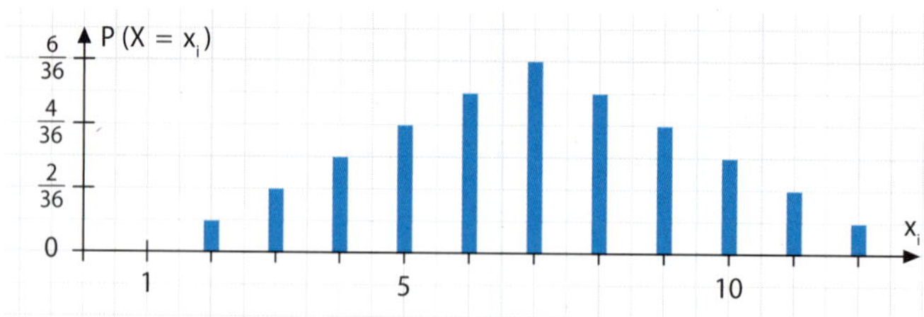

II. Bei Regelwidrigkeiten werden beim Handball Freiwürfe gepfiffen. Ein Spieler hat bei Freiwürfen eine Trefferquote von 90 %. Er wirft dreimal. Die Zufallsgröße X zählt die Anzahl der Treffer. Bestimme die Werte, die X annehmen kann und ermittle die tabellarische Wahrscheinlichkeitsverteilung von X.

Lösung:

Die Zufallsvariable X kann die Werte $x_i \in \{0; 1; 2; 3\}$ annehmen.

x_i	0	1	2	3
$P(X = x_i)$	$0{,}1^3 = 0{,}001$	$3 \cdot 0{,}9 \cdot 0{,}1^2 = 0{,}027$	$3 \cdot 0{,}9^2 \cdot 0{,}1 = 0{,}243$	$0{,}9^3 = 0{,}729$

- Überprüfe die Aussage: „Die Summe aller Wahrscheinlichkeiten einer Zufallsgröße X muss immer 1 ergeben." Begründe deine Antwort.
- Überlege, wie die Wertemenge einer Zufallsgröße X beim Roulette aussieht.
- Sven überlegt: „Wie ändert sich die Höhe der Säulen in einem Säulendiagramm, wenn die Breite der Säulen verdoppelt wird?" Nimm begründet Stellungnahme zu Svens Frage.

Nachgefragt

Aufgaben

1

1 Ein Laplace-Würfel wird einmal geworfen. Die Zufallsgröße X beschreibt die Augenzahl.

2 Eine Laplace-Münze wird zweimal geworfen. Die Zufallsgröße X beschreibt die Anzahl der Seite „Zahl".

Bestimme die Wahrscheinlichkeitsverteilung der Zufallsgröße in Form einer Tabelle und eines Säulendiagramms.

2 Vor einem Einkaufszentrum steht ein Glücksrad. Es hat drei Sektoren. Der kleinste Sektor ist genau 5°, ein weiterer 30° groß. Bleibt das Glücksrad im kleinsten Sektor stehen, gewinnt man einen Einkaufsgutschein im Wert von 100 €, bleibt es im 30°-Sektor stehen, ist der Gewinn ebenfalls ein Einkaufsgutschein – allerdings nur im Wert von 10 €. Bleibt das Rad im größten der drei Sektoren stehen, geht der Spieler leider leer aus. Die Zufallsvariable X gibt den Gewinn (in €) an.

a) Zeichne das beschriebene Glücksrad.

b) Bestimme die Werte, die die Zufallsgröße X annehmen kann.

c) Die Organisatoren der Aktion interessieren sich für die Wahrscheinlichkeitsverteilung der Zufallsgröße X. Fertige diese zunächst in Form einer Tabelle an und überlege dir, wie du dein Ergebnis den Organisatoren präsentieren kannst.

3 Ein Spielautomat besteht aus den abgebildeten Glücksrädern. Ein Spiel kostet 2 €. Zeigen alle Räder „Grün", werden 10 € ausgezahlt, zeigen genau zwei Räder „Grün", werden 5 € ausgezahlt. In allen anderen Fällen geht der Spieler leer aus.

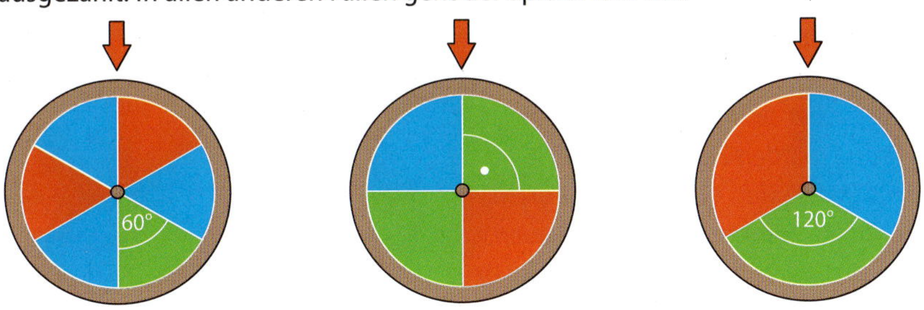

Definiere eine Zufallsgröße, die für den Spieler von Belang ist, und gib deren Wahrscheinlichkeitsverteilung an.

4 Theresa würfelt mit einem gewöhnlichen Spielwürfel so lange, bis ein Sechser kommt.

a) Welche Werte kann die gewürfelte Zahl bis zum ersten Sechser annehmen?

b) Ermittle eine tabellarische Wahrscheinlichkeitsverteilung für diese Werte.

c) Stelle die Wahrscheinlichkeitsverteilung aus b) in einem Säulendiagramm dar.

5 Die Zufallsgröße X gibt an, welche Ziffer bei einmaligem Drehen eines Glücksrads angezeigt wird. Sie wird durch folgende Wahrscheinlichkeitsverteilung beschrieben.

x_i	1	2	3	4	5
$P(X = x_i)$	$\frac{1}{6}$	$\frac{1}{3}$	$\frac{1}{24}$	$\frac{1}{24}$	

a) Vervollständige die Tabelle in deinem Heft und zeichne das dazu passende Glücksrad.
b) Das Glücksrad wird nun zweimal hintereinander gedreht. Die Zufallsgröße Y beschreibt das Produkt der beiden angezeigten Zahlen. Gib die Wahrscheinlichkeitsverteilung von Y sowohl tabellarisch, als auch in Form eines Säulendiagramms an.

6 Ein Laplace-Spielwürfel wird einmal geworfen. Die Zufallsgröße X ist das Quadrat der geworfenen Augenzahl. Gib die Wahrscheinlichkeitsverteilung von X an.

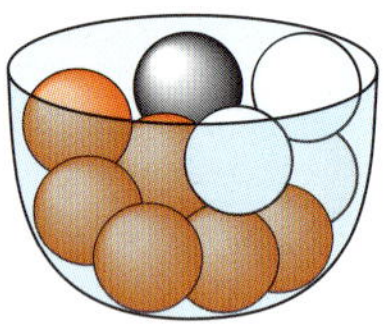

7 In einer Urne sind zehn Kugeln. Sechs davon sind rot, drei sind weiß und eine ist schwarz. Vor einem Spiel bezahlt Gregor einen Einsatz von 1 €.
Dann entnimmt Gregor der Urne nacheinander ohne Zurücklegen „blind" zwei Kugeln. Für jede weiße Kugel erhält er 2 €, für jede andere erhält er nichts. Die Zufallsgröße X beschreibt den Gewinn bei diesem Spiel.
a) Zeichne ein Baumdiagramm und stelle die Wahrscheinlichkeitsverteilung von X dar.
b) Bestimme die Wahrscheinlichkeit, dass Gregor eine schwarze und eine rote Kugel zieht.

8 Ein regelmäßiger Tetraeder ist auf den Seitenflächen mit den Augenzahlen 1, 2, 3 und 4 beschriftet. Jenny wirft den Tetraeder zweimal. Sie notiert jeweils die Augenzahl der Fläche, auf die der Tetraeder fällt. Die Zufallsgröße X gibt das Produkt der Augenzahlen an.

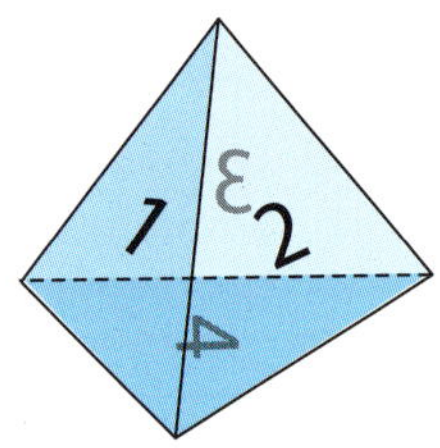

a) Ermittle die Werte, die X annehmen kann.
b) Veranschauliche das Zufallsexperiment mithilfe eines Baumdiagramms.
c) Erstelle eine tabellarische Wahrscheinlichkeitsverteilung.
d) Die Summe der Wahrscheinlichkeiten $P(X = x_i)$ aller Werte x_i der Zufallsgröße X muss 1 ergeben. Führe die Probe durch.
e) Veranschauliche die Wahrscheinlichkeitsverteilung der Zufallsgröße X mithilfe eines Säulendiagramms.

9 Beide Glücksräder sind in vier Abschnitte unterteilt und mit den Zahlen 1, 2, 3 und 4 beschriftet. Sie werden gleichzeitig gedreht. X beschreibt die Summe derjenigen Zahlen, bei denen die Glücksräder stehen bleiben. Ist das Ergebnis gleich 8, erhält man den Hauptpreis in Höhe von 80 €. Ist das Ergebnis eine Primzahl, erhält man einen Euro als Trostpreis. In allen anderen Fällen gibt es leider keinen Preis.

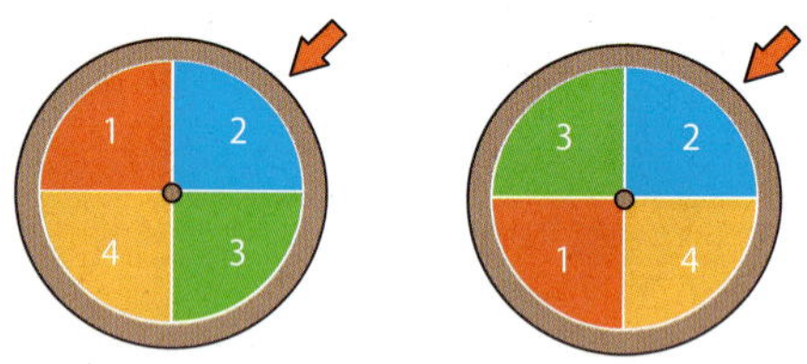

a) Bestimme die Werte, die die Zufallsvariable annehmen kann.
b) Gib die Gewinnwahrscheinlichkeit für den Hauptpreis an.
c) Bestimme die Wahrscheinlichkeit, einen Euro zu gewinnen.
d) Beschreibe wie du vorgehst, um die Wahrscheinlichkeit für „keinen Gewinn" zu bestimmen.

10 Die Hündin Nora erwartet Nachwuchs. Es ist schon bekannt, dass sie drei Junge bekommen wird. Der Tierarzt meint, dass die Wahrscheinlichkeit für die Geburt eines Rüden bei 51 % liegt. Die Zufallsgröße X gibt an, wie viele Rüden Nora auf die Welt bringt.

a) Fertige ein Baumdiagramm an, welches diesen Sachverhalt darstellt.

b) Ermittle eine tabellarische Wahrscheinlichkeitsverteilung für die Zufallsgröße X. Stelle dein Ergebnis anschließend in einem Säulendiagramm dar.

11 Simon und Tabea würfeln mit zwei gewöhnlichen Spielwürfeln. Die beiden haben Regeln vereinbart. Diesen Regeln zufolge hat die den Gewinn beschreibende Zufallsgröße X folgende Wahrscheinlichkeitsverteilung:

x_i	-1	3	4
$P(X = x_i)$	$\frac{25}{36}$	$\frac{10}{36}$	$\frac{1}{36}$

Philip versucht zu ermitteln, welche Spielregeln Simon und Tabea festgelegt haben.

a) Beschreibe, wie du an seiner Stelle vorgehen würdest.

b) Ist es möglich, dass Philipp Spielregeln schlussfolgert, die zwar zu den Angaben passen, jedoch nicht mit denen von Simon und Tabea übereinstimmen?

12 Luca hat zwei identische Glücksräder mit jeweils drei Feldern (grün, blau, gelb) gebastelt. Das grüne Feld trägt jeweils die Zahl 1, das blaue Feld die Zahl 2 und das gelbe Feld die Zahl 3. Er dreht beide Glücksräder einmal. Die Zufallsgröße X gibt die Summe der beiden angezeigten Zahlen an.

Anzahl x_i	2	3	4	5	6
$P(X = x_i)$	$\frac{1}{25}$				$\frac{1}{25}$

a) Zeichne die beiden zur Beschreibung passenden Glücksräder in dein Heft. Begründe dein Ergebnis.

b) Ergänze die Tabelle in deinem Heft.

13 Johanna hat von ihrer Freundin ein Säckchen mit fünf blauen und einer roten Murmeln geschenkt bekommen. Sie zieht zufällig (und ohne die Murmeln ins Säckchen zurückzulegen) so lange, bis sie die einzige rote Murmel in ihren Händen hält. Die Zufallsgröße X beschreibt die Anzahl der gezogenen Murmeln.

a) Erstelle eine tabellarische Wahrscheinlichkeitsverteilung.

b) Veranschauliche dein Ergebnis aus Teilaufgabe a) mithilfe eines Säulendiagramms.

14 Simuliere das folgende Zufallsexperiment mit einer Tabellenkalkulation: Zwei gewöhnliche Spielwürfel (mit den Augenzahlen von 1 bis 6) werden 1000 Mal hintereinander geworfen. Nach jedem Wurf wird die Summe der beiden angezeigten Augenzahlen gebildet.

Siehe S. 172: Simulation mit einer Tabellenkalklation

a) Zähle die Anzahl der auftretenden Augensummen.

b) Ermittle die relativen Häufigkeiten der Augensummen und vergleiche sie mit der Wahrscheinlichkeit ihres Auftretens.

c) Stelle die Wahrscheinlichkeitsverteilung der Augensumme dar. Vergleiche dein Ergebnis mit einem Spiel in dem ebenfalls die Augensumme betrachtet wird, allerdings nur 250 Mal hintereinander die Würfel geworfen werden.

d) Überlege: Was passiert, wenn du die Anzahl der Würfe deutlich erhöhst? Welche Aussage kannst du treffen?

Entdecken

Bei einer Spielkarte ist die Vorderseite mit „10" und die Rückseite mit „0" beschriftet. Die Spielkarte wird in die Luft geworfen. Notiert wird, welcher Zahlenwert oben liegt.

1 Vor dem Werfen ⟶ 

⟶ **2** Nach dem Werfen

- Gib für **1** die möglichen Ergebnisse und die zugehörigen Wahrscheinlichkeiten an.
- Führe das Zufallsexperiment selbst 20-mal durch. Halte unter **2** die relativen Häufigkeiten beider Ergebnisse in deiner Klasse fest.
- Berechne unter **2** das arithmetische Mittel der erhaltenen Zahlenwerte. Forme dabei so um, dass die relativen Häufigkeiten ersichtlich sind.
- Gib den Zahlenwert an, den man beim Wurf der Spielkarte „im Mittel" erwarten kann.

Verstehen

Wird ein Glücksspiel nicht nur einmalig, sondern hinreichend oft hintereinander gespielt, ist eine weitere Frage interessant: Mit welchem mittleren Gewinn kann man langfristig rechnen?

> Sind $x_1, x_2, \ldots, x_n$ alle Werte, die die Zufallsgröße X annimmt, dann heißt
>
> $$E(X) = \mu = x_1 \cdot P(X = x_1) + x_2 \cdot P(X = x_2) + \ldots + x_n \cdot P(X = x_n)$$
>
> **Erwartungswert** der Zufallsgröße X. Der Erwartungswert der Zufallsgröße X ist der **Mittelwert** von X bei einer großen Anzahl an Wiederholungen.

Beispiele

I. Ein gewöhnlicher Spielwürfel wird geworfen.

a) Die Zufallsgröße X gibt die Augenzahl bei einmaligem Wurf an. Berechne E(X).

b) Bestimme den Wert, den man für die Summe der Augenzahlen erwarten kann, wenn man den Würfel 100-mal wirft.

Lösung:

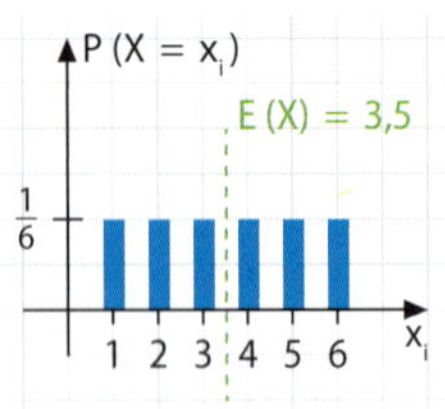

*Ein Glücksspiel heißt **fair**, wenn der Erwartungswert des Gewinn gleich null ist. D. h. auf lange Sicht gewinnt jeder der Spieler genauso viel, wie er verliert.*

a) $E(X) = \frac{1}{6} \cdot 1 + \frac{1}{6} \cdot 2 + \frac{1}{6} \cdot 3 + \frac{1}{6} \cdot 4 + \frac{1}{6} \cdot 5 + \frac{1}{6} \cdot 6 = \frac{21}{6} = 3{,}5$

b) Bezeichne Y die Summe der Augenzahlen bei 100-maligem Wurf. Das Ergebnis jedes Wurfs ist unabhängig vom vorherigen, deshalb gilt:
$E(Y) = E(X) + \ldots + E(X) = 100 \cdot E(X) = 100 \cdot 3{,}5 = 350.$

II. Kathrin bietet Oscar ein Spiel an. Ist das Spiel fair?

Gib mir eine 1-€-Münze. Ich werfe sie in die Luft. Landet sie mit der Zahlseite oben, gehört sie mir. Ist die andere Seite oben, bekommst du die Münze zurück und 0,50 € von mir.

Lösung:

X bezeichnet den Gewinn aus Oscars Sicht. Das Spiel ist nicht fair, denn:

$E(X) = \frac{1}{2} \cdot P(X = -1) + \frac{1}{2} \cdot P(X = 1) = \frac{1}{2} \cdot (-1) + \frac{1}{2} \cdot 0{,}50 = -0{,}50 + 0{,}25 = -0{,}25.$

Oscar muss auf lange Sicht mit einem Verlust von 0,25 € pro Spiel rechnen.

Nachgefragt

- Erläutere den Zusammenhang zwischen dem, was sich bei einem Zufallsexperiment vor der Durchführung voraussagen bzw. nach der Durchführung berechnen lässt.
- Berechne den Erwartungswert, der sich bei dem in Beispiel II beschriebenen Spiel aus Kathrins Sicht ergibt. Begründe, warum dieser nicht mit dem Erwartungswert aus Oskars Sicht übereinstimmt.
- Um die Fairness eines Spiels zu untersuchen, wird häufig der Erwartungswert herangezogen. Begründe, warum bei einem fairen Spiel $E(X) = 0$ gelten muss.

Aufgaben

1 Aus den zwanzig gelben Karten des Spiels „Elfer raus", auf denen jeweils eine der Zahlen 1 bis 20 aufgedruckt ist, wird eine Karte gezogen.
 a) Ermittle den Zahlenwert, der „im Mittel" erwartet werden kann.
 b) Begründe, warum der Erwartungswert einer Zufallsgröße nicht immer zu deren Wertemenge gehören muss.

2 Das abgebildete Glücksrad wird gedreht.

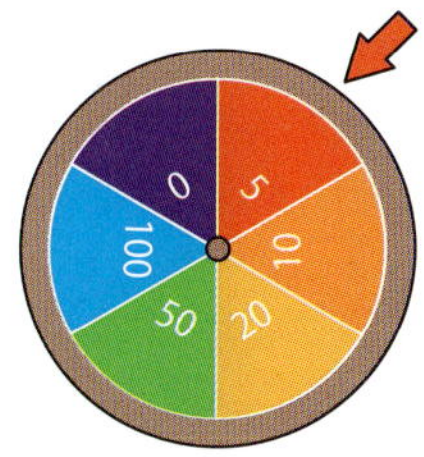

 a) Welcher Ergebnisraum könnte betrachtet werden? Gib verschiedene Möglichkeiten an.
 b) Die Zufallsgröße X gibt die Punktzahl bei einmaligem Drehen an. Bestimme die Wahrscheinlichkeitsverteilung von X tabellarisch und berechne den Erwartungswert von X. Veranschauliche deine Ergebnisse in einem Diagramm.
 c) Mit welchem Wert kann man für die Summe der Punktzahlen beim zehnmaligen Drehen rechnen?

3 Beth hat eine Spielidee: Drei amerikanische 1-Dollar-Noten aus ihrer Geldbörse werden gleichzeitig in die Luft geworfen. Diejenigen Noten, bei denen „ONE" oben liegt, bekommt ihr Mitspieler als Gewinn.
 a) Zeichne ein passendes Baumdiagramm.
 b) Begründe, welchen Mindesteinsatz Beth von ihrem Mitspieler verlangen muss, damit sie auf lange Sicht mit einem Gewinn rechnen kann.

4 Von den drei verdeckt liegenden Wortkarten wird eine zufällig gezogen. Ermittle den Erwartungswert für die Anzahl der …
 a) Buchstaben des gezogenen Wortes.
 b) Vokale des gezogenen Wortes.

Erwarte | das | Unerwartete

5 Lena und Sami unterhalten sich über folgendes Spiel: „Nur 1 € Einsatz! Ziehen Sie aus 20 Losen eines. Ist es das Gewinnlos, erhalten sie 20 €!"

Das Spiel ist fair, da der Erwartungswert für den Spieler und den Veranstalter jeweils null ist.

Das Spiel ist nicht fair. Der Veranstalter hat bei jeder Durchführung ein Verlustrisiko von 20 €, aber der Spieler nur von 1 €!

Was meinst du zu den beiden Aussagen? Erläutere.

6 Zwei gewöhnliche Spielwürfel werden gleichzeitig geworfen. Die von den beiden Würfeln angezeigten Augenzahlen werden addiert.

a) Welchen Wert kann man für die Summe „im Mittel" erwarten?

b) Veranschauliche die Wahrscheinlichkeitsverteilung der Summe der Augenzahlen in einem Säulendiagramm und trage auch den Erwartungswert in das Diagramm ein.

7 Die vier Könige und die vier Asse eines Kartenspiels werden gemischt und verdeckt auf den Tisch gelegt. Nun wird ohne Zurücklegen so lange eine Karte vom Stapel gezogen, bis das erste Ass erscheint.

a) Gib an, wie oft höchstens gezogen wird.

b) Berechne, wie häufig im Mittel gezogen wird.

8 Eine Firma stellt Bluetooth-Headsets her, die mit einer Wahrscheinlichkeit von 95 % einwandfrei funktionieren. Die Produktionskosten belaufen sich pro Stück auf 10 €. Die mangelhaften Teile werden den Kunden kostenfrei durch ein funktionierendes Headset ersetzt. Berechne, zu welchem Preis (ohne Steuern) die Herstellerfirma ein Headset verkaufen muss, wenn sie pro Stück durchschnittlich einen Gewinn von mindestens 2 € erwirtschaften möchte.

9 Tom und Tina bereiten ein Spiel mit einer „gezinkten" Münze vor, bei der Wappen mit der Wahrscheinlichkeit 0,6 fällt. Nach Einzahlen von 3 € wirft Tom diese Münze genau dreimal. Für jedes Werfen von Zahl erhält Tom a € ausbezahlt. Fällt Wappen, erhält er nichts. Finde heraus, bei welchem Wert von $a \in \mathbb{R}^+$ dieses Spiel fair ist.

Bei einem Tetraederwürfel gilt die unten liegende Zahl als gewürfelt.

10 Magdalena hat die Seiten eines Tetraeders mit den Zahlen 10, 20, 30 und 40 beschriftet. Mit ihren zwei Schwestern spielt sie ein Spiel: Pro Runde wirft jedes der Mädchen einmal den Tetraederwürfel. Die gewürfelte Augenzahl kommt als Geldbetrag (Cent) in ein Sparschwein. Insgesamt spielen sie sechs Runden.

a) Berechne, welcher Betrag im Sparschwein zu erwarten ist.

b) Ermittle den Einsatz der nötig ist, damit das Spiel „fair" ist.

11 Lisa und Cem spielen Zahlenspiele. Lisa denkt sich eine natürliche Zahl von 1 bis 10. Cem hat die Aufgabe, diese zu erraten, wobei er Fragen stellen darf, die von Lisa nur mit „Ja" oder „Nein" beantwortet werden dürfen. Cem überlegt sich zwei Strategien:

1 Er fragt die Zahlen von 1 bis 10 geordnet ab.

2 Zunächst fragt er, ob die Zahl gerade ist.

Begründe, welche der beiden Strategien Cem wählen sollte. Veranschauliche beide Strategien in einem Diagramm.

12 Ein Würfel wurde so gezinkt, dass die Wahrscheinlichkeit für jede Augenzahl proportional zu deren Wert ist. Das heißt, die 2 tritt doppelt so wahrscheinlich auf wie die 1, die 6 sogar sechsmal so wahrscheinlich. Ermittle die Wahrscheinlichkeitsverteilung und den Erwartungswert. Veranschauliche in einem Säulendiagramm.

13 Eine Zufallsgröße nimmt genau vier verschiedene Werte an. Finde eine Wahrscheinlichkeitsverteilung, bei der der Erwartungswert zwischen den beiden größten möglichen Werten liegt.

Vierfeldertafel

Seite 150

In einer **Vierfeldertafel** werden sämtliche Kombinationsmöglichkeiten vom gleichzeitigen Eintreten zweier Ereignisse und ihrer Gegenereignisse dargestellt.
Betrachtet werden können sowohl absolute und relative Häufigkeiten, als auch Wahrscheinlichkeiten.

L: „Lehrer ist männlich."
A: „Lehrer kommt mit dem Auto zur Schule."

	A	$\overline{A}$	gesamt
L	34	17	51
$\overline{L}$	69	5	74
gesamt	103	22	125

Bedingte Wahrscheinlichkeit

Seite 152

Die Wahrscheinlichkeit für das Ereignis A unter der Bedingung B heißt **bedingte Wahrscheinlichkeit**. Darunter versteht man die Wahrscheinlichkeit, mit der das Ereignis A unter der Voraussetzung, dass B bereits eingetreten ist, eintritt. Es gilt:

$$P_B(A) = \frac{P(A \cap B)}{P(B)}$$

Ein Laplace-Würfel wird einmal geworfen.
A: „Die gewürfelte Zahl ist gerade."
B: „Die gewürfelte Zahl ist kleiner oder gleich 3."

$P(B) = \frac{3}{6} = \frac{1}{2}$

$P(A \cap B) = \frac{1}{6}$

$P_B(A) = \frac{P(A \cap B)}{P(B)} = \frac{\frac{1}{6}}{\frac{1}{2}} = \frac{1}{3}$

Stochastische Unabhängigkeit von Ereignissen

Seite 156

Zwei Ereignisse A und B sind stochastisch unabhängig, wenn das Eintreten von Ereignis A keinen Einfluss auf das Eintreten von Ereignis B hat, und umgekehrt:

$P_B(A) = P(A)$ und $P_A(B) = P(B)$

Somit: $P(A) \cdot P(B) = P(A \cap B)$

Eine Münze wird zweimal geworfen.
A: „Beim ersten Wurf liegt ‚Zahl' oben."
B: „Beim zweiten Wurf liegt dieselbe Seite oben wie beim ersten Wurf."

$P(B) = \frac{1}{2}$, $P(A) = \frac{1}{2} \Rightarrow P(A) \cdot P(B) = \frac{1}{4}$

$P(A \cap B) = \frac{1}{4}$

A und B sind stochastisch unabhängig.

Wahrscheinlichkeitsverteilung einer Zufallsgröße

Seite 158

Die **Wahrscheinlichkeitsverteilung einer Zufallsgröße X** kann in einer Tabelle oder in einem Säulendiagramm dargestellt werden.

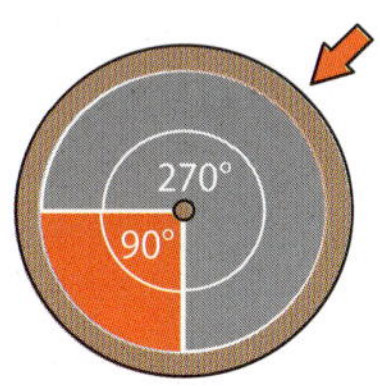

Dreimaliges Drehen des abgebildeten Glücksrads Glücksrads:
X: „Anzahl der roten Treffer"

x_i	0	1	2	3
$P(X = x_i)$	$0{,}75^3$	$3 \cdot 0{,}25 \cdot 0{,}75^2$	$3 \cdot 0{,}25^2 \cdot 0{,}75$	$0{,}25^3$

Erwartungswert

Seite 162

Der **Erwartungswert der Zufallsgröße X** ist der Mittelwert von X bei genügend großer Anzahl an Wiederholungen.

Ein fairer Würfel hat vier Seiten mit den Augenzahlen 1, 1, 2 und 3. Dieser Würfel wird einmal geworfen.
X: „gewürfelte Augenzahl"

$E(X) = 1 \cdot \frac{2}{4} + 2 \cdot \frac{1}{4} + 3 \cdot \frac{1}{4} = \frac{7}{4} = 1{,}75$

5 Auf unterschiedlichen Wegen

1

Tim wirft einen gewöhnlichen Spielwürfel sechsmal hintereinander und erhält jedes Mal eine Sechs. Annika vermutet, dass der Spielwürfel gezinkt ist. Hat Annika recht? Begründe deine Antwort mathematisch.

Überlege dir in Bezug auf das zufällige Antippen einer Taste auf der Computertastatur Aufgabenstellungen, zu deren Lösung die Anwendung der Pfadadditions- bzw. Pfadmultiplikationsregel nötig ist.

2

Für einen Computerkurs haben sich 32 Kinder angemeldet, von denen 16 ein Notebook besitzen. Von den 17 angemeldeten Jungen haben 10 ein Notebook.

	Jungen	Mädchen	
Notebook			
kein Notebook			

a) Übertrage die Vierfeldertafel in dein Heft und ergänze die fehlenden Angaben.
b) Bestimme, wie viel Prozent der Mädchen ein Notebook besitzen.
c) Beschreibe, welche Informationen du der Vierfeldertafel entnehmen kannst.

Am Schiller-Gymnasium werden 120 Schüler zu einem Wettbewerb eingeladen. Das Ergebnis ist in einer Vierfeldertafel dargestellt.

	Mädchen	Jungen	
nimmt teil	36		90
nimmt nicht teil		26	
			120

a) Übertrage die Vierfeldertafel in dein Heft und ergänze fehlende Angaben.
b) Wahr oder falsch? Begründe.
1 90 % aller Mädchen der 8. Klassen nehmen teil.
2 Aus einer Klasse nimmt nur ein Junge teil.
3 Mehr als die Hälfte aller Jungen der 8. Klassen nehmen teil.

3 Herr Schulz hat einen Obstbaubetrieb. Er hat verschiedene Obstbäume, u. a. Apfelbäume, gepflanzt. Bei einer Kontrolle stellt er fest, dass bereits viele der Bäume blühen. Übertrage die Vierfeldertafel in dein Heft und ergänze die fehlenden Angaben.

	Blüte	$\overline{\text{Blüte}}$	gesamt
Apfel	780		960
$\overline{\text{Apfel}}$			
gesamt		300	1200

Bestimme die Wahrscheinlichkeit, dass ein zufällig ausgewählter Baum ein Apfelbaum ist, der noch nicht blüht.

	Blüte	$\overline{\text{Blüte}}$	gesamt
Apfel		$\frac{3}{8}$	
$\overline{\text{Apfel}}$			0,2
gesamt		40 %	

Zum Obstbaubetrieb gehören 2000 Bäume. Ermittle die Anzahl der blühenden Apfelbäume.

4 Aus den natürlichen Zahlen bis einschließlich 100 wird eine Zahl zufällig ausgewählt. Mit welcher Wahrscheinlichkeit ist diese Zahl …

a) ein Vielfaches von 2, wenn man weiß, dass sie ein Vielfaches von 4 ist?
b) ein Vielfaches von 4, wenn man weiß, dass sie ein Vielfaches von 2 ist?

a) ein Vielfaches von 4, wenn man weiß, dass sie ein Vielfaches von 7 ist?
b) ein Vielfaches von 4, wenn man weiß, dass sie ein gemeinsames Vielfaches von 5 und von 6 ist?

5 Zur Untersuchung der Wirksamkeit eines Grippemittels wurden von 1000 Testpersonen 600 mit dem Mittel geimpft. Es stellte sich heraus, dass insgesamt 220 der Testpersonen an Grippe erkrankten und davon 60 geimpft waren. Betrachtet werden die Wahrscheinlichkeiten $P(A \cap B)$, $P_A(B)$, $P_B(A)$, $P(\overline{A} \cap B)$ und $P_{\overline{A}}(B)$ mit den Ereignissen A: „Person ist geimpft" und B: „Person ist erkrankt".

a) Stelle die Daten in einer Vierfeldertafel zusammen.
b) Formuliere zu jedem Ereignis eine Aussage.

a) Stelle die Daten in einer Vierfeldertafel zusammen.
b) Berechne die fünf angegebenen Wahrscheinlichkeiten.

6 Ein Laplace-Spielwürfel wird zweimal geworfen. Untersuche jeweils, ob die beiden angegebenen Ereignisse voneinander stochastisch unabhängig sind.

E_1: „Der erste Wurf ergibt eine gerade Augenanzahl"
E_2: „Der Summenwert der beiden Augenanzahlen ist eine gerade Zahl"

E_1: „Der erste Wurf ergibt eine gerade Augenanzahl"
E_2: „Der Produktwert der beiden Augenanzahlen ist eine gerade Zahl"

7 Jede der Tabellen zeigt die Wahrscheinlichkeitsverteilung einer Zufallsgröße X.

1

x_i	2	3
$P(X = x_i)$	0,6	0,4

2

x_i	−2	0	10
$P(X = x_i)$	0,45	0,50	0,05

a) Begründe, dass es sich um eine Wahrscheinlichkeitsverteilung handelt.
b) Bestimme den Erwartungswert von X und zeichne ein Säulendiagramm.

1

x_i	−2	0	1	5	10
$P(X = x_i)$	0,25	0,20	0,35	a	b

2

x_i	−10	0	10	50	100
$P(X = x_i)$	0,2	a	b	0,2	0,15

a) Bestimme die Parameter a und b, wenn …
1 $E(X) = 1{,}35$ ist.
2 $E(X) = 23{,}5$ ist.
b) Stelle die Wahrscheinlichkeitsverteilung von X in einem Säulendiagramm dar. Trage auch den Erwartungswert in das Diagramm ein.

8 In einer Urne befinden sich zwanzig Kugeln, die nummeriert sind von 1 bis 20. Eine Kugel wird gezogen.

a) Berechne die Wahrscheinlichkeit der folgenden Ereignisse.
A: „Die Kugelzahl ist gerade."
B: „Die gezogene Kugel hat eine Zahl, die durch vier teilbar ist."
C: „Die Kugelzahl hat als Gegenzahl eine natürliche Zahl."
b) Welche der Ereignisse sind sichere bzw. unmögliche Ereignisse?

a) Hannes wettet mit seinem Freund Alexander: Er gibt Alexander 2 €, wenn die Kugelzahl eine Primzahl ist. Wenn eine durch 3 teilbare Zahl gezogen wird, bekommt er von Alexander 1,50 €. Untersuche, ob dieses Spiel fair ist. Begründe deine Entscheidung.
b) Verändere den Gewinn für Alexander so, dass das Spiel fair ist.

1 Eine Zufallsgröße kann genau vier verschiedene Werte annehmen. Finde eine Wahrscheinlichkeitsverteilung, bei der der Erwartungswert zwischen den beiden größten möglichen Werten liegt.

2 An einem Tanzkurs nehmen außer Gregor, Laura, Lucas und Sophie noch acht weitere Mädchen und acht weitere Jungen teil. In einem Zylinderhut sind sechs Kärtchen mit den Namen von sechs verschiedenen Tänzen (Walzer, Foxtrott, Tango, Rumba, Jive und Discofox), in einem weiteren 10 Kärtchen mit den Namen der Mädchen und in einem dritten 10 Kärtchen mit den Namen der Jungen. Vor dem Abschlussball tanzen die Paare zur Verbesserung des Stils einzeln. Der Tanzlehrer zieht „blind" zuerst den Tanz und dann ein Kärtchen mit einem Mädchennamen und ein Kärtchen mit einem Jungennamen.

a) Finde heraus, wie viele verschiedene Möglichkeiten es für die Zusammenstellung der zehn Tanzpaare gibt.

b) Ermittle mit welcher Wahrscheinlichkeit als erster Tanz Jive und für diesen Tanz Gregor und Sophie ausgewählt werden.

3 Im Fahrradbereich der Schule stehen 360 Fahrräder. Darunter sind 240 Mountainbikes. Bei einer Überprüfung stellt sich heraus, dass fünf von neun Fahrrädern eine Beleuchtung haben. Von den Mountainbikes hat jedes dritte keine Beleuchtung.

a) Erstelle für diese Situation eine Vierfeldertafel.

b) Berechne den Anteil der Fahrräder mit Beleuchtungsanlage die Mountainbikes sind.

4 Henriettes Hobby ist Klettern. Bei Regen geht sie gerne in die Kletterhalle und stellt fest: „Ich stürze genauso oft in Kletterrouten mit blauen Griffen wie in solchen mit roten! Trotzdem mag ich die blauen lieber. Dort klettere ich doppelt so häufig wie in den roten." Heute ist Henriette mal wieder gestürzt. Berechne die Wahrscheinlichkeit, mit der sie gerade eine rote Tour geklettert ist.

5 Beim Känguru-Wettbewerb werden bei jeder Aufgabe fünf Lösungen angegeben, von denen genau eine richtig ist. Tina kreuzt bei den ersten vier Aufgaben „rein zufällig" an. Berechne die Wahrscheinlichkeit mit der sie bei diesen vier Aufgaben …

a) alle Lösungen richtig ankreuzt.

b) alle Lösungen falsch ankreuzt.

c) mindestens eine Lösung richtig ankreuzt.

d) nur die ersten drei Lösungen richtig ankreuzt.

6 Im Jahr 2018 stand in einer deutschen Tageszeitung, dass der „Schlager" die deutsche Bevölkerung spaltet.

1 55 % der Bevölkerung mag Schlager.

2 51 % der Bevölkerung sind Männer.

3 59 % der Frauen mögen Schlager.

a) Erstelle zu diesem Sachverhalt eine Vierfeldertafel.

b) Bestimme den Anteil der männlichen Bevölkerung, die Schlager mag.

7 Beim Mensch-ärgere-dich-nicht-Spiel darf man nur starten, wenn man eine Sechs würfelt. Dazu hat man maximal drei Versuche.

a) Zeichne ein Baumdiagramm. Beachte, dass es nach dem Würfeln einer Sechs keine Rolle mehr spielt, welche Zahl als nächstes gewürfelt wird.

b) Gib die Wahrscheinlichkeit an, dass man starten darf.

8 In einer Urne befinden sich 4 rote, 6 weiße und 8 schwarze Kugeln. Es werden nacheinander ohne Zurücklegen „blind“ drei Kugeln entnommen.

a) Wie groß ist die Wahrscheinlichkeit, dass die drei Kugeln drei verschiedene Farben haben?

b) Die erste Kugel ist rot, die zweite nicht. Berechne die Wahrscheinlichkeit, dass die drei Kugeln drei verschiedene Farben haben?

c) Die ersten beiden Kugeln haben verschiedene Farben. Wie groß ist dann die Wahrscheinlichkeit, dass die drei Kugeln drei verschiedene Farben haben?

9 In einer Studie soll ein neues Grippemittel getestet werden. Mit dem Wirkstoff werden 8000 von insgesamt 10 000 Testpersonen geimpft. Von den Geimpften erkrankten 136 trotzdem an Grippe, von den Nichtgeimpften 158.

a) Bestimme Näherungswerte für beide Testgruppen für die Wahrscheinlichkeit, zu erkranken.

b) Svenja und ihre beiden Schwestern Thea und Wiebke haben an der Studie teilgenommen. Thea wurde als einzige nicht geimpft. Zeichne ein geeignetes Baumdiagramm zur Sachsituation und berechne die Wahrscheinlichkeit, dass …

1 nur Thea an Grippe erkrankt.

2 nur Wiebke erkrankt.

3 genau eine der drei Schwestern Grippe bekommt.

4 mindestens eine der Schwestern an Grippe erkrankt.

10 Bei einer Befragung gaben 36 % aller 14- bis 18-Jährigen an, ein Musikinstrument zu spielen. 56 % dieser Jugendlichen haben eigenen Angaben zufolge Eltern, die selbst musizieren. Im Gegensatz dazu haben nur 12 % der Jugendlichen, die kein Instrument spielen, musizierende Eltern.

a) Zeichne zu den in der Befragung genannten Daten ein beschriftetes Baumdiagramm sowie eine vollständig ausgefüllte Vierfeldertafel.

b) Berechne die Wahrscheinlichkeit dafür, dass ein zufällig ausgewählter Jugendlicher, der ein Instrument spielt, keine musizierenden Eltern hat.

11 Sir Francis Galton untersuchte den Zusammenhang der Augenfarbe bei 1 000 Vater-Sohn-Paaren:

V: „Vater helläugig“

S: „Sohn helläugig“

	S	$\bar{S}$
V	471	151
$\bar{V}$	148	230

Finde mithilfe der Tabelle heraus, ob die Merkmale V und S bei Galtons Stichprobe voneinander unabhängig waren.

Sir Francis Galton
1822 bis 1911

12 Bei der Auslosung der Viertelfinalbegegnungen des ÖFB-Cups befinden sich „Austria Wien", „SV Mattersburg", „Austria Lustenau", „RB Salzburg", „SV Ried", „Rapid Wien", „FC Lustenau" und „LASK Linz" im Lostopf. Wie groß ist die Wahrscheinlichkeit, dass als erste Paarung …

1 „SV Mattersburg – SV Ried" gezogen wird?
2 ein Derby der beiden Wiener Teams gezogen wird?
3 ein Spiel mit Salzburger Beteiligung gezogen wird?

13 Herr Simmons steht im Supermarkt an der Kasse an. Jede seiner beiden Töchter möchte ein Überraschungsei haben. Genervt greift er in eine Steige hinein und nimmt, ohne sie zu schütteln, zwei Eier gleichzeitig heraus. Wie groß schätzt du die Wahrscheinlichkeit ein, dass sich in allen beiden eine Figur der „Biberix"-Serie befindet? Erläutere.

14 Eine Urne enthält sechs gleichartige Kugeln. Eine Kugel ist weiß, zwei Kugeln sind rot und drei Kugeln sind blau. Simon entnimmt der Urne nacheinander dreimal je eine Kugel
1 mit Zurücklegen bzw. 2 ohne Zurücklegen.

a) Berechne jeweils die Wahrscheinlichkeiten der Ereignisse
E_1: „Genau die zweite der gezogenen Kugeln ist rot",
E_2: „Die zweite der gezogenen Kugeln ist rot",
E_3: „Höchstens zwei der gezogenen Kugeln sind rot" und
$E_4 = E_1 \cap E_3$.

b) Die Zufallsgröße X ist die Anzahl der gezogenen roten Kugeln. Gib die Wahrscheinlichkeitsverteilung von X sowie E (X) an. Veranschauliche in einem Säulendiagramm.

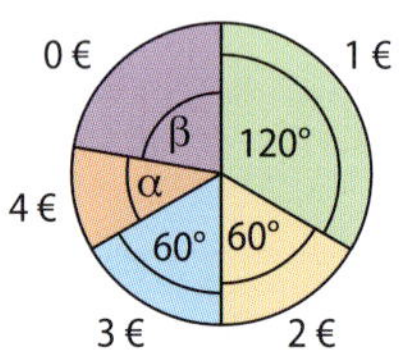

15 Bei einem Glücksspiel mit einem Glücksrad der abgebildeten Art soll der Erwartungswert der Auszahlung bei einmaligem Drehen 1,50 € betragen. Die einzelnen Auszahlungsbeträge sind angegeben. Berechne, wie groß die Mittelpunktswinkel der beiden Sektoren gewählt werden müssen, die zu den Auszahlungen 0 € und 4 € gehören.

16 „Chuck-a-luck" ist ein einfaches Glücksspiel mit drei Würfeln. Die Spieler tätigen ihre Einsätze auf einem Tableau mit den Zahlen von 1 bis 6, d. h. jeder wählt eine Zahl aus. Dann werden die drei Würfel geworfen. Die Augenzahlen der Würfel werden mit der gesetzten Zahl abgeglichen. Zeigt kein Würfel die gesetzte Zahl, ist der Einsatz verloren. Gibt es mindestens eine Übereinstimmung, erhält der Spieler seinen Einsatz zurück und weiter einen Betrag in Höhe des …

1 Einsatzes, falls es genau eine Übereinstimmung gibt.
2 doppelten Einsatzes, falls es genau zwei Übereinstimmungen gibt.
3 dreifachen Einsatzes, falls es genau drei Übereinstimmungen gibt.

Ein Spieler tätigt seinen Einsatz (1 €) auf die Zahl 1.

a) Stelle die Situation in einer Tabelle mit den Zeilen „Anzahl der geworfenen Einsen", „Auszahlung", „Gewinn" und „Gewinnwahrscheinlichkeiten" dar. Veranschauliche die Wahrscheinlichkeitsverteilung für den Gewinn in einem Säulendiagramm.

b) Bestimme den Erwartungswert des Spielers pro Spiel und interpretiere das Ergebnis.

c) „Chuck-a-luck" ist ein für einen Spieler sehr nachteiliges Spiel." Beurteile die Aussage.

17 Andreas wirft einen Laplace-Spielwürfel einmal. Fällt eine Primzahl, so erhält er den entsprechenden Betrag in €. Fällt eine Nichtprimzahl, so verliert er den entsprechenden Betrag in €.

a) Zeige, dass dieses Spiel für Andreas ungünstig ist.

b) Wandle das Spiel so ab, dass es dann fair ist.

18 Ein Laplace-Spielwürfel wird dreimal geworfen.

E_1: „Beim ersten Wurf wird eine 2 geworfen"

E_2: „Beim zweiten Wurf wird eine Primzahl geworfen"

E_3: „Beim dritten Wurf wird eine Zahl größer als 2 geworfen".

a) Untersuche jeweils, ob die beiden Ereignisse

1 E_1 und E_2 **2** E_2 und E_3 **3** E_3 und E_1

voneinander unabhängig sind.

b) Finde ein Ereignis E_4 mit $P(E_4) = \frac{1}{36}$ das von E_1 unabhängig ist.

19 Von den 120 Mitgliedern der Leichtathletikabteilung eines Sportvereins haben 50 das **D**eutsche Sportabzeichen, 25 das **B**ayerische Sportabzeichen und 15 beide Sportabzeichen.

a) Erstellen Sie eine Vierfeldertafel und ein Baumdiagramm.

b) Ermittle wie groß die Wahrscheinlichkeit ist, dass ein zufällig ausgewähltes Mitglied der Leichtathletikabteilung das **B**ayerische Sportabzeichen besitzt.

c) Berechne die Wahrscheinlichkeit, dass ein zufällig ausgewähltes Mitglied der Leichtathletikabteilung, das das **D**eutsche Sportabzeichen besitzt, auch das **B**ayerische Sportabzeichen hat.

d) Ermittle die Wahrscheinlichkeit, dass ein zufällig ausgewähltes Mitglied der Leichtathletikabteilung, das das **B**ayerische Sportabzeichen besitzt, auch das **D**eutsche Sportabzeichen hat.

20 Im November 2012 wurde nach einer mehrjährigen Renovierungsphase das Theater und Orchester Heidelberg wiedereröffnet. Bevor es zur Renovierung kam, wurde eine Umfrage gestartet, ob sich der Umbau auch wirklich lohnt.
600 Bürger wurden befragt, $\frac{2}{3}$ davon gaben an, dass sie dies befürworten. 30 % aller befragten Bürger gaben an, in der letzten Spielsaison mindestens einmal im „Theater und Orchester Heidelberg" gewesen zu sein. Insgesamt beantworteten diese Frage 100 Personen mit „Ja".

a) Untersuche mithilfe einer Vierfeldertafel die Ereignisse „Befürwortung der Renovierung" und „Konzertbesuch in der letzten Spielsaison".

b) Zeige, dass die beiden Ereignisse stochastisch unabhängig sind.

21 In einer Spielshow hat der Kandidat die Auswahl zwischen drei Toren. Hinter einem der Tore ist ein Traumgewinn, hinter den anderen beiden sind Nieten versteckt. Tim wählt Tor 1, der Showmaster öffnet daraufhin Tor 2, hinter dem sich eine Niete offenbart. Jetzt bietet der Showmaster Tim an, sich erneut zu entscheiden.

a) Berate Tim: Sollte er weiter auf Tor 1 setzen oder zu Tor 3 wechseln? Begründe deine Entscheidung. Argumentiere mit der Erfolgswahrscheinlichkeit auf den Traumgewinn.

b) Diskutiere deine Entscheidung sowie deine Argumente in deiner Klasse.

Dieses Problem ist als Ziegenproblem bekannt. *Siehe auch S. 173: Simulation des Ziegenproblems mit einer Tabellenkalkulation.*

5 Horizonte

Bisher hast du gesuchte Wahrscheinlichkeiten meistens theoretisch berechnet. Dir ist aber auch schon das eine oder andere Beispiel begegnet, bei dem theoretische Betrachtungen nicht weitergeholfen haben, zum Beispiel bei der Frage, mit welcher Wahrscheinlichkeit ein Reißnagel auf den Kopf oder die Seite fällt. In solchen Fällen hilft nur eine konkrete **Simulation**.

Simulationen sind aber auch dann sinnvoll, wenn man die gesuchte Wahrscheinlichkeit theoretisch ermitteln kann. Denn so wird deutlich, dass es trotz der Tatsache, dass die Wahrscheinlichkeit für „Kopf" bei einem Münzwurf bei 0,5 liegt, möglich ist, dass zehnmal hintereinander „Wappen" fällt. Dies nennt man den **frequentistischen Wahrscheinlichkeitsbegriff**. Er ist verknüpft mit (unendlich) langen Versuchsserien.

Jeder Simulation liegt ein geeignetes Modell zugrunde. So kann man beispielsweise die Wahrscheinlichkeit für eine Mädchengeburt, die bei 0,5 liegt, mit einem Münzwurf simulieren. Noch flexibler sind in diesem Kontext **Simulationen mit einer Tabellenkalkulation**, denn mit dem Befehl „Zufallszahl()" bzw. „Zufallsbereich(x;y)" lassen sich Zufallszahlen aus einem vorgegebenen Intervall erzeugen.

In der nachfolgenden Aufbereitung wird der Wurf eines Würfels mit den Augenzahlen {1; … ; 6} mit einer Tabellenkalkulation simuliert.

	A	B	C	D	E
1	**Index**	**Zufallszahl**	**rat. Zahl [0, 6]**	**ganze Zahl [0, 5]**	**nat. Zahl [1, 6]**
2	1	=ZUFALLSZAHL()	=B2*6	=GANZZAHL(C2)	=GANZZAHL(B2*6+1)
3	2	=ZUFALLSZAHL()	=B3*6	=GANZZAHL(C3)	=GANZZAHL(B3*6+1)
…	…	…	…	…	…

1 Wurf mit zwei Würfeln

Es werden zwei Würfel gleichzeitig geworfen. Erzeuge mithilfe eines Tabellenkalkulationsprogramms eine Simulation mit

1 100 **2** 1 000 **3** 10 000

Wiederholungen.

a) Nenne die Augenzahlen, die bei diesem Wurf auftreten können.

b) Bestimme die Wahrscheinlichkeit, die in Teilaufgabe a) identifizierten Zahlen zu würfeln.

c) Erstelle ein Säulendiagramm, um die Verteilung dieses Würfelwurfs darzustellen.

2 Das Drei-Würfel-Problem

Chevalier de Méré soll aus Spielerfahrungen geschlossen haben, dass beim (gleichzeitigen) Werfen von drei Würfeln die Wahrscheinlichkeit die Augensumme 11 häufiger auftritt als die Augensumme 12.

a) Warum kommt man überhaupt in Versuchung diese Behauptung zu hinterfragen?

b) Erstelle eine Simulation mit 10 000 Wiederholungen dieses Wurfs und prüfe die Behauptung.

c) Welche Aussage kann bzgl. des Erwartungswertes getroffen werden? Erläutere deine Antwort.

3 Das Ziegenproblem

Das Ziegenproblem ist eine inzwischen viel diskutierte und spannende stochastische Problemlösung. Es geht darum, dass ein/e Teilnehmer/in einer Show ein Auto gewinnen kann. Voraussetzung dafür ist, dass er/sie drei Türen so öffnen muss, dass am Ende das Auto als Gewinn erscheint. Hinter den beiden anderen Türen sind Nieten. Im ersten Schritt wählt der/die Kandidat/in eine Tür. Daraufhin öffnet der Spielleiter eine andere Tür, hinter der sich eine Ziege befindet. Der/die Kandidat/in hat nun die Wahl bei der gewählten Tür zu bleiben oder die dritte noch verbliebene Tür zu wählen.

1 Welches Modell könntest du als Grundlage für die Simulation wählen?
2 Erstelle eine Simulation mithilfe einer Tabellenkalkulation.
3 Wie ändert sich aufgrund der getroffenen Wahl die Chance für den Gewinn des Autos? Erläutere das Ergebnis deiner Simulation ausführlich und versuche eine formale Begründung dafür zu beschreiben.

4 Medizintests

Julian findet in einer Zeitung einen Beitrag über Medizintests.

Denken Sie immer falsch positiv!

Medizinische Tests können verwirren: Mit 95-prozentiger Sicherheit entdecken sie einen gefährlichen Erreger. Aber die Wahrscheinlichkeit, tatsächlich infiziert zu sein, liegt unter zehn Prozent. Was heißt das?

a) Recherchiere, was unter den Begriffen Sensitivität und Spezifizität verstanden wird.
b) Im Zeitungsbeitrag findet sich folgende Darstellung eines fiktiven Scharlach-Tests bei Erstklässlern.

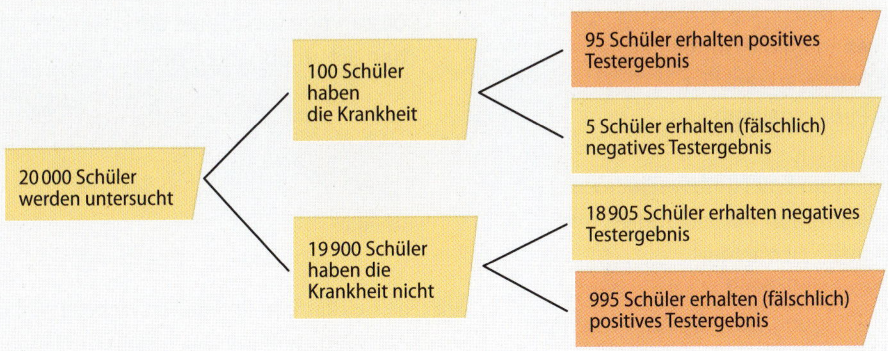

Von den insgesamt 1090 Schülern, die ein positives Testergebnis erhalten, haben also lediglich 95 tatsächlich Scharlach, also gerade einmal 8,7 Prozent! Fast 1000 kerngesunde Schüler würden also vermeintlich krank an Scharlach nach Hause geschickt.

www.spiegel.de/wissenschaft/mensch/medizinische-tests-und-statistik-denken-sie-immer-falsch-positiv-a-1087042.html, 6.6.2019

c) Welche Schlüsse können in Bezug auf andere Krankheiten gezogen werden? Überprüfe deine Simulation anhand eines – selbstgewählten – Beispiels einer Infektionskrankheit.

Am Ziel!

Aufgaben zur Einzelarbeit

Überprüfe deine Fähigkeiten und Kompetenzen. Bearbeite dazu die folgenden Aufgaben und bewerte anschließend deine Lösungen mit einem Smiley.

☺	😐	☹
Das kann ich **wirklich gut!**	Das kann ich **fast!**	Das muss ich **noch üben!**

1 Vervollständige die Vierfeldertafel in deinem Heft.

	A	$\overline{A}$	gesamt
B	0,25	0,3	
$\overline{B}$			
gesamt	0,3		

2 Zu einem Faschingsfest verkleiden sich 120 Gäste, der Rest kommt ohne Verkleidung. 90 Frauen haben sich verkleidet. Das ist die Hälfte der weiblichen Gäste. Ohne Verkleidung kommen 60 Männer.

a) Erstelle eine Vierfeldertafel und bestimme, wie viele Männer verkleidet zum Fest erschienen sind.

b) Berechne den Anteil der Nicht-Verkleideten, die männlich sind.

3 Von 201 Patienten lassen sich 125 gegen Grippe impfen. Trotz der Impfung sind 47 von ihnen erkrankt. Von den nicht geimpften Patienten sind 21 nicht erkrankt. Bestimme die Wahrscheinlichkeit dafür, dass …

a) einer der 201 Patienten die Grippe hat.

b) eine geimpfte Person erkrankt ist.

c) eine erkrankte Person geimpft war.

4 Sina und Linn spielen ein Spiel mit zwei idealen Würfeln. Die Augensummen werden addiert und verschiedene Ereignisse betrachtet.
Berechne die Wahrscheinlichkeit, dass die Würfelzahl 3, unter der Bedingung, dass die Augensumme mindestens 9 beträgt, vorkommt.

5 In einer Schatzkiste liegen 100 Taler. 70 Taler sind aus Holz (davon 25 blau) und 30 Taler aus Kunststoff (davon 10 blau). Außerdem sind von den Holztalern 45 rot und von den Kunststofftalern 20 rot. Wie groß ist die Wahrscheinlichkeit, dass der glückliche Finder bei seinem ersten Griff in die Schatzkiste einen roten Holztaler zieht?

6 Die Zufallsgröße X gibt den Gewinn (in €) eines Spiels an. Folgende Tabelle gibt ihre Wahrscheinlichkeitsverteilung wieder:

x_i	−3	0	2	3
$P(X = x_i)$	10 %	45 %		25 %

a) Vervollständige die Tabelle und berechne den Erwartungswert E (X).

b) Überlege dir Spielregeln, die der Wahrscheinlichkeitsverteilung zu Grunde liegen könnten.

7 Ein idealer Spielwürfel hat je zwei Seitenflächen in den Farben gelb und grün und je eine Seitenfläche in den Farben rot und blau. Der Würfel wird zweimal geworfen und folgende Ereignisse definiert:
E_1: „Es erscheint gelb oder rot im 1. Wurf."
E_2: „Es erscheint grün oder blau im 2. Wurf."
Prüfe, ob die Ereignisse E_1 und E_2 stochastisch unabhängig sind.

8 Übertrage die Vierfeldertafel in dein Heft und vervollständige sie so, dass die Ereignisse A und B stochastisch unabhängig sind.

	B	$\overline{B}$	gesamt
A			0,6
$\overline{A}$		0,32	
gesamt			

9 Die beiden Tabellen geben Wahrscheinlichkeitsverteilungen an. Berechne jeweils den Erwartungswert der Zufallsgröße X und zeichne ein Säulendiagramm.

a)

$X = x_i$	−2	1	2
$P(X = x_i)$	0,6	0,3	0,1

b)

$X = x_i$	−1	0	1	2	3
$P(X = x_i)$	0,05	0,3	0,25	0,2	0,2

Aufgaben für Lernpartner

Arbeitsschritte

1. Bearbeite die folgenden Aufgaben zuerst allein.
2. Suche dir einen Partner oder eine Partnerin und arbeitet zusammen weiter: Erklärt euch gegenseitig eure Lösungen. Korrigiert fehlerhafte Antworten.

Sind folgende Behauptungen richtig oder falsch? Begründe.

A Bei Baumdiagrammen erhält man die Wahrscheinlichkeit für ein Ergebnis, indem man die Wahrscheinlichkeiten der zugehörigen Pfade multipliziert.

B Aus einem Baumdiagramm kann die Wahrscheinlichkeit für ein Ereignis berechnet werden, indem die Summe der Wahrscheinlichkeiten aller Pfade, die zu diesem Ereignis gehören, addiert werden.

C Es ist sinnvoll, in einem Baumdiagramm auch alle Äste mit der Wahrscheinlichkeit null zu zeichnen.

D Es gibt vier Möglichkeiten, um das Eintreten bzw. Nicht-Eintreten von zwei Merkmalen zu kombinieren.

E Eine Vierfeldertafel darf nur absoluten Häufigkeiten darstellen.

F Um eine bedingte Wahrscheinlichkeit zu berechnen, kann man ein Baumdiagramm, eine Vierfeldertafel oder die Formel $P_B(A) = \frac{P(A \cap B)}{P(B)}$ verwenden.

G Eine bedingte Wahrscheinlichkeit kann nie den Wert null annehmen.

H Zwei stochastisch unabhängige Ereignisse A und B können nicht gleichzeitig eintreten.

I Wahrscheinlichkeitsverteilungen lassen sich ausschließlich tabellarisch darstellen.

J Die Summe aller Wahrscheinlichkeiten einer Zufallsgröße X muss immer eins ergeben.

K Ist der Erwartungswert eines Glücksspiels gleich null spricht man von einem fairen Spiel.

L Der Erwartungswert kann nur ganzzahlige Werte annehmen.

M Ein Laplace-Experiment ist ein Zufallsexperiment, bei dem alle möglichen Ergebnisse gleich wahrscheinlich sind.

N Eine „Laplace-Wahrscheinlichkeit" lässt sich durch die Formel $\frac{\text{„günstige Ergebnisse"}}{\text{„mögliche Ergebnisse"}}$ berechnen.

Ich kann …	„Am Ziel!"-Aufgaben	Hilfe
… mehrstufige Zufallsexperimente mithilfe von Baumdiagrammen darstellen.	A, B, C, M, N	S. 148
… Wahrscheinlichkeiten in Vierfeldertafeln einzutragen und bestimmen.	1, 2, 3, 8, D, E, F	S. 150
… bedingte Wahrscheinlichkeiten berechnen.	5, F, G	S. 152
… Unabhängigkeit von Ereignissen bestimmen.	7, 8, 9, H	S. 156
… die Wahrscheinlichkeitsverteilung einer Zufallsgröße angeben.	4, 10, I, J	S. 158
… den Erwartungswert einer Zufallsgröße berechnen.	4, 6, 9, K, L	S. 162

Aufgabe	Ich kann schon …	Grundwissen
1	… Umfang und Flächeninhalt von Kreisen berechnen.	S. 234
2	… Schrägbilder und Netze von Würfel und Quader zeichnen.	S. 234, 237
2, 3, 4	… Volumen von Würfeln und Quadern bestimmen.	S. 235

1 **a)** Ein Hula-Hoop-Reifen hat einen äußeren Durchmesser von 80 cm. Berechne die Länge seines äußeren Umfangs.
b) Ein Sprungtuch hat einen Durchmesser von 3,50 m. Berechne den Flächeninhalt und den Umfang des Sprungtuchs.

2 **a)** Übertrage die Zeichnungen in dein Heft. Zeichne anschließend ein Netz der beiden Quader.
b) Ein weiterer Quader hat die Kantenlängen $a = 3$ cm, $b = 5$ cm und $c = 10$ cm. Zeichne ein Schrägbild dieses Quaders.
c) Berechne den Oberflächeninhalt und das Volumen der Würfel und Quader aus den vorangegangenen Teilaufgaben.

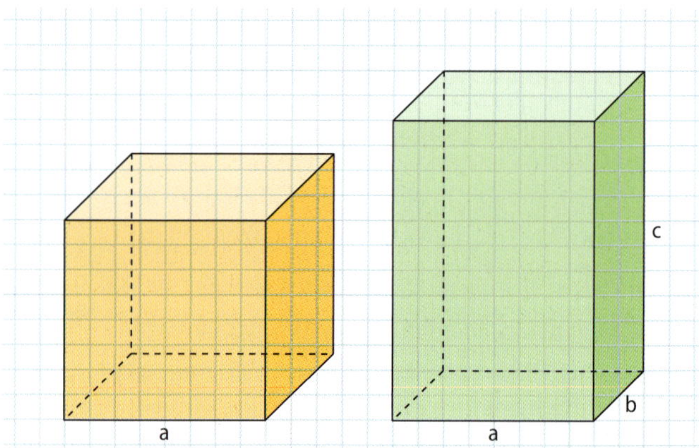

3 In der nebenstehenden Abbildung siehst du drei Schrägbilder von Quadern.
a) Begründe anhand der Schrägbilder, ob verschiedene Quader abgebildet sind.
b) Bestimme Oberflächeninhalt und Volumen.
c) Zeichne jeweils drei verschiedene Schrägbilder eines Quaders mit den Kantenlängen …
1 5 cm, 4 cm und 3 cm.
2 6,5 cm, 45 mm und 3,5 cm.

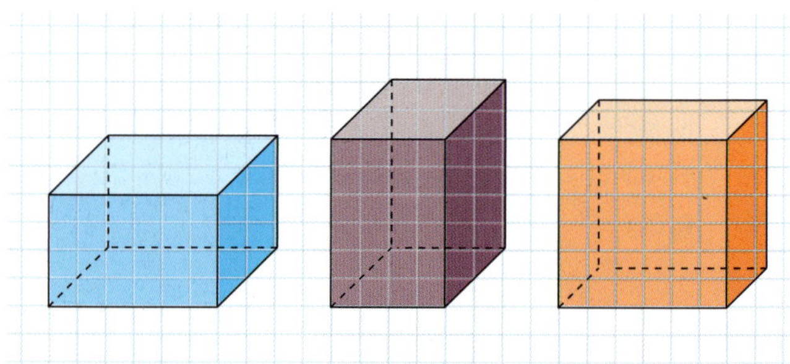

4 Bestimme Oberflächeninhalt und Volumen der abgebildeten zusammengesetzten Körper.

a)

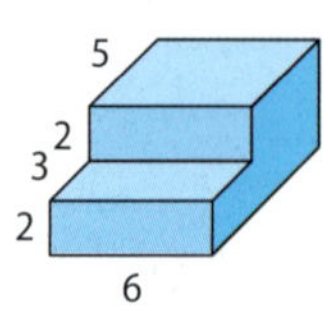

b)

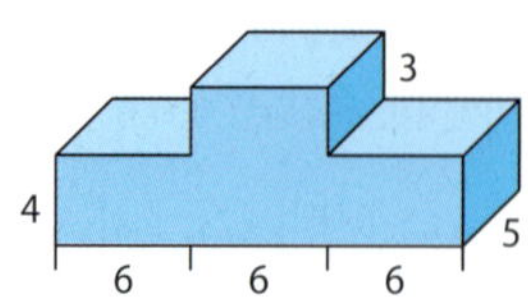

c)

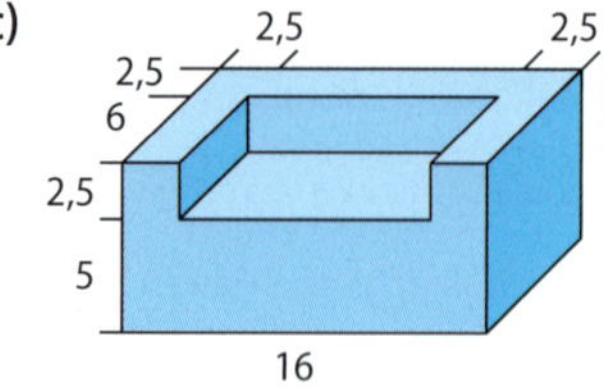

5 Erkläre, wie sich das Volumen eines Quaders verändert, wenn …
a) eine seiner Seitenlängen verdoppelt wird. **b)** alle seine Seitenlängen verdoppelt werden.

6 Kreise und Körper

Einstieg

Die Weißenhofsiedlung in Stuttgart gilt als eine der bedeutendsten Architektursiedlungen der Bauhausbewegung. Sie entstand 1927 unter der Leitung von Mies van der Rohe.

- Beschreibe, aus welchen mathematischen Körpern das abgebildete Gebäude zusammengesetzt ist.

Walter Gropius hat 1919 seine weltbekannte Schule für Architektur und Design in Weimar gegründet: das Staatliche Bauhaus in Weimar.

- Recherchiere im Internet die Merkmale der Bauhaus-Architektur.

Ausblick

Am Ende dieses Kapitels hast du gelernt, …

- … Kreisteile zu berechnen.
- … Körper zu identifizieren und deren Schrägbilder und Netze zu zeichnen.
- … den Oberflächeninhalt und das Volumen von Körpern zu berechnen und die jeweilige Berechnungsformel zu begründen.
- … Volumen und Oberflächeninhalt von zusammensetzten Körpern zu bestimmen.

Kap. 6.1

Kreise und Kreisteile

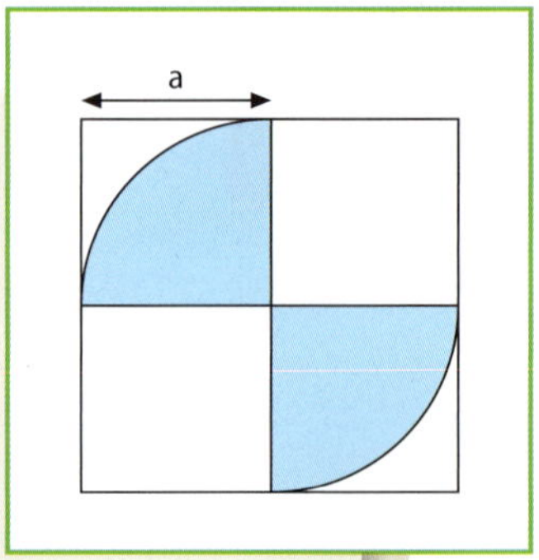

In einem Quadrat der Kantenlänge 2a sind Kreisteile eingezeichnet.

- Wie bezeichnet man die farbig markierten Kreisteile?
- Beschreibe unterschiedliche Wege, um den Flächeninhalt der gefärbten Flächen zu ermitteln.
- Setze die Länge der Kreislinie der beiden Kreisteile und den Umfang des äußeren Quadrats ins Verhältnis.
- Setze die Flächeninhalte der beiden Kreisteile zum Flächeninhalt des äußeren Quadrats ins Verhältnis. Beschreibe, was dir auffällt.

Kap. 6.3

Körper in der Architektur

Schloss Zwingenberg weist viele unterschiedliche Baustile und verschieden geformte Gebäudeteile auf.

- Beschreibe, welche Körper du erkennen kannst.
- Sortiere die Körper nach Eigenschaften.
- Von welchen Körpern kannst du Schrägbild und Netz zeichnen?

Kap. 6.4

Körper und ihre Netze

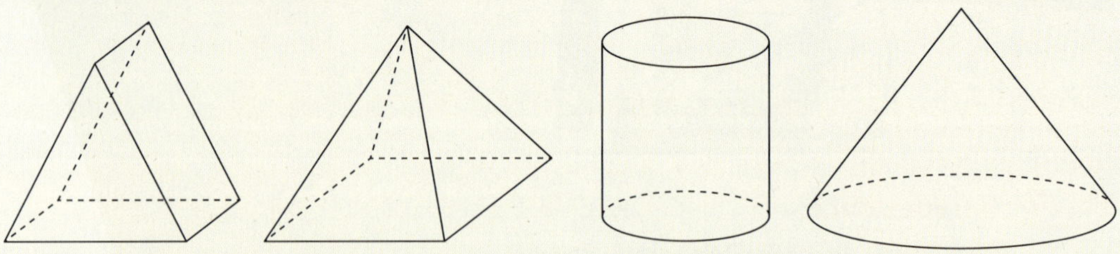

Abgebildet sind die Schrägbilder eines Prismas, einer Pyramide, eines Zylinders und eines Kegels.

- Zeichne für jeden der dargestellten Körper ein passendes Netz.
- Überlege dir, welche Angaben zur Zeichnung des Netzes benötigt werden.
- Beschreibe, wie sich aus dem Netz der Oberflächeninhalt des zugehörigen Körpers ermitteln lässt.

Kap. 6.6

Körper im Alltag

Viele Gegenstände, die dir im Alltag begegnen, haben – zumindest näherungsweise – die Form mathematischer Körper. So erinnern die Rippen der abgebildeten Schokolade an ein dreiseitiges Prisma. Die Grundfläche des nebenstehenden Honigglases gleicht in etwa einem Sechseck.

- Erläutere, wie sich das Volumen einer solchen Schokorippe bestimmen lässt.
- Das Honigglas wird bis zur Höhe h gefüllt. Nenne einen mathematischen Körper, der den mit Honig gefüllten Teil des Glases annähert. Bestimme davon ausgehend das Honigvolumen, mit dem das Glas gefüllt wird.
- Vergleiche deine Vorgehensweisen bei der Berechnung der beiden Volumina.

Kap. 6.9

Schiefe Körper

Die Neigung des schiefen Turms von Pisa entstand durch Absenken des Untergrundes. Der Turm kann näherungsweise als Zylinder mit einem bestimmten Volumen angesehen werden.

- Begründe, warum sich das Volumen durch die Neigung nicht geändert hat.
- Der Turm hat eine Höhe von 55 m und einen Durchmesser von 12 m.
  Welche der Angaben für das einschließende Volumen könnte in etwa stimmen:
  1 6200 m^3, **2** 4500 m^3 oder **3** 20 000 m^3?
  Erläutere, wie du zu deiner Vermutung kommst.

Kap. 6.10

Kugelförmige Bauwerke

Als Gasspeicher (manchmal auch Gasometer genannt) wird ein Behälter zur Speicherung von brennbaren Gasen bezeichnet. Häufig werden diese kugelförmig gebaut. So auch Freiburgs kugelförmiger Gaskessel, dessen Volumen bei einem Radius von rund 17 m in etwa 20 000 m^3 beträgt.

- Tim behauptet: „Wird Gas unter Druck eingefüllt, steigt das Fassungsvermögen." Recherchiere, ob seine Aussage stimmt.
- Prüfe mit der Formel $V = \frac{4}{3}\pi \cdot r^3$, ob die Angabe zum Volumen stimmen kann.

Entdecken

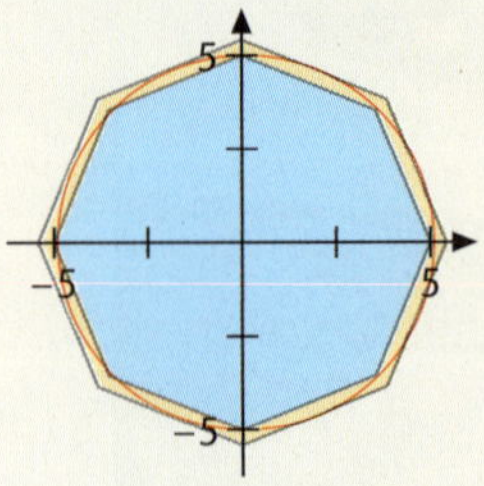

Einem Kreis mit Radius $r = 5$ cm ist jeweils ein Quadrat ein- und umbeschrieben.

- Ermittle die Seitenlänge des äußeren und des inneren Quadrats.
- Erläutere, wie sich der Umfang des Kreises mithilfe der Quadratseiten abschätzen lässt. Finde sowohl eine Abschätzung nach oben als auch nach unten.
- Untersuche, was sich verändert, wenn statt der Quadrate zwei Achtecke gewählt werden.

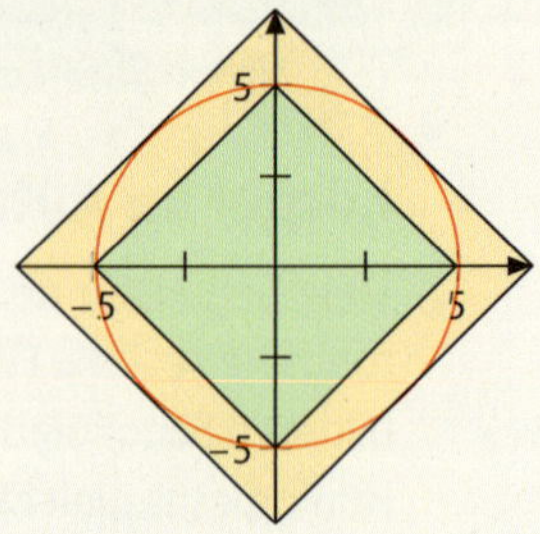

Erinnere dich: $d = 2r$

Verstehen

Diese Annäherung des Kreisumfangs kann mit 16-, 32-, … und allgemein n-Ecken ($n \in \mathbb{N}$) fortgesetzt werden. Der Umfang des Kreises ist stets größer als der des einbeschriebenen n-Ecks und kleiner als der des umbeschriebenen n-Ecks.

Finde die Taste für π auf deinem Taschenrechner und kontrolliere, auf wie viele Dezimalen der Taschenrechner einen Wert für π angibt.

Es gibt unterschiedliche Verfahren die **Kreiszahl π** (Sprich: Pi) durch einen Grenzprozess anzunähern. Ein bekanntes Verfahren ist die Abschätzung des Umfang mit ein- und umbeschriebenen n-Ecken ($n \in \mathbb{N}$):

$\frac{U_{ein}}{2r} < \pi < \frac{U_{um}}{2r}$

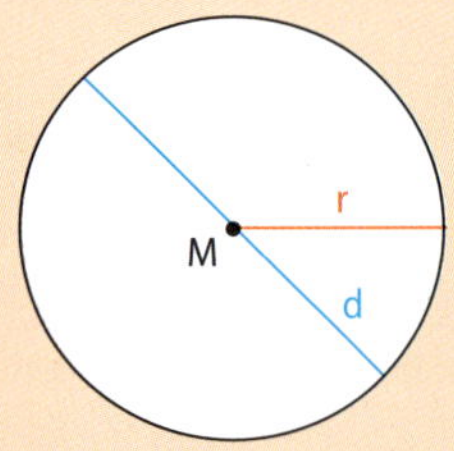

Pi ist eine irrationale Zahl: $\pi = 3{,}141\,592\,653\,589\,793\,2\ldots$

Der Umfang des Kreises ist proportional zum Radius bzw. Durchmesser: $\mathbf{U = \pi \cdot d = 2\pi \cdot r}$.

Der Flächeninhalt des Kreises ist proportional zum Quadrat des Radius: $\mathbf{A = \pi \cdot r^2}$.

Beispiele

I. Das abgebildete Quadrat hat eine Seitenlänge a von 4 cm.
Berechne den Umfang und den Flächeninhalt der farbigen Figur.

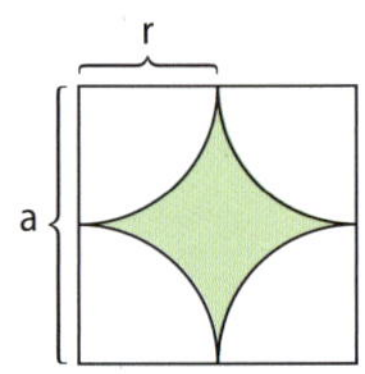

Lösung:

$r = \frac{a}{2} = 2$ cm

$U_{Figur} = 4 \cdot U_{Viertelkreis} = 4 \cdot \frac{2\pi r}{4} = 2\pi \cdot 2\text{ cm} = 4\pi\text{ cm} \approx 12{,}57\text{ cm}$

$A_{Figur} = A_{Quadrat} - 4 \cdot A_{Viertelkreis} = a^2 - 4 \cdot \frac{\pi r^2}{4} = (4 - \pi) \cdot 4\text{ cm}^2 \approx 3{,}43\text{ cm}^2$

II. Die fränkische Seenlandschaft wurde mithilfe riesiger Muldenkipper gestaltet. Ein Rad eines solchen Kippers hat einen Durchmesser von 3,90 m. Bestimme die Anzahl der Umdrehungen eines Rades auf einer Strecke der Länge 1 km.

Lösung:

$U_{Rad} = \pi \cdot d = 3{,}9\pi\text{ m} \approx 12{,}25\text{ m}$

Anzahl Umdrehungen: $\frac{1000\text{ m}}{3{,}9\pi\text{ m}} \approx 81{,}6$

Das Rad des Fahrzeugs macht also ca. 81,6 Umdrehungen auf einer Strecke der Länge 1 km.

Nachgefragt

- Wie verändert sich der Umfang eines Kreises, wenn sein Radius verdoppelt (verdreifacht, halbiert) wird?
- Wie verändert sich der Flächeninhalt eines Kreises, wenn sein Radius verdoppelt (verdreifacht, halbiert) wird?
- Begründe: $A = \pi \cdot r^2 = \frac{\pi}{4} \cdot d^2 = \frac{U}{2} \cdot r$

Aufgaben

1 Berechne die fehlenden Kreisgrößen. Runde auf Millimeter genau.

	a)	b)	c)	d)	e)
r		3,56 dm			
d	25,42 dm				
U			3,46 km		45 cm
A				345 ha	

Lösung zu 1:
14,32; 1,10; 10,48; 12,71; 507,51; 65,85; 79,86; 7,16; 7,12; 39,82; 0,55; 0,95; 20,96; 161,06; 22,37
Die Einheiten sind nicht angegeben.

2 Um den Durchmesser von Bäumen zu messen, verwenden Förster ein spezielles Forstmaßband, auf dem man direkt den Durchmesser des Baumes ablesen kann.

a) Welchen Durchmesser (Umfang) hat der Baum?

b) Erkläre, wie ein solches Maßband funktioniert.

3 Die Pizzeria „Da Roma" hat Pizzen zweier Größen im Angebot. Die kleine Pizza hat einen Durchmesser von 24 cm und kostet 3,80 €, die große Pizza mit einem Durchmesser von 36 cm kostet 7,60 €. Bernd und Susanne überlegen, ob sie zwei kleine Pizzen kaufen oder sich lieber eine große Pizza teilen sollten. Was rätst du den beiden?

4 Eine der Hauptursachen für einen hohen CO_2-Ausstoß und damit die Erderwärmung ist der Verkehr. Nach einer Studie dürften, um die Erderwärmung auf 2 °C zu begrenzen, auf jeden Menschen nur 2000 kg CO_2-Ausstoß pro Jahr kommen.
Die Grafik vergleicht diese Größe mit dem Ausstoß von CO_2 beim Autofahren bzw. einem Flug.

a) Berechne jeweils den Flächeninhalt der einzelnen Kreise. Bestimme dazu den Durchmesser mit dem Lineal. Halte deine Ergebnisse in einer Tabelle fest.

b) Überprüfe, welche Größen des Kreises proportional zu den angegebenen Emissionen sind.

c) Beschreibe welcher Eindruck bei der Darstellung entsteht. Zeichne drei verschiedene Kreise so, dass die Flächeninhalte den Sachverhalt wiedergeben.

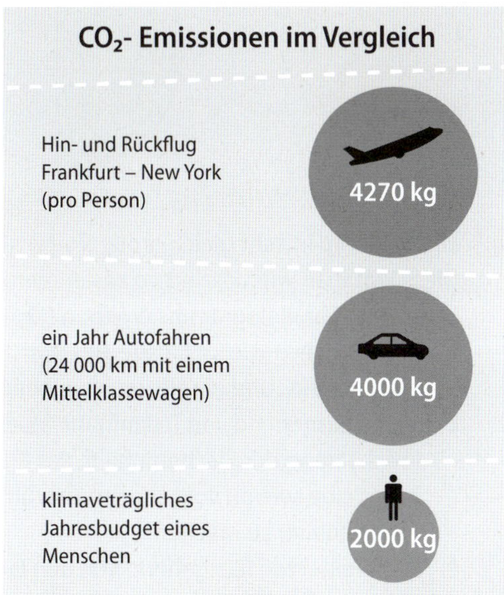

5 Die Turmuhr von Big Ben in London ist weltberühmt. Ihr Minutenzeiger hat die Länge $l = 4{,}3$ m und der Stundenzeiger hat eine Länge von $l = 2{,}76$ m.

a) Bestimme den Umfang, den das Ziffernblatt mindestens hat.

b) Berechne für jeden der Zeiger den Inhalt der in einer Stunde überstrichenen Fläche.

c) Berechne die Strecke, die …

1 die Spitze des Minutenzeigers in zehn (15, 30, 40) Minuten zurücklegt.

2 die Spitze des Stundenzeigers in einer (drei, fünf, sieben) Stunden zurücklegt.

d) Die Uhr wird von einem Quadrat eingerahmt. Gib an, wie groß der Flächeninhalt dieses Quadrats mindestens sein muss.

6 Der Erdäquator hat eine Länge von 40 000 km. Die Erde selbst ist von der Sonne 150 Millionen km entfernt.

a) Berechne den Radius der Erde.

b) Berechne die Länge des Wegs, den die Erde bei ihrer Bewegung um die Sonne in einer Sekunde zurücklegt.

c) Ein Seil, das nur 10 m länger ist als Äquator, soll um die Erde gespannt werden. Wie weit steht das Seil von der Erdoberfläche ab?

7 Berechne den Flächeninhalt und den Umfang (innen und außen) der farbigen Figuren.

a)

b)

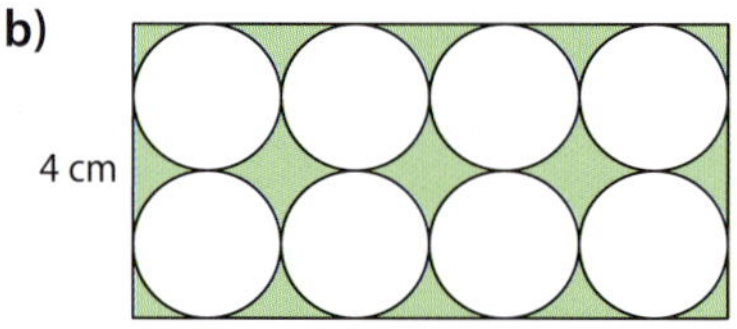

Vergleiche die Flächeninhalte und Umfänge aus den Teilaufgaben a) und b).

8 Die abgebildeten Figuren haben alle den gleichen Flächeninhalt $A = 40\ \text{cm}^2$. Vergleiche die Länge ihrer Umfänge.

a)

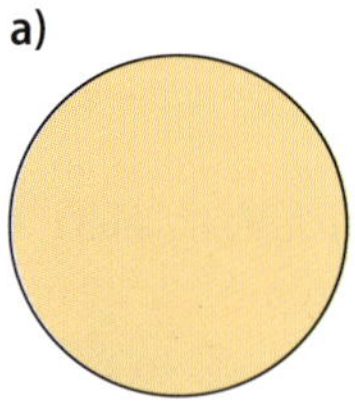

b)

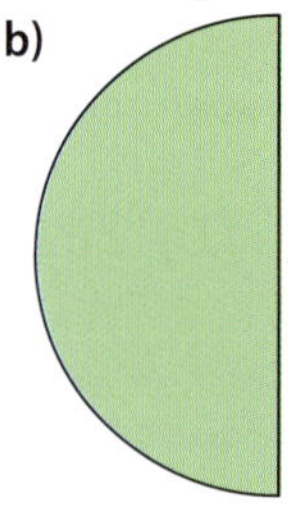

c)

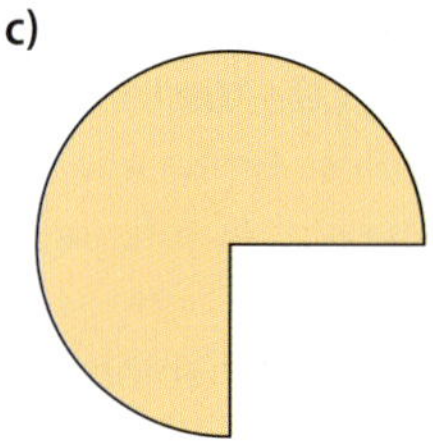

d)

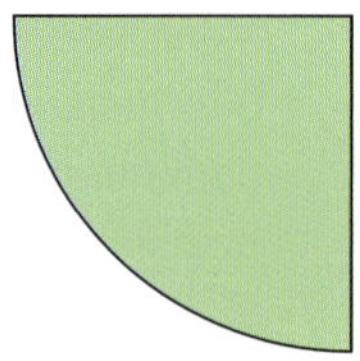

9 Ein Kreis wird in acht gleich große „Tortenstücke" geteilt (1). Diese legt man wie skizziert so zusammen, dass sie in etwa die Form eines Parallelogramms ergeben (2).

a) Finde (ähnlich wie im Einstiegsbeispiel) jeweils ein die Figur 2 ein- und ein sie umschreibendes Parallelogramm.

b) Stelle (ausgehend von Teilaufgabe a)) eine Ungleichung zur Abschätzung des Flächeninhalts des Kreises auf. Beschreibe, wie du vorgehen musst, um die Abschätzung genauer zu machen.

c) Beschreibe, wie (ausgehend von den Ergebnissen aus Teilaufgabe b)) die Kreiszahl π bestimmt werden kann.

1

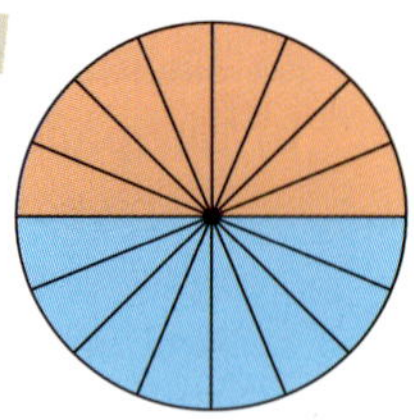

2

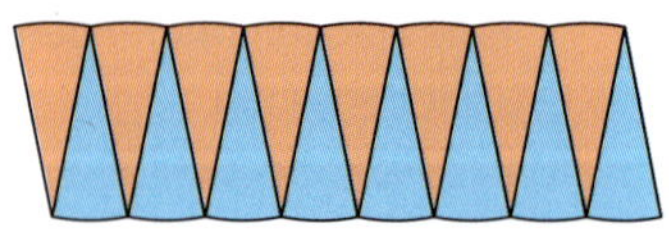

10 Die **Annäherung (Approximation) von π** kann auf vielfältige Weise durchgeführt werden.

a) Bei einem gleichseitigen Dreieck sind die Höhen und die Seitenhalbierenden identisch. Der Schnittpunkt der Seitenhalbierenden teilt diese im Verhältnis 1 : 2.

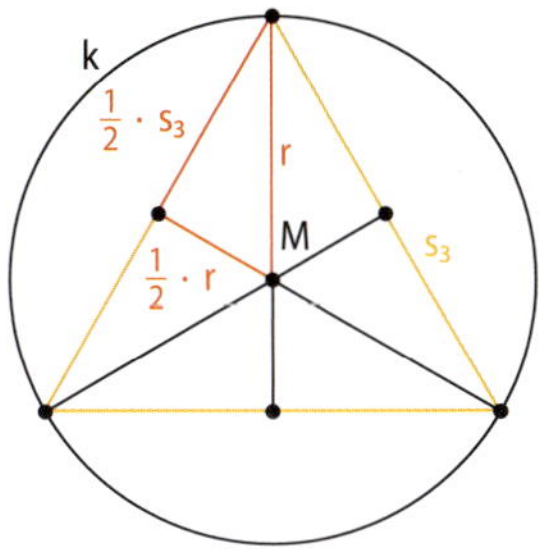

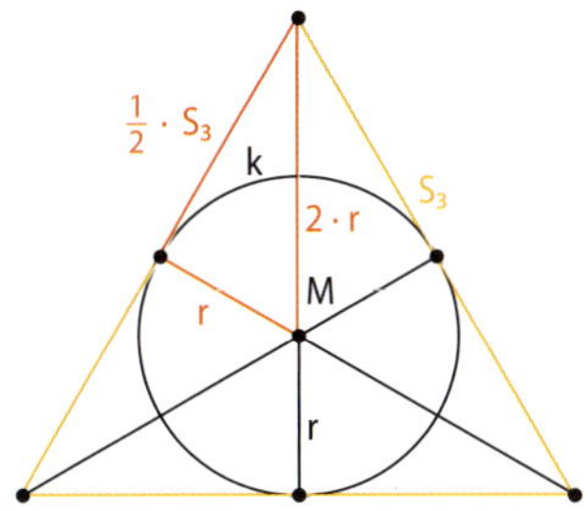

1 Begründe rechnerisch, dass das einbeschriebene Dreieck die Seitenlänge $s_3 = \sqrt{3} \cdot r$ hat.

2 Begründe ebenso, dass das umbeschriebene Dreieck die Seitenlänge $S_3 = \sqrt{12} \cdot r = 2\sqrt{3} \cdot r$ besitzt.

3 Bestimme jeweils den Umfang des einbeschriebenen und des umbeschriebenen Dreiecks. Ermittle damit einen Näherungswert für π.

b) Bei dem regelmäßigen Sechseck in der linken Abbildung gilt $s_6 = r$.

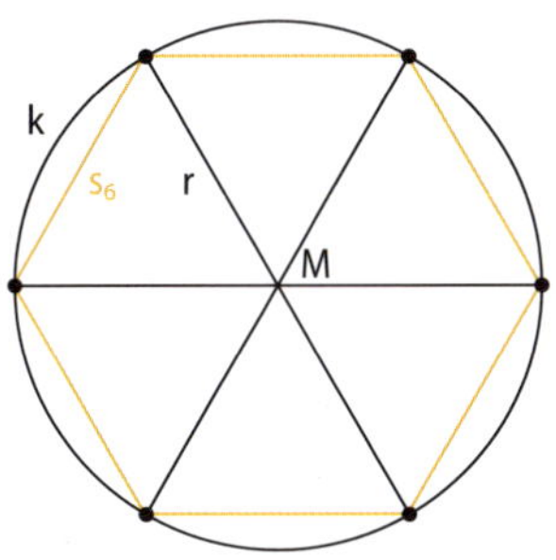

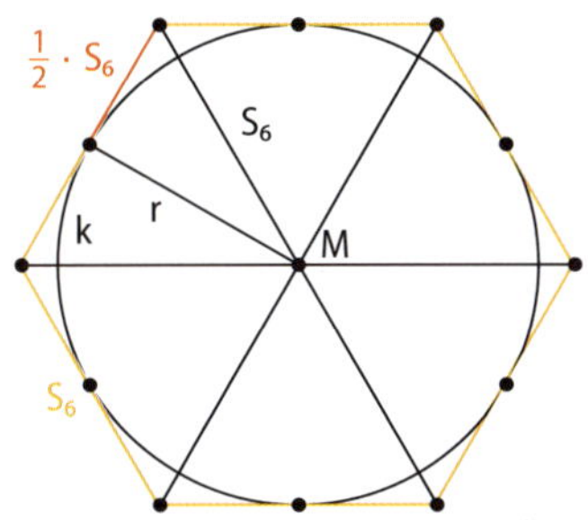

1 Begründe rechnerisch, dass gilt: $S_6 = \frac{2}{\sqrt{3}} \cdot r$.

2 Bestimme jeweils den Umfang der Vielecke. Ermittle damit einen Näherungswert für π.

c) Vergleiche die Näherungen für π aus den Teilaufgaben a) und b) mit denen des Einführungsbeispiels. Beschreibe deine Beobachtungen.

Geschichte

Hippokrates von Chios

Hippokrates lebte um 440 v. Chr. in Griechenland. Er war nicht nur ein hervorragender Astronom, sondern auch ein exzellenter Mathematiker. Überlieferungen zufolge soll auf ihn die Bezeichnung von Punkten und Strecken in der Geometrie zurückgehen.
Die Abbildung zeigt die sogenannten „Möndchen des Hippokrates".

- Übertrage die Zeichnung mit c = 5 cm und a = 4 cm in dein Heft.
- Zeige, dass der Flächeninhalt des rechtwinkeligen Dreiecks ABC genauso groß ist wie die Summe der orangenen Möndchenflächen. Verwende die oben angegebenen Maße.
- Beweise die obige Flächengleichheit allgemein für ein bei C rechtwinkliges Dreieck mit den Seitenlängen a, b und c.

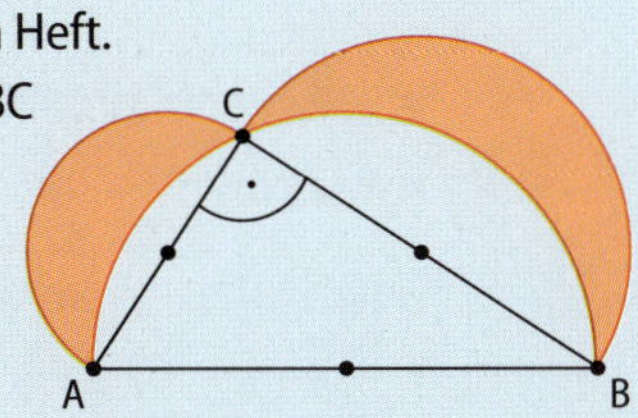

Entdecken

Das „perfekte Osterei“:

- Konstruiere den nebenstehenden Querschnitt des Eies ($\overline{AB} = 4$ cm) und beschreibe die einzelnen Konstruktionsschritte.
- In der Konstruktion verstecken sich unterschiedliche Kreisteile. Markiere sie farblich.
- Erläutere, wie sich mithilfe der Winkelangaben der Umfang sowie der Flächeninhalt des Eierquerschnitts bestimmen lassen.

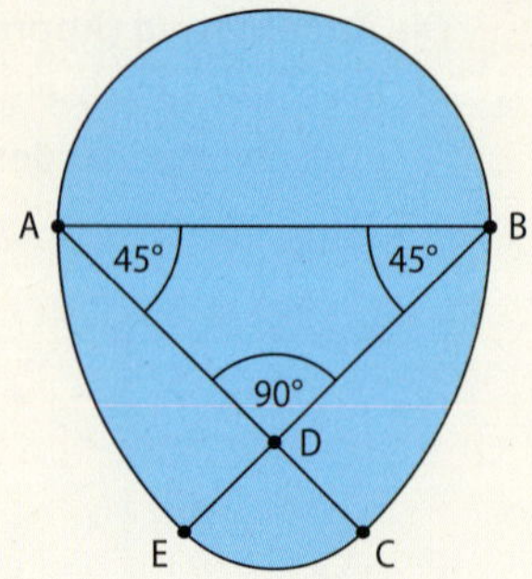

Verstehen

Oftmals betrachtest du nicht die Fläche oder den Umfang eines kompletten Kreises, sondern nur Teile davon.

Ist nur ein Teil des Kreises mit dem Radius r und dem Mittelpunktswinkel α gegeben, kann man die zugehörige Länge des Kreisbogens b als Anteil vom Kreisumfang U_k bestimmen:
$b : U_k = \alpha : 360°$

Für die **Länge b des Kreisbogens** gilt dann:
$b = \frac{\alpha}{360°} \cdot 2\pi r = \frac{\alpha}{180°} \cdot \pi r$

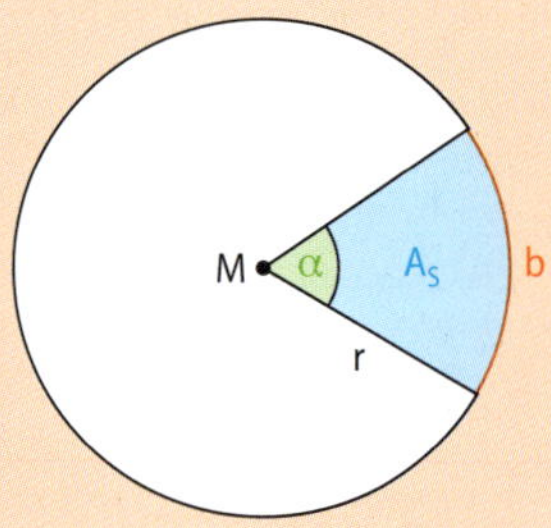

Unter einem Kreisausschnitt versteht man einen Teil eines Kreises, der von einem Kreisbogen und zwei Radien begrenzt wird.
Für den **Umfang U_S des Kreisausschnitts** gilt damit:
$U_S = b + 2r$

Ebenso kann man den zugehörigen **Flächeninhalt des Kreisausschnitts A_S** als Anteil der Kreisfläche A_K bestimmen:
$A_S : A_K = \alpha : 360°$
Somit gilt: $A_S = \frac{\alpha}{360°} \cdot \pi r^2$

Beispiel

Die nebenstehende Uhr hat einen Radius von 30 cm. Es ist 20.00 Uhr. Die beiden Zeiger legen zwei Kreisausschnitte fest. Runde auf cm bzw. cm^2. Berechne …

a) den Flächeninhalt der Kreisausschnitte.
b) die Länge der beiden Kreisbögen.

Lösung:

a) $A_{S_1} = \frac{\alpha}{360°} \cdot \pi r^2$

$A_{S_1} = \frac{120°}{360°} \cdot \pi \cdot (30\text{ cm})^2$

$A_{S_1} \approx 942\text{ cm}^2$

$A_{S_2} = A_{Kreis} - A_{S_1}$
$A_{Kreis} = \pi r^2$

$A_{S_2} = \pi \cdot (30\text{ cm})^2 - 942\text{ cm}^2$

$A_{S_2} = 1885\text{ cm}^2$

b) $b_1 = \frac{\alpha}{180°} \cdot \pi r$

$b_1 = \frac{120°}{180°} \cdot \pi \cdot 30\text{ cm} \approx 63\text{ cm}$

$b_2 = \frac{240°}{180°} \cdot \pi \cdot 30\text{ cm} \approx 126\text{ cm}$

oder $b_2 = U_{Kreis} - b_1 = 2\pi \cdot 30\text{ cm} - 63\text{ cm} \approx 125\text{ cm}$

- Matthias meint: „Wenn man bei einem Kreis mit konstantem Radius r den Kreisausschnitt so verändert, dass sich dessen Flächeninhalt verdoppelt, so verdoppelt sich auch die Länge des zugehörigen Kreisbogens." Stimmt das? Begründe.
- Begründe: „Sind die Fläche eines Kreisausschnitts und der zugehörige Mittelpunktswinkel bekannt, lässt sich daraus die Gesamtfläche des Kreises bestimmen."

Nachgefragt

Aufgaben

1 Berechne die Länge des Kreisbogens.

a) $r = 1{,}7\text{ cm};\ \alpha = 45°$ **b)** $r = 13\text{ m};\ \alpha = 175°$ **c)** $r = 1{,}8\text{ km};\ \alpha = 70°$

d) $r = 47\text{ cm};\ \alpha = 140°$ **e)** $r = 38\text{ mm};\ \alpha = 99°$ **f)** $r = 80\text{ m};\ \alpha = 1°$

2 Berechne Flächeninhalt und Umfang des Kreisausschnitts.

a) $r = 2{,}5\text{ cm};\ \alpha = 35°$ **b)** $d = 100\text{ m};\ \alpha = 175°$ **c)** $r = 1{,}5\text{ km};\ \alpha = 70°$

3 Übertrage die Tabelle in dein Heft und berechne die fehlenden Größen. Runde geeignet.

	a)	b)	c)	d)	e)	f)
r						0,02 m
d		6 mm				
α	50°			65°	80°	
b					48 m	$\frac{1}{2}\pi$ cm
$A_{\text{Ausschnitt}}$	40 cm²		20 cm²	$\frac{3}{4}\pi$ dm²		
$U_{\text{Ausschnitt}}$		0,8 cm				

Lösungen zu 3:
34,4; 9,6; 10,0; 1,6; 27,6; 116,8; 8,4; 0,04; 3,0; 826,1; 2,0; 38,2; 18,0; 3,0; 4,0; 2,3; 6,3; 143,2; 8,0; 68,8; 2,0; 45,0; 5,6; 19,2
Die Einheiten sind nicht angegeben.

4 In gotischen Bauwerken, wie beispielsweise dem Kloster Bebenhausen bei Tübingen, findet man in den Fenstern die für die Epoche typischen gotischen Spitzbögen. Abgebildet ist die Konstruktion eines solchen Bogens.

a) Übertrage die Konstruktion in dein Heft. Beschreibe dein Vorgehen.

b) Bestimme die Länge der einzelnen Kreisbögen anhand deiner Konstruktion.

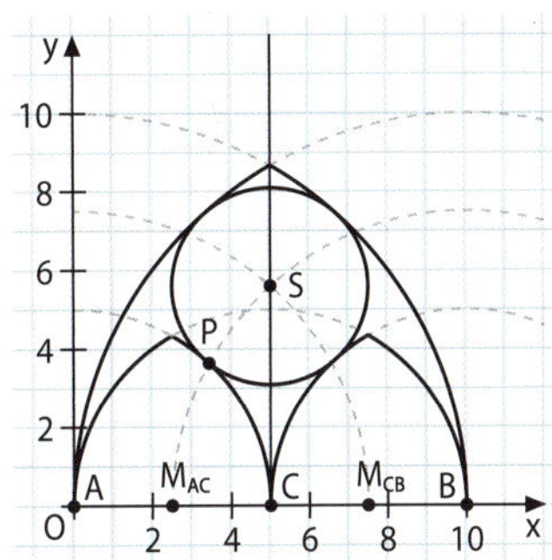

5 Bei einem geraden Kreiskegel kann die Mantelfläche als Kreisausschnitt mit dem Maß α des Mittelpunktwinkels, dem Radius s (Mantellinie) und der Bogenlänge b abgewickelt werden.
Zeige: $\alpha = \frac{r}{s} \cdot 360°$.

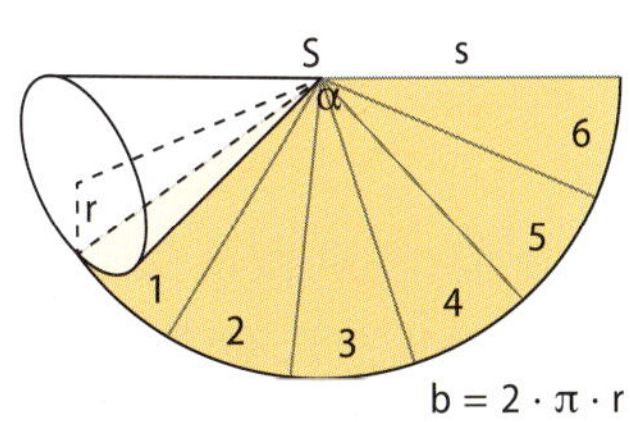

6 Zeige den Zusammenhang zwischen dem Flächeninhalt A_S und der Länge des Kreisbogens b eines Kreisausschnitts: $A_S = \frac{1}{2} r \cdot b$.

7 Ein **Kreisring** entsteht durch zwei Kreise mit demselben Mittelpunkt und unterschiedlichen Radien. Flächeninhalt und Umfang eines Kreisrings lassen sich durch einfache Überlegungen bestimmen. R ist der Radius des Außenkreises und r der Radius des Innenkreises eines solchen Kreisrings.

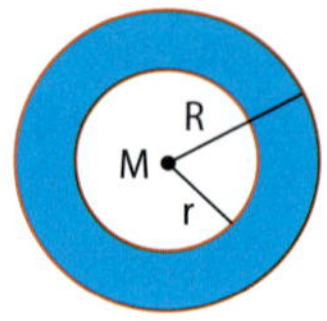

a) Berechne den Umfang und den Flächeninhalt für $r = 3$ cm und $R = 5$ cm. Beschreibe, wie du vorgehst.

b) Zeige die für den Kreisring gültigen Formeln:

$U_{Ring} = 2\pi \cdot (R + r)$ $A_{Ring} = \pi \cdot (R^2 - r^2)$

8 Berechne die fehlenden Größen der Tabelle. Runde auf zwei Dezimalstellen.

	a)	b)	c)	d)	e)	f)
r	3,93 dm		6 cm	4,5 dm	54 cm	
d	2 dm	4,55 m	3,95 cm	2,5 dm	18 cm	0,02 m
A_{Ring}						
U_{Ring}		60 m				1,4 m

9 Familie Hartmann gestaltet ihren Garten neu. In dessen Zentrum liegt ein kreisförmiger Schwimmteich mit einem Durchmesser von 3,80 m.

a) Um den Teich soll ein 60 cm breiter Weg angelegt werden. Berechne den Flächeninhalt des Weges.

b) Der Architekt schlägt vor, den kreisringförmigen Weg so zu gestalten, dass sein Flächeninhalt dem des Schwimmteichs entspricht. Berechne davon ausgehend die Breite des Weges.

10 Einem Quadrat der Seitenlänge a wird ein Umkreis und Inkreis um- bzw. einbeschrieben. Bestimme den Flächeninhalt des Kreisrings für …

a) $a = 20$ cm.

b) eine beliebige Seitenläge $a > 0$.

11 Der Scheibenwischer eines Autos überstreicht bei einem Vollausschlag einen Winkel von 120°. Der Scheibenwischer ist 50 cm lang. Der Wischergummi überstreicht eine Fläche von 2420 cm². Berechne, in welcher Entfernung der Gummistreifen vom Drehpunkt angebracht ist.

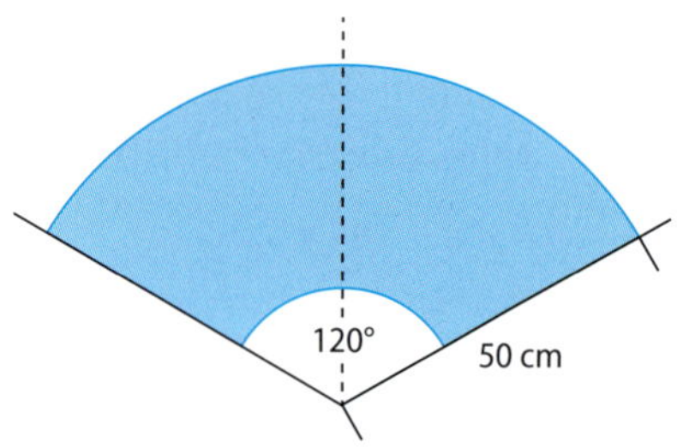

12 Zur Unterstützung eines Torbogens verwendet man in der Regel drei Steinplatten.

a) Berechne den Flächeninhalt A_G der drei grauen Steinplatten.

b) Das Volumen V der Steinplatten ergibt sich aus $V = A_G \cdot d$, wobei d die Tiefe des Torbogens ist. Berechne V für $d = 25$ cm.

c) Berechne die Masse der Steinplatten bei einer Dichte von $\rho_{Stein} = \frac{2{,}8\ \text{kg}}{\text{dm}^3}$.

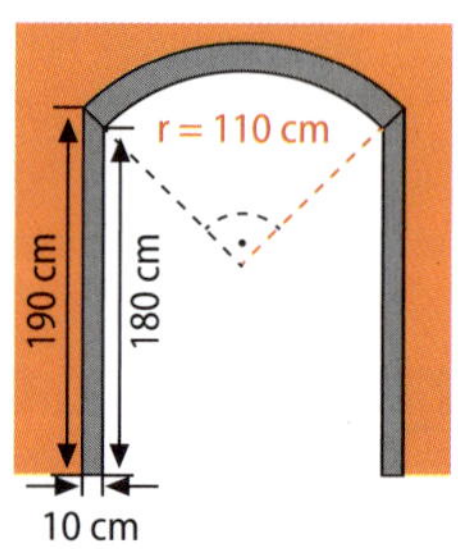

13 Bei einer von einem Wassertropfen ausgelösten Welle bilden vier konzentrische Kreise drei Kreisringe. Ihre Flächeninhalte betragen jeweils 30 cm². Der Flächeninhalt des innersten Kreises ist 40 cm².

a) Skizziere den Sachverhalt und bestimme rechnerisch die Radien der äußeren Kreise.

b) Bestimme die Breite der Kreisringe.

14 Beim Kreissegment eines Viertelkreises mit Radius r ergeben sich für den Flächeninhalt und den Umfang folgende Zusammenhänge:

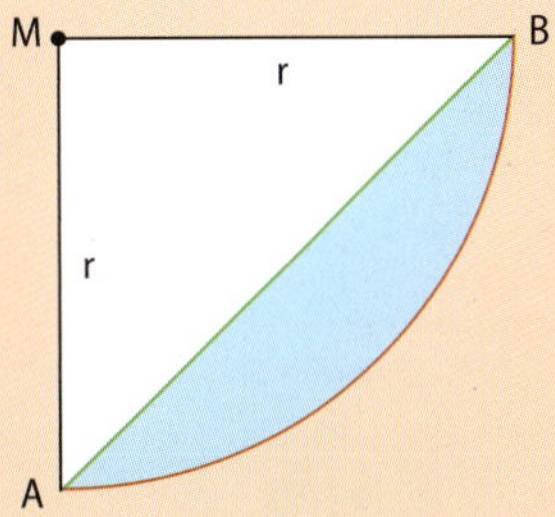

Flächeninhalt des Segments eines Viertelkreises:

$$A_{Segment} = A_{Viertelkreis} - A_{Dreieck}$$
$$= \frac{1}{4}r^2\pi - \frac{1}{2}r^2 = \frac{1}{4}r^2 \cdot (\pi - 2)$$

Länge des Umfangs des Segments eines Viertelkreises:

$$U_{Segment} = \widehat{AB} + \overline{AB}$$
$$= \frac{1}{4} \cdot 2r\pi + r\sqrt{2} = r \cdot \left(\frac{\pi}{2} + \sqrt{2}\right)$$

Weiterdenken

Beachte:
Bogen $\widehat{AB}$ *Sehne $\overline{AB}$*

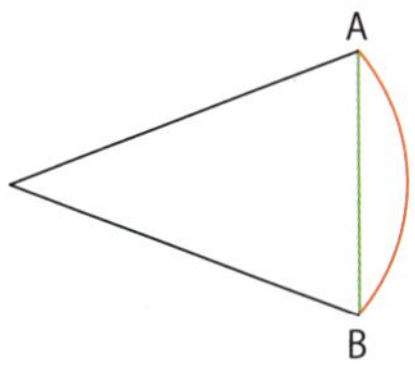

a) Überprüfe die Richtigkeit der Berechnungen im Kasten.

b) Zeichne zunächst ein Kreissegment und berechne anschließend seinen Umfang und seinen Flächeninhalt.

1 r = 0,6 dm; α = 90° **2** r = 40 mm; α = 60° **3** r = 5 cm; α = 45°

15 Berechne jeweils die Länge der grünen Randlinie sowie den Flächeninhalt der eingefärbten Fläche. (2 Kästchen ≙ 1 cm)

a)

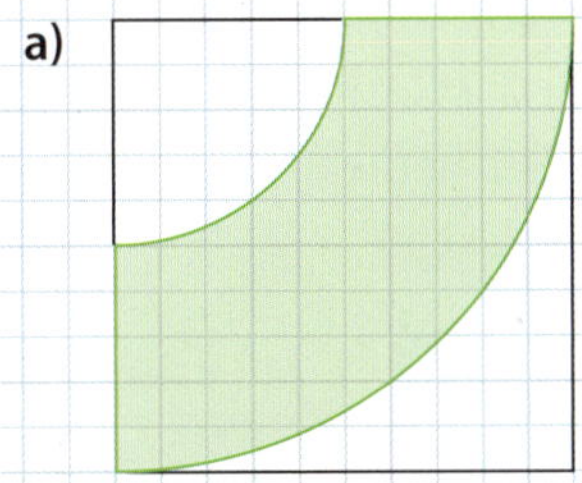

b)

16 Berechne den Umfang und den Flächeninhalt der zusammengesetzten Figuren.

a)

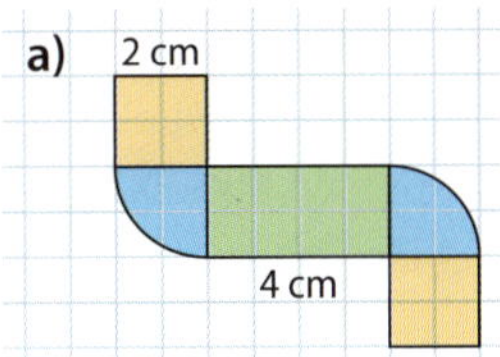

b)

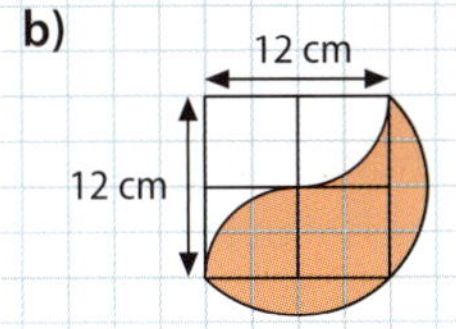

c)

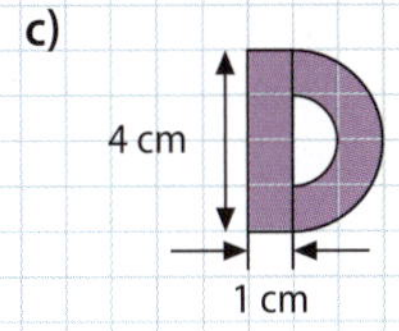

17 a) Berechne den Flächeninhalt der grün gekennzeichneten Fläche für R = 20 cm und r = 8 cm.

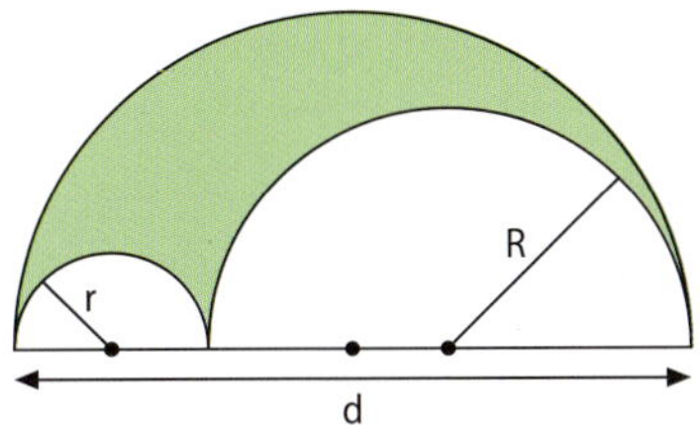

b) Weise allgemein nach, dass die grün und die gelb gefärbte Fläche denselben Flächeninhalt haben.

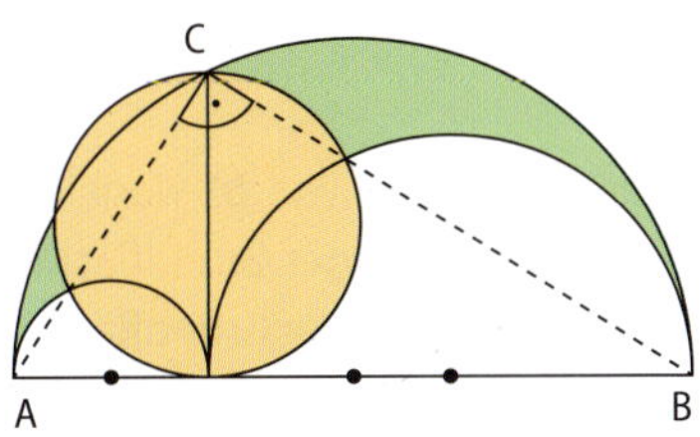

Entdecken

- Beschreibe, welche mathematischen Körper du bei den abgebildeten Verpackungen erkennst.
- Finde Gemeinsamkeiten zwischen den Körpern und ordne sie nach diesen Merkmalen.
- Gibt es Körper, bei denen es dir schwerfällt, diese zuzuordnen?
- Suche nach weiteren Verpackungen aus deinem Alltag und ordne diese nach deinen Merkmalen.

Verstehen

Körper werden von ebenen oder gekrümmten ***Flächen*** *begrenzt. Zwei Flächen bilden jeweils eine* ***Kante****, aufeinanderstoßende Kanten bilden eine* ***Ecke****.*

Die Seitenfläche von Körpern wird auch ***Mantelfläche*** *genannt.*

Du kennst bereits mathematische Körper, die aus mindestens zwei Begrenzungsflächen bestehen:

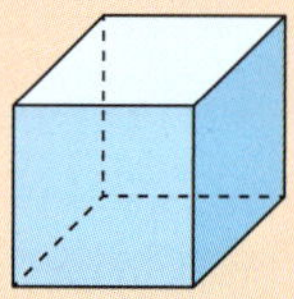

Würfel
6 kongruente Quadrate als Seitenflächen, 12 Kanten, 8 Ecken

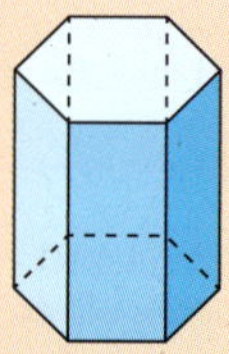

Prisma
Kongruente Vielecke als Grund- und Deckfläche, die parallel zueinander liegen. Die Mantelfläche besteht aus Rechtecken.

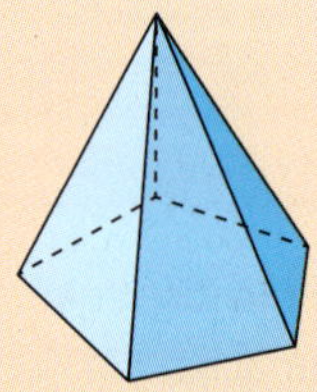

Pyramide
Die Grundfläche ist ein Vieleck. Die Mantelfläche besteht aus Dreiecken, die sich in einer Spitze treffen.

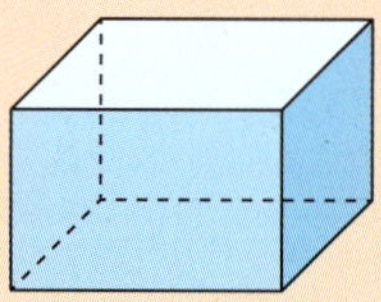

Quader
6 Rechtecke als Seitenflächen, von denen gegenüberliegende kongruent sind, 12 Kanten, 8 Ecken

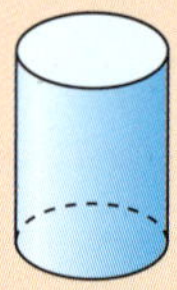

Zylinder
Kongruente Kreise als Grund- und Deckfläche, die parallel zueinander liegen. Die Mantelfläche ist ein Rechteck.

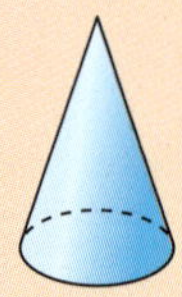

Kegel
Die Grundfläche ist ein Kreis. Die Mantelfläche ist ein Kreissektor, dessen Mittelpunktswinkel die Spitze des Kegels ist.

Beispiel

Um welchen Körper handelt es sich? Der gesuchte Körper besitzt …

a) sechs Ecken und neun Kanten.
b) keine Kante und eine Fläche.
c) sechs Flächen und zwölf Kanten.
d) fünf Flächen und acht Kanten.
e) drei Flächen und keine Ecke.
f) sechs Kanten und vier Flächen.

Lösung:

a) Dreiecksprisma
b) Kugel
c) Würfel oder Quader
d) Pyramide mit vierseitiger Grundfläche
e) Zylinder
f) Pyramide mit dreieckiger Grundfläche bzw. Tetraeder

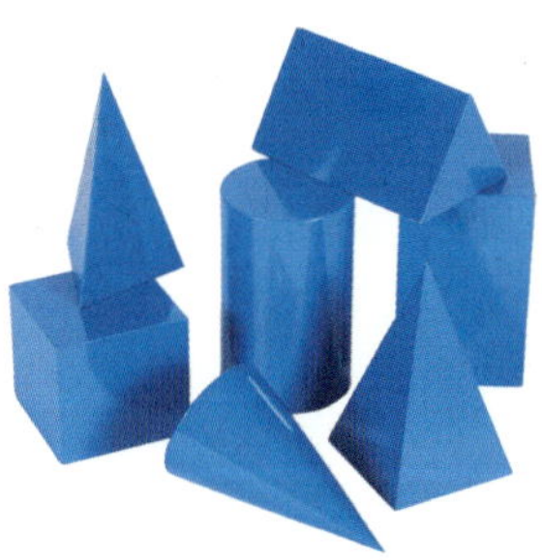

Nachgefragt

- Jeder Quader ist auch ein Prisma. Begründe diese Aussage.
- Pyramide und Kegel werden auch als Spitzkörper bezeichnet. Erkläre.

Aufgaben

1 Bezeichne die dargestellten Körper.

a)
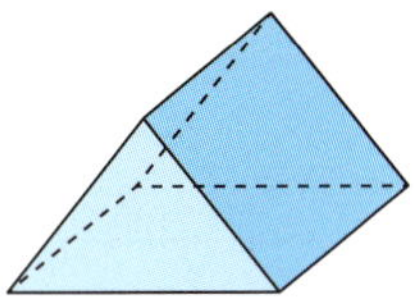

b)
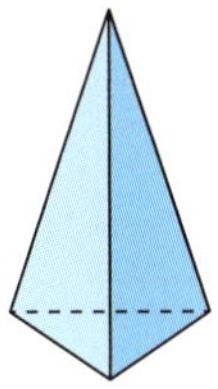

c)
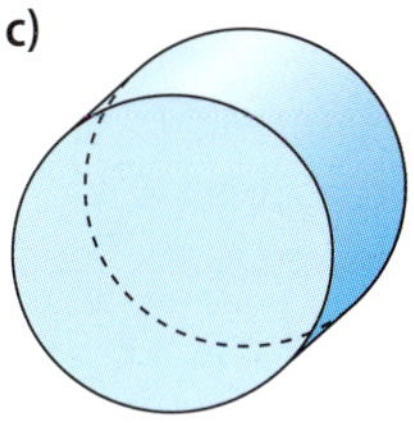

d)
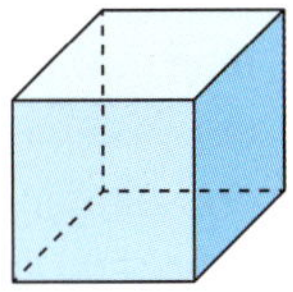

e)
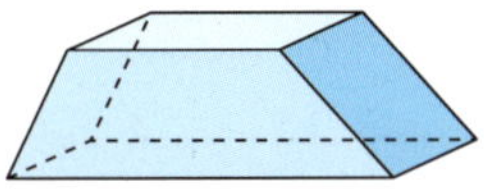

f)
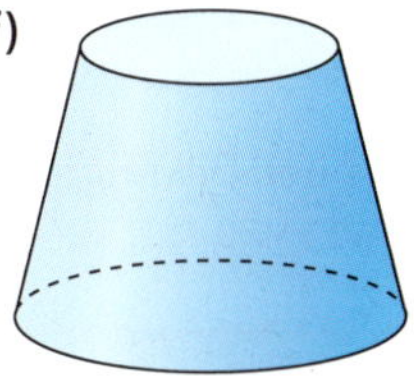

g)
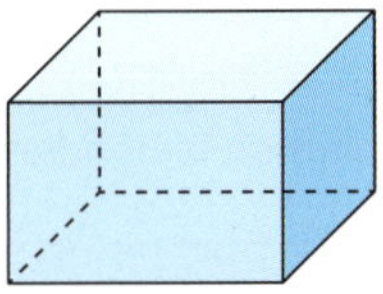

h)
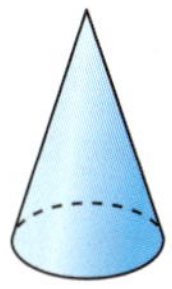

2 Ordne die abgebildeten Körper den folgenden Eigenschaften zu.

a) Der Körper ist ein Prisma.

b) Der Körper ist von sechs Flächen begrenzt.

c) Der Körper hat sechs Ecken.

d) Die Oberfläche besteht ausschließlich aus Dreiecken.

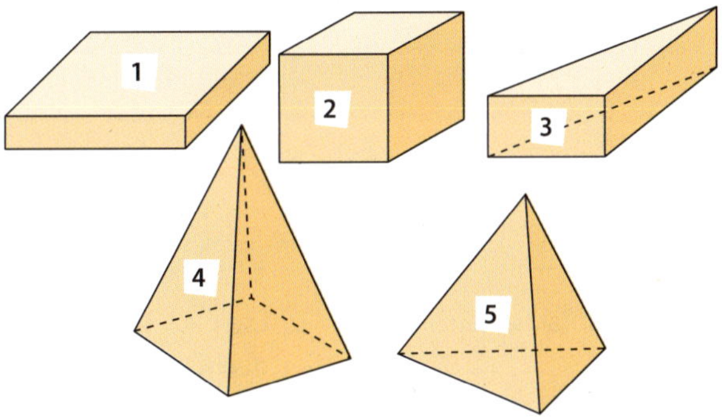

3 Die Oberfläche **Platonischer Körper** setzt sich zusammen aus gleichen regelmäßigen n-Ecken. Es gibt fünf platonische Körper. Im Altertum wurden die Körper den Elementen und dem Kosmos zugeordnet.

Abbildung	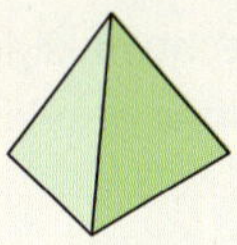	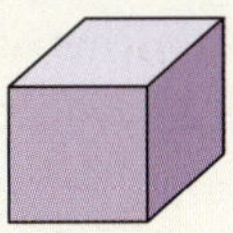	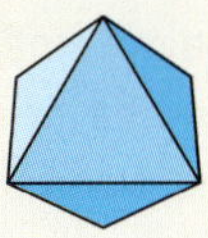	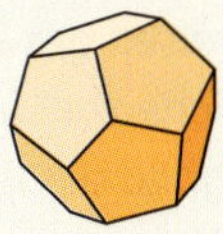	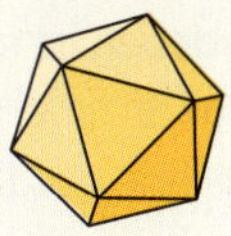
Name	**Tetraeder** „4-Flächner"	**Hexaeder** „6-Flächner"	**Oktaeder** „8-Flächner"	**Dodekaeder** „12-Flächner"	**Ikosaeder** „20-Flächner"
Zuordnung	Feuer	Erde	Luft	Kosmos	Wasser

a) Beschreibe jeweils die Körper und die Form der Begrenzungsflächen.

b) Gib für jeden Körper die Anzahl der Ecken (E), Flächen (F) und Kanten (K) an. Erstelle dazu eine Tabelle.

c) Vergleiche für jeden Körper die Summe der Ecken und Flächen mit der Anzahl der Kanten. Welche Gesetzmäßigkeit erkennst du?

d) Finde Beispiele aus deiner Umwelt, bei denen platonische Körper vorkommen.

Entdecken

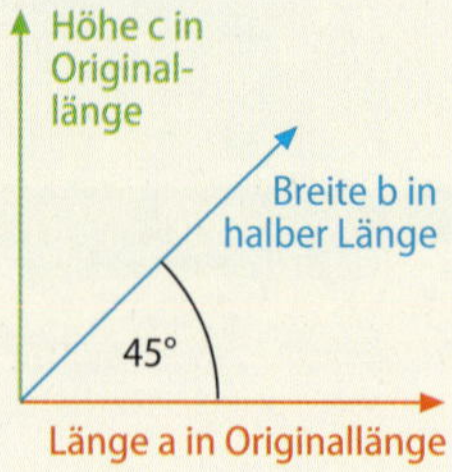

Du kennst bereits Schrägbilder von Quadern als eine Möglichkeit, diese Körper anschaulich darzustellen.

- Übertrage die Schrägbildzeichnungen von Würfel und Quader in dein Heft.
- Beschreibe Möglichkeiten, wie man mithilfe dieser Schrägbilder das einer Pyramide (eines dreiseitigen Prismas, eines Zylinders) erhalten kann.

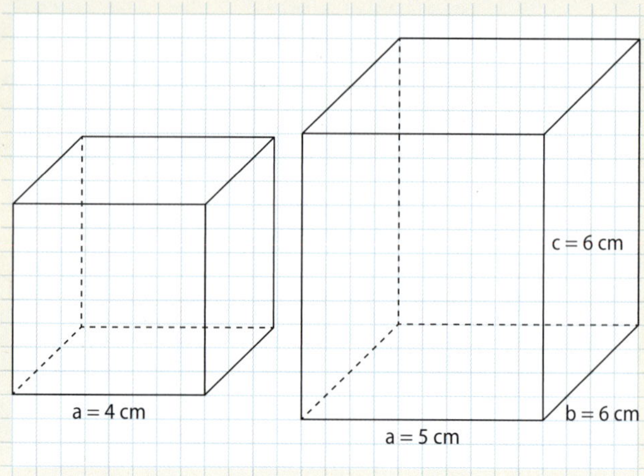

Verstehen

Ein Schrägbild wird nach festen Regeln gezeichnet. Die räumliche Wirkung wird durch die Verkürzung der nach hinten laufenden Kanten erzielt.

Schrägbild eines Prismas

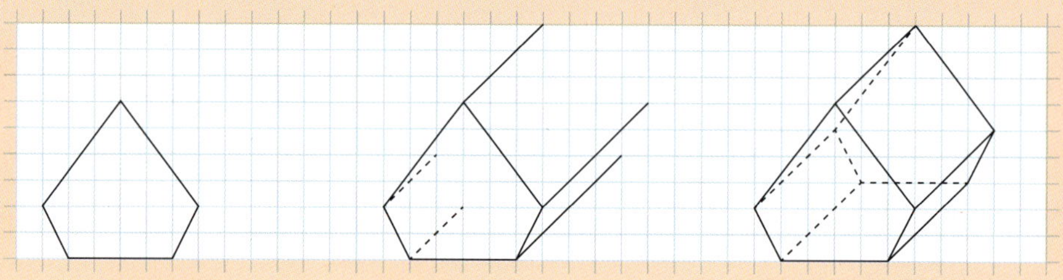

1. Vorderfläche zeichnen.
2. Die nach hinten laufenden Kanten unter 45° auf die Hälfte kürzen.
3. Die hinteren Eckpunkte zur Rückfläche verbinden, nicht sichtbare Kanten stricheln.

Beispiel

Es ist günstig, sich bei den Linien an rechten Winkeln zu orientieren.

Gegeben ist ein dreiseitiges Prisma mit einem gleichschenklig-rechtwinkligem Dreieck als Grundfläche. Die Schenkel der Grundfläche sind 3 cm lang, die Höhe des Prismas beträgt 5 cm. Zeichne ein Schrägbild des Prismas, wenn es …

a) auf der Grundfläche steht. **b)** auf einer Seitenfläche liegt.

Lösung:

a)

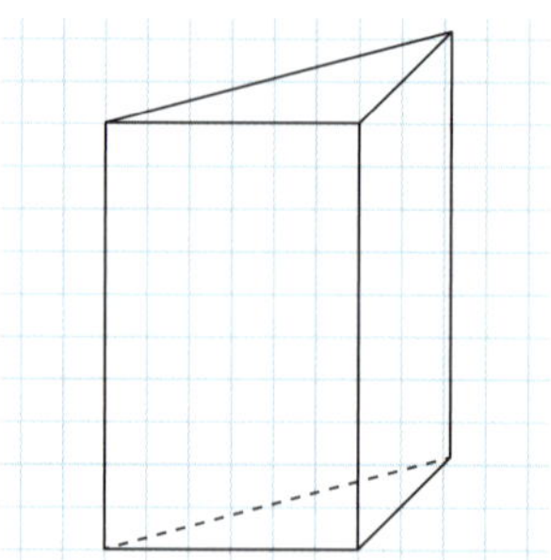

b)

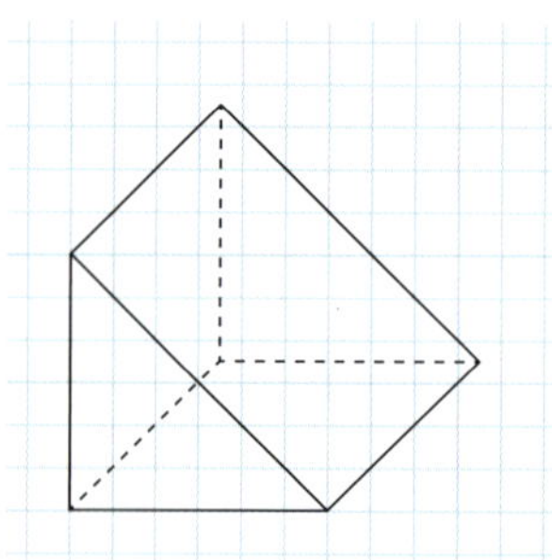

Nachgefragt

- Anique behauptet, dass sie von einem Quader vier verschiedene Schrägbilder zeichnen kann, die alle denselben Quader darstellen. Kann das sein? Erkläre.
- Sven meint: „Die nach hinten verlaufenden Kanten brauchen nicht verkürzt zu werden." Welche Folgen hätte dies für die Schrägbildwirkung? Probiere aus und beschreibe.

Aufgaben

1

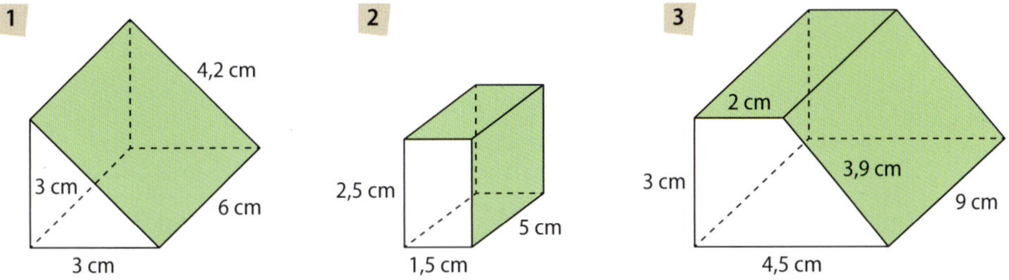

Zeichne die Schrägbilder der Prismen, wenn sie …

a) wie angegeben liegen. **b)** auf der Grundfläche stehen.

2 Die Abbildungen stellen die Grundflächen von Prismen dar, die eine Höhe von $h = 4$ cm haben. Zeichne ein zugehöriges Schrägbild.

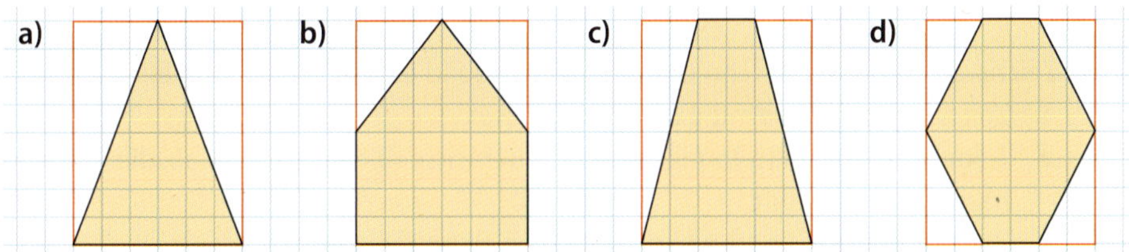

Wenn du die gelbe Fläche als Grundfläche wählst, zeichne zuerst das rote Rechteck im Schrägbild. Beispiel a):

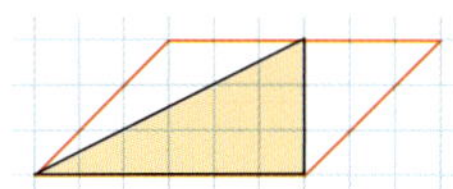

3 Übertrage das Schrägbild des dreiseitigen Prismas in dein Heft und ergänze es dort zum Schrägbild eines Quaders.

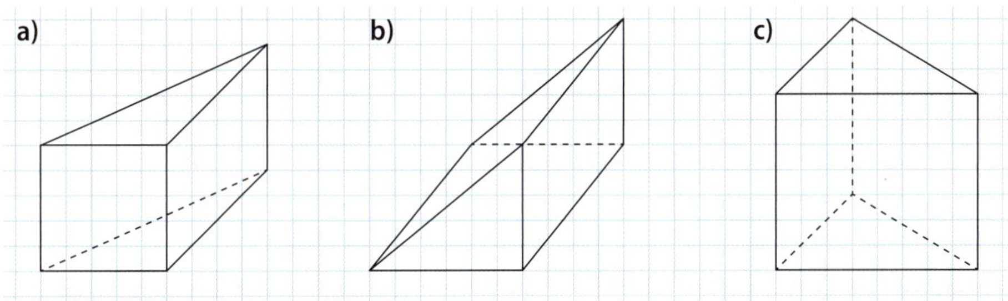

4 Zeichne ein Schrägbild der Gegenstände …

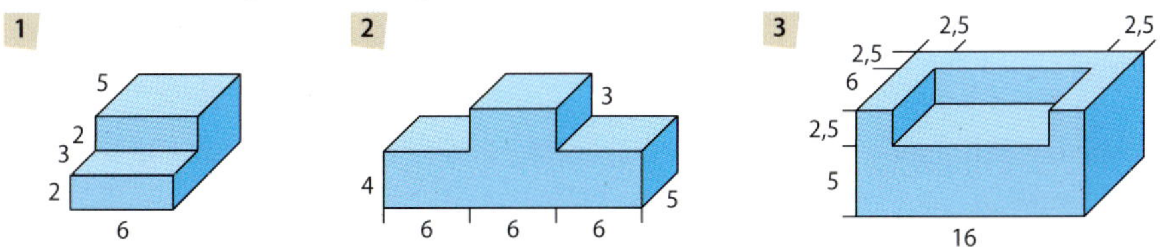

a) aus dem gleichen Blickwinkel wie abgebildet.

b) aus einem anderen Blickwinkel.

5 Das Schrägbild eines auf der Grundfläche stehenden Zylinders kann folgendermaßen angefertigt werden.

Weiterdenken

Schrägbild eines Zylinders

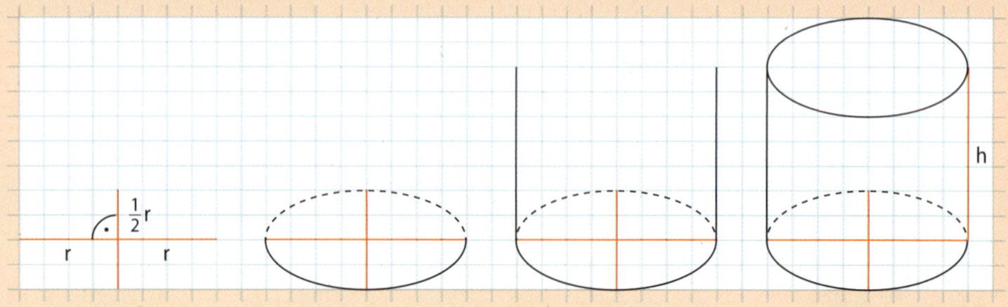

In der Mitte senkrecht zum Durchmesser je einen Radius von halber Länge antragen.	Endpunkte zu einer Ellipse verbinden.	An den Enden des Durchmessers jeweils die Höhe einzeichnen.	Deckfäche zeichnen, unsichtbare Kanten stricheln.

Zeichne das Schrägbild eines Zylinders mit Radius r = 4 cm und Höhe h = 5 cm.

6 a) Zeichne anhand der Beschreibung das Schrägbild eines Zylinders in dein Heft.

1. Zeichne einen Kreis mit 4 cm Durchmesser.
2. Trage vom Kreismittelpunkt eine Zylinderachse der Länge 5 cm ab, die unter 45° nach hinten verläuft.
3. Zeichne um den Endpunkt dieser Achse einen Kreis wie in 1.
4. Zeichne parallel zur Achse die Begrenzungslinien des Zylinders.

b) Wie hoch ist der Zylinder in Wirklichkeit? Vergleiche die Lage des gezeichneten Zylinders mit der des Zylinders aus Aufgabe 5.

Da dieses Verfahren sehr aufwändig ist, geht man in der Regel wie in Aufgabe 5 beschrieben vor.

7 Streng genommen müsste man das Schrägbild eines Zylinders wie das eines Prismas konstruieren:

1. Zunächst zeichnet man den Grundkreis des Zylinders. Anschließend zeichnet man wie abgebildet vertikale Gitterlinien in den Kreis ein.
2. Für die Grundfläche im Schrägbild dreht man diese Linien um 45° und verkürzt sie auf die Hälfte. Die Endpunkte verbindet man zur Ellipse.

Konstruiere so das Schrägbild eines Zylinders anhand eines selbst gewählten Beispiels. Vergleiche mit der Methode aus Aufgabe 5.

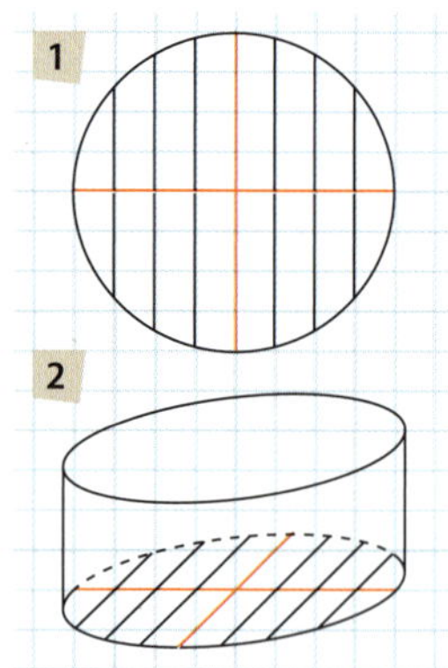

8 Zeichne das Schrägbild eines liegenden Zylinders und formuliere die einzelnen Konstruktionsschritte.

	1	2	3	4	5
Durchmesser	4 cm	5 cm	7 cm	3,6 cm	5,2 cm
Höhe	6 cm	8 cm	7 cm	9,4 cm	7,8 cm

9 Das Schrägbild einer Pyramide und eines Kegels kann wie folgt gezeichnet werden.

Weiterdenken

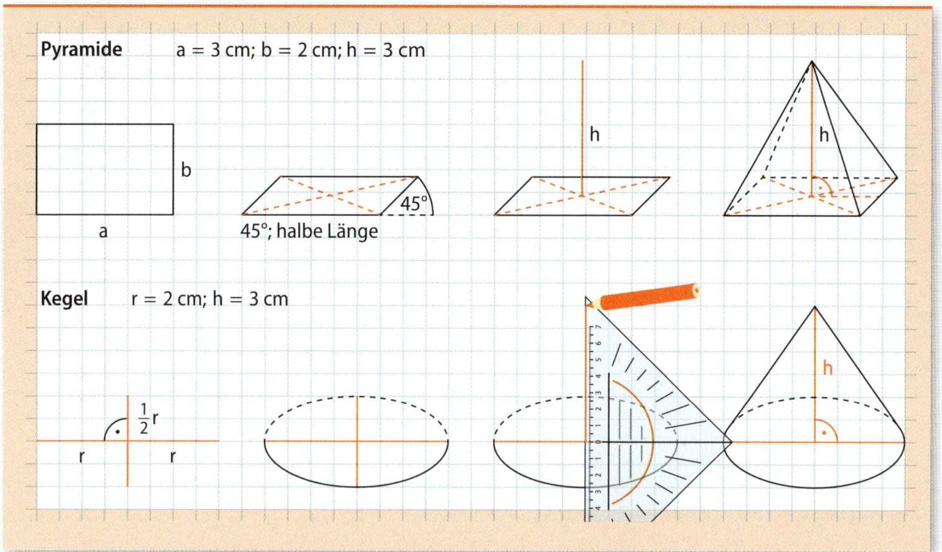

a) Beschreibe das Vorgehen mit eigenen Worten.
b) Übertrage die Schrägbilder in dein Heft.
c) Zeichne die Schrägbilder von Pyramiden mit rechteckiger Grundfläche.

	1	2	3	4	5
Länge a	2 cm	5 cm	5,6 cm	4 cm	6,4 cm
Breite b	4 cm	3,5 cm	2,8 cm	4 cm	8,2 cm
Höhe h	3,5 cm	6 cm	4,1 cm	5,5 cm	3,8 cm

10 Zeichne Schrägbilder der Körper im angegebenen Maßstab.

a)
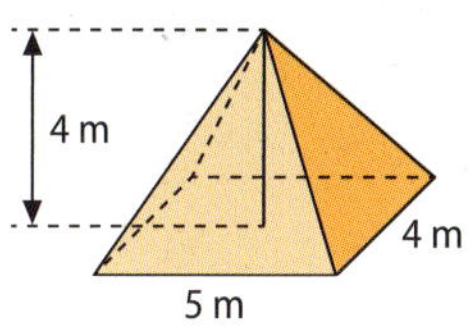

Maßstab 1:100

b)
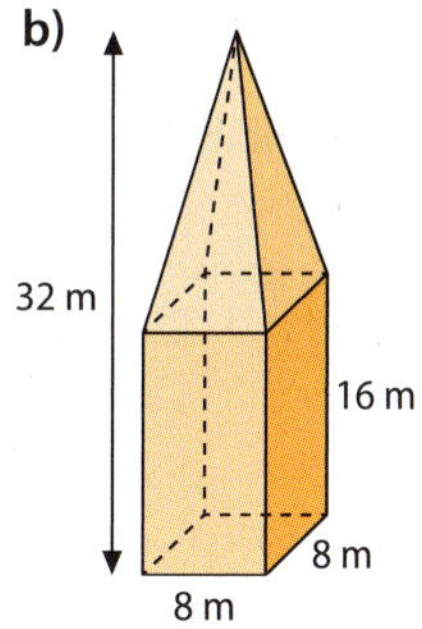

Maßstab 1:400

c)
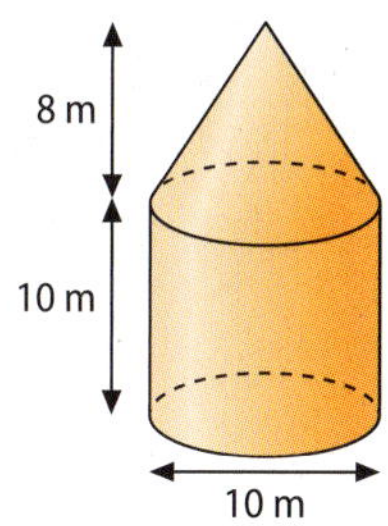

Maßstab 1:200

d)
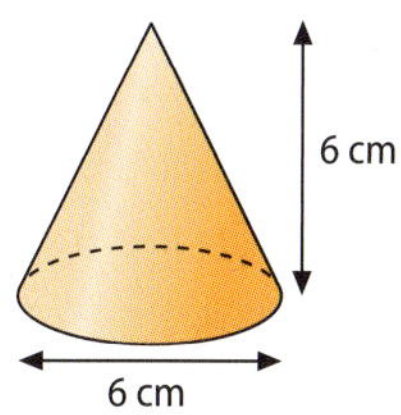

Maßstab 1:1

11 Zeichne die Schrägbilder in einem geeigneten Maßstab.
a) Die Cheopspyramide ist 147 m hoch und hat eine quadratische Grundfläche mit Kantenlänge 230 m.
b) Der schiefe Turm von Pisa hat einen Durchmesser von 12 m und ist 55 m hoch.
c) Ein Indianerzelt hat den Durchmesser von 4 m und eine Höhe von 3 m.
d) Dein Schulgebäude (oder Teile davon).

6

6.5 Netz und Oberflächeninhalt: Prisma und Zylinder

Entdecken

Die Abbildungen zeigen, wie man die Netze von Gegenständen erhält.

- Aus welchen Flächen besteht das Netz der einzelnen Gegenstände?
- Beschreibe, wie man das Netz eines Körpers erhält.
- Erläutere, welche Bedeutung das Netz eines Körpers bei der Bestimmung des Oberflächeninhalts hat.
- Stelle weitere Netze von Gegenständen aus deinem Alltag her.

Verstehen

Bei gleicher Höhe liegt der Unterschied zwischen der Oberflächeninhaltsformel von Prisma und Zylinder in der Form der Grund- und Deckflächen.

Die Grund- und Deckfläche eines Prismas kann ein beliebiges n-Eck sein.

Das **Netz** eines **Prismas** bzw. eines **Zylinders** besteht jeweils aus zueinander kongruenten Grund- und Deckflächen, sowie der Mantelfläche.

1 Netz eines Prismas **2 Netz eines Zylinders**

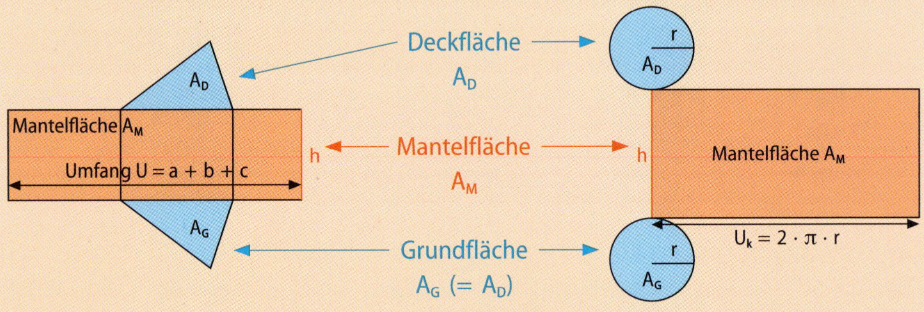

Am jeweiligen Netzt sieht man, dass der **Oberflächeninhalt** beider Körper durch $O = 2 \cdot A_G + A_M$ bestimmt ist.

$O_{Prisma} = 2 \cdot A_G + U \cdot h$

$O_{Zylinder} = 2 \cdot \pi \cdot r^2 + 2 \cdot \pi \cdot r \cdot h = 2\pi r \cdot (r + h)$

Beispiel

Eine handelsübliche 425-mℓ-Konservendose hat einen Durchmesser von 7,4 cm und eine Höhe von 11 cm. Zeichne ein Netz. Berechne, wie viel Blech mindestens dafür benötigt wird.

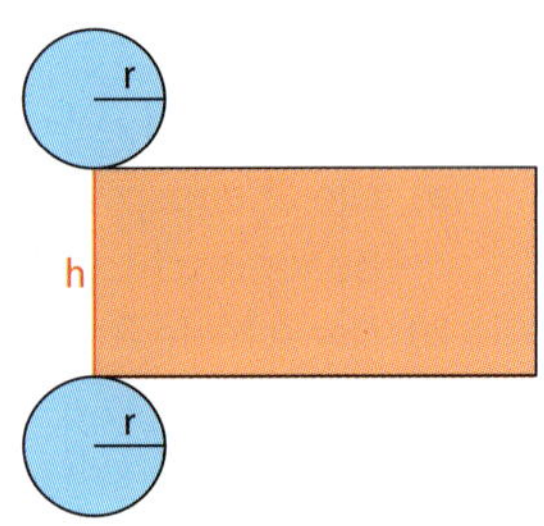

Lösung:

$O = 2 \cdot A_G + A_M$

$O = 2 \cdot \pi \cdot r^2 + 2 \cdot \pi \cdot r \cdot h$

mit $r = 7{,}4\,\text{cm} : 2 = 3{,}7\,\text{cm}$

$O = 2 \cdot \pi \cdot (3{,}7\,\text{cm})^2 + 2 \cdot \pi \cdot 3{,}7\,\text{cm} \cdot 11\,\text{cm} \approx 342\,\text{cm}^2$

Man benötigt mindestens 342 cm² Blech.

Nachgefragt

- „Zu jedem mathematischen Körper lässt sich genau ein Netz zeichnen".
  Was meinst du dazu?
- Erkläre den Zusammenhang zwischen dem Netz eines Prismas und dem Netz eines Quaders (Würfels).

Aufgaben

1 Benenne den Körper, der jeweils zu dem abgebildeten Netz gehört.

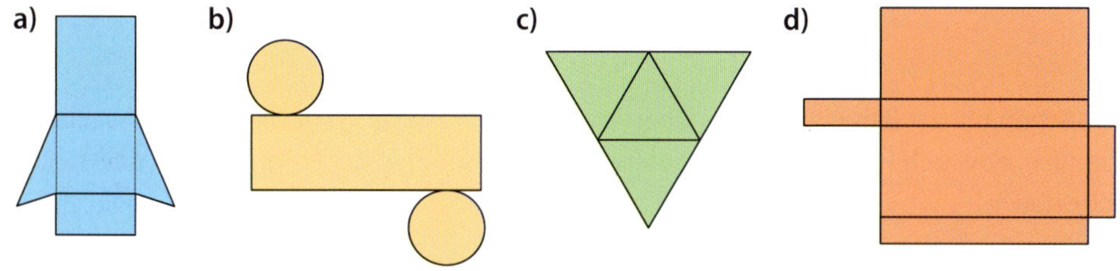

2

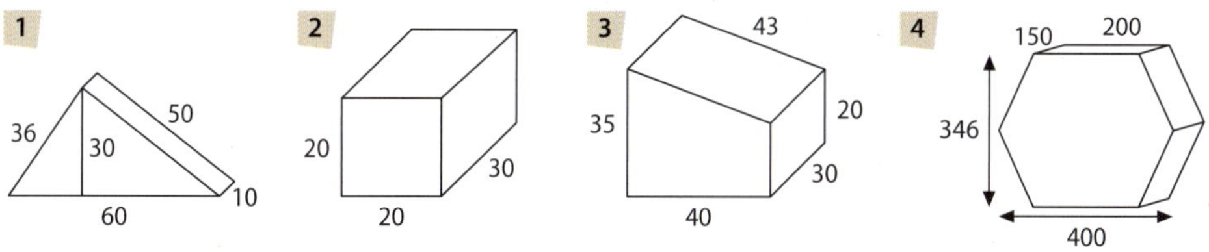

Zeichne jeweils ein Netz und bestimme den Oberflächeninhalt der abgebildeten Körper.

3 Berechne die fehlenden Größen eines Zylinders. Runde auf eine Dezimalstelle.

	a)	b)	c)	d)	e)
Radius r	6 cm			0,7 m	
Zylinderhöhe h	8 cm	6 cm			
Grundflächeninhalt A_G		113,1 cm²	28,3 cm²		
Mantelflächeninhalt A_M			56,5 cm²		376,8 m²
Oberflächeninhalt O				15,2 m²	533,8 m²

Lösungen zu 3:
6,0; 3,0; 3,0; 12,0; 113,1; 226,2; 301,6; 527,8; 113,1; 452,4; 1,54; 12,12; 2,76; 78,5; 5,0

4 Gegeben sind die Grundflächen von drei Prismen. Jedes der Prismen in 4 cm hoch.

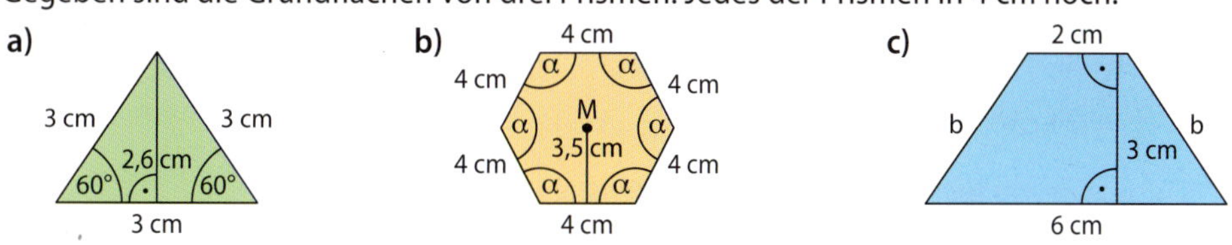

Vervollständige die Netze der Prismen und berechne ihren Oberflächeninhalt.

5 a) Bei einem dreiseitigen Prisma beträgt die Größe der Grundfläche 30 cm² und die Mantelfläche 60 cm². Gib an, wie sich der Oberflächeninhalt verändert, wenn man die Höhe verdoppelt (verdreifacht).

b) Ein Prisma hat als Grundfläche ein regelmäßiges Sechseck mit der Kantenlänge r = 3 cm und eine Höhe von 5 cm. Gib an, wie sich der Oberflächeninhalt verändert, wenn man die Kantenlänge verdoppelt.

Entdecken

- Bei einigen Körpern kannst du schon das Volumen bestimmen. Erläutere an diesen Körpern, von welchen Größen das Volumen eines Körpers abhängt.
- Stelle alle Formeln zusammen, die du kennst um das Volumen von Körpern zu berechnen. Überprüfe, wie sich die Veränderung der Höhe auf das Volumen der einzelnen Körper auswirkt.

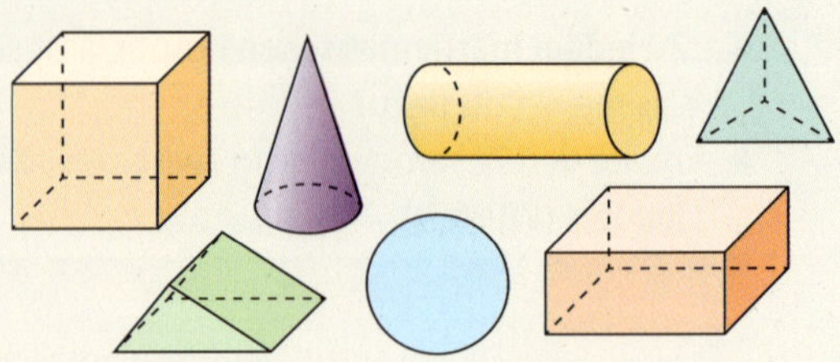

Verstehen

Wie schon bei der Berechnung des Oberflächeninhalts wird auch bei der Volumenbestimmung deutlich, dass sich Prisma und Zylinder (bei gleicher Höhe) in der Form der Grundfläche unterscheiden.

Das **Volumen eines Prismas** oder **Zylinders** hängt jeweils von der Grundfläche und der Höhe h ab: $V = A_G \cdot h$.

$V_{Prisma} = A_G \cdot h$

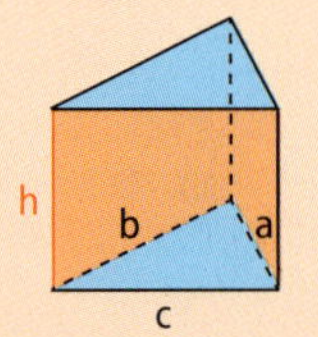

$V_{Zylinder} = \pi \cdot r^2 \cdot h$

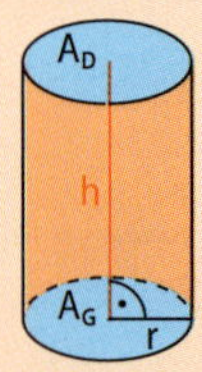

Beispiele

I. Bestimme das Volumen …

a) eines Zylinders mit dem Radius $r = 6\text{ cm}$ und einer Höhe h von 12 cm.

b) eines geraden Prismas mit der abgebildeten Grundfläche und einer Höhe von 14 cm.

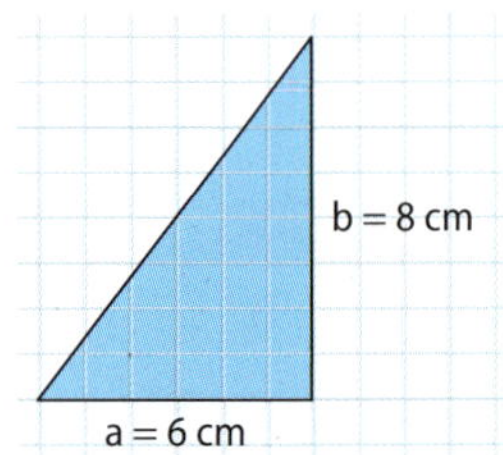

Lösung:

a) $V = A_G \cdot h = r^2 \cdot \pi \cdot h$
$= 36\text{ cm}^2 \cdot \pi \cdot 12\text{ cm}$
$= 432\text{ cm}^3 \cdot \pi \approx 1357{,}17\text{ cm}^3$

b) $V = A_G \cdot h = \left(\frac{1}{2} \cdot a \cdot b\right) \cdot h$
$= 24\text{ cm}^2 \cdot 12\text{ cm} = 288\text{ cm}^3$

II. Entscheide, ob du den abgebildeten Eichenstamm tragen könntest, wenn 1 cm^3 Eichenholz 0,67 g wiegen.

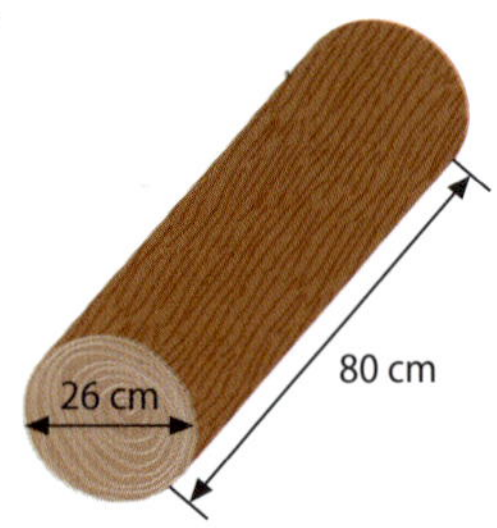

Lösung:

$V = \left(\frac{d}{2}\right)^2 \cdot \pi \cdot h = 13^2\text{ cm}^2 \cdot \pi \cdot 80\text{ cm} \approx 42\,474\text{ cm}^3$

Zwischen dem Volumen V, der Dichte ρ und der Masse m besteht der Zusammenhang $\rho = \frac{m}{V}$. Aufgrund der Angabe ist $\rho = 0{,}67\,\frac{\text{g}}{\text{cm}^3}$. Für die Masse folgt:

$m = V \cdot \rho \approx 42\,474\text{ cm}^3 \cdot 0{,}67\,\frac{\text{g}}{\text{cm}^3} = 28\,458\text{ g} \approx 28{,}5\text{ kg}$

Der Stamm wiegt ca. 28,5 kg und könnte somit getragen werden.

- Mit welcher Flächeninhaltsformel musst du rechnen, wenn die Grundfläche A_G eines Prismas ein Trapez (Parallelogramm, Drachenviereck) ist?
- Wie ändert sich das Volumen eines Zylinders, wenn du ausschließlich die Höhe h (die Grundfläche A_G, den Radius r) verdoppelst?

Nachgefragt

Aufgaben

1 Berechne das Volumen des Zylinders. Runde geeignet.
a) $r = 7{,}5$ cm; $h = 17$ cm **b)** $d = 8{,}4$ m; $h = 55{,}4$ m **c)** $A_G = 75\ \text{cm}^2$; $h = 2$ dm

2 Berechne das Volumen des Prismas (Maße in mm; Zeichnungen nicht maßgenau).

a)
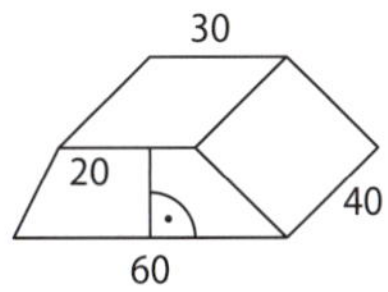

b)
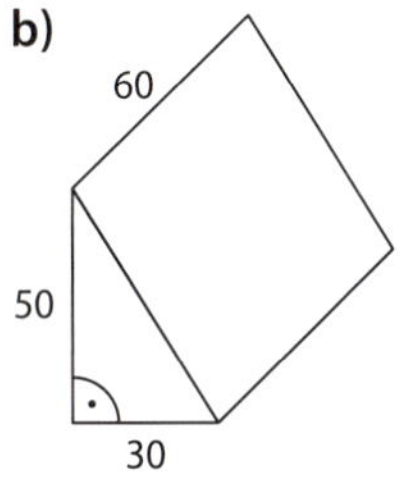

c)
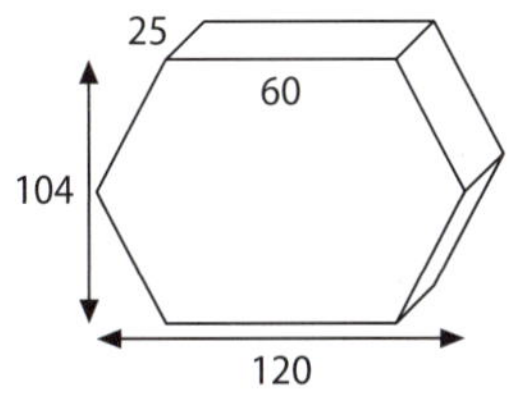

d)
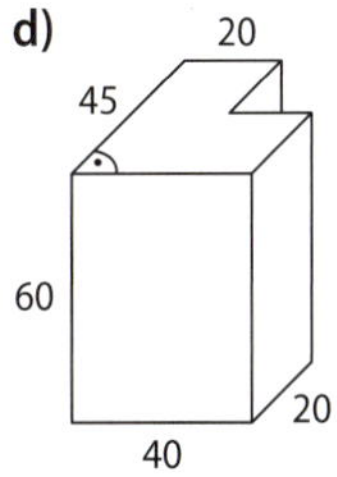

3 Berechne die fehlenden Größen des Zylinders.

	a)	b)	c)	d)
Radius r	6 cm			0,70 m
Umfang U			18,84 cm	
Grundflächeninhalt A_G		113,0 cm²		
Zylinderhöhe h	8 cm		5,6 cm	
Volumen V_Z		1356 cm³		77 m³
Oberflächeninhalt O				

4 Berechne das Volumen der geraden Prismen, wenn die Grundfläche gegeben ist.
a) Dreieck ABC mit $b = 5{,}6$ cm; $h_b = 4{,}2$ cm; $h_{Prisma} = 7$ cm
b) Trapez ABCD mit $a \parallel c$; $a = 72$ mm; $c = 48$ mm; $h_a = 25$ mm; $h_{Prisma} = 60$ mm

5 Eine Pyramide mit einem gleichseitigen Dreieck als Grundfläche hat ein Volumen von ca. 20,8 cm³. Das Dreieck hat die Seitenlänge $a = 6{,}0$ cm. Berechne die Pyramidenhöhe.

6 Zum Sommer wirbt das Gartencenter „Flora" mit neuen aufstellbaren Pools für den Garten. Die Diagonale bzw. der Durchmesser der Grundfläche sowie die Höhe sind jeweils gleich. Begründe, für welchen Pool du dich entscheiden würdest:

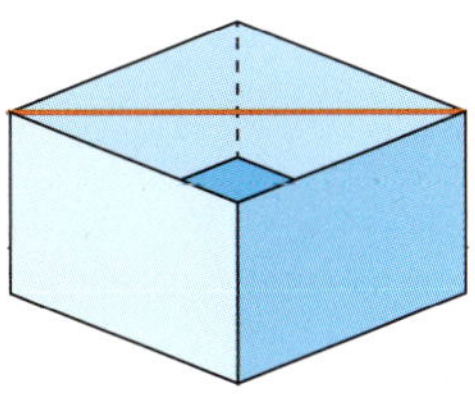
Grundfläche:
Quadrat

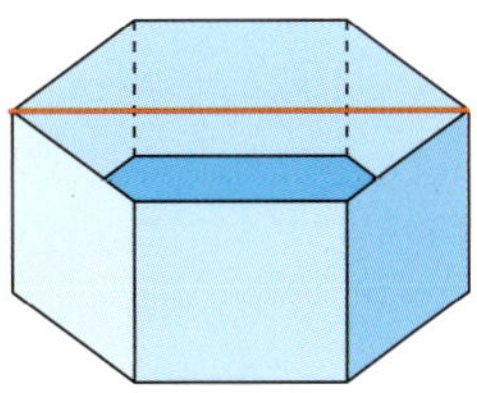
Grundfläche:
regelmäßiges Sechseck

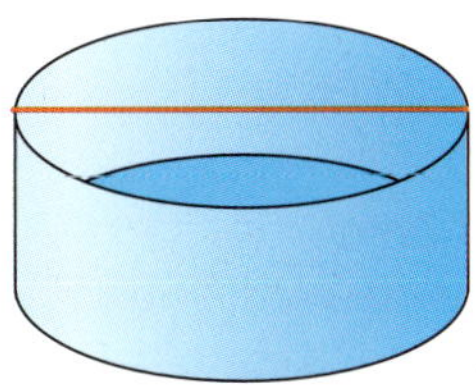
Grundfläche:
Kreis

Entdecken

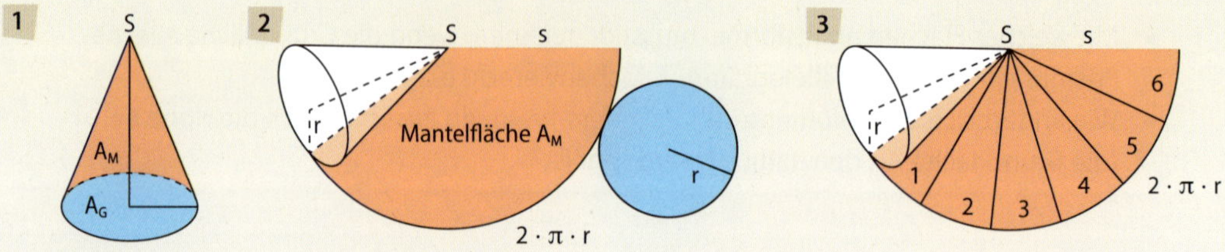

Bild 1 zeigt einen Kreiskegel mit Grundfläche A_G und Mantelfläche A_M.

- Beschreibe die Bilder 1, 2 und 3 und erläutere, von welchen Größen die Mantelfläche des Kreiskegels abhängig ist.
- Vergleiche die Mantelfläche einer Pyramide mit der Mantelfläche des Kreiskegels.
- Beschreibe, aus welchen Teilflächen sich die Oberfläche einer Pyramide zusammensetzt.

Verstehen

Wir betrachten hier gerade Pyramiden und Kegel. Bei schiefen Pyramiden sind die Seitenflächen oft unterschiedlich groß:

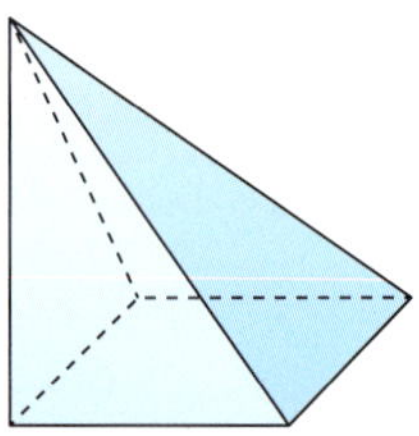

Das Netz einer Pyramide bzw. eines Kegels besteht aus Grund- und Mantelfläche.

Die Mantelfläche A_M und die Grundfläche A_G bestimmen die Oberfläche einer Pyramide und eines Kegels: $O = A_G + A_M$.

1 Netz einer quadratischen Pyramide

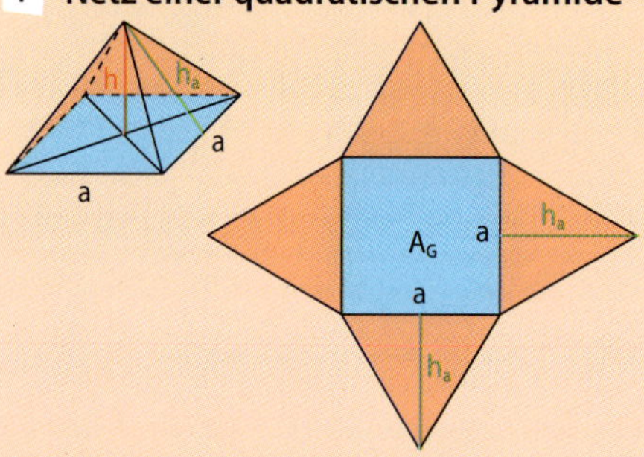

$O = A_{Quadrat} + 4 \cdot A_{Dreieck}$

$= a^2 + 4 \cdot \frac{1}{2} \cdot a \cdot h_a = a^2 + 2 \cdot a \cdot h_a$

2 Netz eines Kegels

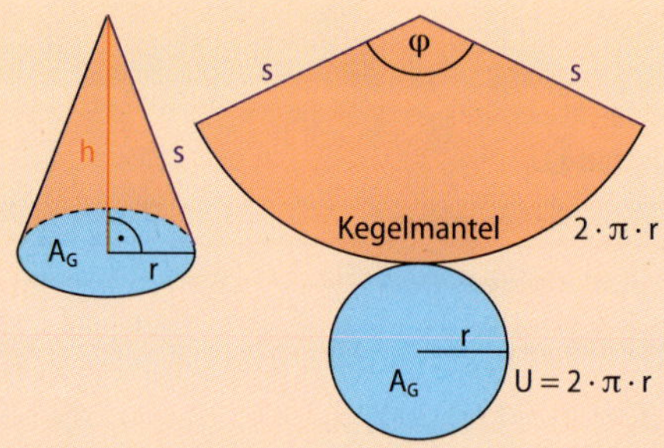

$O = A_{Kreis} + A_{Kreisausschnitt}$

$= \pi \cdot r^2 + \pi \cdot r \cdot s = \pi \cdot r \cdot (r + s)$

Beispiel

Berechne den Oberflächeninhalt der rechteckigen Pyramide mit $a = 3$ cm, $b = 4$ cm und $h = 5$ cm. Fertige zunächst ein Schrägbild an.

Lösung:

$h_a^2 = h^2 + \left(\frac{b}{2}\right)^2$

$h_a^2 = (5\text{ cm})^2 + (2\text{ cm})^2 = 29\text{ cm}^2$

$h_a \approx 5{,}4$ cm

$h_b^2 = h^2 + \left(\frac{a}{2}\right)^2$

$h_b^2 = (5\text{ cm})^2 + (1{,}5\text{ cm})^2 = 27{,}25\text{ cm}^2$

$h_b \approx 5{,}2$ cm

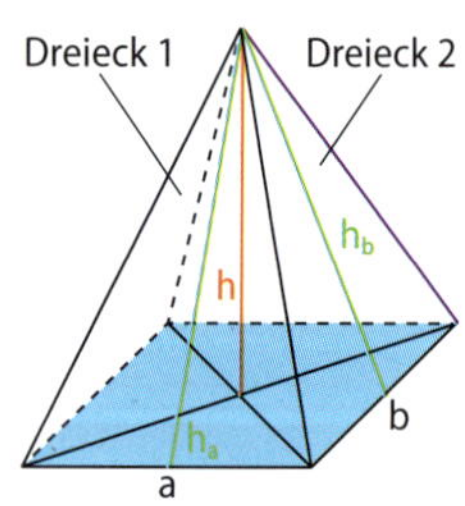

$O = A_{Rechteck} + 2 \cdot A_{Dreieck\ 1} + 2 \cdot A_{Dreieck\ 2}$

$O = a \cdot b + 2 \cdot \frac{1}{2} \cdot a \cdot h_a + 2 \cdot \frac{1}{2} \cdot b \cdot h_b$

$O = 3\text{ cm} \cdot 4\text{ cm} + 3\text{ cm} \cdot 5{,}4\text{ cm} + 4\text{ cm} \cdot 5{,}2\text{ cm} = 49\text{ cm}^2$

Nachgefragt

- Diskutiere: „Die Seitenflächen einer Pyramide sind gleichseitige Dreiecke."
- „Die Anzahl der Seitenflächen einer Pyramide stimmt mit der Anzahl ihrer Ecken überein." Ist das richtig? Begründe.
- „Wenn man die Höhe eines Kegels oder einer Pyramide verdoppelt, dann verdoppelt sich auch der Inhalt der Mantelfläche." Stimmt das?

Aufgaben

1 Max hat für Pyramiden verschiedene Netze gezeichnet. Bist du einverstanden? Begründe.

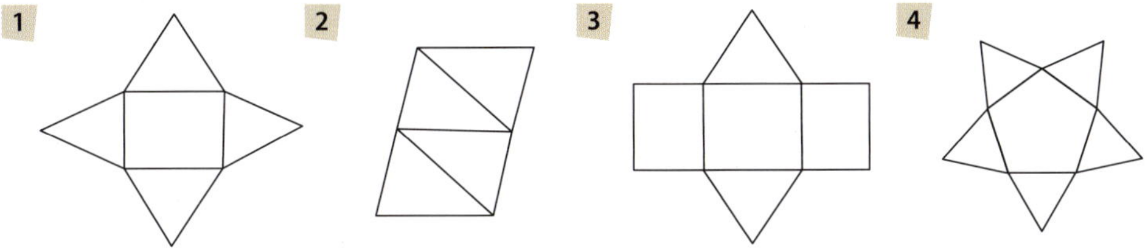

2

	1	2	3	4	5	6
a	5 cm	4 dm	3 cm			
h		7 dm		3 cm	8 cm	
h_a	6 cm				10 cm	
s			5 cm			
A_G				64 cm²		36 cm²
A_M						
O						156 cm²

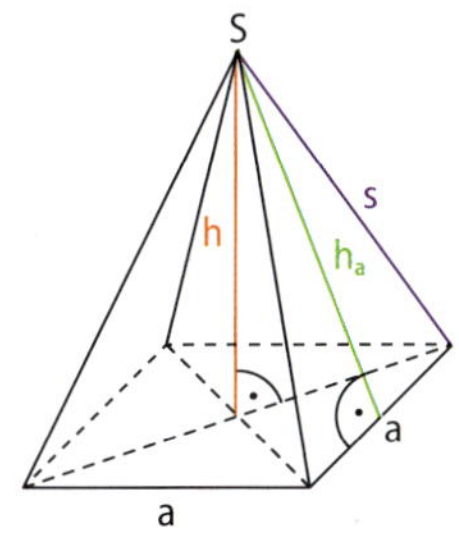

a) Berechne die fehlenden Größen der quadratischen Pyramide.

b) Stelle die Pyramide im Schrägbild dar und zeichne ein Netz.

3 Berechne die fehlenden Größen eines Kegels.

	1	2	3	4	5	6
r	2,5 cm	8 dm				
h	6 cm		40 mm	12 cm		
s		17 dm	50 mm		55 mm	
A_G				78,5 cm²		
A_M					25,905 cm²	0,07 dm²
O						12,3 m²

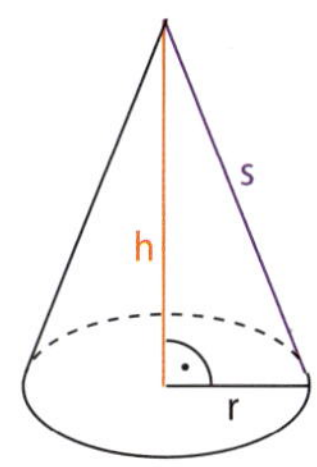

4 **a)** Zeichne ein Netz einer regelmäßigen Sechseckpyramide mit $a = 3$ cm und $h = 3$ cm.

b) Berechne die Länge der Diagonalen der Grundfläche sowie die Länge der Höhe h_a und der Seitenkante s. Überprüfe deine Rechnung mit dem Netz aus a).

c) Zeichne das Netz eines Kegels, dessen Grundfläche wie in der Abbildung angedeutet das Sechseck genau umschreibt. Die Höhe des Kegels entspricht der Höhe der Pyramide.

1 Berechne den Oberflächeninhalt der Pyramide und den des umschriebenen Kegels.

2 Um wie viel ist der Oberflächeninhalt des Kegels größer als der der Pyramide.

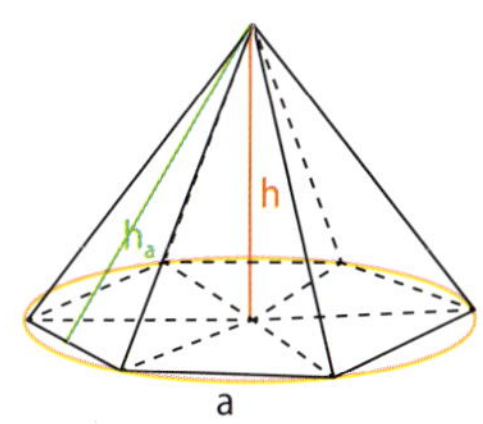

Entdecken

Die abgebildeten Würfel-Pyramiden-Paare haben alle die gleiche Grundfläche und die gleiche Höhe, bestehen aber aus einer unterschiedlichen Anzahl kleinerer Würfel.

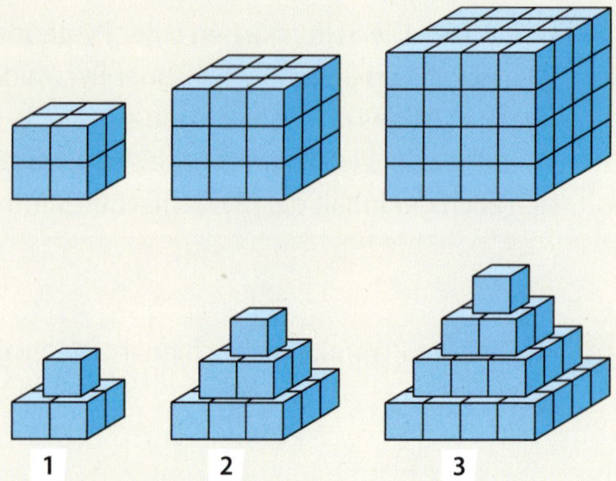

- Gib an, aus wie vielen kleinen Würfeln der 1. (2., 3.) Würfel und die 1. (2., 3.) Pyramide besteht.
- Ermittle die Anzahl kleiner Würfel aus der das 4. und 5. Würfel-Pyramiden-Paar jeweils besteht. Stelle einen Term für eine Grundkantenlänge von n Würfeln auf.
- Bestimme für große Grundkantenlängen (bis zu 250 kleine Würfel), wie oft die Pyramide jeweils in den Würfel passt. Formuliere eine Vermutung.

Nutze ein Tabellenkalkulationsprogramm.

Verstehen

Das Volumen einer Pyramide oder eines Kegels lässt sich mithilfe der Grundfläche und der Körperhöhe berechnen.

Für das **Volumen V einer Pyramide** bzw. **eines Kegels** mit der Grundfläche A_G und der Körperhöhe h gilt: $V = \frac{1}{3} \cdot A_G \cdot h$.

1 quadratische Pyramide

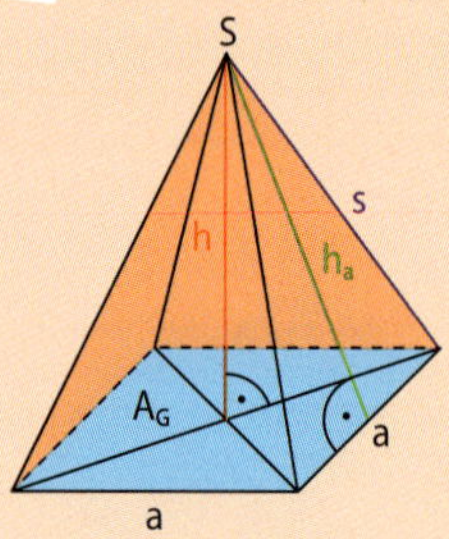

$$V = \frac{1}{3} \cdot A_{Quadrat} \cdot h$$
$$V = \frac{1}{3} \cdot a^2 \cdot h$$

2 Kegel

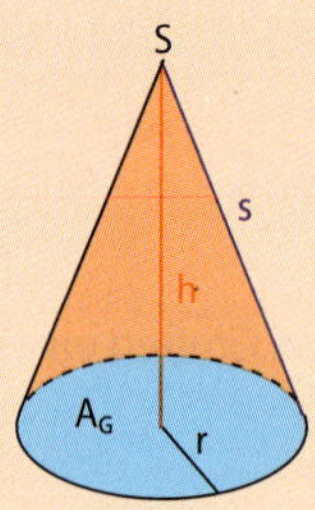

$$V = \frac{1}{3} \cdot A_{Kreis} \cdot h$$
$$V = \frac{1}{3} \cdot \pi \cdot r^2 \cdot h$$

Beispiel

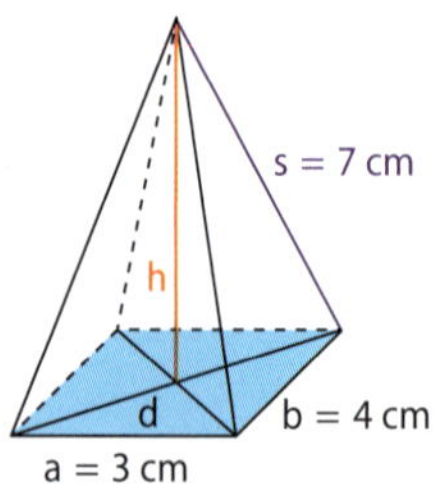

Berechne das Volumen der abgebildeten Pyramide mit rechteckiger Grundfläche.

Lösung:

$$d^2 = a^2 + b^2$$
$$= (3\text{ cm})^2 + (4\text{ cm})^2$$
$$= 25\text{ cm}^2 \quad |\sqrt{}$$
$$d = 5\text{ cm}$$

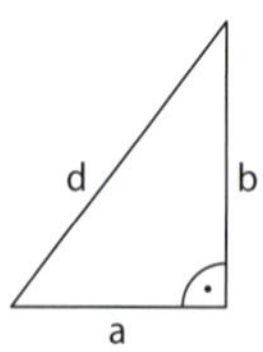

$$h^2 = s^2 - \left(\frac{d}{2}\right)^2 \quad |\sqrt{}$$
$$h = \sqrt{s^2 - \left(\frac{d}{2}\right)^2}$$
$$= \sqrt{(7\text{ cm})^2 - \left(\frac{5\text{ cm}}{2}\right)^2}$$
$$\approx 6{,}5\text{ cm}$$

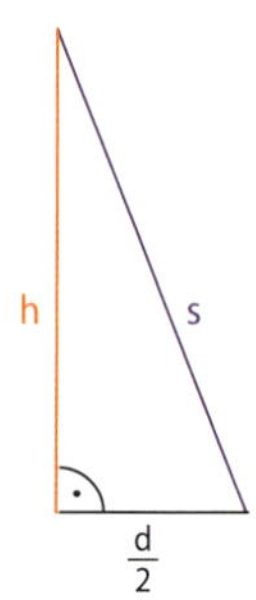

$$V_{Pyramide} = \frac{1}{3} \cdot A_G \cdot h = \frac{1}{3} \cdot a \cdot b \cdot h$$
$$\approx \frac{1}{3} \cdot 3\text{ cm} \cdot 4\text{ cm} \cdot 6{,}5\text{ cm} = 26\text{ cm}^3$$

Die Pyramide hat ein Volumen von ungefähr 26 cm^3.

Nachgefragt

- Valentina behauptet, dass sich das Volumen eines Kegels verdoppelt, wenn die Höhe verdoppelt wird. Hat sie recht?
- Theresa möchte die Veränderung des Volumens einer quadratischen Pyramide wissen, wenn die Höhe und die Grundseitenlänge verdoppelt (halbiert) wird. Kannst du ihr helfen?
- „Jedes gerade Prisma lässt sich in drei volumengleiche Pyramiden zerlegen." Begründe.

Aufgaben

1 Berechne die gesuchten Größen.

a)

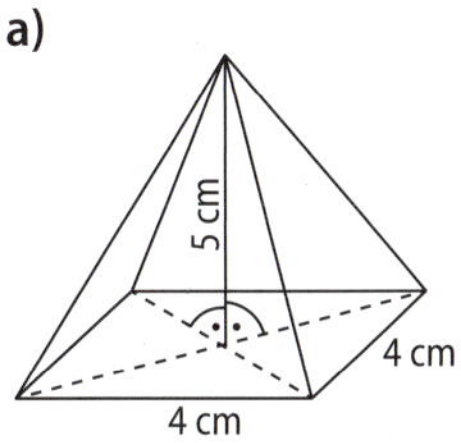

quadratische Pyramide

$V_{Pyramide} = ?$

b)

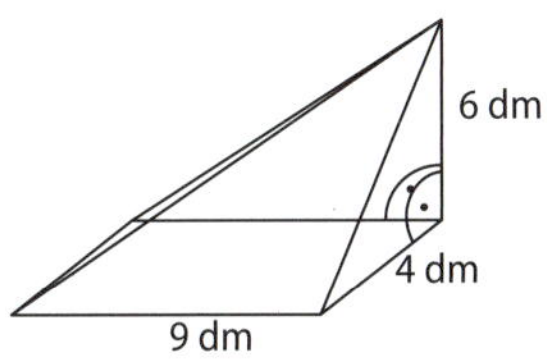

rechteckige Pyramide

$V_{Pyramide} = ?$

c)

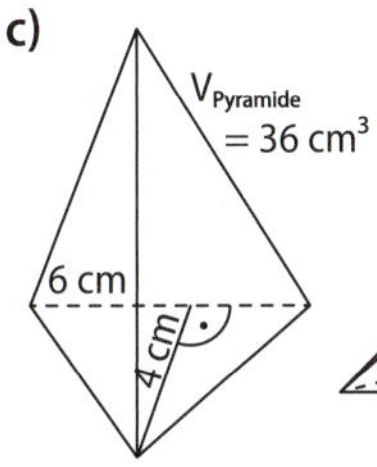

dreieckige Pyramide

$h = ?$

d)

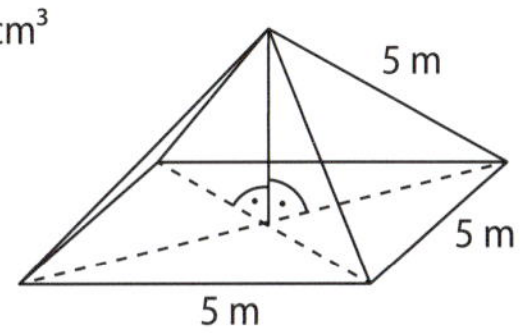

quadratische Pyramide

$h = ?$ $V_{Pyramide} = ?$

2 Gegeben ist eine Pyramide ABCDS mit quadratischer Grundfläche, bei der alle Kantenlängen $a = 5$ m betragen. Die Spitze S liegt auf dem Lot zur Grundfläche, das den Diagonalenschnittpunkt der Grundfläche enthält.

a) Zeichne ein Netz der Pyramide im Maßstab 1:100 und berechne ihren Oberflächeninhalt.

b) Berechne das Volumen der Pyramide.

c) Berechne das Volumen der Pyramide in Abhängigkeit von der Kantenlänge a.

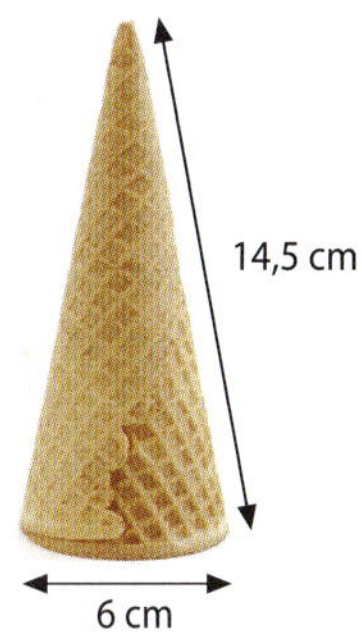

3 Die Eiswaffel hat einen Durchmesser von $d = 6$ cm und eine Kantenlänge von $s = 14{,}5$ cm.

a) Berechne die Höhe der Eiswaffel. Fertige dazu eine Skizze an.

b) Bestimme das Volumen der Eiswaffel.

4 Berechne das Volumen der Pyramide. Skizziere zunächst den Körper.

a) Pyramide mit quadratischer Grundfläche mit $a = 6$ cm und $h_a = 10$ cm

b) Pyramide mit rechteckiger Grundfläche mit $a = 8$ cm, $b = 6$ cm und $s = 12$ cm

c) Pyramide mit dreieckiger Grundfläche mit $g = 8$ cm, $h_g = 5$ cm und $h = 9$ cm

5 Ein Kegel hat die Höhe 60 cm und ein Volumen von $56{,}5\ dm^3$. Berechne seinen Radius.

6 Gegeben ist ein reguläres Oktaeder der Kantenlänge 3 cm.

a) Zeichne ein Netz des Oktaeders.

b) Bestimme den Inhalt seiner Oberfläche.

c) Berechne sein Volumen.

d) Gib das Volumen eines Oktaeders in Abhängigkeit von der Kantenlänge a an.

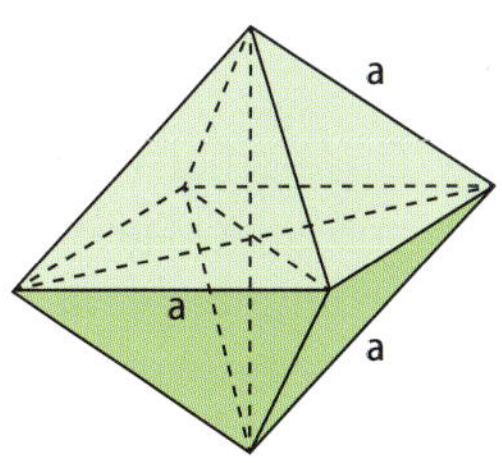

Lösungen zu 7:
70,0; 3848,5; 87,3; 102 625,4; 13 447,6; 6,0; 113,1; 13,7; 516,5; 395,8; 15,9; 31,8; 19,3; 2912,2; 1758,3; 3,0; 6,0; 28,3; 37,7; 75,4; 1,1; 2,2; 3,2; 3,4; 15,6; 0,7; 1,4; 1,4; 1,6; 0,7

7 Berechne die fehlenden Größen des Kegels. Runde auf eine Dezimalstelle.

	a)	b)	c)	d)	e)	f)
r	35 mm					
d		12 cm				
A_G			794 mm²		3,8 m²	1,5 dm²
h	80 mm		11 mm	4 cm		
s		15 cm		5 cm		
V					4,1 m³	
O						5,1 dm²

8 Begründe, wie sich das Volumen eines Kegels ändert, wenn zugleich die Höhe und der Radius verdoppelt (halbiert) wird.

9 Der Sand einer Eieruhr rinnt in exakt fünf Minuten von oben nach unten.

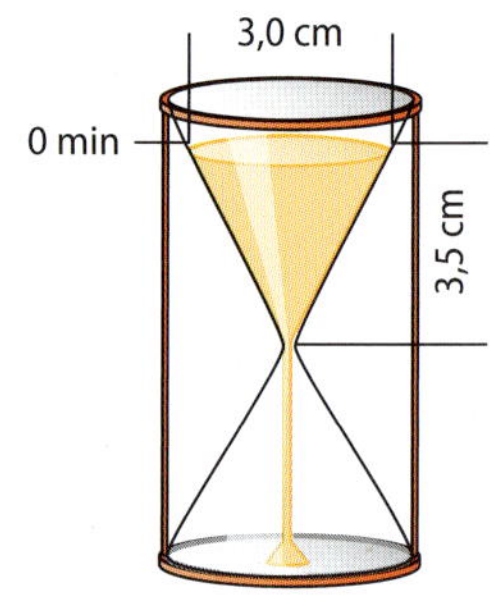

a) Bestimme, wie viele Kubikmillimeter Sand sich in der Eieruhr befinden.
b) Bestimme, wie viel Sand in einer Minute in den unteren Zylinder rinnen.
c) Ermittle, in welcher Höhe von der Engstelle entfernt der Strich für 4 min (3 min, 2 min, 1 min) angebracht werden muss.

Ein Axialschnitt eines Kegels entsteht, wenn man ihn so zerschneidet, dass die Schnittebene die Spitze des Kegels und eine Mittelsehne der Grundfläche enthält.

10 Gegeben ist der Axialschnitt eines Doppelkegels mit $r = 3$ cm.
a) Berechne das Volumen des Doppelkegels.
b) Berechne den Oberflächeninhalt des Doppelkegels.

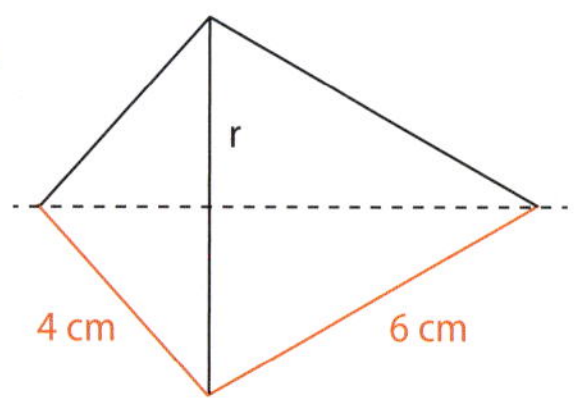

11 Bei einer Messingskulptur in Kegelform mit Radius r_1 und Höhe h_1 kann durch eine Parallele zur Grundebene der obere Kegelteil mit Radius r_2 und Höhe h_2 wie in nebenstehender Skizze entfernt werden.
$r_1 = 10$ cm; $r_2 = 5$ cm; $h_1 = 30$ cm

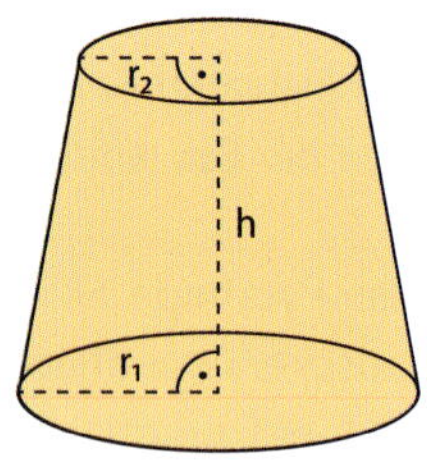

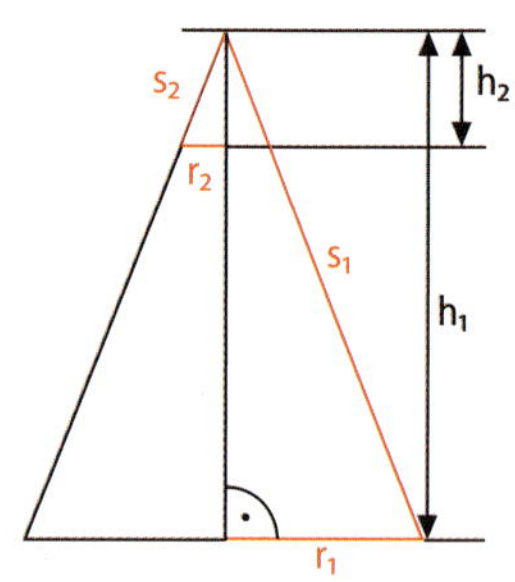

a) Berechne h_2 und die Länge der Mantellinie s_2 des oberen Kegelteils.
b) Den unteren Restteil der Messingskulptur bezeichnet man als **Kegelstumpf**. Berechne den Oberflächeninhalt des Kegelstumpfs.
c) Berechne die Masse des Kegelstumpfs aus Messing, wenn $\rho_{Messing} = \frac{8{,}3\ g}{cm^3}$.

12 Ein Messbecher hat im Innern die Form eines Kegels mit einem Durchmesser von 12 cm und einer Mantellinie von 16 cm Länge.
a) Bestimme, wie viel Liter Wasser man maximal einfüllen kann.
b) Berechne, in welcher Entfernung von der Kegelspitze der Eichstrich für 50 cm³ (für 250 cm³) angebracht werden muss.

13 Eine Pyramide der Grundfläche A_G und der Höhe h wird durch Quader von innen und von außen in Treppen unterteilt. Die Quader besitzen alle die gleiche Höhe h.

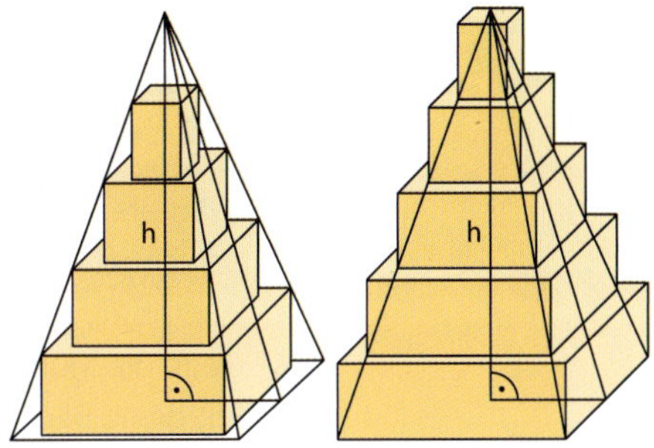

a) Begründe, dass es außen eine Stufe mehr gibt.

b) Begründe, dass der Unterschied im Volumen beider Treppenpyramiden gleich dem Volumen des unteren Quaders ist, und damit für dessen Volumen $V_{Quader} = A_G \cdot \frac{1}{n} \cdot h$ (n = Anzahl der äußeren Stufen) gilt.

c) Erläutere die Auswirkungen für das Volumen des unteren Quaders, wenn n sehr groß wird. Beschreibe, wie sich dies auf das Volumen der beiden Treppenpyramiden auswirkt.

d) Übertrage die Überlegungen auf einen Kegel.

1 Beschreibe die entstehenden Treppenkörper.

2 Erläutere, wie sich der Volumeninhalt des unteren Treppenkörpers bestimmen lässt.

14 Die Eingangshalle des Louvre-Museums in Paris ist mit einer etwa 22 m hohen geraden quadratischen Glaspyramide (Grundkantenlänge etwa 35 m) überdacht.

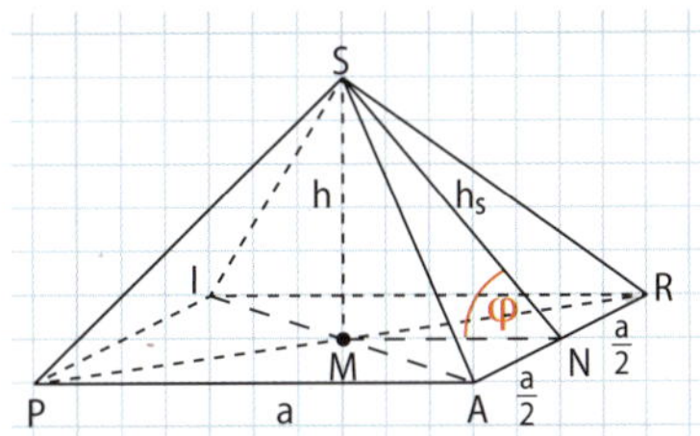

a) Berechne das Volumen der Louvre-Glaspyramide.

b) Entlang der Grundkanten und über dem Eingang der Pyramide sind insgesamt 70 Glasscheiben in Form von gleichschenkligen Dreiecken angebracht. Darüber hat die Pyramide insgesamt 603 rautenförmige Glasscheiben, von denen jede ebenso groß ist wie zwei der dreieckigen Scheiben zusammen. Bestimme jeweils den Flächeninhalt einer dreieckigen und einer rautenförmigen Scheibe.

c) Das Spezialglas, aus dem die in Teilaufgabe b) beschriebenen Scheiben bestehen, ist 20 mm stark. 1 m^3 dieser Glassorte hat eine Masse von 2,2 t. Berechne die Masse des verbauten Glases.

d) Ermittle, wie steil die Seitenflächen der Louvre-Pyramide geneigt sind.

15 Die größte der Pyramiden von Gizeh, die um 2600 v. Chr. erbaute Cheopspyramide, war ursprünglich etwa 147 m hoch, jede Seite ihrer quadratischen Grundfläche 233 m lang.

a) Berechne das Volumen der (ursprünglichen) Cheopspyramide.

b) Heute ist die Cheopspyramide etwa 4 m niedriger. Jede ihrer Grundkanten ist um etwa 3 m kürzer. Berechne das heutige Volumen der Cheopspyramide und gib an, wie viel Kubikmeter Stein inzwischen verwittert sind.
Finde heraus, den etwa wievielten Teil des Volumens der (heutigen) Cheopspyramide das Volumen der Louvre-Pyramide (vgl. Aufgabe 14) ausmacht.

c) Finde die Masse der ursprünglichen Cheopspyramide heraus $\left(r_{Stein} \approx 2{,}5\,\frac{t}{m^3}\right)$. Vernachlässige dabei die in der Pyramide vorhandenen Hohlräume.

Entdecken

Eine 1-Euro-Münze hat einen Durchmesser von 23,25 mm und eine Dicke von 2,33 mm. Stapelt man zwanzig dieser Münzen genau übereinander, erhält man einen geraden Kreiszylinder.

- Erläutere, wie man das Volumen des entstandenen Münz-Turmes berechnen kann.
- Überprüfe, ob sich das Volumen des Münz-Turmes ändert, wenn die Münzen nicht mehr genau übereinander liegen.
- Gilt deine Beobachtung immer noch, wenn du statt der Münzen Papierblätter nimmst, die Dicke der einzelnen Bestandteile somit immer geringer wird?

Verstehen

Jeder gerade Körper kann in einen schiefen Körper überführt werden. Dabei ändert sich sein Volumen nicht.

Bonaventura Francesco Cavalieri (1598 Mailand; † 1647 in Bologna) war ein italienischer Mathematiker. Er arbeitete vor allem auf dem Gebiet der Geometrie.*

Das Prinzip von Cavalieri
Haben zwei Körper mit gleicher Grundfläche und derselben Höhe h in jeder Höhe h' ($0 \leq h' \leq h$) parallel zur Grundfläche gleich große Querschnittsflächen, so haben sie auch das gleiche Volumen.

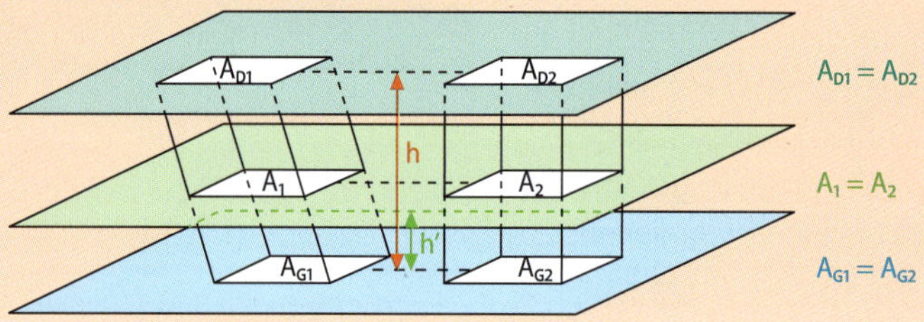

Beispiel

I. Berechne das Volumen des abgebildeten schiefen Kreiszylinders.
Lösung:
Zylinder mit Höhe h, Grundfläche A_G, Kreisradius $r = 1{,}75$ cm

$A_G = \pi \cdot r^2 = \pi \cdot (1{,}75\text{ cm})^2 \approx 9{,}6\text{ cm}^2$

$h = \sqrt{s^2 - r^2} = \sqrt{(12{,}0\text{ cm})^2 - (1{,}75\text{ cm})^2} \approx 11{,}9\text{ cm}$

$V = \frac{1}{3}A_G \cdot h \approx \frac{1}{3} \cdot 9{,}6\text{ cm}^2 \cdot 11{,}9\text{ cm} \approx 38{,}1\text{ cm}^3$

Das Volumen des Zylinders beträgt etwa 38,1 cm³.

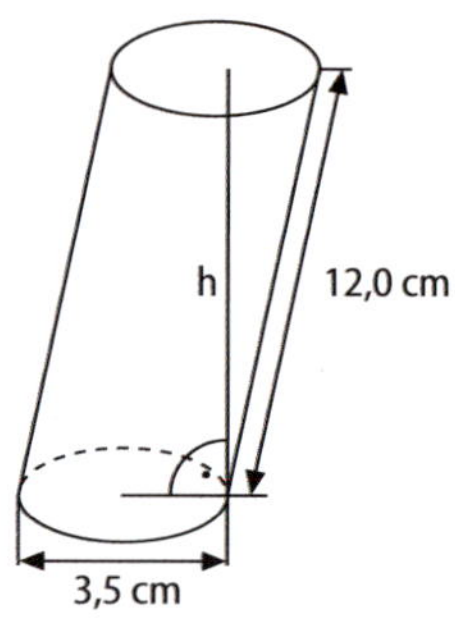

II. Aus einem Würfel ($a = 4{,}0$ cm) wird wie links dargestellt eine Pyramide herausgeschnitten. Welches Volumen hat die Pyramide?
Lösung:
Pyramide mit Höhe h, Grundfläche A_G

$A_G = a^2 = (4{,}0\text{ cm})^2 = 16{,}0\text{ cm}^2$ $V = \frac{1}{3}A_G \cdot h$

$h = \frac{1}{2}a = \frac{1}{2} \cdot 4{,}0\text{ cm} = 2{,}0\text{ cm}$ $V = \frac{1}{3} \cdot 16\text{ cm}^2 \cdot 2\text{ cm} \approx 10{,}7\text{ cm}^3$

Das Volumen der schiefen Pyramide beträgt etwa 10,7 cm³.

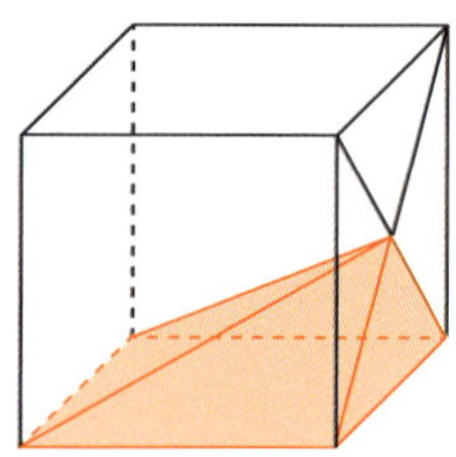

Nachgefragt

- Mia behauptet: „Ein Körper, der gleichzeitig als gerades und schiefes Prisma angesehen werden kann, muss ein vierseitiges Prisma sein." Hat Mia recht? Begründe.
- Zeige an einem einfachen Beispiel, dass das Prinzip von Cavalieri nicht für den Oberflächeninhalt zweier Körper gilt.

Aufgaben

1 Berechne das Volumen der schiefen Körper (Zeichnungen nicht maßgenau).

a)

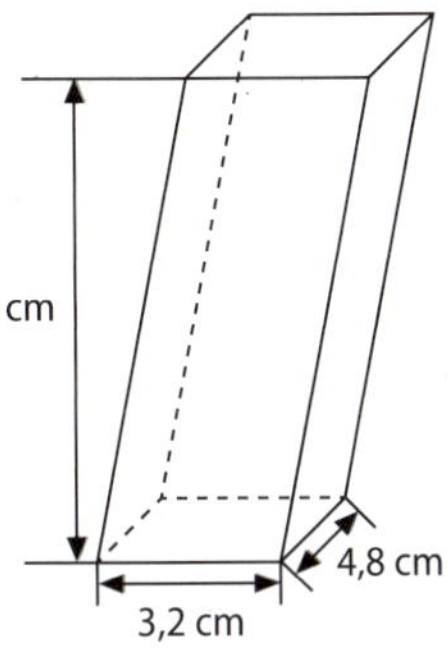

b)

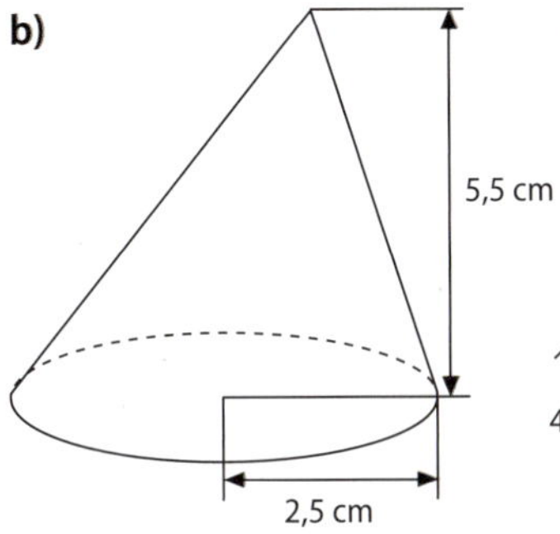

c)

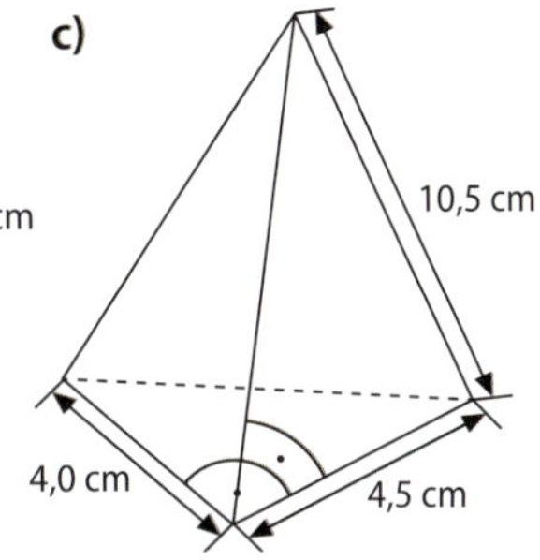

2 Beschreibe, aus welchen Flächen die Oberfläche des Körpers besteht. Begründe, ob der Oberflächeninhalt größer oder kleiner als der des zugehörigen geraden Körpers ist.

a)

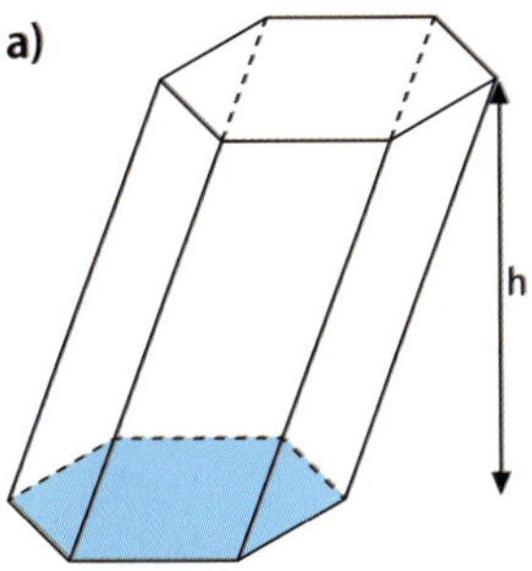

b)

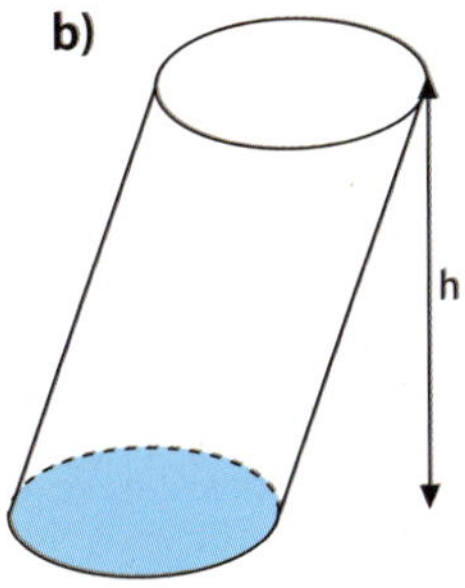

c)

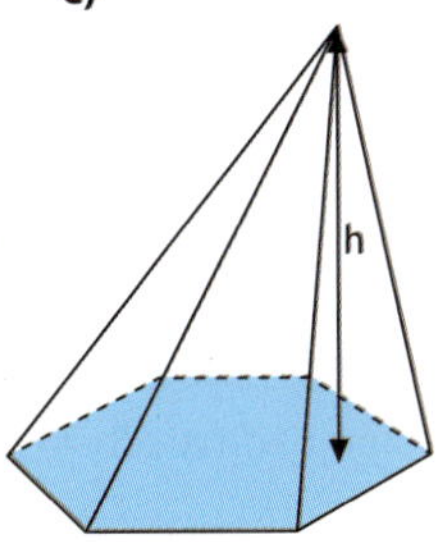

d)

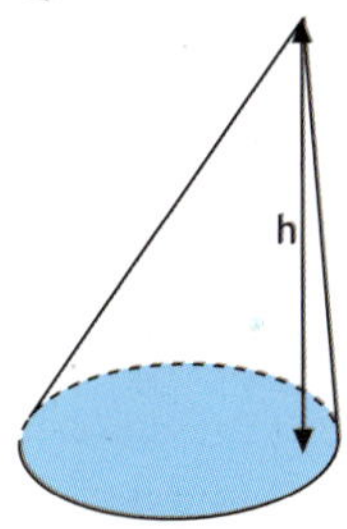

3 Gegeben sind eine gerade Pyramide und ein gerader Kreiskegel (siehe Abbildung).

a) Zeige, dass die Voraussetzungen des Prinzips von Cavalieri erfüllt sind.

b) Ermittle das Volumen der Pyramide und des Kreiskegels.

c) Beurteile, ob eine Pyramide mit dieser Grundfläche realistisch ist.

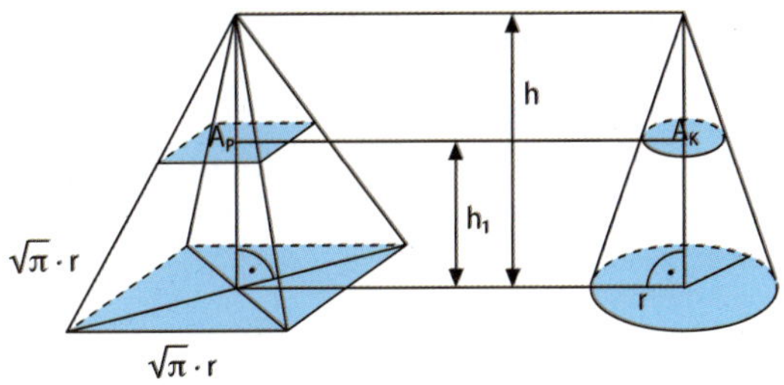

4 Eine gerade quadratische Pyramide und ein gerader Kreiskegel haben gleich große Grundflächen ($A_G = 36\ \text{cm}^2$) und gleiche Höhen ($h = 10$ cm). Beide werden durch eine Ebene parallel zur Grundfläche in einer Höhe von 7 cm geschnitten.

a) Skizziere ein Schrägbild beider Körper und zeichne die Schnittflächen ein.

b) Berechne den Flächeninhalt der Schnittflächen.

c) Erkläre, warum in jeder Höhe die Schnittflächen inhaltsgleich sind.

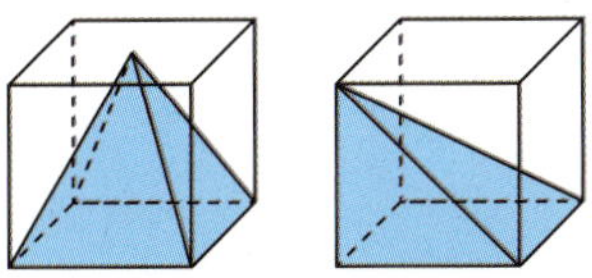

5 Vergleiche das Volumen der beiden Pyramiden miteinander, wenn der umschriebene Würfel die Kantenlänge s hat. Erstelle dazu für jede Pyramide einen Term.

Entdecken

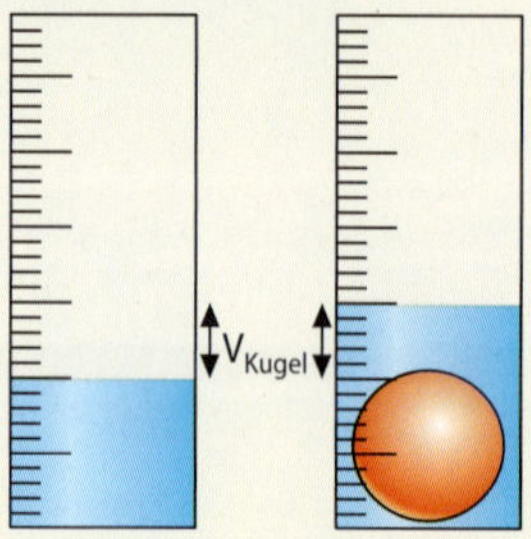

Besorge dir Kugeln unterschiedlicher Größe. Anders als bei Quadern oder Pyramiden lassen sich die Größen, die man zur Berechnung des Kugelvolumens benötigt, nicht so einfach messen.

- Ermittle den Durchmesser sowie den Radius dieser Kugeln. Beschreibe dein Vorgehen.
- Überlege dir ein zu den beiden Abbildungen passendes Experiment, um das Volumen der Kugeln zu ermitteln.
- Ergänze die Tabelle mit deinen ermittelten Werten.
- Stelle das Volumen V in Abhängigkeit von $\pi \cdot r^3$ grafisch dar.
- Beschreibe, welcher proportionale Zusammenhang sich zwischen V und πr^3 bzw. V und r^3 ergibt.

	d	r	V	$\pi \cdot r^3$	$V : (\pi \cdot r^3)$
1	3,00	1,50	14,00	10,60	…
2	4,00	2,00	34,00	25,13	…
3					

Verstehen

Aus der Proportionalität des Volumens zur dritten Potenz des Radius ergibt sich die Formel zur Berechnung des Kugelvolumens.

Für das **Volumen V einer Kugel** mit dem Radius r gilt:

$$V_{Kugel} = \frac{4}{3} \cdot \pi \cdot r^3$$

Der Quotient aus dem Volumen einer Kugel und r^3 ist stets konstant.

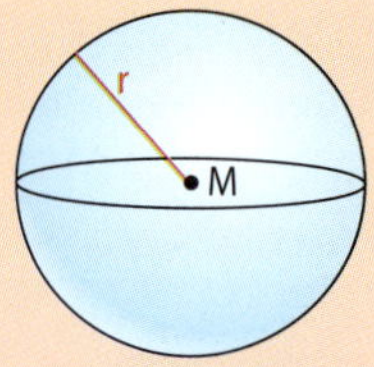

Beispiele

I. Ein Fußball hat einen Radius von 11 cm. Bestimme sein Volumen.

Lösung:

$V_{Kugel} = \frac{4}{3} \cdot \pi \cdot r^3$; $V = \frac{4}{3} \cdot \pi \cdot (11\text{ cm})^3 \approx 5575{,}3\text{ cm}^3 \approx 5{,}6\ \ell$

Der Fußball hat ein Volumen von ungefähr 5,6 ℓ.

Den Umfang einer Kugel berechnet man wie den Umfang eines Kreises, dessen Mittelpunkt der Kugelmittelpunkt ist.

II. In der Mitte eines Brunnens dreht sich eine Granitkugel. Der Kugelumfang beträgt 204,2 cm. Wie schwer ist diese Kugel, wenn 1 dm^3 Granit eine Masse von 2,8 kg besitzt?

Lösung:

$U = 2\pi \cdot r$,

d. h.: $r = \frac{U}{2 \cdot \pi}$

$= \frac{204{,}2\text{ cm}}{2 \cdot \pi} \approx 32{,}5\text{ cm}$

$V_{Kugel} = \frac{4}{3} \cdot \pi \cdot r^3$;

$V = \frac{4}{3} \cdot \pi \cdot (32{,}5\text{ cm})^3 \approx 143\,793\text{ cm}^3 \approx 144\text{ dm}^3$

$1\text{ dm}^3 \mathrel{\widehat{=}} 2{,}8\text{ kg}$

$144\text{ dm}^3 \mathrel{\widehat{=}} 144 \cdot 2{,}8\text{ kg} = 403{,}2\text{ kg}$

Die Masse der Kugel beträgt rund 403 kg.

Nachgefragt

- Begründe: „Verdoppelt man den Radius einer Kugel, so verachtfacht sich das Volumen."
- Gib die Formel für das Kugelvolumen in Abhängigkeit des Durchmessers d an.

Aufgaben

1 Berechne das Volumen der Kugel.

a) $r = 25\ \text{mm}$ **b)** $d = 60\ \text{cm}$ **c)** $r = 1\ \text{m}$ **d)** $d = 1\ \text{cm}$

e) $r = \frac{2}{5}\ \text{cm}$ **f)** $d = 12{,}7\ \text{dm}$ **g)** $r = \sqrt[3]{8}\ \text{m}$ **h)** $r = \sqrt[3]{100}\ \text{mm}$

i) $r = \sqrt[3]{12}\ \text{m}$ **j)** $d = 2 \cdot \sqrt[3]{7}\ \text{m}$ **k)** $r = 2 \cdot \sqrt[3]{10}\ \text{cm}$ **l)** $d = 4 \cdot \sqrt[3]{12}\ \text{dm}$

2 Berechne den Radius und den Durchmesser der Kugel.

a) $V = 14\,100\ \text{cm}^3$ **b)** $V = 3054\ \text{mm}^3$ **c)** $V = 82{,}5\ \text{m}^3$ **d)** $V = 50\ \ell$

e) $V = 5000\ \text{m}^3$ **f)** $V = 12\,000\ \text{dm}^3$ **g)** $V = 135\ \text{h}\ell$ **h)** $V = 12\,450\ \ell$

3 Der kleinste Planet in unserem Sonnensystem ist der Merkur, der größte der Jupiter.
Ermittle, wie oft der Merkur – gemessen am Volumen – in den Jupiter passen würde. Recherchiere zur Berechnung der Volumina die Radien der beiden Planeten.

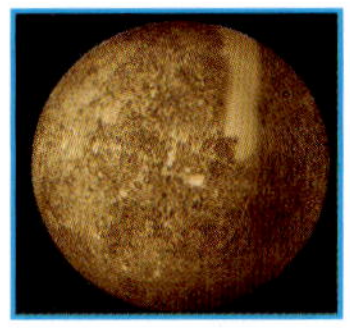

Wissen

Kugelvolumen mit Cavalieri

Die Volumenformel für Kugeln lässt sich mit dem Prinzip von Cavalieri herleiten: Man vergleicht das Volumen einer Halbkugel mit dem eines Zylinders, aus dem ein Kegel ausgefräst wird.

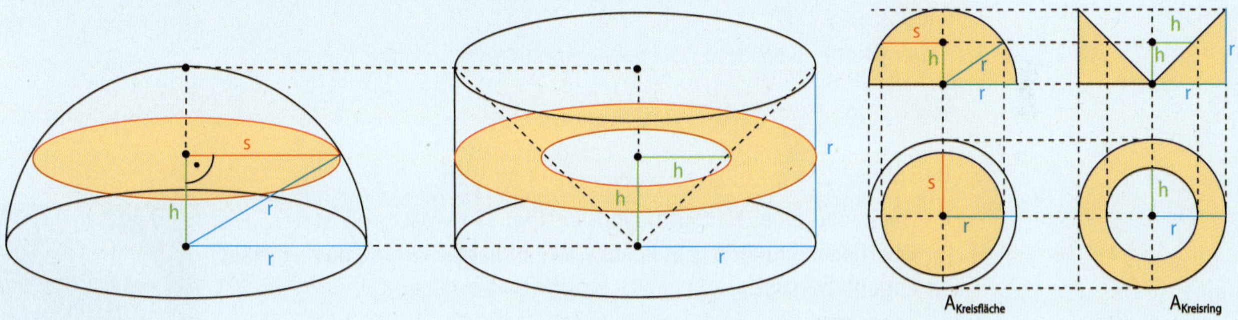

Die beiden Körper werden parallel zur jeweiligen Grundfläche in beliebiger Höhe h geschnitten.
Als Schnittfläche entsteht …

eine Kreisfläche mit dem Radius s.
$A_{Kreisfläche} = \pi \cdot s^2 = \pi \cdot (r^2 - h^2)$

ein Kreisring mit den Radien r und h.
$A_{Kreisring} = \pi \cdot r^2 - \pi \cdot h^2 = \pi \cdot (r^2 - h^2)$

Wegen $A_{Kreisfläche} = A_{Kreisring}$ sind die Bedingungen des Prinzips von Cavalieri erfüllt und die beiden Körper haben das gleiche Volumen: $V_{Halbkugel} = V_{Vergleichskörper}$

$V_{Vergleichskörper} = V_{Zylinder} - V_{Kegel} = \pi \cdot r^2 \cdot h - \frac{1}{3}\pi \cdot r^2 \cdot h$; mit $h = r$ folgt:

$V_{Vergleichskörper} = \pi \cdot r^2 \cdot r - \frac{1}{3}\pi \cdot r^2 \cdot r = \pi \cdot r^3 - \frac{1}{3}\pi \cdot r^3 = \frac{2}{3}\pi \cdot r^3 = V_{Halbkugel}$

Das Volumen der Vollkugel: $V_{Vollkugel} = 2 \cdot V_{Halbkugel} = 2 \cdot \frac{2}{3}\pi \cdot r^3 = \frac{4}{3}\pi \cdot r^3$

- Erkläre, warum die Bedingungen des Prinzips von Cavalieri erfüllt sind.
- Beschreibe die obige Herleitung des Kugelvolumens mit eigenen Worten.

Entdecken

Paul soll die Größe der Oberfläche einer Kugel bestimmen:
„Den Flächeninhalt eines Kreises kann ich berechnen. Wenn ich eine (annähernd runde) Orange halbiere, kenne ich den Durchmesser dieser Orange. Ich zeichne Kreise mit dem Radius der Orange. Dann schäle ich die Orange und überprüfe, wie viele solcher Kreise ich mit der Schale komplett belegen kann."

- Untersuche, wie viele solcher Kreise du mit dieser Schale belegen kannst. Probiere aus.
- Versuche, anhand deiner Ergebnisse eine Formel für den Oberflächeninhalt einer Kugel zu finden.
- Erläutere, wie sich dein Experiment verändern würde, wenn du eine sehr viel größere Frucht (z. B. eine Melone) für das Experiment verwenden würdest.
- Recherchiere im Internet nach weiteren Möglichkeiten, den Oberflächeninhalt einer Kugel zu bestimmen.

Verstehen

Analog zum Kugelvolumen verhält sich der Oberflächeninhalt einer Kugel proportional zu einer Potenz des Radius.

Für den **Oberflächeninhalt O einer Kugel** mit dem Radius r gilt:
$O_{Kugel} = 4 \cdot \pi \cdot r^2$
oder
$O_{Kugel} = \pi \cdot d^2$
Der Quotient aus dem Oberflächeninhalt und r^2 ist stets konstant.

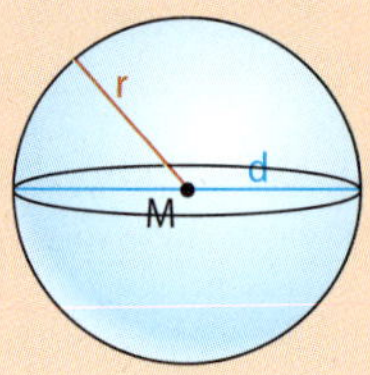

Beispiele

I. Der Radius eines Heißluftballons beträgt 13 m. Wie groß ist der Oberflächeninhalt dieses Ballons, wenn man annimmt, dass er exakt kugelförmig ist?

Lösung:

$O_{Kugel} = 4 \cdot \pi \cdot r^2$
$\quad = 4 \cdot \pi \cdot (13\text{ m})^2 \approx 2124\text{ m}^2$

Der Ballon hat etwa eine Oberfläche von 2124 m².

II. Der Oberflächeninhalt eines aufblasbaren Strandballs beträgt 707 dm². Berechne das Volumen dieses Balls in Litern.

Lösung:

$O_{Kugel} = 4 \cdot \pi \cdot r^2$

$\Rightarrow \quad r = \sqrt{\frac{O_{Kugel}}{4 \cdot \pi}} = \sqrt{\frac{707\text{ dm}^2}{4 \cdot \pi}} \approx 7{,}5\text{ dm}$

$V_{Kugel} = \frac{4}{3} \cdot \pi \cdot r^3 \approx \frac{4}{3} \cdot \pi \cdot (7{,}5\text{ dm})^3 \approx 1767\text{ dm}^3 \approx 1767\ \ell$

Der Ball hat ein Volumen von etwa 1770 ℓ.

- Wie verändert sich der Oberflächeninhalt einer Kugel, wenn du den Radius halbierst (verdoppelst, verdreifachst)?
- Der Oberflächeninhalt einer Kugel ist genauso groß wie die Mantelfläche eines Zylinders, der die Kugel exakt umschließt. Stimmt das?

Nachgefragt

Aufgaben

1 Berechne den Oberflächeninhalt der Kugel.

a) $r = 7\,\text{mm}$ **b)** $d = 1\,\text{cm}$ **c)** $r = 2{,}7\,\text{dm}$ **d)** $d = 56\,\text{mm}$

e) $r = \sqrt{3}\,\text{m}$ **f)** $r = \frac{2}{3}\,\text{dm}$ **g)** $d = \sqrt{18}\,\text{cm}$ **h)** $d = 17{,}5\,\text{mm}$

2 Berechne die fehlenden Größen der Kugel.

	a)	b)	c)	d)	e)	f)	g)
r		9 mm			2,7 dm		0,7 m
O_{Kugel}	79 dm²		4800 mm²			78,5 cm²	
V_{Kugel}				268,08 m³			

3 Die Lunge eines erwachsenen Menschen besteht aus etwa 300 Millionen kleinen Lungenbläschen. Jedes Lungenbläschen hat einen Durchmesser von 0,2 mm.

a) Wie groß ist der Oberflächeninhalt eines solchen Lungenbläschens?

b) Überprüfe, ob die Fläche aller Lungenbläschen ausreichen würde, um den Boden eines Klassenraums zu bedecken.

4 2001 wurden einige der internationalen Tischtennisregeln neu festgelegt. So vergrößerte sich der Durchmesser der Bälle von 38 mm auf 40 mm. Um wie viel Prozent vergrößerte sich der Oberflächeninhalt (das Volumen) der Bälle?

5 Aus einem Tropfen Seifenlauge mit einem Volumen von $4{,}5\,\text{mm}^3$ entsteht eine kugelförmige Seifenblase mit 10 cm Durchmesser. Berechne die Dicke der Seifenhaut.

Wissen

Oberflächeninhalt der Kugel mithilfe eines Näherungsverfahrens

Um den Oberflächeninhalt einer Kugel zu bestimmen, kannst du auch ein Näherungsverfahren durchführen. Dazu zerlegst du die Kugeloberfläche in n kleine kongruente Teilflächen und verbindest deren Eckpunkte mit dem Kugelmittelpunkt M. Die dadurch entstehenden Körper kannst du **näherungsweise** mit n Pyramiden vergleichen. Die Höhe h der Pyramide ist etwa der Radius r der Kugel.

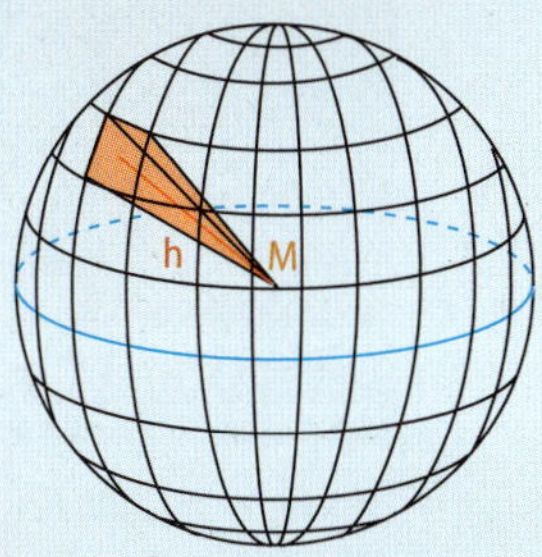

$h_{Pyramide} = r_{Kugel}$

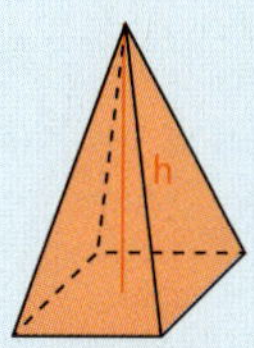

$V_{Kugel} \approx V_{Pyramide\,1} + V_{Pyramide\,2} + \ldots + V_{Pyramide\,n}$

$V_{Kugel} \approx \frac{1}{3} \cdot A_{G_1} \cdot h + \frac{1}{3} \cdot A_{G_2} \cdot h + \ldots + \frac{1}{3} \cdot A_{G_n} \cdot h = \frac{1}{3} \cdot (A_{G_1} + A_{G_2} + \ldots + A_{G_n}) \cdot h$

Es gilt: $A_{G_1} + A_{G_2} + \ldots + A_{G_n} \approx O_{Kugel}$ und $h \approx r$

$V_{Kugel} \approx \frac{1}{3} \cdot O_{Kugel} \cdot r \quad \Leftrightarrow \quad \frac{4}{3}\pi \cdot r^3 = \frac{1}{3} \cdot O_{Kugel} \cdot r \quad \Leftrightarrow \quad \mathbf{O_{Kugel} = 4\pi \cdot r^2}$

- Beschreibe die Idee, die dem Näherungsverfahren zugrunde liegt.
- Erkläre die einzelnen Umformungsschritte.

Entdecken

Sowohl in der modernen Architektur, als auch beim Bau von Kirchen und Schlössern, nehmen Architekten Bezug auf geometrische Körper.

- Beschreibe, welche mathematischen Körper du erkennst.
- Celine behauptet, dass man das Gesamtvolumen als Summe der Teilvolumina aller Teilkörper erhält. Stimmt das? Begründe.
- Sandra meint, dass dies nicht nur für das Volumen gilt, sondern auch für den Oberflächeninhalt. Nimm Stellung dazu.

Verstehen

Besteht ein Körper aus mehreren Teilkörpern, kann man seinen Oberflächeninhalt und sein Volumen auf die jeweilige Größe der einzelnen Bestandteile zurückführen.

Das **Volumen** eines **zusammengesetzten (ausgehöhlten) Körpers** berechnet man als **Summe (Differenz)** der entsprechenden **Teilkörper**.
Beispiel:

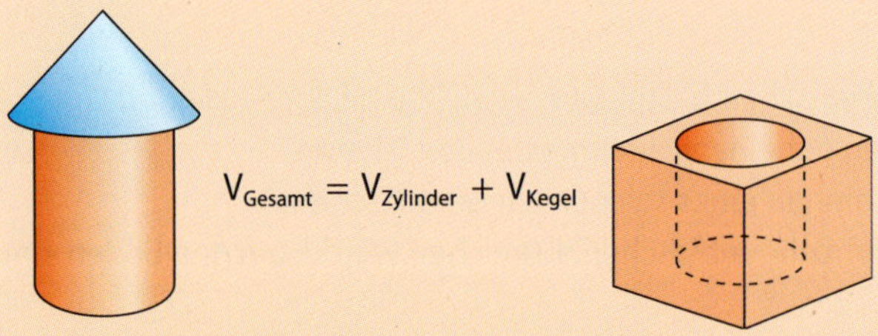

$V_{Gesamt} = V_{Zylinder} + V_{Kegel}$ $\qquad$ $V_{Gesamt} = V_{Würfel} - V_{Zylinder}$

Der **Oberflächeninhalt zusammengesetzter** oder **ausgehöhlter Körper** setzt sich aus der **Summe aller sichtbaren Einzelflächen** zusammen.
Beispiel:

$O_{Gesamt} = O_{Kegel} + O_{Zylinder} - 2 \cdot A_{Kreis}$ $\qquad$ $O_{Gesamt} = O_{Würfel} - 2 \cdot A_{Kreis} + A_{M\,Zylinder}$

Beispiel

Oftmals wählt man bei einem realen Gegenstand den mathematischen Körper, der am ehesten dem Gegenstand entspricht.

a) Aus welchen Körpern besteht der Fliegenpilz?
b) Berechne näherungsweise Volumen und Oberflächeninhalt des Körpers.

Lösung:

a) Der Pilz besteht aus einer Halbkugel (Hut) und einem Zylinder (Stiel).

b) $V_{Pilz} = V_{Halbkugel} + V_{Zylinder}$

$V_{Pilz} = \frac{1}{2} \cdot \frac{4}{3} \cdot \pi \cdot r_1^3 + \pi \cdot r_2^2 \cdot h$ $\qquad$ r_1: Radius Halbkugel

$V_{Pilz} = \frac{1}{2} \cdot \frac{4}{3} \cdot \pi \cdot (4\text{ cm})^3 + \pi \cdot (1\text{ cm})^2 \cdot 6\text{ cm}$ $\qquad$ r_2: Radius Zylinder

$V_{Pilz} \approx 134\text{ cm}^3 + 19\text{ cm}^3 = 153\text{ cm}^3$

Der Fliegenpilz besitzt ein Volumen von etwa 153 cm^3.

$O_{Pilz} = O_{Halbkugel} + A_{Kreis\,(Hut)} + A_{M\,Zylinder} - A_{Kreis\,(Stiel)}$

$O_{Pilz} = \frac{1}{2} \cdot 4 \cdot \pi \cdot r_1^2 + \pi \cdot r_1^2 + 2\pi r_2 \cdot h - \pi \cdot r_2^2$

$O_{Pilz} = \frac{1}{2} \cdot 4 \cdot \pi \cdot (4\text{ cm})^2 + \pi \cdot (4\text{ cm})^2 + 2 \cdot \pi \cdot 1\text{ cm} \cdot 6\text{ cm} - \pi \cdot (1\text{ cm})^2$

$O_{Pilz} \approx 100{,}5\text{ cm}^2 + 50{,}3\text{ cm}^2 + 37{,}7\text{ cm}^2 - 3{,}1\text{ cm}^2 = 185{,}4\text{ cm}^2$

Der Oberflächeninhalt des Pilzes beträgt rund 185 cm^2 (solange er noch im Boden ist).

Nachgefragt

- Setzt man zwei identische Körper zusammen, verdoppelt sich das Volumen und der Oberflächeninhalt. Stimmt das?
- Erläutere, warum sich bei einem Hohlkörper die Oberfläche vergrößert, obwohl sich das Volumen verringert.
- Überlege dir, welcher Zusammenhang zwischen einem Pyramidenstumpf und zusammengesetzten Körpern besteht.

Aufgaben

1 Berechne jeweils den Oberflächeninhalt der Werkstücke (alle Maße in cm).

a)

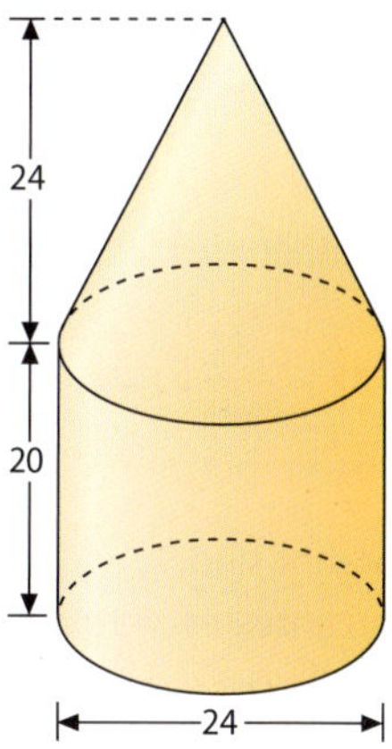

b)

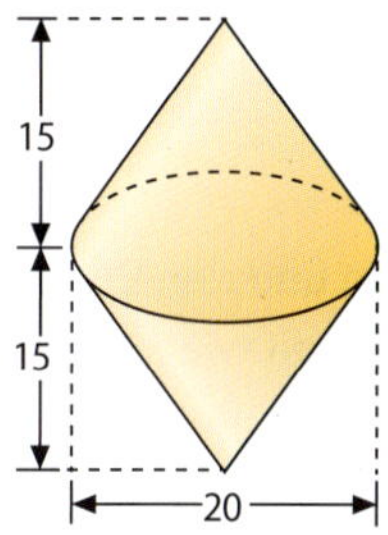

c)

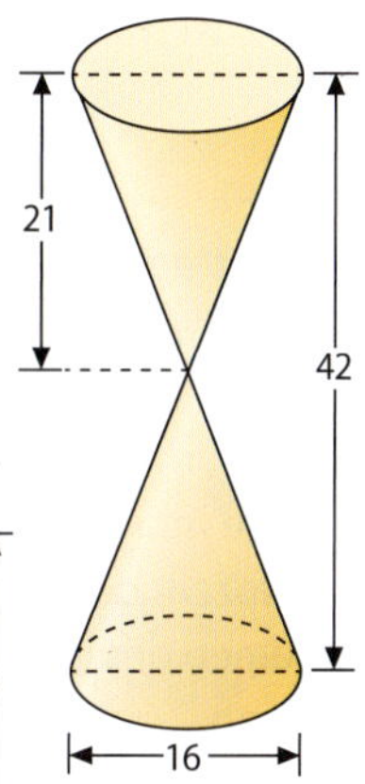

d)

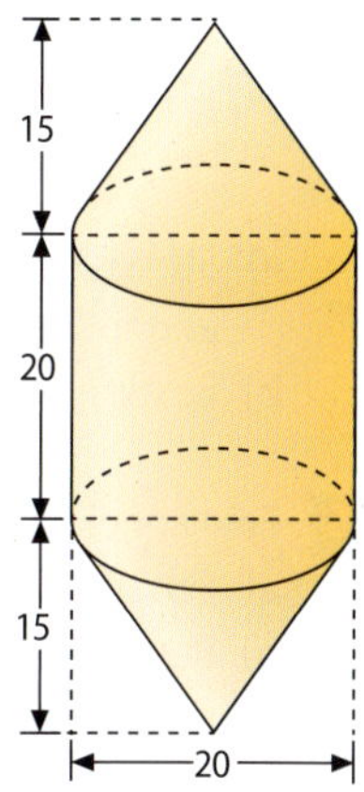

e)

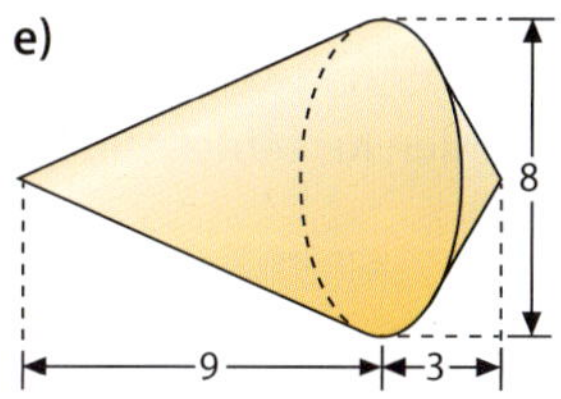

2 Berechne das Volumen und den Oberflächeninhalt der Werkstücke (Maße in cm).

Überlege für den Oberflächeninhalt, welche Flächen sichtbar sind.

a)

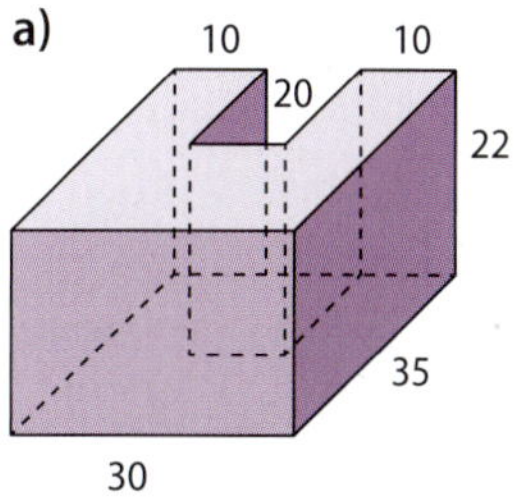

b)

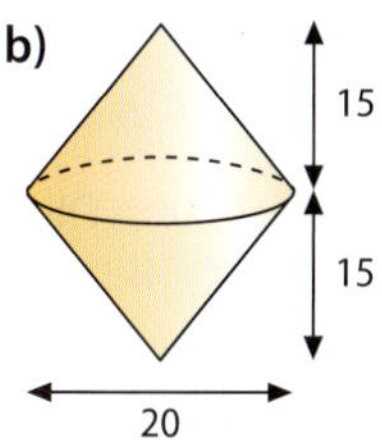

c)

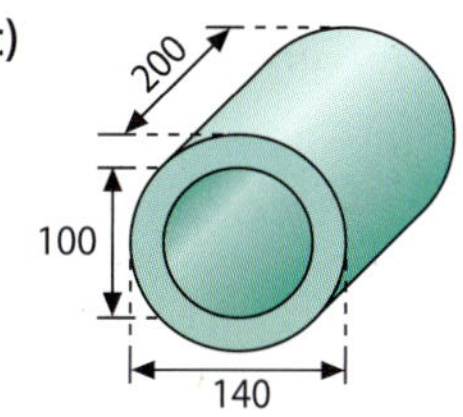

d)

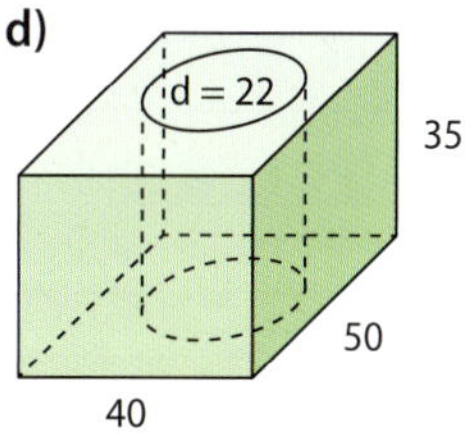

e)

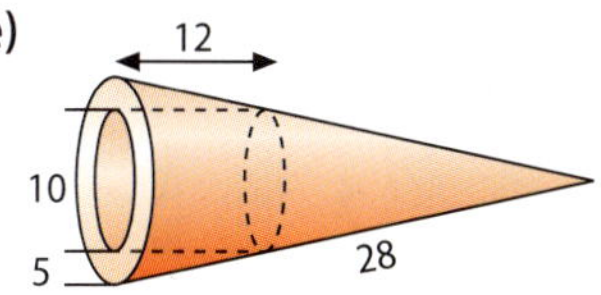

f)

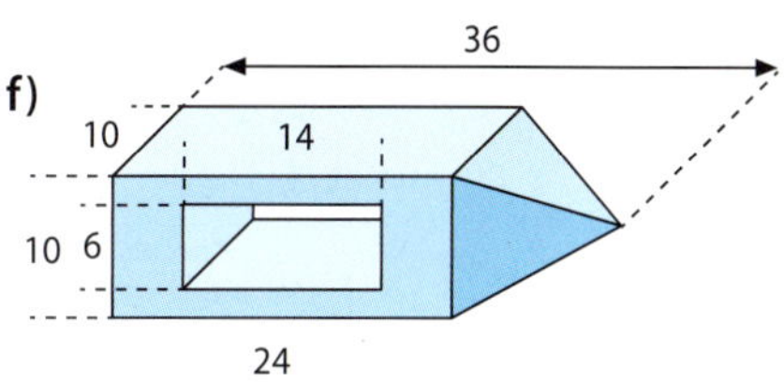

3 In einen Holzwürfel der Kantenlänge 8 cm werden von jeder Seite quadratische Aussparungen mit einer Seitenlänge von 4 cm gefräst.

a) Wie viel Prozent des ursprünglichen Volumens hat der neue Körper?

b) Vergleiche den Oberflächeninhalt des ursprünglichen Würfels mit dem des gefrästen Körpers.

4 Ein halbkugelförmiger Kessel hat am oberen Rand einen äußeren Umfang von 3,86 m. Die Wandstärke beträgt 4,2 cm. Wie viel Liter Flüssigkeit passen in den Kessel?

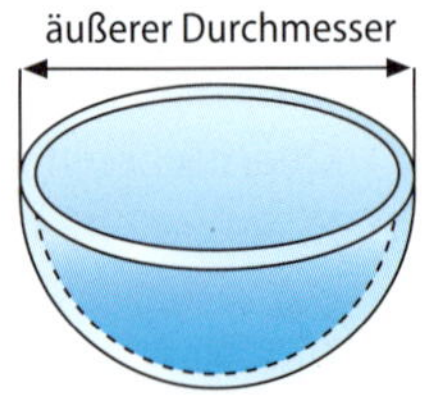

5

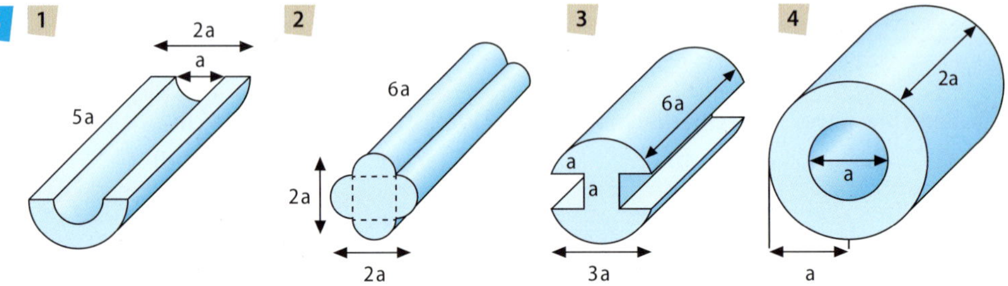

a) Stelle jeweils eine Formel für das Volumen und den Oberflächeninhalt des abgebildeten Körpers auf. Vereinfache so weit wie möglich.
b) Bestimme das Volumen und den Oberflächeninhalt für a = 3 cm (a = 4,5 cm).

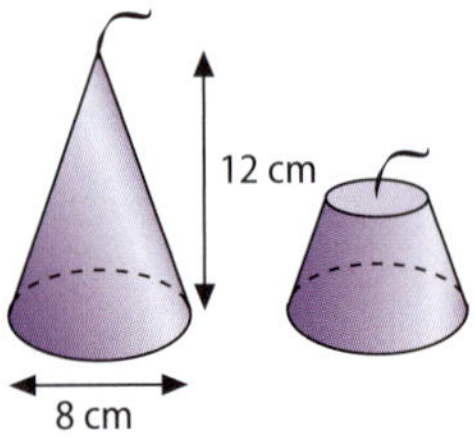

6 Eine kegelförmige Kerze ist auf halbe Höhe abgebrannt.
a) Schätze, wie viel Prozent der ursprünglichen Kerze bereits verbrannt sind.
b) Berechne das Volumen des verbrannten Kerzenteils und des Kerzenrestes. Vergleiche mit deiner Schätzung.

7 An einem Traktor ist ein Düngerstreuer angebaut, dessen trichterförmiger Behälter einen inneren Durchmesser von 115 cm und eine innere Tiefe von 98 cm hat.
a) Bestimme sein Fassungsvermögen.
b) Wie viele Säcke passen in den Behälter, wenn ein 50-kg-Sack des Düngemittels etwa 80 dm^3 Volumen hat?

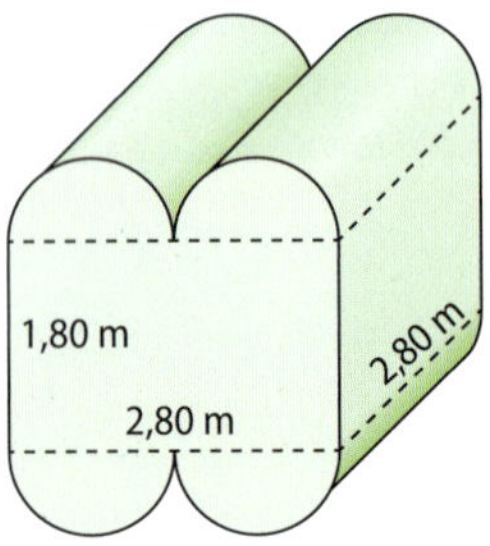

8 Wie viele Liter Öl passen in den dargestellten Öltank?

9 Die Werkstücke aus Aluminium $\left(\text{Dichte } \varrho = 2{,}7\,\frac{g}{cm^3}\right)$ bestehen aus den jeweils gleichen Teilen 1, 2 und 3. Berechne für jedes Werkstück geschickt Masse und Oberflächeninhalt.

a)

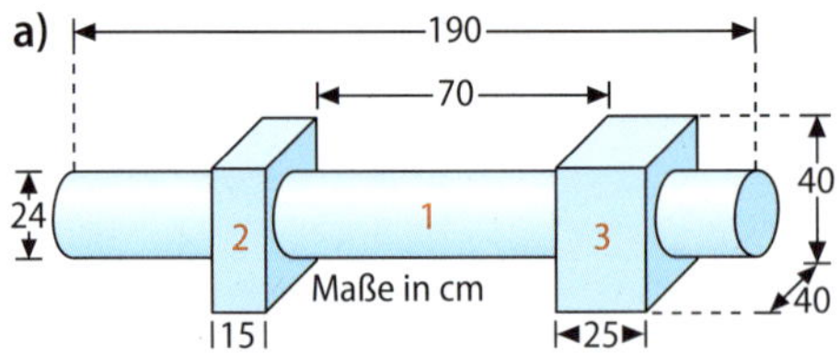

b)

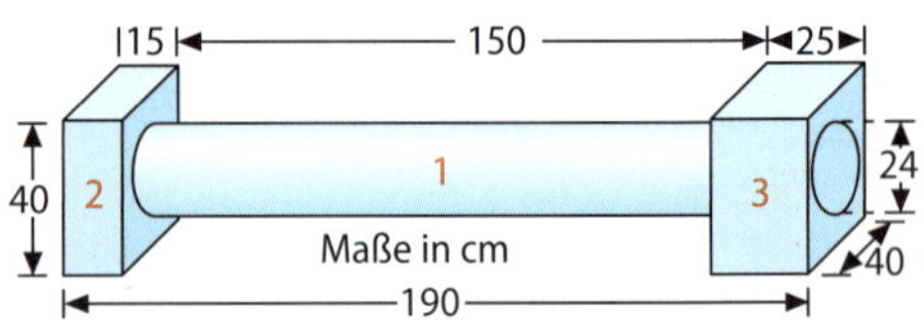

10 Eine Kugel mit Radius r = 12 cm wird so durchgeschnitten, dass der kleinere Kugelabschnitt die Höhe h = 4,5 cm erhält. Berechne die Länge des Umfangs und den Inhalt der Schnittkreisfläche.

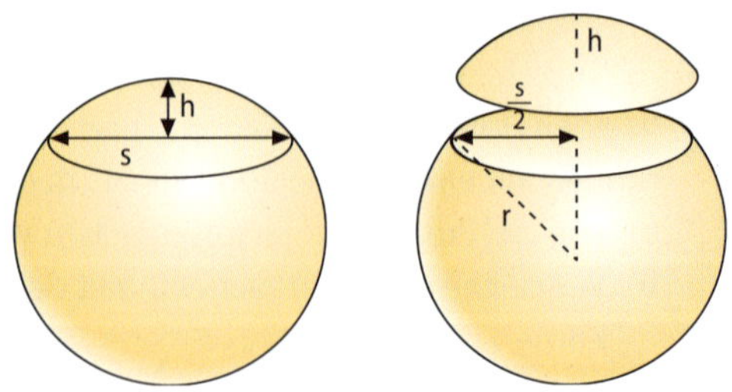

Kreis und Kreisteile

Seite 180, 184

Die **Kreiszahl Pi** ist eine irrationale Zahl:
$\pi = 3{,}141\,592\,653\,589\,793\,2\ldots$

Für die **Länge b des Kreisbogens** und den **Flächeninhalt A_S** des Kreisausschnitts gilt:

$b = \frac{\alpha}{360°} \cdot 2\pi r = \frac{\alpha}{180°} \cdot \pi r$

$A_S = \frac{\alpha}{360°} \cdot \pi r^2$

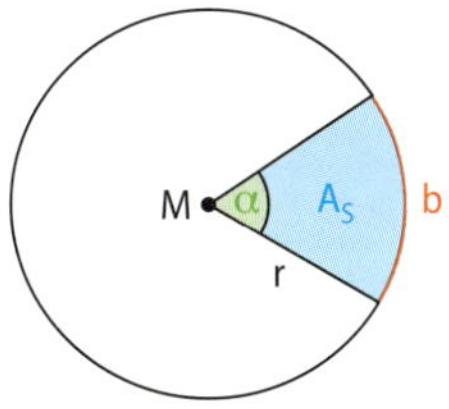

Prisma und Zylinder

Seite 194, 196

Für den **Oberflächeninhalt O** und das **Volumen V** eines **Prismas** und eines **Zylinders** gilt:

$\mathbf{O = 2 \cdot A_G + A_M}$ und $\mathbf{V = A_G \cdot h}$.

Prisma:

$A_{M\,Prisma} = U \cdot h$
$O_{Prisma} = 2 \cdot A_G + U \cdot h$
$V_{Prisma} = A_G \cdot h$

Zylinder:

$A_{M\,Zylinder} = 2\pi \cdot r \cdot h$
$O_{Zylinder} = 2 \cdot A_{Kreis} + U_{Kreis} \cdot h = 2\pi r \cdot (r + h)$
$V_{Zylinder} = A_{Kreis} \cdot h = \pi \cdot r^2 \cdot h$

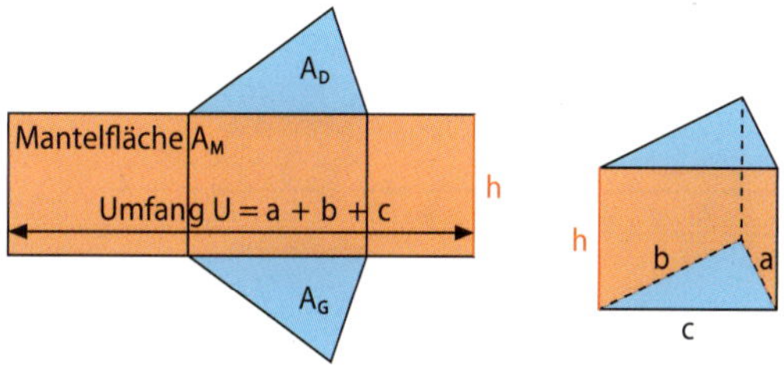

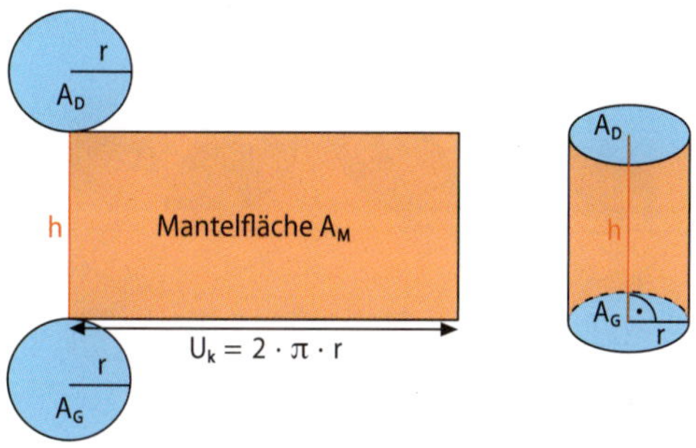

Pyramide und Kegel

Seite 198, 200

Für den **Oberflächeninhalt O** und das **Volumen V** einer **Pyramide** und eines **Kegels** gilt:

$\mathbf{O = A_G + A_M}$ und $\mathbf{V = \frac{1}{3} \cdot A_G \cdot h}$.

Pyramide:

$O_{Pyramide} = A_G + A_{\Delta_1} + A_{\Delta_2} + \ldots$
$V_{Pyramide} = \frac{1}{3} \cdot A_G \cdot h$

Kegel:

$O_{Kegel} = \pi r \cdot (r + s)$
$V_{Kegel} = \frac{1}{3} \cdot A_{Kreis} \cdot h = \frac{1}{3}\pi \cdot r^2 \cdot h$

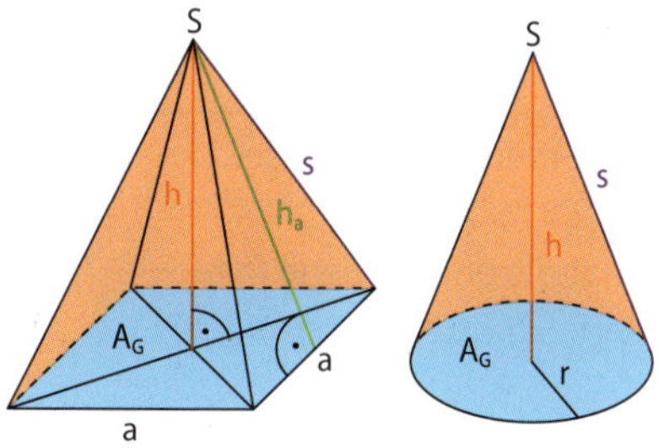

Kugel

Seite 206, 208

Für den **Oberflächeninhalt O** und das **Volumen V** einer **Kugel** gilt:

$O_{Kugel} = 4\pi \cdot r^2$
$V_{Kugel} = \frac{4}{3}\pi \cdot r^3$

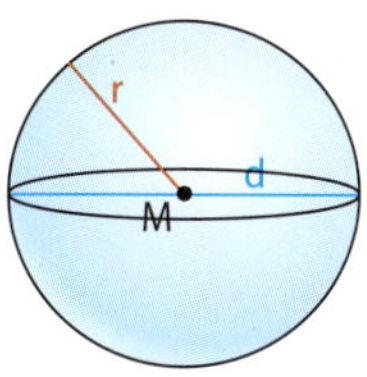

1 Übertrage die Tabelle in dein Heft und berechne die fehlenden Größen des Kreisausschnitts. Runde auf zwei Dezimalstellen genau.

r in cm	6,5	30		
α	60°		125°	25°
b in cm				25
A_s in cm^2			85	
U_s in cm		112		

r		8 mm		
α	40°		75°	120°
b				64 m
A_s	30 cm^2		$\frac{\pi}{2}$ dm^2	
U_s		1,2 cm		

2 Übertrage die farbig markierte Figur in dein Heft. Berechne die Länge der farblich markierten Randlinie sowie den farblich markierten Flächeninhalt für $a = 4$ cm. Gib zudem eine Formel für ein beliebiges $a > 0$ an.

a)

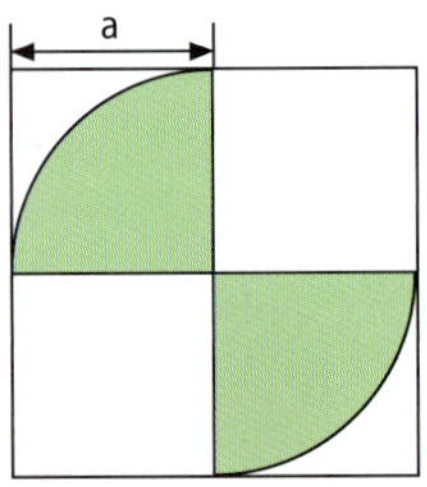

b)

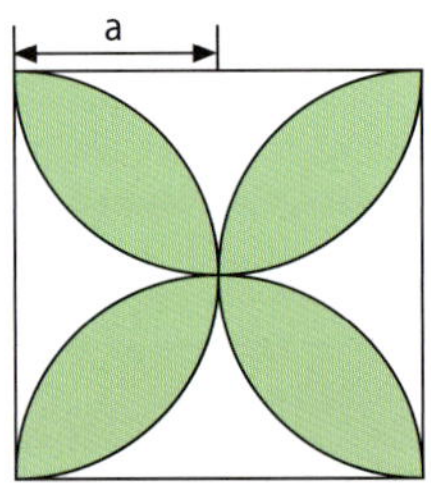

a)

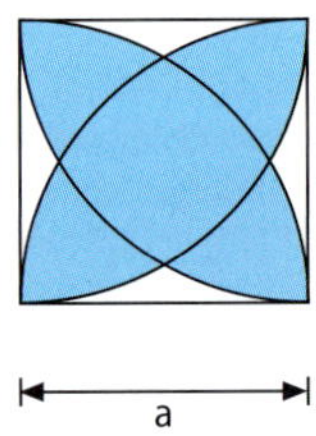

b)

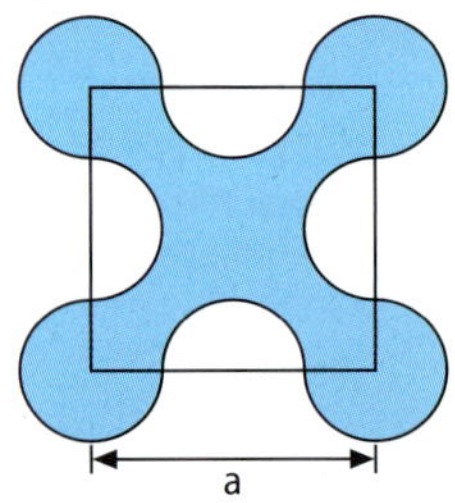

3 Von einem Kegel sind zwei der Größen r, h, s, V, A_M und O bekannt. Berechne die fehlenden Größen.

a) $r = 3{,}7$ cm
$h = 8{,}4$ cm

b) $A_M = 35{,}8\ dm^2$
$s = 8{,}8$ dm

a) $r = 11{,}2$ m
$V = 840{,}8\ m^3$

b) $O = 75{,}4\ cm^2$
$r = 3{,}0$ cm

4 Aus einem quaderförmigen Sandsteinblock ($a = 1{,}0$ m; $b = 1{,}5$ m; $c = 2{,}5$ m) soll eine möglichst große Pyramide gehauen werden.

a) Berechne das Volumen der Pyramide, wenn ihre Höhe 2,5 m beträgt.

b) Welche Masse hat die entstandene Pyramide, wenn 1 cm^3 Sandstein 2,5 g wiegt?

a) Wie viele Kubikmeter Abfall entstehen bei der Erstellung der Pyramide?

b) Berechne die Masse der Pyramide $\left(\rho_{Sandstein} = 2{,}5\ \frac{g}{cm^3}\right)$.

5 In ein Fachwerkhaus werden zehn Dachbalken eingebaut. Vor dem Einbau sollen sie mit Farbe angestrichen werden.

a) Bestimme die Form aller Flächen und berechne ihren Flächeninhalt.

b) Wie viele Quadratmeter Holz müssen insgesamt gestrichen werden?

c) Ermittle das Volumen eines Holzbalkens.

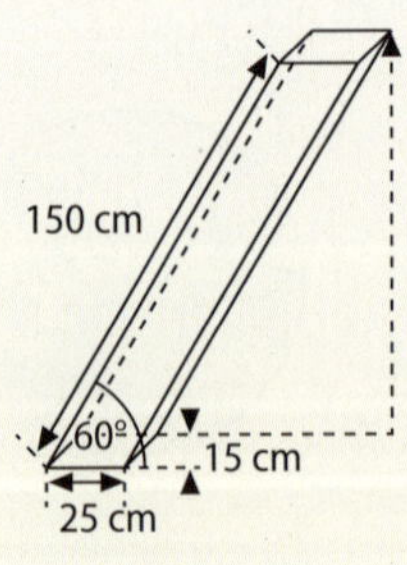

a) Berechne das Volumen und den Oberflächeninhalt eines Dachbalkens.

b) Der Inhalt einer Farbbüchse reicht für 4 m^2. Wie viele Büchsen Farbe müssen gekauft werden, um alle zehn Balken zu streichen?

6 Von einem Kegelstumpf sind gegeben: $r_1 = 40$ mm, $r_2 = 20$ mm und $s = 30$ mm.

a) Fertige eine Skizze an.
b) Berechne die Höhe des Kegelstumpfes.
c) Ermittle das Volumen des Körpers.

a) Zeichne eine Schnittfläche, die die Durchmesser von Grund- und Deckfläche enthält, und berechne ihren Flächeninhalt.
b) Ermittle die Größe des Winkels, den eine Mantellinie mit einem Durchmesser der Grundfläche bildet.

7 Von einem quadratischen Pyramidenstumpf sind gegeben: $a_1 = 6{,}0$ cm, $a_2 = 4{,}5$ cm und $s = 4{,}2$ cm.

a) Zeichne eine Seitenfläche des Pyramidenstumpfes.

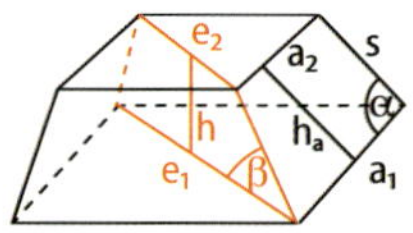

b) Berechne die Höhe h_a der Seitenfläche.
c) Ermittle den Flächeninhalt einer Seitenfläche.
d) Berechne die Größe des Winkels α.

a) Zeichne eine Schnittfläche diagonal durch den Pyramidenstumpf (Diagonalschnitt).
b) Berechne die Größe des Winkels β, den die Seitenkante und die Diagonale der Grundfläche einschließen.
c) Berechne die Höhe h des Pyramidenstumpfes.
d) Ermittle den Flächeninhalt des Diagonalschnittes.

8 Herr Schmidt will für seine Pflanzkübel in Form eines Pyramidenstumpfes einen 80 cm hohen Einsatz aus Blech bauen. Die Grundfläche des Einsatzes ist ein Quadrat mit einer Seitenlänge von 30 cm. Die obere Öffnung ist ebenfalls ein Quadrat mit einer Seitenlänge von 40 cm.

a) Berechne das Volumen des Blecheinsatzes.
b) Ermittle den Inhalt der Mantelfläche.

a) Wie viele Quadratmeter Blech werden benötigt?
b) Der Kübel soll bis 10 cm unter dem Rand mit Erde gefüllt werden. Wie viele Säcke Blumenerde à 10 Liter muss Herr Schmidt kaufen?

9

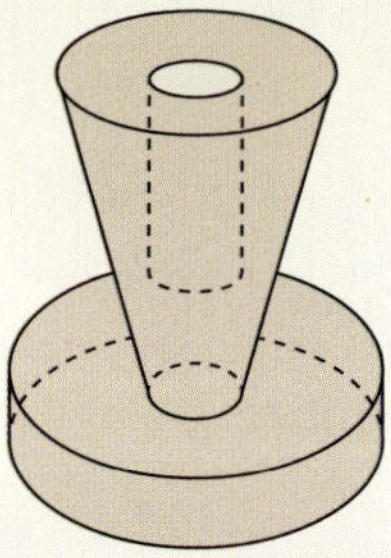

Eine kegelförmige Vase wurde (wie nebenstehend abgebildet) mit ihrer Spitze in einen zylinderförmigen Sockel eingesetzt, dessen Radius 1,5-Mal so groß ist wie der Radius des Kegels. Im Inneren des Kegels wurde ein Zylinder herausgefräst. Die in der rechten Abbildung angegebenenen Maße, sind in cm zu verstehen.

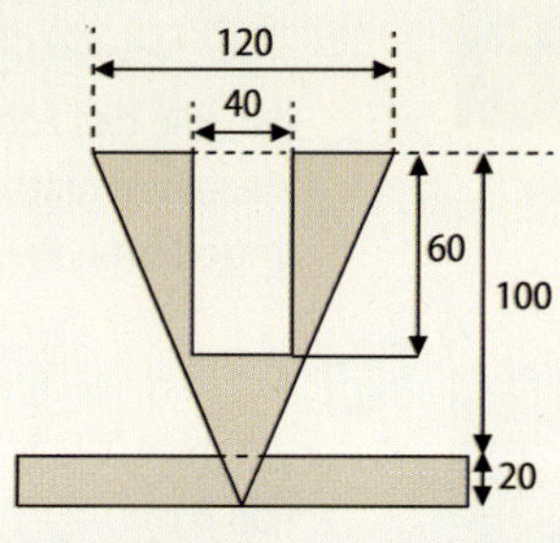

a) Aus welchen Körpern setzt sich die Vase zusammen?
b) Ermittle das Volumen der Vase mit Sockel.

a) Welche Masse hat die Vase (mit Sockel), wenn sie komplett aus Kristallglas $\left(\rho = 2{,}9\,\frac{g}{cm^3}\right)$ gefertigt wurde?
b) Bestimme den Oberflächeninhalt der Vase.

6 Kreuz und quer

1 Berechne die fehlenden Größen eines Kreisausschnitts. Runde auf zwei Dezimalstellen.

	a)	b)	c)	d)	e)
r	6 cm			3,2 dm	
d			4,8 dm		
α	40°		122°		40°
b		80 mm			1,6 m
A_S		30 cm²		38 cm²	
U_S					

2 Baue aus Pappbechern eine Pyramide auf. Baue anschließend einen Turm gleicher Höhe, der in der untersten Schicht die gleiche Anzahl an Gläsern besitzt wie die Pyramide. Vergleiche die Anzahl der für die beiden Figuren benötigten Gläser.

3 a) Berechne die fehlenden der Größen A_G, A_M, O und V eines regelmäßigen …
 1 dreiseitigen Prismas mit $h = 8$ cm und $A_M = 96$ cm².
 2 sechsseitigen Prismas mit $h = 6$ cm und $V = 140{,}4$ cm³.

b) Berechne bei einem Zylinder die fehlenden der Größen r, h, A_M, O und V.
 1 $r = 20$ cm; $A_M = 240$ cm² 2 $h = 12$ cm; $A_M = 96$ cm²
 3 $h = 6{,}8$ cm; $V = 458{,}4$ cm³

Mache zunächst eine Skizze zu den jeweiligen Körpern.

c) Berechne bei einer quadratischen Pyramide die fehlenden der Größen a, h, s, O und V.
 1 $a = 6{,}4$ cm; $s = 12{,}8$ cm 2 $a = 4{,}8$ cm; $O = 153{,}8$ cm²
 3 $h = 11{,}2$ cm; $s = 14{,}0$ cm

d) Bestimme die nicht angegebenen Größen r, h, s, A_M, O und V eines Kreiskegels.
 1 $r = 4{,}5$ cm; $h = 8{,}5$ cm 2 $r = 20$ cm; $s = 30$ cm
 3 $s = 15{,}2$ cm; $A_M = 372{,}5$ cm²

e) Berechne den Inhalt der Oberfläche und das Volumen einer Kugel mit …
 1 $r = 2{,}8$ cm. 2 $d = 9{,}6$ cm. 3 $r = 14{,}3$ cm. 4 $r = 0{,}4$ cm. 5 $d = 17{,}8$ dm.

4 Valentina macht in diesem Jahr zusammen mit ihren Eltern Urlaub auf der Insel Rügen. Sie freut sich schon darauf, dort das bekannte Jagdschloss Granitz zu besuchen. Nebenstehende Skizze stellt etwas vereinfacht dar, wie das Schloss zusammengesetzt ist. Benenne die einzelnen mathematischen Körper und berechne den ungefähren Rauminhalt des Jagdschlosses.

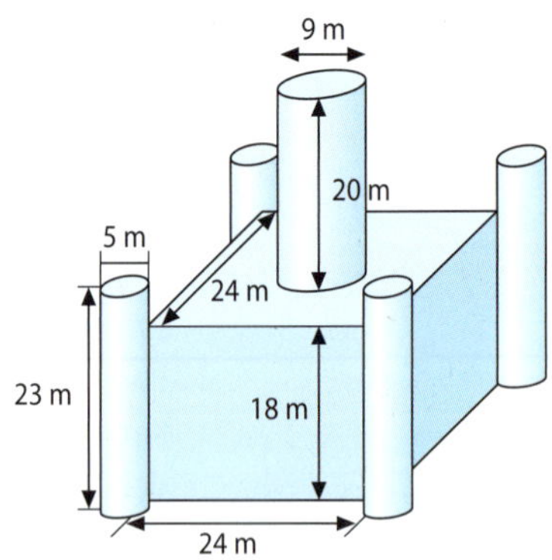

5 Auf dem Dach einer Schule wurde eine Astrokuppel errichtet. Die Halbkugel hat einen Durchmesser von 6 m.

a) Berechne den Oberflächeninhalt dieser Halbkugel.

b) Berechne den Rauminhalt der Kuppel.

c) Eine ähnliche Kuppel befindet sich auf Hawaii. Diese hat einen Durchmesser von 18 m. In welchem Verhältnis stehen die Volumina und Oberflächeninhalte der beiden Kugeln?

6 Der Schraubverschluss einer Flasche Badezusatz hat die Form eines Hohlzylinders mit aufgesetzter hohler Halbkugel (Maße in mm). Er soll zum Dosieren benutzt werden. Die Flasche enthält 1 ℓ Badezusatz. Wie viele Bäder kann man damit nehmen, wenn man pro Bad jeweils die Füllung einer Verschlusskappe verwenden soll? Schätze zuerst und überprüfe dann rechnerisch.

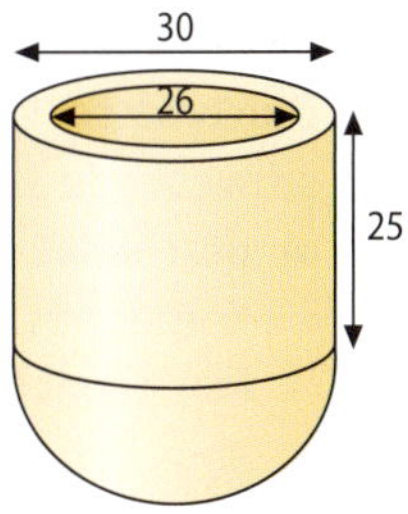

7 Eine zylindrische Messingscheibe ist konisch (kegelförmig) ausgebohrt. Dabei liegt die Spitze der Bohrung im Mittelpunkt der Messingscheibe. Welche Masse hat die Scheibe, wenn $\rho_{Messing} = 8{,}3\,\frac{g}{cm^3}$ (Maße in mm)?

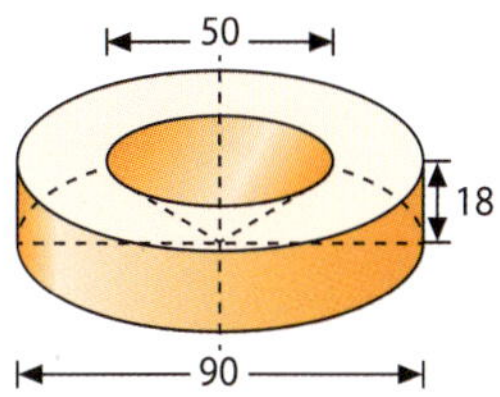

8 Eine Tennishalle hat die Gestalt eines liegenden Halbzylinders. Sie ist 42 m lang und 32 m breit. Das gewölbte Dach besteht aus Stahltrapezblech, Vorder- und Rückwand bestehen aus Holz.

a) Wie viele Quadratmeter Stahltrapezblech werden benötigt?

b) Eine Malerfirma streicht die Außenseite der Vorder- und Rückwand. Wie hoch sind die Kosten, wenn die Firma pro m^2 mit 8,40 € ohne Mehrwertsteuer rechnet?

9 Am Ortseingang der Porzellanstadt Selb befindet sich das Modell einer kugelförmigen Teekanne mit einem Umfang von 8,40 m. Die Kannenwand hat eine Dicke von 15 cm.

a) Schätze zunächst, wie viel Liter Tee in diese Kanne passen. Ermittle dann den genauen Wert.

b) Berechne, wie schwer die Kanne ist, wenn 1 dm^3 Porzellan eine Masse von 2,3 kg hat.

c) Auf der Oberfläche der Kanne ist die Erde abgebildet. Etwa 70 % der Erdoberfläche sind mit Wasser bedeckt. Wie viele Quadratmeter der Teekanne sind demnach blau gefärbt?

d) In welchem Maßstab zur Erde wurde diese Teekanne hergestellt?

10 Der blaue Turm in Bad Wimpfen hat eine quadratische Grundfläche mit einer Länge von rund 10 m und ist insgesamt 58 m hoch. In 53 m Höhe ist der Turm rundherum auf einem Weg der in einer Breite von ca. 1 m begehbar. Von dort aus beginnt auch der „Turmhelm" in Pyramidenform.

a) Fertige ein Schrägbild in einem geeigneten Maßstab an.

b) Berechne das Volumen des Turms einschließlich Turmhelm, jedoch ohne die kleinen Ecktürmchen und ohne das abschließende Mitteltürmchen.

c) Das Schieferdach wurde neu gedeckt. 1 m^2 Schiefer kostet verlegt mindestens 200 €. Mit welchem Betrag musste man bei der Sanierung des Turmhelms also mindestens rechnen?

11 Die Montreal Biosphère, auch Fuller-Kugel nach ihrem Erbauer benannt, hat einen Durchmesser von 76 m. Ihre Höhe beträgt 62 m.

a) Bestimme das Volumen der Vollkugel.

b) Welcher Volumenanteilanteil ist nicht sichtbar aufgrund der Höhenangabe, wenn für das Volumen eines Kugelsegments gilt:

$V_{Kugelsegment} = \frac{h^2 \cdot \pi}{3} \cdot (3r - h)$

12 Das Pantheon in Rom besitzt mit einem Durchmesser von 43,30 m die größte frei schwebende Kuppel der Welt.

a) Beschreibe die beiden geometrischen Körper, aus denen der Innenraum des Pantheons besteht.

b) Berechne das Volumen dieser beiden Körper und ihr Verhältnis zueinander.

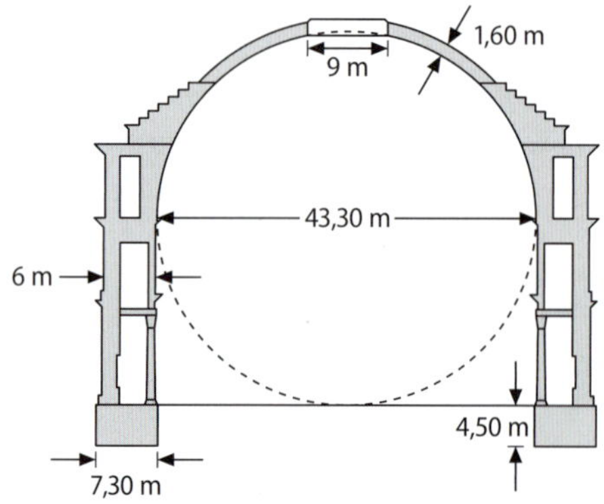

13 Berechne den Oberflächeninhalt und das Volumen der jeweils 10 cm hohen geraden Körper mit der gegebenen Grundfläche (r = 4 cm).

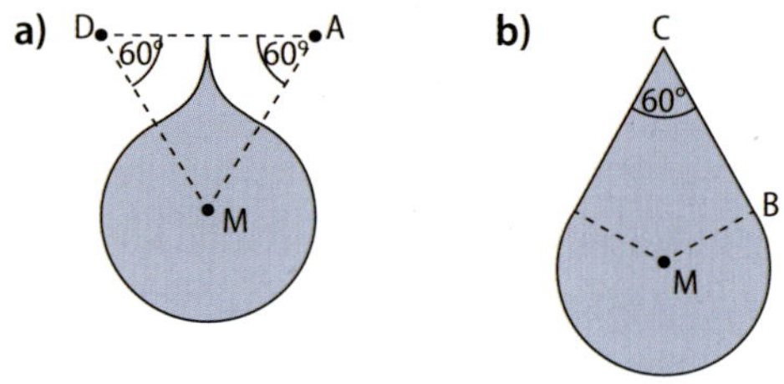

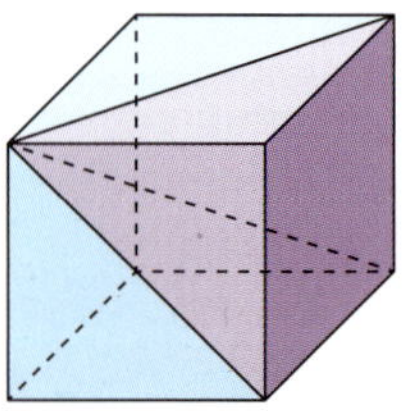

14 Der abgebildete Würfel ist aus drei Pyramiden zusammengesetzt.

a) Begründe, dass diese Pyramiden in allen Maßen übereinstimmen.

b) Leite daraus das Volumen einer Pyramide ab und erläutere deiner Formel.

15 Der abgebildete Würfel ist aus sechs Pyramiden zusammengesetzt.

a) Begründe, dass diese Pyramiden in allen Maßen übereinstimmen.

b) Leite daraus das Volumen einer Pyramide ab und erläutere deine Formel.

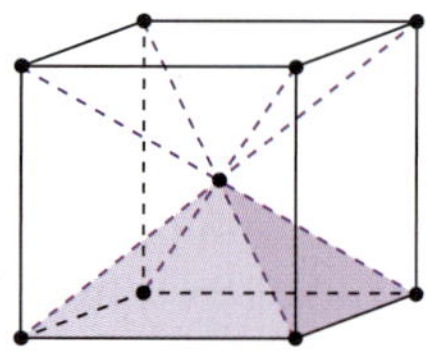

16 In Esslingen steht einer der ältesten Sektkellereien Deutschlands. Jedes Jahr nehmen zahlreiche Gruppen an einer Führung durch den historischen Gewölbekeller teil. Zum Abschluss der Führung gibt es für jeden Teilnehmer ein Glas Sekt.

a) Jedes Glas wird nur bis zur Hälfte mit Sekt gefüllt. Untersuche, wie viele Gläser man mit einer Flasche Sekt (0,75 ℓ) füllen kann.

b) Im Verkaufsraum können weitere Sektsorten probiert werden. Dazu werden jeweils 0,1 ℓ der gewünschten Sektsorte ausgeschenkt. Bestimme die Höhe, in der der Markierungsstrich gesetzt wird.

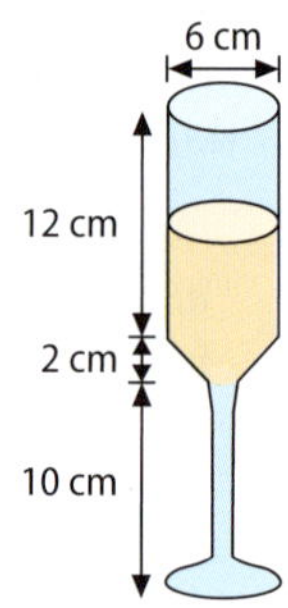

17 Ein Würfel der Kantenlänge $a = 8$ cm soll von einer Kugel umschrieben werden. Berechne das Volumen der Kugel.

18 Der „Turning Torso" in der schwedischen Stadt Malmö ist mit 190 m der höchste Wolkenkratzer Skandinaviens. Mit über 50 Stockwerken ist er das zweithöchste Wohngebäude in Europa. Die einzelnen Stockwerke haben alle eine nahezu quadratische Grundfläche und sind jeweils um ca. 1,6° gegeneinander verdreht. Begründe, warum ein quaderförmiges Hochhaus mit gleicher Grundfläche und Höhe nahezu das gleiche Gebäudevolumen besitzt.

19 Einem geraden Kreiszylinder ist ein gerader Kreiskegel aufgesetzt. Die Höhe von Zylinder und Kegel sowie der Radius der Grundflächen beträgt jeweils 4 cm.

a) Skizziere ein Schrägbild dieses Körpers.

b) Berechne das Volumen des zusammengesetzten Körpers.

20 Ein Quarzkristall besteht aus einem regelmäßigen sechsseitigen Prisma mit einer Grundkantenlänge von 1,6 cm und einer Höhe von 4,2 cm. Auf den Grundflächen sind sechsseitige Pyramiden mit Seitenlänge $s = 2{,}2$ cm aufgesetzt.

a) Fertige eine Skizze an.

b) Wie schwer ist dieser Kristall, wenn 1 cm^3 Quarz 2,2 g wiegt?

21 Eine Pyramide wird auf halber Höhe durch eine zur Grundfläche parallele Ebene zerlegt.

a) Beschreibe die entstandenen Teilkörper.

b) Bestimme das Verhältnis der Volumina dieser beiden Teilkörper zueinander.

22 Die Grundfläche der Pyramide ist das Rechteck ABCD. Berechne die folgenden Größen der Pyramide ABCDS.

a) Volumen der Pyramide

b) Mantelflächeninhat der Pyramide

c) Neigungswinkel der Seitenflächen gegenüber der Grundfläche

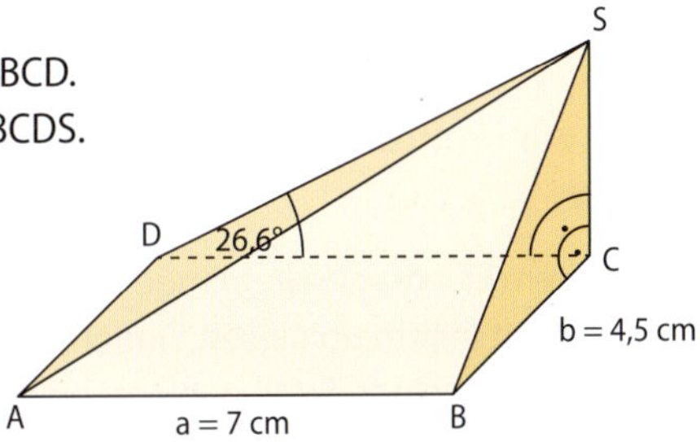

23 Die Weltzeituhr in Berlin ist auf einer 2,7 m hohen Säule mit einem Durchmesser von 1,5 m angebracht. Die Uhr besteht aus drei fast gleich großen Prismen, deren Grundflächen 24 Ecken und Kanten aufweisen. Jede der 24 Seitenflächen entspricht einer der 24 Haupt-Zeitzonen der Erde.

Der mittlere Teil des zylinderähnlichen Prismas dreht sich so, dass die Stundenangaben durch die Zeitzonen wandern.

a) Die zylindrische Standsäule der Weltzeituhr soll versiegelt werden. Berechne die Fläche, die behandelt werden muss.

b) Das Prisma kann näherungsweise als Zylinder mit einem Radius von 4,5 m und einer Höhe von 4,5 m betrachtet werden. Berechne das Volumen dieses Zylinders.

24 Gegeben ist eine Pyramide ABCDS mit rechteckiger Grundfläche. Der Mittelpunkt der Strecke $\overline{BC}$ sei F. Ein Punkt P liegt auf der Stecke $\overline{FS}$. Der Lotfußpunkt E der Spitze S sei der Mittelpunkt der Strecke $\overline{AD}$. Es gilt: $\overline{AB} = 9$ cm; $\overline{BC} = 8$ cm; $\overline{FS} = 12$ cm; $\overline{FP} = 2$ cm.

a) Berechne die Höhe h der Pyramide.

b) Berechne die Länge der Stecke $\overline{AP}$.

c) Bestimme die Größe der Innenwinkel des Dreiecks APS.

d) Berechne Flächeninhalt und Umfang des Dreiecks APS.

e) Die Pyramide wird parallel zur Grundfläche durch eine Ebene, die den Punkt P enthält, zerlegt. Berechne die Höhe des Pyramidenstumpfes und sein Volumen.

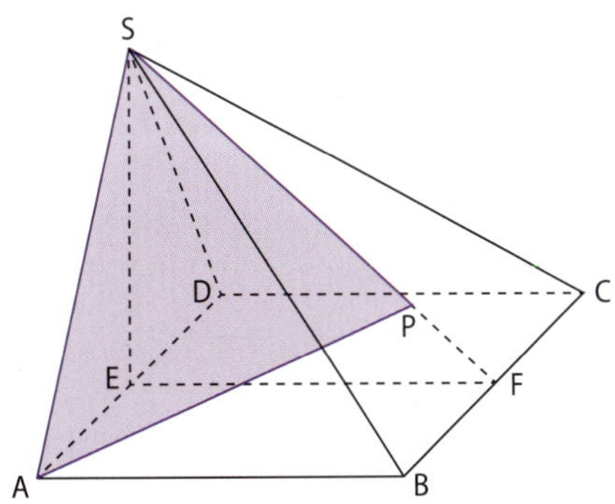

Monte-Carlo-Verfahren

Monte Carlo ist eine Stadt im Fürstentum Monaco, bekannt u. a. durch das (vom Architekten der Pariser Oper 1878 erbaute) Spielkasino.
In der Mathematik versteht man unter dem **Monte-Carlo-Verfahren** das Simulieren von Zufallsexperimenten mithilfe von Zufallszahlen.
Die Begründer dieser Methode sind der ungarisch-amerikanische Mathematiker John von Neumann (Budapest 1903 bis 1957 Washington) und der polnisch-amerikanische Mathematiker Stanislaw Ulam (Lemberg 1909 bis 1984 Santa Fé).

Es gibt zahlreiche unterschiedliche Methoden, die Kreiszahl π anzunähern. Im Kapitel hast du ein geometrisches Näherungsverfahren kennengelernt, bei dem man mit um- und einbeschriebenen regelmäßigen Vielecken eine Abschätzung für die Kreiszahl π ermittelt. Hier wird nun eine statistische Methode vorgestellt, bei der durch Zufallsexperimente die Zahl π angenähert wird: die **Monte-Carlo-Simulation**.

Monte-Carlo-Verfahren zur Ermittlung eines Näherungswerts für die Kreiszahl π

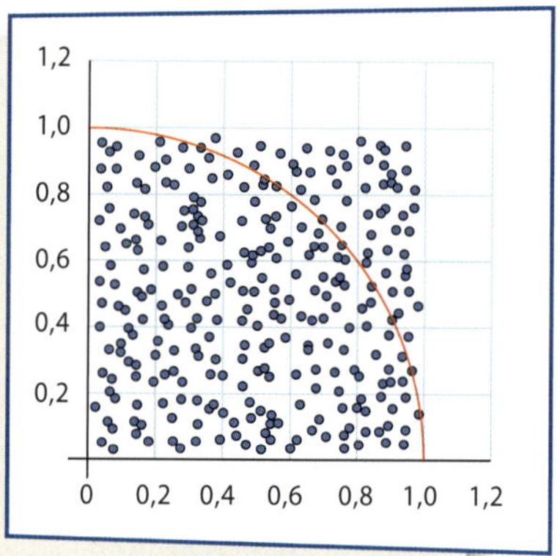

Man beschreibt zunächst einem Quadrat (Seitenlänge 1 LE) einen Viertelkreis (Radiuslänge 1 LE) ein und wählt innerhalb dieses „Einheitsquadrats" mithilfe eines Zufallszahlengenerators oder einer Zufallszahlentabelle n Punkte aus. Dann untersucht man bei jedem dieser n Punkte, ob er innerhalb des Viertelkreises (einschließlich dessen Rand) oder außerhalb des Viertelkreises liegt. Die relative Häufigkeit der Punkte im Innern (und auf dem Rand) des Viertelkreises ist ein Schätzwert für den Flächeninhalt des Viertelkreises und liefert somit einen Näherungswert für $\frac{\pi}{4}$.

a) Laura und Lucas führen ein Zufallsexperiment durch. Dazu zeichnet Laura auf ein quadratisches 40 cm × 40 cm-Kartonblatt einen Viertelkreis mit Radiuslänge 40 cm. Dann wirft Lucas 50 Reißnägel „zufällig" auf den Karton. Sie zählen, dass 39 Reißnägel innerhalb des Viertelkreises (bzw. auf dessen Rand) zu liegen kommen. Ermittle den Näherungswert für π, der sich hieraus ergibt.
b) Laura und Lucas wandeln das Zufallsexperiment etwas ab. Dazu zeichnet Laura auf ein quadratisches 40 cm × 40 cm-Kartonblatt vier getönte Kreise jeweils mit Radiuslänge 10 cm. Dann wirft Lucas Reißnägel „zufällig" auf den Karton. Sie zählen, dass 49 Reißnägel innerhalb des getönten Bereichs (einschließlich der Ränder) und 12 innerhalb des Quadrats, aber außerhalb des getönten Bereichs zu liegen kommen. Ermittle den Näherungswert für π, der sich hieraus ergibt.
c) Überprüft die Ergebnisse aus dem Experiment von Laura und Lukas, indem ihr das Experiment in der Klasse selber durchführt. Statt Reißnägel könnt ihr auch Nudeln, Erbsen, Reiskörner etc. verwenden.
d) Vergleicht eure Ergebnisse? Überlegt euch, wie ihr die Annäherung noch weiter verbessern könnt.
e) Vergleicht das geometrische Annäherungsverfahren über die regelmäßigen n-Ecke mit der statistischen Methode. Diskutiert Gemeinsamkeiten und Unterschiede.

Das Buffon'sche Nadelexperiment

Auf einem Blatt Papier ist eine Schar von Parallelen im Abstand d gezeichnet. Auf dieses Blatt werden Nadeln der Länge a ($a < d$) geworfen. Der französische Naturforscher Buffon hat gezeigt, dass die Wahrscheinlichkeit, dass eine Nadel, die zufällig auf das Papierblatt geworfen wird, eine der Parallelen schneidet, durch $p = \frac{2a}{\pi d}$ gegeben ist.

a) Führe ein entsprechendes Zufallsexperiment durch und ermittle aus der relativen Trefferhäufigkeit einen Schätzwert für π. Beurteile dein Ergebnis.

b) Suche im Internet nach Simulationen des Buffon'schen Nadelexperiments und simuliere dieses damit.

Georges-Louis Leclerc, Comte de Buffon (1707-1788)

Monte-Carlo-Verfahren zur Ermittlung eines Näherungswerts für den Flächeninhalt eines krummlinig berandeten Bereichs

Ermittle einen Näherungswert für den Inhalt A* des getönten Flächenstücks.

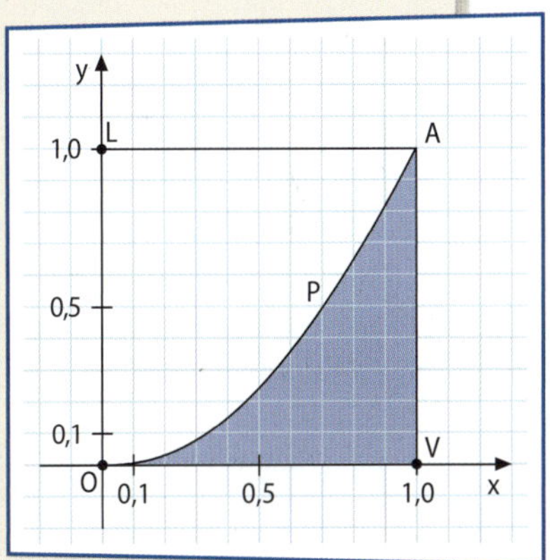

a) Zeichne dazu zunächst in ein Koordinatensystem (Einheit 10 cm) das Quadrat OVAL mit O(0|0), V(1|0), A(1|1) und L(0|1) sowie den Parabelbogen P mit der Gleichung $y = x^2$ und mit $0 \leq x \leq 1$.

b) Lege dann mit dem Zufallszahlengenerator eines Tabellenkalkulationsprogramms n Punkte fest und ermittle die Anzahl k derjenigen dieser n Punkte, die im getönten Bereich (oder auf dessen Rand) liegen. Die relative Häufigkeit $\frac{k}{n}$ liefert dann einen Schätzwert für den Flächeninhalt A* des getönten Bereichs.

c) Verbessere den Näherungswert für A*, indem du auch die Ergebnisse deiner Mitschüler und Mitschülerinnen verwendest.

d) Überlegt euch in Kleingruppen weitere Fragestellungen, die ihr mit der Monte-Carlo Methode annähern könnt. Diskutiert die Probleme (die Grenzen), die bei derartigen Verfahren auftreten können.

Aufgaben zur Einzelarbeit

Überprüfe deine Fähigkeiten und Kompetenzen. Bearbeite dazu die folgenden Aufgaben und bewerte anschließend deine Lösungen mit einem Smiley.

☺	😐	☹
Das kann ich **wirklich gut!**	Das kann ich **fast!**	Das muss ich **noch üben!**

1 Berechne Umfang und Flächeninhalt der Kreise.
a) r = 7,5 cm **b)** r = 5,2 cm **c)** r = 28 mm
d) r = 0,25 km **e)** d = 8,4 cm **f)** d = 2,84 km

2 Welchen Durchmesser und welche Querschnittsfläche hat ein Baumstamm von 94 cm (20,5 dm; 3,78 m) Umfang?

3 **a)** Berechne den Flächeninhalt des Kreisausschnitts mit r = 5 cm und $\alpha = 70°$.
b) Wie lang ist der zugehörige Kreisbogen?

4 Die Radien eines Kreisrings betragen $r_a = 7{,}5$ cm und $r_i = 5{,}8$ cm. Berechne den Flächeninhalt des Kreisrings.

5 Um ein kreisförmiges Rosenbeet mit einem Durchmesser von 7,20 m soll ein Rasenstreifen von 60 cm Breite angesät werden.
a) Fertige eine Skizze an.
b) Berechne den Flächeninhalt des Rasenstreifens.
c) Der Rasenstreifen soll innen und außen von Steinen eingegrenzt werden. Für welche Länge benötigt man Steine?

6 Eine gerade Pyramide mit rechteckiger Grundfläche (a = 45 mm; b = 60 mm) ist 85 mm hoch. Berechne das Volumen und den Oberflächeninhalt dieser Pyramide.

7 Berechne die fehlenden Größen eines Kreiskegels.
a) $V = 600\ cm^3$; h = 12 cm
b) $A_M = 390\ cm^2$; s = 17 cm
c) U = 8,0 m; $O = 100\ m^2$

8 Ein 8 m tiefer zylinderförmiger Brunnen hat einen äußeren Durchmesser von 1,80 m. Die Wandstärke beträgt 20 cm. Wie viel Wasser kann der Brunnen maximal fassen?

9 Übertrage die Tabelle ins Heft und berechne die fehlenden Größen einer Kugel.

	a)	b)	c)	d)	e)
r	6 cm	2,88 m			
O			$1{,}5\ m^2$	$19{,}63\ mm^2$	
V					$33{,}51\ m^3$

10 Berechne die Größe der Dachfläche und das Volumen des Dachraums.
a) Kegeldach **b)** Kugeldach

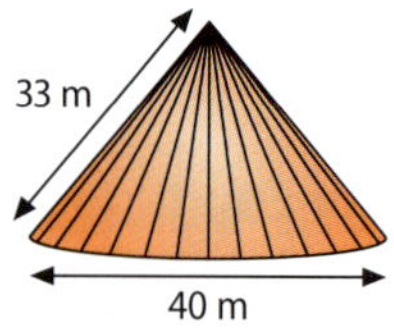

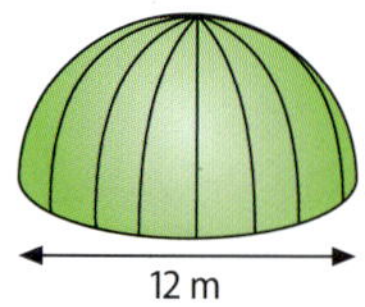

11 Ein Handball hat einen Umfang von 58 cm. Wie viel Quadratzentimeter Leder werden verarbeitet, wenn 15 % Verschnitt eingeplant werden?

12 In eine halbkugelförmige Schüssel passen 1,5 ℓ Wasser, wenn man sie bis zum Rand füllt. Berechne den Innendurchmesser dieser Schüssel.

13 Berechne das Volumen und den Oberflächeninhalt der Körper (Maßangaben in cm).

a)
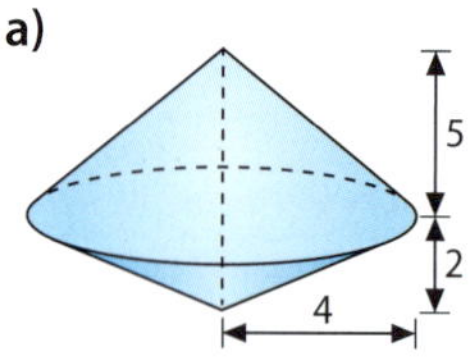

b)
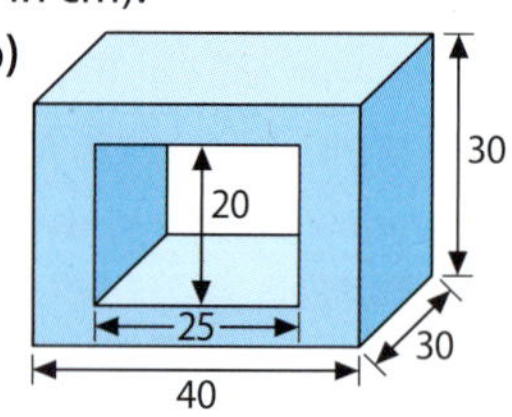

c)
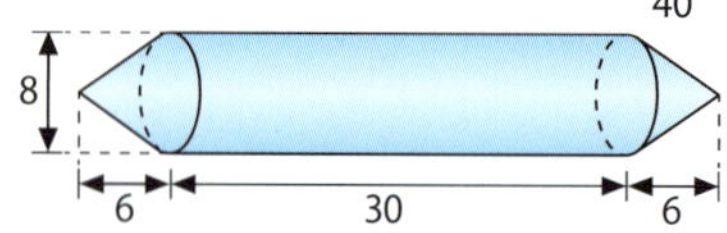

d)
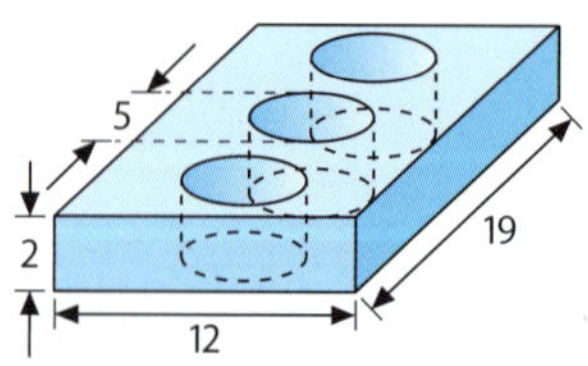

Aufgaben für Lernpartner

Arbeitsschritte

1. Bearbeite die folgenden Aufgaben zuerst allein.
2. Suche dir einen Partner oder eine Partnerin und arbeitet zusammen weiter: Erklärt euch gegenseitig eure Lösungen. Korrigiert fehlerhafte Antworten.

Sind folgende Behauptungen richtig oder falsch? Begründe.

A In einem Schrägbild werden alle nach hinten verlaufenden Kanten auf die Hälfte gekürzt und in einem Winkel von 90° gezeichnet.

B Die Oberfläche eines Prismas setzt sich aus doppelter Grundfläche und Mantelfläche zusammen.

C Bei jedem Prisma ergibt sich das Volumen aus dem Produkt des Flächeninhalts der Mantelfläche und der Höhe des Prismas.

D Verdoppelt man den Radius einer Kugel, dann verdoppelt sich auch ihr Volumen.

E Verdoppelt man den Durchmesser einer Kugel, so vervierfacht sich ihre Oberfläche.

F Vergrößert man eine Kugel so, dass ihr Oberflächeninhalt auf das Vierfache steigt, dann steigt gleichzeitig ihr Volumen auf das Achtfache.

G Wenn man den Mantel eines Kegels abwickelt, erhält man einen Kreisausschnitt.

H Das Volumen einer Hohlkugel kann als Differenz der Volumina zweier Kugeln aufgefasst werden.

I Aus einem Würfel der Kantenlänge 10 cm wird eine möglichst große Pyramide ausgefräst. Das Volumen der Pyramide beträgt $\frac{1}{4}$ des Würfelvolumens.

J Der Flächeninhalt eines Kreisringes lässt sich als Differenz der Flächeninhalte zweier Kreise auffassen.

K Die Größe eines Kreisausschnitts lässt sich auch durch den Mittelpunktwinkel α angeben.

L Die Seitenflächen einer Pyramide sind immer gleichschenklige Dreiecke.

M Halbiert man die Höhe einer quadratischen Pyramide, dann halbiert sich auch ihr Volumen.

N Haben zwei Körper mit gleicher Grundfläche dieselbe Höhe, so haben sie auch das gleiche Volumen.

O Das Volumen eines zusammengesetzten Körpers ist immer gleich der Summe der Volumina aller Teilkörper.

P Das Volumen eines schiefen Körpers entspricht dem des entsprechenden geraden Körpers.

Ich kann …	„Am Ziel!"-Aufgaben	Hilfe
… Umfangslänge und Flächeninhalt von Kreis und Kreisausschnitten bestimmen.	1, 2, 3, 4, 5, J, K	S. 180, 184
… Schrägbilder, Netze und Skizzen zur Berechnung zeichnen.	A	S. 188, 190
… Volumen und Oberfläche von Prismen und Zylindern berechnen.	8, B, C	S. 194, 196
… Volumen und Oberfläche von Pyramiden, Kegeln und Kugeln berechnen.	6, 7, 9, 10, 11, 12, D, E, F, G, H, I, L, M	S. 198, 200, 206, 208
… Berechnungen an schiefen und zusammengesetzten Körper ausführen.	13, N, O, P	S. 204, 210

Z Zusatz

Bisher wurden Sinus und Kosinus eines Winkels als Seitenverhältnisse im rechtwinkligen Dreieck betrachtet. An einem Kreis mit Radius $r = 1$ um den Ursprung $O(0|0)$, dem sog. **Einheitskreis,** lassen sich weitere Zusammenhänge zwischen dem Winkel α und dem Sinus und Kosinus dieses Winkels entdecken.

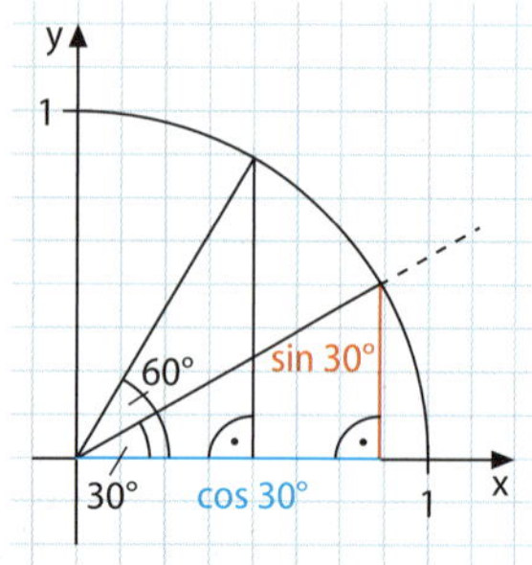

Betrachtet man am Einheitskreis die Bewegung eines Punktes P auf der Kreislinie, dann lässt sich die Lage von P eindeutig durch die Angabe eines Drehwinkels α gegenüber der positiven horizontalen Achse angeben. Jedem Winkelmaß α ist dabei ein Sinuswert $y = \sin(\alpha)$ zugeordnet. Fasst man dies als funktionale Zuordnung auf, erhält man eine Funktion f mit $f(\alpha) = \sin(\alpha)$, die **Sinusfunktion im Gradmaß.**

Ausgehend von Startpunkt $(1|0)$ kann man den Punkt P auch rückwärts, oder weiter als 360° drehen. Folglich darf α beliebige Werte annehmen. Da sich die Funktionswerte der Sinusfunktion in gleichen Abständen stets wiederholen, spricht man von einer **periodischen Funktion.** Den kürzesten Abstand zwischen den Wiederholungen bezeichnet man als **Periodenlänge**.

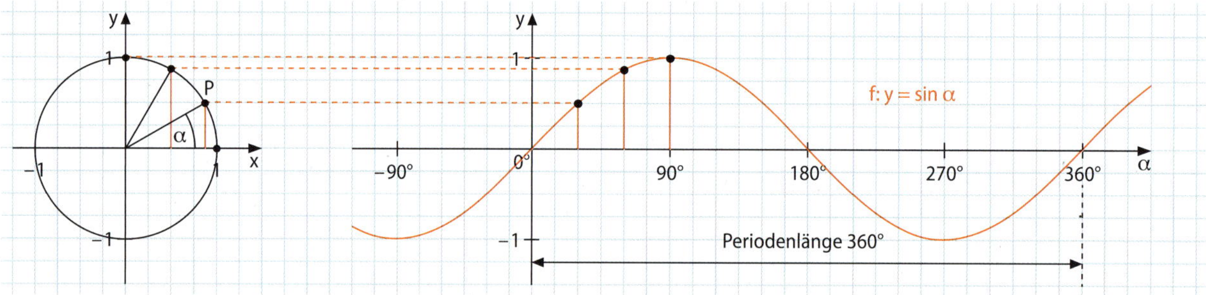

Beispiel 1:

Der Graph der Sinusfunktion wurde mithilfe von neun ausgewählten Punkten erstellt.

a) Gib die Koordinaten der Punkte an.

b) Erkläre, dass es zum einfachen Zeichnen geschickt ist, die beiden Achsen unterschiedlich (wie abgebildet) zu skalieren.

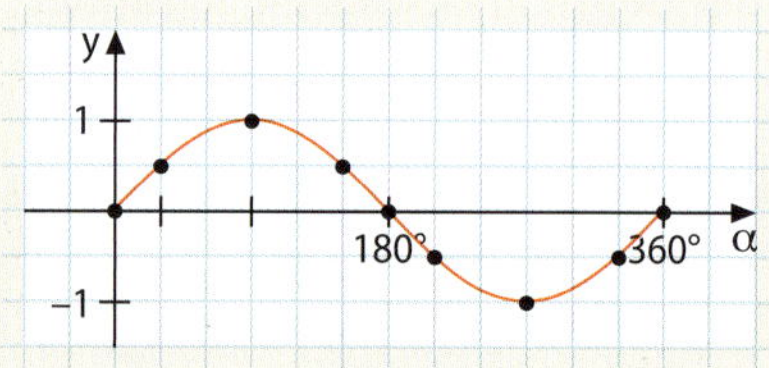

Lösung:

a) $(0°|0)$; $(30°|0{,}5)$; $(90°|1)$; $(150°|0{,}5)$; $(180°|0)$; $(210°|-0{,}5)$; $(270°|-1)$; $(330°|-0{,}5)$; $(360°|0)$

b) Die y-Achse ist wie üblich skaliert, d. h. 1 LE $\mathrel{\hat{=}}$ 2 Kästchen. Für die Skalierung der α-Achse verwendet man ein Kästchen je 30°. Das hat den Vorteil, dass die zum Skizzieren des Graphen wichtigen Punkte aus Teilaufgabe a) leicht abgetragen werden können.

Beispiel 2:

Bestimme alle Werte α im Intervall $0° \leq \alpha \leq 360°$, für die gilt:
$\sin\alpha = \frac{\sqrt{2}}{2}$. Veranschauliche die Lösung grafisch.

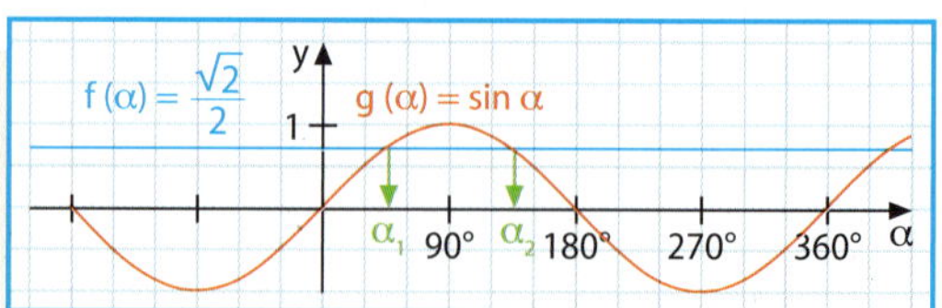

Lösung:

$\alpha_1 = 45°$ und $\alpha_2 = 135°$ sind genau die Werte aus dem Intervall [0°; 360°], sodass gilt: $\sin\alpha = \frac{\sqrt{2}}{2}$.

1 Mit deinem Taschenrechner kannst du zu einem beliebigen Winkel den Wert der Sinusfunktion bestimmen: $f(24°) = \sin(24°) \approx 0{,}407$. Willst du umgekehrt den Winkel zu einem Sinuswert bestimmen, ist die Taste *sin⁻¹* auf deinem Taschenrechner anzuwählen. Der Taschenrechner liefert eine Lösung für den gesuchten Winkel. Weitere Lösungen erhältst du durch Symmetrieüberlegungen.

a) Für $f(\alpha) = \sin(\alpha) = -0{,}5$ erhälst du mit dem Taschenrechner $\alpha_1 = -30°$.
Gib einen weiteren Winkel α_2 so an, dass $\sin\alpha_2 = \sin\alpha_1 = -0{,}5$.

b) Vervollständige die Wertetabelle für Winkel zwischen 0° und 90°. Runde auf drei Nachkommastellen genau.

α	16°	34°		62°	75°		
sin (α)			0,766			0,985	1

c) Ordne jedem Wert die beiden passenden Winkel zu:

sin (48°)	−0,996	sin (85°)	sin (192°)	sin (275°)	sin (95°)
sin (265°)	−0,208	sin (348°)	0,743	sin (132°)	0,996

2 Vervollständige die Wertetabelle der Sinusfunktion

α	0°	30°			90°	120°	135°	150°	180°
sin (α)			$\frac{1}{2}\sqrt{2}$	$\frac{1}{2}\sqrt{3}$					

Bestimmte Werte solltest du auswendig lernen. Es gibt eine leichte Merkregel:
$\frac{1}{2}\sqrt{0}$; $\frac{1}{2}\sqrt{1}$; $\frac{1}{2}\sqrt{2}$; $\frac{1}{2}\sqrt{?}$; …

b) Was fällt dir auf? Erkläre mithilfe des Graphens der Sinusfunktion.

c) Setze die Wertetabelle für Winkel zwischen 180° und 360° fort. Ermittle die Werte ohne Taschenrechner. Erkläre den Zusammenhang am Graphen der Sinusfunktion.

3 Zeichne zuerst den Graphen der Sinusfunktion in dein Heft. Untersuche dann anhand der folgenden Tabellen (sowie weiterer selbstgewählter Beispiele), wie sich die angegebenen Parameter auf die Funktionswerte und den dazugehörigen Graphen auswirken. Dabei ist δ ein beliebiger Winkel im Gradmaß, $a \in \mathbb{R}\setminus\{0\}$ und $c \in \mathbb{R}$.

$f(\alpha) = a \cdot \sin(\alpha)$

α	0°	30°	45°	60°	…
sin (α)					
2 · sin (α)					
0,5 · sin (α)					

$f(\alpha) = \sin(\alpha - \delta)$

α	0°	30°	45°	60°	…
sin (α)					
sin (α − 30°)					
sin (α + 15°)					

$f(\alpha) = \sin(\alpha) + c$

α	0°	30°	45°	60°	…
sin (α)					
sin (α) + 1					
sin (α) − 2					

Z Zusatz

Der Graph der **allgemeinen Sinusfunktion** f mit $f(\alpha) = a \cdot \sin(b \cdot (\alpha - \delta)) + c$, mit $a, b \in \mathbb{R}\setminus\{0\}$, $c \in \mathbb{R}$ und einem beliebigem Winkel δ entsteht aus dem Graphen der Funktion g mit $g(\alpha) = \sin\alpha$. Die Parameter a, b, c und δ und beeinflussen den Graphen systematisch.

1 Der Parameter a verändert den Wertebereich ($y \in [-|a|; |a|]$, falls $d = 0$).
$|a| < 1$ staucht } $\sin\alpha$ in
$|a| > 1$ streckt } y-Richtung.
$a < 0$ spiegelt $|a| \cdot \sin\alpha$ an der horizontalen Achse.

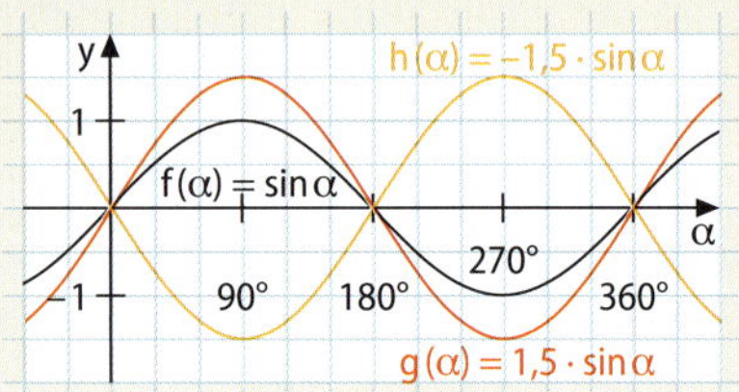

2 Der Parameter b verändert die Periodenlänge $\left(\frac{360°}{|b|}\right)$.
$|b| < 1$ verlängert } die Periodenlänge
$|b| > 1$ verkürzt } gegenüber $\sin\alpha$.
$b < 0$ spiegelt $\sin(|b| \cdot \alpha)$ an der horizontalen Achse.

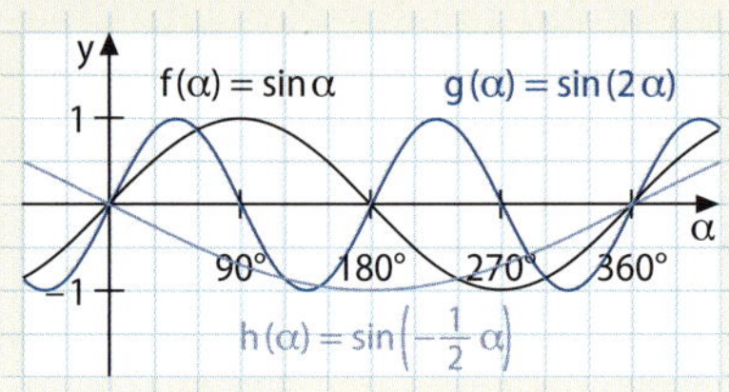

3 Der Parameter δ verschiebt $\sin\alpha$ entlang der horizontalen Achse:
$\delta > 0°$ verschiebt in negative Richtung,
$\delta < 0°$ verschiebt in positive Richtung.

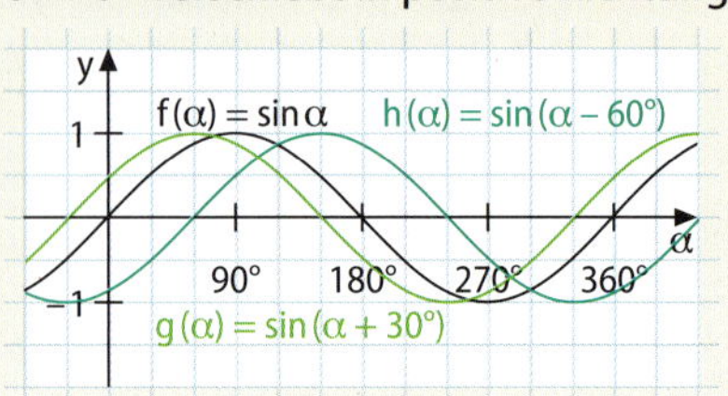

4 Der Parameter c verschiebt $\sin\alpha$ entlang der y-Achse:
$c > 0$ verschiebt in positive Richtung,
$c < 0$ verschiebt in negative Richtung.

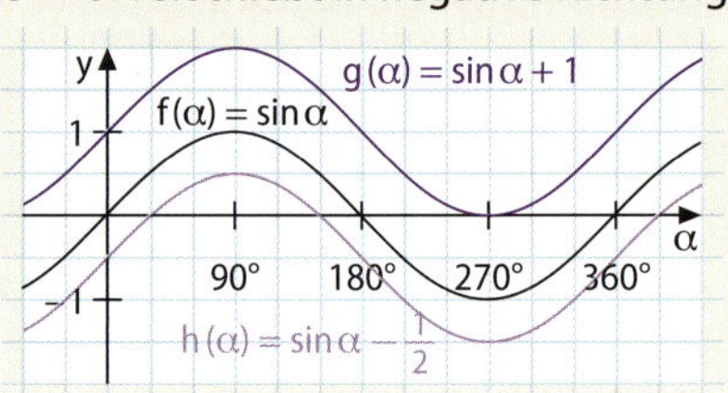

4 Abgebildet sind die Graphen der Sinusfunktion f und einer weiteren Funktion g. Ordne zunächst f und g dem passenden Graphen zu. Beschreibe dann, wie der Graph von g aus dem von f hervorgegangen ist und bestimme eine Funktionsvorschrift von g.

a)

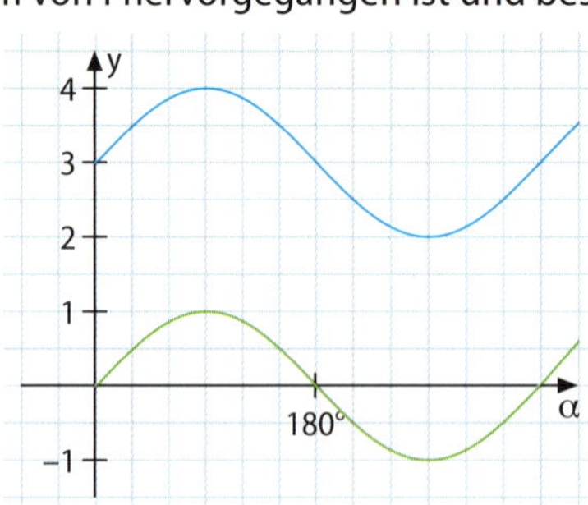

b)

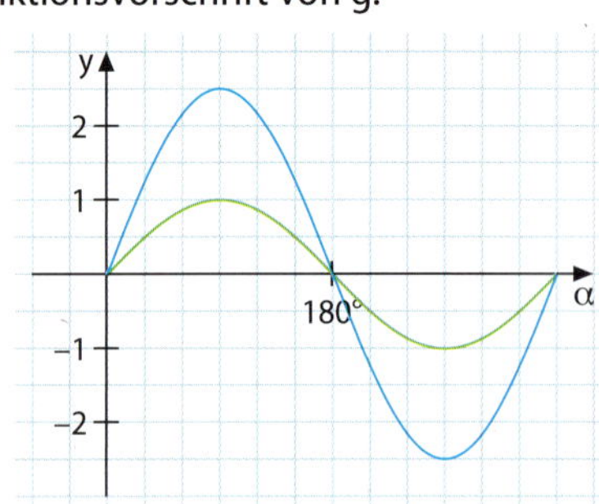

Du kannst eine dynamischen Geometriesoftware nutzen.

5 Untersuche und vergleiche den Einfluss der Parameter auf die Sinusfunktion, quadratische Funktionen und Potenzfunktionen. Beschreibe die Zusammenhänge und erstelle eine Übersicht.

G Grundwissen

Zahl – Variable – Operation

Brüche

$\frac{2}{5}$ Der **Zähler** gibt die Anzahl der Teile an, die gewählt werden.
Der **Nenner** gibt an, in wie viele Teile das Ganze zerlegt wird.

Wird das Ganze in fünf gleich große Teile, also in Fünftel unterteilt, von denen zwei Teile betrachtet werden, so verwendet man für den **Anteil** den Bruch $\frac{2}{5}$.

Erweitern und Kürzen

Ein Bruch wird **erweitert,** indem man Zähler und Nenner mit derselben Zahl **multipliziert.**
Ein Bruch wird **gekürzt,** indem man Zähler und Nenner mit derselben Zahl **dividiert.**

Erweitern →

$$\frac{2}{5} = \frac{4}{10} = \frac{40}{100} = \frac{80}{200} = \dots$$

← Kürzen

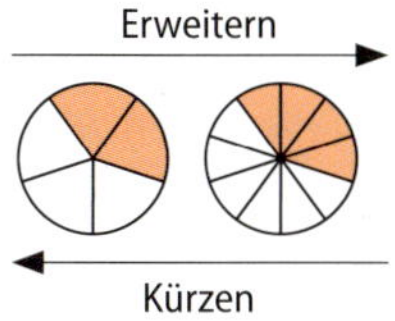

Endliche und periodische Dezimalzahlen

Bleibt bei der Umwandlung eines Bruchs in eine Dezimalzahl kein Rest übrig, so heißt die Dezimalzahl **endlich.** Wiederholt sich der Rest immer wieder, nennt man sie **periodisch.**

$0{,}2$: endliche Dezimalzahl
$0{,}\overline{45}$: rein periodische Dezimalzahl
$0{,}1\overline{6}$: gemischt periodische Dezimalzahl

Dezimalzahlen runden

Dezimalzahlen **rundet** man anhand der Nachkommastellen nach denselben Regeln wie natürliche Zahlen.

Bei 0, 1, 2, 3, 4 wird **abgerundet:** $3{,}45\underline{2} \approx 3{,}45$
Bei 5, 6, 7, 8, 9, wird **aufgerundet:** $3{,}4\underline{5}2 \approx 3{,}5$

Brüche addieren und subtrahieren

Gleichnamige Brüche werden **addiert (subtrahiert),** indem man die Zähler addiert (subtrahiert).
Ungleichnamige Brüche werden vor dem **Addieren (Subtrahieren)** auf denselben **(Haupt-)Nenner** erweitert bzw. gekürzt.

$$\frac{2}{5} + \frac{1}{5} = \frac{2+1}{5} = \frac{3}{5}$$

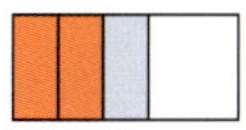

$$\frac{1}{12} + \frac{4}{9} = \frac{3}{36} + \frac{16}{36} = 3 + \frac{16}{36} = \frac{19}{36}$$

36 „Hauptnenner“

Brüche multiplizieren und dividieren

Zwei **Brüche** werden **multipliziert,** indem man **Zähler mit Zähler** und **Nenner mit Nenner** multipliziert.

$$\frac{4}{7} \cdot \frac{2}{9} = 4 \cdot \frac{2}{7} \cdot 9 = \frac{8}{63}$$

Man **dividiert** eine Zahl durch einen zweiten **Bruch,** indem man mit dem **Kehrbruch** des zweiten Bruchs **multipliziert.**

Multiplikation

$$\frac{3}{4} : \frac{2}{3} = \frac{3}{4} \cdot \frac{3}{2} = 3 \cdot \frac{3}{4} \cdot 2 = \frac{9}{8}$$

Kehrbruch

Dezimalzahlen addieren und subtrahieren

Dezimalzahlen werden stellenweise **addiert (subtrahiert),** d. h. **„Komma unter Komma“.**

0,265	1,34
+ 1,372	− 0,25
1,637	1,09

Dezimalzahlen multiplizieren

Dezimalzahlen werden zunächst ohne Komma **multipliziert.** Anschließend wird das Komma gesetzt: Dabei hat das Ergebnis so viele **Nachkommastellen,** wie **beide Faktoren zusammen** haben.

$123 \cdot 36 = 4428$

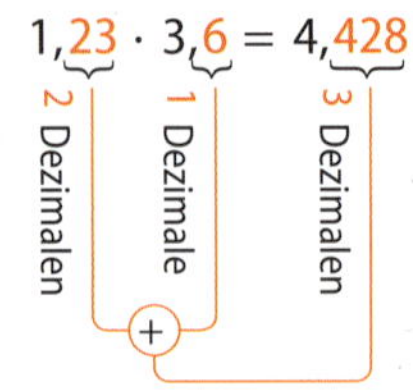

Dezimalzahlen dividieren

Durch eine **gleichsinnige Kommaverschiebung** wird erreicht, dass der **Divisor** eine **natürliche Zahl** ist. Dann dividiert man wie bei natürlichen Zahlen.
Beim **Überschreiten des Kommas** im Dividenden wird das **Komma im Ergebnis** gesetzt.

Gleichsinnige Kommaverschiebung

$1{,}248 : 0{,}8 = 12{,}48 : 8$

$12{,}48 : 8 = 1{,}56$
−8
44
−40
48
−48
0

Komma setzen

Rationale Zahlen

Alle positiven und negativen Zahlen, die als Verhältnis zweier ganzer Zahlen dargestellt werden können, ergeben zusammen mit der Null die Menge der **rationalen Zahlen** $\mathbb{Q}$.

- Von zwei rationalen Zahlen ist diejenige **kleiner**, die auf der **Zahlengeraden weiter links** liegt.
- Der Abstand einer Zahl zur Null ist ihr **Betrag**.

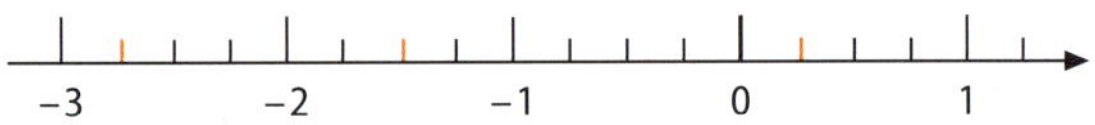

$-2{,}75 < -\frac{3}{2} < \frac{1}{4}$

$|-2{,}4| = +2{,}4$; $|+2{,}4| = +2{,}4$

Potenz

Besteht ein Produkt aus lauter gleichen Faktoren, so schreibt man diese kurz als **Potenz**. Eine Potenz besteht aus Basis und Exponent.

Potenzen mit dem Exponenten 2 heißen **Quadratzahlen.**

5 gleiche Faktoren		Potenz		Wert
2 · 2 · 2 · 2 · 2	=	2^5	=	32

Zehnerpotenzen nutzen:
$10\,000 = 10^4$ $\qquad 25\,000 = 25 \cdot 10^3$

Quadrat-und Kubikzahlen

Bei Potenzen können **alle rationalen Zahlen** als Basis a auftreten.

Besondere Potenzen:

- Potenzen mit dem **Exponenten 2** und einer **natürlichen Zahl als Basis** nennt man **Quadratzahlen**:
  $a \cdot a = a^2 \qquad (a \in \mathbb{N})$
- Potenzen mit dem **Exponenten 3** und einer **natürlichen Zahl als Basis** nennt man **Kubikzahlen**:
  $a \cdot a \cdot a = a^3 \qquad (a \in \mathbb{N})$

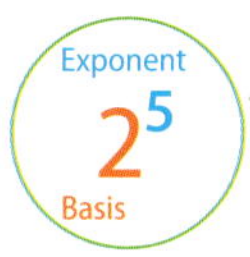

Potenz

16 ist eine Quadratzahl, denn $4^2 = 16$.

64 ist eine Kubikzahl, denn $4^3 = 64$.
64 ist auch eine Quadratzahl, denn $8^2 = 64$.

Wurzelziehen

Die **Umkehrung des Potenzierens** bezeichnet man als **Wurzelziehen.**
Die Zahl unter der Wurzel heißt **Radikand.**

a ← Wurzelziehen — Potenzieren → a^2

Die **Quadratwurzel** aus einer positiven Zahl a ist die positive Zahl b, die quadriert a ergibt.
$\sqrt{a} = b$, wenn $b \cdot b = b^2 = a$ $(a, b > 0)$.

$\sqrt{144} = 12$, denn $12 \cdot 12 = 144$
„Die Quadratwurzel aus 144 ist 12."

Die **Kubikwurzel** aus einer positiven Zahl a ist diejenige positive Zahl b, deren dritte Potenz a ergibt.
$\sqrt[3]{a} = b$, wenn $b \cdot b \cdot b = b^3 = a$ $(a, b > 0)$.

$\sqrt[3]{729} = 9$
„Die Kubikwurzel aus 729 ist 9."

Reelle Zahlen

Eine Zahl nennt man **irrational**, wenn man sie **nicht als Bruch** zweier ganzer Zahlen darstellen kann. Die zugehörige Dezimalzahl hat unendlich viele Dezimalen, die jedoch nicht systematisch angeordnet sind.
Die rationalen und irrationalen Zahlen bilden zusammen die Menge der **reellen Zahlen** $\mathbb{R}$.

$\sqrt{2} = 1{,}414213562\ldots$

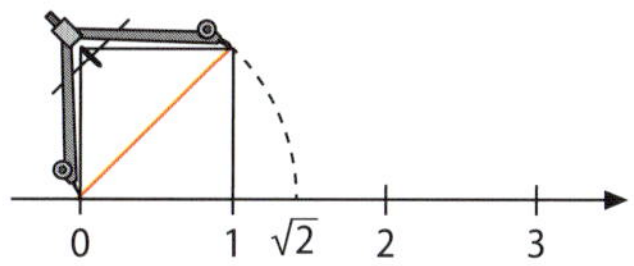

Rechnen mit reellen Zahlen

Multiplikation von Wurzeln
$\sqrt{a} \cdot \sqrt{b} = \sqrt{a \cdot b}$ für $a, b > 0$

Division von Wurzeln
$\frac{\sqrt{a}}{\sqrt{b}} = \sqrt{\frac{a}{b}}$ für $a, b > 0$

Bei der **Addition** und **Subtraktion** lassen sich zwei Wurzeln **nicht** zu einer Wurzel **zusammenfassen.**

$$\sqrt{16} \cdot \sqrt{9} = \sqrt{16 \cdot 9}$$
$$4 \cdot 3 = \sqrt{144}$$
$$12 = 12$$
$$\frac{\sqrt{9}}{\sqrt{16}} = \sqrt{\frac{9}{16}}$$
$$\frac{3}{4} = \frac{3}{4}$$
$$\sqrt{9} + \sqrt{16} = 3 + 4 = 7, \sqrt{9 + 16} = \sqrt{25} = 5$$

Rechengesetze

- Es können bei der alleinigen **Addition** und **Multiplikation** reelle Zahlen **beliebig vertauscht (Kommutativgesetz)** oder durch **Klammern zusammengefasst (Assoziativgesetz)** werden.

Kommutativgesetz
$(4{,}2) + (-2{,}3) + (3{,}8) = (4{,}2) + (3{,}8) + (-2{,}3)$
$(2{,}5) \cdot (-1{,}8) \cdot (-6) = (2{,}5) \cdot (-6) \cdot (-1{,}8)$

Assoziativgesetz
$(-0{,}8) + [(2{,}8) + (-1)] = [(-0{,}8) + (2{,}8)] + (-1)$
$(-0{,}75) \cdot [(-0{,}5) \cdot (+1{,}2)] = [(-0{,}75) \cdot (-0{,}5)] \cdot (+1{,}2)$

- Summen (Differenzen), die mit einer reellen Zahl multipliziert werden, lassen sich **ausmultiplizieren** bzw. **ausklammern (Distributivgesetz).**

Distributivgesetz
ausmultiplizieren →
$(-5) \cdot (3 + 8) = (-5) \cdot 3 + (-5) \cdot 8$
← ausklammern

Prozente

Prozent ist der Anteil von Hundert: $1\,\% = \frac{1}{100}$

$25\,\% = \frac{25}{100} = 0{,}25$
Prozent Bruch Dezimalzahl

Grundbegriffe der Prozentrechnung

Fachbegriffe in der Prozentrechnung:

- Grundwert G: Das Ganze entspricht 100 %.
- Prozentwert P: der Teil, den man mit dem Ganzen (also dem Grundwert G) vergleicht
- Prozentsatz p %: der Anteil vom Ganzen (also vom Grundwert G), den man in % angibt

8 Schüler von 25 Schülern sind $\frac{8}{25} = \frac{32}{100}$, also 32 %.

- 8 Schüler → Prozentwert P: Teil vom Ganzen absolute Häufigkeit
- 25 Schülern → Grundwert G: das Ganze Gesamtanzahl
- 32 % → Prozentsatz p %: Anteil (Bruchteil) in % relative Häufigkeit in %

Zinsrechnung

Die Zinsrechnung ist eine Anwendung der Prozentrechnung.
In den meisten Fällen wird ein **Jahreszins** vereinbart, d. h. nach einem Jahr wird das Kapital um die berechneten Zinsen erhöht.

Prozentrechnung	Zinsrechnung
Grundwert G	Kapital K
Prozentwert P	Zinsen Z
Prozentsatz p %	Zinssatz p %

$Z = K \cdot p\,\%$ (**„Zinsformel"**)

Wird Geld nur einen **Teil des Jahres** angelegt, dann wird auch nur der zugehörige **Anteil von den Jahreszinsen** Z berechnet.

Jahreszinsen 120 €, Zinsen für 7 Monate sind dann
$Z = 120\,€ \cdot \frac{7}{12} = 70\,€$

Terme

In einem Term mit einer Variablen steht die Variable für eine beliebige Zahl. Setzt man für die Variable in einem Term eine Zahl ein, so erhält man den Wert des Terms.

Term: $2 + 3x$
Wert des Terms für $x = 5$: $2 + 15 = 17$

Einfache Termumformungen

Terme lassen sich oft zu einem äquivalenten (gleichwertigen) Term umformen. Beim Umformen gelten das Kommutativgesetz, das Assoziativgesetz und das Distributivgesetz.

KG: $a + b + a = a + a + b$
AG: $3 \cdot 4b = 12 \cdot b$
DG: $2x + 3x = (2 + 3) \cdot x = 5x$

Terme mit Klammern

Plusklammern können weggelassen werden.
Minusklammern können weggelassen werden, wenn die Vorzeichen in der Klammer umgedreht werden.

$x + (y + z) = x + y + z$ $\quad x - (y - z) = x - y + z$
$x + (y - z) = x + y - z$ $\quad x - (-y - z) = x + y + z$
$x - (y + z) = x - y - z$

Multiplikation von Termen

Eine Klammer wird mit einem Faktor multipliziert, indem der Faktor mit jedem einzelnen Glied in der Klammer multipliziert wird.
Zwei Klammern werden multipliziert, indem jedes Glied in der ersten Klammer mit jedem Glied in der zweiten Klammer multipliziert wird. Dabei müssen die Vorzeichen beachtet werden.

$x \cdot (y + z) = x \cdot y + x \cdot z$
$-x \cdot (-y + z) = +x \cdot y - x \cdot z$

$(a + b) \cdot (c + d) = ac + ad + bc + bd$

$(a + b) \cdot (c - d) = ac - ad + bc - bd$

Äquivalenzumformungen

Mithilfe von Äquivalenzumformungen lassen sich Gleichungen so umformen, dass auf einer Seite nur noch die gesuchte Variable steht.
Äquivalenzumformungen sind:

- zu beiden Seiten der Gleichung die gleiche Zahl oder den gleichen Term addieren
- von beiden Seiten der Gleichung die gleiche Zahl oder den gleichen Term subtrahieren
- beide Seiten der Gleichung mit der gleichen Zahl ($\neq 0$) multiplizieren
- beide Seiten der Gleichung durch die gleiche Zahl ($\neq 0$) dividieren

1
$$\frac{2}{3}x - 5 = 12 \quad | + 5$$
$$\frac{2}{3}x = 17 \quad | : \frac{2}{3}$$
$$x = 17 \cdot \frac{2}{3}$$
$$x = \frac{34}{3}$$

2
$$\frac{1}{2}x + 3 = 9 \quad | - 3$$
$$\frac{1}{2}x = 6 \quad | \cdot 2$$
$$x = 12$$

Lineare Gleichungen mit zwei Variablen

Lineare Gleichungen können auch zwei Variablen enthalten. Alle Zahlenpaare, welche die Gleichung erfüllen, sind Lösungen der Gleichung.

fünf Zahlenpaare aus $\mathbb{Q}$, die die Gleichung $y = 3x + 7$ erfüllen:
$(-2|1)$; $(-1|4)$; $(0|7)$; $(1|10)$; $(2|13)$

Gleichungssysteme zeichnerisch lösen

Sollen Zahlenpaare $(x|y)$ **zwei lineare Gleichungen gleichzeitig erfüllen**, so spricht man von einem **linearen Gleichungssystem**. Jede Lösung eines linearen Gleichungssystems ist sowohl ein Element der Lösungsmenge der ersten als auch der zweiten Gleichung.
Beim graphischen Lösen gibt es drei Fälle:

1 Die zugehörigen Geraden **schneiden sich**. Das lineare Gleichungssystem hat **genau eine Lösung**: $L = \{(2|2)\}$.

2 Die zugehörigen Geraden liegen **parallel zueinander**. Das lineare Gleichungssystem hat **keine Lösung**: $L = \{\ \}$.

3 Die zugehörigen Geraden sind **identisch**. Das lineare Gleichungssystem hat **unendlich viele Lösungen**: $L = \{(x|y) \mid y = x + 0{,}5\}$.

1

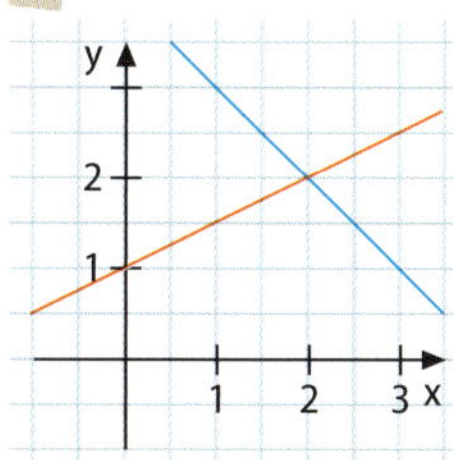

2

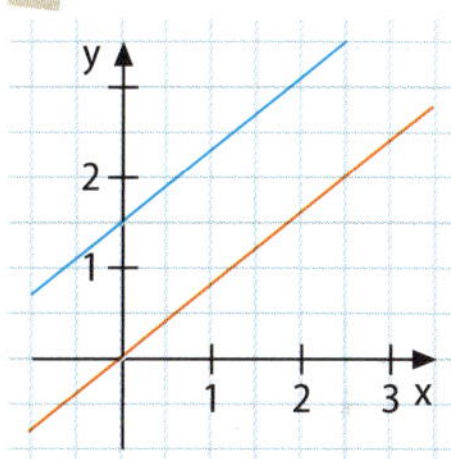

3

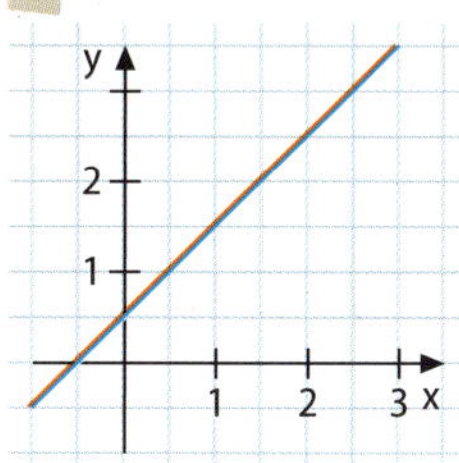

Gleichsetzungssysteme rechnerisch lösen

Einsetzungsverfahren
Löst man eine der Gleichungen nach einer Variablen (z. B. y) auf, dann kann man den erhaltenen Term für die Variable in die andere Gleichung einsetzen.

Gleichsetzungsverfahren
Sind beide Gleichungen nach einer Variablen (z. B. y) aufgelöst, kann man die Terme gleichsetzen.

I $\quad -x - 2y = 3$
II $\quad y = 2x$ (einsetzen)

$$-x - 2 \cdot (2x) = 3$$
$$-5x = 3 \quad | : (-5)$$
$$x = -\frac{3}{5}$$

In II:
$$y = 2 \cdot \left(-\frac{3}{5}\right) = -\frac{6}{5} = -1\frac{1}{5}$$

Probe:
$$-\left(-\frac{3}{5}\right) - 2 \cdot \left(-\frac{6}{5}\right) = -\frac{15}{5} = 3 \ ✓$$

Lineare Ungleichungssysteme

Zwei oder mehrere lineare Ungleichungen nennt man ein lineares Ungleichungssystem. Die Lösungen eines Ungleichungssystems sind alle gemeinsamen Punkte der Lösungsmengen aller Ungleichungen.

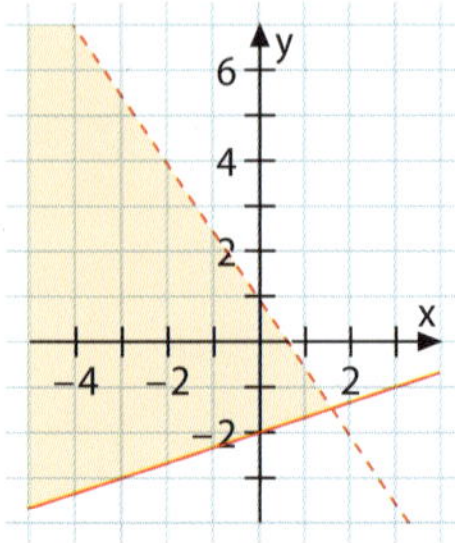

I $y < -\frac{3}{2}x + 1$

II $-6y - 12 \leq 5 - 2x$

Einfache quadratische Gleichungen lösen

Jede Gleichung der Form $ax^2 + c = 0$ lässt sich durch Umformen auf die Form $x^2 = d$ bringen. Dabei hat die Gleichung für …

1 $d > 0$ zwei Lösungen.

2 $d = 0$ eine Lösung.

3 $d < 0$ keine Lösung.

1 $x^2 = 4$
$x_{1,2} = \pm\sqrt{4}$
$x_1 = -2;\ x_2 = 2$
$L = \{-2; 2\}$

2 $x^2 = 0$
$x_{1,2} = \pm\sqrt{0}$
$x = 0$ $\qquad L = \{0\}$

3 $x^2 = -2$ $\qquad L = \{\ \}$

Quadratische Gleichungen lösen

1 rechnerisch: Umformen mit binomischer Formel und quadratischer Ergänzung.

$x^2 + 6x + 8 = 0$

1 $\underbrace{x^2 + 6x + 3^2}_{(x+3)^2} \underbrace{- 3^2 + 8}_{-1} = 0$

$(x + 3)^2 - 1 = 0 \quad | + 1$

$(x + 3)^2 = 1$

$x + 3 = \pm 1$

$x_1 = -4;\ x_2 = -2 \qquad L = \{-4; -2\}$

2 graphisch: Nullstellen der zugehörigen quadratischen Funktion bestimmen.

2

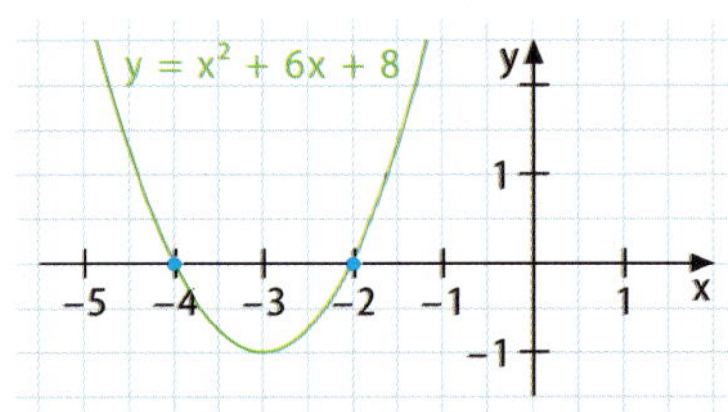

$x_1 = -4;\ x_2 = -2 \qquad L = \{-4; -2\}$

Lösungsformel für quadratische Gleichungen

Für die quadratische Gleichung $ax^2 + bx + c = 0$ gilt die **Lösungsformel**:

$$x_{1/2} = \frac{-b \pm \sqrt{b^2 - 4ac}}{2a}.$$

Den Term $b^2 - 4ac$ nennt man **Diskriminante D**. Für die Anzahl der Lösungen einer quadratischen Gleichung gilt:

1 $D > 0$ zwei Lösungen

2 $D = 0$ eine Lösung

3 $D < 0$ keine Lösung

$-0{,}5x^2 + 2x + 6 = 0$

$a = -0{,}5;\ b = 2;\ c = 6$

$$x_{1/2} = \frac{-2 \pm \sqrt{2^2 - 4 \cdot (-0{,}5) \cdot 6}}{2 \cdot (-0{,}5)}$$

$x_1 = -2;\ x_2 = 6 \qquad L = \{-2; 6\}$

1 $2x^2 - 3x - 2 = 0,\ D = 25$

2 $-0{,}5x^2 + 5x - 12{,}5 = 0,\ D = 0$

3 $-3x^2 - 5x - 4 = 0,\ D = -23$

Quadratische Ungleichungen lösen

Ungleichungen der Form $ax^2 + bx + c < 0$ heißen quadratische Ungleichungen.
Rechnerische Lösung:

1 Nullstellen der zugehörigen quadratischen Funktion bestimmen.

2 Bereiche um die Nullstellen mithilfe einer Punktprobe überprüfen.

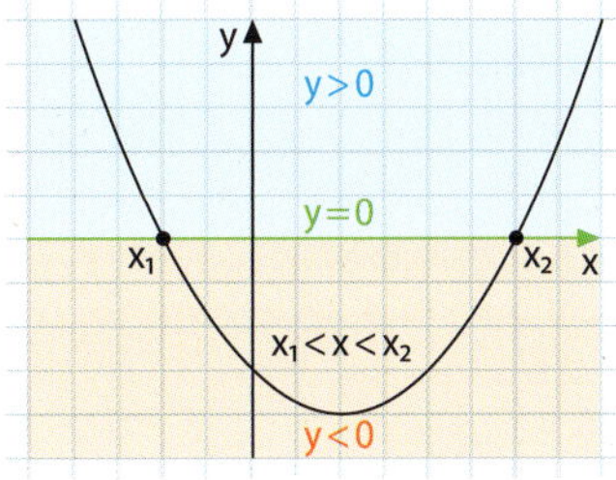

Messen

Rechnen mit Größen

Größen gleicher Art werden **addiert (subtrahiert)**, indem man alle Größen **in dieselbe Maßeinheit umwandelt** und anschließend die Größen stellengerecht addiert (subtrahiert).
Größen werden mit einer natürlichen Zahl **multipliziert** (durch eine natürliche Zahl **dividiert**), indem man die Zahlen berechnet und dem Ergebnis die Einheit der Größe gibt.

1,13 m + 3,4 cm = 113 cm + 3,4 cm = 116,4 cm

10,32 € − 3,04 € = 7,28 €

3,45 € · 4 = 345 ct · 4 = 1380 ct = 13,80 €

1,024 kg : 8 = 1024 g : 8 = 128 g

Umfang

Der **Umfang** U einer geometrischen Figur ist die **Länge** ihrer **Randlinie**.

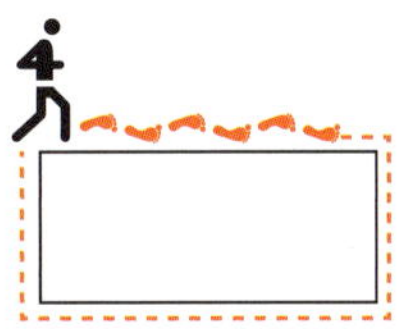

Flächeninhalt und Flächeneinheiten

Flächen, die man mit denselben Flächenstücken auslegen kann, sind gleich groß.
Sie besitzen den gleichen **Flächeninhalt**.

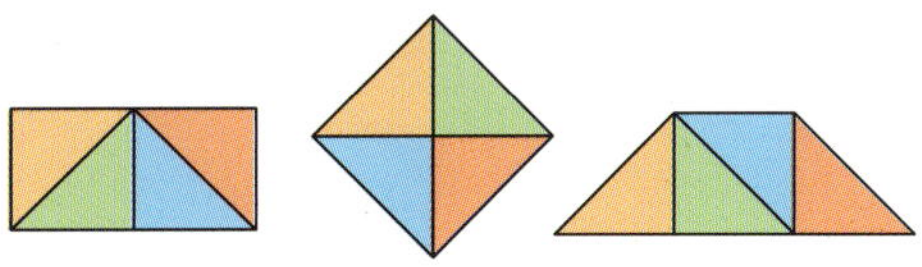

Flächenvergleich

Vielecke, die sich in **deckungsgleiche Teilfiguren** zerlegen lassen, besitzen den **gleichen Flächeninhalt**.

Flächeninhalt und Umfang eines Parallelogramms

A_P = Grundseite · zugehörige Höhe

$A_P = g \cdot h$

Für den Umfang gilt $U_P = 2 \cdot (a + b)$.

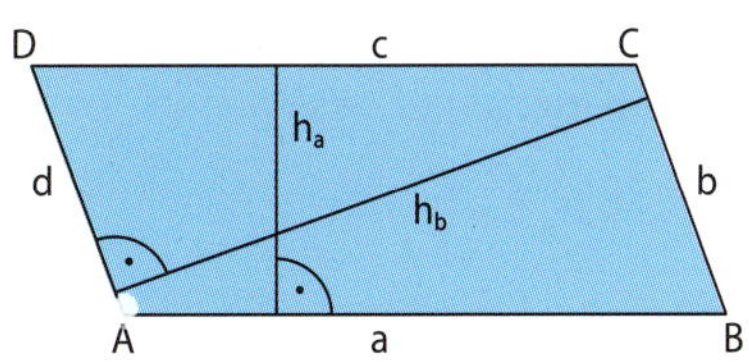

$A_P = a \cdot h_a$ oder

$A_P = b \cdot h_b$

Flächeninhalt und Umfang eines Dreiecks

$A_D = \frac{1}{2} \cdot$ Grundseite $\cdot$ zugehörige Höhe

$A_D = \frac{1}{2} \cdot g \cdot h$

Für den Umfang gilt $U_D = a + b + c$.

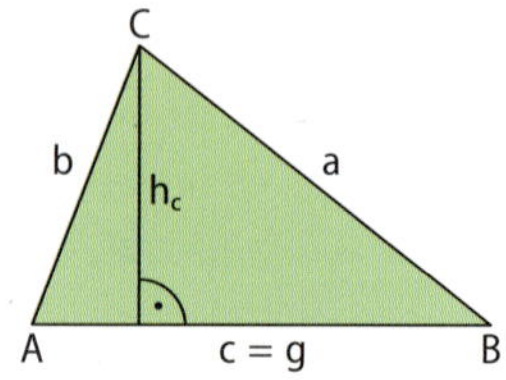

Flächeninhalt eines Vielecks

Ein **Vieleck** lässt sich immer in Dreiecke und spezielle Vierecke zerlegen.
Der Flächeninhalt des Vielecks ist die Summe aus den Flächeninhalten der Figuren, in die das Vieleck zerlegt wurde.

$A_{Vieleck} = A_1 + A_2 + A_3 + \ldots + A_n$

In unserem Beispiel gilt $n = 5$.

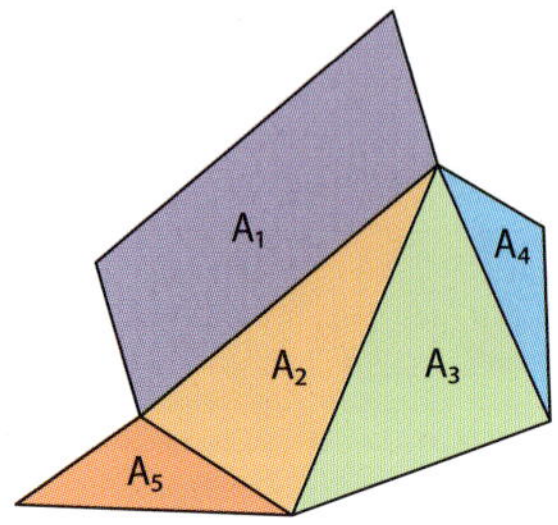

Flächeninhalt und Umfang eines Trapezes

$A_{Tr} = \frac{1}{2} \cdot (a + c) \cdot h$

Für den Umfang gilt $U_{Tr} = a + b + c + d$.

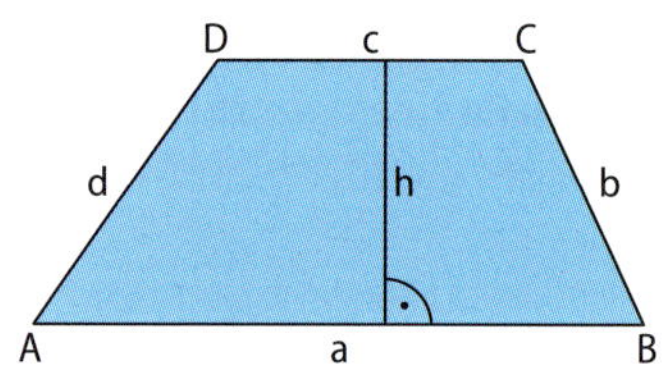

Flächeninhalt und Umfang eines Kreises

Der Quotient aus der Länge von Durchmesser und Umfang hat den Wert von etwa 3,14. Man bezeichnet diesen Wert mit π (sprich „pi"). Für den Umfang eines Kreises gilt:

$U_K = \pi \cdot d = 2 \cdot \pi \cdot r$

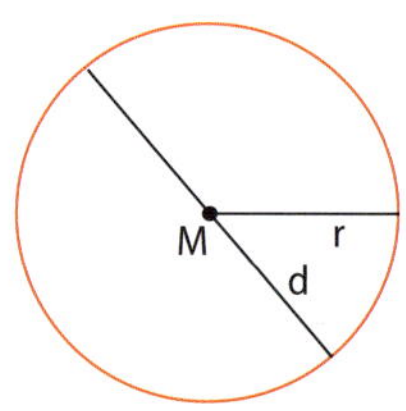

Für den Flächeninhalt eines Kreises git:

$A_K = \pi \cdot r^2$ bzw. $A_K = \frac{1}{4} \cdot \pi \cdot d^2$

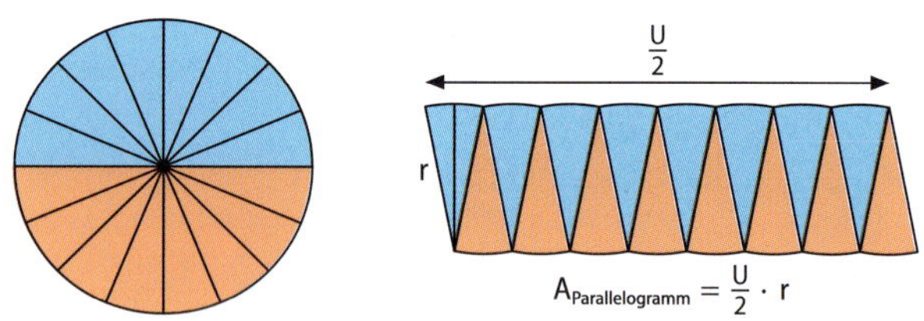

Oberflächeninhalt von Quader und Würfel

Alle Flächen, die einen Quader oder einen Würfel begrenzen, bilden zusammen die **Oberfläche** dieses Körpers. Der Flächeninhalt des Netzes ist somit der **Oberflächeninhalt O** des Quaders oder des Würfels.

$O_{Quader} = 2 \cdot l \cdot b + 2 \cdot b \cdot h + 2 \cdot l \cdot h$

$O_{Würfel} = 6 \cdot a \cdot a = 6 \cdot a^2$

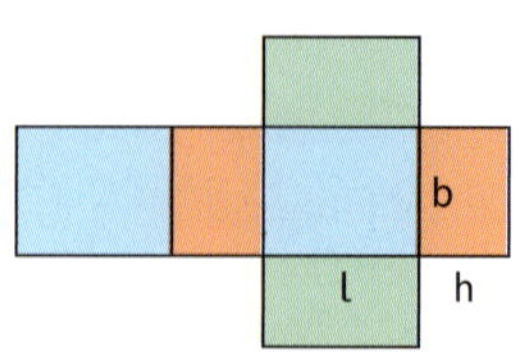

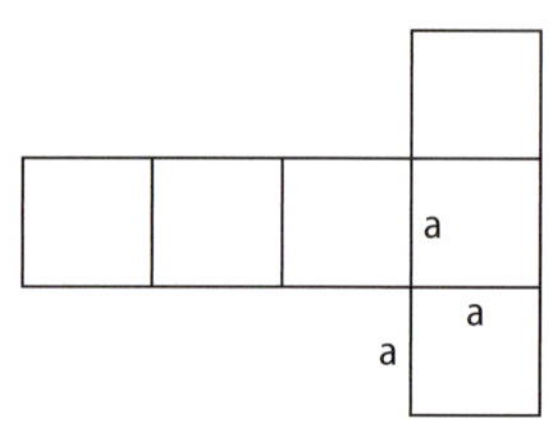

Volumen

Die Größe des Raums, den ein Körper einnimmt, nennt man seinen **Rauminhalt** oder auch sein **Volumen**.
Das Volumen von Körpern kann man auf unterschiedliche Arten bestimmen:
durch Eintauchen in Wasser, durch Einfüllen von Wasser oder durch Auszählen mit kleineren Teilkörpern.

Als Maßeinheit für das Volumen (Rauminhalt) verwendet man Einheitswürfel mit der Kantenlänge 1 mm, 1 cm, 1 dm, 1 m oder 1 km.
Die Umwandlungszahl zwischen benachbarten Volumeneinheiten ist 1000.

$1\ m^3 \underset{\cdot 1000}{\overset{:1000}{\rightleftarrows}} 1\ dm^3 \underset{\cdot 1000}{\overset{:1000}{\rightleftarrows}} 1\ cm^3 \underset{\cdot 1000}{\overset{:1000}{\rightleftarrows}} 1\ mm^3$

Hohlmaße:
$1\ h\ell = 100\ \ell \quad 1\ dm^3 = 1\ \ell \quad 1\ cm^3 = 1\ m\ell$

Volumen von Quader und Würfel

$V_{Quader} = \text{Länge} \cdot \text{Breite} \cdot \text{Höhe}$

$V_{Quader} = a \cdot b \cdot c$

$V_{Würfel} = a \cdot a \cdot a = a^3$

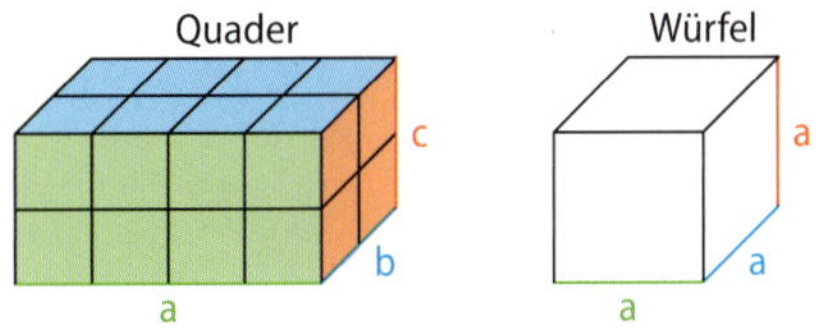

Zentrische Streckung

Bei **maßstäblichen Vergrößerungen** und **Verkleinerungen** legt der Maßstab fest, in welchem Verhältnis die Länge der Bildstrecke zur Länge der Originalstrecke steht. Diesen Vorgang nennt man **zentrische Streckung**. Den Maßstab bezeichnet man als **Streckungsfaktor k**.

$$|k| = \frac{\text{Länge der Bildstrecke}}{\text{Länge der Originalstrecke}}$$

|k| gibt die Art der Vergrößerung bzw. Verkleinerung an, das Vorzeichen von k die Richtung der Streckung von Z aus.

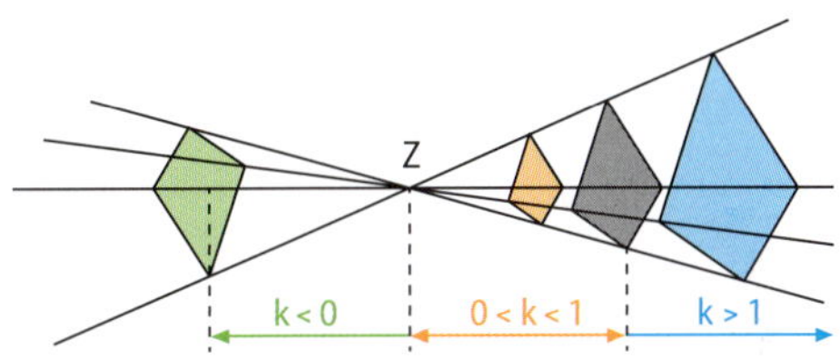

$|k| = 1$: Das Bild ist so groß wie das Original.
$|k| > 1$: Das Bild ist größer als das Original.
$0 < |k| < 1$: Das Bild ist kleiner als das Original.
$k < 0$: Das Bild wurde an Z gespiegelt und ggf. vergrößert oder verkleinert.

Eigenschaften der zentrischen Streckung

Die zentrische Streckung hat folgende **Eigenschaften**:

- Sie ist **geradentreu, winkeltreu** und **kreistreu**.
- Original und Bildfigur haben den **gleichen Umlaufsinn**.
- Die zentrische Streckung ist **verhältnistreu**.
- Der Inhalt der Bildfläche ist das k^2-Fache des Inhalts der Originalfläche: $A_{Bild} = k^2 \cdot A_{Original}$
- Der Umfang der Bildfigur ist das |k|-Fache des Umfangs der Originalfigur.

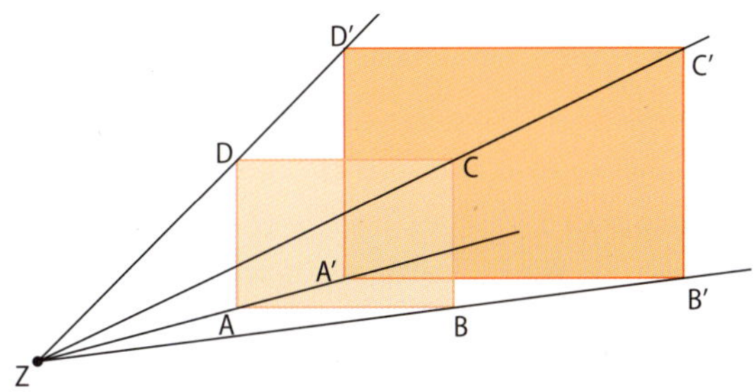

1. Strahlensatz

Werden zwei Strahlen mit gemeinsamem Anfangspunkt von zwei Parallelen geschnitten, so verhalten sich die Abschnitte auf dem einen Strahl zueinander wie die gleich liegenden Abschnitte auf dem anderen Strahl.

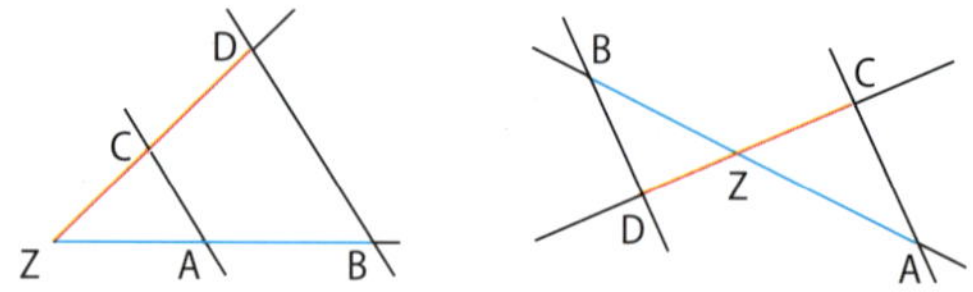

$\frac{\overline{ZA}}{\overline{ZB}} = \frac{\overline{ZC}}{\overline{ZD}}$ oder $\frac{\overline{ZA}}{\overline{AB}} = \frac{\overline{ZC}}{\overline{CD}}$

2. Strahlensatz

Werden zwei Strahlen mit gemeinsamem Anfangspunkt von zwei Parallelen geschnitten, so verhalten sich die Parallelenabschnitte zueinander wie die zugehörigen Abschnitte auf ein und demselben Strahl.

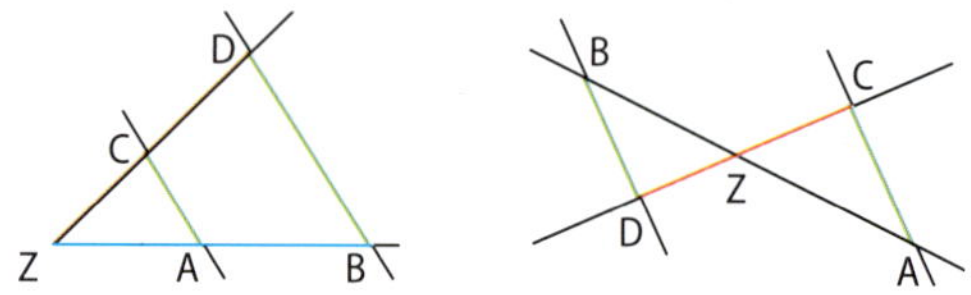

$\frac{\overline{ZA}}{\overline{ZB}} = \frac{\overline{AC}}{\overline{BD}}$ oder $\frac{\overline{ZC}}{\overline{ZD}} = \frac{\overline{AC}}{\overline{BD}}$

Raum und Form

Geradlinige Verbindungen

1 **Strecke $\overline{AB}$:** Anfangs- und Endpunkt
2 **Gerade AB:** kein Anfangspunkt, kein Endpunkt
3 **Halbgerade (Strahl):** Anfangspunkt, aber kein Endpunkt

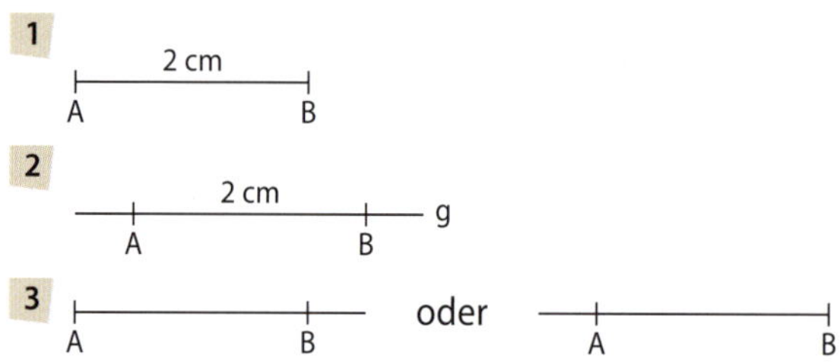

Orthogonal und parallel

Zwei Geraden liegen **orthogonal** zueinander, wenn sie sich unter einem rechten Winkel schneiden. Zwei Geraden, die eine gemeinsame orthogonale Gerade haben, liegen **parallel** zueinander.

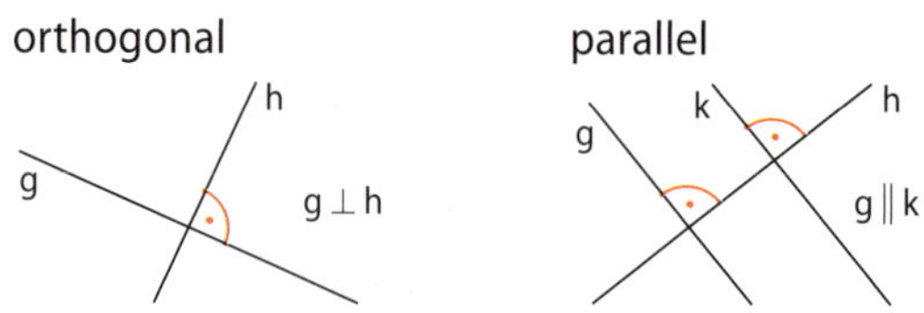

Winkel

Ein **Winkel** wird von zwei **Schenkeln** begrenzt. Diese haben einen gemeinsamen Anfangspunkt, den **Scheitelpunkt S**.
Um die Größe von Winkeln anzugeben, wird der Vollwinkel (eine Umdrehung) in 360 gleich große Teile geteilt. Die so entstandene Einheit nennt man **1 Grad (1°)**.

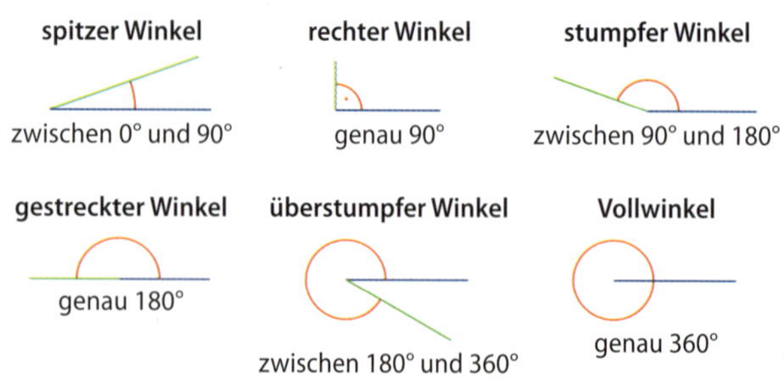

Schrägbild

Im **Schrägbild** werden die Kanten der Vorder- und Rückfläche mit den angegebenen Längenmaßen gezeichnet.

Die nach hinten verlaufenden Kanten werden in halber Länge und unter einem Winkel von 45° gezeichnet. Nicht sichtbare Kanten werden gestrichelt.

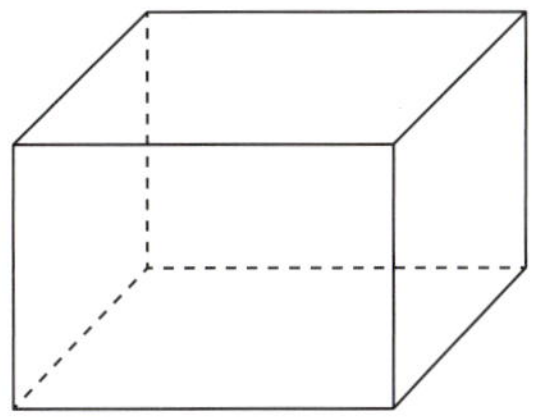

Schrägbild eines Quaders

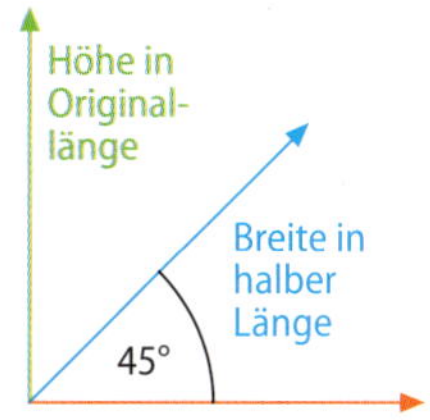

Winkel an Geraden

Schneiden sich zwei Geraden, dann …

- heißen nebeneinander liegende Winkel **Nebenwinkel**. Sie ergeben **zusammen stets 180°**.
- heißen gegenüberliegende Winkel **Scheitelwinkel**. Sie sind **gleich groß**.

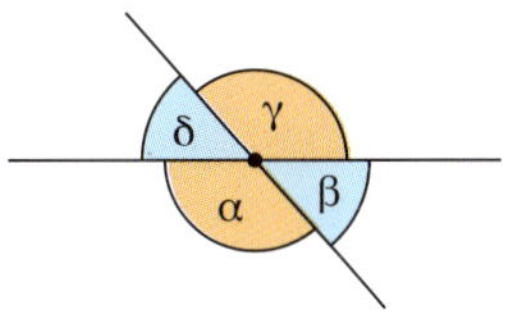

Werden zwei parallel Geraden von einer weiteren Geraden geschnitten, dann gilt:
Stufen- und **Wechselwinkel** an parallelen Geraden sind **gleich groß**.

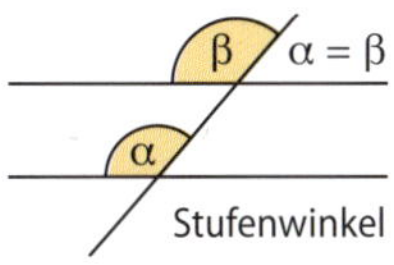

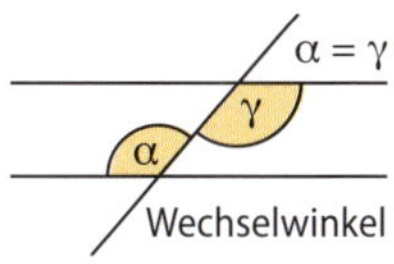

Zusammenhänge im Dreieck

Innenwinkelsumme

In jedem Dreieck beträgt die Summe aller Innenwinkel stets 180°.

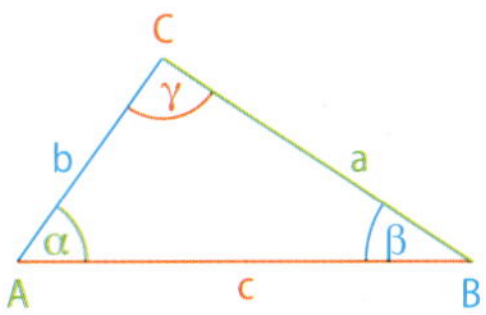

$\alpha + \beta + \gamma = 180°$

Dreiecksungleichung

In einem Dreieck sind zwei Seiten zusammen stets länger als die dritte Seite.

$a + b > c$; $a + c > b$; $b + c > a$

Seite-Winkel-Beziehung

In jedem Dreieck liegt der längeren Seite der größere Winkel gegenüber und umgekehrt.

$a > b \quad \alpha > \beta \qquad a > c \rightarrow \alpha > \gamma$ …

$\alpha > \beta \rightarrow a > b \qquad \alpha > \gamma \rightarrow a > c$ …

Besondere Dreiecke

Die Basiswinkel in einem gleichschenkligen Dreieck sind stets gleich groß. (**Basiswinkelsatz**)

Ein Sonderfall des gleichschenkligen Dreiecks ist das gleichseitige Dreieck.

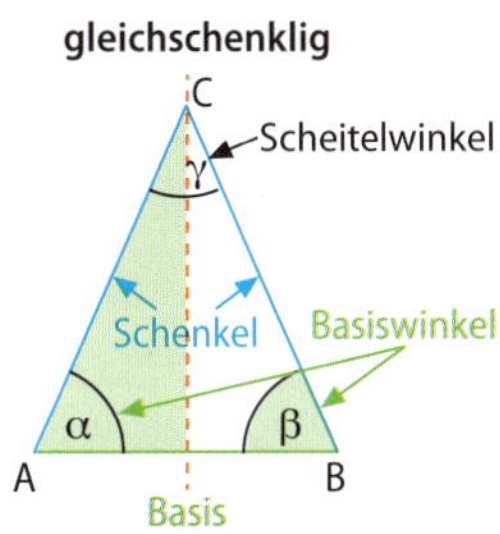

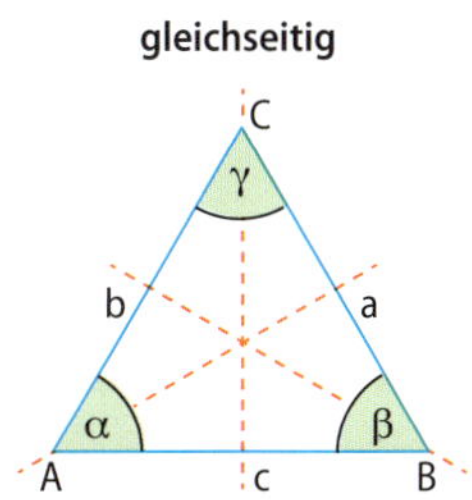

Konstruktionen mit Zirkel und Lineal

- Mithilfe eines **Zirkels** lassen sich **Streckenlängen abtragen**, die man zuvor an einem Lineal oder Geodreieck abgemessen hat.
- Mithilfe der **Winkelskala** am Dreieck lassen sich **Winkelgrößen abtragen**.

Teile einer Konstruktion
1 Skizze
2 Zeichnung
3 Beschreibung

Satz des Thales

Ein Dreieck, von dem zwei Punkte den Durchmesser eines Kreises („Thaleskreis") begrenzen und dessen dritter Punkt auf der Kreislinie liegt, ist stets rechtwinklig. Der rechte Winkel liegt am Punkt auf der Kreislinie an.

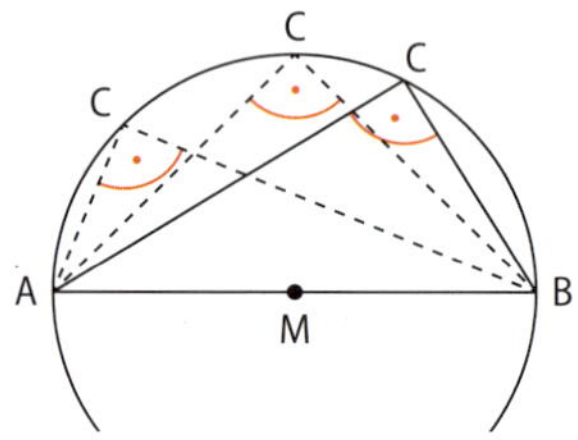

Besondere geometrische Orte bei Strecken und Winkeln

Der geometrische Ort aller Punkte P, die von zwei Punkten A und B gleich weit entfernt sind, liegt auf der Mittelsenkrechten m dieser Strecke.
Der geometrische Ort aller Punkte P, die von den Schenkeln eines Winkels mit dem Maß α jeweils den gleichen Abstand haben, ist die Winkelhalbierende w_α des Winkels α.

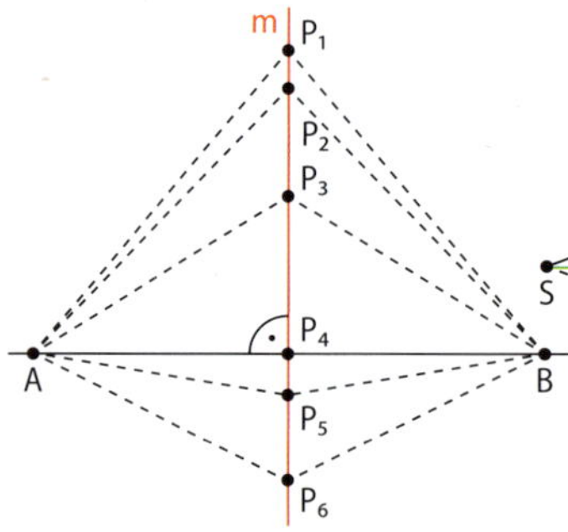

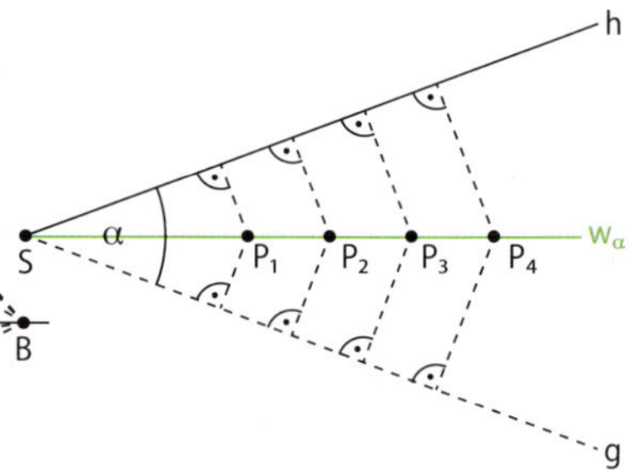

Mittelsenkrechte, Höhen und Winkelhalbierende

In einem Dreieck …
- ist der Schnittpunkt M der Mittelsenkrechten der Umkreismittelpunkt.
- ist der Schnittpunkt W der Winkelhalbierenden der Inkreismittelpunkt.
- schneiden sich die Höhen in einem Punkt.

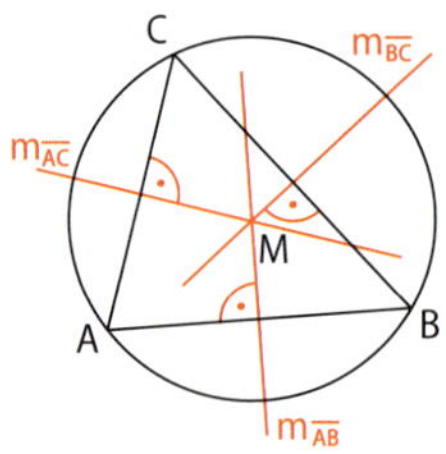

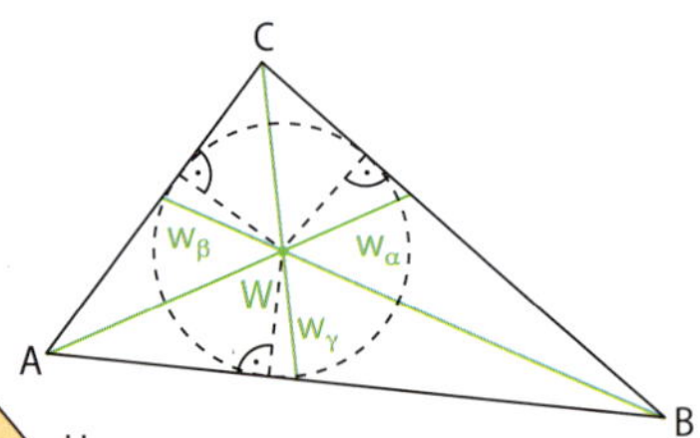

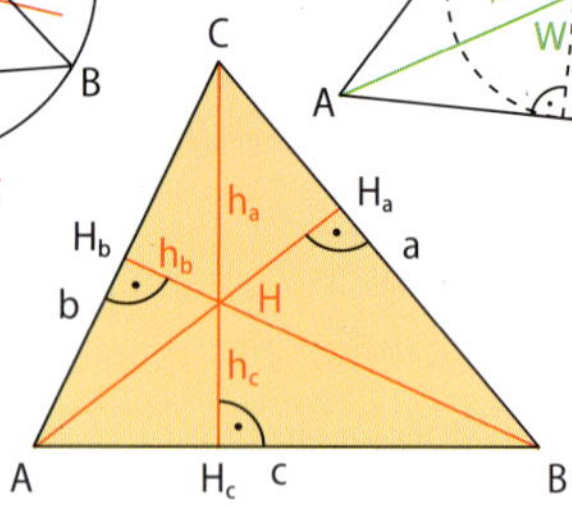

Geometrische Orte am Kreis

Alle Punkte, die von einem Punkt M denselben Abstand r haben, liegen auf der Kreislinie um M mit Radius r. Folgende Ortsbereiche lassen sich unterscheiden: das Kreisinnere k_i, die **Kreisfläche K** und das Kreisäußere k_a.

$k(M; r)$: $\overline{PM} = r$
$k_i(M; r)$: $\overline{PM} < r$
$k_a(M; r)$: $\overline{PM} > r$
$K(M; r)$: $\overline{PM} \leq r$

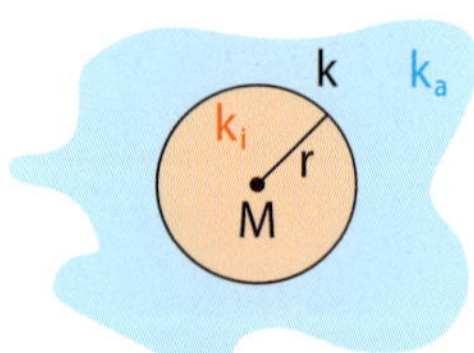

Tangenten am Kreis

Berührt eine Gerade einen Kreis in nur einem Punkt, dann ist die Gerade eine **Tangente t** an den Kreis. Die Tangente steht senkrecht auf dem Berührradius.

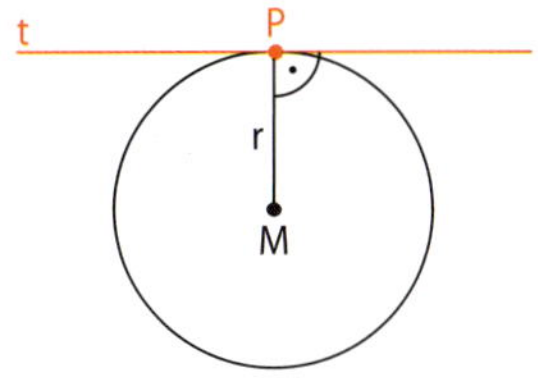

Funktionaler Zusammenhang

Koordinatensystem

Das Koordinatensystem wird durch die Achsen in vier **Quadranten** unterteilt.
Zur Bezeichnung von Punkten gibt die **erste Koordinate (x-Koordinate)** an, wie weit du dich vom Ursprung entlang der x-Achse bewegst, die **zweite Koordinate (y-Koordinate)** bestimmt die Position auf der y-Achse.

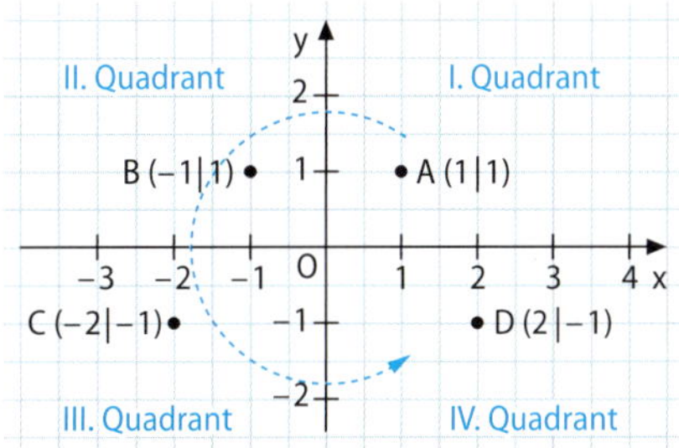

Proportionale und antiproportionale Zuordnungen

Eine Zuordnung heißt **proportional**, wenn …
- dem Doppelten (Dreifachen, …) das Doppelte (Dreifache, …) zugeordnet wird.
- alle Punkte auf einer **Geraden** liegen.
- der Quotient aus zugeordneter Größe und Ausgangsgröße stets gleich ist.

Masse	Preis
250	9200 €
50	1840 €
100	3680 €

(: 5, · 2)

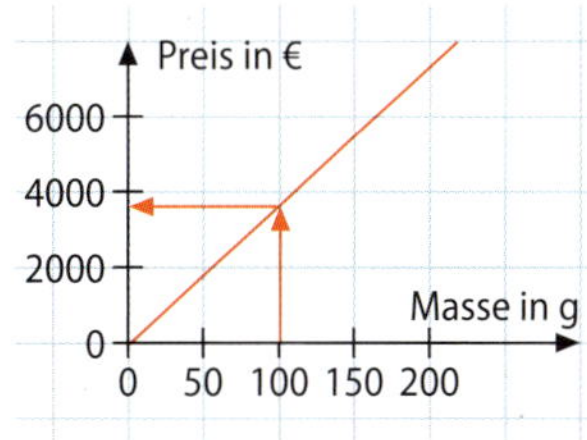

Eine Zuordnung heißt **antiproportional**, wenn …
- dem Doppelten (Dreifachen, …) die Hälfte (ein Drittel, …) zugeordnet wird.
- alle Punkte auf einer **Hyperbel** liegen.
- das Produkt aus zugeordneter Größe und Ausgangsgröße stets gleich ist.

Anzahl	Preis
15	1,40 €
5	4,20 €
10	2,10 €

(: 3, · 4)

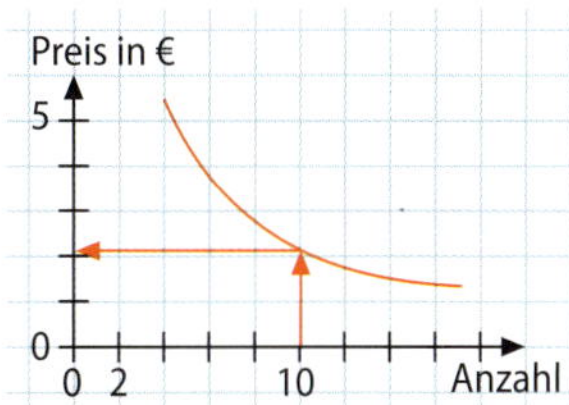

Funktionen

Eine eindeutige Zuordnung heißt **Funktion**.
Funktionen kann man darstellen durch:

1 verbale Beschreibung
2 Wertetabelle
3 Funktionsgleichung
4 Graph

1 Jeder rationalen Zahl wird ihr Doppeltes vermehrt um 1 zugeordnet.

2

x	y
−1	−1
0	1
1	3

3 $y = 2x + 1$

4

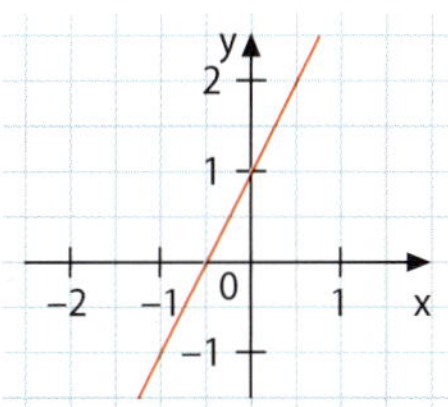

Lineare Funktionen

Eine Funktion mit der Funktionsgleichung $y = mx + c$ heißt **lineare Funktion**. Ihr Graph ist eine Gerade. Die Zahl m heißt Steigung, die Zahl c heißt y-Achsenabschnitt.

Die Steigung m kann mithilfe des Steigungsdreiecks bestimmen:

$$m = \frac{y_2 - y_1}{x_2 - x_1}$$

Die Zahl x_0 ist **Nullstelle** der Funktion, wenn $y = 0$ gilt.

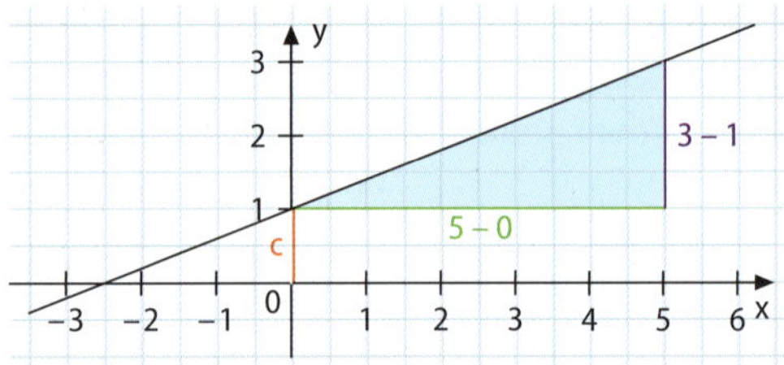

$c = 1 \qquad m = \frac{3-1}{5-0} = \frac{2}{5} = 0{,}4$

Funktionsgleichung: $y = 0{,}4x + 1$

Nullstelle: $x_0 = -2{,}5$

Graphen zeichnen

Durch zwei Punkte ist eine Gerade eindeutig festgelegt.
Möglichkeit mit Steigungsdreieck:

$y = 2 \cdot x - 1$

$m = 2 = \frac{2}{1}$

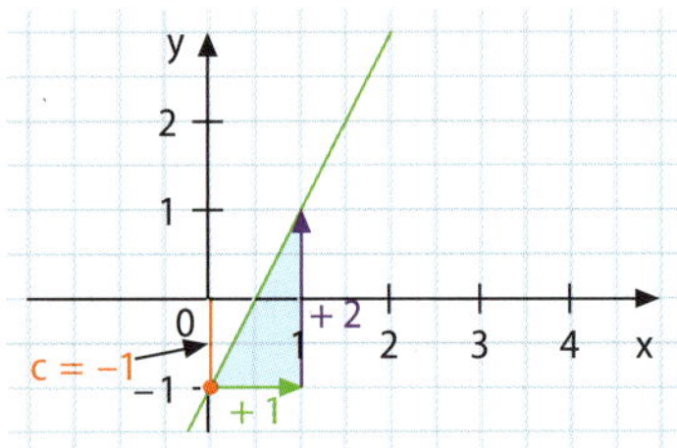

Maßstab

Gegenstände werden oft verkleinert (oder vergrößert) dargestellt. Damit man weiß, wie groß sie in Wirklichkeit sind, werden sie mithilfe eines **Maßstabs** gezeichnet.

Streckenlänge auf der Karte → 1 : 25 000 ← Streckenlänge in Wirklichkeit

Die Normalparabel

Die Gleichung $\mathbf{y = x^2}$ mit $x \in \mathbb{R}$ beschreibt eine **quadratische Funktion f**. Ihr Graph ist eine **Normalparabel**. Der Punkt **S (0 | 0)** heißt **Scheitelpunkt**.

Eigenschaften:

- $y(x) \geq 0$
- $y(x) = y(-x)$ für alle $x \in \mathbb{R}$
- $y(0) = 0$ (minimaler Funktionswert)

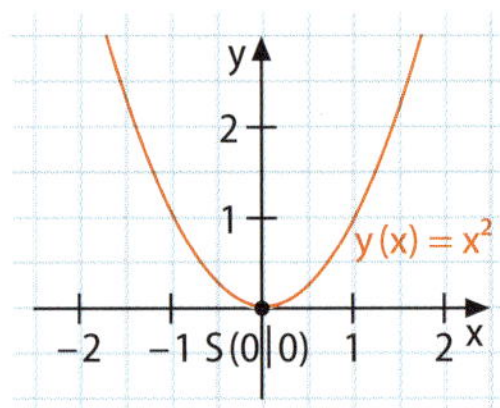

Veränderung der Normalparabel

Funktionen mit der Gleichung $y = ax^2$ mit dem Parameter $a \in \mathbb{R}\setminus\{0\}$ und $x \in \mathbb{R}$ beschreiben Parabeln, deren Scheitelpunkt S im Ursprung liegt.

a > 0: nach **oben geöffnete** Parabel
a < 0: nach **unten geöffnete** Parabel

|a| > 1: **engere** Parabel (gestreckt)
|a| < 1: **weitere** Parabel (gestaucht)

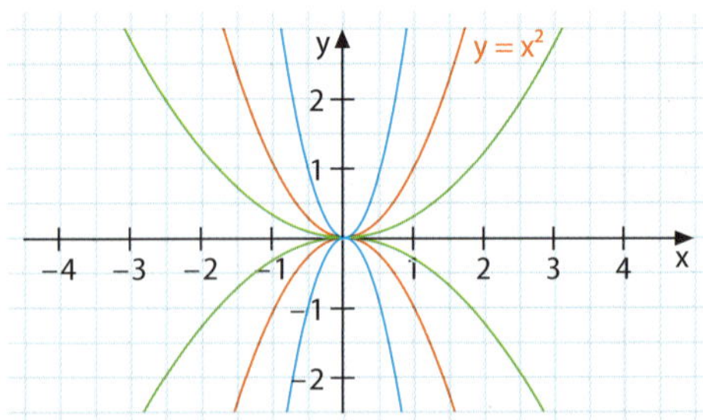

Verschiebungen der Normalparabel

Der Graph einer quadratischen Funktion mit der Gleichung...

1 $y = x^2 + e$ ($e, x \in \mathbb{R}$) entsteht durch Verschiebung der Normalparabel entlang der y-Achse. Sie hat den Scheitelpunkt S(0|e). Die Parabel ist symmetrisch zur y-Achse (Symmetrieachse).

2 $y = (x - d)^2$ ($d, x \in \mathbb{R}$) entsteht durch Verschiebung der Normalparabel entlang der x-Achse. Sie hat den Scheitelpunkt S(d|0). Die Parabel ist symmetrisch zu $x = d$ (Symmetrieachse).

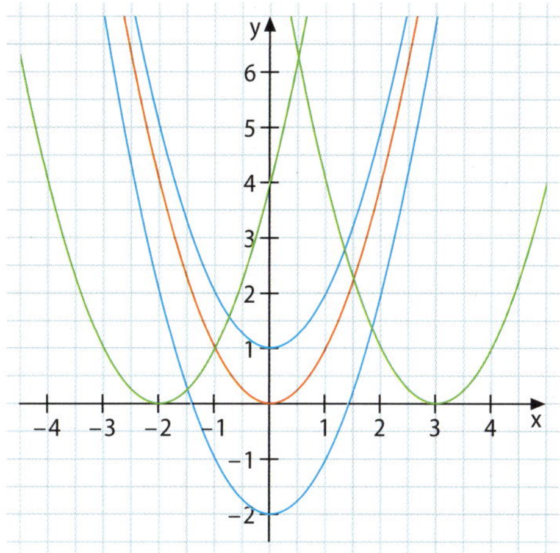

Darstellungsformen quadratischer Funktionen

Der Graph einer quadratischen Funktion mit der Gleichung $\mathbf{y = a \cdot (x - d)^2 + e}$ **(Scheitelpunktform)** ist eine zu $x = d$ symmetrische Parabel mit dem Scheitelpunkt **S(d|e)**.

ausquadrieren

$y = a \cdot (x - d)^2 + e$ Scheitelpunktform → $y = ax^2 + bx + c$ allgemeine Form

quadratisch ergänzen

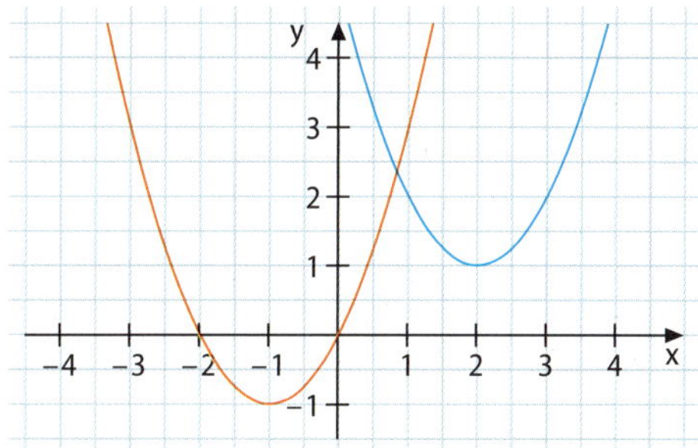

$y = (x + 1)^2 - 1 = x^2 + 2x$ S(−1|−1)

$y = (x - 2)^2 + 1 = x^2 - 4x + 5$ S(2|1)

Daten und Zufall

Diagramme

Diagramme dienen der Veranschaulichung und dem Vergleich von Zahlen. Wichtige Diagramme sind das **Säulendiagramm**, das **Balkendiagramm** und das **Bilddiagramm**.

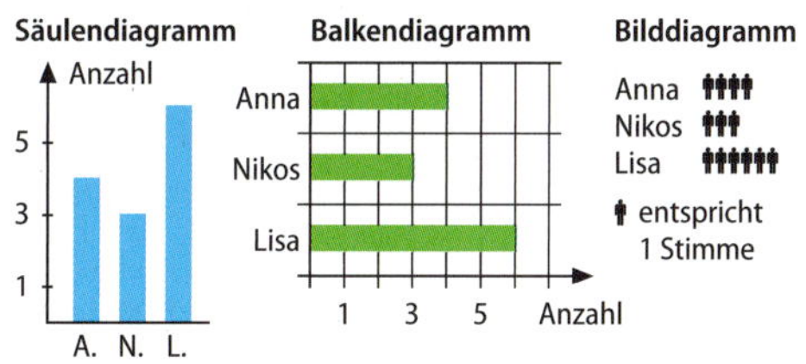

Relative Häufigkeit

Die **relative Häufigkeit h(E)** gibt den Anteil an, mit dem ein Ergebnis E in Bezug auf die Gesamtanzahl aller Ereignisse auftaucht.

$$h(E) = \frac{\text{absolute Häufigkeit H, mit der E vorkommt}}{\text{Gesamtanzahl aller Ergebnisse}}$$

Dimitri übt Elfmeterschießen. Er trifft elfmal, zwei Schüsse gehen an den Pfosten, vier werden gehalten, drei gehen vorbei.
Er traf also mit der relativen Häufigkeit

$$\frac{11}{11 + 2 + 4 + 3} = \frac{11}{20} = \frac{55}{100} = 55\,\%$$

Kreis- und Streifendiagramme

Relative Häufigkeiten kann man in einem **Kreisdiagramm** oder in einem **Streifendiagramm** darstellen.

Kreisdiagramm

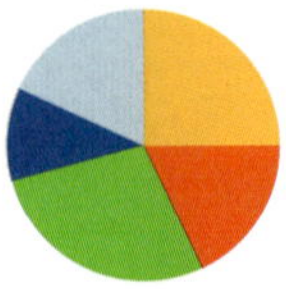

Streifendiagramm

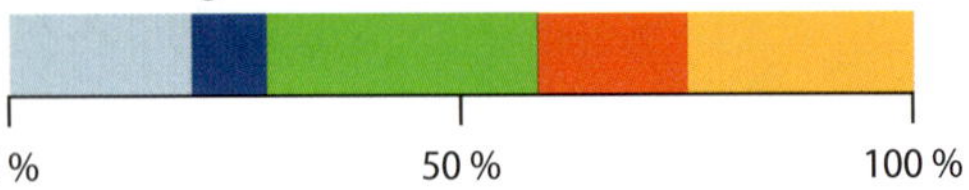

Angegeben ist, wie die Schüler der Klasse 6b in die Schule kommen.

	Zu Fuß	Rad	Bus	Bahn
	4	5	6	3
Relative Häufigkeit	$\frac{4}{18}$	$\frac{5}{18}$	$\frac{6}{18}$	$\frac{3}{18}$
Winkel im Kreisdiagramm	$4 \cdot 20° = 80°$	$5 \cdot 20° = 100°$	$6 \cdot 20° = 120°$	$3 \cdot 20° = 60°$

Darstellung im Kreisdiagramm:

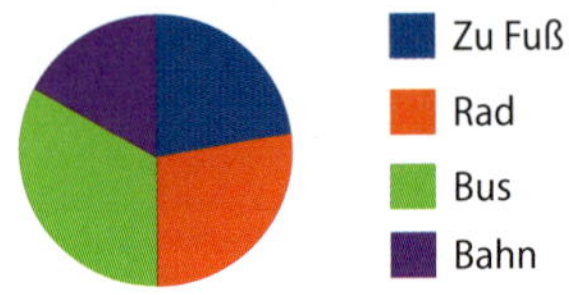

Arithmetisches Mittel

Man berechnet den „Durchschnitt" als Mittelwert, indem man alle Einzelwerte addiert und durch die Anzahl der Werte teilt. Man bezeichnet ihn als **arithmetisches Mittel ($\bar{x}$)**.

$$\bar{x} = \frac{\text{Summe aller Einzelwerte}}{\text{Anzahl der Einzelwerte}}$$

Tägliche Zeit für Hausaufgaben:

Mo	Di	Mi	Do	Fr
32 min	2 h	48 min	3 h	60 min

Durchschnitt pro Tag:
((32 + 120 + 48 + 180 + 60) : 5) min = 1 h 28 min.

Boxplots

Um einen Überblick über die Verteilung von Daten zu bekommen, bietet sich die Erstellung eines **Boxplots** an.
In der geordneten Datenreihe stellt der Median den Wert in der Mitte dar.
Die **Box** gibt an, in welchem Bereich die mittleren 50 % der Daten liegen.
Die **Antennen** geben an, in welchem Bereich die unteren bzw. oberen 25 % der Daten liegen.

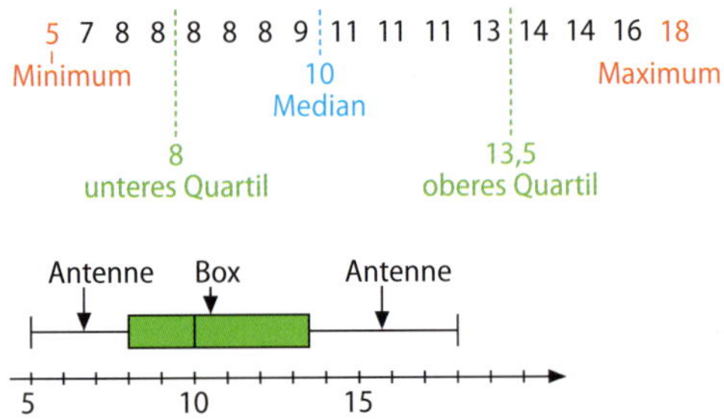

Zufallsexperiment

Für ein **Zufallsexperiment** gilt:

1 Die Durchführung erfolgt nach festen Regeln und ist beliebig oft wiederholbar.
2 Mindestens zwei Ausgänge sind möglich.
3 Der Ausgang ist nicht vorhersagbar.

Als **Ereignis** wird der **Teil aller möglichen Ausgänge** genannt, für die man sich genauer interessiert.
Ein Ereignis kann **unmöglich**, **möglich** oder **sicher** sein.

Mögliche Ausgänge beim Würfeln:
1, 2, 3, 4, 5, 6

Mögliche Ereignisse beim Würfeln:

- „Augenzahl gerade".
- „Augenzahl 6".
- „Augenzahl größer als 1".
- „Augenzahl kleiner als 4".

Zufallsexperimente beschreiben

Alle sich voneinander unterscheidenden möglichen Ergebnisse eines Zufallsexperiments bilden zusammen die **Ergebnismenge Ω**.
Jede Teilmenge der Ergebnismenge stellt ein Ereignis E dar.
Alle Ergebnisse, die nicht zu einem bestimmten Ereignis E gehören, bilden zusammen das **Gegenereignis $\overline{E}$**.

Ω = {Gelb; Rot}
Einige Ereignisse:
E_1 = {Gelb}; E_2 = {Rot}
E_3 = {Gelb; Rot}; E_4 = { }

E_3: **sicheres Ereignis**
E_4: **unmögliches Ereignis**
E_2 ist **Gegenereignis** von E_1

Das empirische Gesetz der großen Zahlen

Führt man ein Zufallsexperiment sehr oft durch, dann beobachtet man, dass sich die **relativen Häufigkeiten** bei wachsender Versuchszahl **stabilisieren**. Diese Tatsache wird auch als das empirische Gesetz der großen Zahlen bezeichnet.
Die stabilisierten relativen Häufigkeiten sind ein guter **Schätzwert für die Wahrscheinlichkeit**, mit der man die Ergebnisse eines Zufallsexperiments erwartet.

Eine 1-€-Münze wird mehrmals geworfen.

Anzahl der Würfe	H(W)	H(Z)	h(W)	h(Z)
10	7	3	70 %	30 %
100	42	58	42 %	58 %
1000	514	486	51 %	49 %
10 000	4955	5045	50 %	50 %

P(W) = 50 % = P(Z)

Laplace-Wahrscheinlichkeit

Bei einem Zufallsexperiment kann jedem **Ereignis** eine **Wahrscheinlichkeit** zugeordnet werden. Man schreibt kurz: **P(E)** „Wahrscheinlichkeit des Ereignisses E"

Bei einem **Laplace-Experiment** gilt:

$$P(E) = \frac{|E|}{|\Omega|} \quad \left(\frac{\text{„Günstige Ergebniss"}}{\text{„alle möglichen Ergebnisse"}}\right)$$

|E|: Anzahl der Ergebnisse des Ereignisses E
|Ω|: Anzahl der Ergebnisse der Ergebnismenge

Beachte: $0 \leq P(E) \leq 1$ $\qquad P(E) + P(\overline{E}) = 1$

Mit welcher Wahrscheinlichkeit wird ein Vokal aus den abgebildeten Buchstaben gezogen?

Ω = {I; M; N; O; S} $\qquad$ |Ω| = 5
E: „Der gezogene Buchstabe ist ein Vokal."
E = {I; O} $\qquad$ |E| = 2
$P(E) = \frac{2}{5} = 0{,}4 = 40\,\%$

Mehrstufige Zufallsexperimente

Mehrstufige Zufallsexperimente können in einem **Baumdiagramm** übersichtlich dargestellt werden.
Zu jedem Ereignis gehört ein **Pfad**. Die Wahrscheinlichkeiten werden am zugehörigen Pfad notiert. Regeln für die Wahscheinlichkeiten zusammengesetzter Ereignisse:

1. Pfadregel: Die Wahrscheinlichkeiten entlang eines Pfades werden multipliziert.

2. Pfadregel: Wenn mehrere Pfade zu einem Ereignis gehören, addiert man die Wahrscheinlichkeiten der entsprechenden Pfade.

Zweimaliges Drehen eines Glücksrads:

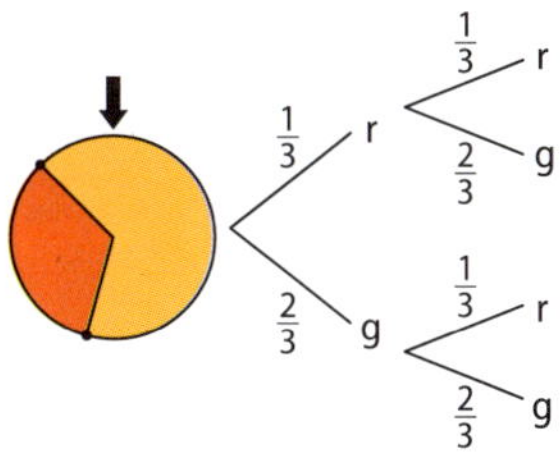

$P(rr) = \frac{1}{3} \cdot \frac{1}{3} = \frac{1}{9}$
$P(rg) = \frac{1}{3} \cdot \frac{2}{3} = \frac{2}{9}$
$P(gr) = \frac{2}{3} \cdot \frac{1}{3} = \frac{2}{9}$
$P(gg) = \frac{2}{3} \cdot \frac{2}{3} = \frac{4}{9}$

P(„gleiche Farbe") $= \frac{1}{9} + \frac{4}{9} = \frac{5}{9} \approx 55{,}6\,\%$

Startklar! – Seite 6

1 **a)** a = 3 cm; b = 4 cm; c = 3,5 cm

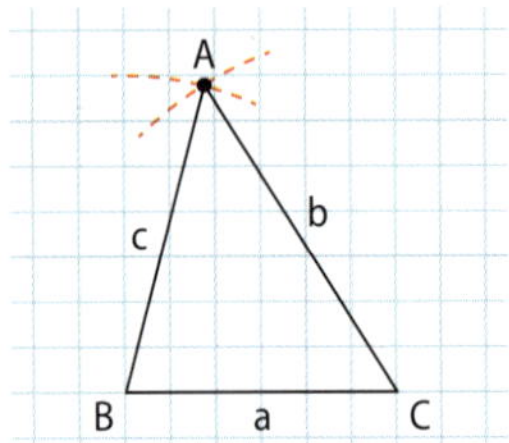

b) a = 4 cm; c = 3 cm; $\beta = 40°$

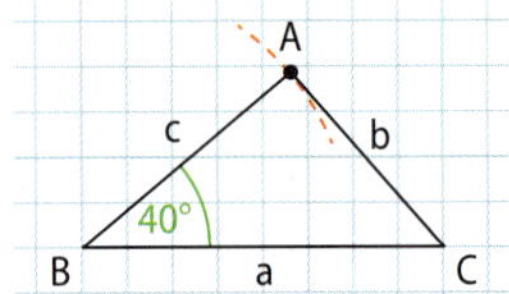

c) b = 3 cm; $\alpha = 90°$; $\gamma = 30°$

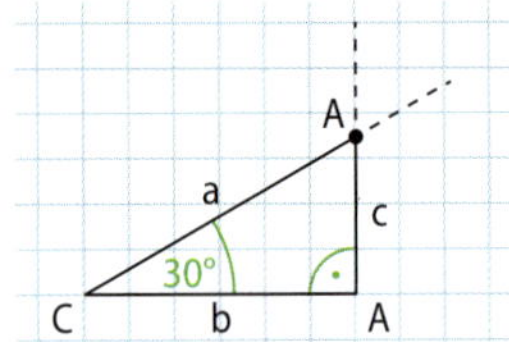

d) c = 3,5 cm; a = 3 cm; $\gamma = 60°$

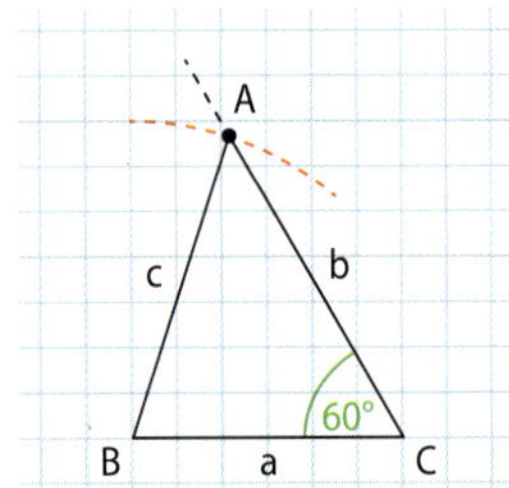

2 **a)** Das Dreieck ist eindeutig konstruierbar.

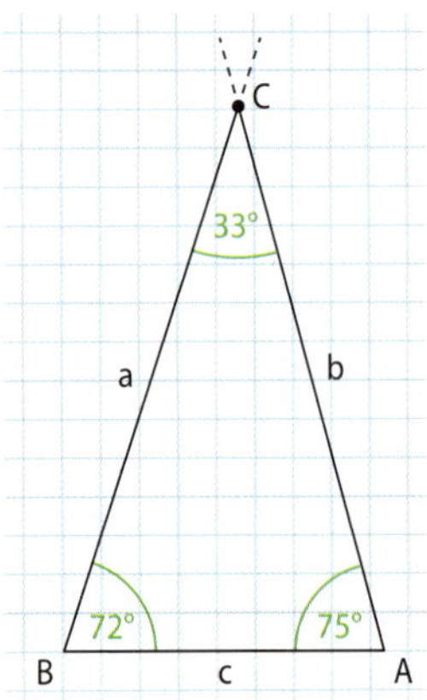

b) Das Dreieck ist nicht eindeutig konstruierbar.

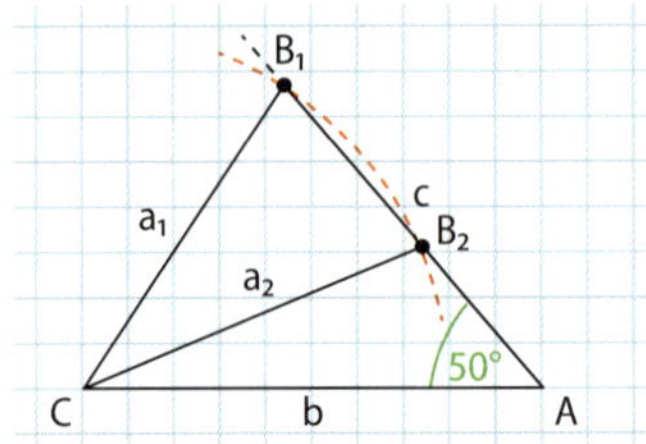

c) Das Dreieck ist eindeutig konstruierbar

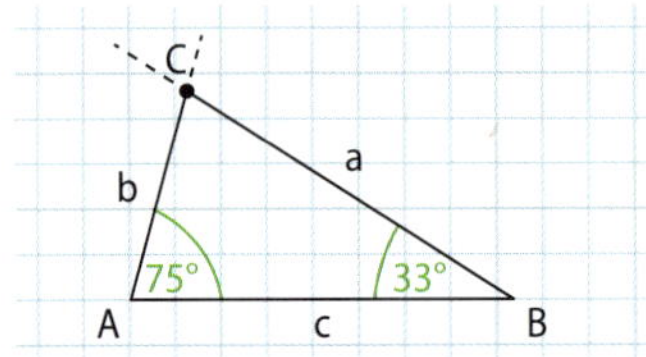

3

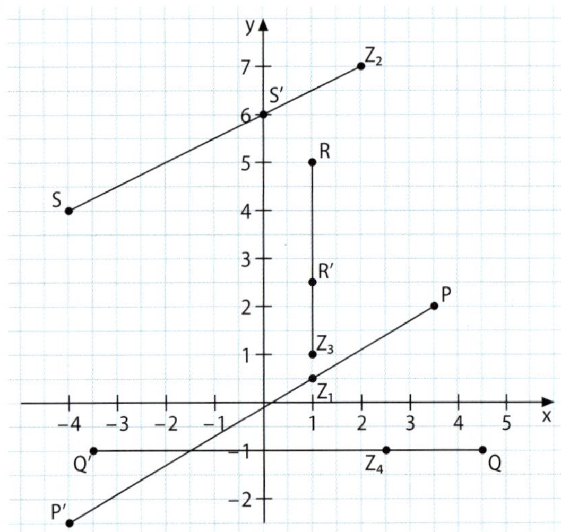

a) k = −2 **b)** $k = \frac{1}{3}$ **c)** $k = \frac{3}{8}$ **d)** k = −3

Die Bildstrecke wird verkleinert, wenn $-1 < k < 1$.

4 **a)** **1** k = 2,5

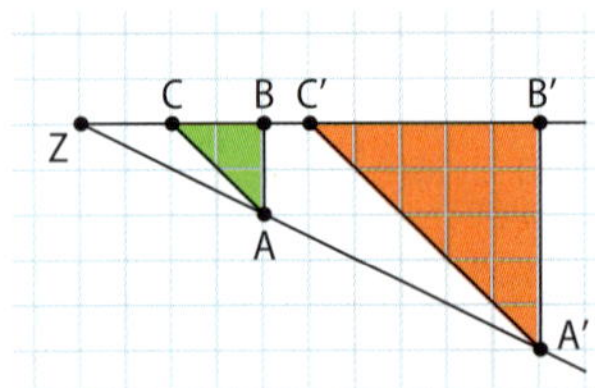

2 $k = \frac{2}{3}$

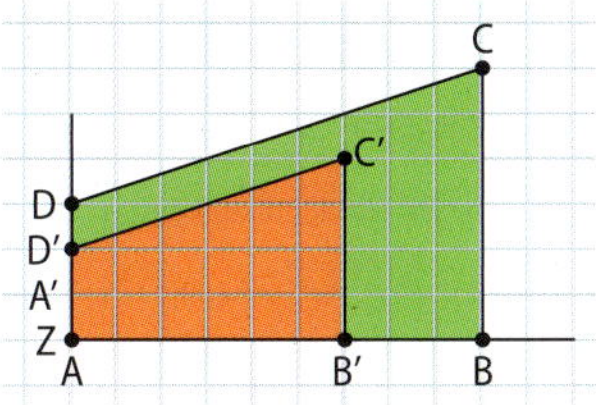

3 $k = -1$

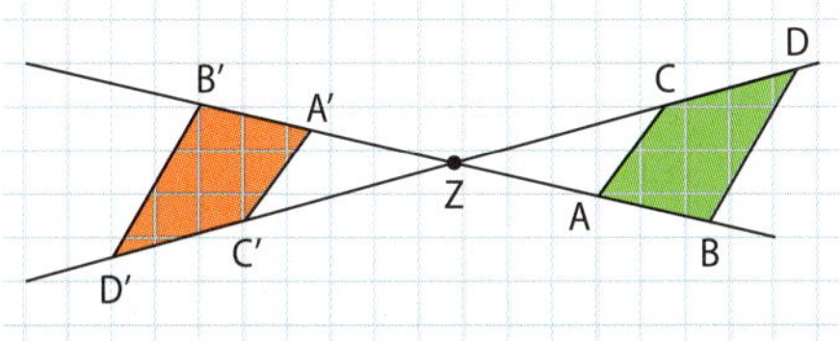

b) **1** $\frac{A_{Bildfigur}}{A_{Urfigur}} = k^2 = 6{,}25$

2 $\frac{A_{Bildfigur}}{A_{Urfigur}} = k^2 = \frac{4}{9}$

3 $\frac{A_{Bildfigur}}{A_{Urfigur}} = k^2 = 1$

5 a) $\frac{\overline{BA}}{\overline{ZB}} = \frac{\overline{B'A'}}{\overline{ZB'}}$

$\frac{\overline{BA}}{\overline{ZA}} = \frac{\overline{B'A'}}{\overline{ZA'}}$

$\frac{\overline{BZ}}{\overline{B'Z}} = \frac{\overline{AZ}}{\overline{A'Z}}$

$\frac{\overline{B'Z}}{\overline{BZ}} = \frac{\overline{B'A'}}{\overline{BA}}$

$\frac{\overline{A'Z}}{\overline{AZ}} = \frac{\overline{B'A'}}{\overline{BA}}$

b) Das grüne Dreieck ist durch eine zentrische Streckung von Z aus auf die rote Figur abgebildet worden. Der Streckungsfaktor ist $k = -\frac{1}{2}$. Deshalb gilt für die Flächen: $\frac{A_{Bildfigur}}{A_{Urfigur}} = k^2 = \frac{1}{4}$.

Am Ziel! – Seiten 34 und 35

1 Ähnliche Formen:

1 AWR – AOP – PQR

2 OSTUVW – STUVQP

Die ähnlichen Figuren gehen jeweils durch eine Ähnlichkeitsabbildung auseinander hervor.

2 Die Rechtecke **A** und **B** sind ähnlich zueinander ($k = 1{,}5$). **C** ist weder ähnlich zu **A** noch zu **B**.

3 a) Die Dreiecke sind nicht ähnlich zueinander, denn beispielsweise bilden $\frac{c}{a} = \frac{7}{8}$ und $\frac{c'}{a'} = \frac{3}{4}$ nicht dieselben Verhältnisse.

b) Die Dreiecke sind ähnlich zueinander, weil sie in der Größe entsprechender Winkel übereinstimmen.

c) Die Dreiecke sind ähnlich zueinander, weil sie im Verhältnis der entsprechenden Seiten übereinstimmen $\left(\frac{b}{c} = \frac{b'}{c'} = \frac{17}{37}\right)$ sowie der Größe des eingeschlossenen Winkels.

d) Die Dreiecke sind nicht ähnlich zueinander, weil beim Dreieck ABC der Winkel γ nicht der längeren Seite gegenüber liegt.

e) Es handelt sich um gleichseitige Dreiecke. Gleichseitige Dreiecke sind stets ähnlich zueinander, weil sie in der Größe aller Innenwinkel (jeweils 60°) übereinstimmen.

4 **Voraussetzung:**
ABCD ist ein gleichschenkliges Trapez mit $\overline{AD} = \overline{BC}$, $\alpha = \beta$, $AB \parallel CD$.

Behauptung: $\overline{AC} = \overline{BD}$

Planfigur:

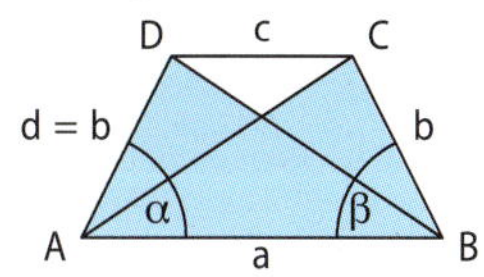

Beweis:
Betrachte ΔABC und ΔABD:
$\overline{AB} = \overline{AB}$ (gemeinsame Seite)
$\overline{AD} = \overline{BC}$ (Voraussetzung)
$\alpha = \beta$ (Voraussetzung)
$\Rightarrow \Delta ABC \cong \Delta ABD$ (Kongruenzsatz SSS)
$\Rightarrow \overline{AC} = \overline{BD}$

5 a) Eindeutig mit Kongruenzsatz SSS.

b) Eindeutig mit Kongruenzsatz SSS.

c) Eindeutig mit Kongruenzsatz SsW.

d) Nicht eindeutig festgelegt.

e) Eindeutig mit Kongruenzsatz WSW, denn $\alpha = 30°$ kann über die Innenwinkelsumme bestimmt werden.

f) Nicht möglich, da die Summe der Innenwinkel im Dreieck immer 180° beträgt.

g) Nicht möglich, da die Summe der Innenwinkel im Dreieck immer 180° beträgt.

h) Nicht eindeutig festgelegt.

6 a)

	Voraussetzung	Behauptung
1	Das Viereck ABCD hat zwei parallele Seiten, die beiden anderen Seiten sind gleich lang.	Das Viereck ABCD ist ein Parallelogramm.
2	Im Viereck ABCD stehen die Diagonalen senkrecht aufeinander.	Das Viereck ABCD ist ein Parallelogramm.
3	Das Viereck ABCD ist punktsymmetrisch mit Symmetriezentrum Z.	Im Viereck ABCD halbieren sich die Diagonalen im Symmetriezentrum Z.

b)

	richtig/falsch
1	falsch. Gegenbeispiel: Das gleichschenklige Trapez hat zwei parallele Seiten und zwei gleich lange Seiten, ist aber kein Parallelogramm.
2	falsch. Gegenbeispiel: Im Drachenviereck stehen die Diagonalen senkrecht aufeinander, es ist aber kein Parallelogramm.
3	richtig: Die Punktsymmetrie ist längentreu, die Längen von Z zu den Eckpunkten bleiben bei Drehung um Z erhalten: $\overline{AZ} = \overline{ZC}$ und $\overline{BZ} = \overline{ZD}$

7

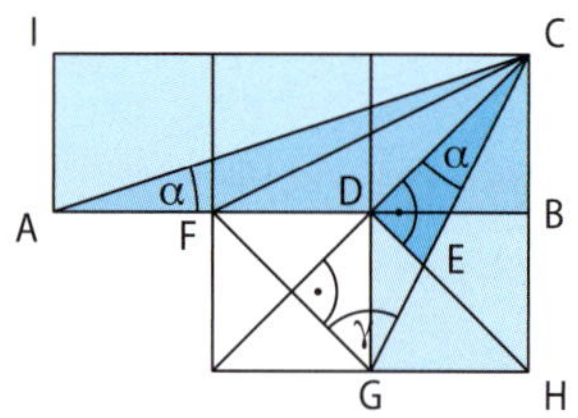

Da $\overline{AB}$ der Länge von drei Quadraten entspricht, $\overline{CL}$ der Länge von 1,5 Diagonalen und $\overline{LG}$ der einer halben Diagonale, gilt folgendes Seitenverhältnis:

$\frac{\overline{AB}}{\overline{BC}} = \frac{\overline{CL}}{\overline{GL}} \Leftrightarrow \frac{3}{1} = \frac{1{,}5}{0{,}5}$

Wegen $\sphericalangle CBA = \sphericalangle CLG = 90°$ sind die Dreiecke ABC und CLG zueinander ähnlich. Daraus folgt: $\alpha = \sphericalangle LCG = \sphericalangle BAC$ und somit auch die Ähnlichkeit der Dreiecke ABC und CDE nach dem ersten Ähnlichkeitssatz, da beide Dreiecke neben α auch einen 90°-Winkel besitzen.

Wegen der Ähnlichkeit der Dreiecke ABC und CDE gilt $\delta = \alpha$. Da die Dreiecke FBC und GHC kongruent (SWS) sind, folgt $\varepsilon = \beta$. Im Dreieck DBC gilt $\gamma + \delta + \varepsilon = 90°$ und damit $\alpha + \beta + \gamma = 90°$.

Aufgaben für Lernpartner

A Die Aussage ist falsch. Für $|k| < 1$, also $-1 < k < 1$, werden die Figuren verkleinert.

B Die Aussage ist falsch. Für $|k| = 1$ wird die Figur nicht vergrößert (entweder bleibt sie gleich, oder sie wird am Streckzentrum gespiegelt). Für $|k| > 1$ werden Figuren vergrößert.

C Die Aussage ist richtig.

D Die Aussage ist richtig.

E Die Aussage ist falsch. Zwei Dreiecke sind ähnlich, wenn sie in der Größe zweier Winkel (und damit der Größe aller Innenwinkel) übereinstimmen, oder wenn ein Winkel und entsprechende Seitenlängen gegeben sind. Wäre die Aussage richtig, dann wären beispielsweise alle rechtwinkligen Dreiecke ähnlich zueinander, was offensichtlich nicht der Fall ist.

F Die Aussage ist richtig. Die Dreiecke sind sogar kongruent, insbesondere also auch ähnlich zueinander.

G Die Aussage ist richtig: Jede Raute ist ein Trapez (zwei Seiten sind parallel). Im Haus der Vierecke steht die Raute über dem Trapez mit Verbindung über das Parallelogramm, beim Weg von unten nach oben kommen weitere Eigenschaften hinzu, die Raute hat insbesondere alle Symmetrieeigenschaften des Trapezes.

H Die Aussage ist falsch. Ein mathematischer Zusammenhang lässt sich an einem Gegenbeispiel widerlegen, für einen Beweis muss man jedoch zeigen, dass der Zusammenhang immer gilt, unabhängig von einem Beispiel.

I Die Aussage ist falsch: Für den Beweis geometrischer Zusammenhänge verwendet man die Kongruenzsätze für Dreiecke (nicht: „für Vierecke").

J Die Aussage ist falsch. Ein Dreieck kann nach den Sätzen SSS, SWS, WSW und SsW eindeutig konstruiert werden.

K Die Aussage ist falsch. Man benötigt für die eindeutige Konstruktion mindestens eine Seitenlänge.

L Diese Aussage ist falsch. Kongruenzabbildungen sind stets längentreu. Das ist jedoch bei zentrischen Streckungen mit $|k| \neq 1$ nicht gegeben.

M Die Aussage ist richtig.

N Diese Aussage ist falsch. Z. B. lässt sich die Aussage „Wenn eine Zahl durch 4 teilbar ist, dann ist sie auch durch 2 teilbar" nicht umkehren.

O Die Aussage ist falsch. Zwei gleichschenklige Dreiecke mit unterschiedlichem Basiswinkel sind nicht zueinander ähnlich.

P Die Aussage ist falsch. Alle Zahlen, die durch 9 teilbar sind, sind auch durch 3 teilbar. Die Umkehrung stimmt aber nicht. Gegenbeispiel: Die Zahl 6.

Q Die Aussage ist richtig.

R Die Aussage ist richtig.

S Die Aussage ist falsch. Die Primzahl 2 ist gerade. Alle weiteren Primzahlen sind ungerade.

Startklar! – Seite 36

1 a) $\sqrt{25 \cdot 9} = \sqrt{25} \cdot \sqrt{9} = 5 \cdot 3 = 15$

b) $\sqrt{\frac{64}{49}} = \frac{\sqrt{64}}{\sqrt{49}} = \frac{8}{7}$

c) $\sqrt{4 \cdot a^2} = \sqrt{4} \cdot \sqrt{a^2} = 2a$ (da $a \geq 0$)

d) $\sqrt{2} \cdot \sqrt{18} = \sqrt{36} = 6$

e) $\sqrt{1{,}44} + \sqrt{0{,}01} = \sqrt{\frac{144}{100}} + \sqrt{\frac{1}{100}}$

$= \frac{12}{10} + \frac{1}{10} = \frac{13}{10} = 1{,}3$

2 f – gelber Graph
g – roter Graph
i – grüner Graph
j – lila Graph
h – blauer Graph

3 a) $x_{1,2} = \pm\sqrt{\frac{4}{3}}$ b) $x = 1$ c) $x_1 = -1$; $x_2 = 3$

4 a) $\frac{2}{3}x + 5 = \frac{5}{3}x - 4 \Leftrightarrow -\frac{3}{3}x = -9 \Leftrightarrow x = 9$

b) $4x - 7 + 12x = \frac{3}{5}x - \frac{2}{30}x$

$\Leftrightarrow 16x - 7 = \frac{8}{15}x$

$\Leftrightarrow \frac{232}{15}x = 7$

$\Leftrightarrow x = \frac{105}{232}$

5 a) $L = \{1; 2\}$
b) $L = \{-2\}$
c) $L = \{\,\}$, denn die Diskriminante ist negativ
d) $L = \{-4; 3\}$

6 a) $D = \mathbb{R}\setminus\{0\}$; $L = \{18\}$
b) $D = \mathbb{R}\setminus\{5\}$; $L = \{\,\}$
c) $D = \mathbb{R}\setminus\{-2; 2\}$; $L = \{\,\}$
d) $D = \mathbb{R}\setminus\{0\}$; $L = \{-0{,}1 - \sqrt{0{,}21}; -0{,}1 + \sqrt{0{,}21}\}$

Am Ziel! – Seiten 72 und 73

1 a) a^2 b) y
c) $x^{\frac{1}{4}} \cdot x^{\frac{3}{4}} = x^{\frac{4}{4}} = x$ d) x^5
e) $x^{\frac{1}{2}} \cdot x^{\frac{1}{3}} = x^{\frac{5}{6}}$ f) $x^{\frac{7}{2}}$
g) $\sqrt[3]{8m^3n^3} = 2mn$ h) $a^{-\frac{31}{4}}$

2 a) $P_1(-1\,|\,-1)$ b) $P_2(2\,|\,29)$ c) $P_3\left(\frac{1}{2}\,\middle|\,-\frac{23}{8}\right)$

3

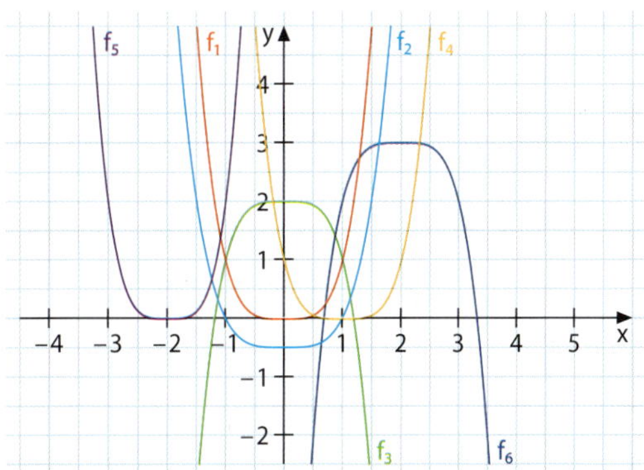

1 $A(0\,|\,3)$; $B(-1\,|\,4)$; $C(1\,|\,4)$
Verschiebung um 3 Einheiten nach oben.

2 $A(-3\,|\,40)$; $B(-1\,|\,0)$; $C(1\,|\,0)$
Stauchung um den Faktor $\frac{1}{2}$, Verschiebung um 0,5 Einheiten nach unten.

3 $A(0\,|\,2)$; $B(-1\,|\,1)$; $C(1\,|\,1)$
Spiegelung an x-Achse, Verschiebung um 2 Einheiten nach oben.

4 $A(1\,|\,0)$; $B(0\,|\,1)$; $C(2\,|\,1)$
Verschiebung um 1 Einheit nach rechts.

5 $A(-2\,|\,0)$; $B(-3\,|\,2)$; $C(-1\,|\,2)$
Streckung um Faktor 2, Verschiebung um 2 Einheiten nach links.

6 A (2 | 3); B (1 | 2); C (3 | 2)
Spiegelung an x-Achse, Verschiebung um 2 Einheiten nach rechts und 3 Einheiten nach oben.

4 a)

	Funktionsgleichung
rot	$f(x) = 2x^{-1}$
blau	$g(x) = x^4$
grün	$h(x) = \frac{1}{2} \cdot x + 1$
gelb	$i(x) = (x - 2)^2 - 3$
lila	$j(x) = \sqrt{x}$

b)

	D	W
rot	$\mathbb{R} \setminus \{0\}$	$\mathbb{R} \setminus \{0\}$
blau	$\mathbb{R}$	$\mathbb{R}_0^+$
grün	$\mathbb{R}$	$\mathbb{R}$
gelb	$\mathbb{R}$	$\{y \in \mathbb{R} \mid y \geq -3\}$
lila	$\{x \in \mathbb{R} \mid x \geq 0\}$	$\{y \in \mathbb{R} \mid y \geq 0\}$

	Nullstellen
rot	keine
blau	$x_0 = 0$
grün	$x_0 = -2$
gelb	$x_1 = 2 - \sqrt{3} \approx 0{,}27$ $x_2 = 2 + \sqrt{3} \approx 3{,}73$
lila	$x_0 = 0$

5 a) 10^3; 10^{-3}; 10^7; 10^{-7}
b) 10^{-1}; 10^5; 10^0; 10^{-4}; 10^{-9}

6

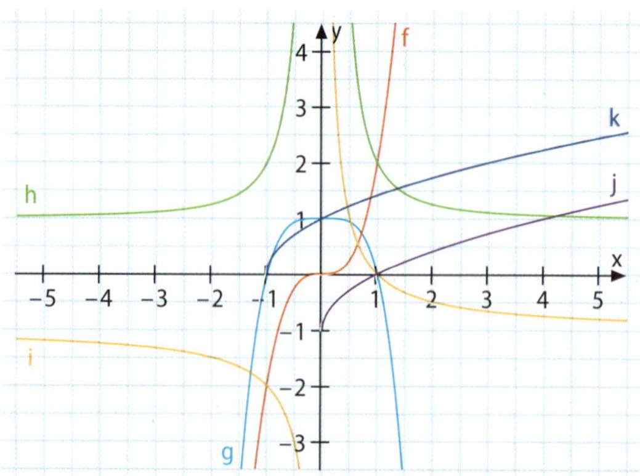

	D	W
f	$\mathbb{R}$	$\mathbb{R}$
g	$\mathbb{R}$	$\{y \in \mathbb{R} \mid y \leq 1\}$
h	$\mathbb{R} \setminus \{0\}$	$\{y \in \mathbb{R} \mid y > 1\}$
i	$\mathbb{R} \setminus \{0\}$	$\mathbb{R} \setminus \{-1\}$
j	$\{x \in \mathbb{R} \mid x \geq 0\}$	$\{y \in \mathbb{R} \mid y \geq -1\}$
k	$\{x \in \mathbb{R} \mid x \geq -1\}$	$\{y \in \mathbb{R} \mid y \geq 0\}$

	Symmetrie	Achsenschnittpunkte	Asymptoten
f	punktsymmetrisch zum Ursprung	(0 | 0)	keine
g	achsensymmetrisch zur y-Achse	(1 | 0); (−1 | 0); (0 | 1)	keine
h	achsensymmetrisch zur y-Achse	keine	x = 0 y = 1
i	achsensymmetrisch zur y-Achse	(1 | 0)	x = 0 y = −1
j	nicht symmetrisch	(1 | 0)	keine
k	nicht symmetrisch	(−1 | 0)	keine

7 a) Gerade b) Parabel c) Gerade
d) Parabel e) Hyperbel f) Parabel
g) Hyperbel h) Gerade

8 $S_1(-1 \mid 2)$; $S_2(1 \mid 2)$

9

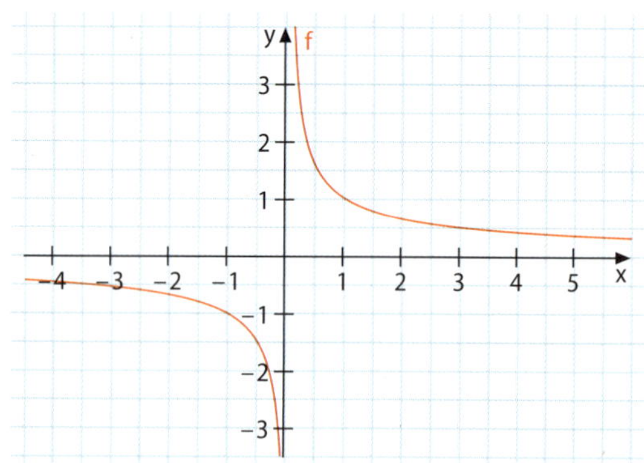

1 $f_1(x) = (x - 2)^{-\frac{3}{5}}$
2 $f_2(x) = (x + 3)^{-\frac{3}{5}}$
3 $f_3(x) = (x - 1{,}5)^{-\frac{3}{5}} + 1$
4 $f_4(x) = -x^{-\frac{3}{5}}$
5 $f_5(x) = (-x)^{-\frac{3}{5}} = -x^{-\frac{3}{5}}$
6 $f_6(x) = x^{-\frac{3}{5}}$

10 a) $a = 3^{\frac{1}{5}} \approx 1{,}25$ b) $b = 21^{\frac{1}{6}} \approx 1{,}66$

c) $c = 0^{\frac{1}{7}} = 0$ d) nicht lösbar im Bereich der reellen Zahlen

e) $e = 6^{\frac{1}{9}} \approx 1{,}22$ f) $f = \left(\frac{1}{7} \cdot (64 - 2^3)\right)^{\frac{1}{3}} = 2$

11 a) $D = \{x \in \mathbb{R} \mid x \geq 1\}$

$\sqrt{x - 1} = -2x + 5$

$x - 1 = 4x^2 - 20x + 25$

$0 = 4x^2 - 21x + 26 \Leftrightarrow 0 = x^2 - 5{,}25 + 6{,}5$

$x_{1/2} = \frac{5{,}25 \pm \sqrt{(-5{,}25)^2 - 4 \cdot 6{,}5}}{2} = 2{,}625 \pm 0{,}625$

$\Rightarrow x_1 = 2;\ x_2 = 3{,}25$

Probe:

$\sqrt{2 - 1} = -4 + 5 \quad \Leftrightarrow 1 = 1 \quad$ w

$\sqrt{3{,}25} - 1 = -6{,}5 + 5 \quad \Leftrightarrow 1{,}5 = 1{,}5 \quad$ f

$L = \{2\}$

b) $D = \{x \in \mathbb{R} \mid x \geq 2\}$

$\sqrt{x - 2} = 4 - x$

$x - 2 = (4 - x)^2$

$x - 2 = 16 - 8x + x^2$

$0 = x^2 - 9x + 18$

$x_{1/2} = \frac{9 \pm \sqrt{(-9)^2 - 4 \cdot 18}}{2}$

$x_1 = 3;\ x_2 = 6$

Probe:

$\sqrt{3 - 2} = 4 - 3 \quad \Leftrightarrow \sqrt{1} = 1 \quad$ w

$\sqrt{6 - 2} = 4 - 6 \quad \Leftrightarrow 2 = -2 \quad$ f

$L = \{3\}$

c) $D = \{x \in \mathbb{R} \mid x \geq 0{,}25\}$

$7 - 2x = \sqrt{4x + 1}$

$49 - 28x + 4x^2 = 4x + 1$

$x^2 - 8x + 12 = 0$

$x_{1/2} = \frac{8 \pm \sqrt{(-8)^2 - 4 \cdot 12}}{2}$

$x_1 = 2;\ x_2 = 6$

Probe:

$7 - 4 = \sqrt{8 + 1} \quad \Leftrightarrow 3 = 3 \quad$ w

$7 - 12 = \sqrt{48 + 1} \quad \Leftrightarrow -5 = 7 \quad$ f

$L = \{2\}$

d) $D = \{x \in \mathbb{R} \mid x \leq 3{,}25\}$

$x - 4 = \sqrt{13 - 4x}$

$x^2 - 8x + 16 = 13 - 4x$

$x^2 - 4x + 3 = 0$

$x_{1/2} = \frac{4 \pm \sqrt{(-4)^2 - 4 \cdot 3}}{2}$

$x_1 = 1;\ x_2 = 3$

Probe:

$1 - 4 = \sqrt{13 - 4x} \quad \Leftrightarrow -3 = 3 \quad$ f

$3 - 4 = \sqrt{13 - 12x} \quad \Leftrightarrow -1 = 1 \quad$ f

$L = \{\ \}$

e) $D = \{x \in \mathbb{R} \mid x \leq -1{,}12 \text{ oder } x \geq 2{,}24\}$

$\sqrt{8x^2 - 9x - 20} = 4 - 3x$

$8x^2 - 9x - 20 = (4 - 3x)^2$

$x^2 - 15x + 36 = 0$

$x_{1/2} = \frac{15 \pm \sqrt{(-15)^2 - 4 \cdot 36}}{2}$

$x_1 = 3;\ x_2 = 12$

Probe:

$9 + \sqrt{72 - 27 - 20} = 4 \quad \Leftrightarrow -14 = 4 \quad$ f

$36 + \sqrt{1152 - 108 - 20} = 4 \quad \Leftrightarrow -68 = 4 \quad$ f

$L = \{\ \}$

Aufgaben für Lernpartner

A Die Aussage ist falsch. Zwei Potenzen mit gleicher Basis werden multipliziert, indem man ihre Exponenten addiert und die Basis beibehält.

B Die Aussage ist richtig.

C Die Aussage ist richtig.

D Die Aussage ist falsch. Der Exponent −1 bewirkt, dass ein Bruch entsteht mit 1 im Zähler und dem ursprünglichen Potenzwert im Nenner:
$(a^m)^{-1} = a^{m \cdot (-1)} = a^{-m} = \frac{1}{a^m}$.

E Die Aussage ist richtig.

F Die Aussage ist richtig.

G Die Aussage ist richtig.

H Die Aussage ist falsch. Gegenbeispiel: $x^2 + 1$.

I Die Aussage ist falsch. Die Gleichung hat nur die Lösung $x = \sqrt[5]{4}$.

J Die Aussage ist falsch. Gegenbeispiel: $x^2 + 1$.

K Die Aussage ist richtig.

L Die Aussage ist falsch. Durch Spiegeln des Graphen von g an der x-Achse erhält man den Graphen der Funktion g^* mit $g^*(x) = -x^2$.

M Die Aussage ist falsch. Auch Wurzelfunktionen sind nur auf $\mathbb{R}_0^+$ definiert.

N Die Aussage ist falsch.

O Die Aussage ist falsch. Lösungen der quadrierten Gleichung können außerhalb des Definitionsbereichs der Wurzelgleichung liegen. Aus diesem Grund muss man eine Probe durchführen.

P Die Aussage ist richtig.

Q Die Aussage ist falsch. Wegen $f(x) = x^{-n} = \frac{1}{x^n}$ ist die Funktion f in $x = 0$ nicht definiert.
Deshalb ist $D = \mathbb{R}\setminus\{0\}$.

R Die Aussage ist falsch. Beispielsweise hat die Normalparabel keine Asymptote.

Startklar! – Seite 74

1 a) Gleichschenklige Dreiecke haben zwei gleich lange Seiten. In gleichseitigen Dreiecken sind alle drei Seiten gleich lang (sie sind also insbesondere gleichschenklig). In rechtwinkligen Dreiecken ist einer der Innenwinkel ein rechter Winkel (90°). Bei unregelmäßigen Dreiecken trifft keine der oben genannten Eigenschaften zu.

b) Es handelt sich um ein …

1 gleichschenkliges Dreieck.
2 rechtwinkliges Dreieck.
3 unregelmäßiges Dreieck.
4 gleichseitiges Dreieck.
5 gleichschenkliges Dreieck.
6 unregelmäßiges Dreieck.
7 rechtwinkliges, gleichschenkliges Dreieck.
8 unregelmäßiges Dreieck.

c) Die benötigten Seitenlängen bzw. Höhen der Dreiecke sind den Abbildungen zu entnehmen.

1 $A = 8\text{ cm}^2$
2 $A = 7{,}5\text{ cm}^2$
3 $A = 10{,}5\text{ cm}^2$
4 $A \approx 3{,}90\text{ cm}^2$
5 $A = 6\text{ cm}^2$
6 $A = 8\text{ cm}^2$
7 $A = 8\text{ cm}^2$
8 $A = 4{,}5\text{ cm}^2$

2 a) $\gamma = 80°$ b) $\alpha = 28°$
c) $\beta = 70°$; $\gamma = 40°$ d) $\delta = 70°$; $\varepsilon = 42°$

3 a) Die beiden Dreiecke sind nicht ähnlich zueinander, da das Verhältnis der Kästchen, der jeweiligen Seitenlängen nicht übereinstimmt:
$\frac{2}{3} \neq \frac{5}{10} \Leftrightarrow \frac{2}{3} \neq \frac{1}{2}$

b) Die beiden Dreiecke sind nach dem 2. Ähnlichkeitssatz ähnlich zueinander, da das Verhältnis der jeweiligen Seitenlängen übereinstimmt:
$\frac{42\text{ mm}}{21\text{ mm}} = \frac{40\text{ mm}}{20\text{ mm}} = \frac{32\text{ mm}}{16\text{ mm}} \Leftrightarrow \frac{2}{1} = \frac{2}{1} = \frac{2}{1}$

4 Es wurde gemäß dem Kongruenzsatz SWS konstruiert: Zunächst werden die gegebenen Angaben zur Konstruktion genutzt. Diese sind die Seitenlänge c (1), der Winkel α (2) und die Seitenlänge b (3). Die Seitenlänge a ergibt sich als Strecke des Schnittpunktes des Kreises um A mit dem Radius b und dem Strahl des Winkels α und dem Punkt B.

Am Ziel! – Seiten 108 und 109

1 a) $a^2 + c^2 = b^2$ b) $d^2 + e^2 = f^2$ c) $h^2 + i^2 = g^2$

2 a) $c = \sqrt{80}\text{ dm} \approx 8{,}9\text{dm}$

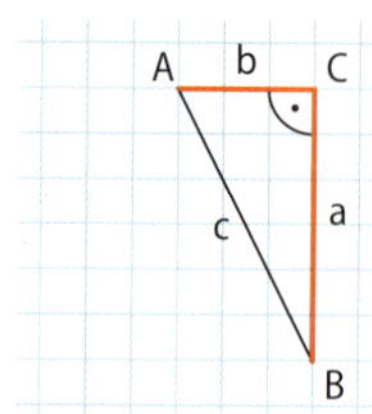

b) $a = \sqrt{28\,800}\text{ m} \approx 169{,}7\text{ m}$

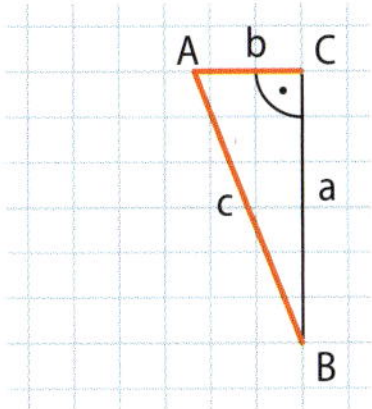

c) $a = \sqrt{605}\text{ mm} \approx 24{,}6\text{ mm}$

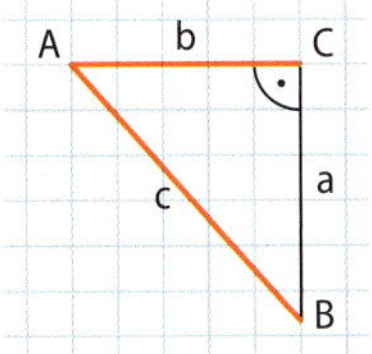

d) $b = \sqrt{230{,}75}\text{ m} \approx 15{,}2\text{ m}$

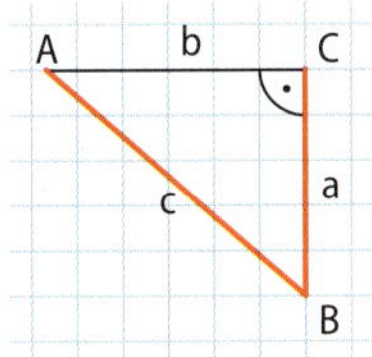

3 a) Hypotenusenlänge 2,8 cm;
Kathetenlänge $\frac{4{,}2\text{ cm}}{2} = 2{,}1\text{ cm}$
$a^2 = (2{,}8\text{ cm})^2 - (2{,}1\text{ cm})^2 \Rightarrow a \approx 1{,}85\text{ cm},$
$A = \frac{1}{2} \cdot a \cdot 42\text{ mm}^2 = 388{,}5\text{ mm}^2$

b) Kathetenlängen 4 m und $\frac{26\text{ m}}{2} = 13\text{ m}$
$a^2 = (4\text{ m})^2 - (13\text{ m})^2 \Rightarrow a \approx 13{,}6\text{ m},$
$A = \frac{1}{2} \cdot 4 \cdot 26\text{ m}^2 = 52\text{ m}^2$

4 a)

Summe der Kathetenquadrate	$a^2 + b^2 = (6\text{ cm})^2 + (5\text{ cm})^2 = 61\text{ cm}^2$
=/≠	≠
Hypotenusenquadrat	$c^2 = (8\text{ cm})^2 = 64\text{ cm}^2$
rechtwinklig?	nein

b)

Summe der Kathetenquadrate	$a^2 + b^2 = (5{,}5\text{ dm})^2 + (4{,}8\text{ dm})^2 = 53{,}29\text{ dm}^2$
=/≠	=
Hypotenusenquadrat	$c^2 = (7{,}3\text{ dm})^2 = 53{,}29\text{ dm}^2$
rechtwinklig?	ja

c)

Summe der Kathetenquadrate	$a^2 + c^2 = (4\text{ m})^2 + (0{,}3\text{ m})^2 = 16{,}09\text{ m}^2$
=/≠	≠
Hypotenusenquadrat	$b^2 = (5\text{ m})^2 = 25\text{ m}^2$
rechtwinklig?	nein

d)

Summe der Kathetenquadrate	$a^2 + c^2 = (12\text{ m})^2 + (5\text{ m})^2 = 169\text{ m}^2$
=/≠	=
Hypotenusenquadrat	$b^2 = (13\text{ m})^2 = 169\text{ m}^2$
rechtwinklig?	ja

5 $\overline{AB} = \sqrt{(-2-4)^2 + (3-7)^2} \approx 7{,}2$

6 a) **1** Diagonale der Grundfläche: $d = \sqrt{2 \cdot 7^2}\text{ dm}$

2 Höhe der Pyramide:
$h^2 = s^2 - \left(\frac{d}{2}\right)^2 \Rightarrow h \approx 3{,}39\text{ dm}$

b) **1** Höhe der Seitendreiecke:
$h_1 = \sqrt{6^2 - 3{,}5^2}\text{ dm} \approx 4{,}87\text{ dm}$

2 Flächeninhalt: $A_\Delta = \frac{1}{2} \cdot h_1 \cdot 7\text{ dm} \approx 17{,}06\text{ dm}^2$

7 a) $\cos\beta = \frac{5{,}1\text{ cm}}{6{,}0\text{ cm}} \Rightarrow \beta \approx 31{,}8°$
$\gamma \approx 180° - 90° - 31{,}8° = 58{,}2°$
$\sin 31{,}8° = \frac{b}{6{,}0\text{ cm}}$
$\Leftrightarrow b = 6{,}0\text{ cm} \cdot \sin 31{,}8° \approx 3{,}2\text{ cm}$

b) $\tan\alpha = \frac{30{,}1\text{ cm}}{13{,}8\text{ cm}} \Rightarrow \alpha \approx 65{,}4°$
$\beta \approx 180° - 90° - 65{,}4° = 24{,}6°$
$\sin\alpha = \frac{30{,}1\text{ cm}}{c} \Rightarrow c \approx 33{,}1\text{ cm}$

c) $\tan\beta = \frac{40{,}0\text{ dm}}{12{,}5\text{ dm}} \Rightarrow \beta \approx 72{,}6° = \alpha$
$\gamma \approx 180° - 2 \cdot 72{,}6° = 34{,}8°$
$\sin 72{,}6° = \frac{40{,}0\text{ dm}}{a} \Leftrightarrow a = \frac{40{,}0\text{ dm}}{\sin 72{,}6°} \approx 41{,}9\text{ dm}$

d) $\sin\beta = \frac{7{,}1\text{ cm}}{10{,}0\text{ cm}} \Rightarrow \beta \approx 45{,}2°$
Mit Lotfußpunkt L auf $\overline{AB}$ durch C gilt:
$p = \overline{LB} = 10{,}0\text{ cm} \cdot \cos 45{,}2° \approx 7{,}0\text{ cm}$
$q = \overline{AL} \approx 12{,}0\text{ cm} - 7{,}0\text{ cm} = 5{,}0\text{ cm}$
$\tan\alpha = \frac{7{,}1\text{ cm}}{5{,}0\text{ cm}} \Rightarrow \alpha \approx 54{,}8°$
$\gamma \approx 180° - 54{,}8° - 45{,}2° = 80°$
$\sin 54{,}8° = \frac{7{,}1\text{ cm}}{b} \Leftrightarrow b = \frac{7{,}1\text{ cm}}{\sin 54{,}8°} \approx 45{,}2°$

8 a)

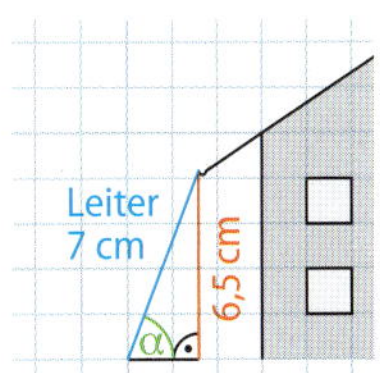

b) $\sin\alpha = \frac{6{,}5\,\text{m}}{7\,\text{m}} \Rightarrow \alpha \approx 68°$

Damit erfüllt der Anstellwinkel knapp die Sicherheitsanforderung. Da diese aber nur knapp erfüllt ist, sollte man eine etwas längere Leiter nehmen.

c) $d = \sqrt{7^2 - 6{,}5^2}\,\text{m} \approx 2{,}6\,\text{m}$

9 **a)** $\alpha = \gamma \approx 53{,}1°;\ \beta \approx 73{,}8°;\ h_b = 5{,}2\,\text{cm}$

b) $A = \frac{1}{2} \cdot 7{,}8\,\text{cm} \cdot 5{,}2\,\text{cm} \approx 20{,}3\,\text{cm}^2$

$A = \frac{1}{2} \cdot (6{,}5\,\text{cm})^2 \cdot \sin 73{,}8° \approx 20{,}3\,\text{cm}^2$

10 **a)** $y = 0{,}5x + 1 \qquad m = 0{,}5 \qquad S(-2\,|\,0)$

$\tan(\alpha) = \frac{2}{1} \Rightarrow \alpha = 63{,}4°$

b) $y = -2x + 4 \qquad m = -2 \qquad S(2\,|\,0)$

$\tan(\alpha) = \frac{4}{-2} \Rightarrow \alpha = -63{,}4°$

Aufgaben für Lernpartner

A Die Aussage ist richtig.

B Die Aussage ist falsch. Die Aussage wird wahr, wenn man statt der besagten Differenz die Summe der beiden Quadrate über den Katheten betrachtet.

C Die Aussage ist falsch. Die Länge der Strecke berechnet man über $\sqrt{(-4-(-1))^2 + (-2-7)^2}$.

D Die Aussage ist falsch, denn $\sin(90°) = \cos(0°) = 1$. Der Tangenswert eines Winkels kann auch größer als 1 sein.

E Die Aussage ist richtig.

F Die Aussage ist genau dann richtig, wenn a und b die Katheten sind und c die Hypotenuse des rechtwinkligen Dreiecks.

G Die Aussage ist richtig.

H Die Aussage ist richtig.

I Die Aussage ist richtig.

J Die Aussage ist falsch. Um die Flächeninhaltsformel anwenden zu können, benötigt man zwei Seiten und deren eingeschlossenen Winkel.

K Die Aussage ist richtig.

L Die Aussage ist richtig.

M Die Aussage ist falsch. Es gilt: $\sin^2\alpha + \cos^2\alpha = 1$.

N Die Aussage ist im Allgemeinen falsch.

O Die Aussage ist richtig.

P Die Aussage ist richtig.

Startklar! – Seite 110

1 **a)**

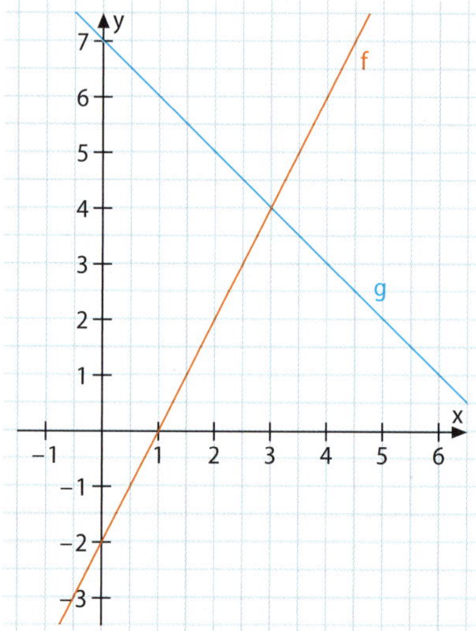

b) Die Funktion f besitzt die Steigung $m = 2$, die Funktion g hat eine Steigung von $m = -1$. In beiden Fällen handelt es sich um lineares Wachstum.

2 **a)**

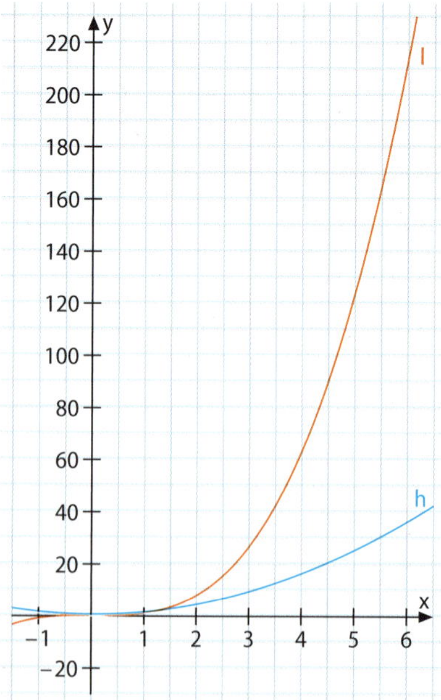

b) Bei h steigt die Differenz zweier aufeinanderfolgender Funktionswerte linear an. Die Differenz vergrößert sich immer um 2. Sie beträgt $2x + 1$ zwischen den Funktionswerten $h(x)$ und $h(x + 1)$. Bei l steigt die Differenz quadratisch an. Sie beträgt $3x^2 + 3x + 1$ zwischen den Funktionswerten $l(x)$ und $l(x + 1)$.

3 a) m gibt die Steigung der Geraden an.
1 Die Gerade wird steiler.
2 Die Gerade wird flacher.
3 Bei negativem m fällt die Gerade.

b) c entspricht dem y-Wert des Schnittpunktes der Geraden mit der y-Achse.
1 Die Gerade verschiebt sich entlang der y-Achse nach oben.
2 Die Gerade verschiebt sich entlang der y-Achse nach unten.
3 Bei negativem c ist der Schnittpunkt der Geraden mit der y-Achse unterhalb der x-Achse.

c) blauer Graph: $m = -\frac{1}{3}$; $c = 3$
roter Graph: $m = \frac{3}{2}$; $c = 0$

4 a) 1 Die Parabel wird steiler (gestreckt).
2 Die Parabel wird flacher (gestaucht).
3 Die Parabel ist nach unten geöffnet.

b) 1 Die Parabel verschiebt sich entlang der y-Achse nach oben.
2 Die Parabel verschiebt sich entlang der y-Achse nach unten.
3 Der y-Wert des Scheitelpunktes ist negativ.

c) 1 Die Parabel verschiebt sich entlang der x-Achse nach rechts.
2 Die Parabel verschiebt sich entlang der x-Achse nach links.
3 Der x-Wert des Scheitelpunktes ist negativ.

d) blauer Graph: $a = -1$; $d = 0$; $e = 0$
roter Graph: $a = 1$; $d = 1$; $e = 0$

Am Ziel! – Seiten 142 und 143

1 a) Das Wachstum des Riesenbambus ist linear, weil die Größe immer um den gleichen Summanden (70 cm) steigt. Allerdings gilt wie bei allen realen Wachstumsvorgängen:
Das angenommene – in dem Fall lineare – Wachstum gilt nur unter bestimmten Bedingungen und vor allem zeitlich begrenzt.

b) Das Preiswachstum ist exponentiell, da der Preis jährlich um den gleichen Faktor (1,05) steigt.

2 a) $1024 = b^5 \quad \Leftrightarrow b = \sqrt[5]{1024} = 4$
$f(x) = 4^x$

b) $\sqrt{2} = b^{0,5} = \sqrt{b} \quad \Leftrightarrow b = 2$
$f(x) = 2^x$

3 a) $f(t) = 5600 \cdot 0{,}955^t$ mg
b) $f(t) = 5000 \cdot 1{,}035^t$ €
c) $f(t) = 150 \cdot 0{,}965^t$ kg
d) $f(t) = 20 \cdot 1{,}015^t$ cm

4

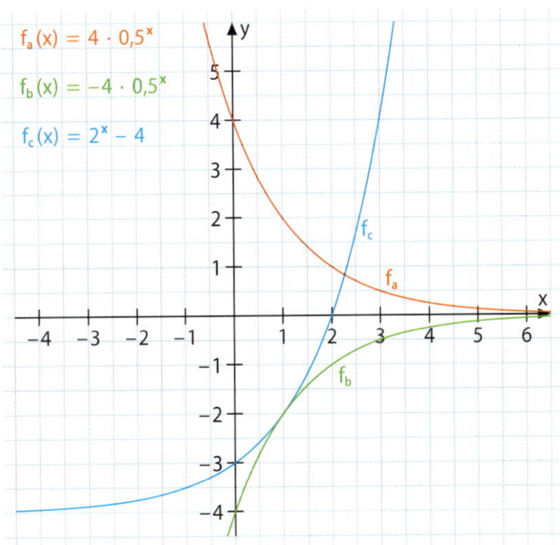

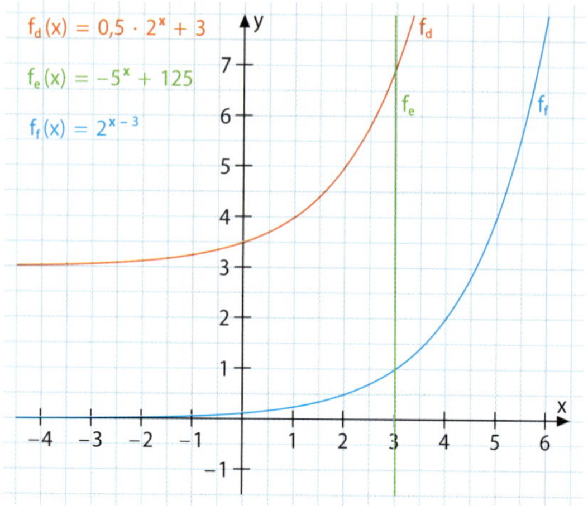

5 **a)** $\log_4 512 = 4,5$ **b)** $\log_3 3187 \approx 7,43$
c) $\log_6 36^5 = 10$ **d)** $\log_{0,5} 81 \approx -6,34$
e) $\lg 10\,000 = 4$ **f)** $\lg 10^{1,5} = 1,5$

6 **a)** 6 **b)** 3 **c)** 3
d) 0 **e)** −1 **f)** 3

7 **a)** $\frac{1}{16} = a \cdot b^0 \Leftrightarrow a = \frac{1}{16}$

$a = \frac{1}{16}$ in $1 = a \cdot b^4$ einsetzen:

$1 = \frac{1}{16} \cdot b^4 \Leftrightarrow b = 2$

b) $20 = a \cdot b^3 \Leftrightarrow a = \frac{20}{b^3}$ $(b \neq 0)$

$a = \frac{20}{b^3}$ in $5 = a \cdot b^5$ einsetzen:

$5 = \frac{20}{b^3} \cdot b^5 \Leftrightarrow b = \frac{1}{2}$

$\Rightarrow a = \frac{20}{b^3} = 160$

8 $f(x) = -0,5 \cdot 2^x$

9 **a)** $50 \cdot 2^x = 1\,000\,000 \Leftrightarrow \log_2 20\,000 \approx 14,29$
14,29 · 12 Stunden
= 171,48 Stunden
≈ 7 Tage 4 h

b) $f(x) = 50 \cdot 2^x$
Eine Zeiteinheit x entspricht 12 Stunden.

c) Die Fläche des Teichs ist endlich, weshalb auch die Ressourcen endlich sind. Dadurch wird das Wachstum ab einem bestimmten Punkt gehemmt und ist somit nicht durchgängig exponentiell.

10 $f(a) = 12\,t \cdot 0,5^a$
Eine Zeiteinheit a entspricht 5 Jahren.

5 Jahre: $f(1) = 6\,t$
10 Jahre: $f(2) = 3\,t$
15 Jahre: $f(3) = 1,5\,t$
30 Jahre: $f(6) \approx 0,188\,t$
100 Jahre: $f(20) \approx 0,000011\,t$

11 **a)** $x = 8$ **b)** $x = 5$ **c)** $x = 5^6 = 15\,625$
d) $x = 0$ **e)** $x = 4$ **f)** $x = 2$

12 $f(t) = 1200\,€ \cdot 0,5^t$
$f(2,5) \approx 212,13\,€$

Aufgaben für Lernpartner

A Die Aussage ist falsch, denn es gibt neben den beiden genannten Arten von Wachstum auch andere (z. B. quadratisches Wachstum). Auch eine Kombination aus verschiedenen Wachstumsarten ist denkbar.

B Die Aussage ist richtig, denn $b^0 = 1$ für $b > 0$.

C Nimmt man den Satz als Ganzes, so ist er falsch. Richtig ist zwar, dass die Funktion keine Nullstelle besitzt, sie hat aber sehr wohl eine waagrechte Asymptote (die x-Achse).

D Die Aussage ist falsch, man erhält die Gleichung $\log_b a = x$.

E Ob man die Frage mit „richtig" oder „falsch" beantwortet, hängt von der zugrunde liegenden Funktion ab. Falls gilt:
$f(x) \to \infty$ für $x \to \pm\infty$ bzw.
$f(x) \to -\infty$ für $x \to \pm\infty$,
so hat der Summand c keinen Einfluss (unendlich bleibt unendlich, selbst wenn man eine Konstante addiert bzw. subtrahiert).
Wenn allerdings gilt: $f(x) \to c$ für $x \to \pm\infty$, so hat der Parameter c tatsächlich Einfluss auf das Verhalten der Funktion für $x \to \pm\infty$.

F Die Aussage ist richtig.

G Die Aussage ist richtig, denn es gibt keinen Exponenten x, sodass gilt: $2^x = 0$.

H Die Aussage ist falsch. Bei der Definition der Exponentialfunktion ist für die Basis $b \neq 1$ vorausgesetzt. Hintergrund ist der, dass 1^x stets konstant gleich 1 ist. Die Gleichung $y = 1$ entspricht daher einer konstanten Funktion.

I Die Aussage ist richtig, wenn p das Wachstum bzw. den Abfall in Prozent angibt.

J Die Aussage ist richtig.

K Für die Exponentialfunktion f mit $f(x) = b^x$, $b \in \mathbb{R}^+ \setminus \{1\}$ ist die Aussage falsch, da diese Funktion keinen Schnittpunkt mit der x-Achse besitzt. Durch das Einsetzen eines Parameters $c < 0$ kann man die Funktion f jedoch so entlang der y-Achse verschieben, dass die Funktion f_c mit $f_c(x) = b^x + c$ genau einen Schnittpunkt mit der x-Achse besitzt.

L Die Aussage ist richtig.

M Die Aussage ist falsch.

N Die Aussage ist falsch. Der Graph der Funktion f ist gegenüber dem der Funktion g entlang der x-Achse um eine Einheit nach rechts verschoben.

O Die Aussage ist falsch. Oftmals lässt sich durch das grafische Lösungsverfahren lediglich ein Näherungswert für die Lösung angeben. Rechnerisch kann stets eine exakte Lösung ermittelt werden (sofern diese existiert).

P Die Aussage ist richtig.

Startklar! – Seite 144

1 a) Z: „Zahl“
W: „Wappen“
Ergebnismenge $\Omega = \{ZW, WZ, WW, ZZ\}$
Die Ergebnismenge besteht aus vier Elementen.

b) $E = \{ZW, WZ\}$

2 a) Sichere Passwörter sollten aus möglichst vielen Zeichen bestehen und sowohl Groß- und Kleinbuchstaben als auch Ziffern und Sonderzeichen enthalten. Diese Zeichen sollten am besten willkürlich gewählt und nicht nachvollziehbar sein.

b) $|\Omega_1| = 26^6 = 308\,915\,776$
$|\Omega_2| = 52^6 = 19\,770\,609\,664$

c) 52 Groß- bzw. Kleinbuchstaben
ß
ä, Ä, ö, Ö, ü, Ü
0, 1, 2, 3, 4, 5, 6, 7, 8, 9
Sonderzeichen (siehe Angabe)
} 48 Zeichen
$|\Omega_3| = 84^6 = 351298031616$

3 a) Das ist ein sicheres Ereignis, da bei einem Würfelwurf genau die Ziffern von 1 bis 6 die Ergebnisse darstellen.

b) Das ist ein unmögliches Ereignis, da die maximale Summe bei zwei Würfelwürfen 12 ist.

4 a) Lösungsmöglichkeiten:

1 „Mehr oder weniger als drei von den fünf Schülern werden vom Schulleiter ausgezeichnet.“

2 „Im August scheint mindestens an einem Tag nicht die Sonne.“

b) Die Formel für die Wahrscheinlichkeit des Gegenereignisses lautet $P(\overline{E}) = 1 - P(E)$.

5 Die Wahrscheinlichkeit, eine der Zahlen von eins bis sechs zu würfeln, beträgt bei jedem Wurf $\frac{1}{6}$, ganz gleich, welche Zahl davor oder danach gewürfelt wird. Bei drei Würfen gibt es $6 \cdot 6 \cdot 6 = 216$ unterschiedliche Ergebnisse. Diese Ergebnisse sind gleich wahrscheinlich (bzw. gleich unwahrscheinlich). Ihre Wahrscheinlichkeit beträgt jeweils: $\frac{1}{216} \approx 0{,}46\,\%$.

Folglich sind die Ergebnisse **1**, **2** und **3** alle gleich (un)wahrscheinlich.

6 Vereinfachend wird davon ausgegangen, dass ein Jahr stets 365 Tage hat.

a) $P = \frac{31}{365} \approx 8{,}5\,\%$

b) $P = \frac{1}{365} \approx 0{,}27\,\%$

a) $P = \frac{1}{4} \approx 25\,\%$

Am Ziel! – Seiten 174 und 175

1

	A	$\overline{A}$	gesamt
B	0,25	0,3	0,55
$\overline{B}$	0,05	0,4	0,45
gesamt	0,3	0,7	1

2 a) M: „Person ist männlich."
V: „Person ist weiblich."

	M	$\overline{M}$	gesamt
V	30	90	120
$\overline{V}$	60	90	150
gesamt	90	180	270

Es kommen 30 Männer verkleidet zum Fest.

b) Anteil der Nicht-Verkleideten, der männlich ist:
$\frac{60}{150} = \frac{2}{5} = 0{,}4 = 40\,\%$

3

	I	$\overline{I}$	gesamt
K	47	55	102
$\overline{K}$	78	21	99
gesamt	125	76	201

I: „Person ist geimpft."
K: „Person ist erkrankt."

a) $\frac{102}{201} \approx 50{,}7\,\%$

b) $\frac{47}{126} = 37{,}6\,\%$

c) $\frac{47}{102} \approx 46{,}1\,\%$

4 A: „Würfelzahl 3 kommt vor."
B: „Augensumme beträgt mindestens 9."

$P(B) = \frac{10}{36}$

$P(A \cap B) = \frac{2}{36}$

$P_B(A) = \frac{P(A \cap B)}{P(B)} = \frac{2}{10} = 20\,\%$

5 Es befinden sich 45 rote Holztaler in der Kiste.

$P(\text{„roter Holztaler"}) = \frac{45}{100} = 45\,\%$

6 a)

x_i	−3	0	2	3
$P(X = x_i)$	10 %	45 %	20 %	25 %

$$E(X) = -3\,€ \cdot 0{,}1 + 0\,€ \cdot 0{,}45 + 2\,€ \cdot 0{,}2 + 3\,€ \cdot 0{,}25 = 0{,}85\,€$$

b) Ein Glücksrad hat vier Sektoren:

1 blauer Sektor mit Mittelpunktswinkel
$\alpha_{blau} = 360° \cdot 0{,}1 = 36°$

2 grüner Sektor mit Mittelpunktswinkel
$\alpha_{grün} = 360° \cdot 0{,}45 = 162°$

3 gelber Sektor mit Mittelpunktswinkel
$\alpha_{gelb} = 360° \cdot 0{,}2 = 72°$

4 roter Sektor mit Mittelpunktswinkel
$\alpha_{rot} = 360° \cdot 0{,}25 = 90°$

Für einen Einsatz von 3 € darf ein Spieler das Glücksrad einmal drehen. Zeigt das Glücksrad den …

1 blauen Sektor an, hat der Spieler seinen Einsatz verloren.

2 grünen Sektor an, erhält der Spieler 3 € zurück (Gewinn 0 €).

3 blauen Sektor an, erhält der Spieler 5 € zurück (Gewinn 2 €).

4 roten Sektor an, erhält der Spieler 6 € zurück (Gewinn 3 €).

7 $P(E_1) = \frac{3}{6} = \frac{1}{2}$

$P(E_2) = \frac{3}{6} = \frac{1}{2}$

$P(E_1 \cap E_2) = \frac{1}{4} = \frac{1}{2} \cdot \frac{1}{2} = P(E_1) \cdot P(E_2)$

Die Ereignisse sind stochastisch unabhängig.

8

	B	$\overline{B}$	gesamt
A	0,12	0,48	0,6
$\overline{A}$	0,08	0,32	0,4
gesamt	0,2	0,8	1

9 a) E(X) = −0,7

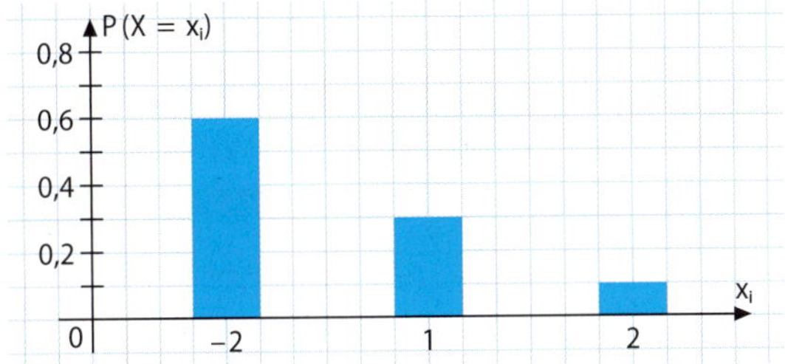

b) E(X) = 1,2

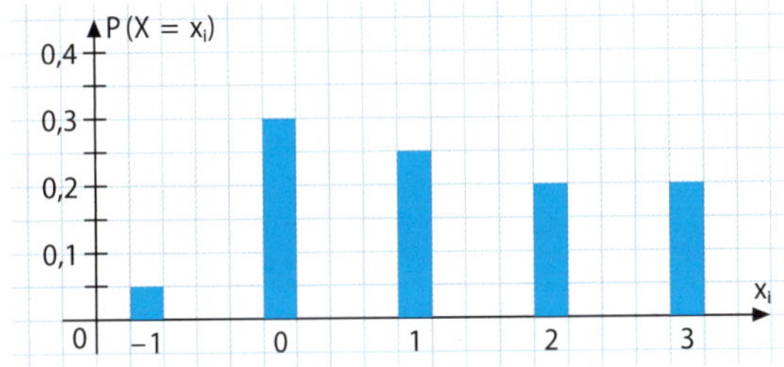

Aufgaben für Lernpartner

A Die Aussage ist richtig.

B Die Aussage ist richtig.

C Die Aussage ist falsch. Da diese Ergebnisse nie eintreten werden, zeichnet man sie in der Regel nicht in das Baumdiagramm ein.

D Die Aussage ist richtig.

E Die Aussage ist falsch. Eine Vierfeldertafel kann genauso auch relative Häufigkeiten oder Wahrscheinlichkeiten darstellen.

F Die Aussage ist richtig.

G Die Aussage ist falsch.

H Die Aussage ist falsch. Ein Beispiel für zwei stochastisch unabhängige Ereignisse A und B, die gleichzeitig eintreten können sind die Ereignisse A: „Gerade Augenzahl" und B: „Augenzahl durch 3 teilbar" beim einmaligen Wurf eines Laplace-Würfels.

I Die Aussage ist falsch. Man kann eine Wahrscheinlichkeitsverteilung auch in Form eines Säulendiagramms darstellen.

J Die Aussage ist richtig.

K Die Aussage ist richtig. Der Spieler gewinnt dann im Durchschnitt genauso viel wie er verliert.

L Die Aussage ist falsch. Wird zum Beispiel ein gewöhnlicher Spielwürfel einmal geworfen, und bezeichnet die Zufallsgröße X die gewürfelte Augenzahl, folgt $E(X) = 3{,}5 \notin \mathbb{Z}$.

M Die Aussage ist richtig (Definition eines Laplace-Experiments).

N Die Aussage ist richtig.

Startklar! – Seite 176

1 a) $d = 0{,}8\,m$

$U = \pi \cdot d = \pi \cdot 0{,}8\,m \approx 2{,}51\,m$

Die Länge des äußeren Umfangs des Reifens beträgt 2,51 m.

b) $A = \pi \cdot r^2 = \pi \cdot (1{,}75\,m)^2 = 9{,}62\,m^2$

$U = \pi \cdot d = \pi \cdot 3{,}5\,m \approx 11{,}0\,m$

Der Flächeninhalt des Sprungtuchs beträgt 9,6 m², die Länge des Umfangs beträgt 11 m.

2 a) Linker Würfel (Zeichnung nicht maßstabsgetreu):

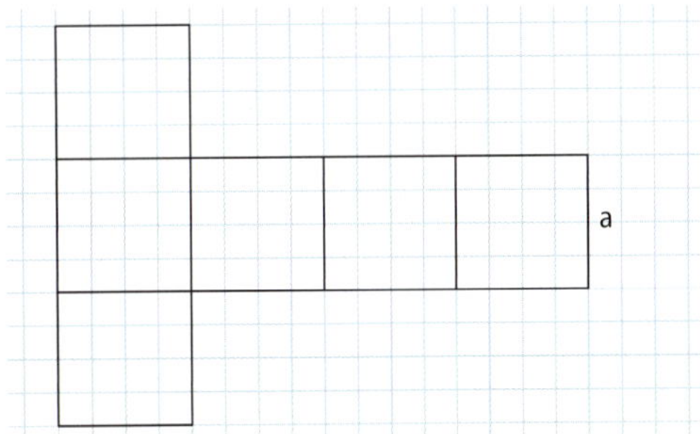

Rechter Quader (Zeichnung nicht maßstabsgetreu):

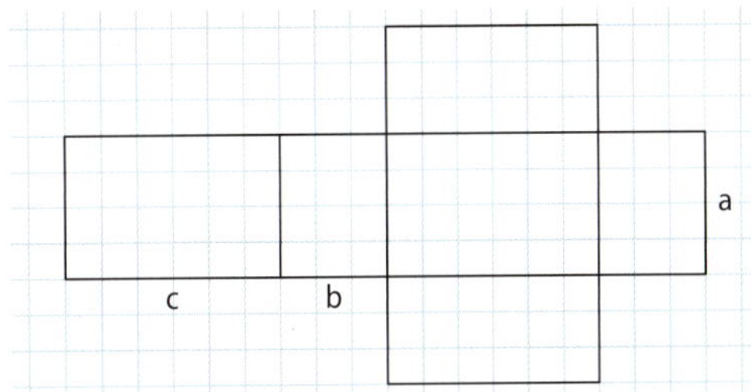

b)

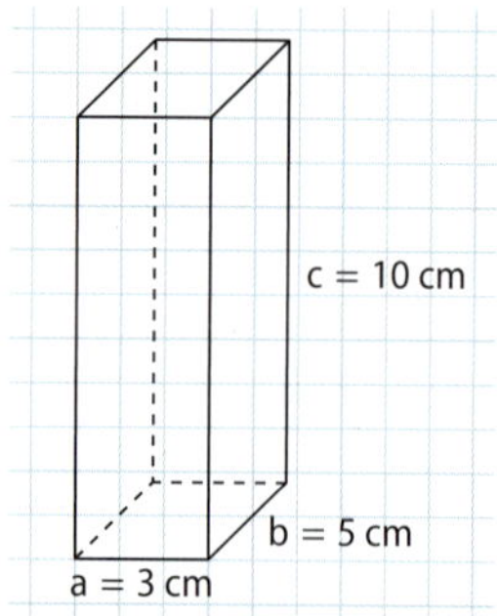

c) Linker Würfel aus Teilaufgabe a):
$V = a^3 = 64\ cm^3$
$O = 6 \cdot 4 \cdot 4\ cm^2 = 96\ cm^2$
Rechter Quader aus Teilaufgabe a):
$V = 4{,}5 \cdot 3 \cdot 6{,}5\ cm^3 = 87{,}75\ cm^3$
$O = 2 \cdot (4{,}5 \cdot 3 + 3 \cdot 6{,}5 + 6{,}5 \cdot 4{,}5)\ cm^2$
$= 124{,}5\ cm^2$
Quader aus Teilaufgabe b):
$V = 3 \cdot 5 \cdot 10\ cm^3 = 150\ cm^3$
$O = 2 \cdot (3 \cdot 5 + 5 \cdot 10 + 10 \cdot 3)\ cm^2 = 190\ cm^2$

3 a) Alle drei Bilder gehören zum gleichen Quader mit zwei quadratischen, sechs Karokästchen langen Seitenflächen und vier rechteckigen Seitenflächen, die sechs Karokästchen lang und vier Karokästchen breit sind. Die verkürzten Kantenlängen sind jeweils halb so lang wie in Wirklichkeit. Der Verzerrungswinkel hat jeweils das Maß 45°. Bei 0,5 cm langen Karokästchen (wie im Schulheft) erhält man einen Quader, der 3 cm lang, 3 cm breit und 2 cm tief ist.

b) $V = 3 \cdot 2 \cdot 2\ cm^3 = 12\ cm^3$
$O = 2 \cdot 3 \cdot 3\ cm^2 + 4 \cdot 3 \cdot 2\ cm^2 = 42\ cm^2$

c) In den Abbildungen sind jeweils die Längen der rechteckigen Vorderfläche und die Länge der Breite (ohne Verkürzungsfaktor 0,5) angegeben.

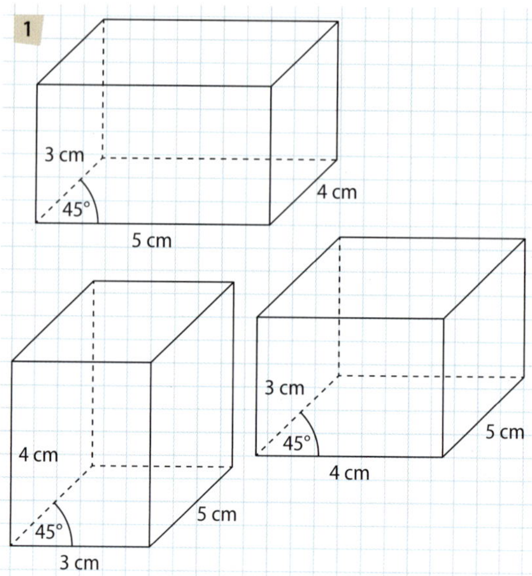

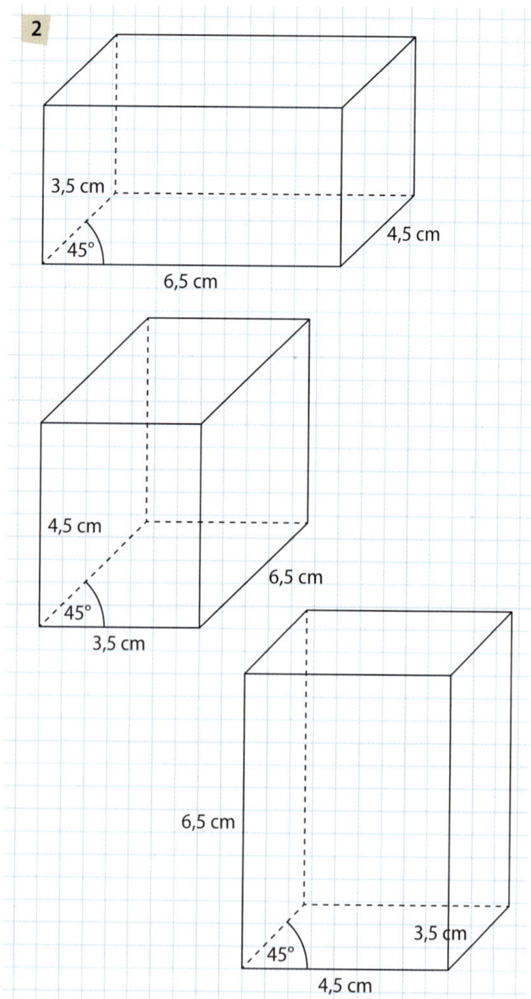

4 a) $V = 3 \cdot 2 \cdot 6\,VE + 5 \cdot 4 \cdot 6\,VE = 156\,VE$
$O = 2 \cdot (6 \cdot 4 + 8 \cdot 6 + 5 \cdot 4 + 2 \cdot 3)\,FE$
$= 196\,FE$
b) $V = (18 \cdot 5 \cdot 4 + 3 \cdot 5 \cdot 6)\,VE = 450\,VE$
$O = 2 \cdot (18 \cdot 4 + 3 \cdot 6 + 5 \cdot 7 + 18 \cdot 5)\,FE$
$= 430\,FE$
c) $V = (16 \cdot 8{,}5 \cdot 7{,}5 - 2{,}5 \cdot 6 \cdot 11)\,VE = 855\,VE$
$O = 2 \cdot (16 \cdot 7{,}5 + 8{,}5 \cdot 7{,}5 + 16 \cdot 8{,}5)\,FE$
$+ 2 \cdot 2{,}5 \cdot 6\,FE + 11 \cdot 2{,}5\,FE = 697\,FE$

5 Ursprungsquader mit Seitenlängen a, b und c.
a) $V_{neu} = (2a) \cdot b \cdot c = a \cdot (2b) \cdot c = a \cdot b \cdot (2c)$
$= 2 \cdot V_{ursprünglich}$
b) $V_{neu} = (2a) \cdot (2b) \cdot (2c) = 8 \cdot V_{ursprünglich}$

Am Ziel! – Seiten 222 und 223

1 a) $U = 47{,}12\,cm$; $A = 176{,}71\,cm^2$
b) $U = 32{,}67\,cm$; $A = 84{,}95\,cm^2$
c) $U = 175{,}93\,mm$; $A = 2463{,}01\,mm^2$
d) $U = 1{,}571\,km$; $A = 0{,}196\,km^2$
e) $U = 26{,}39\,cm$; $A = 55{,}42\,cm^2$
f) $U = 8{,}922\,km$; $A = 6{,}335\,km^2$

2 $d \approx 29{,}9\,cm$; $A \approx 702\,cm^2$
($d \approx 6{,}5\,dm$; $A \approx 33{,}2\,dm^2$)
($d \approx 1{,}20\,m$; $A \approx 1{,}14\,m^2$)

3 a) $A_S = \frac{\alpha}{360°} \cdot \pi r^2$
$A_S = \frac{70°}{360°} \cdot \pi \cdot (5\,cm)^2$
$A_S \approx 15{,}3\,cm^2$
b) $b = \frac{\alpha}{180°} \cdot \pi r$
$b = \frac{70°}{180°} \cdot \pi \cdot 5\,cm$
$b \approx 6{,}1\,cm$

4 a) $A_{Kreisring} = A_{großer\ Kreis} - A_{kleiner\ Kreis}$
$A_{Kreisring} = \pi \cdot 7{,}5^2 - \pi \cdot 5{,}8^2 \approx 176{,}6 - 105{,}6$
$= 71{,}0$
Der Kreisring hat einen Flächeninhalt von ungefähr 71 cm^2.

5 a) Der Rasenstreifen kann durch einen Kreisring dargestellt werden.
b) Flächeninhalt des Rasenstreifens
= Flächeninhalt des Kreisrings
$R = 4{,}2\,m$ $\quad r = 3{,}6\,m$
$A_{Ring} = \pi \cdot (R^2 - r^2)$
$= \pi \cdot [(4{,}2\,m)^2 - (3{,}6\,m)^2]$
$\approx 14{,}70\,m^2$
c) $U_{Ring} = U_{Außenkreis} + U_{Innenkreis}$
$= 2\pi \cdot (R + r)$
$= 2\pi \cdot (4{,}2\,m + 3{,}6\,m)$
$\approx 49\,m$

6 $h_a \approx 90\,mm$
$A_{Dreieck\,a} = \frac{a}{2} \cdot h_a = 2025\,mm^2$
$h_b \approx 88\,mm$
$A_{Dreieck\,b} = \frac{b}{2} \cdot h_b = 2640\,mm^2$
$O = 2 \cdot (A_{Dreieck\,a} + A_{Dreieck\,b}) + ab = 12\,030\,mm^2$
$= 120{,}3\,cm^2$
$V_{Pyramide} = \frac{1}{3} a \cdot b \cdot h = 76\,500\,mm^3$

7 a) $r \approx 6{,}9\,cm$; $s \approx 13{,}8\,cm$; $O \approx 448{,}5\,cm^2$
b) $r \approx 7{,}3\,cm$; $h \approx 15{,}4\,cm$; $O \approx 557{,}0\,cm^2$;
$V \approx 859{,}0\,cm^3$
c) $r \approx 1{,}3\,m$; $s \approx 23{,}2\,m$; $h \approx 23{,}2\,m$; $V \approx 41{,}0\,cm^3$

8 $V = \pi \cdot 0{,}7^2 \cdot 8 \approx 12{,}32$
Der Brunnen kann maximal etwa 12 m^3 fassen.

9

	a)	b)	c)
r	6 cm	2,88 m	0,35 m
O	452,39 cm^2	104,23 m^2	1,5 m^2
V	904,78 cm^3	100,06 m^3	0,17 m^3

	d)	e)
r	1,25 mm	2,00 m
O	19,63 mm^2	50,27 m^2
V	8,18 mm^3	33,51 m^3

10 a) $A_{Dach} = \pi \cdot 20 \cdot 33\,m^2 = 2073\,m^2$
$V = \frac{1}{3} \cdot \pi \cdot 20^2 \cdot hm^3$
$h = \sqrt[3]{33^2 - 20^2}m = 26{,}2\,m$
$V = \frac{1}{3} \cdot \pi \cdot 20^2 \cdot 26{,}2\,m^3 = 10\,974\,m^3$

b) $A_{Dach} = \frac{1}{2} \cdot 4 \cdot \pi \cdot 6^2\,m^2$
$A_{Dach} = 226{,}2\,m^2$
$V = \frac{1}{2} \cdot \frac{4}{3} \cdot \pi \cdot 6^3\,m^3$
$V = 452{,}4\,m^3$

11 $U = 2\pi r$ $\quad r = \frac{U}{2\pi}$ $\quad r \approx 9{,}2\,cm$
$O = 4\pi r^2$ $\quad O \approx 1071\,cm^2$
Oberfläche mit Verschnitt:
$O_{Gesamt} = 1{,}15 \cdot O = 1{,}15 \cdot 1071 \approx 1232$
Man benötigt etwa 1232 cm² Leder.

12 $V_{Schlüssel} = \frac{1}{2} \cdot V_{Kugel}$
$V_{Kugel} = 2 \cdot V_{Schlüssel}$
$\left(\frac{d}{2}\right)^3 = \frac{V_{Kugel}}{\frac{4}{3} \cdot \pi}$
$\frac{d^3}{8} = \frac{V_{Kugel}}{\frac{4}{3} \cdot \pi}$
$d^3 = \frac{8 \cdot 3\,dm^3}{\frac{4}{3} \cdot \pi}$
$d^3 \approx 5{,}73\,dm^3$
$d \approx 1{,}79\,dm = 17{,}9\,cm$
Der Innendurchmesser der Schüssel beträgt knapp 18 cm.

13 a) $O = A_{M\,Kegel\,1} + A_{M\,Kegel\,2}$
$O = \pi \cdot 4 \cdot s_1 + \pi \cdot 4 \cdot s_2$
$s_1 = \sqrt{5^2 + 4^2}\,cm$
$s_1 \approx 6{,}4\,cm$
$s_2 = \sqrt{2^2 + 4^2}\,cm$
$s_2 = 4{,}5\,cm$
$O = \pi \cdot 4 \cdot 6{,}4\,cm^2 + \pi \cdot 4 \cdot 4{,}5\,cm^2$
$O = \pi \cdot 4 \cdot (6{,}4 + 4{,}5)\,cm^2$
$O = 137{,}0\,cm^2$
$V = \frac{1}{3} \cdot \pi \cdot 4^2 \cdot 5\,cm^3 + \frac{1}{3} \cdot \pi \cdot 4^2 \cdot 2\,cm^3$
$V = \frac{1}{3} \cdot \pi \cdot 4^2 \cdot (5 + 2)\,cm^3$
$V = 117{,}3\,cm^3$

b) $O = O_{großer\,Quader} + A_{M\,kleiner\,Quader} - 2 \cdot A_{Rechteck}$
$O = 2 \cdot (40 \cdot 30 + 40 \cdot 30 + 30 \cdot 30)\,cm^2$
$\quad + 2 \cdot (25 + 20) \cdot 30\,cm^2 - 2 \cdot 25 \cdot 20\,cm^2$
$O = 2 \cdot 3300\,cm^2 + 2700\,cm^2 - 1000\,cm^2$
$O = 8300\,cm^2$
$V = V_{großer\,Quader} - V_{kleiner\,Quader}$
$V = 40 \cdot 30 \cdot 30\,cm^3 - 25 \cdot 20 \cdot 30\,cm^3$
$V = 21\,000\,cm^3 = 21\,\ell$

c) $O = A_{M\,Zylinder} + 2 \cdot A_{M\,Kegel}$
$s_{Kegel} = \sqrt{4^2 + 6^2}\,cm = \sqrt{52}\,cm \approx 7{,}2\,cm$
$O = 8 \cdot 30 \cdot \pi\,cm^2 + 2 \cdot 4 \cdot 7{,}2 \cdot \pi\,cm^2$
$O \approx 934{,}9\,cm^2$
$V = V_{Zylinder} + 2 \cdot V_{Kegel}$
$V = 4^2 \cdot 30 \cdot \pi\,cm^3 + 2 \cdot \frac{1}{3} \cdot 4^2 \cdot 6 \cdot \pi\,cm^3$
$V \approx 1709{,}0\,cm^3$

d) $V_{Gesamt} = V_{Quader} - 3 \cdot V_{Zylinder}$
$\approx 456\,mm^3 - 118\,mm^3$
$= 338\,mm^3$
$O_{Gesamt} \approx 556\,mm^2$

Aufgaben für Lernpartner

A Die Aussage ist falsch. Die Kanten werden auf die Hälfte gekürzt und unter einem Winkel von 45° gezeichnet.

B Die Aussage ist richtig. Es gilt: $O = 2 \cdot A_G + A_M$.

C Die Aussage ist falsch. Das Volumen eines Prismas ist das Produkt aus dem Flächeninhalt der Grundfläche und der Höhe des Prismas.

D Die Aussage ist falsch, das Volumen verachtfacht sich.

E Die Aussage ist richtig.

F Die Aussage ist richtig.
$O_{neu} = 4 \cdot O_{alt} = 4 \cdot (4\pi \cdot r_{alt}^2)$
$= 4\pi \cdot (2r_{alt})^2 \Rightarrow r_{neu} = 2r_{alt}$
$V_{neu} = \frac{4}{3}\pi \cdot r^3_{neu} = \frac{4}{3}\pi \cdot (2r_{alt})^3 = 8 \cdot \left(\frac{4}{3}\pi \cdot r_{alt}^3\right)$
$= 8 \cdot V_{alt}$

G Die Aussage ist richtig, der ausgerollte Mantel ergibt immer einen Kreiskegel. Je spitzer der Kegel, desto kleiner ist der Zentriwinkel des Kreissektors.

H Die Aussage ist richtig.

I Die Aussage ist falsch. Eine solche Pyramide hat die gleiche Grundfläche wie der Würfel. Das Volumen beträgt dann $\frac{1}{3}$ des Würfelvolumens: $V = \frac{1}{3}a^3$.

J Die Aussage ist richtig. Wenn man den Flächeninhalt des kleinen Kreises von dem des großen Kreises abzieht, erhält man die Fläche des Kreisringes.

K Die Aussage ist falsch. Um den Flächeninhalt oder die Länge des Kreisbogens zu berechnen, genügt die Angabe des Zentriwinkels nicht. Es ist mindestens eine weitere Größe, wie der Radius, nötig.

L Die Aussage ist falsch. Die Aussage gilt nur für eine gerade Pyramide.

M Die Aussage ist richtig.

N Die Aussage ist falsch. Beispielsweise haben eine Pyramide und ein Prisma mit gleicher Grundfläche und gleicher Höhe nicht dasselbe Volumen.

O Die Aussage ist richtig.

P Die Aussage ist richtig.

$\mathbb{N}$	Menge der natürlichen Zahlen
$\mathbb{Z}$	Menge der ganzen Zahlen
$\mathbb{Q}$	Menge der rationalen Zahlen
$\mathbb{R}$	Menge der reellen Zahlen
$=$	gleich
$\approx$	ungefähr gleich
$>$	größer als
$\geq$	größer oder gleich
$<$	kleiner als
$\leq$	kleiner oder gleich
$\triangleq$	entspricht
$+$	plus
$-$	minus
$\cdot$	mal, multipliziert mit
$:$	geteilt durch, dividiert durch
a^n	Potenz: „a hoch n“
$\frac{a}{b}$	Bruch mit Zähler a und Nenner b
$\sqrt{a}$	Quadratwurzel aus a
$\sqrt[3]{a}$	Kubikwurzel aus a
%	Prozent
‰	Promille
$\lvert a \rvert$	Betrag der Zahl a
P, A, …	Punkte
$P(x \mid y)$	Punkt P mit den Koordinaten x und y
g, h, …	Geraden, Halbgeraden (Strahlen)
PQ	Gerade durch die Punkte P und Q
$\overline{PQ}$	Strecke mit den Endpunkten P und Q, auch Länge der Strecke
d (P; g)	Abstand des Punkts P von der Geraden g
d	Durchmesser des Kreises
r	Radius des Kreises
k (M; r)	Kreis und Mittelpunkt M und Radius r
$\sphericalangle$ BAC	Winkel mit dem Scheitel A, dem 1. Schenkel [AB und dem 2. Schenkel [AC
w_α	Winkelhalbierende des Winkels α
U	Länge des Umfangs
A	Flächeninhalt
O	Oberflächeninhalt
V	Volumen, Rauminhalt
$\perp$	orthongonal (senkrecht) auf
$\parallel$	parallel zu
H (E)	absolute Häufigkeit des Ereignisses E
h (E)	relative Häufigkeit des Ereignisses E
P (E)	Wahrscheinlichkeit des Ereignisses E
$P_B(A)$	Bedingte Wahrscheinlichkeit von A unter der Bedingung B
$\overline{E}$	Gegenereignis des Ereignisses E
$\overline{x}$	arithmetisches Mittel
$\mapsto$	ist zugeordnet

123 rf.com / 3 quarks – S. 90; AdobeStock / akf – S. 11; – / bsd555 – S. 147; – / David – Cover; – / djama – S. 8; – / eugen-esergeev – Cover; – / Jonathan – S. 112; – / lightphoto – S. 3, 7; -/ mitand73 – S. 11; akg-images / North Wind Pictures Archive – S. 183; Alamy Stock Photo / Günter Kirsch – S. 218; – / MOB IMAGES – S. 77; – / The Picture Art Collection – S. 39; Deutsche Stiftung Weltbevölkerung (DSW), Hannover – S. 4, 111; M.C. Escher's „Symmetry Drawings E105" © 2019 The M.C. Escher Company-The NetherlandS. All rights reserved. www.mcescher.com – S. 21; Fotolia / Michael Eichhorn – S. 216; – / ExQuisine – S. 102; – / Foto-Ruhrgebiet – S. 164; – / icholakov – S. 208; – / Kadmy – S. 181; – / Bernd Kröger – S. 202; – / Daniel Meunier – S. 131; – / Martin Pateman – S. 210; – / Tobif82 – S. 115; – / Turbowerner – S. 179; Getty Images Plus / Able-Stock – S. 188; – / Digital Vision – S. 12; – / Hemera, Benis Arapovic – S. 150; – / Hemera, Didier Kobi – S. 140; – / iStockphoto Editorial, Vander-Wolf-Images – S. 118; – / iStockphoto, 3DSculptor – S. 69; – / iStockphoto, Anton Aleksenko – S. 193; – / iStockphoto, anyaivanova – S. 187, – / iStockphoto, AVTG – S. 135; – / iStockphoto, colnihko – S. 179; – / iStockphoto, dazb75 – S. 114; – / iStockphoto, defun – S. 139; – / iStockphoto, design56 – S. 148; – / iStockphoto, Donyanedomam – S. 203; – / iStockphoto, Simon Dux – S. 105; – / iStockphoto, filmfoto – S. 95; – / iStockphoto, GeorgiosArt – S. 221; – / iStock-photo, Harvepino – S. 140; – / iStockphoto, itakefotos4u – S. 217; – / iStockphoto, Eric Issel_ÃfÂ©l – S. 66; – / iStockphoto, JoselquacioSoto – S. 127; – / iStockphoto, Kravcs – S. 43; – / iStockphoto, Kurga – S. 43; – / iStockphoto, Lit Lin – S. 168; – / iStockphoto, MissPassionPhotography – S. 185; – / iStockphoto, pavich – S. 58; – / iStockphoto, phongphan5922 – S. 62; – / iStockphoto, Jim Pintar – S. 179; – / iStockphoto, Popartic – S. 50; – / iStockphoto, prill – S. 180; – / iStockphoto, Rawpixel – S. 151; – / iStockphoto, Sam68 – S. 201; – / iStockphoto, Andre W. Simpson – S. 168; – / iStockphoto, SKapl – S. 155; – / iStockphoto, Dmytro Skorobiogator – S. 43; – / iStockphoto, style-photographs – S. 153; – / iStockphoto, sytnik – S. 112; – / iStockphoto, Vladone – S. 217; – / iStockphoto, vpicsuk – S. 182; – / iStockphoto, Xantana – S. 220; – / Purestock – S. 41; – / Stockbyte, George Doyl – S. 153; Toralf Hieb, Kirschkau – S. 206; iStockphoto / Godfried Edelmann – S. 103; – / Ingeniu – S. 203; Michael Kleine, Büren – S. 138; Karin Lemme, Rathenow – S. 204, 210, 219; Matthias Ludwig, Frankfurt – S. 11, 181; MatheLabor Universität Würzburg / Professor Hans-Stefan Siller. Aufnahme und Konstruktion von Christian van Randenborgh – S. 8; MatheLabor Universität Würzburg / Professor Hans-Stefan Siller. Aufnahme Jan Wörler. Konstruktion Christian Schäfer – S. 173; Mauritius Images / Alamy Stock Photo – S. 124; – / Alamy Stock Photo, HTHphoto – S. 178; – / Alamy Stock Photo, Martin Lee – S. 179; – / Alamy Stock Photo, Petr Svarc – S. 5, 177; – / Alamy Stock Photo, The Picture Art Collection – S. 119; – / imageBROKER, Norbert Eisele-Hein – S. 95; Dr. Günter Rothmeier, Regensburg – S. 12; Shutterstock / albachiaraa – S. 157; Dr. Angela Siller, Sommerhausen – S. 5, 145, 156; Stadt Selb, Große Kaffeekanne „Kontinente", Selb – S. 217; Wildner + Designer, Fürth – S. 131; www.nasaimages.org – S. 207 (2); www.wikimedia.org – S. 3, 37, 38 (2); www.wikimedia.org / Axel Mauruszat – S. 3, 37; www.wikimedia.org / Eveleen Myers – S. 169; www.wikimedia.org / Florian Arnd – S. 3, 37; www.wikimedia.org / Gregor Reisch – S. 76; Dr. Almut Zwölfer, Esslingen – S. 4 (2), 75 (2).